知识产权管理研究丛书
中细软知识产权管理研究出版基金资助

专利技术资源战略管理
——知识工业时代的矛与盾

陈向东　张古鹏　刘小青　著

科 学 出 版 社
北　京

内 容 简 介

本书对专利技术资源研究的理论和下述实践相关问题进行系统阐述：专利技术资源研究的经济学理论问题、专利制度和政策效应问题、专利资源战略管理问题、专利密集型产业的专利技术分析问题、专利技术资源的信息分析技术和方法研究问题、专利技术资源的价值分析理论和测度技术、专利技术资源的资本化。本书对于知识产权战略管理领域所面临的问题和难题进行了富有建设性的理论和实践的探索。

本书适合从事科技管理、科技政策管理、企业战略管理，特别是知识产权和专利技术资源管理的从业人员和研究人员阅读和参考，对创新创业人员、政府科技政策研究人员、知识产权和专利技术资源相关的技术创新活动的研究人员、科技投资人员等有重要的参考学习价值。

图书在版编目(CIP)数据

专利技术资源战略管理：知识工业时代的矛与盾 / 陈向东，张古鹏，刘小青著. — 北京：科学出版社，2018.6

（知识产权管理研究丛书）

ISBN 978-7-03-055841-1

Ⅰ. ①专… Ⅱ. ①陈… ②张… ③刘… Ⅲ. ①专利技术-资源管理-战略管理 Ⅳ. ①G306.3

中国版本图书馆 CIP 数据核字（2017）第 300382 号

责任编辑：张 展 莫永国 / 责任校对：江 茂

责任印制：罗 科 / 封面设计：墨创文化

科学出版社 出版

北京东黄城根北街16号

邮政编码：100717

http://www.sciencep.com

四川煤田地质制图印刷厂印刷

科学出版社发行 各地新华书店经销

*

2018 年 6 月第 一 版 开本：787×1092 1/16

2018 年 6 月第一次印刷 印张：30.75

字数：650 千字

定价：189.00 元

（如有印装质量问题，我社负责调换）

丛书编委会

“知识产权管理研究丛书”序一

创新驱动发展战略需要知识产权“双轮”驱动

人类的经济增长的源泉均来自知识的重大突破，包括技术革命和制度创新。这些突破被人类称之为划时代的里程碑，如石器、青铜、铁、蒸汽机、计算机，以及封建、资本、企业、跨国公司等。现代社会并存着各种经济发展模式，如不同密集程度的资源型、资金型、技术型、劳动力型等。其中，数字技术所主导的信息与远程通信技术极大地提高了新知识在世界范围的传播和扩散速度，人类社会作为一个整体，其生活方式的更新速度大大加快，周期大大缩短。这促进了经济全球化、规则一体化的进程。在统一市场的调配下，以创新型国家引领的全球化产业链，以及按照知识、技术含量为标准的产业上下游分工模式，已成为当代占统治地位的国际经济发展模式。主要依靠技术与制度创新作为经济增长手段的“创新驱动发展”模式，已经成为人类迄今为止最高层级的经济发展形态。

在中国，“创新驱动发展战略”是十一届三中全会确立的以经济建设为中心的正确路线的继续。其不仅意味着中国经济增长方式的转型，而且表明中国正朝着高阶经济发展形态努力，事关中华民族的伟大复兴。据统计，目前世界上大约有20多个创新型国家。中国要建成创新型国家，并非循规蹈矩依赖西方国家的现有路径，复制已有的模式可以奏效。“创新驱动发展战略”的设计本身就是一个创新，需要经过考察、学习、比较、判断、选择、综合、设计、修正、试错、纠错等手段，量体裁衣，开拓新路，才可实现。

创新是人的本能。制度是孕育、涵养一切技术、艺术，决定人的创新与劳动激情能否有效发挥以及发挥程度的土壤和温床。一个国家创造财富的能力既取决于它的技术水平，也取决于借助于创新体系将技术转化为财富的能力。国家创新体系是一个包括技术、各种制度、机制等要素的复杂系统，其整合、匹配所形成的创造财富的能力是由其短板决定的。中国的短板是知识产权法治相对落后，没有发挥市场对资源配置的决定作用，对科技成果运用不当，保护不力，不能适应技术的高速进步和与时俱进的经济发展，拖了经济发展的后腿。中国的短板还在于创新主体的知识产权管理行为“异化”和知识产权管理能力“弱化”。前者如部分企业的专利申请行为与其市场竞争需要脱节，商标“驰名”曾出现的乱象等；后者如企业知识产权积累与发展战略的错位，知识产权运营和保护能力还无法保障企业经营安全等。知识产权法治和知识产权管理的双重短板，使得中国企业在全球竞争中抢滩涉水时难以获得知识产权“炮火”的有力支持。从这个意义上说，中国的知识产权法治建设和知识产权管理能力提升，是漫漫“长征”，还有很长的路要走。

“创新驱动发展战略”的实施，需要“知识产权强国”的有力支撑，需要知识产权法治建设和知识产权管理实践“双轮”驱动。当前，中国知识产权法治建设和管理实践领域存在一系列问题，急待从不同角度开展理论研究，厘清关系。比如创新与守成的关系、知识产权与民法的关系、知识产权领域政府和市场的关系、成文法与判例法的关系、全球化与本土化的关系、知识产权司法保护与行政执法的关系、知识产权司法体制改革问题、转型时期的知识产权教育问题、知识产权与技术及经济的关系以及社会利益的多元化与知识产权学者立场问题。既然知识产权法学的兴起是人们思考和研究知识产权制度发展诉求的理论产物，那么，对知识产权管理实践提出的理论问题的积极回应，是否也可以视为知识产权管理成为工商管理新兴学科发展方向的契机？只要顺应时代发展的需求，并付诸持续的努力，涓滴意念也是有可能汇成奔涌江河的。

由电子科技大学中细软知识产权管理研究中心学术委员会和科学出版社共同策划的“知识产权管理研究丛书”，正是对实施“创新驱动发展战略”和建设“知识产权强国”的积极回应。期待该丛书著作的出版，有助于推动中国的知识产权管理理论探索和实践总结。

是为序。

刘春田
中国人民大学知识产权学院教授、院长
2016年秋

“知识产权管理研究丛书”序二

抓住与世界同步机会窗，推动中国知识产权管理实践与理论发展

近四十年来，如果说是改革开放和加入世界贸易组织的需要，使得知识产权制度这个舶来品在中国生根发芽，那么，“创新驱动发展战略”的实施和“大众创业、万众创新”局面的形成，正促使知识产权制度在中华大地上开花结果，持续推动着中国特色知识产权制度的内生和知识产权管理实践的发展。中国知识产权管理实践和理论探索迎来了前所未有的、与世界同步发展的机会窗。

世界银行统计数据表明，近年来二十国集团主要国家和地区 R&D 占 GDP 比重总体呈明显增加趋势。其中，中国的 R&D 费用占 GDP 的比重先后超过意大利、英国和加拿大，已经达到欧盟的整体水平。与此相一致，中国的知识产权创造能力也得到持续提升。WIPO（世界知识产权组织）统计数据显示，加入世界贸易组织以后，中国国家知识产权局受理的发明专利申请量十二年间增幅达到十三倍，年均增长近四分之一，先后超过韩国、欧洲、日本和美国，自 2011 年起连续五年居世界第一。同时，来自中国的 PCT（《专利合作条约》）专利申请也先后超过英国、法国、韩国和德国，位居全球 PCT 专利申请第三位，仅次于美国和日本。此外，中国国家工商行政管理总局商标局受理的商标申请更是连续十四年全球排名第一。由此可见，随着 R&D 占 GDP 比重的增加和社会主义市场经济的发展，特别是企业技术创新和市场拓展的全球化，中国专利和商标等知识产权创造活动已经位列世界主要国家之一。

当知识产权积累到一定量级之后，如何有效萃取知识产权资源的商业价值，有力支撑企业或组织赢得创新所得和持续竞争优势，就成为创新主体的紧迫任务。在这一实际背景下，中国关于知识产权创造、运营、保护和治理等知识产权管理系统的实践探讨和理论研究也就明显活跃起来，而且正在吸引着世界知识产权界的目光和国际国内其他专业领域的关注。比如，中国专利信息年会、中美知识产权高峰论坛、中欧知识产权论坛、金砖国家知识产权论坛、上海知识产权国际论坛、亚太知识产权峰会，等等，业已成为中外政府、企业界、学术界广泛交流与沟通的平台；同时，诸多创新、战略、金融等管理经济领域的重要国际国内学术会议，也将知识产权的相关议题纳入，显现出知识产权在其他专业领域的渗透能力和重要程度的提升。中国知识产权管理实践和理论探索的活跃，既表现出知识产权制度具有很强的时代性，比如，面对互联网技术和商业模式的变革，面对基因和蛋白质等现代生物技术带来的管理经济和社会伦理挑战，等等，需要世界各国知识产权界共同面对；同时也表明，相对于物力资源、财务资源、人力资源等企业资源的管理理论而言，有关知识产权资源的管理理论方兴未艾，除专利许可等特定领域外，欧美知识产权管理理

论也还处于建构和发展时期。随着中国在世界技术进步和经济发展中地位的提高，特别是中国融入全球经济的步伐加快和程度加深，中国的知识产权事业已经成为世界知识产权的重要组成部分，中国政府、企业界和学术界急需也有机会通过共同努力，抓住与世界同步的机会窗，推动中国知识产权管理实践和理论发展。

正是基于上述认知和考量，经与科学出版社协商，拟出版“知识产权管理研究丛书”，以期为建设“知识产权强国”事业尽绵薄之力。丛书选题不仅涉及知识产权管理基础理论的探索，而且关注中国知识产权管理实践的总结；不仅涉及知识产权管理理论框架的建构，而且面向创新创业给出知识产权管理的“工具箱”；不仅涉及知识产权管理一般理论分析，而且关注战略性新兴产业技术领域的知识产权管理专题研究。丛书著作作者的共同特点是，既有知识产权法基础，也有理工或经济管理背景。感谢丛书编委会各位委员，在百忙之中抽出时间审阅书稿，提出中肯的建设性意见；感谢中细软知识产权管理研究出版基金共襄盛举，使“知识产权管理研究丛书”的著作得以陆续与读者见面。

是为序。

朱雪忠

同济大学知识产权学院教授、院长

2016 年初夏

“知识产权管理研究丛书”序三

支持知识产权管理理论探索是中细软的重要社会责任

变者，法之至也。《孟子·公孙丑下》曰：“彼一时，此一时也。”《孙子兵法》曰：“兵无常势，水无常形，能因敌变化而取胜者，谓之神！”商业竞争亦复如是。

与农业社会和工业社会相异，自从人类社会迈入信息时代，以知识产权为代表的无形资产在企业资产结构中的比重就与日俱增，知识产权业已成为企业、产业乃至国家的战略性资源和竞争“利器”。美国 Ocean Tomo 对标准普尔 500 指数里的上市公司资产结构统计结果显示，上述公司的资产结构越来越“轻量”化。比如，1975 年上述公司无形资产占企业总资产的比重仅为 17%，1995 年即已上升至 68%，2015 年更是上升至 84%。可见，以知识产权为代表的无形资产价值潜力已然超过厂房、土地等有形资产，“知本”概念逐渐深入人心。环环相扣的知识产权布局，不仅是国际商业“大鳄”在竞争对手面前树立起的一道道屏障，而且也在社会公众心中埋下了知识产权文化种子。无论是传统产业代表，如通用、IBM、丰田、飞利浦，还是新经济产业代表，如谷歌、甲骨文、苹果等，都深谙“知本”运作之道，攻防兼备，在一次次知识产权竞争和交易中获取高额利润。诸多商业实践表明，谁在全球竞争中拥有领先于对手的专利技术和品牌商标等知识产权，谁就有可能掌握商业竞争主动话语权和规则制定权。

在过去三十余年里，作为“后来者”的中国制造企业如华为、中兴通讯、TCL、联想等，一次次在外国领先企业的知识产权“围追阻截”中突围，以“奋斗者”的姿态践行着他们的商业使命，并在“跟跑”欧美和日韩企业的追赶过程中逐渐积累起相应的知识产权能力和竞争优势。当前，全球新一轮科技革命和产业变革蓄势待发，互联网、云计算、人工智能、石墨烯新材料等为代表的新兴技术蓬勃发展，中国企业迎来了与欧美和日韩企业“并跑”甚至“领跑”“机会窗”。面对新的发展“机会窗”，如何顺应党中央和国务院实施“创新驱动发展战略”和建设“知识产权强国”的时代要求，切实有效地积累知识产权数量、提升知识产权质量和萃取知识产权价值，通过构建知识产权优势参与甚至引领全球新兴商业生态发展，并在这一过程中获得可持续竞争优势，是中国已有的“在位”企业和“新生代”企业需要共同面对的课题。中国企业在世界商业舞台上的角色转换，向知识产权制度和知识产权管理提出了诸多新的理论诉求，急需学界积极回应并展开正面的研究。

受惠于近年来中国企业的创新和商业实践，中国知识产权服务行业迎来了前所未有的发展机遇。就中细软而言，以 2002 年创立的中华商标超市网为起点，中细软现已发展成为中国领先的大型综合性知识产权科技服务云平台，致力于为中国创新提供系统解决方案和信息服务，即借助互联网技术、云计算技术、人工智能技术等手段，为企业、科研机构、大学、个人的知识产权创造、运用、保护提供高质量的系统解决方案。截至 2015 年 12 月 31 日，中细软拥有专业知识产权服务人员 1200 余人，全年营业收入超过 3 亿元人民币。公司总部位于北京市房山区中细软科技产业园，在圣地亚哥、成都、洛阳、天津和深圳等地拥有子公司。反躬自思，中细软的成长和发展，离不开国内外优秀学者的鼎力相助。早在 2004 年，中华商标超市网的优化设计和改版就得到电子科技大学老师们的大力支持；2006 年，中华商标超市网第三次改版上线，业务量大幅提升。2010 年 1 月，中细软开发的知识产权管理软件正式面世；同年 6 月，中华专利超市网正式上线。2013 年，中细软闲置商标盘活量已经连续十年居全国第一。

在公司持续发展的同时，管理层一直在思考如何以实际行动回馈中国知识产权管理理论研究和人才培养。机缘巧合，2014 年 12 月，电子科技大学中细软知识产权管理研究中心成立。今年年初，研究中心学术委员会与科学出版社共同策划“知识产权管理研究丛书”，得到了知识产权法学界和经济管理学界诸位前辈和老师的大力支持，刘春田教授、朱雪忠教授、陈向东教授、范晓波教授、顾新教授、黄灿教授、李雨峰教授、童文锋教授、王岩教授、银路教授、曾磊研究员、张米尔教授、朱谢群教授等欣然应允出任丛书编委会委员，从著作选题到审稿都作出积极的卓越贡献。借此机会谨向电子科技大学中细软知识产权管理研究中心学术委员会和丛书编委会各位学者表达深深的谢意！

立身以立学为先，立学以读书为本。衷心希望科学出版社陆续出版的“知识产权管理研究丛书”能够有助于各行业人士加深对知识产权管理的理解，为中国富强崛起、企业辉煌超越共谋前程！

孔军民

北京中细软网络科技有限公司创始人、董事长

2016 年秋日

前　　言

本书的写作积累源于本人从2001年开始指导的博士生研究工作，大约15年来，我们这个团队前前后后的研究工作或多或少都与专利技术资源的分析有关，而与所谓“技术转移”相关的专利及专有技术的研究则说来话长。这一研究兴趣最早可以追溯到1985年，有幸进入陈昌曙老师和远德玉老师所奠基的东北大学技术哲学研究基地从事科学研究工作，在我的导师陈昌曙教授的指导下开展了科技成果商品化的硕士论文研究。陈昌曙老师深邃的哲学思考和敏锐的科学观点，以及学术基地丰厚的科研氛围，也给予我这个初进技术哲学和科技政策研究门槛的学生一种思维顿开的眼界，使我受益匪浅。这也使我后来的岁月中，无论从事何种工作，总是对工业技术发展的历史、科技政策和市场现实的发展问题、技术创新的国际比较等怀有一份浓浓的阅读和研究兴趣。此后，我于1991年通过国家EPT考试并在西安外语学院进修英语之后，1992年1月有机会作为国家教育委员会派出的访问学者在英国曼彻斯特商学院访学，曾在导师Alan Pearson 教授(他当时是曼彻斯特商学院的院长，非常忙碌，几乎见不到他）和 Derrick Ball 教授(他曾任《R&D Management》学术期刊的主编，当时是英国莱斯特大学国际营销学领域的教授，也是曼彻斯特商学院的客座教授)指导下开展 1985～1991 年英国企业向中国企业转让技术的调查和研究，其中不乏有关专利技术和专有技术的讨论。Ball教授与我经常交流，从企业调研到英文写作无所不谈，他也是我从事这类管理学科科研工作的一位引路人，但我今年2月突然接到他的儿子用他的邮箱给我的信，告知他已于2017年2月11日去世，感到突然，而我其后又在学院邮箱中拿到他去年12月寄来的贺年片时，真是百感交集，非常怀念我的这位导师。记得那个时候，在大约一年多的时间里，在这位导师的支持下，我前后联系并走访了33家英国公司，收回了58家英国公司填写的问卷，其中涉及专利技术许可合同和专有技术转让合同等真实交易，多数情况下都是一种曲折发展的故事，为更好理解这些技术转移过程，也促使我第一次比较系统的收集和阅读有关专利和国际技术转移的外文学术专著，汲取知识(那个时候曼彻斯特商学院有非常好的图书馆，阅读环境非常好)。从2001 年起，在我先后主持的三个相关主题的国家自然科学基金面上项目，一个以新兴技术和新兴产业为主题的国家社科基金重点项目，以及一个IDRC有关发展中国家专利池竞争的国际招标中标项目的研究工作中，我和我的多位研究生共同开展了针对外商投资企业在华技术竞争(很多是专利信息为基础的分析)、典型产业中外企业的专利技术竞争评价、典型专利联盟以及专利池相关的竞争分析、典型区域的专利技术发展和评价，乃至深入专利技术资源信息本身的分析方法和理论研究，开展了有关基于专利存续期的专利价值分析和相关新兴技术的研究，以及针对相关主体，特别是针对关键发明人、产学研联盟和创业型大学的研究，多种重要的学术研究主题真是欲罢不能。现在收入本书的主要研究工作来自与张古鹏博士、刘小青博士、许珂博士、曹莉莉博士、汪洋博士等几位学生的合作工作，一些内容则直接取自当时以这些学生为第一作者发表的论文，其他几位博士生的研究工作还准备用另外的主题择机出版。出版本书的直接动因是张古鹏博士申请中细软知识产权研究中心的专著系列，他本人也在专利技术资源的研究领域多有成果发表，我们经过商讨，决定借此机会将这个团队的相关主题的成果结集成书，也是更好的选择。

在这类研究工作中，我们感到，对于专利技术资源管理的研究实际上是一个广大而深远的研究领域，我个人的研究兴趣居然能在国际技术转移和技术创新的大主题之下无意中打开了一扇广阔如无边大海，深邃如海底洞穴一般的世界之窗，也是原来从未想到的；而我和我的学生们一道在所从事的各种相关主题的研究和努力之中，不断取得与多个领域如法律界(包括法学和律师)、经济学界、充满统计分析技术的类似于情报学界(也可以如今天称为大数据分析领域)、工程技术学界，以及我们技术创新领域的学者们相互交流和学习的机会，在报告我们的些许研究成果的同时也总是得到他人积极的反馈和评价，每每总有学能所获、乐此不疲之感。与这些领域的研究大家和资深专家的交流中，我们也能感到自身知识背景的不足和研究工作的缺憾，能力所及和所不及都有深刻体会。另一角度来说，我们也深感学术和实践责任之重大：专利技术资源乃至知识产权资源的重要战略地位，无论是从国家、地区还是产业、企业层面来理解，在今天的知识工业时代怎样强调都是不过分的。每在研究写作之余，总有一种大声疾呼之气涌于胸中，我们能够预感到，未来国际国内市场(我们国内的市场也早已充分国际化了)知识产权和专利技术的价值和地位、作用必将更为关键，其竞争规则和参与知识和高科技“业态”的模式将可能颠覆现有的有板有眼的所谓三类产业发展格局，全球价值链上的知识价值以某种“权利(ownership)”和“体制(regime)”来强化关系主体(包括个人、企业乃至国家)的新坐标和新模式似乎正在潜移默化地形成，知识资本家的主导作用毫无疑问将是今天乃至未来一段时期一个重要的财富再分配的决定因素。

本着综合我和我的学生们10余年来的研究工作，以及我本人多年来，甚至可说是30余年来的心得，并尽可能地将其体系化的初衷，便成就了这本书的内容，在此还要十分感谢中细软知识产权研究中心这个平台，给本书的出版提供了宝贵的机会。

本书的结构

综合我们多年来的研究，有关专利技术资源研究的理论和实践相关问题实际上包含以下七个方面。

(1)专利技术资源研究的经济学理论问题。例如，专利制度的垄断和专利技术引致的市场竞争关系，专利制度本质上是一种人为的市场控制手段，但却是为了刺激和激励能够带来社会福利的技术发明的一种制度设计；同时，这种制度设计和实施的方式又可能影响技术发明的数量和质量，因此需要从制度设计层面(代表政府政策制定者)、制度裁决层面(法律实施及判案者)层面、所有权人(企业为主，代表技术发明的生产者和使用者，也是垄断权利受益者)层面、非所有权人(垄断权利的被挤压者或排出者)层面等来理解专利体系的质量和相应的研究观点，特别是不同产业技术发展时期、不同工业化国家类型、不同企业(规模、创新性等)类型的理解。这可能涉及典型的产业技术特征(所谓产业经济学相关问题)和不同国家类型(所谓国际经济学相关问题)。

(2) 专利制度和政策效应问题。原因同上，但需要分析特定国家专利制度发展历史及其最新的专利制度与政策的变化和变革，尤其在国际上各国政府普遍重视技术创新政策的时期，也就是所谓知识工业发展的大环境下的政府作用时期，这样的制度改革和政策效应的考察和认识十分关键；同时，国别比较本身也能带来政策研究和政策实施多方面的借鉴，而这方面的研究其实很欠缺。

(3) 专利资源战略管理问题。由于技术资源本身的战略性特点，在国家、产业、企业层面，对于技术资源发展的激励和把握都属于战略管理的范畴，特别是跨界（技术和法律）前瞻性技术发明的所有权的管理尤其如此。而专利资源的战略意义，主要就在于对专利权的把握和使用。因此，对专利权的获得直到专利权的设计和权利项布局、专利权的法律价值利用等都有很大的战略管理空间。

(4) 专利密集型产业的专利技术分析问题。因其特殊性和专利技术代表性，某些产业技术（包括正在形成和发展的所谓新兴产业技术）领域尤其值得关注，也被冠以专利密集型产业。虽然传统意义上化学制药和生物制药产业被认为是典型的专利密集型产业，但从专利密集程度和专利数量及其增量来看，电子通信和信息技术无疑是更有特色的一类专利密集型产业，其间有意义的一点是，某些产业技术的专利权属于可规避的（patenting around）。例如 ICT（information communication technology，信息和通信技术）领域以及机电技术领域，以至于 TRIZ（中文含义可理解为发明家式的解决任务理论）技法可以大行其道，用来帮助研发团队布局技术领域，或在业已发展成局的密密麻麻、如同围棋盘满眼黑白子一般的权利空间找到做“眼”的地方；而另外一些产业则属于一夫当关万夫莫开性质，如生物或化学制药领域则因分子式的唯一性，一旦技术落点，则极难规避。本书收入了我们研究团队曾经开展过的信息技术、制药，以及高端制造业领域的专利技术竞争。

(5) 在研究实践上，专利战略或专利价值的实际分析实践中，专利技术资源的信息分析技术和方法研究问题十分重要，特别关系到所谓新兴技术的辨识和分析、典型所有权人的专利竞争格局分析等。值得强调的是，经济学与管理学领域的学者以及相关的实务专家更关心这类专利信息分析的逻辑，或对数据信息分析框架的再分析，以及由此带来的分析结果，这是区别于情报分析的重要特征。而这类所谓专利技术资源信息的框架分析却并不仅仅是一个分析工具的选择问题，难就难在专利技术资源的信息不是单一维度的同质信息，而是一种可以从不同角度、服务于不同观点来理解其中多维度上数据差异的信息群，一方面绝对是一种大数据概念下的复杂数据分析；另一方面又绝不可以沉溺于情报分析那种单纯海量数据的花样分析。专利技术资源信息的分析是可以随着专利技术形成发展理论的侧重不同和分析要求的不同，而侧重有特征同时也有效的分析工具来完成的一种研究，因此方法千变万化，也是理论研究和方法研究交织的一类研究领域，作者团队尽管做了大量工作，仍深感力不从心，但也尝试到其中的某些前沿乐趣。

(6) 专利技术资源的价值分析理论和测度技术。在上述各类研究工作中，专利的价值分析和测度往往是其中的核心，据此可以评价相应的专利质量和专利技术水平。所谓专利价值和专利质量，从概念上说，更像是互为表里的关系，价值为表，往往以其获利预期为基准来衡量，有些测度方法甚至可以以货币标签，而专利质量则以更为抽象和涵盖的方式表现专利（或专利群）的获利能力或影响范围。此类主题的研究更是一种专利成长理论与专利分析工具研究并重的领域，特别是，目前所谓专利价值的分析和测度也都是针对一群专利而言。时至今日，希望从真实的许可收益或市场回报信息来考察专利价值已如痴人说梦：①此类信息极难获得；②专利技术的市场回报具有高度不确定性，即使应用也并非总是直线折旧形式的，此应用非彼应用，差别很大；③海量专利数据的发展现状使得对单一专利价值的考察更显差强人意，特别对经济和管理学界的学者或非特定技术领域的专利分析专家来说几乎没有意义，于是仅凭专利行政机构的开放式数据来分析专利价值以及完成特定目标的测度就成为唯一选项，但这一数据背景也要求相应的理论分析和实践测度工具的协调，并非易事。本书重点介绍基于存续期的专利价值评价理论和方法及其实证分析，也是一种参考。值得重视的倒是，根据这里(5)和(6)部分的研究，却可能分析得到某些关键发明人或所谓技术把门人的发展特征，以及某些关键所有权人，或明星企业的特征，这些主题大致属于新兴技术发展理论和新兴技术辨识等研究，作者团队拟在另外主题的专著中展开。

(7)专利技术资源的资本化，与传统的金融资产资本化相对，专利技术资源的资本化在知识工业时代悄然而来，这是否也可以称为技术资本主义的时代界碑？而在这一资本化的发展初期，我们更多看到的是传统金融资本主义的操作标准和游戏规则与这类技术资本主义融合发展的现实。这一发展形态无疑更突出了专利技术资源这类赋予了法律效力的知识资产的地位。目前的发展和市场机会急需管理学界学者的重视和研究，但现实也表现出，实践领域的企业家和资本家们可能已经远远走在了前面，特别在发达国家是这样。本书作为结尾，只能在这一个主题之下综合分析某些理论发现和发展事实，提出某些观念，作为有兴趣的研究者进一步开展研究的可能参考。

本书的主要工作来源及贡献者

本书的部分素材来自有关专利技术资源的多个国家自然科学基金等项目支持的研究工作，主要有：国家自然科学基金面上项目“FDI环境下我国产业技术资源收敛及多元化发展状态研究(2000—2002，NSFC70273004)”、“基于专利质量测度的中国市场中外企业专利权竞争行为及其极化效应实证研究(2008—2010，NSFC70772011)”、“基于专利存续期的专利价值分布国际比较及其对我国新兴技术资源发展的启示研究(2012—2015，NSFC71173009)”，以及IDRC国际招标中标项目“Patent Pools in China–Patenting Behavior of Foreign Invested Firms and Its Implication on Local Innovation Capabilities and IP Policy Challenges (2008—2010，No.104529-011)”。在这些科研项目的支持下，本科研团队多位博士生以及硕士生的论文研究工作对本书做出了贡献，主要是：张古鹏博士论文基于专利存续期的专利价值研究，以及应用此类观测和分析方法针对专利质量、专利制度响应、新兴技术发展等多篇高质量科研论文研究工作；刘小青博士论文有关我国专利制度发展及其制度响应、专利质量、电子信息产业专利技术竞争等主题的研究工作；许珂博士论文及刘小青博士论文有关专利池的研究工作；曹莉莉博士论文有关制药产业技术创新体系的研究工作；雷滔博士有关高校技术创新和产学研相关主题的研究工作；汪洋博士论文有关高端制造业技术创新体系的研究工作；王勇硕士论文有关我国电子通信产业专利技术竞争相关研究工作；阚梓瑄硕士论文有关我国机械行业专利诉讼相关研究工作等。本书还得益于科研团队中众多其他关键成员的努力和信息积累，包括哈妮丽、李蓓、宋丽思、牛欣、宋爽、李明、李瑞茜、吕妙辰、王美佳、杨凌子等同学的工作。另有值得提出的是，本科研团队其他专利技术竞争相关论文研究工作，如牛欣博士论文基于专利技术分析的有关城市创新体系的部分研究工作，以及本团队有关专利饱和相关的研究工作等近年来也都曾以英文章节的形式贡献于其他相关英文专著中(例如，“Chinese geographical based innovation clustering – major driving force and their functions” in U. Hilpert edited《Routledge Handbook of Politics and Technology》，Routledge，2016；“Patent information based study on patenting behavior in China” in K.C. Liu and U. Racherla edited 《Innovation and IPR in China and India – Myths，Realities，and Opportunities，China-EU Law Series》，Springer，2016；“China as entrepreneurs and their ability to access global resources in high tech sectors” in M. Mckelvey and S. Bagchi-Sen edited 《Innovation Space in Asia: Entrepreneurs，Multinational Enterprises and Policy》，Edward Elgar，2015)，以及本研究团队发表的有关专利技术资源竞争和专利质量的数十篇相关研究工作(在重要中外文学术期刊如《Scientometrics》、《China Economic Review》、《科研管理》、《经济学季刊》、《科学学研究》、《中国软科学》、《管理工程学报》、《管理学报》、《技术经济》等，可用本书著者名查询)，都可以作为本书的参考。

致 读 者

这部专著更像一本研究笔记，不成熟的分析及其结果也期待读者的批评指正，同时也希望读者以阅读研究笔记的心态，从中找到你所关心的主题，存疑的研究途径和工具，有争议的研究结论，为您和您的团队的深入研究提供一份参考。这里总结以往的研究工作一定存在不少遗漏和错误，还请读者不吝指教。

真诚的致谢

对于本书汇总的科研成果，我要衷心感谢我的老师和北京航空航天大学的老师及同学们，而本书能够得以出版，我要诚挚感谢中细软知识产权研究中心这个平台。这个平台于2015 年成立，集合了一群很有朝气的年轻学者和富有实践经验的专利法律专家，他们来自地处祖国内地，但又生机勃勃的四川成都，同时联络着来自全国各地的学者、企业家和资深专家，以专利理论研究联系专利运营实务，以市场资本活力支撑高校的学术研究，相互融通，成为具有中国经济发展特色的知识产权研究体制。据了解，这样的机制已经在全国多个大学发生发展，渐渐成为一种市场时尚。本书能在这样的平台和发展环境下最终出版，应当十分感谢支持平台建设的企业家和研究中心团体，期望这个平台和团体能聚合产生更多优秀的成果，在知识工业时代的前进步伐中再亮出一片新天地。

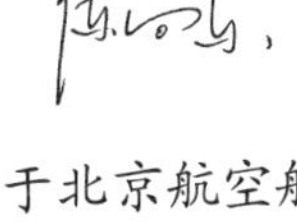

2017 年 8 月于北京航空航天大学

目 录

第一篇

专利技术资源竞争效应的经济学分析

引言：为何要从经济学角度认识专利技术

知识经济时代，作为市场经济核心制度之一，专利制度对以知识资源为基础的生产、市场发展、技术扩散发挥着重要的基础性作用，也有效激励了社会的发明创造的投入和产出。但是，如何认识专利制度“合法垄断”和高技术市场竞争发展之间的矛盾，理解专利技术资源的“双向”局限性，警惕合理垄断造成的竞争不足和过度竞争带来的专利质量的下降(专利制度的非效率性)却又是当前知识和信息数字化时代国际和国内技术创新发展的重要议题。专利制度是依照专利法授予发明创造的专利权，借以保护和鼓励发明创造、促使发明创造推广应用、推动科学技术进步和经济发展的一种法律制度(吴贵生，2000)，这一制度促进技术创新的社会期望和积极的实践效果始终是制度本身发展的重要前提。

专利制度的建立首先在于其对技术创新的有效激励和对发展的独特作用，其经济学意义也十分明确，特别体现在专利制度的经济学层面，如何实现专利的创新激励与垄断力量的权衡，促进专利质量的提升，始终是创新经济学关注的焦点问题。同时，在这一研究的基础上，专利制度的政策设计，所谓最优专利宽度的设计，也从政策层面体现专利制度的经济学意义。而从专利技术资源的实际作用来分析，首先看到的是国别和区域的差异，尤以我国引进外资活动中的专利技术竞争为最；其次需要深入到产业层面和企业层面来观察，不但因为产业经济是表现专利技术的最为生动和直接的载体，而且在于这一载体因技术的内嵌而呈现着动态变化发展周期，因而对理解专利技术资源的质量有着十分重要的坐标性意义；专利是否促进企业经营效率的提高，以及如何促进企业经营绩效提升，也都是非常重要的经济学以及管理学议题。

第一章　专利制度发展下的垄断与竞争

导言：

研究专利技术资源的管理，也需要对专利制度的社会福利逻辑以及其一般意义上的经济学逻辑作相应的了解。从管理学的角度，更多的研究是把专利制度作为一种既定和既成事实的制度体系来看待，研究如何更有效地利用这一制度。但如果从法学角度考察专利制度问题，则仍然有很多属于经济学范畴的制度正当性问题，只有从立法、司法(与用法有关)两个方面来理解，特别是从司法和用法两个角度来理解其制度的正当性，才有可能深入其经济学议题的讨论，而不仅仅是停留在经济学模型的状态描述上面。作者团队在从事专利技术资源竞争和发展相关主题的研究工作中，特别是参与国际国内有关知识产权、专利技术竞争的研讨时，深感对此类专利制度发展的经济学的观察和学习十分必要。

1.1　专利制度的社会福利理论

专利制度的经济学意义建立在两类与社会福利相关的理论上面：①创新活动本身的社会福利理论；②所谓创新知识共享的社会福利理论。上述社会福利都不是当前的，而是未来具有一定不确定性的社会福利。其不确定性在于，前者的创新(是否确实在市场意义上实现了创新？)福利和后者的创新知识(是否有足够的知识创新？)福利都具有高度不确定性。

1.1.1　创新活动激励相关的社会福利理论

这类理论主要解释专利制度对发明家特别是以企业为单位开展技术创新活动的激励效应。由于企业开展研发活动是一种具有高度不确定性的投资与智力劳动投入，还由于这类活动相比仿制他人的产品或工艺需要付出更多的投入，因而需要足够的激励才有可能付诸实施，而这类激励的保证之一就是如何有效地保护投资者可能的发明或技术诀窍，从而有效保护由此而来的可能超越市场平均回报的经济收益。

而专利制度优于其他激励制度的地方在于，相比技术秘密或技术诀窍，或通过时间领先以及领域差异的方式获得垄断收益而言，专利体系通常能够提供更强势的法律保护和市场垄断效应，因此使得专利制度拥有了一种赋予创新者专属性(appropriability)手段的设施意义，其“公赋私权”的法律地位性质决定了这一机制远远强势于其他妄图保护自己独特技术的权利设施。

但值得注意的是，这种独特的私人权利其实往往并不能享受到极致。这是因为，技术创新往往是以技术资源的无序竞争方式来实现的，客观上往往表现于集群或序列发生发展的特点。所谓“强中更有强中手”，这也是技术创新的社会效益得以实现，但又往往无法完全由某个单独个体所独享的原因，因此这类所谓“垄断”性收益即使在同一时间截面上也更多是相对意义上的垄断，除了极个别的例子，大多数技术发明对经济乃至社会做出贡献的方式是以累计的方式，或分享垄断收益的方式完成的。在这种条件下，占先性法律地位的制度设计显然要优于以保密形式的技术诀窍或单纯以时间占先形式来维持个体垄断地位的方式。

但在实践中，专利制度对这一激励理论而言又会出现多种差别性效果，有些甚至完全偏离“创新激励”制度建设的社会福利初衷：在维持其“创新激励”效应的意义上，专利制度的实践有其正面效果，如在很多国际学者的研究工作中，特别在 Weiss (2010) 的专著中，在强调专利制度的技术创新“垄断收益”分享规律的同时，也指出了例如 Cohen 等 (2000) 和 Kortum 等 (1998) 的研究工作所反映的现实市场竞争特点，即技术发明或技术创新成果所有权人倾向于通过专利机制和其他技术保护方式（主要是技术秘密或领先策略方式等）的混合或者结合方式来实现其垄断收益，用来作为以更低的社会成本的非专利保护方式的补充形式，以更好实现其垄断收益。

而在偏离“创新激励”效应的意义上，可以从专利体制的现实发展中看到专利所有权人以施展其法律优势的种种所谓策略或战略方式。例如通过专利布局及组合专利的集成方式，来通过法律诉讼的时机策略和相应的领域策略获得更多的回报，其最终效果是使得竞争各方都以专利诉讼背后的价值为主要参照，而可能抛弃专利技术的生产实践价值。虽然其实践过程也可能同样激励相关的研发活动，但不以新技术的市场效益为目标，而以阻碍他人市场发展（甚至是阻碍他人以技术创新发展市场）的这类研发已经背离了专利制度的发展原则基础，与所谓创新激励完全南辕北辙。特别是近 20 年来的这类另类并多样的“创新”方式又着实令“创新激励”经济学学说大打折扣。

1.1.2　新颖知识和信息的披露相关的社会福利理论

专利体制的另一个重要作用是鼓励技术发明人公开其技术信息，从而为其他潜在的技术创新活动者提供更强大和更丰富的知识创新平台。国外学者认为，专利制度就好似一种群体社会人和个体发明人之间签订的合同，每一方都有自己的责任和义务，而合同的标的物则是内嵌于某种发明方案的新知识。根据这一合同，群体社会支付给个体发明人（所有权人）一种垄断性权利，作为发明的买价，而个体发明者则有义务向群体社会公开自己的发明方案和相关的新知识，以使社会因此类新知识不断产生和传播而受益。

事实上，这类新知识的披露和传播相关的社会福利理论自然倾向于专利制度。相比之下，技术秘密的技术保护方式无疑不利于新知识的传播。与个体创新活动的激励理论不同，新颖知识和信息披露的社会福利强调的是新知识对于社会的公开，即更有效的新知识传播。但这一社会福利理论也会在多样和另类的专利制度实践中大打折扣。与前述效应相类似，当专利权人不以新技术的市场效益为目标，而以阻碍他人市场发展为目标，则专利的有用技术信息必然下降，专利所涵盖的创新性知识必然因其不断的碎片化（可以更好地实现专利布局的策略要求）而渐渐失去其知识新颖和独特的价值，并增加了其他市场主体申请专利和实施创新的成本，从而给新知识的社会福利效应带来负面影响。

因此，综合以上两类专利制度经济学的危机，可以说，专利制度与实践的发展已经带来了更多的经济学问题，值得深入研究和探讨，也值得政策制定者及其相关学者从专利制度的社会福利角度，提出更多、更有意义的制度建设观测框架，为更好地改进这一制度建设提供有益参考。

但不论如何，这些新的专利技术资源的应用策略和市场发展，以及相关的制度发展都在一定程度上肯定了专利体制影响和促进研发及创新活动的不可或缺的体制性作用。

1.2 专利制度设计的实践演变：需要垄断还是更需要竞争

如果回顾专利制度的发展历史，不同历史背景和环境下对专利制度的正当性曾有过多次争论和反复。

19 世纪中后期，欧洲国家曾出现过反专利运动。当时反专利制度运动的兴起，是人们认为专利是与重商主义政策和垄断特权相伴随的产物。根据 2005 年出版的《The Oxford Handbook of Innovation》一书，下列国家都曾出尔反尔，对专利制度的存在投下不信任票：①德国于 1869 年废除了专利制度；②瑞士分别于 1866 年、1882 年两次拒绝了关于设立专利法的提案；③很早制订专利法的英国也曾考虑过要削弱专利法的作用；④法国在大革命时期曾削弱专利法的保护措施。

根据国际上的相关研究，20 世纪 30 年代，受到经济危机和大萧条的冲击，“反托拉斯法”的制定本身就对专利法体系充满敌意，美国政府以专利有害于竞争为由对专利实行多方限制。这种趋势直到 20 世纪 80 年代，里根政府崇尚“复兴美国”的政策，才逐渐加强了对专利权的保护。在此背景下，美国专利政策由“限制专利权”转向了“偏袒专利权”，充分肯定了专利的合法垄断权。其合理垄断权的核心是产品(包括工艺)创造者有权对其独特成果的可能社会效益(通过市场效益反映)享有一个时间段的垄断利益，从而突出了权利人(通常是单一企业或组织)的市场控制力量，但同时也支持了权利人直接关联的技术创造者的智力(通常是研发团队所表现出的群体智力)成果价值，却因制度的原因拒绝了没有关联的其他技术创造者在同一或类似产品市场上的智力价值。

为何会有建立专利制度或废止这一制度的矛盾行为呢？其主要原因就在于，专利的垄断不完全是一般讨论市场行为和市场交易规律意义上的经济学所定义的垄断，而是有更丰富的含义。市场经济学意义上的“垄断”本意是指由个人或企业自身的某种优势而“排他性控制”和“独占”市场的情形，专利权垄断虽然结果如此，但导致此垄断的原因却是政府的相关机构赋权造成，由此引出相应的社会收益与社会公平孰轻孰重的问题。

专利权是一种排他性，或者说是垄断性的权利，其本质上是一种财产权，是一种私权利，但是却由国家行政机构赋予，即专利的垄断性表现在专利权人借助国家机构赋予的权力实现对其技术方法和相关产品在特定时间和地域上的掌控，以私人获得市场可能垄断利润的方式来刺激整体社会的技术创新水平，表现为国家特定行政机关通过审查及授予的独占实施许可权和独占销售许可权所期望的潜在的造福于社会的知识财富，而这一可能的社会性知识财富是以奖励专利权人的可能的垄断性市场回报为前提的，其私人和社会性财富都有相当程度的不确定性。

于是，专利制度一旦建立，私人或企业专利垄断收益和由此可能带来的垄断性市场都具有合理性和合法性。这个合理性建立在专利法律体系的立法和专利体系的运行过程的合理之上。

显然，以经济学意义上的“垄断”概念衡量，专利权的垄断并不完全等同于一般经济学意义上的垄断，它包含了利私和利公二元意义上的平衡关系，因此有其独特的经济学含义。①一方面：大多数专利其实无法实现市场意义上的真正垄断，专利权地位很难兑现“单一供应商”的典型垄断地位，除了相对罕见的划时代意义上的技术创新，例如晶体管收音机、光纤检测设备、心脏起搏器、光学扫描器、个人计算机等划时代的全新产品，大多数技术创新属于累进地、差别化创新的类型。事实上，市场上以专利权保护的绝大多数产品或相应的生产工艺并不能以垄断价格销售，专利权所覆盖的大多技术只能以一定比例的参与程度渗透于特定产品的生产中，而相应的替代品总是一种客观存在，这类低度差别化的产品之间所能实现的垄断只是一种所谓“垄断竞争(monopolistic competitive)”，而非完全垄断。如 Bostyn 等(2013)所言，专利只是提供一种将特定产品商业化的垄断机会，但并不保证所有的专利技术都能获得足够强的市场垄断地位。简单地说，专利制度激励发明创新活动，但非技术的商业化垄断。显然，这类专利技术给专利权人带来的更多是一种利益预期。②而另一方面，确实存在少数具有巨大市场垄断能力的专利技术，其技术嵌入某些产品的垄断地位属于绝对支柱性的，因此此类技术又可以叫作“一夫当关，万夫莫开”类型的技术，例如某些制药类专利，这类专利带来的市场绝对垄断(短期内无法削弱)甚至可能引发专利制度的社会问题。

有关专利体系的充满矛盾的辩论也具有时代性，早先有关专利制度的经济学研究主要在其是否有利于创新。支持者认为专利制度为创新活动提供了基础性制度设施，尽管其制度设计并不见得完美，但这一制度本身还是通过技术创新刺激了经济增长，提高了社会福利；反方则认为专利制度创造了新的市场进入障碍，特别是阻滞了经济落后或后进国家的技术发展，因而降低了社会福利。这一辩论一直伴随着专利制度的发展历史，延续到今天。

从研究专利制度的文献综合比较来看，关于专利制度的研究主题和聚焦点已经发生了很大转移，早先时候人们比较关心专利权及其制度是否强化了创新，而现在这一点已经不是大的问题，事实上也没有什么研究提出过除专利制度以外还可能存在的其他促进创新的有效体制，而大家更关心的则是如何改进和提高现存专利制度促进技术创新的效率(Weiss，2010)。

因此，可以说专利制度和专利权的垄断具有其正当性，就在于其不断证明了的对于技术创新活动的激励功能，而技术创新是经济发展和社会进步的重要动力。这些特点主要反映在：①专利制度为技术创新者提供保护和垄断地位的正向刺激，即：通过增加创新者的收益，来保证社会拥有最优的创新激励水平和创新成果。②专利制度主要体现在其制度设计的合理上，例如通过多重保护维度，将某项发明，如药品发明经由专利长度(即专利权法律实施的时间期限)和专利宽度(即专利权法律保护实施范围)实现其有效的保护和相应的收益。在这一背景之下，有关研究就沿着合理约束条件的方向，来确认能够实现社会福利最大化的最优专利长度和最优专利宽度，以提高专利制度的激励效应，同时也能提高社会福利。③专利制度的切实实施并实现其促进技术创新活动的效应，通常是由三类角色因素决定的，即代表公众社会福利(权衡专利权人的技术垄断和信息溢出所带来的社会福利)

的专利体制的设计方、代表专利权利机构的专利审查和授权机构方、代表专利纠纷处理机构的法律机构(法庭)方。大多时候，专利的实际效果和威慑效应是由法律实施者(即法庭)来决定的，正像欧美专利体制的发展历史那样(见后面的相应章节)，专利纠纷的处理机构往往是专利制度细节设计的开创者。以上这些，其实也包含了现今经济学界研究专利制度的主要议题。

此外，专利制度的革命性在于，专利制度带来的垄断性与单纯金融资本控制和垄断的市场发展形成鲜明对照，也因此起到必要的市场调节作用，至少在专利制度建设的初期这样的作用是十分显著的。之所以这样说是由于近年来，大型企业凭借其庞大的资本力量，逐渐主导国际市场上的研发项目、先进技术和知识成果，并拥有大量的专利资源存量，同时也更游刃有余于成本越来越高的法庭解决专利纠纷的方式，因而专利体系是否还是高技术中小企业的护身法宝，是否称得起是独立于金融资本的另一支增长之桥，已经受到越来越多的质疑。

美国前总统林肯曾有一个名言："专利制度就是给天才之火浇上利益之油。"一百多年过去了，专利制度是否依然对创新有激励作用这一议题已经是国际学者广泛关注的主题。其中对美国专利制度的考察最为集中，以美国学者 Jaffe 和 Lerner(2004)的《创新及其不满：专利体系对创新与进步的危害及对策》和美国学者 Bessen 和 Meurer(2008)的《专利失败：法官、官僚机构和律师是如何将创新置于危险之中》两本著作为代表。

在第一部代表性著作——《创新及其不满：专利体系对创新与进步的危害及对策》中，Jaffe 和 Lerner 分析了美国专利制度近年来的三个主要变化，包括可专利性的主题范围涵盖了动植物品种、软件和商业方法，美国专利商标局由财政拨款转为从向专利权人收取的费用中列支并将盈余上缴国库，和专利权的司法保护倾向于对专利权人友好等议题。上述变化导致美国专利权的保护范围扩大，专利权的授予更加容易，以及专利诉讼的结果有利于专利权人，这些效应导致专利申请的边际收益大大提高，从而也促使专利申请和专利诉讼同时大量增加，而专利制度加诸创新的负担却越来越重，美国专利制度开始显示出创新的负激励作用。

而第二部代表性著作——《专利失败：法官、官僚机构和律师是如何将创新置于危险之中》也秉持类似的观点，即美国专利制度近年来已逐步偏离其设立的初衷，但该书主要从专利权的保护进行阐述。专利权作为一种无形资产，其保护范围是通过权利要求项来限定的。专利申请人希望获得尽可能大和模糊的权利要求以阻止潜在的侵权者。随着近年来复杂技术和抽象技术(例如软件)的兴起，专利保护范围的确定越来越困难。而继续专利制度更是让专利权人得以在监测到竞争对手的技术改进之后更新其权利要求项，继续申请占到美国专利申请 1/3 的份额。这导致专利申请数量、每专利权利要求项的数量以及企业的专利搜索成本增加。通过对现有的实证文献进行综合分析，作者发现大部分专利诉讼成本(包括直接的司法成本、市场份额损失和管理分散等商务成本)是由无意识的侵权者造成的，而不是欺诈者；同时专利诉讼规模的爆炸及其相关成本说明专利系统已经失效。企业在研发和技术创新上越活跃，就越有可能成为专利诉讼的对象。将美国企业的专利诉讼成本加总起来与利润比较，发现除了化学行业和药品行业，总体诉讼成本在 20 世纪 90 年代早期开始增加，并且从 1994 年开始剧增，并大大超过了相关专利带来的收益。

从上述两本著作可以看出，一个国家对专利权的保护最终体现在专利权的执行(enforcement)上，如果专利权执行强度不够，将不能提供给创新者足够的激励；而如果执行强度过高，将导致专利权被滥用的现象大量出现，从而增加创新的成本，对创新产生阻碍作用。无论专利权实施是否对创新有激励或阻碍作用，单就专利价值而言，专利权的实施强度越高，专利的价值也越高。

总体来看，一方面，专利制度有其促进社会福利的正当性，并因此发展而逐渐壮大，其理论基础是，技术创新资源是一种稀缺资源，这表现在，不但当前的技术创新资源相对欠缺，而且那些可能具有潜力的技术奇想和创新性知识也同样稀缺，因此如果这种资源没有排他性的所有权来激励，就必然会导致这类资源的过度使用，乃至使得这类资源彻底消失(Hardin，1968)；另一方面，专利制度的实践发展，又有可能在不断扩大这种排他型权利，当此类权利发展到无处不在时，又有可能对现实的创新活动造成障碍，从而促使创新资源的不均匀发展进一步强化，特别使得南北国家之间、先进工业化国家和经济相对落后的发展中国家之间的技术差距日益拉大；同时，在那些知识产权制度充分完善的市场上也会出现威胁到技术创新发展的状态。

1.3　知识经济时代专利制度的平衡诉求

通过立法制度上的专利权建设必然有权利保障和权利限制的双重作用，即专利法同时承担着两项既制约又促进的职能：①对专利权所覆盖的技术的保护；②对专利权的限制。专利权的存在是合法的，但需要对其进行限制，让其在合法的范围内行使，才能达到保护私有权利与维护社会公共利益之间的平衡。

(1)对专利权的限制表现在以下两个方面。①专利权授予的限制：对于专利权的授予必须符合新颖性、创造性、实用性的标准。②专利权运用中的限制：专利本身是合法的，但要保证专利权的运用也是合法的。保证专利权的持有者、使用者在运用专利创造物质财富的过程中没有构成不正当竞争：持有专利权人必须在法定期限内行使该专利权；专利权的运用应当在法定范围内进行。

与此同时，从专利权的使用者来讲，不得利用专利技术资源的稀缺性进行不正当的市场竞争。例如著名的微软解体案。

专利制度促进技术创新、经济增长和社会发展，但不能忽视专利制度的刚性所造成的双向局限性问题。如前所述，专利权的垄断地位也必然存在滥用的情形，因此有必要通过专利制度的建设和完善提供更符合社会利益的规范和保障。

(2)专利制度的规范与保障作用表现在两方面：①依法取得的专利权受法律的保护；②规范专利人正确行使权利(胡勇等，2004)。

不合理垄断及其垄断权滥用所带来的消极作用主要表现在：①专利制度通过赋予专利权人对其专利的垄断权，使得产权主体地位得以明晰，维护了研发创新的积极性，从而避免了“公地悲剧”。但如专利垄断过度，会造成专利成果应用不足和上游基础研究被闲置的“反公地悲剧”问题(姚颉靖等，2010)。②上游技术专利在一定程度上抑制了技术扩散，使竞争者和下游企业不能有效利用已经公开的专利知识开发新技术新产品(周寄中等，2005)。③专利滥用形成的竞争策略阻滞了知识的使用和传播，特别是跨国公司凭借其技术实力，采用“技术专利化、专利标准化、标准垄断化”的竞争策略，将专利与技术标准结合起来垄断技术和市场，扼守一个行业和产业的技术阵地，攫取巨额利润，形成了事实上的垄断[①]。

但另一方面，专利的过度竞争也会带来消极影响：由于科学技术的迅猛发展，技术创新周期大大缩短，获取专利权的多种途径和技巧也在不断增加，专利权竞争日趋激烈，于是可能造成：①专利丛林(patent thicket)，即大量专利权人以其各自拥有的专利相互钳制的方式锁定了技术创新的空间，使得技术创新无法推进，除非以某种合作联盟方式。②专利联盟(专利池)(patent alliances，patent pool)，即关键的专利权人通过协商建立专利联盟或专利池机制，有效解决众多专利权人的大量专利相互钳制和牵制的问题，可能形成某种工业标准而构造为基础型专利(essential patents)，但与此同时则强化了对池外企业的技术壁垒。③沉睡专利、无效专利(sleeping patents，invalid patents)，大量这样的专利存在主要是服务于相应专利所有权人的进攻性或防御型法律诉讼目的的，因此大部分并不会对真实的技术创新活动作出贡献。

最终，专利的法律效用可能会远大于技术创新的效用，专利制度的两个有关社会福利的经济学理论基础都会有所动摇。

因此本章提出如图 1-1 所示的分析框架以便观测技术创新意义上专利的质量和专利的图 1-1 可能局限。

显然，根据专利技术的市场化程度和专利技术的垄断收益水平的结合观测，可能会出现四个类型的专利技术资源(图 1-1)。

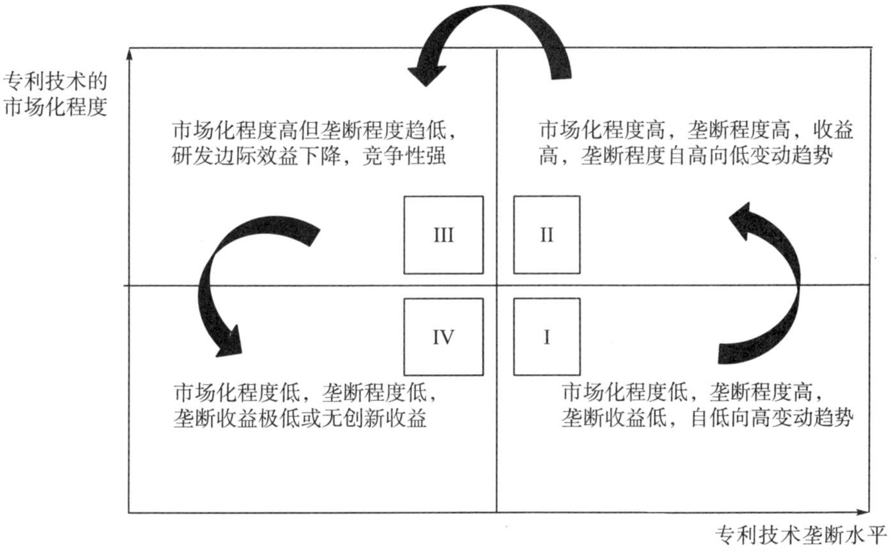

图 1-1　经济学角度考察专利质量状态的演变框架

注：陈向东(2016)。

① 新全球主义——中国高科技标准战略研究报告[R]: www.chinalab.com。

(1)III：竞争型。当专利的市场化程度较高，即大量相关技术主题的专利具有市场化倾向，但专利权人所获得的平均垄断收益水平较低，则表现出一种专利数量多，但每一个专利的垄断作用不高，因此无法享用较高水平的垄断收益。这类专利技术显然属于技术生命周期上所谓渐进式创新的类型，表现出大量专利所有权人密集出现，每个相关的技术发明只贡献极其有限的技术功能，因而获得的垄断收益较低，市场整体呈现竞争性，而非垄断性。

(2)II：动态垄断型。当专利技术的市场化程度较高，同时，专利权人的平均垄断收益也较高的场合，则表现出这类专利技术具有较高的生产实践和市场应用价值，同时，掌握和控制这类技术的所有权人数量相对状态I而言还较少，因此相关专利权人可以享受较高水平的垄断收益。这类专利技术也代表了技术生命周期上发展期的类型。相关产品和技术的市场属于动态垄断型，而非竞争型。所谓动态垄断，是强调了日趋发展和旺盛的市场前景会刺激当前和潜在的专利权人加速投资研发，造成了垄断水平的动态变化。

(3)I：稳定垄断型。当专利技术的市场化程度较低，同时相应的专利所有权人数量又很少的情形下，表现市场的垄断水平高，但因其市场化程度低，因此垄断地位所获得的收益十分有限，相应的产品和技术还处在技术生命周期的导入期，大多应是在S曲线的拐点之前，因此虽然专利权人具有较为稳定的垄断地位，但该垄断地位并不一定代表可以获得很好的市场收益，其市场收益水平尚处于高度的不确定或不稳定时期。

(4)IV：饱和型。处在此格局的专利技术大多由于过度竞争，特定领域大量专利技术的存在已经使得相关专利的价值大大下降，研发活动的回报率极低，没有进一步开展研发和使用的价值，客观上大多用于法律意义上的防御策略。

根据上述分析，处在IV状态的专利技术显然具有很大的局限性，大量这类专利的存在是专利制度的一种损失，也是一种政策设计的损失。而处于其他状态的专利技术虽然也有一定的局限性，但主要反映为企业层面的应用局限，或者有待于开发市场，完善市场化过程，属于市场不完全的局限；或者有待于通过某种组合或联盟降低市场竞争性，获得相对较高的垄断性，属于专利组织策略机制的局限。

总体来看，随着技术的生命周期发展，专利的质量水平应当是由I向II、III乃至最终达到IV的状态方向发展的，而专利制度的局限性也渐渐出现，尤其在状态IV的阶段最为无效。相对而言，状态II是专利制度最有效的时段。

因而可以得出结论：①结论I：专利权及其相关知识产权的发展必然伴随着技术生命周期和相关产品市场和生产规模的发展，并且往往以其权利机制发展为前提来推进市场和生产规模的发展。在这个意义上，专利制度体系是促进经济发展过渡过程的有效机制平台。②结论II：专利权发挥效率最高和最好的状态是这些权利的垄断程度充分显著的时候(往往体现在突变形式的技术创新活动中，和此类产品生产增长的过渡过程中)，或者说，当专利权的垄断水平相对下降时(往往体现在渐进形式的技术创新活动中，和此类生产增长的过渡过程中)，也是专利权的市场效率低下的时候。

1.4　技术创新活动周期特征及专利制度所保护的技术特征

任何生产规模的增长过程其实都是某种程度的技术创新的过程，确切地说是技术发生渐进或实质性改进的过程，而在这些突变或渐变的发展过程中，专利制度无疑起着至关重要的作用。根据国际上现有的理论分析，作为产业领域的显性技术发展，事实上存在两类技术改进或创新活动，可以分别记作熊彼特 I 型创新活动和熊彼特 II 型创新活动，具体描述如表 1-1 所示。

表 1-1　两类典型的技术创新活动及其技术专有性特点

创新范式	熊彼特 I 型创新	熊彼特 II 型创新
来源(熊彼特代表性著作)	Theory of Economic Development (1912)	Capitalism，Socialism and Democracy (1942)
定义	Nelson 和 Winter (1982)定义	Keith Pavitt 定义
特性说明	“创造性毁灭 Creative Destruction”，原始创新，集中程度低，小经济规模，竞争地位不稳定，市场门槛低——高度发散和多元化知识和技术创新	渐进形式的技术发展，高度集中，大企业主导，竞争地位稳定，市场门槛进入困难——高度收敛的路径依赖型技术创新
演化关系	熊彼特创新模式随着经济发展阶段的不同而变化	
典型产业领域	机械行业，制药产业	半导体行业(20 世纪 90 年代)以及微处理器，DRUM (20 世纪 50～90 年代)
技术专有性特征	科学论文著作权，发明专利	发明专利、实用新型专利、专有技术，与商标保护相辅相成

事实上，这样的两类技术体制具有相应的产业技术创新状态来对应，而以技术创新经济学的开拓者熊彼特命名的两类创新模式，即熊彼特 I 型和熊彼特 II 型创新模式也是针对这样两类创新来定义的。其中，熊彼特 I 型创新模式的主要特点是“破坏性创新(destructive innovation)”，而熊彼特 II 型创新模式的主要特点则在于“积累性创新(incremental innovation)”。

以此类理论框架分析，通常市场和生产规模的扩大、增长可以分为既定技术道路的增长和新辟技术道路的增长，前者可以用渐进式创新和产品质量提升作为主要表征，而后者则以全新技术产品或全新生产工艺为主要表征。毫无疑问，前者的价值增长是可以预测的，而后者的生产价值增长是相对不可预测或难于预测的，因而前者的知识产权保护的垄断性利益是可预见的，相应的技术保护机制完善，而后者的知识产权保护的未来垄断性利益并不可靠，其技术保护的主体和环境在不同国家和地区都有很大差别，特别在工业发达国家和新兴市场国家之间的区别更为显著，但往往也是这样的技术创新的垄断权利可能会带来超常的市场回报和相当长时间上的巨额利润。

这样的发展规律还可以引用阿伯纳西与厄特巴克两人提出的 AU 创新理论来说明。

AU 创新理论所描述的产业规模增长的过渡过程可以描述如表 1-2 所示。

表 1-2　工业技术发展的生命周期规律及相应的技术保护形式

项目	流动阶段 主要依靠专利保护	转型阶段 专利保护、专有技术、商标保护作用明显	固化阶段 专有技术、商标保护作用明显，技术集成作用明显
产品创新特征	高频度产品技术创新	主导产品技术创新	批量生产技术创新
	多产品制造技术	质量控制/标准化设计	高度标准化
	柔性设计	差别化产品设计	批量生产
	定向服务	库存管理	规模经济
过程创新/工艺创新特征	瓶颈障碍类型/集成类型创新	高频度过程创新	成本管理类创新
	通用设施/高附加价值劳动密集型创新	元器件系统化/专用设备设施/标准化设施	专业化生产设备体系/标准化原材料
	中小企业创业型创新	供应商组织体系创新	大规模生产体系创新
知识产权发展	因其技术和市场双重不确定性高，一般表现为孤立存在的专利及部分科技论文形式的技术成果。协同保护机制不强	因其技术和市场发展的不确定性均较低，市场回报可预期，大量专利群和其他协同形式的技术保护机制出现	因其技术和市场发展相对稳定，市场回报规范，大量专利群及其体系性保护机制强化

资料来源：根据 Abernathy、Utterback、Bozeman、Hayes、Wheelwright 等的理论改编和补充。

从 A-U 创新理论的周期特征分析可以理解，专利制度的社会福利作用应当更多体现在技术发展周期的初期。其中，不但对于创新激励的效率应当是最为显著的，而且对于新知识的传播也是最为有效的。事实上，大量具有高度新颖性的发明和蕴藏于这些发明中的新知识都处在技术的发展初期，也都具有鲜明的个体发明家或个体企业特征。反观渐进形式创新的相对成熟的技术发展阶段，大量所谓新知识出现在既定技术路径发展的时期，相比而言具有相似性，因而具有更为鲜明的群体发明家或群体企业特征(大多还是属于大型跨国公司或大型企业主导的发展格局之下)。显然，专利制度应当更多地体现在对个体发明家和很强个体企业(往往是高技术小型或微型企业)的保护，也使这类保护的经济回报更强，社会福利水平更高。而处于产业技术发展成熟期的技术，因其群体性质特征，知识的新颖程度降低，相应的社会福利水平也可能较低。

1.5　专利制度的最优保护范围

如果说专利制度是一种人为设计的政策体系，以促进社会的技术创新，提升社会福利，那么专利宽度和专利长度就是这类政策设计的具体体现。

简单地说，专利长度一般指专利的保护期限。显然，保护期太短，不足以激励发明人更多地创造新技术，特别是将创造的新技术纳入专利制度体系；但如果保护期太长，则会使社会付出的福利成本太高，过度偏向技术发明人的私有价值。目前，国际上对发明专利的保护期限一般都限制在 20 年，这一保护长度一经颁布，则成为固定的时间边界，也可以认为其是专利制度赋予专利权人的一种社会福利买价。

相比而言，专利宽度的政策含义就更加明显和突出。这是因为，专利宽度的判定不但有相应的制度原则框架约定，同时也有具体的专利审查过程的动态偏向影响。概括地说，专利宽度表现专利授权机构对于特定技术发明的专利权的技术范围认定。技术范围过宽，则制约了其他发明人的创新空间；技术范围过窄，则会伤害该所有权人的垄断利益空间，因此是一个典型的私利和公利妥协的协调指标。又由于此类协调具有相互对立的方向性，因此客观上有一个所谓最优专利宽度的考量，算是专利制度赋予专利权人的另一类型的社会福利买价，由此也引出了众多的相关研究。

专利宽度表现专利的保护范围，Klemperer (1990)、Gilbert 和 Shapiro (1990) 等研究工作最早分析专利宽度的决定性标示作用，特别是这一指标与发明人收益之间的关联关系。Gilbert 和 Shapiro (1990) 认为，专利宽度实际上标示了专利持有者在专利有效期间所能得到的流动利润率，因而强调了在既定专利保护范围条件下，专利持有者对专利垄断权的利润空间，因此这一指标具有定价能力。Wright (1999) 则从技术模仿的数量出发，用可能进入某一技术领域的潜在数量来定义专利宽度，也通过其间可能的利润侵蚀空间定义了所谓宽度的概念。Denicolo (1996) 则是把专利宽度看作是一种可以衡量技术知识散播程度 (degree of dissemination of technological knowledge) 的指标，并以此为根据建立了专利竞赛模型，考察基于专利宽度的技术竞争模式，并进一步推演现有技术知识水平的含义。例如，O. Donoghue 等 (1998) 就按照专利权所保护的技术质量的高低将专利宽度分为延迟性宽度 (lagging breadth) 和领先性宽度 (leading breadth)，而领先型宽度是保护高质量技术及产品的。在专利宽度概念上的研究还包括我国学者骆品亮、郑绍滚 (1997)，其认为这一概念表现未侵权条件下的创新活动深化的最小区间，以及江旭等 (2003) 认为专利宽度是一种制度设计，表现了政府对于专利权侵权行为的制裁力度。寇宗来 (2004) 则将专利保护宽度看作是创新竞赛者之间的知识控制比率 (也可以反映为技术许可的空间比率)，突出了专利宽度作用在于通过专利保护禁令 (injunction) 一定程度地阻止或延缓其他厂商将差异化产品推向市场，或者说，有效的专利宽度应能保证该制度下的创新产品差别化程度足够高，从而使相关专利产品都有一定的安全控制区域，保证专利产品能够制定较高的垄断价格；但另一方面，专利宽度的确定实际上又容许其他产品一定程度的相似度，通过这类差别化的技术创新，逼使专利产品的价格不至于过分垄断，减小市场扭曲，从而最终促进创新活动的发展。高山行等学者也认为，当专利长度保持不变时，较宽的专利权使得模仿者难于进入，于是先行创新者获得更多数的垄断利益；而较窄的专利宽度，则使先行创新者的竞争者增多，可能使其所获利润不足以弥补成本，于是存在一个最优专利保护期长度与专利保护宽度问题，并受行业特征、市场结构、模仿成本等因素的影响。从制度设计者的角度看，对于小微创新活动所携带的那类高风险、重大发明以及产品市场不完善的发明专利，通常应以长期限、窄范围专利保护为优；而对于大企业主导的渐进式创新活动 (通常具有较高的行业垄断、较低的模仿成本、较低的市场风险，也被诺德豪斯称为一般性发明) 则应以短期限、宽范围专利保护为优。

值得提出的是，从上述研究综合分析来看，专利宽度的观测不但是研究专利制度和相应的创新政策的重要方面，其实也是评价专利质量的重要主题领域，而这类问题的研究一直是技术创新政策和专利质量的研究热点。近年来，有关专利宽度研究仍有发展，例如

Elena Novelli(2015)的研究。

1.6 专利故事：免费的专利

2014年6月12日，特斯拉公司首席执行官艾伦·马斯克(Elon Musk)对外发布了一封公开信，宣布为了电动汽车技术的发展，特斯拉公司将开放其所有专利，任何出于善意想要使用这些技术的企业和个人，特斯拉公司将不会对其发起专利侵权诉讼。此消息一出，犹如一枚重磅炸弹在业界引起轩然大波。尽管对于特斯拉公司的此次“善举”各方众说纷纭，但当事人艾伦·马斯克坦诚表示，特斯拉公司公开专利的目的是希望为特斯拉和其他电动汽车制造商提供一个共同而快速发展的技术平台，以期推动全球电动车的发展，通过专利的共享创建一个规模更大的电动汽车市场。事实上，特斯拉公司选择公开专利的时间恰恰是其处于舆论风暴中心的关键节点，由于主打产品被频频爆出电池组发生自燃事件，不仅让特斯拉公司的形象大受影响，而且使得公司在产品推广上曾一度受阻。与传统汽车公司相比，特斯拉公司无论是在核心的电池管理技术，还是电池及车体结构技术，其对专利技术的拥有量均处于劣势地位。对于其拥有的专利技术来说，也仍然受到其他汽车公司的外部包围与限制。因此对于特斯拉来说，与其固守电动车及其充电池方面的核心技术专利，倒不如公开专利而推动全局，通过行业的共同努力，去推动电动汽车的长远发展，以及对传统汽车的统治地位发起挑战[①]。

艾伦·马斯克如此高调地宣布开放特斯拉公司所有的专利技术，其意图是想利用此种方式带来更多技术追随者去撼动传统汽车产业的根基。当特斯拉公司真正实现这一目标时，其在整个电动汽车领域的统治地位无疑也会凸显。特斯拉公司意图同使用其专利的企业共同推动其电池管理系统及独特的充电技术的发展，形成行业标准，从而控制整个产业链。无论是谁最终使用了特斯拉公司的电动汽车专利，都会帮助特斯拉公司扩大技术影响力。特斯拉毫无疑问是其中的最大获益者和行业领导者。尽管特斯拉公司期望通过“全球联手”挑战传统汽车似乎还有很多的工作需要做，前景也不甚明了，但是，特斯拉公司在全球范围内公开其专利的做法无疑为电动车行业开启了一个免费专利运营模式，这也为其他行业的进步与发展带来了启发和思考，毕竟在很多时候凭借单一公司的力量不可能对抗一个产业，更何况这个产业是最受全球瞩目、根基深厚的汽车产业。

① 人民网：http://ip.people.com.cn/n/2015/0109/c136655-26355764.html。

第二章　专利技术资源发展的产业经济效应

导言：

研究专利技术资源必然要和产业技术的发展相联系，而这样的联系与产业经济学、地理经济学均有比较密切的关系。同时，产业技术创新活动乃至产业技术创新体系也是国家创新体系的重要组成部分。

由于专利技术体系牵涉到国家技术创新政策和技术创新的市场竞争两个层面，因此对产业技术发展和国家创新体系的把握对研究专利技术资源有很大的帮助，甚至某些重要的议题也是从这一角度衍生出来。

国家创新体系及创新政策研究领域的著名学者 Tunzelmann（1997）曾开展具有特殊意义的融合企业微观、产业中观和经济发展宏观三方面的产业革命发展规律方面的研究。他认为，国家技术体系，或称国家生产体系（national production system）在每一次工业革命的发展方面都有根本性的不同，很难沿用以往的产业发展道路和规律；同时其还肯定，每次工业革命的发展都不可能最终实现不同国家层面上的经济质量趋同，或收敛（convergence），这说明每一次工业革命的引领国家都可能发生置换，也说明新兴产业发展在企业层面、产业层面和国家创新体系层面的潜在价值。其中，体现企业创新实力和相应地国家创新活动平台有效程度的专利技术资源及其竞争水平，就成为重要的指示器。

对于管理学界的学生和学者而言，发表于管理学和经济学类期刊上，同时又与特定产业技术直接相关的并不多，主要集中在如生物制药、新材料（纳米技术）、能源技术等领域，往往也反映出这些产业的技术创新密集，或研发密集，以及专利密集的特点。一般的做法倾向于聚焦跨产业特征的产业技术创新，但遇到专利密集的情形，就有必要对特定产业的技术作一定的深入和较为内行的分析了。

不论如何，产业技术创新体系的相关研究思想和成果是必要的学习基础，其后才可能延伸到其他特定的具体行业。

2.1　产业创新体系：基于清晰产业边界的创新体系与专利技术

2.1.1　部门或产业创新系统

有关产业创新系统（sectoral system of innovation）本身的研究就属于一个技术创新主题下的新兴研究领域，其起源最早可追溯到20世纪80年代初期形成的网络合作化技术创新理论和20世纪80年代末期形成的国家创新系统理论。特别是，Porter在其创新模型（钻石模型）中，把产业基础纳入创新系统，贯穿了部门创新系统思想；Dodgson 和 Rothwell（2000）也曾提出以并行工程为基础的综合创新模型是部门创新系统思想的又一种体现；Carlsson(1995)的技术系统理论为部门创新系统的建立和完善奠定了良好的基础。

Malerba 和 Orsenigo(1990)首次系统提出产业或部门创新体系的概念并开展有针对性的研究，并建立了初步的系统理论(Malerba、Orsenigo，1997)；Malerba 和 Orsenigo(1997，2002)特别通过所谓"历史友好"模型对行业动态进行分析，注重产业的形成历史，其中也关系到产业边界的历史形成，并在 2002 年的专著中提出了较为完整的部门创新系统的定义及其研究方法。

Malerba 和 Orsenigo(2002)将部门创新系统定义基本局限在以产品为核心的产业边界上，但十分注重这样的产业活动的基本元素——企业。其典型表述为：产业创新系统是参与开发和制造特定部门的产品、创造和使用特定部门技术的企业构成的系统(或群落)；并认为这种系统通过两种方式形成元素间的联系：①通过产品开发过程中的相互作用和合作；②通过创新和市场活动中的竞争和选择过程。Malerba 和 Orsenigo(2002)强调的产业创新体系中的系统化特点，是把产业技术体系置于一系列参与者在产品的设计、生产、销售过程中，通过市场或非市场的相互作用的活动上面，这些参与者是由不同层次上的企业个体和组织形成，并反映这一产业部门相关专门技术领域上的学习过程、能力、组织结构、经营目标以及市场行为。毫无疑问，在这一系统元素相互作用的体系中，作为专利技术的技术形态起着极其重要的作用，并因产业技术的差异而体现其作用的释放方式差异。

值得注意的是，这类产业技术创新体系的分析和研究工作提出了一种所谓"体制"(regime，其含义较为丰富，兼有产业发展范式和制度的意思)的影响和约束，而在这类所谓范式型制度的研究中，专利制度及其运行差别化的特征就是重要的一类，特别在某些研发密集型或创新密集型产业，专利技术制度，或称专利技术的体制是更为关键的制度性机制。

概括而言，一个产业系统的发展变化过程是由多种要素共同相互作用的过程，并由三方面模块构造组成：即知识和技术、参与者和网络、制度，并据此形成产业的边界。这其中，专利技术体现了产业边界的所有三方面因素，即受保护的技术本身、专利权人及其网络关系、专利制度。这些理论研究中的所谓技术体制(technological regime，TR)，根据相关研究，通常又包含四个要素条件：机会条件(对研究开发进行一定投资后产生创新的可能性)、可占用性或专属性(保护创新不被模仿和从创新中获利的可能性)、技术知识的可积累性(创新或创新活动的系列相关性，或说创新活动的连续性)、相关知识的科学基础特性(包括知识特性和知识传输方式)。一些学者认为，这些变量在影响市场结构和创新方面，比企业规模或需求的影响更为重要(Malerba、Orsenigo，1997；Klepper，1982)。

2.1.2　产业技术创新与专利技术：技术体制

以往涉及所谓"制度"乃至"体制"意义上的研究，其包含的因素大多以社会因素特别是社会人意义上规范、惯例、习惯、标准等为主要研究对象。其中，有关制度的观察可以分为规范类(具有权威和强制性)的和习惯类(具有社会习俗和自然形成特点)两类，前者强调制度的约束性，后者强调制度的交互性。以专利制度及其运行体系作为考察对象，这一制度具有双重性质，但以规范类为主，同时也具有历史沿革与继承含义。另有一种研究观点认为，专利法及其相关制度体系的建立和运行正是针对以往传统和风俗而言的变革，反映为国家性质的私人权利(Malerba、Orsenigo，2002)。

值得特别强调的是，作为现代专利制度，它的存在也有很强的地域和国别差异，例如著名的先发明原则和先申请原则，以及这些差异在不同国家的反映。而这里的重点概念——“技术体制(technological regime)”的研究是代表了一个观察技术创新活动的更为新颖的角度，最早提出此类观点的研究工作可追溯到 Nelson 和 Winter(1982)，它是对企业运作的知识和技术创新环境的一种描述。Malerba 和 Orsenigo(1996，1997)又进一步提出技术体制是由技术机会、专属性条件、技术知识积累程度、技术的科学原理基础性特点四个组成方面，使得这一概念更加准确和丰富，更加专业化，也为专利体制的作用留出了充分的作用空间。其中，最有代表性的概念是技术体制的专属性特征。

为突出表现产业技术体系中可占用性这一与专利技术发展密切相关的条件，国际上还有相关学者根据 Malerba 和 Orsenigo(1993)的研究所得特别按此类产业性质划分加以归纳，并对相应产业的企业适宜竞争策略行为做了说明(表 2-1)。

表 2-1　根据 Malerba 和 Orsenigo(1993)的产业技术战略归类

产业技术的 可占用特征	高技术机会 高可积累性	高技术机会 低可积累性	低技术机会 高可积累性	低技术机会 低可积累性
高可占用性 (专利适用技术)	积极投资现有技术能力，并将自有技术许可出去获利	投资于 R&D 寻求新的技术能力或网络关系	投资于现有技术能力同时积极寻求新的学习和模仿机会	尽可能通过许可出让企业特有技术
低可占用性 (非专利适用技术)	积极投资现有技术能力，积极尝试企业间合作关系或通过出售企业特有技术以从创新中获益，强化技术可占用性	投资于 R&D 寻求新的技术能力和合作网络关系来保护高技术机会的资源	同上，但通过合作关系强化其可占用性是重要战略	没有开发前途

来源：Michael Peneder (2010)，Kylaheiko 等(2010)。

技术体制的专属性主要反映技术所有者能借以保护其创新成果不被竞争对手模仿，并从创新产品中获利的体制性能力。高专属性和可占用性说明客观上存在相应的体制性因素或条件(特别类似专利体系这样的法律平台及其运行良好的法律环境)来保护其创新不被模仿。低专属性的技术体制则说明所在市场或地区尚存在技术外部化或技术成果易于溢出的操作环境(Levin et al.，1987)。

一般来说，不同产业之间的常规性运行技术类型存在很大的差异，主要表现在这些产业边界界定的技术的专门化、默悟程度(与明示程度相对)、互补性以及独立性程度都是不一样的(Winter，1987)。而将上述几个特征纳入产业技术的技术体制这一框架内来衡量，特别是与专利制度及其运行体系结合来考虑，则其核心的问题就是技术体制和产业系统的创新模式之间的关系(Winter，1984)，其基本规律可以总结如下，作为考察这类问题的出发点。

(1)具有高技术机会的技术体制一般认为会表现为高度的动态性，大量的技术成果进入和退出这一体制，技术所有者地位相对不稳定，或者会获得巨大的技术飞跃而因其垄断性竞争优势处于市场有利地位，或者可能被市场淘汰出局。与此相反，对于具有低技术机会的技术体制来说，创新活动极其有限，新技术进入实属凤毛麟角，往往是以往较为成功的企业比较牢固地把握了现有技术路径，同时也限制了创新活动的增长。可以说，高度的技术机会伴随着大量的彼此地位的相对平等，但其增长性十分不稳定的创新群；而低等级的技术机会则伴随着少量的相对稳定的创新群队伍。前者以中小型企业甚至微型企业和创业者主导的创新活动为主，后者则主要以大型企业和巨额研发资金支撑的创新活动为主。

(2) 技术体制还包含其相关的科学知识基础特征，表现技术创新与科学研究工作的结合程度，而这一方面的所谓体制因素就更加复杂，通常更多地表现产学研合作的环境与机制，其中既有局部区域商业文化的影响，也有产业发展的影响。

(3) 从产业发展角度看，通常这类合作主要受限于产业系统中企业创新活动以及生产活动的学习、竞争、行为和组织的强约束，而处于不同产业发展周期的企业所面临的这类约束性质又有差异，也就是说，随时间变化或随产业技术的动态发展此类合作有不同的表现。例如，在 20 世纪 90 年代的研究文献中，计算机、汽车、制药这一类产业中的竞争大多属于知识密集和技术创新密集(Iansiti，1998)(Cockburn、Henderson，1994)，相对其他产业而言具有更强的产学研合作动力。Malerba 和 Orsenigo(1993)还根据这样的知识特征进一步有所发挥，把技术创新的机会和技术知识的积累特征、专属性特征等结合起来，将专业知识的学习体制和基本创新行为的种类和范围联系起来(如激进创新、持续性创新、有效模仿等)，其中不能绕过的产业组织形式就包含了外部知识(主要是科学研究)来源的开放性要求，其典型领域是计算机、生物技术、半导体等。但今天的新兴技术领域发展又有不同，除了制药领域，特别是生物制药具有比较典型的科学研究的知识特征之外，大量的智能相关的研究(包括 ICT 和机器人技术等)，大都与科学研究活动有密切的关系。

此外，路径技术开发和不同路径互补性这类明示型知识为基础的产业技术特征，以及特定企业的经验、能力这类默悟型知识为基础的技术特征，都被认为是影响不同类型参与者参与产业技术创新活动的重要影响或制约因素。

2.1.3　产业技术知识的开拓性与积累性

一般来说，新知识的产生可以大致分为两类：①属于产业技术路径开拓型，往往这类技术创新与界定一个产业边界有密切的关系；②沿着既定产业技术路径前进的积累型，相关技术创新活动总是在进一步塑造相关产业的边界，并从数量和质量上强化产业体系，后一类产业技术创新相比前一类应当是大量存在并且具有更稳定的作用。

需要强调的是，所谓积累型产业技术知识创新应当是建立在既定技术知识的基础上，但又不是简单的重复。从产业的元素——企业的角度来看，企业的知识积累主要通过三类活动实现：①认知类(cognitive)活动，通常通过以往所具有的知识约束框架下学习来认知，同时也可能产生新的问题和知识；②企业的学习组织能力，这类能力是企业所独有的，并且就此产生高度路径依赖性质的知识；③从市场获得的反馈和反应型技术创新活动，如成功的创新可能会使企业进一步增加创新投入及提高认知的可能性。

与这三类活动相对应，企业的专利技术资源也通常具有类似的表现，于是形成特定企业的专利技术路线图。因此，对此类积累性质的知识和技术的考察也通常在企业层面和产业层面两个层面上展开。从企业层面来看，任何产业中的特定企业都具有个性化的特定技术积累能力，善于在技术层面和企业层面开展技术创新并不断实现技术积累者会具有先行者优势(lead advantage)，并由此显现产业内技术集中的现象。因此，企业沿着自我累积的知识繁衍路径发展新的知识、并持续引入新知识的能力较强时，通常也会表现该企业较高水平的专利技术存量。这也就意味着这类企业较高程度的技术专属性或占用性。而在产业层面来看，任何产业技术都具有其知识可积累的共性特征，但不同产业之间确实存在可积累性的差异，高积累性的产业技术相对其他产业而言会降低其相关技术的专属性，即学习以往积累的知识相对容易，也包括通过学习他人专利说明书中所披露的技术信息，于是也会造成产业内知识溢出，使后进企业便于跨越知识门槛。以这样的思维来考察，对特定企业而言，以保密形式(技术诀窍的形式)来实现这类产业技术的积累，而非专利的形式，似可更有效地实现产业技术的专属性。同样的道理，产业技术积累特征还可能给区域层面的知识扩散带来影响。显然，可积累性高的产业技术知识在区域层面也会显现较低的专属性，产业技术知识在空间上易于溢出。

2.2　产业技术创新体系中的专利技术

知识和技术的不同使得产业之间千差万别。一般而言，产业技术知识，特别是专利形态的技术知识特征来源于以下诸方面。

(1)产业技术和知识的多样化与异质性。大量关于技术和技术进步的研究文献都非常清楚地显示出，在一个典型的产业系统里面，应包含不止一个种类的技术。因此，对任何一个产业技术系统都可以构造出一个技术-产品矩阵来联系其中一系列的技术以及其对应的产品制造支撑关系。进一步的研究发现，对于大多数产业而言，就算是仅仅专业生产一种产品的企业，也需要掌握多种技术，包括专利形态的技术，这些公司通常被标记为多技术公司(multiple technology firm)(Granstrand，1994)。另一方面，在一个成熟的产业技术系统里面，通常大型公司的产品组合的技术多样化程度和类型是比较相似的(Pavitt，1997)，也叫作技术的收敛形态(convergence)。相比而言，处在产业萌芽期和产业增长期的技术形态及其多样化水平就复杂得多。同时，小公司的技术，特别是发达国家的高技术小型企业的技术组合和技术类型彼此间又可以是高度异质性的。这些同质性和异质性代表了产业技术的演变和多途径发展的客观现实。因此，一般而言，企业层面来看产业技术，其知识形态或多或少都是异质性的，处于竞争状态的企业之间其异质性的技术和知识也不会自由传播和扩散(正如前文所示，企业将尽可能地长期占有特定的技术，专利形态是最为常见的一种占有方式)，只能通过企业的不断开发、吸收、积累和沉淀来最终显示出其间的较大(产业初期)或较小(产业成熟期)差异，这种技术及其产品发展的异质性决定了企业经济绩效的差异。同时，正是由于这样的原因，这种同一产业内的企业之间的技术、知识和产品之间的异质性又为企业之间，包括竞争对手之间，以及产学研合作联盟内各类主体之间的知识关联和互补，并最终对推进产业动态发展起着非常重要的作用。这些过渡过程其实都可以在相应的专利信息中找到蛛丝马迹，也是了解和分析企业个体、若干企业群体，以及区域、国家层面特定产业总体技术差异及其演变的重要思想基础。Eric Dahmen(1989)就曾提出“工业发展块(industrial development blocks)”的概念来说明不同地理区域上产业技术的关联性和互补性随时间变化而改变的动态规律。

(2) 产业技术和知识的转移。当产业技术发展与不同群体间的学习过程联系起来时，所谓产业技术的可获得性、技术机会、可积累性特征就成为重要的产业知识特点。事实上，产业技术的可获得性或者可转移特点影响产业及相关企业发展的技术机会。Malerba 和 Orsenigo (2000) 认为知识的可获得性 (accessibility) 水平在不同产业是不同的。一般而言，对一个企业而言，无论知识是企业内部的或者是外部的，均是可以获得的，无论这种可获得的知识是在产业内部或者外部。但如果横向比较，不同产业内的企业群之间的知识的可获得性还是有很大的不同的，当产业内知识的转移越容易，或可获得性越强，则产业集中度相应越低。同时，产业内知识可获得性强也意味着产业技术的低专属性特征：竞争者可以很快或相对容易地获得新产品或者新工艺的相关知识，模仿这些新的产品或者工艺过程，并能很快与先进入者展开水平相当的竞争，产业内企业之间的技术差异于是趋向收敛，一般说这样的产业技术也不适宜于用专利保护，其企业间经济收益的差异大概只能由资本力量决定（或说规模竞争能力决定）。但另一方面，产业的知识和技术转移还存在跨产业转移的可能，包括从大学或研究机构的纵向转移，以及从其他产业的横向技术转移的可能，这样就有可能和科学技术机会（往往预示着更为潜在的技术发展机会）联系在一起。此时，这样的跨产业知识和技术转移往往需要实行额外的本产业化创新过程，所对应的技术创新活动相对剧烈，无形中也增加了知识和技术可获得性的难度。事实上，任何一类产业实行跨产业知识和技术转移时都意味着一种全新的技术创新模式，其后果不单可能赋予新的产业技术和知识完全不同的发展条件（可获得性、可积累性、专属性等），甚至有可能颠覆原有的产业本身。另一方面，这类知识和技术转移十分强调人力资本或非企业组织（大学或者公共研发试验室）的作用，无形中也使得原有的产业边界模糊，而产业技术创新的性质更具革命性。正如 Freeman (1982) 和 Rosenberg (1982) 所证实的那样，对某些产业而言，如果该产业的技术机会能够紧密地和大学基础科学研究中的突破性进展联系在一起，将具有更强的产业技术发展的生命力。

(3) 研发密集或知识密集型产业-专利密集型产业。综上所述，某些产业更频繁地需要从产业外部获取知识，或者更频繁地需要更新知识，则其技术机会就主要依靠企业的 R&D 设施、科研装备和仪器的进步和革新以及企业外部的科研成果。需要强调的是，这类新技术、新知识的创造和应用主要体现企业个体的价值。值得注意的是，所谓企业外部的技术机会（知识源和成果源），其实不限于大学和研究所，即产业技术机会可能来自企业向前延伸出去的上游（新技术供应商、知识供应者、大学和科研机构），也可能来自企业产出延伸出去的下游（如高复杂度的使用者），都可扮演重要的角色。但因为这样的技术机会通常在不同属性的组织间共享，技术或知识可占有性是十分重要的利益分配基础。因此，这些研发密集或知识密集的产业也往往是专利密集的产业。当然，利用保密方式实现其可占有性也可以保证未来可能的知识回报，但一般不适宜于不同所有权者之间的共享情形。同时，并非所有外部知识都能被他人使用并转变成另一个企业的新产品，其间也必然存在大量产品和工艺发明的空间，也是专利密集的适宜土壤。

但需要注意另外一种情形，即如果外部知识很容易被捕获并转变为新的产品，也容易被一系列的参与者使用，即由于某些技术发展规律和特性的原因，技术扩散比较容易实现，新技术的溢出成本低，则这类知识创造和转移就不再体现为某类企业个体的创新价值，而是为一类新的产业发展范式提供了基础(例如，信息和网络技术发展的情形)：大量活跃的群体创新比较自由地发展就会促生一类新的产业，而又由于其间的知识创造的低可占有性，这类形式的产业技术同样也可能不适宜于通过专利保护，于是也无从说起专利密集型产业了。只是此类知识门槛易于跨越、知识易于传播、快速技术收敛的产业范式的发展往往最终需要高度整合(通过资本或其他途径的整合)，于是产业集中程度会逐渐提高，出现大企业割据的产业发展结构。

(4)产业技术创新体系中专利技术所有者：创新参与者及其合作网络。毋庸置疑，产业技术拥有者是事实上的产业开发与推进者。以某个时间截面看，任何一个产业的技术活动都是由一系列当时的组织和个体的技术创新活动组成的。其中，作为产业系统中的参与者可以是组织也可以是个人(消费者、企业家、科学家)，组织也可以是营利性的企业，包括实体企业和相关的金融机构，也可以是非营利组织，例如大学、公共研究机构、政府、贸易组织、技术协会等。参与者涉及技术创新、生产、产品销售等整个过程，并且在开发、吸收和使用新技术的过程中发挥作用。这些参与者有他们各自的运行激励宗旨、预期、能力和组织结构，并在技术的开发和知识积累过程中发挥作用。

显然，这些产业技术发展过程参与者的操作性质各异，其知识特点、经验和学习过程特点都对特定产业演进发生作用，同时却以动态互补的特点形成体系。这些参与者的知识和经验特点以及相互学习过程很大程度上是在专利体系框架下实现并常规化运行的。特别以产业技术创新的观测角度看，不同产业、不同区域、不同企业群，乃至不同个体之间的专利技术资源状态也使得特定产业的技术创新率及创新轨道有所不同。根据Malarba(1998)的分析，企业在技术的开发、选择、模仿等行为上的差异及其多样化都是构成部门创新系统异质的原因，多样化过程会刺激新的企业战略及新的创新行为，甚至新的公司。值得注意的是，异质性强的参与者技术创新活动本身会促进多样化，使得产业技术发展更具生命力。与此相反，参与者之间的模仿和同向选择会减少产业技术的差异性，使得产业技术相对固化。显然，这些产业技术发展性质也大多可以通过专利技术活动反映在特定区域、特定国家、特定企业群的技术创新特征上面。

另一方面，如果考虑部门创新系统的动态演变及其成果节点，企业也并不一定是最适合的分析实体。有些时候关键性作用实体可能是个人发明家、特定的企业家或是一系列企业组合。例如，在生物技术或者软件产业系统发展中，创新创业者、大学的科研人员可能是主要的参与者，他们的专利及相关的科学论文可能反映最重要的新兴产业(甚至萌芽类产业)技术成果；而对于既定的生物技术产业，关键的参与者往往是大学及相关研发实验室，其成果节点也往往是少数后来证明是非常关键的专利。但对于电子行业而言，制定标准的产业协会以及企业联盟往往更加适合分析其中的演变过程和实际的企业竞争状态，这些时候，标准背后的专利组合及其专利权人或专利联盟往往是决定产业走向和发展格局的重要推手。

在产业技术系统中，不同的参与者通过市场和非市场关系联系在一起。如传统研究工业组织活动中的交换、竞争和支配过程中所涉及的参与者(如垂直整合)，或更为新颖的研究框架中，企业间及非企业组织间(以产学研合作最为突出)的合作过程，甚至非正式接触过程都是研究的对象。其中，作为明示型知识和技术流动载体的专利和科学论文，以及作为默悟形态的知识和技术流动载体的科研与生产合作，是重要的研究依据。特别在那些新兴产业发展过程中，技术发展的不确定性高，网络化合作显得异常活跃，恰恰是由于参与者的非同质性，或他们的多样性，才使得网络化创新或所谓协同创新成为这类产业技术发展的突出特点。正如在中国的制药业、生物技术、信息技术、通信技术相关的产业发展中，往往与企业高度异质的大学及研发机构，以及与此相关的大量海归主导的创新创业企业成为产业技术创新的重要来源，种种国际上的研究也证实了相应的发展趋势(Nelson、Rosenberg，1993)。

由此可以看出，部门创新系统的结构与产业发展的时段密切相关，以往更多的有关产业技术创新的研究都聚焦产业边界清晰、产业技术相对成熟的情景，而对网络创新作为突出特征的新兴产业，其产业边界尚未清晰化，往往以技术而非产品来界定产业，其对应的研究，特别是与专利技术相关的研究还很不够，值得结合中国快速的科技和工业化发展实际来开展理论和实证研究，针对新兴技术相关的知识基础、学习过程、基础性技术、关键性联系和动态互补等特点，开展结合专利制度框架的分析和研究。

2.3　动态产业创新：产业演化与专利技术

从前面的分析自然导出产业技术发展的技术体制变化问题，即具有清晰边界的产业技术创新活动与具有动态产业边界的产业技术创新活动这两者之间存在巨大差异。也就是说，除了考察通常传统意义上的产业技术创新之外(往往是以产品作为产业分类的标准)，在今天技术创新速率不断提升的知识经济时代，还必须考察产业边界变动基础上的产业技术创新活动，这类动态产业边界意义上的产业技术创新，反而以技术作为产业边界划分的标准会更科学、更适宜，也便于将专利技术资源引入这类典型的产业技术创新体系加以研究和考察。

从较为古典的技术创新经济学说中，人们已经清醒地认识到，熊彼特创新模式是随着产业发展阶段变化的(Klepper，1996)，即如果以从萌芽到发展的观测角度来看产业生命周期，往往是从熊彼特 I 型创新模式向熊彼特 II 型创新模式转变的途径，其中意味着产业发展早期阶段，作为模糊边界的产业技术知识往往变革迅速，产业技术具有高度不确定性，产业进入壁垒相对较低，创新活动的主导者实际上就是产业边界演化的主导和创新者；但如果从产业成熟、衰退并可能面临终结的角度来考察产业生命周期，则往往可能必须从熊彼特 II 型创新模式有可能突变为熊彼特 I 型创新模式的途径来分析，从国际上工业革命发展的历史看，尤其从近年来互联网和 ICT 技术所带来的巨大产业变动看，这一分析过程都是由新技术革命的冲击带来的逆向思维过程。

值得着重强调的是，这一思维架构往往需要从金融资本的力量中挣脱和解放出来，寻求技术创新(包括某一类专利技术)扮演更为前导角色的新的经济发展范式。先看看这一时期的产业技术发展特征。随着既定产业的发展和成熟，往往是当前产业的技术发展轨道相对固化，出现规制化技术支撑的规模经济发展模式，产业进入壁垒高，金融资本的能量(能够用来支配规制化甚至编码化的技术装备）越来越大于技术创新的能量，那些具有金融资本和既定技术轨道支撑的高度垄断的大型企业就通过渐进式创新把握和控制了整个产业（Utterback，1994），但同时却使得产业的发展道路越走越窄，以致产业及其技术发展相对停滞不前，需要不断扩张新的市场以解决规模经济发展模式受限的难题；而最大的难题是，产业发展往往不可能在产业内部找到解决自己延续寿命的办法，必须依靠外部移植，甚至靠外部其他产业终结现有产业。在此期间，如果相关区域存在新兴技术多样化发展的土壤和储备，则有可能通过熊彼特 I 型的破坏性创新来替代熊彼特 II 型创新模式。一个稳定的具有清晰产业边界的技术组织和制度体系就会在很短的时间内被另外一个更加动荡的技术组织和渐渐形成的技术体制所代替，新的需求和新的技术将主宰另一层意义上的产业（Christensen、Rosenbloom，1995），包括其中所涉及的企业及其企业组合。

因此，从动态产业演变的观点来观测产业技术创新体系，及其相关的技术体制，是一个更符合时代潮流的研究和分析问题的角度。

仍以前文提出的四类产业为线索，表 2-2 给出了典型产业的技术创新类型及其产业技术发展范式。值得强调的是，这一产业技术创新特征的划分和归类事实上是给出了传统意义上的产业技术发展和新兴产业技术发展两类发展范式，或说与动态产业的发展联系起来，特别是通过其中的可占用性的分析与专利技术资源的作用联系起来（表 2-2）。

为支持这类可能发生的动态边界产业技术创新活动，必须具有相应的潜在产业技术储备。

如果对两类产业技术创新（清晰边界的产业和动态边界的产业）都加以考虑，则产业技术的动态发展主要来源于两个层面的资源：①技术创新多样化及其选择进化过程所需要的资源；②部门创新系统中各要素的协同发展资源，也带来部门创新系统的发展。前者有可能创造出一个全新的产业，而后者大多只可能强化原有的产业部门创新系统（Nelson，1995）。

于是，选择和产生多样性创新的动态过程，因其影响产业创新系统的性质带有颠覆性，需要将其与第二个关键进化过程区段分开，从而揭示产业技术创新动态性能以及解释专利技术资源在此两个状态下的不同作用。

首先，从技术创新多样化的作用来说，其产生过程可能涉及产品、技术、企业、机构（由此可能涌现新的专门化产业、新的科学教育领域），并吸收和发展更广泛的多样性技术，刺激新技术新知识的联系。例如，在早期化学产业发展时期，高等院校中的学科以及学位教育的出现就是和该产业中新技术的发展紧密结合在一起的。产业系统因为产生多样化的产品和技术以及吸收新的参与者过程的不同导致了产业系统的不同。新参与者的产生，无论是新的企业还是新的非企业的组织，对于产业系统的动态发展都是十分重要的。新的参与者带来创新过程中多样化的方法、专门化知识，这些参与者本身的数量、所携带的技术、产品的差异化都是产业技术多样化的重要组成；并且，这类组成在各类产业的发展中各不相同，于是对部门创新系统发展的影响也不相同。这些元素都促使产业发展的知识基础、产业技术扩散能力和分布、非企业组织（大学、风险投资）与产业技术体制及产业制度化运行紧密联系（Malerba，1999）。

另一方面，产业技术在发展过程中也是一个选择过程，这一选择过程是减少多样化和降低异质性的过程，可能会涉及产业发展的市场环境，如企业性质（规模大小）、产品范围

(产业边界)、产业技术发展(产业组织、市场竞争)、技术资源本身(如技术保护方式、专利体系的运行特点等)。此外，市场化及非市场化的产业技术选择会交替或混合作用，产业技术选择的结果就是参与者群体性质、产品和技术的性质归于收敛，产品、技术和组织的多样化下降。

表 2-2　考虑动态产业变动与传统产业划分情景下的不同产业类型及专利技术资源作用分析

(原用于分析四类产业特性)

产业类	次级类别	典型核心产业类型	主要功能及其与技术范式的关系	产业技术范式(专利技术资源的作用)	技术创新发展轨道
先进技术提供者主导	知识密集型商业组织	计算机软件、R&D、工程咨询行业	ICT 范式的支撑型平台	高技术机会；外部资源为大学及客户；可占用方式为技术秘密、著作权；中小企业主导	创新方式为服务创新、组织创新；创新战略为研发、培训、合作
	特殊供应商制造商	装备制造仪器装备行业	福特范式的知识支撑模式	高技术机会；外部资源：供应商及客户；可占用性方式为设计、工艺诀窍等，大型企业主导	新产品模式创新；创新战略：研发、先进装备购置，软件购置
大规模量产	基于科学的制造	电子行业	ICT 范式的载体产业	高技术机会，外部资源为客户；可占用性方式为专利、设计、技术诀窍；中小型企业主导	技术创新主要形式为新产品创新、组织创新；创新战略为研发及合作
	规模密集型制造业	汽车行业	福特范式的载体行业	中等技术机会，外部资源：供应商和客户；可占用性方式为设计、工艺秘密；大型企业主导	混合产品及工艺创新，技术创新战略：研发与装备购置
支撑性基础设施服务体系	无形、网络型设施服务	通信业，金融业	ICT 范式的支撑设施	中等水平技术机会；外部创新源为供应商或客户；可占用性方式为工业标准、规则、设计等；大型企业主导	技术创新类型为混合型，即工艺、服务、组织行为创新；创新战略为研发、外购先进工业软件，培训
	有形设施服务	交通、批发行业	福特范式下的支撑设施模式	低技术机会；外部创新源主要为供应商；可占用性方式为工业标准(专利)，操作规则，设计；大型企业主导	技术创新模式为工艺创新；创新战略主要是购置先进装备及工业软件

来源：Castelbcci.2008. Research Policy，37：978-994.本书做了部分有关专利技术资源的文字分析。

其次，产业创新系统中各组成要素的协同发展，是部门创新系统正常的进化发展状态，也是一个系统化的过程。但这一要素或资源协同发展的过程更多的是与产业技术的选择过程相联系：即向主流设计发展或者向主导技术收敛，逐渐出现处于支配地位的大型企业。协同发展一般被认为是一个路经依赖的发展过程，特定区域上产业技术发展的参与者以及网络化的学习、交互作用会增加产业经济回报，同时逐渐将其产业技术系统锁定于相对主导的技术上面，这一主导技术往往就是通过专利技术资源的垄断实现的。

因此，对于新兴产业的发展而言，应当注意的是其多样化技术的发散时期和多样化技术向某一类产业聚集的选择时段。这也就是说，新兴产业的演变相对传统产业最重要的区别在于其演变时段。比如，新兴产业发展往往会具有很强的、传统产业很少见到的集群现象，新的集群（往往是产品集群后面的技术集群）出现能够发现新的产业，当前知识经济时代的网络、软件、生物医药、新材料的发展也是靠某种地理空间和网络空间的聚集来实现的。新兴技术和新兴产业起着将先前分散的知识以及技术整合的重要作用，并且在不同的生产者、使用者、消费者，以及具有初始专业化能力的企业、非企业的组织与机构之间建立起新的动态关系。

Malerba（2007）曾专门论述技术创新活动和产业动态发展之间的关系，并提供了一定的针对新兴产业技术的观测方法启示：即通过创新型使用者/客户的分析需求、通过正在形成的产业知识基础分析新兴技术创新活动的作用和角色，分析技术创新网络，特别是研发活动网络动态合作来把握新产业。Corrocher 等（2007）还特别使用专利数据以及专利引文数据，分析电子行业的技术创新活动的熊彼特模式，并就此分析相应的专利数据分类与产业发展的对应关系，以及创新活动机构及其知识来源特点，这些研究工作都对人们今天理解产业技术发展中专利技术群的不同功能有重要启示作用；或者说，差异性专利技术信息所透露出来的新兴产业发展状态是值得深入挖掘的。

以产业技术发展的差异性作为话题，某些产业部门的技术创新（甚至已经成为体系）的研究更有代表性的作用，例如国际技术创新管理领域的学者针对生物制药（Collins，2004；Jungmittag、Reger，2000）、纳米技术这类新兴产业所开展的国家层面和企业层面的技术创新活动的研究。这类技术创新的特点是，或者其输入端（研发领域）的技术领域覆盖较广，或者其创新活动的市场影响力较为深远和广泛。总之，这些针对新兴技术的研究都表现出这类技术的十分明显跨产业创新的溢出现象，也在国内被标以战略性新兴产业的头衔，强调其带动作用和辐射作用。只是，这类新兴产业边界本身并不清晰，其可能涉及的产品遍布许多传统意义上的行业，以及延展出一些融合产业边界的产品。

如表 2-3 所示，为更好说明这些不同类型产业技术发展之间的关系，借用 Forbes 等（2011）的研究，给出考虑动态产业变化的产业技术发展阶段图形来进行对比（根据其研究思想重新绘制）。

表 2-3　考虑动态产业变化的产业技术发展阶段图形

阶段（从当前时点看）	产业发现阶段	产业发展阶段	产业成熟阶段
	产业边界形成	密集产业技术创新结束	
传统产业			产业技术发展区段 0
战略性新兴产业		产业技术发展区段 A	
新兴产业（非战略性）		产业技术发展区段 B	
萌芽产业	产业技术发展区段 C		
多维度创新产业		产业技术发展区段 D	

注：根据 Forbes 和 Kirsch（2011）的研究改编。

产业技术发展区段 A 预示着产业技术发展处于密集区，同时具有清晰的产业发展模式和未来轨道；而产业技术发展区段 B 则是那些仅仅处于技术发展密集，同时尚未在各类必要资源和要素聚集上（包括需求模式）形成清晰发展方向的产业类型。值得注意的是，处在这两类区段上的产业技术专利都具有非常重要的前导性意义，或可能对未来市场形成压倒性垄断地位的专利，但同时也有高度的不确定性。另一发展区段是所谓横跨产业发现期和发展期的技术类型，其相关技术创新显现出一定的市场发展趋势，由前述分析可知，此类技术的多样化发展正是未来新兴技术发展的重要可能支撑，绝对不容小觑。最具现代知识经济发展意义的是处于产业技术区段 D 的类型，实际上表现了此类产业技术可能存在多种路径，并行发展，并且正在改造传统产业的类型，例如 ICT 技术。也就是说，产业技术区段 D 表现了以技术为特征的产业发展类型，而不是以产品为特征，因此颠覆了以往产业界定的基础，使得技术成为企业发展的重心，而不是某种特定的产品。事实上，Forbes 和 Kirsch（2011）在其产业技术区段分析的结构中并没有这样分析 D 类型，只是他们的研究结构对这一类型的产业发展提供了很好的启示作用。这里特别地用竖虚线箭头指示出知识经济时代产业技术的发展方向，即从以特定产品聚焦和收敛技术的形式渐渐过渡到以特定技术扩散出产品的形式来发展，显然，在后一种发展模式中，专利技术资源更为关键，并可能发挥出其在衍生经济发展模式中的威慑作用①。

如果再次以观测技术创新的发展阶段角度来看产业技术发展过程中的专利技术资源，则通常所谓专利密集发展时期，也是以明确产业边界的技术创新发展时段，比照 A-U 创新理论（表 2-3），大量出现的应是工艺类创新，也是工业标准浮现的时段，即所谓标准必要专利（SEP）大量出现的时间，相应的巨额研发投入和大量的专利技术都表现出最为激烈的专利技术竞争，同时也是专利技术资源逐渐向少数大型企业集聚的阶段（表 2-4）。

表 2-4　结合表 2-3 并参照 A-U 创新理论的产业技术发展过程

项目	技术流动阶段（产业形成）	转型阶段（产业发展）	固化阶段（产业成熟及固化）
	产业技术发展阶段 C、B、D	产业技术发展阶段 A、B	产业技术发展阶段 O、A
产品创新特征	高频度产品创新（前导性产品专利），多产品制造技术 柔性设计，定向服务	主导产品技术创新 质量控制/标准化设计 差别化产品设计 （大量专利形成工业标准 SEP*）	批量生产及工程管理 高度标准化 质量检测；规模量化生产 强化 SEP 地位和作用
产品生产工艺创新特征	瓶颈障碍类型/集成类型创新 通用设施/高附加价值劳动密集型创新，中小企业创业型创新模式； 重要工艺类创新（工艺专利）	库存管理，高频度过程/工艺创新（大量工艺专利）/元器件系统化/专用设备设施/标准化设施；供应商组织体系创新 （围绕工业标准 SEP 形成的专有技术体系）	成本管理类创新，专业化生产设备体系/标准化原材料，规模生产体系集成创新；大型企业资本型运行

● Standard Essential Patents（标准必要专利），根据 A-U 技术创新理论（1975）及 Forbes 和 Kirsch（2011）研究改编。

2.4　产业创新体系初创期：新兴产业形成中的专利技术资源作用

2010 年 10 月，我国政府发布《关于加快培育和发展战略性新兴产业的决定》，明确

① 这里以所谓 economies of scope 为背景，即以技术资源为核心的规模经济，本书翻译做衍生经济，而非以产品为核心的规模经济实现更高层次的经济发展质量，与传统的规模经济（economies of scale）形成对照。

将从财税金融等方面出台一系列政策加快培育和发展战略性新兴产业，强调新兴科技和产业的结合，强调战略性新兴产业对国民经济的作用和对国家安全的重大影响；并结合我国国情和科技、产业基础，将节能环保、新一代信息技术、生物、高端装备制造、新能源、新材料、新能源汽车等七个方面的产业和技术作为重点培育和发展领域。

国际上针对所谓战略性新兴产业(strategic emerging industry)的研究还不多，但20世纪90年代前后有关新兴产业的研究却已经有相当一些，典型的研究如Low和Abrahamson (1997)，Van de Ven和Garud (1989)等的工作，不过他们的研究主要沿着产业发展生命周期向前延伸，主要的聚焦点在于产业初期的阶段性划分，其中也存在着极大分歧。如Low和Abrahamson (1997)认为应该将产业增长阶段的开始作为新兴产业阶段的结束，而Klepper和Graddy (1990)和后期的Aldrich与Ruef (2006)的研究则认为应将这一阶段延至产业的成熟阶段。他们的研究表明很多行业的新兴阶段为2～50年不等(以该行业中公司数量最多时作为新兴阶段的结束)，这也说明不同产业之间的新兴技术发展状态和进度可以有很大差别。然而人们也注意到一种现象，很多所谓新兴行业并不能长期发展而真正成为一种具有明确发展方向的产业，而存在早期夭折的可能。也是由于这个原因，国际上产业经济发展领域的研究就很少涉及产业的初创和创业形成阶段，例如Chandler和Lyon(2001)的研究就曾指出，有关创业(entrepreneurship)研究的论文中，只有10%是在产业层面加以分析的，而专门研究新兴产业的研究工作就更少了。

但这些研究的重要意义在于，对于新兴产业的研究实际上是针对产业技术创新体系和产业形成发展的双重研究，而这些发展的特征在不同产业之间会有很大的差异，值得开展个案研究，而非仅仅是各类产业发展之上的某种通用框架；同时，新兴产业的发展对以后产业的增长、成熟和衰退具有很大的影响(Aldrich、Ruef，2006)，也必然影响到特定国家和区域的经济成长特点和竞争力。

Low和Abrahamson(1997)在*Movements，bandwagons and clones: industry evolution and the entrepreneurial process*一文中，曾提出这样的观点：新兴产业的发展就是新的组织形式被创造的过程；产业增长过程是一个充分利用新出现的法制化企业潜能的过程，因此可以用所谓bandwagon(搭车效应)来描述；而成熟产业则无外乎是一个复制已有企业形式和生产模式，并且将一个产业所有知识融合和固化起来的过程。他们同时也对新兴产业发展三个阶段上企业家个体面临的主要困难、创新基本形式和应采取策略等方面的异同做了分析。但不论从企业家个体，抑或是企业群体，其间的相互合作、竞争和影响，以及其中产生的组织或制度(包括技术规则体系)(technology regime)应当都是新兴产业形成和发展的重要标志，这一点对战略性新兴产业的发展尤其重要。

Lee和Tunzelmann(2005)的研究一定程度反映了新兴经济体发展新兴产业的体系构成(图2-1)，认为产业发展中的重要元素有三类，除了技术创新资源发展(技术开发与创新活动)之外，产业发展的组织资源(企业及其产业组织特征)和产业发展的设施资源(金融与要素市场、政策环境等)同样也是重要的组成。其中，以专利形式所表现的新兴技术成果一方面与必要的人力资源相联系；另一方面，与必要的所谓技术体制因素(所谓技术开发和应用的能动体系)相联系，反映出新兴产业发展的机制特征。

值得注意的是，近年来国际上对新兴产业的研究都将产业发展的组织结构作为重要的研究对象，如 Aldrich 等(2006)认为，目前对新兴产业的研究还缺乏对组织机制的了解，因为新兴产业也是组织竞争的领域；很多学者(Daniel、David，2010)指出，目前迫切需要建立研究新兴产业的理论和经验研究框架。

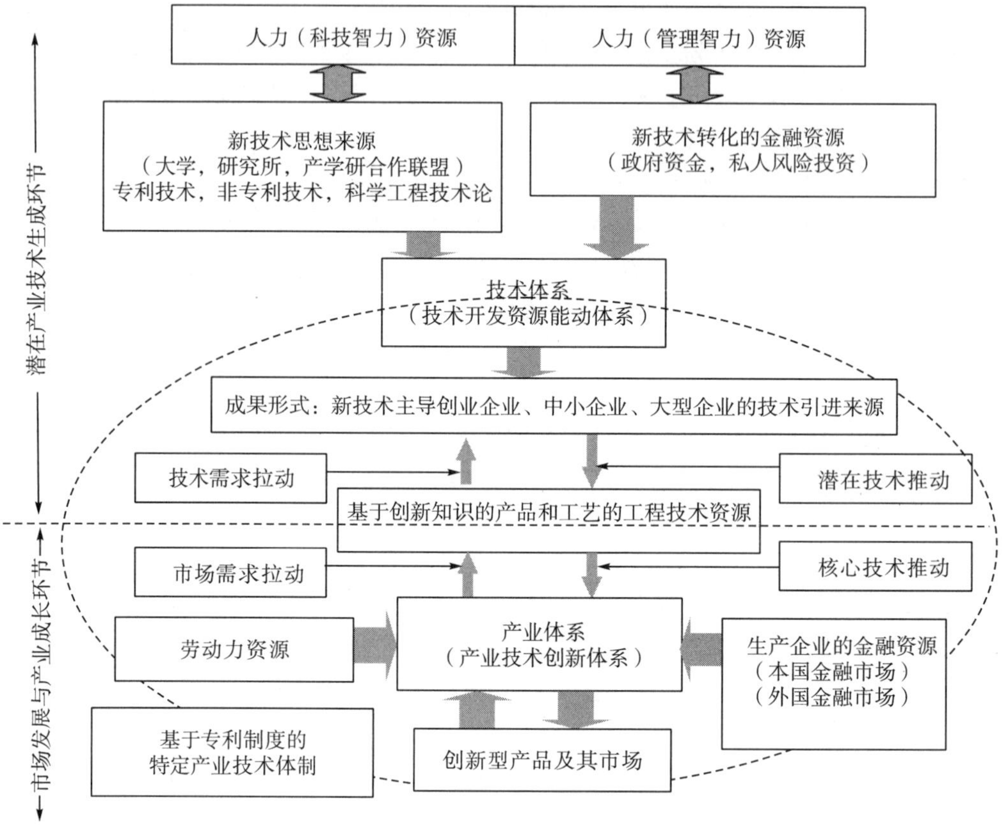

图 2-1　知识工业时代产业专利技术的衍生途径，通过技术资源演进与产业技术创新体系表现

注：根据 Lee 和 Tunzelmann(2005)改编。

事实上，这些研究思想都有一个共同点，即倾向于将专利技术资源等作为新兴技术和新兴产业发展的一个有机组成，而非单独存在的一个元素。这些技术资源既是潜在产业技术生成环节的一个有机组成，也是形成市场发展和产业成长环节的组成部分。其中的差别只在于，前者的环境和主导机制和后者的环境与主导机制不同，因而技术创新的重点也不同。

由于新兴产业的战略意义，政府政策及其效能日益成为分析焦点。Spencer 等(2005)直接以政府作用为题(how governments matter to new industry creation)就不同体制国家的政府在创造新兴产业的过程中面临的机遇和挑战加以剖析。他们通过社会组织层面(organizations of society)的维度划分将样本国家分为 associational 和 corporatist 两类，再依据社会集成方式(collective agency)维度将样本国家分为 statist 和 societal 两类，由此综合分为四类国家，分别分析各类国家政府在技术政策方面面临的机遇和挑战，强调了组织和联盟的制度结构影响政府技术政策的关键作用。

通过大量有关国家创新体系和区域创新体系的研究可以发现(包括我国学者的相关研究，如：柳卸林等，2001；董金华，2005；刘云等，2010)，新兴产业的战略意义直接与政府的政策导向紧密联系。因此，战略性新兴产业的本质上是国家创新体系的重要组成部分，是针对市场失灵部分的政策导向体现，特别对发展中国家而言，也是在知识经济和国际化发展的背景下实现经济结构转型，在新型工业化道路上实现赶超的重要途径。

事实上，从区域乃至国家经济发展层面上看，以技术创新和技术资源为核心的差别化产业发展是决定区域或国家经济可持续发展的重要原因。例如 Henderson 和 Wang(2006)针对 1960～2000 年人口在 10 万人以上的国际样本城市的城市化问题进行研究，说明城市规模的发展是异质性的、非均衡的，而其中重要的决定因素是技术的发展，从地区或国家经济发展的需要来分析，就业、市场竞争和经济持续发展都必须有新兴产业和多样化的新兴技术发展的激励作用，这也说明了专利技术资源发展的环境和与地区融合的产业发展特点。

总体来看，国际上有关新兴技术与新兴产业形成的研究比较注重产业形成的机制和环境因素，如 Van de Ven 和 Garud 于 1999 年提出研究新兴技术和新兴产业的方法，认为在研究新兴产业形成时，应该考虑三类信息和数据：①所谓“instrumental”功能类数据，如该行业内公司的相关产品购买者和供应商信息；②关键资源提供商，例如辅助该行业发展的相关大学和投资机构的信息；③该新兴产业的相关制度机构，如专利制度建设及其他政府机构的信息。近年来相关主题的研究工作则进一步将创新者个体和产业之外的组织行为同等看待，将组织机制与环境的因素提到更高的水平；例如 Forbes 和 Kirsch(2010)的研究，他们认为对新兴产业的研究还需要对公司组织之外的个体文化和组织文化(individual and organization)进行研究。

2.5　本章结语

本章讨论了产业技术发展意义上的专利技术资源发展，包含新兴产业发展中的技术发展框架及其必要元素组成。综合来看，专利技术资源的重要角色是要作为产业发展过程中所谓技术体制的必要组成来理解，不论是传统产业还是新兴产业发展的类型，其技术创新活动既有产业意义上的边界特征，也存在产业技术创新发展的共性特征，因而一方面存在所谓专利密集产业的认识；但另一方面，更重要的是把握产业技术创新活动中的专利密集发展阶段。专利技术资源的质量和竞争特点是与这一行业特性和产业技术创新体系共性相联系的。而从专利质量的角度看，非密集专利阶段的产业发展初始期的专利技术反而是最值得开展研究的。

第三章　专利技术资源对经济增长的贡献

导言：

专利技术资源对经济增长的贡献，应当属于技术进步的经济学理论和实证研究主题之下的一个经济学研究的大课题。一般的研究团队或较少经验的学者相对来说较难担当。但学习这一领域的研究思想和方法却是不可缺少的。同时，不同国家、地区和产业，乃至企业层面也有类似主题的实际问题需要探讨。我们抱着宁可做细、不要做大的考虑，希望重点在某类产业、某类地区、某种所有权组合的具体条件下开展相关的研究；同时，在更为细节性的专利技术信息层面思考其中的决定因素，例如以专利数据表现的技术多样化水平对企业绩效的影响等，也是比较有意义的研究视角。

3.1　专利技术资源与生产率的研究(国家和区域层面)

以专利数据分析为基础展开经济增长和生产率主题的研究，可以以 Griliches 引领的美国国家经济研究院(National Bureau of Economics Research，NBER)的研究团队的工作为代表，这一研究机构特别关注研发、专利和生产率研究。这类研究又以 Zvi Griliches 及其学生 Adam B. Jaffe 和 Manual Trajtenberg 为代表，着重分析创新过程和技术变化，并以基于专利数据的考察开展测评，尤其以专利引用分析为特点。在他们周围聚集的学者包括 Rebecca Henderson、Josh Lerner、Sam Kortum、Jenny Lanjouw 等。该分支的思想脉络发展可以总结如下。

1)技术对经济增长的影响理论基础(应用专利信息)

对于技术对经济增长的计量经济分析源于第二次世界大战结束之后。这一主题下，Abramovitz(1956)和 Solow(1957)提出了划时代的发现：综合生产率增长中有较大的残差不能被资本积累解释，他们对此残差的定义(全要素生产率)开辟了一个全新的研究前沿。为了响应生产率黑箱所提出的挑战，学者们开展了对于基础发明和创新现象的实证性微观经济学分析。1960 年春天举行的一次会议将这些早期的研究思路汇聚起来，并且设定了该领域的未来工作日程。这次会议的成果由 Richard Nelson(1962)编纂成 *The Rate and Direction of Inventive Activity* 一书出版。该书的出版是一个里程碑事件，并且直到今天仍然是灵感的源泉。

在书中最广为人知的可能是 Kenneth Arrow 提出的研究存在内在的市场失灵这一经典文章，同时还包括虽然引用较少但同样有远见卓识的 Simon Kuznets 关于衡量发明过程结果的文章。Kuznets 的文章提出了许多包含在后续研究中的议题。他讨论了定义和衡量发明量级的问题；一项发明的技术性和经济性之间的关系；获得一项发明的成本和发明创造的价值之间的差别；以及发明价值的高度不均匀分布带来的后果。Kuznets 还考虑到了专利统计的优点和缺点，并且提出了一个研究工作的建议：不要停留在仅仅使用专利数量，而应使用包含在专利文献中丰富具体的关于发明过程本身的信息。

2）丰富的专利数据为基础的研究

而 Jacob Schmooker 于 1966 年的著作 *Invention and Economic Growth* 以及 1972 年出版的其身后遗作 *Patents，Invention，and Economic Change*（Schmookler，1972）正是这方面的先驱之作。Schmookler 系统地汇总（非计算机的）专利纪录形成了过去一个世纪的行业总体专利的时间序列。他仔细处理了由使用这些数据而产生的方法论问题，尤其是将专利基于专利局授予的技术分类与特定的行业对照的困难。使用这些数据，Schmookler 提供了市场力量在促进创新活动的频率和方向上的有力证据。更重要的是他证明了就长期而言，专利统计尽管在信息累计和主题研究上还有困难，但它是提供关于发明过程系统信息的唯一来源。

在 Schmookler 之后其他学者应用专利信息及相关多种创新指标在国家、行业技术层面上进行了大量实证研究，但是在企业层次上的研究依然不充分。20 世纪 90 年代的研究倾向于在企业层面开展研究。尽管已经有相当一些实证研究证明了专利活动和企业竞争地位之间的正向联系（Ernst，2001；Anandarajan et al.，2007），但这些研究还多以发达工业化国家和地区的市场为主，较少以发展中国家或地区为背景。而发展中国家或地区往往在专利制度、研发活动的目标和范围等方面与发达国家或地区有较大不同，从而研究专利和企业绩效的联系在发展中国家应当有更为显著的意义（Albuquerque，2000）。

1970 年代后期，ZviGriliches 利用美国专利商标局数字化的优势，以及其他可得的数字化的微观数据（例如，Compustat），通过将这些不同的数据来源结合起来而发起了对于创新过程的新研究计划。他的学生和 NBER 的同事们，由 Bronwyn Hall 带领，建立了大型的企业层次的面板数据库，将专利数据和从企业的 10-K 财务报告所得到的研发、其他财务信息结合起来。基于这项研究计划的首个研究成果，Griliches 在 1981 年秋天组织了名为“R&D，patents and productivity”会议来回应上述提到的 Nelson 于 1962 年出版的专著及其研究思想（Griliches，1984）。在接下来的 10 年中，美国 NBER 有关研发活动的面板数据库及其后续版本支持了大量相关主题的研究工作，并且在相当程度上形成了关于企业层次的研发和专利的共识：即跨部门的专利产出与其研发活动大体上是成比例的，但是此比率随行业不同而表现不同，特别是小企业的比率会更高一些（Griliches，1984）。长期看企业层面的创新活动，则专利与研发是密切相关的，但存在对研发的报酬递减；而当不考虑时滞效果时研发和专利申请之间的联系最强（来源同上）。在包括研发、专利和绩效衡量的多变量模型中（例如生产率增长、盈利、市场价值），研发和绩效之间的相关性可以解释绝大部分变化。专利数量和绩效的相关性较弱，并且通常在研发也包括在内时就失去了解释力（Pakes，1985）。公司专利技术结构的详细信息反映出公司的研究计划指向某个技术空间，这个技术空间在技术机会和研发溢出上的差别会导致研发绩效上的显著不同（Jaffe，1986）。

3)知识经济的概念和细节性专利信息的应用

除了上述经济计量工作之外，20 世纪 70 年代后期和 20 世纪 80 年代早期，对研究过程建模以及专利在这一过程中的角色有了重要的概念进展。Griliches(1979)、Griliches 和 Pakes(1984)扩展并且重新定义了知识生产函数的概念，指出公司现有的研发投资、知识存量，和其他来源的知识一起生成新知识时存在一种随机关系。专利申请可以被看作不太准确的衡量随机性知识生产过程产出的指标，因为申请专利的倾向——即专利的产出率，即专利产出与很难观测到的知识生产之间的比例关系——可能随时间和制度的变化而改变。Griliches(1979)提出的对社会外部性的研究也可以通过对不同经济机构之间知识流动的关系来建模。

大约在同一时期，Schankerman 和 Pakes(1986)进行了另一项原创性的工作，他们使用了欧洲国家专利维持费用的信息。利用维持的频率以及每个阶段维持费用的数量等数据他们可以估计专利价值的分布。这条研究线索提供了企业专利价值异质性程度的实证，同时也极大地激励了使用专利数据某一新颖方面的进一步研究(Pakes et al.，1989)。

沿着这条轨迹的最大突破性成果就是对专利引用(citation)信息的利用。其主要成果汇集于 Jaffe 和 Trajtenberg 在 2002 年出版的 *Patents，Citations and Innovations: A window on the knowledge Economy* 一书中。两位作者的开创性工作包括，利用专利引用来跟踪技术知识从一个发明者到另一个发明者的流动轨迹，从而实践了 Griliches 最初提出的建议；利用一件专利所获引用的数量和特点来考察一件发明的技术性和经济性影响，对 Kuznets 提出的对发明的量度问题提出了有实证意义的方法。专利引用方法也提供了克服在 20 世纪 80 年代经济计量学文献中存在的专利数信息含量低的问题，以专利引用为权重的专利给出了比简单专利数更有意义的发明产出衡量方法。然而该书作者承认，针对 Kuznets(1962)提出的挑战，由 Schmookler 开创并由 Griliches 的 NBER 研究计划跟随的道路并没有结束。“我们仅仅触及了这些数据及相应的方法，试图从表面来解释技术变化的经济影响。我们所做的只是在技术变革的效应那种不可看透的黑箱上试图开一扇小窗，来观察技术变化及由创新驱动经济发展的大主题”，而这一趋势今天看来则更加重要。

3.2　专利技术与生产率的研究(企业层面)

3.2.1　专利体量与企业绩效的关系

专利活动影响企业绩效的机制可以通过技术创新过程和专利申请动机这两个方面来分析。首先，专利活动对企业绩效的贡献是通过技术创新过程实现的。对专利在技术创新中的地位有两种观点。①第一种观点认为专利是研发投入指标，反映了研发支出的范围，是对技术创新过程的一种投入(Schmookler，1966)。②第二种观点认为专利是发明产出指标，反映了研发活动的结果，并直接与表征技术创新成功的经济变量相联系，例如生产率的增长、利润率或者企业的市场价值等(Griliches，1990)，此时专利代表了以质量加权后的研发产出，反映了技术进步导致经济增长的那些要素。

其次，企业申请专利的动机和企业绩效之间存在相关关系。企业申请专利的传统动机是保护自己的发明不被模仿，但是最近的创新调查表明，战略性专利申请动机正在成为趋势。封锁竞争者就是一种典型的战略性专利申请动机，它有两种不同的形式。进攻性的封锁是为了防止其他企业应用相同或相近专利领域的技术发明，例如尽管企业在这个领域可能没有应用这些专利的直接利益，但是本企业申请了专利便阻止了其他企业利用该技术。防御性的封锁是为了保证本企业的技术空间不被其他企业的专利侵占，这可以预防因为第三方拥有企业相关领域的专利而造成自己专利侵权。其他的战略性专利申请动机还包括建立企业声誉和技术形象、扩展国际市场、作为内部绩效指标和动力、作为潜在的交易谈判筹码、获得许可收入和制订标准等(Blind et al.，2006)。

由于大量战略性专利申请的存在，企业的专利组合中最终在市场上实现的仅是一小部分。这部分专利如果为企业自身所应用，则对企业绩效产生直接贡献；如果被其他机构实施，则企业将获得许可收入，或者通过诉讼获得补偿。例如，美国得州仪器公司每年从专利许可和专利和解中获得的净收益额接近 10 亿美元(Jaffe、Lerner，2004)。显然这一部分专利可以作为发明产出的经济测度，较低的比例也说明这部分专利具有较高的质量，即：企业绩效的提高是以高质量专利的实施(或者技术创新)来实现的，而不论实施者是企业自身或者其他机构。

从而在分析专利对企业绩效的影响时，专利申请必须以专利质量指标为权重。另外，从企业申请专利来保护发明到发明经过技术创新过程获得市场成功，其间往往存在着时滞，从而滞后期也必须考虑进来。

研究专利和企业绩效联系的实证研究可以分为两类：①以股票价格、每股收益或托宾 Q 等市场指标为绩效指标，以专利对绩效的贡献没有时滞为特点；②以销售收入、利润、销售利润率或净资产收益率等会计指标为绩效指标，以专利对绩效的贡献有时滞为特点。

当选用市场指标来衡量企业绩效时，可以认为专利活动与市场指标的波动是同步的。专利活动被市场认为是企业创新能力的证明，专利的期望价值被投资者感知并直接反映为企业市场价值的增加，从而与企业绩效的增长正相关。但是运用市场指标时存在着以下三个局限：①造成市场指标波动的原因很多，既有企业基本面因素也有市场因素，如何确定由专利活动引致的那一部分波动；②市场假设参与者对企业的专利活动有完全信息，但是一方面企业专利活动的专业性很强，参与者对企业专利信息的认知程度有限，另一方面除了专利公报和研发信息，专利活动的其他信息来源并不充分；③事实上该方法仅仅体现了专利的价值期望，而还没有转化为现实的经济利润。

表 3-1 的前四项记录均使用市场指标，其中专利授权的数量(Anandarajan et al.，2007；Austin，1993)、每授权专利的引用(Narin et al.，1987)均对企业绩效有显著正向影响。但是，专利对企业绩效的解释力度有限，例如当年的专利申请只能解释该年度企业绩效 0.1%的变化；而当年的专利申请和往年的专利存量一起，也只能解释该年度企业绩效 5%的变化(Griliches et al.，1991)。

当选用会计指标来衡量企业绩效时，必须考虑专利活动影响绩效的时滞效应，可再次细分为两种情况。第一种情况假设存在着一个平均的时滞结构。例如，Scherer(1965)假设从发明到获得专利授权平均需要 4 年时间，Comanor 等(1969)假设从专利申请到创新产品的销售平均需要3年时间。但是上述假设的适用存在着争论，例如部门因素对时滞长短有显著影响，特别在有国家行政干预的制药业，滞后期会明显延长。另外，国家的专利制度环境也影响了专利授权程序的时间长短。例如，在美国专利商标局(USPTO)，不同审查部门之间的授权时间有着相当大的波动。有学者在分析USPTO的专利时发现，专利的平均授权时间为3.5年，标准差为1.6年(Scherer，1965)。如果在研究中控制了国家、部门因素，并以创新产品在市场上实际推出的时间来度量滞后期，就可以应用该假设(Comanor et al.，1969)。第二种情况则假设专利申请在1～4年不等的时滞期持续地对企业绩效产生贡献(Ernst,2001)。

表3-1　专利活动影响企业绩效的实证研究

作者	样本	变量	数据和方法	结论*
Narin 等(1987)	• 16家制药行业的企业(美国)	• 绩效：市场价值在专利授权后的变化 • 自变量：专利引用、授权和引用/授权 • 控制变量：集中度	• 事件研究	• 专利引用(+/-) • 专利授权(+/-) • 专利引用/授权(+)
Griliches 等(1991)	• 340家企业(美国)	• 绩效：市场价值 • 自变量：专利申请 • 控制变量：每家企业的虚拟变量	• 面板数据 • 固定效应广义最小二乘回归	• 对绩效的解释力：当年专利申请0.1% 专利存量5%
Austin (1993)	• 20家生物制药企业(美国)	• 绩效：市场价值 • 自变量：专利授权和关键专利	• 截面数据 • 普通最小二乘回归	• 专利授权(+) • 关键专利(++)
Anandarajan 等(2007)	• 60家半导体行业企业(中国台湾)	• 绩效：Tobin's Q • 自变量：中国台湾地区和美国的专利授权 • 控制变量：规模、销售费用、资本结构、研发、每年的虚拟变量	• 面板数据 • 固定效应广义最小二乘回归	• 中国台湾地区专利授权(+) • 美国专利授权(++)
Scherer (1965)	• 365家财富500强企业(美国)	• 绩效：利润、销售收入增长、利润率 • 自变量：专利授权 • 控制变量：行业虚拟变量	• 截面数据 • 普通最小二乘回归 • 4年的时滞	• 对销售收入增长(+) • 对利润(+) • 对利润率(+/-)
Comanor和Scherer (1969)	• 57家制药业企业(美国)	• 绩效：创新产品销售额 • 自变量：专利申请、专利授权	• 截面数据 • 普通最小二乘回归 • 3年的时滞	• 专利申请(++) • 专利授权(+)
Ernst (2001)	• 50家机械工具业企业(德国)	• 绩效：销售收入增长 • 自变量：德国、欧洲专利局专利申请	• 面板数据 • 固定效应广义最小二乘回归 • 1～4年的时滞	• 德国专利申请(+) • 欧洲专利申请(++)

注：*，(+)，有显著正向影响；(++)，正向影响的程度较(+)大；(+/-)无显著影响；作者整理。

表3-1的后3项记录均使用会计指标，其中专利申请、专利授权均对企业绩效有显著的正向贡献，而且高质量的专利申请的贡献强度更大，例如欧洲专利局的专利申请质量便高于德国专利局的专利申请。在时滞效应上，平均的时滞期为3年或4年；在同时存在多个时滞期时，德国国内专利申请在申请日后第二年或第三年促进企业绩效增长，而欧洲专利局的专利申请则在申请日后第三年促进企业绩效增长。

3.2.2　专利技术范围（技术宽度）与企业绩效的关系

通过企业层面的专利信息还可以把握特定企业群的多元化技术发展趋势和水平，这也是从专利技术资源的经济学视角考察企业技术创新绩效的一个重要领域。

值得指出的是，企业多元化发展具有产品多元化和技术多元化两个观测和研究层面，而两者发展的关系既有联系，也有区别。一般而言，产品多元发展特征是研究企业技术战略的常规考虑。而从产品多元化的支撑因素思考，既可以通过单一技术领域的发展来支撑，也可以以多元化的技术发展来支撑，其中的区别仅仅在于，单一技术领域的发展带来的产品多元化更多是所谓产品差别化的选择，而技术多元化则可能开拓更为广泛的产品多元化发展空间，但相应的研发和生产成本也会上升。因此，技术多元化支持的产品多元化更像是一种战略选择，具有较大的风险性。

产品多元化的收益和成本如表 3-2 所示。当产品多元化的收益大于成本时，企业便会从事产品的多元化经营；如果产品多元化的成本大于收益，则企业业务经营模式便会转化为逆向多元化模式，即归核化（refocusing）模式。

表 3-2　产品多元化的收益和成本

产品多元化的收益	产品多元化的成本
• 管理上的规模经济 • 具有外部性的企业特定资产可外溢于其他行业 • 收益不完全相关的业务组合可实现风险共担 • 企业内资本配置更有效率 • 跨行业经营可实现企业组织能力的优化配置 • 克服中间产品、技术、劳动力及融资等要素市场失灵 • 企业融资时降低信息不对称	• 多样化企业部门间资本配置没有效率 • 对部门管理人员实施股权激励有困难 • 企业内部管理人员的寻租动机增加 • 总部和部门管理人员之间信息不对称 • 现金流管理人员可能从事负价值的投资

来源：Campa 和 Kedia（2002）。

可以看到，以上因素中多项产品多元化的收益因素可能与技术资源多样化效应直接相关，而成本因素则大多间接相关，其中最为突出的则可能是技术资源的多元化投资（资本配置）在一段时间上的低效率。

根据国际上技术创新领域的典型研究工作，技术资源多样化对绩效的直接影响可以通过三个优势方面来分析。

（1）技术资源协同开发优势与风险共担优势。技术资源多样化可以从三个方面增强企业竞争优势：①企业可从差别化技术资源（即不同类型但又彼此相关的技术资源开发中）获得协同收益效应（cross-fertilization），同时也可以从企业不相关技术资源的开发中获得收益，但相对而言，前者获得收益的成本更低，效率更高，因而更为常见。而且企业往往通过在基础技术资源上的多样化来寻找新的技术机会，从而导致更多的创新活动。②研发投资活动导致的风险往往是企业经营风险的主要部分，如 Scherer（1999）指出，平均而言，企业从事研发项目中只有一半能获得成功，在竞争日趋激烈、技术创新周期日渐缩短的情况下，技术资源多样化的企业可以降低其研发投资的风险水平，因为研发组合的多样化可以降低相关技术研发项目中的风险，研发领域的多样化往往能够显著地减少这些投资项目回报率的波动。③技术资源多样化可以避免企业在某种单一技术资源上的惯性锁定，保证企业的可持续发展。

(2)规模经济(economies of scale)与范围经济(economies of scope)优势。技术资源多样化也通过规模经济和范围经济效应来影响企业经济绩效。①静态规模经济效应。当某种技术资源具有适用于企业多个产品的潜力时，企业可把相同或近似相同的技术资源应用于多种不同的产品以降低成本，产生显著的静态规模经济。②动态规模经济效应。技术资源往往伴随着技术的多样化应用而不断得到改进和更新，此即产生了动态规模经济。③范围经济效应。不同技术资源之间存在着潜在的协同和互补效应，可通过不同的组合产生新的功能，从而提高产品或者工艺的绩效，这种互补效应不论参与组合的技术资源是否处于多样化的发展过程都是客观存在的，这种协同或互补效应就构成所谓的范围经济优势。

显然，不论是规模经济抑或是范围经济，都伴随着技术资源多样化而发展，或者促进了技术资源的多样化发展，其多样化发展水平取决于特定可组合的技术类型，也取决于技术进步的不同生命周期阶段的特征。

(3)技术边际生产率和全要素生产率优势。技术资源多样化还通过影响企业的技术边际生产率和全要素生产率来促进企业的经济绩效。①技术资源多样化提高了企业技术资源融合的速度，支持了新功能产品的开发，提高了技术的边际生产率和企业全要素生产率，促进了销售收入和销售利润率的增长；②技术资源多样化提升了企业的研发投资效率和研发强度，这是因为技术资源的多样化过程通过协同效应和风险共担机制提高了研发投资的内部收益率，从而进一步激励企业提高其研发强度，促进技术资源投入提高—多样化水平提高—研发效率提高—研发投入进一步提高的良性循环，从而保证企业研发投资的规模，进一步增加企业的技术存量，提高企业无形资产的比重，提高全要素生产率；③技术资源多样化加速了新功能产品的开发和推向市场，降低了企业的销售成本，从而提高了企业的销售利润率。

从上述过程可以看出，企业的经济绩效与技术资源多样化发展之间也构成良性循环发展的趋势：企业销售收入和利润提高，构成了企业的剩余投资能力，使企业进一步投资技术资源多样化过程，推出更多的新产品，进一步提高销售收入和利润。

如图 3-1 所示，Miller(2006)曾根据此种情形专门提出了一个企业多样化战略和企业绩效的关系模型。从图 3-1 中可以看到产品多元化和技术多样化之间的相互作用也对企业绩效产生影响。如果将产品多元化和技术资源多样化存在交叉作用的企业，与两者不存在交叉作用的企业或者单一产品企业相比，前者具有更大的竞争优势。同时，在企业绩效和多样化战略之间存在着一个信息反馈回路，企业借以调整自己的多样化经营战略。企业或者因为正绩效(核心竞争力或者市场支配力持续增强)而不断扩展新的市场，或者因为负绩效(多种原因导致的市场竞争失利)而选择退出特定市场，从而表现出企业多样化动态发展的过程，最终目的是为现有资产寻找一个更为有效的盈利途径。

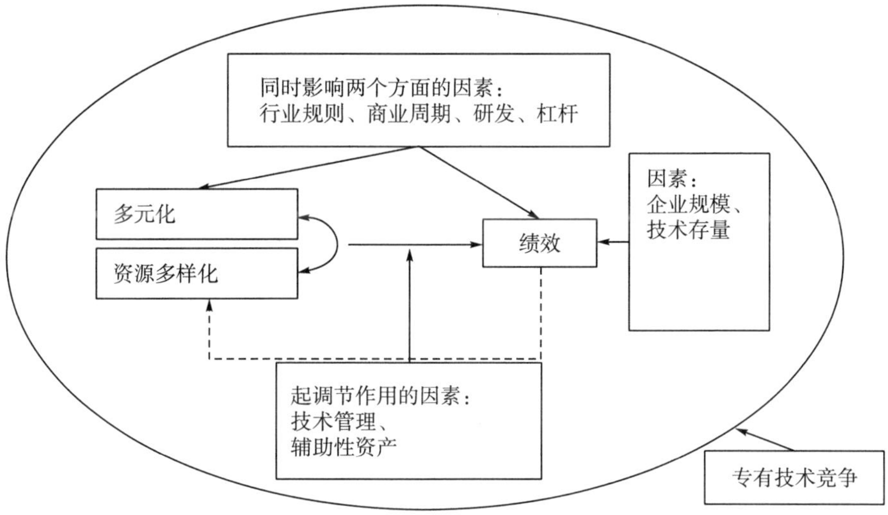

图 3-1　企业多样化战略和企业绩效的关系模型

来源：Miller（2006）。

另外，多样化和绩效之间的联系还受到某些调节因素影响，即这些因素的存在会强化企业多样化经营模式和企业绩效之间的联系。通常企业进入一个新的产业领域需要耗费企业的现有资本，这就意味着企业必须具备充分的内部支持资源。影响企业多样化成功的关键因素包括：①技术资源管理水平。多技术企业虽然有增长的潜力，但是要想获得规模经济和范围经济，在技术资源管理中必须重视交互和协调、技术外包、内部技术转移和交叉组合等方面（Granstrand et al.，1994）。②辅助性资产的支持。多样化通常会增加风险和不确定性，而辅助性资产的支持例如资本、物流和市场营销能够降低多样化内在的风险和不确定性。从而，随着多样化程度的提高，辅助性资产也越来越重要（Chiu et al.，2008）。例如，一些企业在创新上失败就是因为内在的风险和不确定性让初始的创新投资不能成功转化为最终产品。而一些企业即使成功地使他们的创新商业化，他们仍然会因为在渠道和市场营销上缺乏经验而失去其市场领先地位。对一家创新性的企业而言，辅助性资产就是将核心技术成功商业化所需要的专门化支持资产。如果特定的辅助性资产是专门化的且不容易获得，而技术可以通过学习或者技术转移获得，那么辅助性资产的拥有者可以轻松地替代初始的创新者。

最后，多样化和企业绩效的关系还可能受到其他因素的影响，例如：①行业规则的变化。行业规则的变化主要涉及行业准入、行业退出和反垄断规制等行政法规的变化，某行业准入门槛的降低，将使相关行业的企业多样化动机增强；而行业进入的增加，将使该行业的平均利润率下降，从而影响到该行业企业的绩效。②商业周期。在繁荣时期，市场需求旺盛，企业在扩大再生产之外的剩余资源和技术能力会提升企业多样化发展动机（庄贵军，2005）；而在经济萧条时期，市场需求减弱，会导致企业有归核化动机，企业出售辅业资产；另一方面也会导致行业内并购加剧，行业集中度提高。因而经济萧条时期企业多样化程度相对较低。③研发投入。研发强度一方面和多种绩效指标之间存在着普遍的正向联系，另一方面也往往和技术资源多样化紧密相联。④竞争环境。多样化发展的竞争环境决定企业多样化的策略目标。在竞争性的市场中，多样化发展策略的绩效在一定程度上并不能观测到，这是因为多样化发展是一种用来弥补传统市场收益递减的长期渐进性战略设计。如果仅以企业的财务指标为多样化的绩效考核指标，那么多样化的效果可能在短期内体现不出来。如果企业基于它们独特的技术资源、能力和竞争状态进行多样化，那么没有将这些变量包括在模型中将导致偏差。关于企业多样化和绩效之间联系的实证研究总结如表 3-3 所示。文中可见，技术资源多样化能促进企业的绩效(Granstrand et al.，1994)；产品多元化会对绩效产生负面影响(Campa et al.，2002)；而存在技术资源多样化和产品多元化交叉效应的经营模式则对企业绩效有正的影响(Miller et al.，2006)。

表 3-3　多样化与绩效的实证分析

作者	样本	变量	数据和方法	结论
Granstrand (1994)	• 21 家瑞典大型技术企业 1980～1989 年	• 绩效指标：销售收入增长率； • 自变量：技术资源多样化增长率； • 控制变量：研发强度增长率	• 截面数据； • 普通最小二乘回归	• 专利技术资源多样化增长率(+)
Gambardella 和 Torrisi (1998)	• 32 家美国和欧洲最大的电子企业 1984～1992 年	• 绩效指标：销售收入，利润，人均销售收入； • 自变量：产品多样化，技术资源多样化； • 控制变量：规模，国家，行业，初始多样化水平	• 面板数据； • OLSQ； Eicker-White 标准差	• 专利产品多样化(–)； • 专利技术资源多样化(+)
Chiu 等 (2008)	• 582 家中国台湾电子信息技术上市公司 1997～2005 年	• 绩效指标：销售收入，净资产收益率； • 自变量：技术资源多样化，辅助性资产，技术资源多样化×辅助性资产； • 控制变量：规模、年龄、行业规模和波动	• 面板数据； • 广义最小二乘(GLS)回归	• 专利技术资源多样化(+)； • 专利技术资源多样化×辅助性资产(+)
Miller (2006)	• 531 家美国企业为核心样本(747 家扩充样本) 1986～1994 年	• 绩效指标：市场价值； • 自变量：多样化，技术资源多样化，研发强度，资本强度，多样化×其他自变量的乘积； • 控制变量：重置成本，未分配利润，杠杆，资产收益率	• 面板数据； • 加权最小二乘回归，混合截面，随机效应	• 专利技术资源多样化(+)； • 专利多样化(–)； • 专利多样化×技术资源多样化(+)； • 专利技术多样化×研发强度(+)； • 专利技术多样化×资本强度(–)

另外，在实证上调节因素的作用往往是通过与多样化的交叉项来体现的，辅助性资产的存在能够强化技术多样化对企业绩效的贡献(Chiu et al.，2008)。

而对于同时影响多样化和企业绩效的变量的处理，在实证中往往通过选择来自同一行业的企业样本或者引入行业虚拟变量，同时使用时间序列数据来控制行业和商业周期的影响(Miller，2006)；通过针对企业特点单独设定虚拟变量来反映其特定的竞争环境(Miller，2006)；通过控制变量来反映研发的贡献(Granstrand et al.，1994)。

3.3 代入中国电子产业专利数据的企业绩效实证研究

1) 专利申请与企业绩效的研究假设

在我国专利总量飞速发展的大背景下，讨论专利活动与我国企业绩效的关系，是十分重要的研究课题。本部分将中国电子信息产业的专利活动和企业绩效相联系，以揭示微观层面专利技术资源促进经济发展的规律。

专利可以衡量研发的技术性产出是显而易见的。世界知识产权组织(WIPO)的报告曾指出，有 90%的研发成果包含在专利说明书中，而其中的 80%并没有在学术期刊或者技术文档中公开，可见专利在测度企业的技术产出上有其独特优势。

本部分将着眼于研究专利申请、专利授权和中国企业绩效之间的联系，并认为专利授权代表了该专利申请是高质量的。三个基本假设如下所示：

H1：专利申请能够导致企业绩效的提高。

H2：专利授权能够导致企业绩效的提高。

H3：专利授权能够比专利申请更大幅度地提高企业绩效。

2) 数据来源

本书选择中国电子信息百强企业为样本，原因如下：①在创新研究中，电子信息产业是典型的研发密集型产业，专利作为发明保护的手段被普遍应用，企业绩效受技术创新的影响较大。②中国电子信息百强企业是电子信息产业的代表。根据中国信息产业年度报告，中国电子信息百强企业销售收入占全行业的比例为 65%(2000 年)，此后虽然下降，但在 2006 年依然占比 24%。同时，2000～2006 年的专利发展相对而言是市场和政策激励的交叉效果。相对而言，电子信息产业的市场作用更为显著。③选择来自同一行业的样本，一方面可以保证企业的专利申请倾向基本相同；另一方面让专利申请到技术创新的时滞趋于一致，从而保证模型估计的准确性。样本企业是通过中国电子信息百强的榜单确定的，历年榜单所包含的数据结构如表 3-4 所示。

表 3-4 中国电子信息百强历年榜单的数据结构(1986～2007 年)

时间	包含数据
1986～1998 年	排名，企业名称，销售收入
1999 年	排名，企业名称，销售收入，利润总额
2000～2001 年	排名，企业名称，营业收入，利润总额，出口交货值，研究与发展经费支出
2002～2006 年	排名，企业名称，营业收入，上缴税金，利润总额，出口交货值，研究与发展经费支出，信息化投资总额，主要产品
2007 年	综合排名，企业名称，营业收入，利润总额，研发费用，专利总数(项)，发明专利(项)，主要产品

注：作者根据中国电子信息百强企业网(www.ittop100.gov.cn)和中国工业与信息化部网站(www.miit.gov.cn)公布的中国电子信息百强企业榜单整理。

同时，还需要说明，本书选用 2006 年前的数据，是因为在那个时期，我国专利技术的发展正处于上升期，存在一定的政策激励效应和市场激励效应，这反映在我国企业专利申请的比例上面。据统计，1995～2006 年，我国企业的年发明申请量从 1,086 件增长到 56,455 件，年平均增长率为 39%，占国内职务发明申请的比重相应地从 36%提高到 69%；我国企业的年发明授权量从 211 件增长到 9,433 件，年平均增长率为 37%，占国内职务发明授权的比重相应地从 22%提高到 51%。可以看到，我国企业自 2005 年起年发明申请和授权数量快速增加的同时，在国内职务发明专利中的主导地位也日益凸显。因此选取这个时段，能够在一定程度上反映企业专利权的市场反应。

中国电子信息百强评选从 1987 年由当时的中国电子工业部发布第 1 届榜单，到 2008 年由工业与信息化部发布第 22 届榜单，已累计发布 22 年。该榜单的产生经企业申报、地方行业主管部门推荐和国家行业主管部门审核等三个步骤，第 1 届～第 21 届榜单的入选标准为电子信息产业中营业收入最高的 100 家企业，而第 22 届榜单的入选标准为电子信息产业中经营业绩指标综合评价(包括规模、效益、创新等)最高的 100 家企业。

样本企业的数据有两个来源，其中绩效指标来自中国电子信息百强的历年榜单，专利则检索自国家知识产权局(SIPO)专利数据库。销售收入和利润总额将选作企业的绩效指标，其观测区间为 1999～2007 年。同时考虑从专利申请到技术创新 1～4 年的时滞，专利数据的观测区间为 1995～2006 年。再考虑样本企业上榜的次数和获得专利授权的情况，选取了在 1999～2006 年上榜 3 次及以上，且在至少 3 个上榜年份获得超过 1 项发明专利授权(按申请日计算)的企业 55 家，作为本次研究的最终样本。

3)研究模型

选用销售收入和利润为绩效指标，选用专利申请和专利授权为专利指标，选用样本企业在上榜期间的平均排名为控制变量来表征企业规模，同时假定从专利申请到企业绩效变化存在 1～4 年的滞后期。从而计量模型如式(3.1)所示。

$$Y_t = \alpha + \sum_{k=0}^{4} \beta_k X_{t-k} + \text{control variables} + u_t \quad (t = 1999, \cdots, 2007, k = 0, \cdots, 4) \tag{3.1}$$

其中，包含两类关系：Y_t 为因变量，分别代表企业在第 t 年的营业收入 sales(第一类关系)和利润 profits(第二类关系)；X_{t-k} 为自变量，$(k = 0, \cdots, 4)$，分别为企业在第 $t-k$ 年的专利申请数量 PA_{t-k} 或专利授权数量(按申请日) PG_{t-k}；control variables 为控制变量企业规模 Rank，即企业在历年中国电子信息百强榜单的平均排名。

由于自变量 1～4 年的滞后值之间高度线性相关，模型存在着高度的多重共线性。为了消除多重共线性的影响，运用阿尔蒙变换将滞后系数 β_k 用滞后期 k 的 m 次多项式表示，如下式：

$$\beta_k = \sum_{j}^{m} \gamma_j k^j \quad (m < 4)$$

将上式代入模型，则模型转换为多项式分布滞后(polynomial distributed lag，PDL)模型，如下：

$$Y_t = \alpha + \sum_{j=0}^{m} \gamma_j z_{jt} + \text{control variables} + u_t \quad (t = 1999, \cdots, 2007; j = 0, \cdots, m) \tag{3.2}$$

其中，$z_{jt} = \sum_{k=0}^{4} k^j X_{t-k}$，其是滞后变量的线性组合变量。

变量之间的描述性统计和相关系数矩阵如表 3-5 所示，从表中可以看到，样本企业销售收入的年平均值高达 133 亿元，凸显了其在经济上的代表性；而销售收入的高标准差则说明了虽然同为中国电子信息百强企业，其规模仍存在着较大差异。而样本企业在中国电子信息百强榜单上的平均排名为 34，说明了有专利授权的创新性上榜企业平均规模高于其他上榜企业。最后，样本企业年平均专利申请达到 93 件，专利授权达到 30 件，专利申请非常活跃，同时其累计专利授权率为 34%。

表 3-5　变量的描述性统计和相关系数矩阵

	平均值	标准差	1	2	3	4	5
1.销售收入	133	188	1.00				
2.利润	4	8	0.53	1.00			
3.平均排名	34	26	−0.55	−0.39	1.00		
4.专利申请	93	443	0.27	0.59	−0.16	1.00	
5.专利授权	30	127	0.19	0.67	−0.20	0.71	1.00

注：销售收入和利润的单位为亿元；平均排名无单位；专利申请和专利授权的单位为项；所有的相关系数都显著，其 P 值均小于 0.01。

专利活动与企业绩效联系的回归结果如表 3-6 所示，需要注意的是当且仅当样本企业在上榜年份及 1～4 年的滞后期内专利申请或专利授权均大于 0 项时才会进入到回归模型，从而模型的观测数小于 55×8=440，实际观测数在表中最后一行给出。模型 1 到模型 3 分析了专利活动对销售收入的贡献，模型 4 到模型 6 分析了专利活动对利润的贡献。其中模型 1 和模型 4 为基础模型，仅包括了控制变量与包含了自变量的其他模型进行比较。

将模型 1 的 Adj *R* Square 与模型 2 和模型 3 比较，发现专利活动可以解释销售收入 11% 的变化；将模型 4 与模型 5 和模型 6 比较，发现专利活动可以解释利润 5%～9%的变化，均高于 Griliches 等（1991）得出的现有专利申请和专利存量只能解释企业市场价值变化 5% 的结论（Pakes，1985），说明在中国电子信息产业，专利活动对企业绩效的贡献较大。

通过模型 2 和模型 3 的结果可以看到，当年的专利申请或专利授权均对企业销售收入有负面影响，专利申请从专利申请日后第一年开始对销售收入产生贡献，专利授权则从专利申请日后第二年才开始对销售收入产生贡献，专利申请和专利授权对销售收入的贡献都在专利申请日后第三年达到最大；专利申请及其滞后项的系数之和为 0.0032 ($t = 3.54$)，专利授权及其滞后项的系数之和为 0.0011 ($t = 3.10$)，可见专利申请和专利授权均对销售收入有显著正面影响，假设 1 和假设 2 成立；但是专利申请提高企业销售收入的幅度比专利授权的幅度大，即假设 3 不成立，这个结论虽然与 Ernst（2001）得到的结论相冲突，但是与 Comanor 和 Scherer（1969）的结论是一致的。可见在中国电子信息产业，企业销售收入更多地受到专利申请而不是专利授权的影响。

表 3-6　专利活动与企业绩效联系的回归结果

变量	第一类关系(log sales)			第二类关系(log profits)		
	模型 1	模型 2	模型 3	模型 4	模型 5	模型 6
α	14.80**	14.93**	14.95**	11.43**	11.22**	11.20**
Rank	−0.04**	−0.04**	−0.04**	−0.04**	−0.03**	−0.03**
PA		−0.0011**			0.0003**	
$PA(-1)$		0.0004**			0.0002**	
$PA(-2)$		0.0013**			0.0002**	
$PA(-3)$		0.0015**			0.0001**	
$PA(-4)$		0.0011**			0.0001**	
PG			−0.0007**			0.0009**
$PG(-1)$			0.0001			0.0007**
$PG(-2)$			0.0006**			0.0005**
$PG(-3)$			0.0007**			0.0004**
$PG(-4)$			0.0005**			0.0002**
Adj R Square	0.6853	0.7998	0.7971	0.4630	0.5122	0.5492
Observations	162	162	162	162	162	162

注：**：P< 0.01。

同理分析模型 5 和模型 6 的结果，发现专利申请和专利授权均从专利申请当年便开始对利润产生贡献，且在当年的贡献最大，此后逐渐减少。专利申请及其滞后项的系数之和是 0.0009 ($t = 4.46$)，专利授权及其滞后项的系数之和是 0.0027 ($t = 5.18$)，即：专利申请和专利授权均对利润有显著正面影响，假设 1 和假设 2 成立；同时专利授权提高企业利润的幅度比专利申请更大，假设 3 也成立。这说明在中国电子信息产业，企业利润更多地受到专利授权的影响。

3.4　代入中国电子产业专利数据的企业多元化绩效实证研究

3.4.1　专利技术的多元化水平观测

不论产品多样化抑或技术资源多样化的测度方法都可以参照产业经济学中的产业集中度的测度方法，主要涉及专业化比率(specialization ratio，SR)、赫芬达尔-赫希曼指数(Herfindahl-Hirschman index，HHI)、Jacquemin-Berry 熵值法(entropy measure)和显性技术优势的变异系数法(coefficient of variation of the revealed technology advantage (RTA) index，CV）等四种指标。其中，HHI 与 CV 之间存在着转换关系，即

$$\mathrm{HHI} = (\mathrm{CV}^2 + 1)/N$$

在测度产品多元化时，通常需要计算企业销售收入在不同业务、市场类别或产品系列上的分布，其界定一般基于三种标准，即资源独立性、市场相关性和产品相关性。其中资源独立性标准评价两种不同业务间是否存在着潜在的资源共享基础，缺点是数据搜集困难并且需要主观判断；市场标准根据顾客需求或者业务间的价格交叉弹性来划分不同业务，由于数据搜集困难，在实际中也较少应用；产品标准则将企业的每一种产品和服务当作一项业务，这个方法综合了资源标准和市场标准，因为不同的产品通常需要不同的生产设备和营销渠道（资源标准），以满足不同的顾客需求（市场标准）。另外产品标准的数据搜集工作更加容易，通过标准行业分类（standard industrial classification，SIC）对企业的产品和服务进行归类，其数据的可得性和客观性大大增强，同时也便于企业间的横向比较和不同时期的纵向比较，因此产品标准在实证研究中的应用最为广泛，而最常用的标准行业分类是联合国的国际标准行业分类（ISIC）、美国的标准行业分类（SIC，在 1997 年后被 NAICS 替代）和北美行业分类体系（NAICS）。

在测度技术资源多样化时，通常需要计算企业技术活动在不同技术类别上的分布，常用的有五种测度方法，即：专利统计、文献计量技术、研发统计、产品中所包含的新技术分布和企业员工在工程和科学高等教育背景上的分布等。虽然专利数据的使用有一定的缺陷，但是专利数据的可得性、客观性和可比性等优势，使得基于专利统计的技术资源多样化测度最为普遍。专利的分类体系主要有两种：世界知识产权组织的国际专利分类（IPC，日本特许厅和欧洲专利局的专利分类体系都是基于 IPC 的扩展）和美国专利商标局的美国专利分类（USPC）。

本节将选用产品标准来测度产品多元化，选用专利统计来测度技术资源多样化，但是都基于企业专利申请数据。在测度企业产品多元化时，通过 IPC 和 SIC 的对照表（concordance）计算专利在不同行业的分布，该对照表给出了 IPC 小类（即 IPC 四位码）在 SIC 四位码上的概率分布。这种基于技术资源测度的产品多元化水平与传统基于销售收入测度的产品多元化水平不相关，这种测度事实上突出了企业产品多元化的技术关联。本节的技术资源多样化也将基于 IPC 来测度。IPC 分类体系是由高至低依次排列的等级式结构，设置的顺序是：部、分部、大类、小类、主组、小组。于 2006 年公布的 IPC8 基本版大约有 20,000 个小组，高级版则有近 70,000 个小组。由于 IPC 分类体系太过琐碎，本节将选用一个概括的专利技术分类表来计算技术资源多样化。

本节选用的 IPC 与技术和行业的对照表如表 3-7 所示，它应用 IPC 大类（三位码）将专利分配到 33 个技术分类和 6 个产业部门，其中的技术分类是对 IPC 大类的综合，而产业部门则与美国国家经济研究局（NBER）专利数据库的最高一层的部门分类相对应。

表 3-7 IPC 和技术类别与产业部门的对照表

序号	技术类别	对应的 IPC	产业部门
1	农业	A01（除 A01N）	其他
2	食品	A21－A24	其他

续表

序号	技术类别	对应的 IPC	产业部门
3	个人和家庭用品	A41 - A47	其他
4	健康与娱乐用品	A61 - A63（除 A61K）	制药和药物
5	药品	A61K	制药和药物
6	分离，混合	B01 - B09	化学
7	机器工具，金属制品	B21 - B23	机械
8	铸造，打磨，分层产品	B24 - B32（除 B31）	机械
9	打印	B41 - B44	其他
10	交通	B60 - B64	机械
11	打包，升降	B65 - B68	机械
12	非有机化学，肥料	C01 - C05	化学
13	有机化学，杀虫剂	C07，A01N	化学
14	有机分子化合物	C08	化学
15	染料，石油	C09 - C11	化学
16	生物技术，啤酒和发酵	C12 - C14	制药和药物
17	基因工程	C12N，15/	制药和药物
18	冶金，镀金	C21 - C30	机械
19	纺织	D01 - D07	其他
20	纸张	D21，B31	其他
21	建筑	E01 - E06	其他
22	采矿，挖掘	E21	其他
23	发动机，泵	F01 - F04，F15	机械
24	工程组件	F16 - F17	机械
25	照明，蒸汽，加热	F21 - F28	其他
26	武器，爆破	F41 - F42，C06	其他
27	测量，光学和摄影	G01 - G03	电和电子
28	时钟，控制和计算机	G04 - G08	计算机和通信
29	显示，信息存储和仪器	G09 - G12	计算机和通信
30	核物理	G21	电和电子
31	电子元件，半导体	H01 - H02，H05	电和电子
32	电路，通信技术	H03 - H04	计算机和通信
33	其他	B81 - B82	其他

参考文献：Goto 等(2007)。

3.4.2　数据及观测模型

为分析我国工业企业多样化与企业绩效的关系，本书采用集合了专利和财务指标的

2000～2006 年中国电子信息百强企业的面板数据进行实证分析。中国电子百强企业的产品包括通信产品、计算机、消费电子、电子元器件和软件等，涉及了从硬件到软件，从上游到下游的全行业价值链，是代表性的多样化企业样本。选取了在 2000～2006 年上榜 3 次及以上，且在至少 3 个上榜年份获得超过 1 项发明专利授权(按申请日计算)的企业 55 家，作为最终样本。

在计算技术上，产品多元化和技术资源多样化都使用 HHI 指数，具体如式(3.3)和式(3.4)所示：

$$\text{diversification} = 1 - \text{HHI} = 1 - \sum_{i=1}^{N}\left(x_i \Big/ \sum_{i=1}^{N} x_i\right)^2 \quad (N = 1,\cdots,6) \tag{3.3}$$

$$\text{technological diversity} = 1 - \text{HHI} = 1 - \sum_{i=1}^{N}\left(x_i \Big/ \sum_{i=1}^{N} x_i\right)^2 \quad (N = 1,\cdots,33) \tag{3.4}$$

其中，diversification 为产品多元化指标，technological diversity 为技术资源多样化指标。

样本企业的专利申请及多样化指标的描述性统计如表 3-8 所示。2000～2006 年，在年专利申请数大于 2 的样本企业数逐年增加的同时，企业平均专利申请数也迅速增长，其年均增长率达到了 38.7%；而从多样化水平来看，产品多元化水平在 0.3 左右的水平波动，而技术资源多样化水平则普遍的高于产品多元化水平。这说明了在产品和服务日益复杂化的背景下，企业需要不断扩展其技术资源以作为产品多元化的技术支撑，从而技术资源多样化的程度一直在提高，而产品多元化则更多地受到市场竞争和企业产品开发能力的影响表现出较大的局限性。

表 3-8 样本企业专利申请和多样化指标的描述性统计

年份	观测数*	专利申请数(项) 平均值(标准差)	产品多元化 平均值(标准差)	技术资源多样化 平均值(标准差)
2000	22	21(44.69)	0.21(0.22)	0.33(0.25)
2001	28	33(94.62)	0.26(0.26)	0.37(0.28)
2002	35	56(174.15)	0.30(0.25)	0.40(0.25)
2003	44	68(234.24)	0.31(0.25)	0.40(0.24)
2004	48	79(310.34)	0.26(0.24)	0.39(0.27)
2005	52	127(502.73)	0.33(0.24)	0.43(0.24)
2006	50	207(835.28)	0.32(0.24)	0.42(0.27)

注：*，观测数(例如，48)为样本在某年份(例如，2004 年)专利申请数大于 2 的企业数量。

销售收入、利润将作为本节的企业绩效指标，其描述性统计如表 3-9 所示。样本的企业规模都很大，其平均营业收入在 2000 年就达到了近 93 亿元，到 2006 年更是高达近 191 亿元，这说明了中国电子百强企业在经济上有很强的代表性。而绩效指标的高标准差则说明了虽然同为中国电子信息百强企业，样本企业在绝对规模都很大的前提下，相对规模仍存在着较大差异。而销售利润率从 2000 年的近 6%逐年下降到 2006 年的近 3%，则说明了中国电子信息产业在此期间面临的竞争越来越激烈。

表 3-9　样本企业绩效指标的描述性统计

年份	观测数*	销售收入/亿元 平均值(标准差)	利润/亿元 平均值(标准差)	销售利润率 平均值(标准差)
2000	25	92.84(99.34)	5.76(7.13)	0.083(0.065)
2001	28	100.22(132.00)	5.43(7.20)	0.061(0.047)
2002	30	106.74(146.72)	5.11(6.98)	0.054(0.057)
2003	38	123.1(153.69)	5.07(7.01)	0.051(0.042)
2004	41	151.41(186.46)	5.79(8.55)	0.046(0.045)
2005	47	164.53(236.08)	3.74(8.84)	0.034(0.048)
2006	47	190.82(276.16)	2.68(10.18)	0.028(0.068)

注：*，观测数(例如 41)为样本在某年份(例如，2004 年)列入该年份中国电子信息百强榜单的企业数量。

研发是同时影响企业多样化和绩效的控制变量，将通过两个方面进行描述。一方面是研发费用，反映研发投入的规模；另一方面是单位研发费用产出的发明专利授权，反映研发产出的质量。其描述性统计如表 3-10 所示。样本企业的平均研发投入 2000～2006 年逐年增长(2003 年除外)；平均专利授权数在 2000～2002 年上升，在 2003～2006 年下降，下降可能受到获得专利权的企业数快速增加，以及专利授权审查流程的时间较长(一般需要 3～4 年)的影响。这就导致了研发产出质量(每亿元研发投入的专利授权产出)在 2003 年前逐年提高，从 2004 年开始下降。

表 3-10　样本企业研发投入规模和产出质量的描述性统计

年份	观测数*	研发/亿元 平均值(标准差)	专利授权/项 平均值(标准差)	研发产出质量/(项/亿元) 平均值(标准差)
2000	14	4.35(5.28)	18(41.07)	4.37(6.27)
2001	21	5.16(9.08)	28(86.97)	4.77(6.40)
2002	26	5.50(9.08)	46(156.52)	7.7(11.01)
2003	36	5.18(8.17)	41(136.40)	10.6(12.87)
2004	41	6.45(9.40)	41(166.55)	7.67(15.64)
2005	45	6.48(10.02)	34(151.26)	6.24(15.04)
2006	43	7.79(13.65)	13(68.40)	3.57(11.20)

注：*，观测数(例如，41)为样本在某年份(例如，2004 年)同时有研发投入和专利授权的企业数量。

本章选择同属于电子信息产业的企业来控制行业效应，同时使用时间序列数据控制商业周期的影响，并引入研发为控制变量来计算研发的贡献。由此本节提出一组关于企业产品多元化和技术资源多样化对企业绩效影响的假设如下：①假设 1，产品多元化对企业绩效有负面影响；②假设 2，技术资源多样化对企业绩效有正的贡献；③假设 3，产品多元化和技术多元化的交叉项对企业绩效有正的贡献。

本节样本数据是我国电子信息产业企业在2000～2006年的面板数据，总体样本数是55家，但是由于样本企业并非每年都出现在中国电子信息百强榜单上，同时也并非每家企业每年都有授权专利，因此模型的实际观测数将小于55×7＝385次，实际进入回归的观测数将在回归结果中给出。

为了分析产品多元化、技术资源多样化和企业绩效的联系，本节应用广义最小二乘模型对假设进行检验，回归模型如公式(3.5)所示。

$$Y_{it} = \alpha_0 + \beta_1 X_{1t} + \beta_2 X_{2t} + \beta_3 X_{1t} X_{2t} + \text{control variables} + e_{it} \tag{3.5}$$

其中，Y_{it}为因变量，分别为样本企业在第t期的销售收入sales和利润profit；X_{1t}为根据式(3.4)计算的产品多元化指标diversification，X_{2t}为根据式(3.4)计算的技术资源多样化指标technological diversity，$X_{1t}X_{2t}$为产品多元化和技术资源多样化的交叉项，control variables包括企业在第t期的研发投入RD和研发产出质量指标RD output quality。

由于基于面板数据的广义最小二乘模型有固定效应模型、中间效应模型(较少使用)和随机效应模型三种，具体采用固定效应模型还是随机效应模型，将引入Hausman检验进行判断，其具体步骤是：①应用固定效应模型对参数进行估计；②存储固定效应模型下的参数估计结果；③应用随机效应模型对参数进行估计；④存储随机效应模型下的参数估计结果；⑤对第二步和第四步的参数估计结果进行Hausman检验，如果Hausman检验的P值不显著，即Prob>Chi2大于0.05，就使用随机效应模型，否则就使用固定效应模型。

表3-11给出了所有变量的描述性统计和Pearson相关系数矩阵，同时计算方差膨胀因子(VIF)来判断变量间的共线性。变量膨胀因子在不包括变量8时，其值为1.09～3.90，平均值为2.74，远低于阈值10，可以认为变量1～7的多重共线性不显著。但是当包括变量8时，变量6和变量8的VIF高于阈值10，即在考察产品多元化和技术资源多样化的交叉项对绩效的贡献时，存在着显著的多重共线性，此时去掉变量6以消除多重共线性的影响。

表3-11　Pearson相关系数矩阵

	平均值	标准差	1	2	3	4	5	6	7
1.销售收入/亿元	154	206.55	1						
2.利润/亿元	4.93	8.68	0.38**	1					
3.销售利润率	0.045	0.055	−0.17**	0.46**	1				
4.研发投入/亿元	6.68	10.34	0.78**	0.63**	0.01	1			
5.研发产出质量	6.63	12.73	−0.15*	0.10	0.17**	−0.04	1		
6.产品多元化/(项/亿元)	0.29	0.24	0.02	−0.11	0.06	−0.03	0.13	1	
7.技术资源多样化	0.40	0.26	0.02	−0.11	0.06	−0.06	0.07	0.84**	1
8.产品多元化×技术资源多样化	0.17	0.17	0.04	−0.08	0.06	0.00	0.10	0.95**	0.87**

注：*P<0.05；**P<0.01。

表3-12给出了分析多样化与企业绩效联系的回归结果。其中，模型1到模型3分析了多样化对销售收入的贡献，模型4到模型6分析了多样化对利润的贡献。模型1和模型

4 为基础模型，仅包括了控制变量与其他的模型进行比较，结果显示研发投入和研发产出质量对企业绩效有显著的正向影响（Model 1，R Square = 0.668, $p < 0.01$ Model 4，R Square = 0.453, $p < 0.01$）。模型 2 和模型 5 在控制变量之外，增加了 2 个多样化变量即产品多元化指标和技术资源多样化指标。结果显示产品多元化和技术资源多样化指标对企业销售收入的影响均不显著；产品多元化对企业利润有负的影响，而技术资源多样化则对企业利润有正的影响（Model 5，R Square = 0.497, $p < 0.01$）。假设 1 指出产品多元化对企业绩效有负的影响，假设 2 指出技术资源多样化对企业绩效有正的影响。即实证结果部分支持了假设 1 和假设 2（当以利润为企业绩效指标时）。假设 3 指出，产品多元化和技术资源多样化的交叉项对创新绩效有正的贡献。当以销售收入为绩效指标时，交叉项的系数不显著；当以利润为绩效指标时，交叉项对利润的贡献显著，但是方向为负。即假设 3 被拒绝。综上所述，假设 1 和假设 2 得到了部分支持（当以利润为企业绩效指标时），假设 3 被拒绝。

表 3-12 回归结果

变量	log sales			log profit		
	模型 1	模型 2	模型 3	模型 4	模型 5	模型 6
α	3.792**	3.721**	3.722**	0.649**	0.322*	0.276†
log *RD*	0.511**	0.579**	0.578**	0.317**	0.475**	0.476**
log *RD* output quality	0.012**	0.017**	0.017**	0.009†	0.018**	0.018**
diversification		−0.166			−0.981**	
technological diversity		0.144	0.024		1.011**	1.022**
diversification × technological diversity			0.012			−1.427**
Hausman – test	随机效应	随机效应	随机效应	固定效应	随机效应	随机效应
R Square	0.668	0.68	0.678	0.453	0.497	0.497
Observations	265	225	225	255	215	215
Groups	55	55	55	55	55	55

注：*P<0.05；** P<0.01；†P<0.1。

本节基于专利技术资源对企业的多样化进行了测度，并实证分析了多样化对企业绩效的贡献。通过对55家中国电子信息百强企业在2000～2006年的面板数据的计量分析发现，产品多元化对企业利润有负面影响，技术资源多样化对企业利润有正面影响。另外，研发投入和研发产出质量对企业销售收入和利润都有正的贡献。虽然是基于中国企业的样本，但是这个结果与欧美发达国家和地区的实证研究的结论是一致的。

3.5 本章结论

（1）专利活动能够促进企业绩效的增长。本书将专利活动和企业绩效直接联系起来，为企业的专利申请行为奠定了经济学基础，即：企业的专利申请在传统动机和战略性动机之外，还可以直接对企业绩效产生贡献。这一结论将大大地提高企业进行专利活动的积极性。

(2) 专利申请和专利授权在促进企业绩效时的角色不同。专利申请的数量能够带来企业销售收入的增长，而专利申请的质量却可以带来企业利润的增长，所以企业需要视不同的绩效目标制定相应的专利战略，在侧重销售收入增长，提高市场占有率的目标激励下，应该优先保证专利申请的数量；在侧重利润增长，提高投资回报率的目标激励下，应该优先保证专利申请的质量。

(3) 专利活动影响不同企业绩效指标的时序特征不同。专利活动在专利申请日后第三年对企业销售收入的贡献最大，而在专利申请当年对企业利润的贡献最大。这就要求企业在专利申请后要积极地维持专利权，做好专利的生命周期管理，最大限度地收获专利活动对企业绩效的贡献。

(4) 专利活动与企业绩效关系特征的进一步应用。专利活动所蕴含的经济信息值得企业进一步挖掘。企业通过专利数据不仅可以预测本企业的绩效，还可以通过监测竞争对手的专利活动，预测其市场表现。因此持续定期地对自身和竞争对手的专利活动进行分析非常重要，它可以预测企业所处的竞争环境。

(5) 企业的技术资源多样化可以促进企业绩效。企业通过技术资源多样化不仅可以获得技术上的协同效应，还可以降低技术活动的风险，同时收获规模经济和范围经济，从而在技术资源多样化和企业绩效之间形成互相促进的良性循环。

(6) 企业的产品多元化对企业绩效有折价效应。企业在进行产品或者市场的多元化时，不仅需要相应的技术支撑，还需要生产、财务、管理和营销资源的配合。产品多元化的成本可能超过其收益，中国电子信息产业企业产品多元化对绩效的负面影响即说明了这一点。

(7) 企业应该重视研发管理，企业不仅应当重视研发投入的规模，还应该重视研发活动的产出质量和研发活动的范围。研发活动的投入规模和范围越大，研发活动的产出质量越高，研发活动对企业绩效的贡献便越大。

第四章　国际经济环境下的专利技术资源竞争

导言：

专利技术竞争在当今全球化经济发展的背景下首先是一个国际市场上的研究主题，至少有三个层面的关切：①宏观层面的经济学问题，即知识产权特别是专利制度建设和发展对不同类型国家，特别是对南北国家(新兴经济体国家尤为突出)的差别性影响问题；②与此相关的加入知识产权和专利技术要素的国际商品贸易、直接投资活动的影响关系的理论分析；③较为微观层面的产业发展和跨国公司的专利技术竞争带来的具有产业技术特质的技术溢出抑或是技术壁垒问题，而与此相关的国际经济学研究显然还很不够。目前大多相关研究局限在国别技术创新比较和跨国公司发展理论和实证分析各自的学科范围内，而结合中国经济发展实际的有影响的专利国际经济学研究就更少。

本章收集了作者团队以往的一些相关研究，只是对此类问题做了初步的探讨，供有兴趣的读者参考，相信这一主题的研究会越来越丰富，也是应用中国经济发展现实补充解释以往国际经济学中关键概念和相关理论的重要组成部分，也很期待其中可能包含的创新。

4.1　国际经济发展与专利技术国际化

专利作为一种科技要素参与生产力的发展，特别是在国际经济活动中扮演着十分重要的角色。

首先是知识经济的国际化特征。一方面，知识经济的发展深化了经济国际化发展的内涵；另一方面，国际化的经济格局必然依靠知识经济的国际性合作，不论这种合作是科研与生产的跨国合作促成，还是研发与市场的国际竞争使然，当前的国际化发展趋势已经是当今世界经济发展的典型特征，这一进程深刻地融合和改变着不同地区的文化传统，同时又因不同国家的文化和知识特质而促进了知识经济的质量和规模的提升。同时，在这一知识经济全球化的发展过程中，所谓工业化发达和发展中国家在知识的价值链条上的融合更加紧密，而这一融合更多扩大了南北国家的经济差距，还是促使南北经济体的发展水平更加接近，则是一个越来越有争议的问题，其中重要的议题即是知识产权制度的作用。但毫无疑问，国际化发展过程给发展中国家的经济、文化注入时代生机，却是不争的事实。

国际化作为动词有两种解释：①使之被各相关国家或地区所采纳；②使之成为相关国家和地区的共同资源和资产而受益并置于其保护之下(引自英牛津辞典)。

国际化作为一个名词，它的意义需要从以上两方面进行综合。从经济元素的角度看，国际化是把“资本的国际化”解释成为“以资本为纽带的跨国公司”；从社会元素的角度看，国际化是用以表征人类由狭隘的生产和生活地域联系走向更大空间的社会化交往的发展趋势，是生产活动更大范围社会化的时代变迁和资源提升。事实上，随着早先跨国公司的发展和当代互联网经济的发展，以商品转移、资本转移、技术转移、知识转移，乃至人力和智力资源转移为代表的不断扩大的经济要素转移，已经形成了今天具有丰富内涵的国际化发展新趋势，其核心是智力和知识的转移。其中，专利技术是重要的核心资产之一。

特别从知识经济的角度，可以把知识和技术的国际化解释为：“使产业或产品的生产和消费活动在国际性范围发展，同时又受到国际相关主体共同控制（标准化的）与保护的发展过程”。国际化趋势作为当代生产力发展水平的重要表征，它不仅代表着当今世界生产力发展水平，而且其发展水平也是判断一个国家或地区经济发展质量和素质的重要标志。

但值得强调的是，在今天全球经济国际化发展的大背景下，亚洲成为越来越重要的经济区域，其中，知识产权资产的动态发展和积累也日益表现出亚洲集聚区的重要地位，其中，我国经济发展显然是其中的重心。

图 4-1 是世界知识产权组织（WIPO）出版的知识产权报告（2016）中的一幅图形，其中反映出亚洲经济区在各类典型的知识产权申请量的当年占有份额，特别在专利类型的知识产权申请量上，亚洲的地位十分重要。

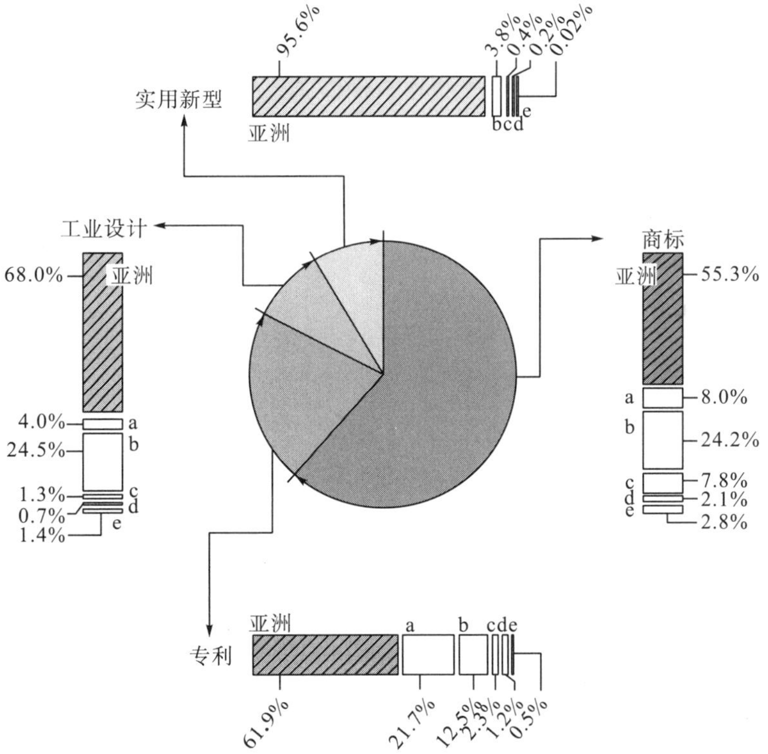

图 4-1　不同类型工业产权申请量在世界各地区的分布（2016 年）

（其中，a 代表北美地区，b 代表欧洲地区，c 代表南美地区，d 代表大洋洲，e 代表非洲地区）

源自：WIPO Statistics Database，October 2016 《WIPO IP Facts and Figures 2016》。

另一方面，从知识产权特别是专利的质量来观测，又会触及另外一个主题，即，知识产权和专利技术资源的国际化发展实际上代表了一种国际化的市场价值预期，因而其实际控制地位非常重要，特别以专利、商标、工业设计和著作权为典型，并不一定和其数量成正比关系；同时，知识产权证书的实际效应还要和相关的制度运行效率密切结合。1995年实行的 TRIPS 可以看作是知识产权保护的经济学效应在国际市场上得到重视的标示，当然这一市场预期效应的重视首先是由发达国家经济体发起的。

Ginarte 和 Park（1997）曾推出所谓专利权指数（paten right index）的量化指标，来标示各个国家专利保护的作用。该研究工作提供了世界上 110 个国家在 1960～1990 年的专利权指数，Park 在 2008 年进一步推出其后续研究工作基础上有关 110 个国家在 1990 年～2005 年的专利保护指数分布（Walter G Park，2008）。这里采用其论文公布的，分别以 1995 年和 2005 年两个区段的专利权保护指数及其 GDP 水平排序给出的国家和地区排名如图 4-2 和图 4-3 所示（仅标示前 50 位）。

这一连续型研究结果最为重要的启示就是，那些市场规模逐渐扩大，同时技术创新活动随之逐渐增强的国家和地区，其专利权指数水平增长最为迅速，这一结果符合国际上典型研究得出的结论（Grossman、Lai，2004）。显然，知识产权保护，特别反映在专利权保护的制度要求上面，是与特定国家和地理区域上经济发展的阶段密切相关的。这里存在一个市场发展规模和市场发展质量同步和异步增长的问题。

再从国际技术转移的角度分析，针对先进工业化国家和发展中国家在技术创新活动和质量差异方面的具体情况，另外一种理论又可以用来解释经济国际化发展框架下的知识产权，特别是专利制度的变化，在实践中，更反映为专利技术的保护实力的变化，这种理论即是与跨国公司和国际直接投资活动相关的专利制度体系发展理论。

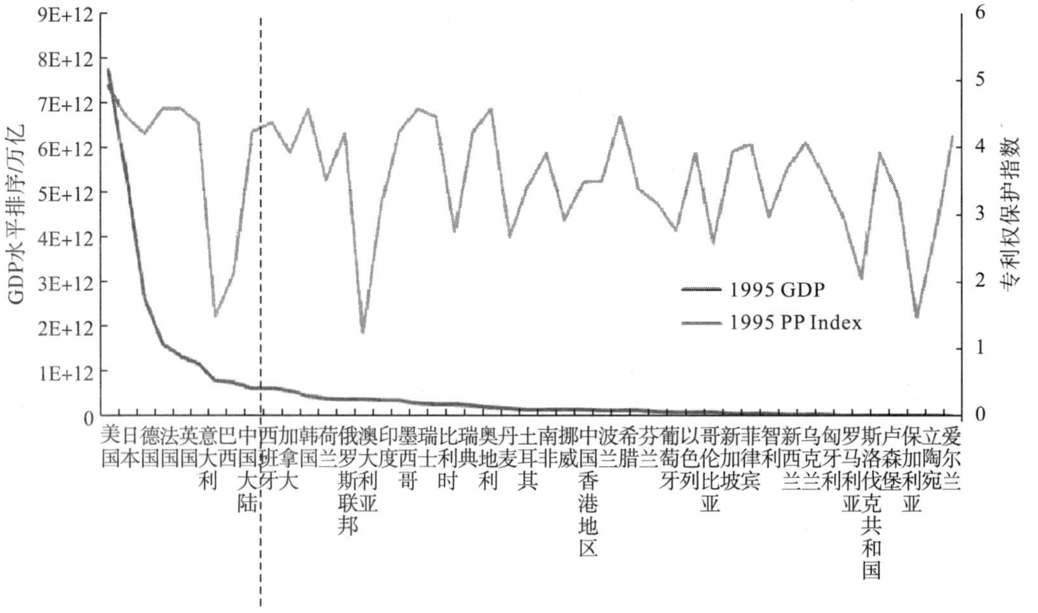

图 4-2　专利权保护指数 TOP 50 国家与地区及其 GDP 水平比较（1995 年）

（以 GDP 水平排序）

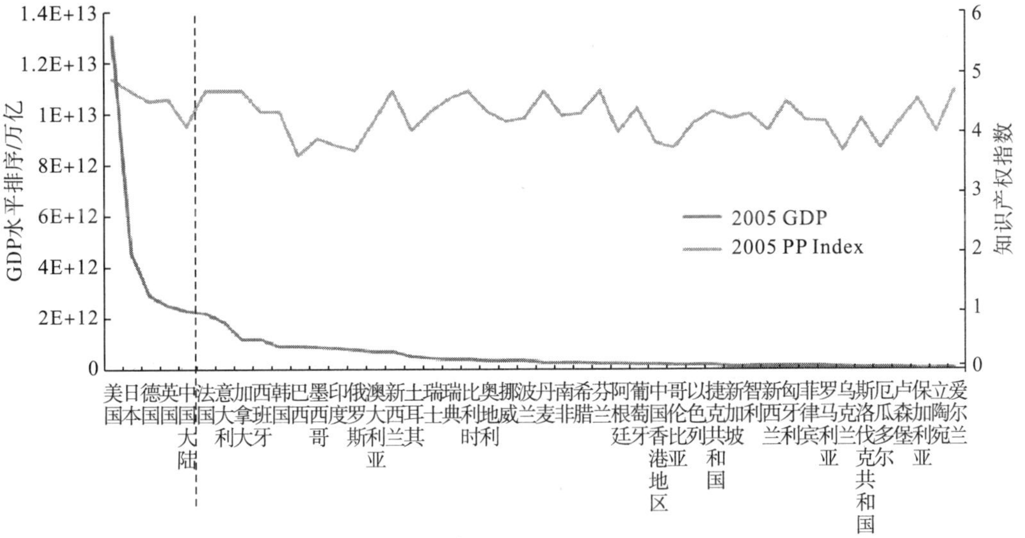

图 4-3　专利权保护指数 TOP 50 国家与地区及其 GDP 水平比较(2005 年)

(以 GDP 水平排序)

4.2　产业技术转移与创新活动国际化与专利技术资源发展特征

产业国际化是当今世界经济发展的一个主要特征，是与企业的国际化经营，特别是大规模的对外直接投资紧密相联的。所谓产业国际化，就是产业内的产品在全世界范围内生产和销售，同时产业内主要企业的生产经营已不再以一国或少数国家为基地，而是面向全球并分布于世界各地的国际化研发、生产、销售体系。其主要特征有：①产品生产的国际化(国际化贸易和投资)；②企业经营的国际化(国际直接投资，跨国公司)；③生产经营的规模化、集中化(跨国公司，研发国际化)。

一般来说，所谓产业国际化大致有三层含义：①产品进入国际市场；②在典型国家范围建立这一产业；③拥有本公司的主导产品，特别是技术资源上可以控制的主导产品。

从国际化的程度上看，产业国际化逐步丰富了产业层面的创新系统的研究，使得原本局限于国家、区域等层面的产业创新系统研究有了更广阔的研究内容。张珺等(2007)提出，应在全球化背景下通过构建开放式产业创新体系实现自主创新和产业升级。他认为，开放式产业创新体系就是将重点放在国际和国内知识联系的融合上，为产业创新提供外部知识、信息输入和产品的销售渠道。融入全球生产网络，将从国外获得的知识来源与国内产业创新体系联系起来，构建开放式产业创新体系，是很多发展中国家实现自主创新和产业升级的途径。

从国际化的方式上看，产业国际化包含了国际商品贸易、跨国直接投资(foreign direct investment, FDI)、跨国公司，以及与跨国投资相关的国际许可证贸易、国际技术转移等。在此种情形下，专利技术资源就成为参与其中各类环节中的关键要素，并且往往在专利技术的层面上，可以刻画出不同产业技术在国际发展、转移、创新的轨迹。

例如，Malerba、Orsenigo (2000) 就认为，产业间发展规律存在差异，但不同产业在不同国家间比较其发展规律却比较接近，这类产业发展模式的相似性与技术体制、知识基础和技术学习过程的发展特点高度相关，使得不同国家的发展模式基本类似。另一方面，不同国家的创新体系，特别是国家层面的创新体系发展又表现各异，在不同程度地影响着特定国家和地区的产业技术创新绩效，于是也带来了国家和区域之间的产业技术发展过程的千差万别。

Cantwell (2003) 对跨国公司的研究为识别这样的国别特点提供了研究思路。这些研究工作将产业技术国际化发展与跨国公司的发展相关联，并认为跨国公司可能是特定产业国际化过程的非常活跃的导向者和创新者，且有目的地分布在许多不同的国家或区域。分析这些公司的一个特定的产业在不同国家如何获利，进而分析各个国家的部门创新系统，是一件很有意义的事情。例如，从专利技术观测的角度看，一个跨国公司可能会在某个国家创建研发实验室，又同时和另一个国家的大学保持着合作，同时又可能和另外国家的特殊供应商保持着紧密的商业联系，这些关联往往预示着研发活动通过专利这类无形的资产转化为全球性但又是公司内部的生产实践的某种技术转移。

事实上，跨国公司带来世界范围内技术上更广泛的连接，跨越了国家和区域的界限。这些特征在 20 世纪 90 年代就被国际上的前沿研究所持续关注，大量的研究集中在技术竞争、公司竞争力以及经济增长方面 (Cantwell，1999；Martin、Ottaviano，1998)，相关研究还认为，创新活动在区域以及产业的国际化发展都有一个聚集的现象 (Feldman、Audretsch，1999)。不过，这类研究很少关注创新活动所有权人的国籍问题。换句话说，在一个区域内外资公司的创新活动和国内控股的企业的创新活动可能会有不同的发展格局和发展途径。

Cantwell (2003) 还认为，跨国公司全球化整合了重要的研发网络，会带来各网络成员之间通过技术努力而形成的专业化 (Specialization) 倾向，以此显示其创新能力，无论是对于跨国公司和投资国而言，还是对于某些技术发展路线的观测而言，跨国公司内部各成员之间以及和当地的企业之间的创新网络可能会放大特定区域的相对竞争优势。另一方面，跨国公司也期望通过在投资东道国所形成的创新网络获得相关创新活动所需要的技术资源和能力的补充，因而东道国本土企业也能够从跨国公司的这种双向技术传输行为中获得可能的技术资源，以及为本土的知识流动提供补充，这也是一种所谓衍生经济 (economies of scope，也有译作“范围经济”) 意义上的产业技术扩散，只是在不同的国家，这种扩散的程度有所不同。

Dunning 和 Wymbs (1999) 认为，跨国公司海外选址本身就表现了其通过研发国际化强化跨国公司全球化技术优势的战略意图，这一意图更多是期望能够获取全球化网络中的东道国本土知识和技术，以强化逆向技术转移。

值得注意的是，针对跨国公司研发国际化的研究都集中在地理区域层面，这大概是由于地理区域的接近会带来较低的交易成本，而技术和知识的转移和交易又是一种典型的不完全竞争市场的交易，即往往面临更高的交易成本。事实上，20 世纪 90 年代后期以来，跨国公司海外研发的主要目的就是新的知识资源的寻求活动 (knowledge-seeking)，发展企业的竞争资源，地理上的接近使得跨国公司能更为快速并且以低成本获得新的知识和技术积累。这一活动很好地将知识的公共性和知识的专属性联系起来，特别通过跨国公司在东道国的专利活动反映出来(Cohen、Nelson，2000；Malerba，2002)。同时，还须注意，即使同在一个地理区域，因产业技术的特性不同，其知识和技术开发和转移的特点也是不同的。Cantwell(2003)认为，跨国公司海外研发的区域因素应当是与产业因素紧密地联系在一起的，尤其是运用系统论的观点以及进化论的观点来进行研究的时候尤其如此。

因此，从东道国产业技术发展的观测角度来看，某个部门创新体系中如果跨国公司的研发和技术活动相当活跃时，必须研究跨国公司的发展特点，仅仅局限在本国地理区域范围，不考虑外来资本的活动则是不合理的。应当说，特别在发展中国家和新兴经济体国家，运用部门创新系统的定义和发展内涵，会很好地补充和修正区域创新体系的研究，并且特别适用于跨国公司的分析。图 4-4 展示了跨国公司从其传统型(严格控制研发中心的管理体系)到资本杠杆和知识杠杆型的转变，其中也反映出，专利技术资源始终是跨国公司严加控制的资产类型。

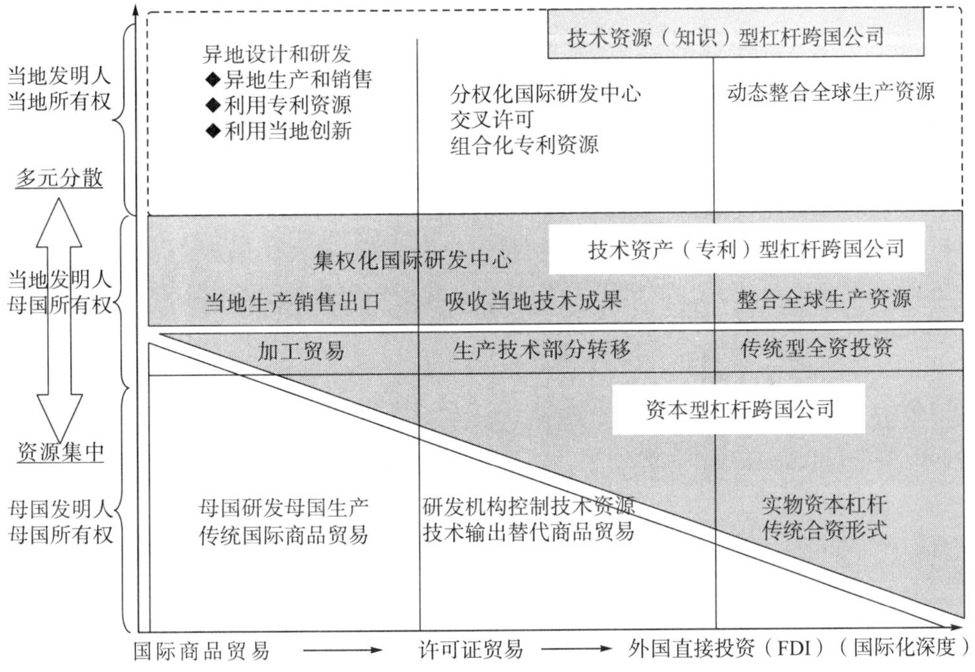

图 4-4　知识与技术资产的跨国经营模式变革

注：陈向东(2017)。

另一方面，也有观点认为，研发国际化是一种市场发展导向的、多类不同国家技术资源越来越融合的发展类型。如 OECD 的 Arundel 教授曾在中国创新学术网络年会(CICALICS 2008，浙江大学)讲席中对国际技术创新调查(innovation survey①)的发展作过概述。这一

① 技术创新调查的目标是确定并且测度技术创新投资、技术创新活动和技术创新产出；测度技术扩散和知识扩散的作用；同时分析部门因素和其他因素对技术创新能力的影响。通过技术创新调查，可以改善国家的创新能力，例如支持在某些部门的技术扩散和知识扩散，将研发投入转向高附加值的部门。

跨越国际上多个国家的技术创新调查最初是以研发调查(R&D survey)的形式出现，最早的研发数据保存于19世纪80年代德国化学公司的研究部门。到1917年，第一次研发调查实施，从此之后，这一系列调查一直持续到20世纪30年代后期。直到1953年，第一次大规模超越欧洲的调查从美国研发调查开始实施；1963年，第一次国际性研发调查实施；而到了1981年，世界经济合作与发展组织(OECD)实施的研发调查开始关注研发数据的质量和国际的可比较性，替代了原有的研发调查模式，但使用了更令人信服的可比性强的方法。自此，这一研发调查使用的方法及其研究都为OECD组织所管理。而正由于研发活动被认为是技术创新活动的体现和载体，人们在谈到技术创新的时候总是第一时间想到研发，随之而来的创新调查则随着20世纪70年代对熊彼特理论的重新发现而兴起；最终于20世纪80年代，技术创新调查开始代替研发调查。其中主要的原因在于技术创新概念的重要性及其有关的覆盖范围远远超过了研发活动。譬如一个典型的例子是渔业，渔业是研发强度最低的部门之一。事实上，几乎无法对渔业极低的研发投入进行度量。然而如果分析一艘现代的捕鱼船，会发现现代捕鱼船集成了大量最先进的技术，例如，快速冷冻器、24小时工作的淡水转化器、卫星通信、全球定位系统、搜索鱼群的声呐技术、挑选鱼的光学技术、监控捕捞和保存温度的计算机系统等。同时，现代捕鱼船也通常是全球化制造的产物。由此可以看到，大量的创新活动并不一定是由一个企业或国家的研发部门开展的，而是通过大量多样式的经济活动实现的，例如通过并购其他公司或者使用及引进其他国家的高技术产品、最新的或适用的技术来实现的。

国际性技术创新调查以1992年以来由欧盟国家统计局执行的创新群体调查(community innovation survey，CIS)为代表，创新群体调查通过标准化的调查设计对欧盟范围内不同部门和区域的创新活动提供信息。到2009年，CIS已经执行了四届，分别在CIS1(1992年)、CIS2(1996年)、CIS3(2001年)和CIS4(2004年)发表。值得注意的是在欧盟范围之外，加拿大、澳大利亚、新西兰、新加坡、日本、韩国、南非、土耳其、俄罗斯和瑞典等国家也都使用类似的方法体系，即OECD发布的《技术创新调查手册——奥斯陆手册》，进行非常相似的调查，这使得创新群体调查的应用范围逐渐扩大。CIS调查结果在为年度欧洲创新得分榜(European innovation scoreboard)提供数据支持的同时，也为技术创新研究提供了极好的素材。

这些调查都提供了证据，说明研发国际化日益成为多类型企业的一种经济性和市场前瞻性的选择，是一种大势所趋。

4.3　中国经济发展相关的专利权认识框架

依照国内外的典型研究，知识产权特别是专利技术资源与国际经济活动相联系的特点，反映为国际经济学层面的研究课题，主要有以下几个重要方面。

4.3.1　国际经济发展与知识产权保护体系的关系

如前所述，地方经济国际化已经成为各个国家和地区的经济发展趋势，但其中所涉及的技术资源和无形资产的使用边界和控制边界，则是工业技术领先国家和地区，也包括不同国家内工业技术领先的企业所关心的主要议题。

一种观点是从工业技术强势企业群或国家群出发的观点，认为严格的知识产权保护制度有利于跨国性经济发展与合作［如 Lei（1998）］，因而往往工业发达国家需要更高水平的专利保护（Grossman、Lei，2004）；另一种观点则从专利保护的市场发展角度，认为经济发展与专利保护是一种相辅相成的发展关系（Lerner，2002），因此只能在经济发展水平较高的情形下要求更高的知识产权保护［如 Gallini 和 Wright（1990）］。但几乎所有的研究都肯定，知识产权的保护与经济发展特别是市场规模的扩大有着密切的关系，后者也是知识产权制度建设的前提和保证。事实上，当特定国家和地区的市场规模较小时，即使有较为完善的知识产权制度，也对知识产权资产的发展没有太多的帮助。

在研究主题上，针对当地经济水平、人力资源、人均收入和市场消费水平、商品进出口（尤其是进口）、外国直接投资、当地研发中心国际化水平等因素与知识产权制度建设，特别是专利保护体系之间的关系，都是相关的研究问题。但毫无疑问，只有在经济发展水平达到一定高度时，特别是与当地创新活动形成重要影响的时候，当地专利制度建设和发展与当地经济国际化发展关系才成为重要的也是具有高度实践意义的研究话题。

此类研究主题的另一常见领域是专利制度对本国经济发展的作用，主要出自发展中国家，特别是新兴经济体国家的政策和市场发展现实问题。

4.3.2 中国经济发展因素与专利产出

由于国际经济的主要表现是贸易和投资，并随着知识经济的发展，衍生出各种围绕人力资源和知识资源的跨国转移活动，以及围绕产业资源而形成的生产资源型跨国投资活动，例如我国长期存在的加工贸易，就是外国直接投资活动的聚焦类型。因此，这些经济活动对于知识产权制度，特别是专利制度及其实践发展影响的差别化值得注意。

在典型的国际化经营活动中，哪种活动对专利制度更加灵敏，尹志峰和周敏丹（2015）对专利保护压力的影响因素的研究能够说明一定的问题。该研究通过国际性数据分析，证明对于东道国而言，在三类开放型经济活动因素中，专利保护压力最大者来自许可生产，其次为外国直接投资（FDI），再次为进口。刘庆琳、刘洋（2010）的实证研究也说明，我国专利保护体制对 FDI 投资规模、产业结构、投资模式和市场进入方式都有积极影响，因而健康发展的专利保护制度还是提高外商投资规模、质量和效益的重要手段。

更多的研究聚焦在国际化经济活动与专利产出之间的关系。如张传杰等（2010）通过行业面板数据分析得出结论，跨国公司在华专利活动通过示范和竞争效应促进了中国本土企业的专利技术增长，但在高端技术行业仍然把持了重要的专利技术资源，因此这种技术溢出实际上对我国企业的专利质量有负面影响效应。

邓兴华、林洲钰（2016）应用引力模型对 186 个国家在 1990～2010 年专利活动量和双边贸易数据关系进行考察，结果说明专利国际化活动具有广延型（贸易多元化的度量）边际增长意义上的双边贸易增长关系，但如通过集约型（贸易纵深型的度量）边际增长来看待国际贸易效果则不明显，总体肯定了专利国际化与扩大国际贸易活动之间的正向相关关系，考虑到国际贸易往往也是国际投资的组成部分，特别对产业内贸易更是如此，因此此结果也一定程度说明了对国际投资活动的相关关系。在加工贸易方面，因其往往属于贸易纵深型类型，专利国际化对此类贸易活动及其投资活动的关系极为重要。傅强、胡奚何(2011)通过分析我国货物贸易与服务贸易对专利数量的影响关系，也发现了货物贸易对专利的弹性系数远大于服务贸易，特别在货物贸易中，加工贸易类型的作用又远大于一般贸易(弹性系数 0.73)；同时，高技术贸易(其中，外资企业的贡献大)对专利产出的影响也相对较大(弹性系数 0.33)。这些研究结果都说明，我国商品贸易的发展，特别是外资主导的加工贸易的发展，对我国专利产出有极为重要的影响。

一方面是国际上跨国公司的发展，但另一方面还有我国本土跨国性企业在优势领域的纵深前进。根据李春燕(2015)的研究，通信行业，以 LTE 技术为代表，有很强的国际化布局战略的发展趋势，通过对该技术领先的 12 家公司(包括我国的华为和中兴公司)的考察，表现出不同跨国公司的国际化布局战略的差异和共同点，这也客观说明我国企业在这一领域的有成效的技术进步。

显然，跨国公司在我国的发展，以及我国公司的国际化发展，是伴随着专利技术资源扩大和竞争质量提升发展的，因此总结跨国投资活动与专利国际化的发展模式是很有必要的。

4.3.3　专利技术资产与跨国经营模式分析框架

根据上述分析，本章做出如图 4-4 所示的分析框架来归纳专利技术资产与跨国经营之间的关系。图 4-4 中，从跨国经营投资国立场出发来分析，专利技术资产在跨国经营业务序列中有三种变化形态：母国发明人和母国所有权模式、他国当地发明人和母国所有权模式、他国当地发明人与当地所有权模式。这三类模式与跨国经营基本业务类型(国际商品贸易、国际许可证贸易、国际直接投资)不同形式结合，可能产生不同的国际经济发展关系。但如果把国际性投资看作是一种杠杆行为，则可以大概综合为三种杠杆经营，即：A——资本型杠杆，属于传统型跨国公司类型；B——技术资产(包括专利)型杠杆，属于资源整合型跨国公司；C——技术资源(也可看作知识资源)型杠杆，对应的是多元化发展的跨国经营企业，既包括有多年传统但已采取扁平化和多元化发展的大型跨国公司，也包括中小型国际创业型的企业，以及新兴经济体国家的跨国公司。这些经营模式的交叉发展代表了一种新型国际化经济发展的趋势，即知识和技术资源成为最为重要的杠杆型资产，需要与金融和实物资本有效结合，才能在今天的国际市场上竞争取胜。

下面通过外国在华专利技术资产发展的特征和其发展质量角度，来具体分析我国市场上外国专利权人专利活动的经济因素和发展规律，也是作为此类研究的一种总结，以备后面感兴趣的学者和学生参考。

4.4　外国在华专利技术资产的竞争发展特征

Sun(2003)针对早些时候外国在华专利申请的特点和决定因素进行过研究，主要基于外国在华 1985～1999 年的专利申请数据进行分析。该研究指出，外国专利在中国市场的发展主要有三个特点，①外国专利主要以发明专利为主，而中国本土则以实用新型专利和外观设计专利为主；②外国专利主要以职务发明专利为主，即专利申请人为机构，而中国本土则以个人申请人为主；③外国专利权高度集中，主要集中在少数发达国家和一些新兴国家经济。此外，他研究外国专利在华的决定因素时发现，某个国家在华的专利申请主要由该国对中国的出口驱动，而该国的创新能力或者与中国的地理距离的影响并不显著；最后，研究还指出，外国创新能力正在对其在华专利产生显著影响，尤其对于发明专利而言。这些研究结论较好地说明了我国市场上2000年前的专利发展实际。

但需要说明的是，在分析外国在华专利申请的决定因素时，Sun(2003)将1985～1999年的区间分为两个阶段：1985～1989年和1990～1999年，然后将外国在华的专利申请分阶段进行汇总，最后应用最小二乘回归，其方法还值得商榷。一方面，专利数的取值范围是0或者自然数，在以专利数为自变量时，应该选择数值回归方法，包括泊松回归和负二项式回归；另一方面，多国在华的专利申请是典型多部门多期的面板数据，为了提高模型估计的准确性，应采用基于面板数据的分析方法，通过样本数的增加来保证结论的可靠性。

值得注意的是，2005年之前的我国市场专利有重要的参考意义。这是由于，那个时候的我国专利技术发展基本以市场导向为主，同时外资企业在我国市场的投资和产业技术控制达到较高的力度，反映在专利活动上，也是外资企业相对最为突出的一段时期。

4.4.1 数据分析：外国在华专利技术资源发展及与国内专利活动对比

如果将专利考察数据期间定为1985～2006年，可对2000～2006年外国在华专利申请的特点与国际上的研究(Sun，2003)进行比较，同时应用各国1985～2006年在华专利申请的面板数据，可以更准确地估计其决定因素。

我国专利类型分为三种，发明专利、实用新型专利和外观设计专利。按照我国专利法(2008年修订)，其定义如下：①发明专利是指对产品、方法或者其改进所提出的新的技术方案；②实用新型专利是指对产品的形状、构造或者其结合所提出的适于实用的新的技术方案；③外观设计专利是指对产品的形状、图案或者其结合以及色彩与形状、图案的结合所作出的富有美感并适于工业应用的新设计。从上述定义可以看到，发明的技术含量是最高的，新产品及其制造方法、使用方法都可以申请发明；实用新型通常是“小”发明，要求的创造性较低，更侧重专利的实用性，只有涉及产品形状、构造及其结合才能申请实用新型；而外观设计的保护内容是外观设计而不是技术方案，这与发明、实用新型有较大差别，体现在技术分类上，发明和实用新型的专利分类系统采用国际专利分类表，而外观设计的专利分类系统是国际外观设计分类表。国外在华三种专利的申请情况如图4-5所示。

从图4-5中可以看出，发明和外观设计两种类型的专利基本保持同步增长，而实用新型类型的专利申请增长缓慢。从数量上来说，发明类型的专利数最多，在2007年的年申请量达到9万多件；外观设计次之，在2007年的申请量达到1万多件，而实用新型的申请量最小，在2007年也仅达到1000多件。外国在华专利申请中实用新型类型的比例很低，这与外国在华申请专利的收益和成本有关，通常一个机构向外国申请专利的成本较高的，无论是传统途径还是 PCT 途径，都需要支付翻译费、法定费用和专利代理费等费用，因而机构通常会在自己国内的专利组合中选择一部分质量较高的专利向外国申请。而实用新型一方面不需要经过实质审查步骤，其专利有效性要通过司法途径才能确认；另一方面其保护期只有 10 年，显然都不符合外国机构在中国申请专利权的初衷，因此外国专利中实用新型类型的比例较低有其重要的市场动机。因而在分析外国在华专利时，对发明和外观设计应该做重点考察，而实用新型的份额基本可以忽略。

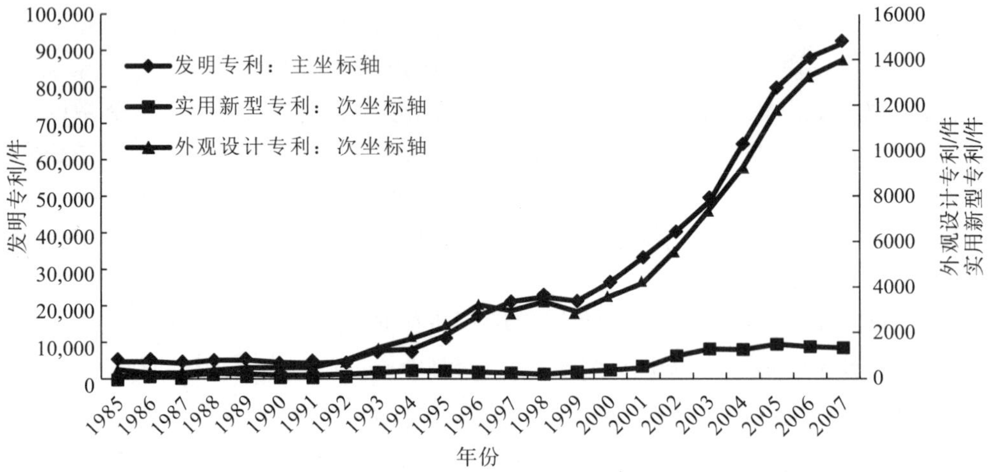

图 4-5　外国在华三种专利的申请情况

注：根据 1985～2007 年历年《国家知识产权局统计年报》整理。

外国专利申请在三种专利类型上的分布结构如图 4-6 所示。其中，分 1985～2007 年和 1996～2015 年两个时间段作图形加以对比。

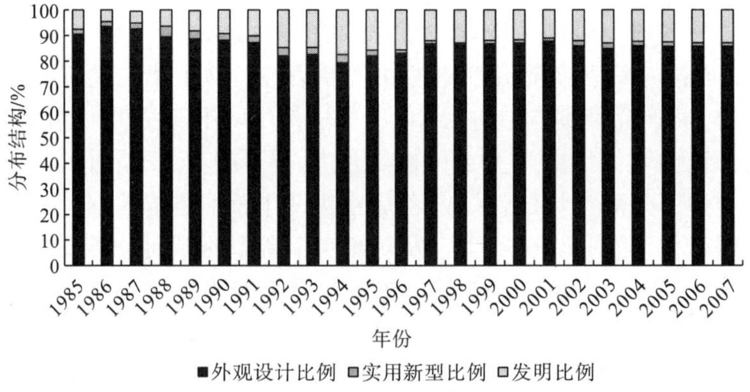

（a）1985~2007年

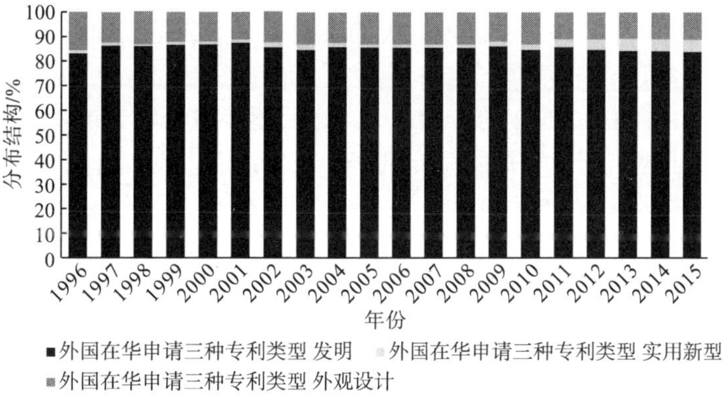

（b）1996~2015年

图 4-6　外国在华申请三种专利类型的分布

注：根据历年《国家知识产权局统计年报》整理。

观察 2006 年之前外国在华发明和外观设计的申请，可以根据其年增长速度划分为三个阶段：①第一个阶段为 1985～1991 年，其间国外专利申请增长缓慢，专利申请总数在 4,400 件到 5,600 件之间徘徊；②第二阶段为 1992～1999 年，外国年专利申请从 1993 年的 5,300 件迅速增长到 1997 年的 24,000 件，随后在 1998 年和 1999 年增速放缓；③第三阶段为 2000～2007 年，外国年专利申请以每年近万件的速度增长，年申请量迅速从 2 万多件攀升到 9 万多件。分析这三个阶段的时间节点，可以联系到我国专利法在 1992 年和 2000 年的两次修改，1992 年的专利法第一次修改扩大了可专利性的主体范围，延长了专利权的有效期，加强了专利权的保护力度，从而促进了外国专利申请的增加，而 1997 年的金融危机则对外国在华的专利申请造成负面影响，延缓了其增长速度；而 2000 年的专利法第二次修改将禁止许诺销售列入发明和实用新型的保护范围，并完全与世界贸易组织有关规则一致，专利制度的变化导致外国在华专利的急剧增长。

再对国内居民三种专利的申请情况做出说明，以与外国在华专利申请进行比较。国内居民三种专利的申请情况如图 4-7 所示。

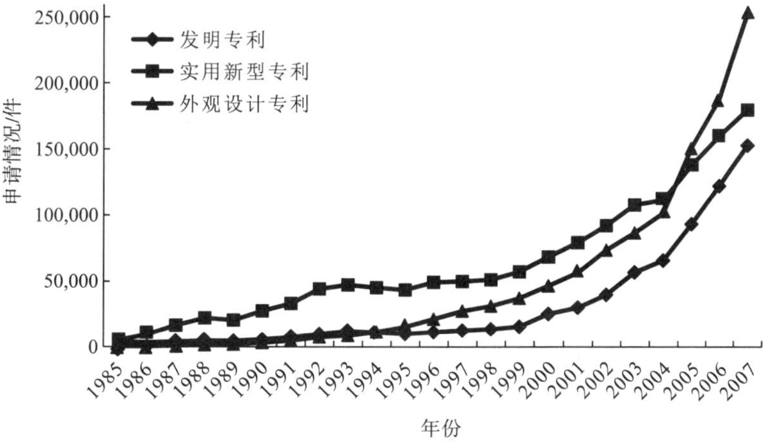

图 4-7　国内居民三种专利的申请情况

注：根据 1985～2007 年历年《国家知识产权局统计年报》整理。

可以看到，在 1985～2004 年国内居民的实用新型专利是三种专利类型中申请量最多的，2005 年以后该类型申请量位居第二；其次看国外居民申请量居中的外观设计专利，国内居民的外观设计申请在 1985 年的份额最小，之后逐步增长，到 1994 年超过发明专利位居第二，到 2005 年更是超过实用新型专利居于首位；而占据国外居民最大份额的发明专利，国内居民的申请量在 1985～1994 年高于外观设计而远低于实用新型，1995 年之后一直处于末位。

而国内专利申请在三种专利类型上的分布如图 4-8 所示。可以看到与国外显著不同的是，国内的外观设计申请比例在整个期间不断上升，从 1985 年的 3%逐步增长到 2007 年的 43%；实用新型的发展比例则有很大观测意义，先是从 54%跃升至 1986 年的 70%，而后直到 1992 年都保持在 70%以上的水平，但是自 1992 年专利法第一次修改后，其比例开始逐步下降，到 2007 下降到 31%的水平，但 2007 年以后又有所上升。由于实用新型相比之下获得专利权速度较快，同时也有一定的市场控制作用，因此不论在市场导向，还是政策导向的情形下，实用新型都是企业重要的选择类型。发明专利申请比例，随着市场经济的发展，国内表现是下降，例如从 1985 年 43%的申请比例，迅速下降到 1999 年 14%的申请比例，但是自 2000 年专利法第二次修改后稳步增长，到 2007 年已经回升到 26%的水平，但 2007 年后又有所下降。

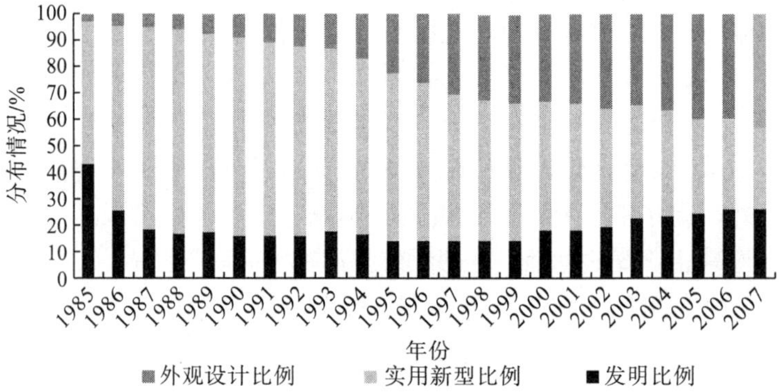

（a）1985~2007年

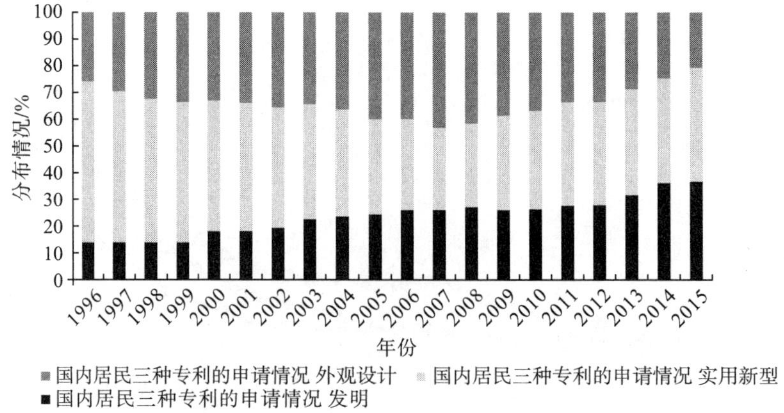

（b）1996~2015年

图 4-8　国内居民申请三种专利类型上的分布

注：根据历年《国家知识产权局统计年报》整理。

特别从专利申请的规模上，国内居民显示出积极趋势。我国国内居民的发明申请和外国在华发明申请的数量比较如图 4-9 所示。

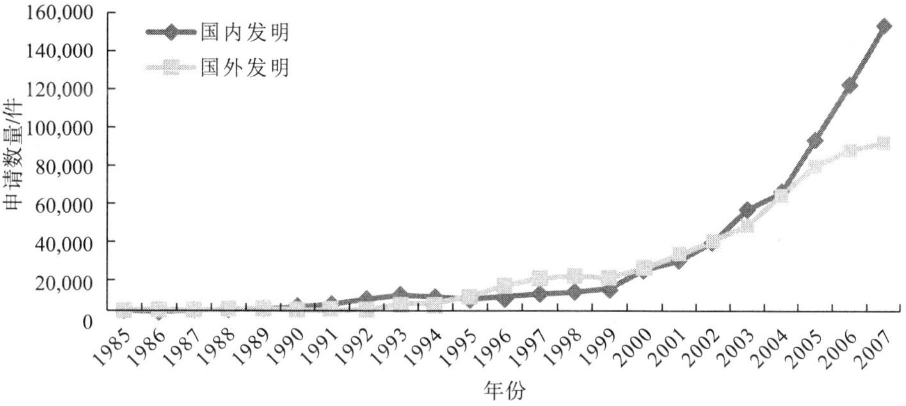

图 4-9 国外在华发明申请和国内居民发明申请的比较

注：根据 1985～2007 年历年《国家知识产权局统计年报》整理。

但是值得注意的是，国家知识产权局受理的外国专利申请，可以通过传统途径和 PCT 途径这两种方式，而 PCT 途径的专利申请往往在申请日后第 30 个月才进入国家阶段。也就是说，某一年国家知识产权局受理的外国在华专利申请并不是以该年份为申请日的外国在华专利申请的全部，以该年为申请日经 PCT 途径的专利还可能在申请日后三年内被国家知识产权局受理。PCT 途径专利在申请日当年及后 3 年内的分布如图 4-10 所示。由于 PCT 途径一直到 1994 年才在中国采用，故以 1994 年为起点，而 PCT 途径在申请日后有 30 个月的选择期，PCT 途径的专利公布往往滞后其申请日三年以上，故以 2005 年为截止年份。另外，PCT 途径仅适用于发明和实用新型两种申请专利类型，不包括外观设计专利。可以看到，PCT 途径的专利申请在申请日当年和第三年进入国家阶段的比例都很低，其中申请日当年进入中国国家阶段的平均比例为 4%，近年来下降到 1%，申请日后第三年进入国家阶段的平均比例为 2%，近年来稳定在 3%左右；另外，进入国家日期选择在申请日后第一年的平均比例为 44%，选择申请日后第二年的平均比例为 50%。

可以看到，在 1985～1989 年，外国在华发明申请在数量上占据微弱优势，除 1986 年差距达到 1,000 件，其他四年的差距均在 500 件以下；但 1990～1994 年，国内居民的发明申请数开始超过外国在华申请数，差距 1,000～5,000 件不等；而到了 1995 年，外国在华发明申请数量再次超过国内居民，这种情况一直持续到 2002 年，这是因为中国从 1994 年开始接受 PCT 途径的申请（PCT 途径为申请人提供了更大的寻求专利权国家保护的选择余地并降低了跨国专利布局的成本），这直接导致了 1995～2002 年外国在华专利申请的增加；从 2003 年起，国内居民发明申请开始急剧增长，并逐渐与外国在华发明申请拉开差距，到 2007 年这一差距扩大到 6 万件以上。

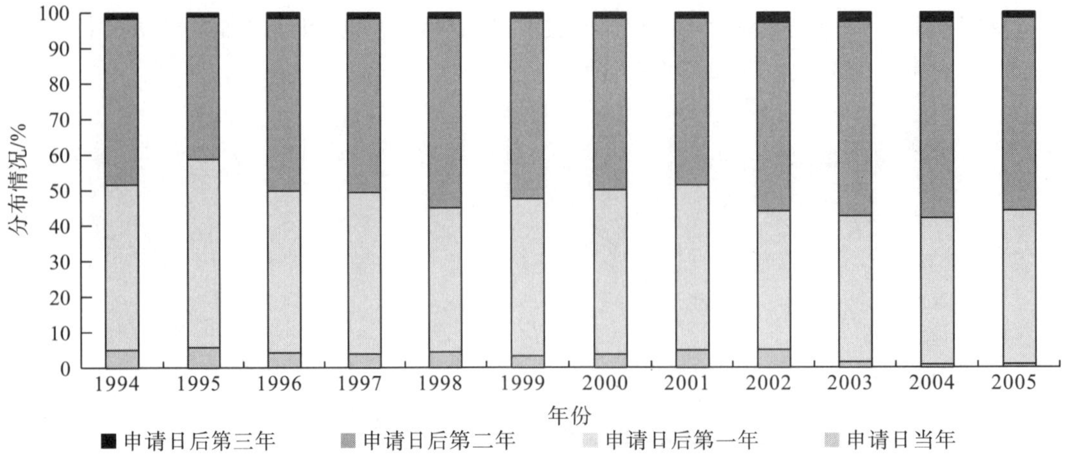

图 4-10　PCT 途径专利申请进入国家阶段的年份分布

注：根据国家知识产权局网站专利检索结果整理，检索日为 2008 年 12 月。

既然 PCT 途径的专利申请是在申请日当年及后 3 年分布，为了分析外国在华专利在某年申请的真实数据，进一步画出外国在华专利通过传统途径和 PCT 途径申请的比例柱状图如图 4-11 所示。

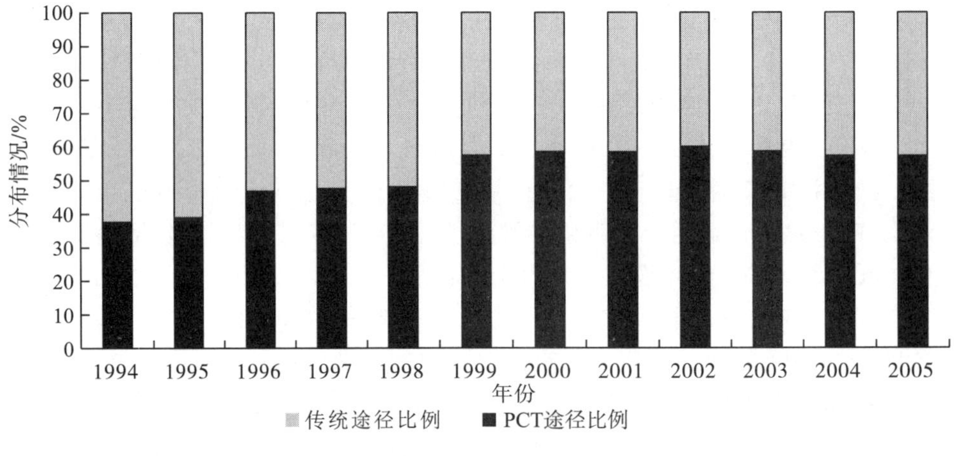

图 4-11　外国在华专利申请的传统途径和 PCT 途径的比例柱状图

注：根据国家知识产权局网站专利检索结果整理，检索日为 2008 年 12 月。

可以看到，自从我国 1994 年开放 PCT 途径以来，外国机构选择 PCT 途径的比率逐渐增加，从 1994 年的 38%逐渐增长到 2002 年的 60%，而后在 2004 年和 2005 年维持在 57%的水平。

4.4.2　外国企业在华专利申请的集中程度

外国企业在华申请的集中程度反映了不同国家在华的专利战略和布局，以及不同国家对我国专利技术资源的控制程度。不同国家截止到2007年累计在我国申请的专利如表4-1所示，表中列出了所有在华专利申请数超过1,000件的国家，并采集这些国家近年来的专利数据加以对比。

表4-1 各国在华累计专利申请分布(2009～2015年)及2016年数据对照

国家	总累计1985～2016年	2016年当年累计	阶段累计2009～2015年	比例(按阶段累计)/%	发明专利	比例/%	实用新型专利	外观设计专利	比例/%
日本	562365	39207	310,218	33.3	267,415	33.7	13,694	29,109	30.8
美国	417641	35895	235,540	25.3	206,317	26.0	9,422	19,801	21.1
德国	161341	14158	96,835	10.4	83,372	10.5	3,703	9,760	9.7
韩国	138173	13764	79,855	8.6	65,500	8.3	2,098	12,257	10.3
法国	59034	4631	33,561	3.6	28,225	3.6	1,295	4,041	3.8
瑞士	42709	3453	25,368	2.7	20,577	2.6	986	3,805	3.5
荷兰	50036	3155	22,816	2.4	20,217	2.6	403	2,196	1.9
英国	31208	2372	16,708	1.8	13,232	1.7	590	2,886	2.5
瑞典	26546	1919	14,458	1.6	12,589	1.6	375	1,494	1.3
意大利	20057	1610	12,971	1.4	8,824	1.1	441	3,706	3.0
芬兰	15805	1007	8,375	0.9	7,269	0.9	372	734	0.8
加拿大	14182	985	8,242	0.9	6,962	0.9	284	996	0.9
开曼群岛	—	—	8,059	0.9	6,921	0.9	229	909	0.8
丹麦	100227	858	6,515	0.7	5,363	0.7	170	982	0.8
澳大利亚	10506	624	6,049	0.6	4,351	0.5	345	1,353	1.2
奥地利	8634	946	5,502	0.6	4,831	0.6	191	480	0.5
比利时	8141	700	4,664	0.5	4,173	0.5	106	385	0.4
以色列	—	—	4,407	0.5	3,730	0.5	224	453	0.5
西班牙	4668	393	3,514	0.4	2,441	0.3	137	936	0.8
新加坡	5599	769	2,992	0.3	3,345	0.4	326	617	0.7
英属维尔京群岛	—	—	2,393	0.3	1,282	0.2	364	747	0.8
挪威	—	—	1,805	0.2	1,579	0.2	33	193	0.2
印度	—	—	1,716	0.2	1,521	0.2	43	152	0.1
卢森堡	—	—	1,503	0.2	1,074	0.1	88	341	0.3
其他	48667	6941	17,292	1.7	11,428	1.4	1,081	3,487	3.3
合计	1637788	133522	931,358	100.0	792,538	100.0	37,000	101,820	100.0

数据来源：根据国家知识产权局网站资料整理。

从表4-1中可以看到，日本和美国是在华专利申请的第一梯队，其中日本占外国在华专利申请的比例高达33.3%，美国的比例也达到了25.3%。而德国和韩国是第二梯队，其比例分别为10.4%和8.6%。这四个国家就占了所有外国专利申请的77.6%。可以看到上述列表国家中，英属维尔京群岛(BVI)以及开曼群岛等属于离岸金融中心，由于其重要的离岸金融中心地位，许多在中国运营的公司也以这些群岛作为注册地在华申请专利，因此这些地方的专利大多不应属于外国。为分析中国申请人在其中所占的比例，可以发明人字段是否含有“·”这一外国人名的标志性字符来进行粗略判断，在国家知识产权局网站上的专利检索结果显示，维尔京群岛 1985～2007 年在华的专利申请数为 1,328 件，其中发明、实用新型和外观设计分别为 722 件、126 件和 480 件；而发明人字段中不含有“·”的专利申请数为 819 件(62%)，其中发明、实用新型和外观设计专利申请数量(比例)分别为 234 件(32%)、117 件(93%)和 468 件(98%)，可以认为是中国专利权人的专利。

为了更准确地描述 1985～2007 年外国在华专利申请的集中程度和趋势，本节引入赫希曼-赫芬达尔(HHI)指数进行测度。HHI 指数即在华申请专利的国家占所有外国在华专利份额的平方和，该指数的取值范围在 1/N～1(注：N 为国家的数量)。HHI 指数越接近 1，说明集中程度越高；越接近 1/N，说明集中程度越低。外国在华专利申请的 HHI 指数如图 4-12 所示。

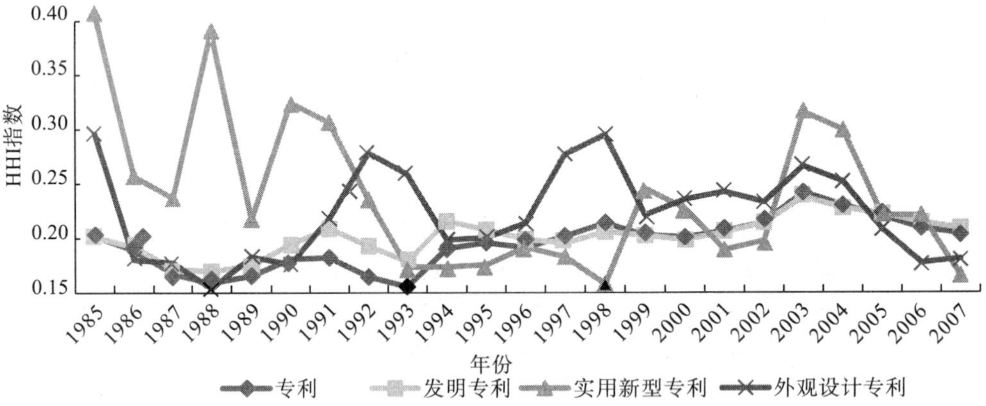

图 4-12　外国在华专利申请的 HHI 指数

注：根据 1985～2007 年历年《国家知识产权局统计年报》的相关数据计算。

图 4-12 中的专利是指发明、实用新型和外观设计三种专利申请数之和。可以看到专利和发明的 HHI 指数趋势线最为接近，这与外国在华专利以发明为主一致。专利和发明的 HHI 指数在 0.15～0.25，平均值(方差)分别为 0.20(0.011)和 0.20(0.007)，这说明外国在华专利申请(发明申请)非常集中，且振幅较小。而实用新型的起伏波动较大，其 HHI 值范围在 0.16～0.41，平均值(方差)为 0.24(0.107)，即外国在华的实用新型申请集中程度较发明低，且差别更大；外观设计 HHI 值的范围则在 0.15～0.30，平均值(方差)为 0.22(0.039)，即外观设计的集中程度和波动均处于发明和实用新型之间(表 4-1)。

4.4.3　外国在华职务申请和非职务申请的特点

除了三种专利类型上的分布，外国在华职务申请和非职务申请的分布也是一个重要的关注点。职务申请即指申请人为组织机构，无论是企业、研究机构、大学还是政府机关；而非职务申请即申请人为个人，可能是中小企业主，也可能是发明家本人。外国在华职务申请和非职务申请的分布如图 4-13 所示。可以看到国外在华专利申请中职务申请占据主导地位。1985～1992 年，外国在华职务申请的比例在 90%上下徘徊；而 1993 年以来，其职务申请比例开始稳步上升，并且稳定在 97%的水平，但是值得注意的是在 2001 年，外国在华的职务申请比例突然下降到 88%，而 2001 年正好对应专利法第二次修改，在这次修改中，许诺销售也列入了专利权的保护范围，这可能促进了国外个人在华申请专利的动机。外国职务专利申请的主导地位同样与其在华专利申请的成本收益原则相关，由于外国在华的专利申请费用和跨国专利权执行费用都相应地高于专利来源国，所以外国在华的专利都是有选择性的，往往代表了较高的质量。而职务申请抑或非职务申请将部分决定专利的质量和价值，因为随着科技的发展，社会分工的细化，越来越多的创新必须通过专业的研发团队才能完成，而研发团队更容易在组织的架构内形成，所以一些前沿技术或者复杂技术的专利往往都是职务申请，而非职务申请则集聚在一些常规技术及其改进上。并且组织比个人更能负担在中国执行专利权的费用，包括专利许可和专利诉讼，所以外国在华的专利申请以职务申请为主。

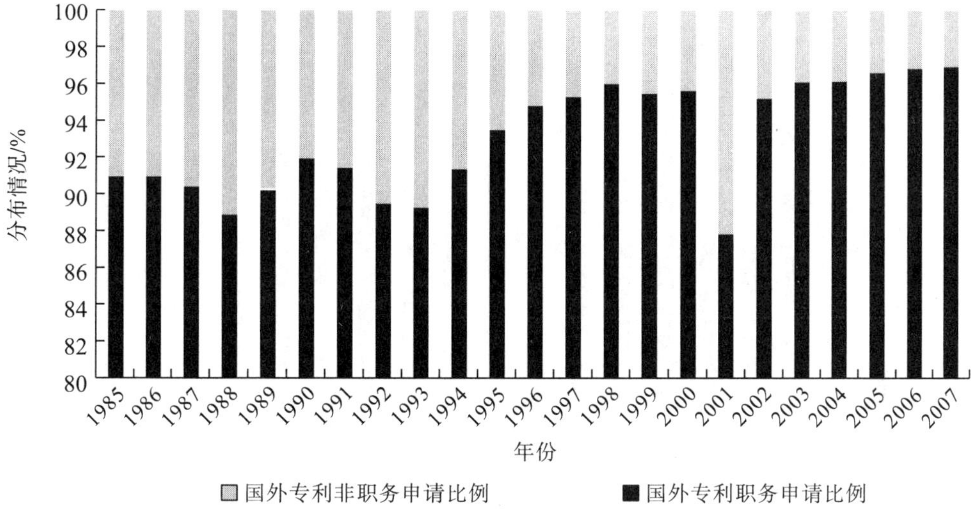

图 4-13　外国在华职务申请和非职务申请的分布

注：根据 1985～2007 年历年《国家知识产权局统计年报》整理。

而国内居民在职务申请和非职务申请上的分布如图 4-14 所示。可以看到，国内居民的专利申请中职务申请比例较低，整个 1985～2007 年的平均比例为 35%。具体而言，在 1985～1992 年，国内居民职务申请的比例从 46%下降到 28%；而从 1993 年起，国内居民职务申请比例逐年回升，在 2007 年达到 47%的较高水平。此后我国专利申请中的职务申请比例基本维持这一水平。

进一步对三种类型专利申请构成分别分析，发明专利类型中职务申请和非职务申请的比例也值得关注。国外在华发明的职务申请和非职务申请的比例如图 4-15 所示，由于《国家知识产权局统计年报》从 1987 年才开始分别统计三种专利类型职务申请和非职务申请的比例，所以时间区间为 1987～2007 年。

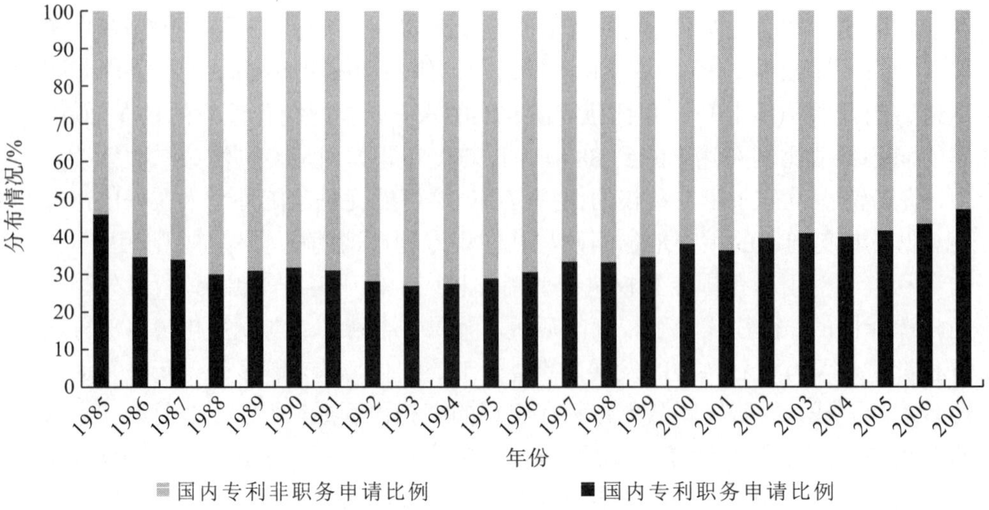

图 4-14　国内居民职务申请和非职务申请的分布

注：根据 1985～2007 年历年《国家知识产权局统计年报》整理。

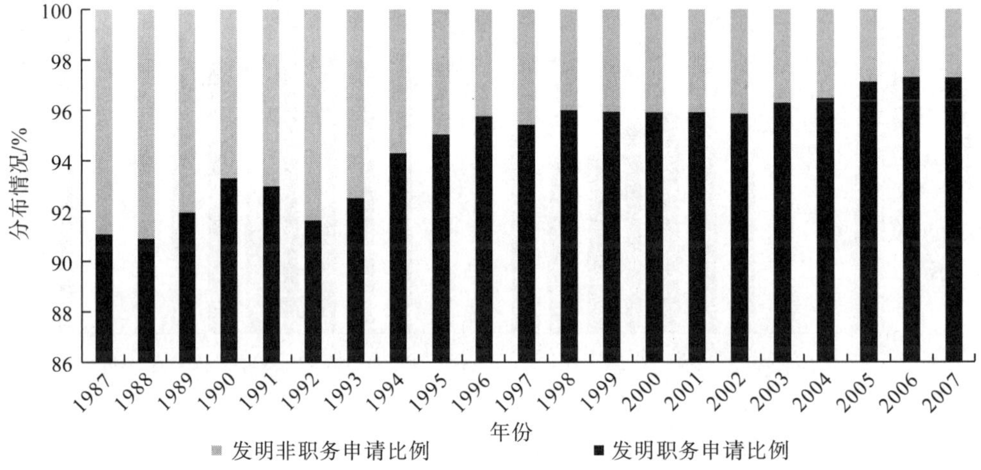

图 4-15　国外在华发明的职务申请和非职务申请的分布

注：根据 1987～2007 年历年《国家知识产权局统计年报》整理。

可以看到，与外国在华专利(包括所有三种专利类型)申请的比例和趋势类似，外国在华发明仍然以职务申请为主体，而且职务申请的比例呈现逐步上升的趋势，近年来稳定在 97%的水平，这与外国在华专利以发明类型为主是一致的。

而国内居民发明的职务申请和非职务申请由于《国家知识产权局统计年报》进行了更详细的申请人类型统计，包括企业、大专院校、科研单位和机关团体等，分别代表产业界(产)、学术界(学)、研究机构(研)和政府机关(官)，图 4-16 可以用来提供更加详细的说明。从图 4-16 中可以看到，国内居民发明的非职务申请比例在 1987～1995 年上升，其比例相应地从 62%逐步增长到 70%；从 1996 年开始下降，到 2007 年其比例仅为 30%，这说明自 2002 年以来，职务申请开始在我国发明申请中占据主体地位，并且随着时间发展而不断得到巩固。同时，更为重要的是，企业的发明专利职务申请的比例逐年走高，这代表着我国专利逐渐回归市场导向的发展轨道，到 2007 年，企业申请的发明已经占到我国所有发明申请的 48%。与此同时，大专院校的发明专利申请比例也有增加，到 2007 年达到 15%，凸显现阶段我国大学作为重要技术创新来源的地位和强化产学合作的发展特征。

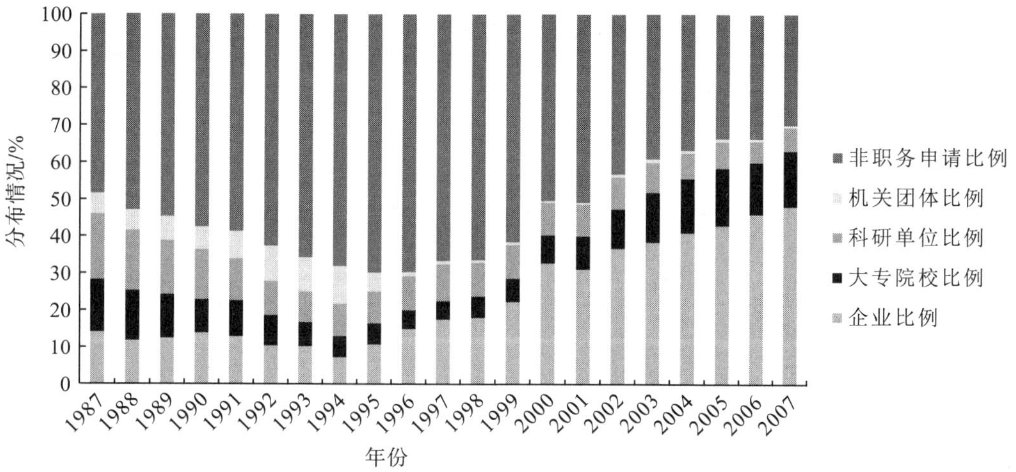

图 4-16　国内居民发明的职务申请和非职务申请的分布

注：根据 1987～2007 年历年《国家知识产权局统计年报》整理。

4.4.4　新兴经济体(国家和地区)在华专利申请及其三方专利申请比较

国际上最重要的三个专利机构是美国专利商标局 USPTO、欧洲专利局和日本特许厅，如果一件专利同时在上述三个专利局被申请，则这件专利被称为三方专利。一个国家在上述三个专利局分别的专利申请数量和三方专利的数量都可以表征该国技术创新能力。除此之外，经 PCT 途径的专利申请数量也是表征一国(或地区)技术创新能力的重要指标。

上述三方专利、USPTO 专利、欧专局专利、日本特许厅专利和 PCT 专利等五种指标 1985～2005 年的数据都可以在 OECD 发布的《专利统计概要 2008》(Compendium of Patent Statistics 2008)中找到。由于《专利统计概要》只给出了 OECD 成员国以及部分新兴市场经济体(国家和地区)的数据，为方便比较，本节以上此为样本作细部的研究，具体国别参见表 4-2。

表 4-2　在中国专利申请的新兴经济体国家和地区样本

	国家名称
OECD 国家(30 个)	澳大利亚、奥地利、比利时、加拿大、捷克、丹麦、芬兰、法国、德国、希腊、匈牙利、冰岛、爱尔兰、意大利、日本、韩国、卢森堡、墨西哥、荷兰、新西兰、挪威、波兰、葡萄牙、斯洛伐克、西班牙、瑞典、瑞士、土耳其、英国、美国
新兴经济体国家和地区(19 个)	阿根廷、巴西、保加利亚、智利、中国大陆、中国台湾、塞浦路斯、爱沙尼亚、中国香港、印度、以色列、拉脱维亚、立陶宛、马耳他、罗马尼亚、俄罗斯、新加坡、斯洛文尼亚、南非

注：根据 OECD《专利统计概要 2008》整理，按照国家和地区英文首字母升序排列。

虽然中国台湾地区1985～2007年的数据和中国香港地区1997年以后的数据均包含在中国国内居民专利申请中，但为方便比较，将这两个地区的数据单独列出，同时以中国大陆数据对比，构成了本节分析的48个国家和地区样本。

而新兴经济体(国家和地区)在华专利也同时包括专利数、发明数、实用新型数、外观设计数、职务申请数和非职务申请数等六种指标，这些指标的描述性统计如表4-3所示。

表4-3　新兴经济体(国家和地区)在华专利申请六项指标的描述性统计

六项指标	平均值	标准差	1	2	3	4	5
1. 专利	953	3,556	1				
2. 发明	696	2,777	0.9563	1			
3. 实用新型	130	944	0.5033	0.2323	1		
4. 外观设计	127	447	0.9519	0.9052	0.4498	1	
5. 职务申请	822	3,240	0.9822	0.9926	0.337	0.9357	1
6. 非职务申请	127	712	0.5182	0.2519	0.9806	0.4874	0.3491

注：根据1985～2007年历年《国家知识产权局统计年报》的相关数据计算，观测数为971个，所有相关系数的P值均小于0.001。

可以看到，专利与发明、外观设计、职务申请的相关系数，发明与职务申请的相关系数，以及实用新型和非职务申请的相关系数都高达0.95以上，由此可以将上述六个指标分为两组，一组为专利、发明、外观设计和职务申请；另一组为实用新型和非职务申请。在下面的分析中将应用专利和非职务申请这两个指标作为上述六个指标的代表。

将新兴经济体(国家和地区)在华专利申请与三方专利、USPTO专利、欧专局专利、日本特许厅专利和PCT专利等五种指标进行比较，得到的描述性统计如表4-4所示。

表4-4　新兴经济体(国家和地区)在华专利申请与五种技术创新能力指标的描述性统计

	平均值	标准差	1	2	3	4	5	6
1. 在华专利	969	3,241	1					
2. 在华非职务申请	151	787	0.5182	1				
3. 三方专利	931	2,739	0.6273	NS	1			
4. 美国专利	5,887	23,108	0.5793	0.0956*	0.8907	1		
5. 日本专利	7,718	42,202	0.5647	NS	0.6890	0.3995	1	
6. 欧洲专利	2,101	5,325	0.5982	NS	0.9547	0.8600	0.5136	1
7. PCT申请	1,698	5,238	0.6024	NS	0.8794	0.9421	0.3274	0.9188

注：根据1985～2007年历年《国家知识产权局统计年报》和OECD《专利统计概要2008》相关数据计算，观测数为657个；*，$P<0.05$；NS，不显著；其他相关系数的P值均小于0.01。另外，在华专利、美国专利和日本专利按照申请日计数，三方专利、欧洲专利和PCT申请按照优先权日计数。

从表4-4可以看到，样本国家或地区的三方专利数最低，在华专利数次低，往上依次是欧洲专利、美国专利和日本专利。假设样本国家总的专利组合不变，只是选择不同比例的专利在不同专利局申请，那么某个专利局受理的数量越多，占该国专利组合的比例越高，就说明这个专利局所代表的专利权保护范围对该国越重要。但是值得注意的是，日本专利局的情形应该单独考虑，因为日本专利局在相当长的一段时间倾向于接受单权利要求项的专利申请，这导致一项专利在日本需要分成单权利要求项的多项专利来申请。尽管近年来日本专利制度已经允许了多权利要求项的专利申请，但是日本专利局的专利数量依然远较其他专利局高。如果不考虑日本专利局，那么可以认为美国这一全球最大的市场需求导致美国专利商标局成为各国寻求专利权保护的首选，其次是欧洲和日本，而在华申请的专利仅仅为美国的 1/6，欧洲的 1/2。

从相关性上分析，可以看到在华专利申请与三方专利的相关性最大，其次是 PCT 申请，然后是欧洲专利、美国专利和日本专利，由此在分析样本国家技术创新能力对其在华专利申请的影响时，选择三方专利是最恰当的。

而在华非职务申请则仅与美国专利之间的相关性水平为显著，但是 0.1 的相关系数依然很低，基本可以认为外国在华的非职务申请(以及实用新型)受该国技术创新能力的影响不大。

而三方专利和欧洲专利的相关系数高达 0.95，如果三方专利代表了专利质量，那么可以判断欧洲专利的质量是三大专利局中最高的，美国专利的质量次之，日本专利的质量排在末位。另外 PCT 申请与美国专利、欧洲专利的相关系数也超过了 0.9，而与日本专利的相关系数仅在 0.3，这说明 PCT 途径在美国专利和欧洲专利中应用远比日本专利来得广泛。

进一步将外国在华专利与其他国家专利局，包括德国专利局、英国专利局、法国专利局、芬兰专利局和加拿大专利局进行比较，得到的结果如表 4-5 所示。

表 4-5　新兴经济体(国家和地区)在华专利与部分国家专利机构比较

	平均值	标准差	1	2	3	4	5	6
1. 在华专利	1,169	3,241	1					
2. 在华非职务申请	188	943	0.5182	1				
3. 德国专利	1,051	5,578	0.1650	NS	1			
4. 英国专利	289	1,026	0.2349	NS	NS	1		
5. 法国专利	335	1,796	NS	NS	NS	NS	1	
6. 芬兰专利	56	333	NS	NS	NS	NS	NS	1
7. 加拿大专利	915	2,896	0.4349	NS	0.1727	0.4034	0.0994†	NS

注：根据 1985～2007 年历年《国家知识产权局统计年报》和 OECD《专利统计概要 2008》相关数据计算，观测数为 261 个；†，$P<0.1$；NS，不显著；其他相关系数的 P 值均小于 0.01。另外，在华专利按照申请日计数，德国专利、英国专利、法国专利、芬兰专利和加拿大专利均按照优先权日计数。

就相关系数来看，外国在华专利申请和在加拿大专利申请的相关性最大，其次是加拿大和德国，上述相关系数均超过了 0.4。另外，分国家来看，在华专利与德国、英国和加拿大的专利申请相关，德国专利与中国和加拿大专利申请相关，英国专利与中国和加拿大专利申请相关，法国专利仅与加拿大专利相关，芬兰专利与其他国家专利均不相关。

4.4.5　外国在华专利申请决定因素分析

本节分析外国在华专利申请的决定因素，分析模型如公式(4.1)所示。

$$\text{Foreignpats}_{it} = \text{triadpats}_{it+1} + \text{ifoecd}_i + \log\text{import}_{it} + \log\text{fdi}_{it} + \log\text{export}_{it} + \varepsilon \tag{4.1}$$

其中，$Foreignpats_{it}$为因变量，指国家i第t年在华专利申请数量，共有六项指标，分别为外国在华专利、发明、实用新型、外观设计、职务申请和非职务申请的数量；而$triadpats_{it+1}$即三方专利，指国家i第$t+1$年同时在美国专利商标局(USPTO)、欧洲专利局(EPO)和日本特许厅(JPO)申请的专利数量，这一指标代表了国家i的技术创新能力。这里选择滞后一期的三方专利，是因为三方专利按照专利的优先权日来计数，而外国在华专利申请按照巴黎公约原则，其申请日通常之后优先权日一年，为了在同一时间点上进行比较，这里将滞后一期的三方专利作为控制变量之一；$ifoecd_{i}$为0，1变量，如果国家i是30个OECD国家之一，则取值为1，否则取值为0(前面已经看到OECD国家是外国在华申请专利的主体，其经济发展水平普遍较高，这里引入作为控制变量之二)；$import_{it}$为国家i第t年向中国的出口额，代表了中国对外国技术的市场需求，被认为是外国在华申请专利的主要决定因素之一，Sun的实证结果也显示进口额是外国在华专利申请的主要决定因素；fdi_{it}为国家i第t年对中国的外商直接投资额，外国在华申请专利可以保护其在华的投资利益，被认为是外国在华专利申请的决定因素之二；$export_{it}$为中国第t年向国家i的出口额，这一指标在Sun的研究中没有得到应用，但是随着经济全球化进程和劳动分工的细化，中国正在成为“世界工厂”，外国仅在专利技术的销售市场实施专利权保护已经显得不充分(因为中国可以将蕴含专利技术的产品或者服务出口到没有被专利权覆盖的国家)，因此在专利技术产品或者服务的生产国申请专利也变得越来越重要，本模型将出口额引入作为决定因素之三。

模型变量的描述性统计如表4-6所示。模型的数据样本依然为前述的48个国家样本，应用的数据主要包括专利数据和贸易投资数据，其中专利数据主要来源于1985～2007年历年《国家知识产权局统计年报》和OECD《专利统计概要2008》，贸易投资数据来自1996～2008年历年《中国统计年鉴》。

表4-6 外国在华专利申请决定因素模型的描述性统计

	平均值	标准差	1	2	3	4	5	6
1. 在华专利	1,257	3,983	1					
2. 在华非职务申请	171	852	0.5182	1				
3. 滞后一期三方专利	946	2,801	0.6430	NS	1			
4. 是否为OECD国家	0.64	0.48	NS	−0.1706	0.2394	1		
5. 进口额	54	133	0.9143	0.4527	0.6399	NS	1	
6. 外商直接投资额	9	29	0.2679	0.1906	0.2282	−0.1425	0.3071	1
7. 出口额	68	189	0.6430	0.1365	0.6638	NS	0.6090	0.6167

注：观测数536；变量1、2、3的单位均为项，变量4无单位，变量5、6、7的单位为亿美元；NS，不显著；其他相关系数的P值均小于0.001。

从平均值来看，我国对样本国家的出口额高于进口额，并远远高于外商直接投资额。从相关系数来看，如果以外国在华专利为因变量，那么所有自变量的相关系数都是正向显著的；如果以外国在华非职务申请为因变量，那么三方专利不显著，而是否为OECD国家为负向显著，即非 OECD 国家更倾向于非职务申请或者实用新型。

进一步对模型是否存在多重共线性进行分析，得到平均的 VIF 值为 4.46，低于阈值 10，说明模型不存在显著的多重共线性。

另外，模型以样本国家在华专利申请数为因变量，数据类型为 Count 型，其实际概率分布与泊松分布和负二项式分布的比较如图 4-17 所示。

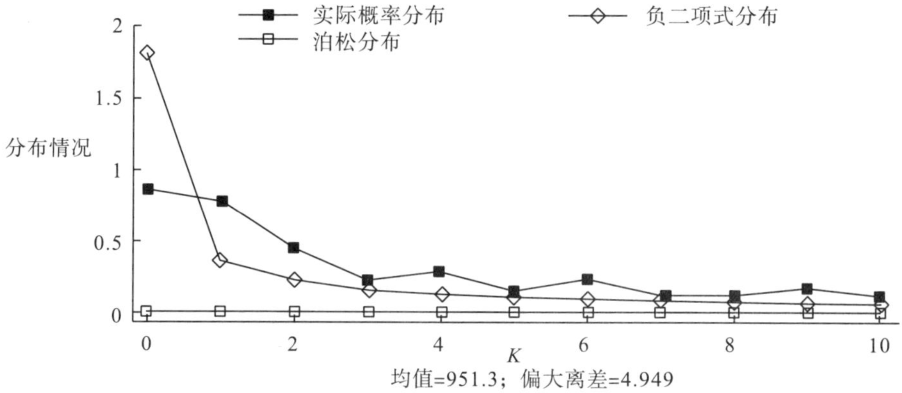

图 4-17 外国在华专利数据的实际概率分布与泊松分布、负二项式分布的比较

注：样本国家在华专利数据经 Stata 软件生成，使用命令 nbvargr。

一般应用泊松分布或者负二项式分布。而外国在华专利的平均值为 1,257 项，标准差为 3,983 项，平均值 1,257 远小于方差 3,983^2，不满足泊松分布的条件，模型采纳负二项式分布假设。可以看到负二项式分布更好地拟合了因变量的实际分布。

另外，模型使用的数据为 48 个样本国家在 1994～2006 年(取专利数据和贸易数据各自期限的交集)的在华专利数据和贸易数据，是典型的面板数据，将应用基于面板数据的负二项式回归模型，包括固定效应模型、中间效应模型(较少使用)和随机效应模型三种类型，具体采用固定效应模型还是随机效应模型，将引入 Hausman 检验进行判断，其具体步骤是：①第一步，应用固定效应模型对参数进行估计；②第二步，存储固定效应模型下的参数估计结果；③第三步，应用随机效应模型对参数进行估计；④第四步，存储随机效应模型下的参数估计结果；⑤第五步，对第二步和第四步的参数估计结果进行 Hausman 检验，如果 Hausman 检验的 *P* 值不显著，即 Prob>Chi2 大于 0.05，就使用随机效应模型，否则就使用固定效应模型。模型的回归结果如表 4-7 所示。

模型 1 和模型 2 以外国在华专利数为因变量，模型 3 和模型 4 以外国在华非职务申请为因变量；而模型 1 和模型 3 为基本模型，自变量只包括了三方专利的一年期滞后项和是否为 OECD 国家这两个控制变量，而模型 2 和模型 4 为决定因素模型，自变量不仅包括了控制变量，还包含了进口额、外商直接投资额和出口额这三个决定因素。

从四个模型的对数似然值来看，三个决定因素的引入提高了模型的解释力度，因为模型的对数似然值越大，自变量对因变量的描述就越准确，模型的拟合程度就越高。而模型 1 的对数似然值(−2,802)小于模型 2 的对数似然值(−2,417)，模型 3(−2017)小于模型 4(−1,481)。

表 4-7　外国在华专利和非职务申请的决定因素的回归结果

	因变量：外国在华专利		因变量：外国在华非职务申请	
	模型 1	模型 2	模型 3	模型 4
截距项	0.6137**	−60.48**	0.7836**	−5.10**
三方专利一年滞后项	0.00018**	0.00013**	0.00014**	0.00008**
是否为 OECD 国家	NS	NS	NS	NS
进口额		0.1668**		NS
外商直接投资额		−0.0644**		NS
出口额		0.5638**		0.6381**
固定或随机效应	随机效应	固定效应	随机效应	固定效应
对数似然值	−2,802	−2,417	−2,017	−1,481
观测数	584	529	584	529

注：NS，不显著；**，$p<0.01$。

对控制变量而言，三方专利一年滞后项在四个模型中均显著，凸显了外国的技术创新能力是其在华专利申请活动的基础，一个国家的技术创新能力越强，其三方专利的规模越大，其可选择在中国申请的专利规模也成比例增大。但是是否为 OECD 国家这一控制变量均不显著，其原因可能一方面在于 OECD 内部 30 个国家的在华专利申请战略显著不同，从而不能显示出一致性的趋势；另一方面 OECD 国家和非 OECD 国家在华专利申请战略没有显著不同。

从决定因素上来看，出口额是最显著地影响外国在华专利申请的因素，其作用甚至超过了进口额。Sun(2003)在研究中仅引入了进口额这一决定因素，并且使用的是普通最小二乘回归模型，得出结论为进口额为外国在华专利申请的主要决定因素。而本书在改进模型的估计方法并增加出口额因素后，发现出口额才是外国在华专利申请的主要决定因素，这意味着外国在华专利申请不仅仅为了保护其专利技术产品或服务在中国市场的销售，更是为了避免从中国出口到该国的产品和服务侵犯了其专利权。中国虽然目前是世界仅次于德国的第二出口国，但是中国的技术创新能力如果以 2005 年的三方专利数来衡量，则远远低于美国、日本、德国、韩国、法国、英国、荷兰、瑞士、加拿大、瑞典、意大利、以色列、澳大利亚和比利时等 14 个国家，排在第 15 位；如果以 1985～2005 年的累积三方专利数来衡量，则除了上述 14 个国家外，还低于芬兰、奥地利、丹麦、西班牙和挪威等 5 个国家，排在第 20 位。出口能力与技术创新能力的不匹配在导致中外国际贸易中频繁的知识产权纠纷的同时，也提高了外国在华申请专利的倾向，通过直接在制造地申请专利，外国可以确保其专利技术在中国不会被模仿，更不会被平行出口到专利技术的来源国，损害其本国市场。

进口额代表了传统的专利申请的需求因素，依然是外国在华专利申请的重要决定因素。而外商直接投资额对外国在华专利申请有负的显著影响则值得进一步分析。通常外国技术在中国使用可以经过三种途径：对华出口贸易、对华专利许可和外商直接投资。三种途径中的对华出口贸易和对华专利许可两种方式都强调在华的知识产权保护，而在外商直接投资这种方式下，外方可以通过在华设立独资子公司或者控股子公司的形式，将技术掌握在自己的手中，此时外方可以在多种技术保护方式中做出选择，包括商业秘密、提前期、商标和专利等，而欧洲创新调查指出，提前期是工业实践中应用最为广泛的方式。所以外商直接投资对外国在华专利申请的负面影响可以理解为，外商直接投资让外方将技术牢牢掌握在自己手中，从而外方可以应用提前期等其他方式来保护其技术，而不仅仅是专利，这导致外国在华专利申请倾向降低。

而以外国在华非职务申请为因变量时，仅有出口额一个因素显著，进口额和外商直接投资因素均不显著，这与外国在华非职务申请主要集中在实用新型和外观设计这两种专利类型上相关。外国对华的技术输出以发明为主，从而非职务申请的专利的利益没有反映在进口额和外商直接投资额中，但是涉及实用新型和外观设计的产品和服务更有可能由中国出口到技术输出国的市场，因此外国在华非职务申请仅仅受到出口额的影响。其他四个专利指标的回归结果分别如表 4-8 和表 4-9 所示。

表 4-8 外国在华发明和外观设计申请的决定因素的回归结果

	因变量：外国在华发明		因变量：外国在华外观设计	
	模型 5	模型 6	模型 7	模型 8
截距项	0.2525**	−60.52**	0.3970*	−8.89**
三方专利一年滞后项	0.00018**	0.00013**	0.00021**	0.00008**
是否为 OECD 国家	0.2502†	0.8472**	−0.4867*	NS
进口额		0.1492**		0.2111**
外商直接投资额		−0.1310**		NS
出口额		0.5619**		0.5738**
固定或随机效应	随机效应	固定效应	随机效应	随机效应
对数似然值	−3,094	−2,352	−2,162	−1,922
观测数	584	527	584	531

前面已经提到外国在华专利申请的六个指标按照彼此的相关关系可以分为二组，其中外国在华专利、发明、外观设计和职务申请为第一组，外国在华非职务申请和实用新型为第二组。模型 5～10 的结果将与模型 1～2 的结果比较，模型 11～12 的结果将与模型 3～4 的结果相比较。可以看到决定因素模型(模型 6、8、10、12)的对数似然值均高于基本模型(模型 5、7、9、11)，说明决定因素的引入进一步解释了专利指标。

(1)从基本模型的结果来看，控制变量三方专利一年滞后项在模型 5～11 中均显著为正，但在模型 12 中显著为负。即：三方专利数作为一个国家(或地区)创新能力的代表性指标，对其在华三种类型的专利申请均有显著正向影响，但是由于外国在华的实用新型申请数过少，近年来不到外国在华专利的 2%，导致在模型 12 中引入了其他决定因素之后，其符号转为负。同时另一控制变量是否为 OECD 国家在模型 5、6、10 中显著为正，在模型 11 中显著为负。这说明一方面 OECD 国家的平均发明申请和职务申请高于非 OECD 国家，这与 OECD 国家普遍较高的发明申请数是一致的；另一方面 OECD 平均实用新型专利申请低于非 OECD 国家，前面分析过的维尔京群岛实用新型申请比例远较发明申请比例高从一个侧面印证了这一点。

表 4-9 外国在华职务申请和实用新型的决定因素的回归结果

	因变量：外国在华职务申请		因变量：外国在华实用新型	
	模型 9	模型 10	模型 11	模型 12
截距项	0.3401**	−7.19**	NS	−10.32**
三方专利一年滞后项	0.00018**	0.00012**	0.00009**	−0.00012**
是否为 OECD 国家	NS	0.3615*	−0.4948†	NS
进口额		0.2080**		0.3296**
外商直接投资额		−0.0823**		NS
出口额		0.5613**		0.5069**
固定或随机效应	固定效应	固定效应	随机效应	随机效应
对数似然值	−2703		−1,287	−1,174
观测数			584	531

注：NS，不显著；†，$p<0.1$；*，$p<0.05$；**，$p<0.01$。

(2) 从决定因素模型的结果来看，所有模型中进口额和出口额的系数均显著为正，这再次验证了出口额和进口额这两个专利需求方面是外国在华专利申请的主要决定因素，而无论专利属于哪种类型，无论专利是否属于职务申请。同时出口额的系数大于进口额，即：中国对外国的出口的影响高于中国从外国的进口，这说明外国保护其专利技术产品的国内市场的考虑是排在第一位的，而保护其专利技术产品在中国的市场在其次。另外，外商直接投资额在模型 8 和模型 10 的回归系数显著为负，发明和职务申请正是外国在华寻求专利权保护的主要目标，而 FDI 给外方提供了其他保护方式，从而降低了其专利申请倾向，与模型 2 的结果一致。

4.4.6 外国在华申请专利的因素研究结论

在对外国在华专利申请的特点和趋势进行描述性分析的基础上，建立模型对外国在华的决定因素进行回归分析，研究结论总结如下。

(1) 外国在华申请在三种专利类型的分布非常稳定，以发明专利为主，外观设计专利为辅，实用新型专利的比例最低；而国内居民早期以实用新型为主，近年来发明和外观设计比例双双上升。

(2) 从外国在华专利申请的规模上来看，国内居民在实用新型专利和外观设计专利两种类型上远远高于国外。发明的情况相对复杂，如果按照发明受理数计算，国内居民申请从 2003 年起开始超过国外；如果按照申请日来计算，考虑到外国专利经 PCT 途径分多年受理的分布情况，以及外国采用 PCT 途径申请的比例，事实上从 1994 年 PCT 途径在中国适用以来，以专利受理反映的外国在华专利申请一直被低估，我国国内居民的发明申请事实上直到 2005 年才超过国外。

(3)外国在华专利以职务申请为主，比例高达 95%以上；而国内居民职务申请的比例近年来逐步提高到 47%，但还是远较国外为低，但是在发明上，国内职务申请自 2002 年以来开始占据主体地位(超过 50%)，2007 年更是达到了 70%，其中企业排名第一，大学和科研机构次之，机关团体近年来只占据了不到 1%的发明申请份额。

(4)我国的外国专利主要来自少数发达国家。其中，日本和美国为第一梯队，德国和韩国为第二梯队，OECD 其他国家和少数新兴国家分别为第三梯队和第四梯队。以 HHI 指数来衡量，HHI 值在 0.15～0.25，即外国在华专利申请的集中程度很高，但是近年来有发散的趋势。

(5)将世界主要 48 个专利申请国家和地区在不同专利局的申请数据进行比较，发现样本国家的日本、美国专利最多，欧洲专利次之，三方专利和在华专利数相当；除了以上三大专利局，外国在华专利数超过了其在加拿大、德国、英国、法国、芬兰等国的专利，显示了中国作为仅次于三大专利局的专利目标国的地位。

(6)根据外国在华专利申请属于 Count 型面板数据的特点，建立了决定因素的负二项式分布面板回归模型，结果显示出口额和进口额是外国在华专利申请的主要需求因素，并且出口额的回归系数大于出口额的系数，说明外国在华申请专利主要是为了保护其专利技术的本国市场不会受到中国出口商品的冲击；而外商直接投资对在华发明申请有负面影响，即外商直接投资提供了外方其他的技术保护方式，从而降低了其在华专利申请倾向。

以上初步的研究结论来自 2007 年以前的数据分析，主要着眼于当时我国国内市场上外资企业的产业技术力量控制较强的因素。

4.5　外国在华专利的质量研究

前述研究主要对比了外国在华专利的申请和授权数量。数量数据，尤其在 2005 年以前，确实反映了外国企业对其在华市场和生产资源的技术控制力以及外国企业，特别是几个主要产业技术发达国家的企业所具有的竞争优势。虽然自 2000 年后，中国本土的企业和各类机构强化了自身的专利技术资源建设，并在较短的时间内在数量上反超外国企业，但毋庸置疑，一些重要的跨国公司在一些技术领域上仍然保持较强的竞争实力，也包括专利技术资源所代表的竞争实力。因而有必要对外国在华专利的质量作相应的分析。

4.5.1　专利维持行为作为专利质量研究的基准

专利维持行为一定程度上反映专利的价值和质量，主要是出于这样的信息反映专利所有权人对自身拥有专利的未来价值的判断。显然，维持时间上的专利，无论是根据何种类型的未来市场(包括对技术的使用或对其专利权法律效力的期望)做出的判断，都代表了相应的价值预期，也就表现出相关专利的竞争质量。

表 4-10 为典型国家对专利维持状态的收费标准，反映了专利权人维持其专利权利的成本，而专利维持本身就必须有大于此类费用的未来回报预期。

表 4-10　美国、日本、欧洲和中国的专利年费缴纳标准（各国货币）

国家	现行年费缴纳水平
美国（授权日后）	第 3.5 年，980（美元）； 第 7.5 年，2,480（美元）； 第 11.5 年，4,110（美元）
日本（申请日后）	第 1～3 年（每年），2,300+200 每权利项（日元）； 第 4～6 年（每年），7,100+500 每权利项（日元）； 第 7～9 年（每年），21,400+1,700 每权利项（日元）； 第 10～25 年（每年），61,600+4,800 每权利项（日元）
欧洲（申请日后）	第 3 年，400（欧元）；第 4 年，500（欧元）； 第 5 年，700（欧元）；第 6 年，900（欧元）； 第 7 年，1,000（欧元）；第 8 年，1,100（欧元）； 第 9 年，1,200（欧元）；第 10 年及以后各年，1,350（欧元）
中国（申请日后）	第 1～3 年（每年），900（元）； 第 4～6 年（每年），1,200（元）； 第 7～9 年（每年），2,000（元）； 第 10～12 年（每年），4,000（元）； 第 13～15 年（每年），6,000（元）； 第 16～20 年（每年），8,000（元）

注：作者根据各国专利局网站的信息整理，搜集时间 2009 年 5 月。

又由于此类专利维持行为主要反映专利权人对自己专利的未来竞争力的判断，因此基于专利维持水平所作出的专利质量分析可以称为基于私有价值的专利价值（private value）评估方法，以期与基于社会福利角度分析专利价值的方法相区别。

4.5.2　外国在华专利的维持水平分析

本节对外国在华专利的维持行为进行研究，并对各国专利维持费用和各国专利维持的现状进行了分析。本节将基于中国发明专利数据，对外国企业在华专利维持现状做出说明。

1. 样本和数据

本章取样本国家为在华发明申请最多的前 13 个国家和作为整体的中国数据作对比，这 13 个国家包括日本、美国、德国、韩国、法国、荷兰、瑞士、英国、意大利、瑞典、芬兰、加拿大和澳大利亚。选择的时间样本区间为 1985～2000 年，并按照中国专利法的前两次修改划分为 1985～1992 年和 1993～2000 年这两个区间。样本国家在中国的专利申请、专利授权和授权率如表 4-11 所示。

可以看到，所选择的 13 个国家极具代表性，在 1985～1992 年，13 个国家申请的专利占所有外国专利的 92%，授权占 94%；平均专利授权率为 65%，其中日本、韩国、荷兰、瑞士、法国和德国的授权率高于平均水平。在 1993～2000 年，样本国家专利申请占外国专利的 95%，授权为 96%；平均专利授权率保持为 65%不变，日本、韩国、荷兰、瑞士和法国的授权率依然高于平均水平，而瑞典和意大利的专利授权率在此阶段提高至平均水平以上，德国的授权率则降低到平均水平以下。而中国国内居民的专利授权率最低，在第一阶段仅为 36%，在后一阶段提高到 39%。

表 4-11 专利维持行为的国家样本

国家	1985～1992 年			1993～2000 年		
	专利申请/件	专利授权/件	授权率/%	专利申请/件	专利授权/件	授权率/%
澳大利亚	586	271	46.25	1,719	1,004	58.41
加拿大	509	281	55.21	1,568	885	56.44
瑞士	1,309	882	67.38	5,666	3,872	68.34
德国	3,311	2,153	65.03	18,386	11,640	63.31
芬兰	249	137	55.02	2,393	1,629	68.07
法国	1,757	1,157	65.85	7,800	5,115	65.58
英国	1,642	838	51.04	5,263	2,748	52.21
意大利	690	439	63.62	2,509	1,638	65.28
日本	8,415	6,505	77.30	55,276	41,303	74.72
韩国	415	297	71.57	10,817	7,311	67.59
荷兰	1,467	1,032	70.35	5,710	3,754	65.74
瑞典	429	276	64.34	4,550	3,138	68.97
美国	12,147	7,019	57.78	49,303	26,858	54.48
外国样本合计	32,926	21,287	64.65	170,960	110,895	64.87
外国合计	35,597	22,591	63.46	179,491	115,995	64.62
中国	39,540	14,225	35.98	99,028	38,898	39.28

注：所有数据检索自国家知识产权局专利检索网站，检索时段为 2008 年 12 月；专利申请和专利授权都按照申请日计算；韩国从 1989 年才开始在中国申请专利。

2. 外国企业在华专利维持率分析

进一步对上述国家的专利维持进行分析，1985～1992 年这些国家的专利平均维持比例如图 4-18 和图 4-19 所示。取 1985～1992 年的平均值。

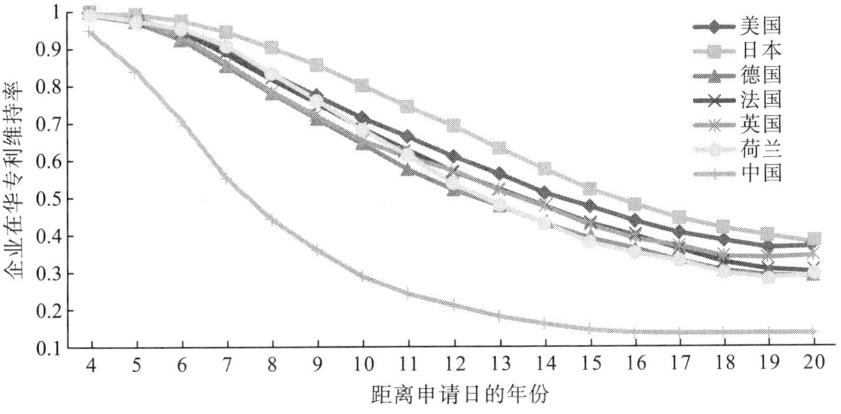

图 4-18 美国等国专利维持率(1985～1992 年)

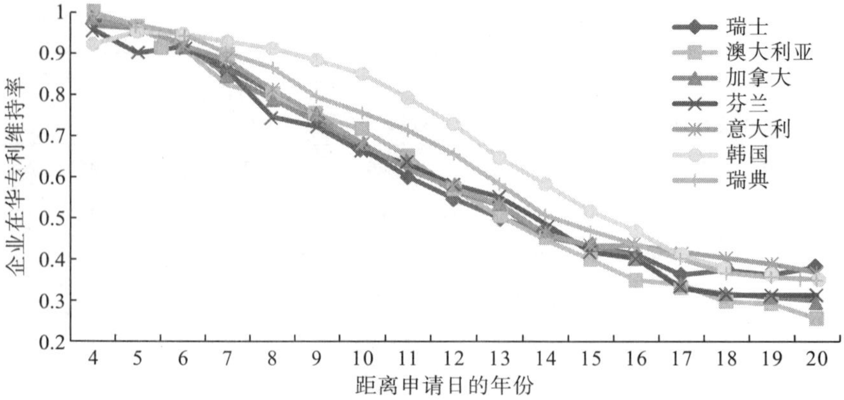

图 4-19　瑞士等国专利维持率（1985～1992 年）

图 4-18 描述了在华专利申请量最多的 7 个国家的专利维持情况，可以看到日本持有有效专利的比例在整个专利生命周期都为最高，美国第二，英国、法国次之，而中国国内居民的专利维持比例最低。将图 4-18 和 Deng（2007）所作的欧洲专利维持水平作比较，可以发现在不同的专利局，不同国家的专利维持行为不同，例如在欧洲专利局，德国的专利维持比例最高；而在中国国家知识产权局，德国的专利维持水平反而低于英国、法国和荷兰。图 4-18 描述了在华专利申请量相对较少的 7 个国家的专利维持情况，可以看到韩国的专利维持水平最高，瑞典次之，而其他 5 个国家的专利维持水平相当。

在 1993～2000 年，外国企业在华专利维持率表现则如图 4-20 和图 4-21 所示，由于 1993 年到 2000 年距离数据库截止日期的 2008 年 12 月专利维持期最长仅为 15 年，图中的横轴只取申请日后第 4～15 年，而没有到第 20 年届满。

从排序上看，在 1993～2000 年，日本依然保持最高的维持率，而美国的维持率优势不再明显，其他四个国家的排序则基本不变。而图 4-18 中，韩国保持着最高维持率，而瑞士和芬兰的维持率在此阶段提高至与瑞典相当，而与澳大利亚、加拿大和意大利拉开差距。

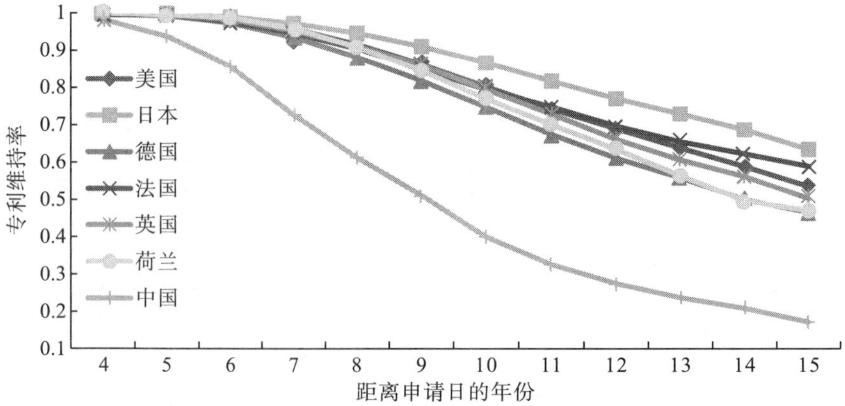

图 4-20　美国等国专利维持率（1993～2000 年）

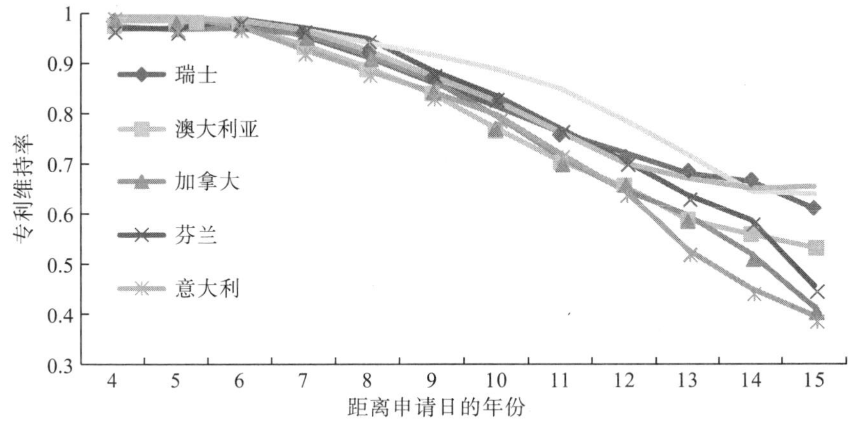

图 4-21 瑞士等国专利维持率(1993～2000 年)

可以看到，随着专利法的第一次修改，以及 1994 年 PCT 途径在中国的引入，外国企业在华专利申请大幅增加，但是同时其在华专利维持率却并没有下降，而反而有所上升，呈现出数量和质量双双上涨的特征，例如日本在 1985～1992 年平均在第 8 年维持率低于 90%，而到了 1993～2000 年，维持率高于 90%的情况一直持续到第 9 年；例如 1985～1992 年，在申请日后第 15 年，仅有日本的维持率高于 50%，而到了 1993～2000 年，日本、法国、英国和荷兰的维持率均在 50%以上。而中国国内居民的维持率在后一阶段也有所提高，例如第 10 年的维持率依然高于 40%，而在前一阶段第 10 年的维持率不到 30%。

3. 外国企业在华专利失效率分析

样本国家在 1985 年到专利失效率分别如图 4-22 和图 4-23 所示。从图 4-20 可以看到各国的专利失效率都从第 4 年开始上升，到第 7 年达到较高水平，特别是中国国内居民在这几年的专利失效率远远高于其他六国；从第 8 年开始中国国内居民专利失效的比例降低，到第 12 年的时候，由于只剩下 20%左右的有效专利，此后中国国内居民专利失效率保持在最低的水平。而其他六国在第 8～15 年的年失效率稳定在 5%左右，之后失效率下降到 1%以下。图 4-23 中的芬兰的年专利失效率的波动较大；而韩国专利的失效率在第 13 年达到最高水平，此后逐年下降。

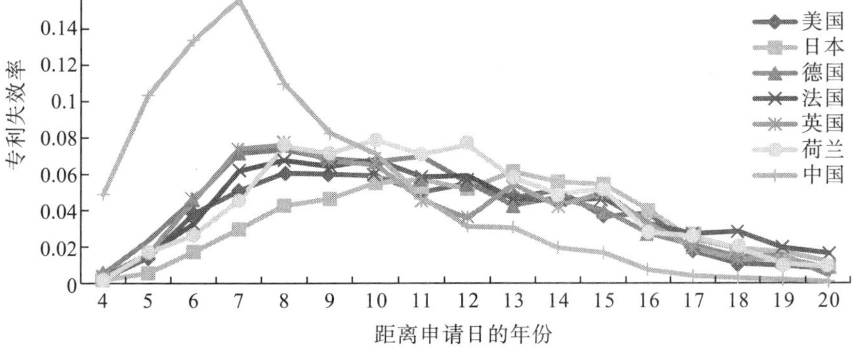

图 4-22 美国等国专利失效率(1985～1992 年)

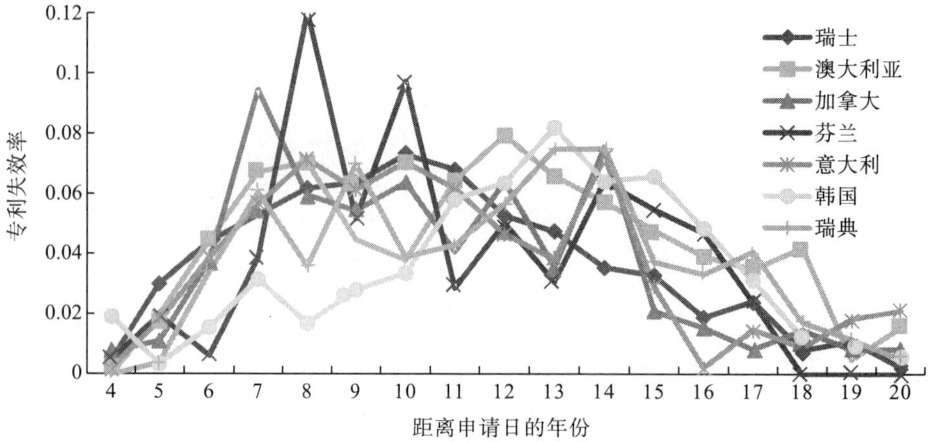

图 4-23　瑞士等国专利失效率(1985～1992 年)

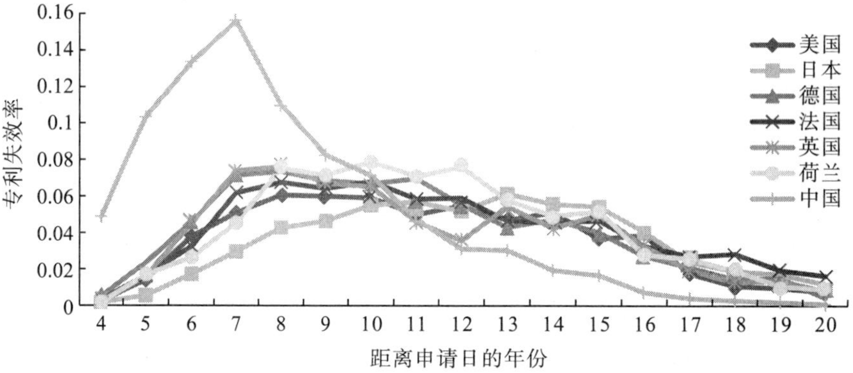

图 4-24　美国等国专利失效率(1993～2000 年)

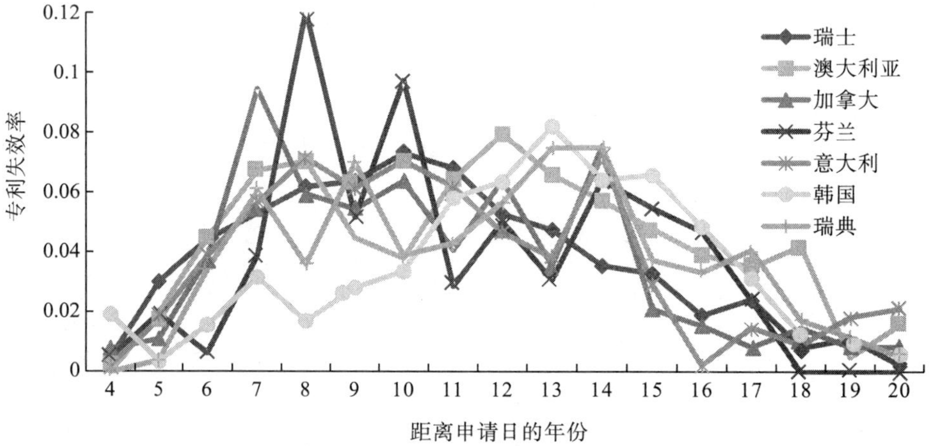

图 4-25　瑞士等国专利失效率(1993～2000 年)

样本国家在 1993～2000 年的专利失效率如图 4-24 和图 4-25 所示。可以看到在 1985～1992 年，美国、德国、法国和英国从第 7～11 年，其年失效率都在 6%以上；而到了 1993～2000 年，这些国家的年失效率都低于 6%。而中国国内居民的年失效率则整体下降。

对于专利持有量相对较少的 7 个国家，在 1993～2000 年，除了瑞士、加拿大、芬兰和意大利的失效率有高于 6%的情形，其他国家的年失效率都低于 6%。

可见，随着专利法第一次修改的实施，专利权的保护范围扩大到药品和化学品，平行进口纳入专利权的保护范围，而且专利权的保护期限从 15 年延长到 20 年，以及 PCT 途径的采纳；更伴随着 1992 年后我国对外开放逐年快速发展，步入经济发展的快车道，外国专利申请人不仅大大增加了在华专利申请量，同时也提高了在华持有专利的质量，反映其对中国市场的信心增强。

4. 外国在华不同技术类别的专利维持特点

为了分析专利维持行为在不同技术领域上的表现，将专利按照美国经济研究院(NBER)的 IPC 与技术领域的对照表进行归类，并对不同国家在 1985～1992 年和 1993～2000 年的专利维持行为进行分析，下面将分别列出日本、美国、德国和中国的相关结果进行比较，同时由于专利失效率和专利维持率两者此消彼长，这里仅列出专利维持率的情况。首先，日本的情况如图 4-26 和图 4-27 所示。

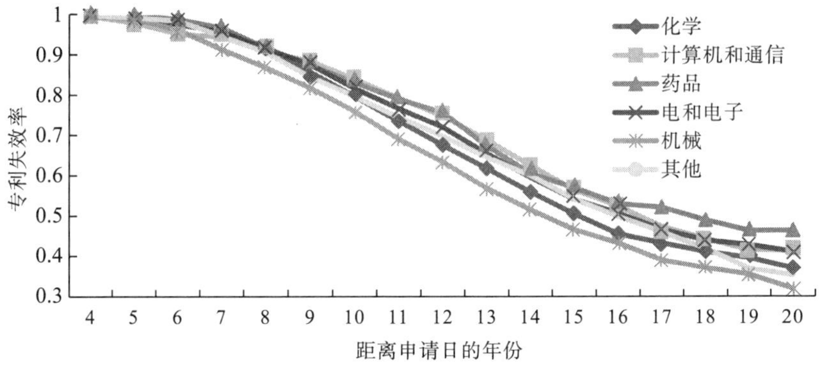

图 4-26　日本在六大 NBER 技术领域的专利维持率(1985～1992 年)

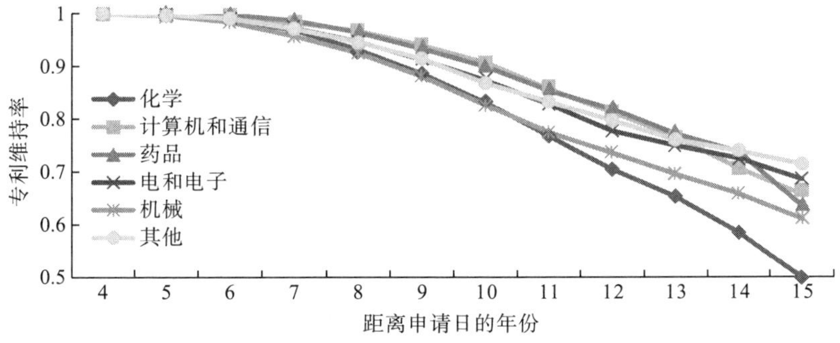

图 4-27　日本在六大 NBER 技术领域的专利维持率(1993～2000 年)

从图 4-26 可以看到在 1985～1992 年，日本在计算机、通信和药品领域的专利维持率最高，其次是电和电子领域及其他领域，而化学和机械领域的专利维持率最低。而到了 1993～2000 年，前四位的技术领域保持不变，而化学领域的专利维持率自申请日后第 11 年快速降低并低于机械领域。而在 Deng (2007)的研究中，日本在 1978～1980 年申请的欧洲专利，电子领域的专利维持率最高，化学领域次之，机械领域最低，其相对排序与中国的情况相同，可见日本在不同专利局针对技术领域的专利维持政策保持着一致性。

美国在六大 NBER 技术领域的专利维持情况如图 4-28 和图 4-29 所示。在 1985 年～1992 年美国药品领域专利的维持率最高，计算机和通信领域次之，电和电子领域、与化学领域处于第三梯队，机械领域和其他领域的专利维持率最低。而到了 1993～2000 年，上述排序发生了变化，从申请日后第 4～10 年，依然是药品领域的专利维持率最高，然而到了第 11 年，计算机和通信领域的维持率开始超过药品；电和电子领域排在第三，其他领域的专利维持率则升高到与化学相当，机械领域的专利维持率最低。而 Deng (2007) 描述的美国持有的欧洲专利维持情况显示，其化学维持率最高，然后是机械领域、药品领域和电子领域，与在华情况截然不同。

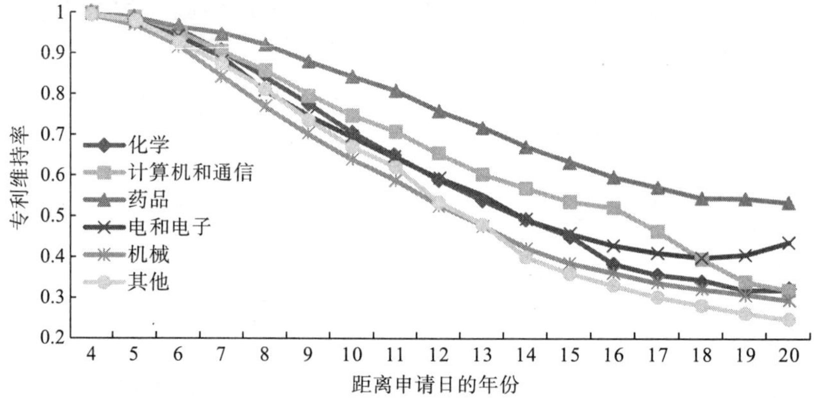

图 4-28　美国在六大 NBER 技术领域的专利维持率（1985～1992 年）

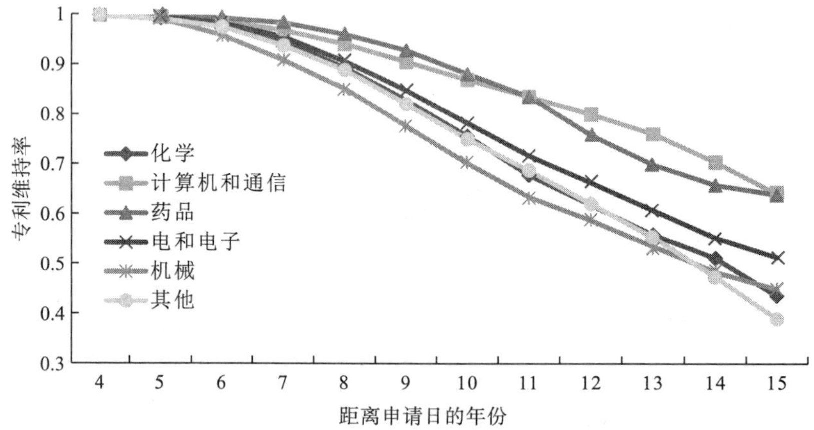

图 4-29　美国在六大 NBER 技术领域的专利维持率（1993～2000 年）

德国在六大 NBER 技术领域的专利维持情况如图 4-30 和图 4-31 所示。1985～1992 年，德国在六大技术领域的专利维持排序依次为药品领域、计算机和通信领域、化学领域、电和电子领域与其他领域。到了 1993～2000 年，其排序变更为药品领域、计算机和通信领域、电和电子领域、其他领域、机械和化学领域。德国在电和电子领域的专利维持率提高，而在化学领域的专利维持率显著下降。与 Deng (2007) 中德国电子、化学、药品和机械的排序相比，德国在欧洲更注重化学领域专利的维持，而在中国更侧重药品专利的维持。

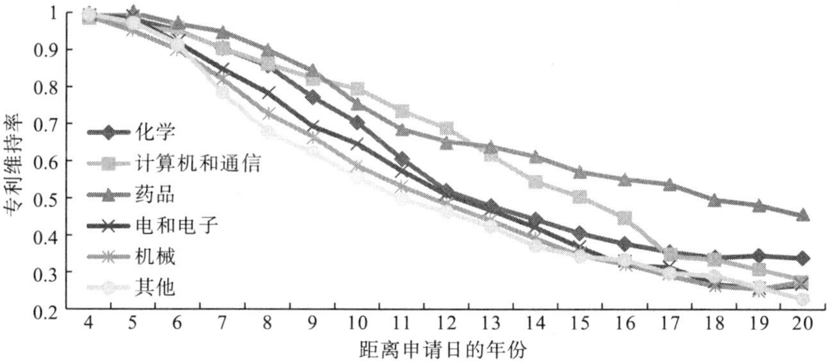

图 4-30　德国在六大 NBER 技术领域的专利维持率（1985～1992 年）

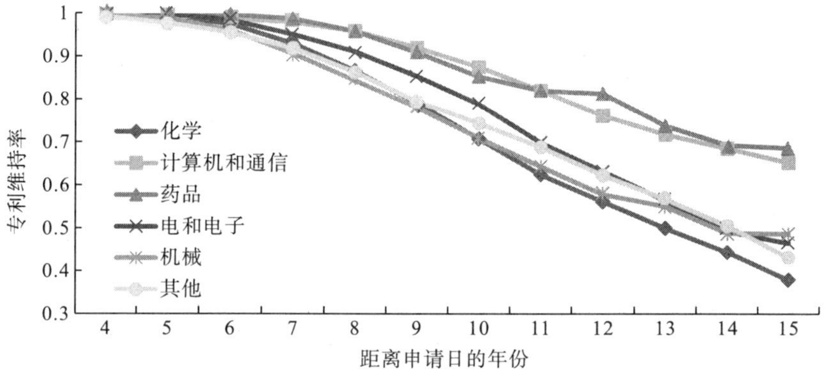

图 4-31　德国在六大 NBER 技术领域的专利维持率（1993～2000 年）

上述外资在华专利质量分布情况与中国比较，我国专利权人在六大 NBER 技术领域的专利维持情况如图 4-32 和图 4-33 所示。1985～1992 年，中国国内居民专利维持率的排序分别为药品、化学、其他、机械、计算机和通信、电和电子。到了 1993～2000 年，排序发生了显著的变化，计算机和通信领域排到了首位，而化学和药品其次，电和电子第四，其他和机械的专利维持率最低。

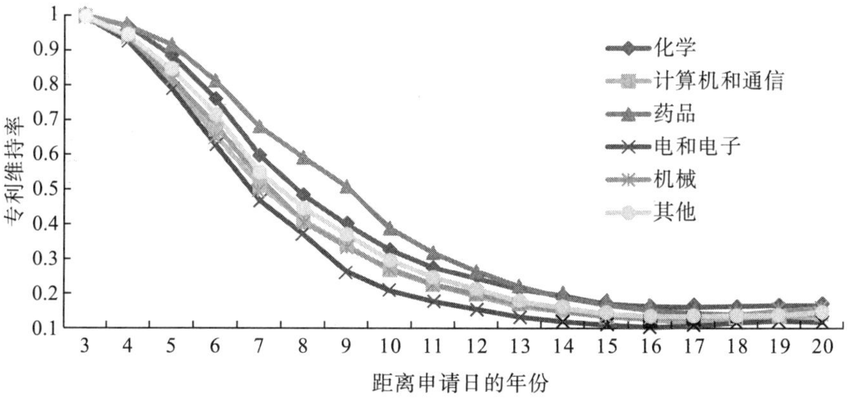

图 4-32　中国在六大 NBER 技术领域的专利维持率（1985～1992 年）

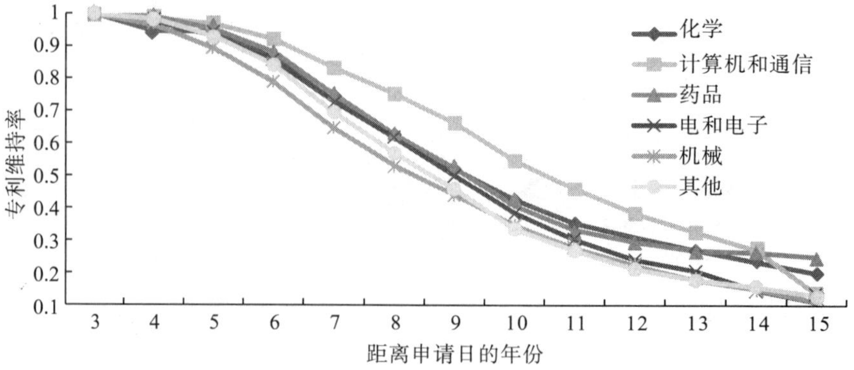

图 4-33　中国在六大 NBER 技术领域的专利维持率(1993～2000 年)

总体比较，以上数据分析反映的是中国市场上典型国家和我国专利权人的专利维持水平反映的专利质量分布，如果按照 Bessen(2008)针对美国专利商标局 1991 年授权专利的维持情况，即从美国市场上各国专利权人的专利维持状态看不同技术领域，以维持到届满的比例排序，则计算机和通信领域的专利维持率最高，往下依次为电子、药品、化学、机械和其他领域。可见不同国家的市场专利维持率各有特点，但也有较大的趋同性。

5. 专利维持水平的影响因素分析——外国在华专利考察

1)国别、技术领域、时间段对专利维持水平的影响

上节对我国专利信息反映出的不同国家、不同技术领域和不同时间阶段专利维持水平给出了图形分析，本节将通过回归模型分析国家、技术领域和申请年份这三个因素对专利维持率和失效率的影响。回归模型如式(4.1)和式(4.2)所示。

$$\text{专利维持率} = \alpha + \sum \beta_i \text{国家变量} + \sum \beta_j \text{技术领域变量} + \sum \beta_k \text{申请年份变量} + \varepsilon \tag{4.1}$$

$$\text{专利失效率} = \alpha + \sum \beta_i \text{国家变量} + \sum \beta_j \text{技术领域变量} + \sum \beta_k \text{申请年份变量} + \varepsilon \tag{4.2}$$

$$i = 1,\cdots,13; j = 1,\cdots,5; k = 1,\cdots,15.$$

式中，国家变量为样本国家的虚拟变量，样本国家包括 13 个外国国家和中国居民，故虚拟变量数为 13 个。

技术领域变量为代表 NBER 六大技术领域的虚拟变量，虚拟变量数为 5 个。申请年份为 1985～2000 年，虚拟变量数 15 个。

模型的描述性统计如表 4-12 所示。表 4-12 中专利失效率和维持率为因变量，自变量全部为虚拟变量，虚拟变量平均值的大小反映了该虚拟变量观测数占样本数的比例，这里的观测数指一个国家在某年份和某技术领域的专利失效率大于 0 的次数。如果该年份尽管模型的虚拟变量较多，但是由于样本观测数高达 7,748 条，保证了变量的方差膨胀因子普遍较低，而且所有变量的平均方差膨胀因子为 2.13，低于阈值 10，即模型不存在显著的多重共线性。

表 4-12 技术、国家和申请年份对专利维持率和失效率影响模型的描述性统计

变量	平均值	标准差	VIF	Tolerance	R Squared
专利失效率	0.0749	0.0879	1.37	0.7304	0.2696
专利维持率	0.6823	0.2558	1.63	0.6142	0.3858
化学	0.2019	0.4014	1.72	0.5816	0.4184
计算机和通信	0.1404	0.3474	1.56	0.6406	0.3594
药品	0.1091	0.3117	1.47	0.6821	0.3179
电子电气	0.1664	0.3724	1.62	0.6167	0.3833
机械	0.2026	0.4020	1.70	0.5868	0.4132
美国	0.1231	0.3286	1.78	0.5608	0.4392
日本	0.1202	0.3252	1.82	0.5484	0.4516
德国	0.1009	0.3013	1.63	0.6154	0.3846
韩国	0.0447	0.2066	1.35	0.7421	0.2579
荷兰	0.0703	0.2557	1.46	0.6851	0.3149
瑞士	0.0687	0.2529	1.48	0.6779	0.3221
英国	0.0675	0.2509	1.46	0.6872	0.3128
法国	0.0813	0.2733	1.53	0.6523	0.3477
意大利	0.0445	0.2063	1.35	0.7418	0.2582
瑞典	0.0440	0.2051	1.34	0.7436	0.2564
芬兰	0.0235	0.1515	1.22	0.8228	0.1772
澳大利亚	0.0350	0.1837	1.29	0.7746	0.2254
加拿大	0.0338	0.1808	1.29	0.7752	0.2248
1985 年	0.0613	0.2399	2.93	0.3414	0.6586
1986 年	0.0674	0.2507	3.12	0.3207	0.6793
1987 年	0.0826	0.2753	3.62	0.2765	0.7235
1988 年	0.0725	0.2594	3.30	0.3028	0.6972
1989 年	0.0825	0.2751	3.56	0.2812	0.7188
1990 年	0.0718	0.2581	3.25	0.3081	0.6919
1991 年	0.0650	0.2466	3.00	0.3331	0.6669
1992 年	0.0644	0.2455	2.95	0.3385	0.6615
1993 年	0.0697	0.2546	3.05	0.3277	0.6723
1994 年	0.0731	0.2602	3.10	0.3227	0.6773
1995 年	0.0635	0.2439	2.83	0.3533	0.6467
1996 年	0.0583	0.2344	2.68	0.3738	0.6262
1997 年	0.0519	0.2218	2.49	0.4012	0.5988
1998 年	0.0450	0.2074	2.30	0.4345	0.5655
1999 年	0.0390	0.1936	2.13	0.4689	0.5311

注：样本数为 7,748。

以专利失效率为因变量的回归模型，结果如表 4-13 所示。模型 1～3 分别为仅包含技术领域、国家和年份虚拟变量的模型，模型 4 为包含了全部虚拟变量的完整模型。从模型 1～3 的回归模型的调整后的决定系数来看，国家因素是影响外国企业在华专利失效率的最重要因素，申请年份因素的重要性次之，而专利所属的技术类别对专利失效率的影响最小。这与“专利维持数据” Pakes (1989) 的研究结果有较大差异，Pakes 在分析芬兰和挪威两国的专利维持行为时，发现尽管不同国家之间存在着较大差异，但是在控制行业 (技术) 领域因素之后，这些差异消失了。当然 Pakes 使用的是两两比较均值 (equality test) 的方法，而本节使用的是引入虚拟变量的回归模型的方法。

表 4-13　国家、技术领域和申请年份对专利失效率影响模型的回归结果

自变量	因变量：专利失效率			
	模型 1	模型 2	模型 3	模型 4
截距项	0.0784**	0.0648**	0.0331**	0.0120*
化学	−0.0160**			−0.0169**
计算机和通信	NS			NS
药品	0.0161**			0.0260**
电子电气	NS			0.0057†
机械	−0.0084**			−0.0112**
美国		−0.0221**		−0.0231**
日本		−0.0259**		−0.0265**
德国		−0.0082*		NS
韩国		NS		0.0249**
荷兰		0.0188**		0.0232**
瑞士		0.0099*		0.0172**
英国		0.0210**		0.0279**
法国		NS		0.0110**
意大利		0.0588**		0.0694**
瑞典		0.0514**		0.0644**
芬兰		0.0847**		0.1007**
澳大利亚		0.0776**		0.0863**
加拿大		0.0922**		0.1002**
1985 年			0.0681**	0.0780**
1986 年			0.0589**	0.0695**
1987 年			0.0557**	0.0670**
1988 年			0.0595**	0.0731**
1989 年			0.0536**	0.0647**
1990 年			0.0630**	0.0765**
1991 年			0.0513**	0.0653**
1992 年			0.0509**	0.0628**
1993 年			0.0439**	0.0499**
1994 年			0.0278**	0.0292**

续表

自变量	因变量：专利失效率			
	模型 1	模型 2	模型 3	模型 4
1995 年			0.0282**	0.0298**
1996 年			0.0179**	0.0182**
1997 年			0.0122†	0.0129*
1998 年			NS	NS
1999 年			NS	NS
调整后的决定系数	0.0107	0.1340	0.0519	0.2294

注：样本数为 7,748。

具体而言，在技术领域上，化学和机械领域的专利失效率较低，而药品、电和电子领域的专利失效率较高；在国家层面，美国、日本的专利失效率较低，除了德国不显著以外，其他样本国家的专利失效率均较高；就申请年份来看，1985～1997 年的失效率较高，而 1998 年和 1999 年并不显著。

以专利维持率为因变量的回归模型结果如表 4-14 所示。其中，模型 5～7 仅分别包含了技术领域、国家和申请年份的虚拟变量，模型 8 为完整模型。从 4 个模型调整后的决定系数来看，申请年份是决定专利维持率的最重要因素，国家因素次之，而技术领域的解释力最小。由于专利维持率=1-累计失效率，从而专利维持率和失效率之间并不是简单的负相关关系，而存在着较大的差异。从模型 4 和模型 8 的回归系数来看，技术领域、国家和申请年份仅能解释专利失效率的 23%，而能解释专利维持率的 35%，可见专利维持率是一个更好地表征专利维持行为的变量。以专利维持率为因变量的回归结果同样与 Pakes 的结果有较大差异。在专利维持数据一文中，药品和化学的专利维持率较高，机械和电子行业次之，而在本节中，计算机和通信领域的专利维持率最高，药品领域次之，然后是化学领域，而电子和机械行业并不显著。而从国家因素来看，日本的专利维持率最高，与美国、瑞士、韩国为第一梯队，法国、德国、瑞典和英国为第二梯队，意大利、荷兰、芬兰为第三梯队，而加拿大和澳大利亚的专利维持率最低。最后从年份因素来看，较近的年份维持率普遍较高，这为样本所取的时段未达到 20 年所致。而对 1985～1988 年涵盖了完整的 20 年专利申请期的虚拟申请年份变量来看，1987 年申请的专利维持率最低，其次为 1988 年和 1986 年，而 1985 年所申请专利的维持率最高。

表 4-14 国家、技术领域和申请年份对专利维持率影响模型的回归结果

自变量	因变量：专利维持率			
	模型 5	模型 6	模型 7	模型 8
截距项	0.6637**	0.4979**	0.9343**	0.7349**
化学	0.0283**			0.0378**
计算机和通信	0.0556**			0.0499**
药品	0.0507**			0.0497**
美国		0.2268**		0.2389**
日本		0.2699**		0.2814**

续表

自变量	因变量：专利维持率			
	模型 5	模型 6	模型 7	模型 8
德国		0.1901**		0.1942**
韩国		0.2966**		0.2124**
荷兰		0.1732**		0.1654**
瑞士		0.2253**		0.2155**
英国		0.1890**		0.1821**
法国		0.2017**		0.1977**
意大利		0.1906**		0.1690**
瑞典		0.2313**		0.1827**
芬兰		0.2139**		0.1637**
澳大利亚		0.1585**		0.1459**
加拿大		0.1650**		0.1441**
1985 年			−0.3374**	−0.3332**
1986 年			−0.3573**	−0.3551**
1987 年			−0.4064**	−0.4058**
1988 年			−0.3802**	−0.3779**
1989 年			−0.3689**	−0.3701**
1990 年			−0.3519**	−0.3502**
1991 年			−0.3087**	−0.3061**
1992 年			−0.2790**	−0.2733**
1993 年			−0.2320**	−0.2298**
1994 年			−0.1815**	−0.1787**
1995 年			−0.1497**	−0.1479**
1996 年			−0.1088**	−0.1078**
1997 年			−0.0759**	−0.0747**
1998 年			−0.0465*	−0.0430*
调整后的决定系数	0.0075	0.1027	0.2471	0.3520

注：样本数为 7,748。*，$p<0.05$；**，$p<0.01$；†，$p<0.1$。电和电子、机械和 1999 年的结果不显著，表中省略。

2) 专利申请人特征对专利维持水平的影响

上面分析了国别、技术领域和年份时段等较宏观方面的因素对专利维持行为的影响，而本节将从专利自身属性入手，以专利的实际维持年份为因变量，并以此表征专利质量，分析专利申请人特点对专利质量的影响。

本节的分析以中国国家知识产权局申请日在 1985～1988 年的所有授权专利为样本，共有 18,121 件，以专利的实际维持年限为因变量，以表征专利和申请人特点的变量为自变量构筑回归模型，模型的描述性统计如表 4-15 所示。专利维持天数为专利权失效日或者届满日距离专利申请日的天数，为模型的因变量。由于专利的维持天数为大于 0 的正整数，模型采用负二项式回归模型。自变量为专利和申请人的属性变量，包括著作权项（IPC、发明人、申请人、优先权项的数量、是否为分案申请），专利所属的技术领域，专利申请人的机构性质，专利申请人在 1985～1988 年的专利授权数，专利申请人的国别，专利申请年份等方面。从变量的平均值来看，1985～1988 年授权专利的平均维持天数为 4,147 天，约合 11.5 年；中位数为 3,707 天，约合 10.3 年，即我国专利的平均维持时间不到 12 年，达不到法定的 20 年。

表 4-15　专利和申请人特点对专利维持时间影响模型的描述性统计

	平均值	标准差	VIF	Tolerance	决定系数
专利维持天数	4,147	1,718	1.33	0.754	0.246
IPC 数量	1.844	1.191	1.14	0.877	0.123
发明人数量	2.394	1.847	1.19	0.840	0.160
申请人数量 (>1 取 1，=1 取 0)	0.062	0.241	1.08	0.924	0.076
优先权项数量	0.180	0.695	1.18	0.848	0.152
是否为分案申请	0.041	0.198	1.43	0.698	0.302
化学	0.284	0.451	2.31	0.434	0.566
计算机和通信	0.091	0.287	1.56	0.642	0.358
药品	0.054	0.225	1.32	0.757	0.243
电子和电气	0.184	0.387	2.04	0.491	0.509
机械	0.244	0.430	2.06	0.484	0.516
申请人在 1985～1988 年间的专利授权数	31.87	65.50	1.59	0.629	0.371
大学	0.095	0.294	1.44	0.697	0.303
研究机构	0.098	0.297	1.37	0.731	0.269
工业企业	0.651	0.477	2.39	0.419	0.582
中国	0.359	0.480	7.3	0.137	0.863
美国	0.189	0.391	5.11	0.196	0.804
日本	0.202	0.402	5.36	0.187	0.813
德国	0.063	0.243	2.51	0.399	0.602
荷兰	0.032	0.175	1.99	0.502	0.498
瑞士	0.024	0.152	1.61	0.622	0.378
英国	0.022	0.148	1.57	0.637	0.363
法国	0.030	0.171	1.75	0.573	0.427
意大利	0.012	0.108	1.3	0.770	0.230
瑞典	0.008	0.091	1.22	0.822	0.178
芬兰	0.004	0.063	1.11	0.905	0.096
澳大利亚	0.008	0.090	1.21	0.828	0.173
加拿大	0.008	0.087	1.19	0.837	0.163
1985 年	0.276	0.447	1.71	0.584	0.416
1986 年	0.239	0.426	1.65	0.606	0.394
1987 年	0.245	0.430	1.65	0.606	0.394

注：观测数为 18,121。

(1)从专利的著作权项来看，平均的 IPC 数量为 1.8，即平均每件授权专利被赋予了 2 个 IPC 号。而超过 1 个申请人的授权专利比例仅为 6%，可见绝大多数专利由申请人单独申请。优先权项的数量为 0.18，说明超过 82%的专利没有要求优先权；而分案申请的比例仅为 4%，说明大部分专利没有分案申请。

(2)从专利所属的技术类别来看，六大 NBER 技术类别的占比排序依次为化学、机械、电和电子、计算机通信和药品领域，药品领域的比例较低主要与 1993 年中国才将药品和相关化学物纳入可专利性的范围有关。

(3)从专利申请人来看，其在 1985～1988 年的平均专利授权数为 32 件，而其中位数仅为 4 件，可见专利在申请人间的分布极不均衡。而从专利申请人所属的机构类型来看，属于工业企业的专利数最多，比例达到 65%，而大学和研究机构的比例在 10%左右，剩下的 15%为未划分的组织机构和个人所有。

(4)从申请人所属的国别变量来看，来自中国国内居民的授权专利最多，占比 36%；其次为日本、美国，比例在 20%左右；再次为德国、荷兰、法国、瑞士、英国和意大利等欧洲国家，其授权专利占比均高于 1%，而低于 7%；而瑞典、芬兰、澳大利亚和加拿大为第四梯队，其专利占比均低于 1%。

(5)最后，从申请年来看，1985～1987 年各年份的专利授权份额都在 25%左右。

对整体模型而言，所有变量的方差膨胀因子(VIF)都低于阈值 10，其平均值为 1.99，即模型不存在显著的多重共线性。

模型的负二项式回归结果如表 4-16 所示，其中模型 1～3 分别为包括了专利属性、申请人属性和申请年份为自变量的分模型，而模型 4 为完整模型。从 4 个模型的伪决定系数来看，专利申请人属性对专利维持时间的影响最大，包括申请人的专利授权量、申请人所属的机构类型和申请人所属的国别等三个方面。而专利自身属性的影响次之，专利申请年份的影响最少。

从模型 4 的回归结果来看，发明人的数量、优先权项的数量、分案申请都与专利维持时间显著正相关，第一项与专利的研发团队有关，后两项与专利家族的规模有关，即一件专利的研发成员越多，专利家族的规模越大，该专利的平均维持时间越长。而药品的平均维持时间是 NBER 六大技术类别中最长的，其他五个类别均不显著。

从申请人的属性来看，申请人拥有的授权专利数，代表了申请人的技术创新能力，对其更长期的持有专利有正向贡献；而申请人如果属于工业企业，则申请人的专利持有时间会显著延长；如果申请人为大学或研究机构，则其专利持有时间较短。这说明工业企业作为技术创新的主体，更容易实施专利，实现专利的价值，从而更长时间地保有专利。而申请人所属的国别也对专利持有时间产生影响，如果专利由中国国内居民拥有，则该专利的持续时间往往较短；如果专利为除英国和加拿大(这两个国家的系数不显著)的其他 10 个国家所有，则其持续时间将延长；具体而言，日本平均持有专利的期限最长，其次为瑞典、法国和澳大利亚，而意大利、瑞士和美国为第三梯队，芬兰、荷兰和德国为第四梯队。

表 4-16　专利和申请人特点对专利维持时间影响模型的回归结果

	因变量：专利维持天数			
	模型 1	模型 2	模型 3	模型 4
截距项	8.249**	8.261**	8.349**	8.233**
IPC 数量	0.0119**			NS
发明人数量	0.0049**			0.0056**
申请人数量（>1 取 1，=1 取 0）	−0.0552**			NS
优先权项数量	0.0703**			0.0230**
是否为分案申请	0.3547**			0.2806**
化学	NS			NS
计算机和通信	0.0969**			NS
药品	0.0909**			0.1110**
电和电子	NS			NS
机械	NS			NS
申请人 1985～1988 年专利授权数		0.0005**		0.0001*
大学		−0.0995**		−0.1992**
研究机构		−0.0570**		−0.0725**
工业企业		0.0566**		0.0507**
中国		−0.1739**		−0.1617**
美国		0.1271**		0.1041**
日本		0.1775**		0.1857**
德国		0.0412*		0.0480*
荷兰		NS		0.0728**
瑞士		0.1035**		0.1148**
英国		NS		NS
法国		0.1291**		0.1410**
意大利		0.1183**		0.1175**
瑞典		0.1569**		0.1612**
芬兰		NS		0.0855†
澳大利亚		0.1348**		0.1324**
加拿大		NS		NS
1985 年			NS	0.0309**
1986 年			−0.0461**	−0.0336**
1987 年			−0.0185*	NS
对数似然值	−159727	−158302	−160320	−158030
伪决定系数	0.0038	0.0127	0.0001	0.0144

注：观测数为 18,121。*，$p<0.05$；**，$p<0.01$；†，$p<0.1$。

4.5.3 外国在华专利质量研究结论

上述研究将专利维持水平作为衡量专利质量的主要方法，对外国在华专利的质量进行考察，可以得出初步结论如下。

(1)外国在华专利质量普遍高于本土专利权人所拥有的专利质量，并且外资企业的专利质量有很强的走高趋势，这构成了外国在华专利权竞争实力的重要组成部分，这说明外国专利权人对中国市场发展的信心和偏好预期，同时也说明外国企业在华技术竞争实力增强的事实，需要引起我国本土企业的充分重视，也值得相关创新政策研究和制定者的高度关注。

(2)以专利失效率为因变量考察外国在华专利质量，在技术层面，化学和机械领域的专利失效率较低，而药品、电和电子领域的专利失效率较高；在国别层面，美国、日本的专利失效率较低，其他样本国家的专利失效率均较高；就申请年份来看，1985～1997年的失效率较高，而后期失效率较低。这种专利的国别、领域和时段上的质量分布差别，也能说明外国在华专利技术的重要发展趋势。

(3)以专利维持率为因变量考察外国在华专利质量。在技术层面，计算机和通信的专利维持率最高，药品次之，之后是化学。在国别层面，日本专利维持率最高，美国、瑞士、韩国为第二梯队次之，而加拿大和澳大利亚的专利维持率最低。而从年份时段因素来看，较近的年份维持率普遍较高，而对1985～1988年涵盖了完整的20年专利申请期的虚拟申请年份变量来看，1987年申请的专利维持率最低，而1985年所申请专利的维持率最高。

(4)以专利维持时间为因变量考察外国在华专利质量。在专利属性上，发明人数量、优先权项数量、分案申请等指标都与专利维持时间显著正相关，而药品专利的维持时间最长；在申请人属性上，申请人的技术创新能力与其平均专利持有时间正相关，工业企业的专利维持时间较长，而大学和研究机构较短；日本持有专利的期限最长，芬兰、荷兰和德国持有时间最短。

4.6 本章结论

综合以上研究，可以看出，外国在华专利的发展表现出下列重要的国际经济学话题，并且与以往国际经济学层面的讨论有所不同。

(1)我国经济发展作为典型的开放经济体，有着丰富的经济、技术和专利国际化方面的经验，需要深入总结。其中，商品贸易、许可证贸易和外国直接投资多种经济活动融为一体，引发我国国际到国内，和国内到国际的多重专利技术竞争、合作，具有重要的示范作用。

(2)本章所开展的多种分析方法和研究结果对专利的国际经济学分析有一定的参考意义，特别是结合不同国别和相应的跨国公司投资和贸易活动，有深入研究的必要。

(3)本章研究结果表明，在华专利的外国权利人(主要代表企业类型特别是跨国公司)

一般质量较高，反映在专利寿命维持指标上，以及相关的测评结果上，同时在相应的产业技术领域也有突出的表现，这些结果说明外国在华专利权与其市场发展预期有密切的关系。而相比之下，本土专利权人除了市场预期动机之外，还存在有创新政策利好及资本市场运作等多重可能的目的，值得作更为深入的探讨。

第二篇

专利制度与创新政策国际比较与中国专利制度发展效应

引　言

在知识经济时代，专利制度的创新政策属性尤其突出。因此，对专利制度是否有利于创新发展，以及以何种立法和执法形式更有利于创新发展，是各国政府科技政策及法律制度建设的重要组成部分。同时，专利制度的发展又是在经济发展的全球化趋势下逐步深入的，其不可避免有创新政策和制度建设的国际化影响问题。据此分析，对于专利制度与创新政策的研究，就更应是一个多学科、多部门相互交叉的研究领域，至少包含经济学(特别是国际经济学)、法学(特别是知识产权法律体系)、战略管理、技术管理、创新政策管理，以及国际政治等学科的交叉。而从管理学的角度来思考，简约化的研究思路可能在于具体政策和制度变更的影响，以及本国专利制度发展和变革的影响分析。当然，随着网络经济的发展，知识产权的内涵日渐扩展，此类所谓“影响”问题及其控制变量的对比研究也可能更趋复杂。收集在本书的相关研究只关系到国际比较和我国早先专利制度变革的影响问题，也是研究此类问题的一些尝试。

第五章　国际专利制度模式：美国和欧洲专利制度

导言：

研究专利技术资源，必然要涉及国际上主要国家和地区的专利资源，除了要接触到外国权利人在中国申请和授权的专利之外，随着全球化经济的发展，中国企业在境外申请和授权专利的发展，以及相关比较研究也是重要的组成部分。同时，对我国专利制度的建设和发展的了解，也需要和国际上典型国家和地区的专利制度发展作相应的比较，以便把握同样专利制度术语下的环境差异。因此，对国际上的专利制度的发展和建设有较为深入的学习，对专利技术资源的分析和研究框架的设计具有较好的参考作用。作者团队在开展有关跨国专利技术资源比较的工作中，涉及一些国际专利制度发展的文献，特别是在本书编辑过程中，对相关素材的综合，也促成了本章的内容，其中国际文献总结的部分，也有一定的参考作用。当然相比许多国内研究专利和知识产权问题的专家的研究工作而言(特别是法律学界的研究工作)，本章应当说还属于入门级别的层次。

5.1　西方国家专利制度变迁和比较

说到西方国家的专利制度，回顾相关的文化和思想历史很有必要。其实，即使在西方国家，专利思想及其体制的发展少说也有700多年(在欧洲，有关专利的思想可以回溯到14世纪)，但直到今天，这一制度就其可改进的地方来说，也还远称不上理想，更谈不上完美。或许这一点可以从历史的踪迹中找到一些解释。

5.1.1　早期的专利制度思想和保护形式

据研究，现今土耳其地区名为米利都城(公元前498～公元前408 年)的希波达姆斯(Hippodamus of Miletus)曾建立过一种鼓励创新的奖励机制，这里的所谓创新是广义的，包含社会生活的各个方面，甚至也包括法律条文和制度的创新。亚里士多德曾在他的《政治学》(*Politics*)中批评过这种奖励体系(Merges、Duffy，2002)。显然，这种奖励制度在古希腊已经是一个尽人皆知的事实，但真正以专利形式来实现这种奖励却是上千年后文艺复兴(the Renaissance)时代的事情，那么为何专利制度在西方文明体系中出现得这样迟，这中间大约1800年中有什么样的障碍呢？Weiss(2010)认为这正是由于专利制度建设本身的问题。

拿专利的形式来看，说到底专利就是一份文件，该文件赋予文件持有者一种特殊的权利。该权利保证(guarantee)一种超常利润或利益；为使这类文件有实际的效用，它必然依靠一种内嵌于当地社会的体制力量，依靠这个社会成员所具有的共识，来共享这一社会的财产和遵循所有内嵌于该社会的制度。但由于社会的变化总会带来一些社会成员与既定体制产生摩擦乃至冲突的地方。于是，这样变动的环境就会要求有一种力量能够协调其间可能存在的不满和压力。Weiss 认为，在欧洲整个中世纪起到这类调节作用的力量是所谓行会(the guilds)，但其实最终行会成为了抵制创新的一种障碍。

根据 Weiss 的研究观点，欧洲中世纪的行会事实上起着发展经济的重要作用，是一种极其重要的机构(该词汇也能传输出其中的重要性含义：荷兰货币单位荷兰盾的来历，也可能具有这样的行会背景)。其职能概括说可以有协调行会成员之间的纠纷，同时一定程度地维护生产质量的最低标准。行会最主要的职能是保护成员的贸易利益，而他们定下的规则一般是极其强硬而没有灵活性的，因此在某种行业领域开展活动只能是成员的权利，对其他人则是一概禁止。与此相对应，一项发明也只能由行会成员来使用，并且对发明人没有任何补偿，而外人则根本不能使用这项发明。因此，行会制度对内部成员的创业和创新行为具有某种保护作用，包括其中的发明，但又由于行会成员的门槛并不足够开放，发明人的角色也没有得到认可，这种体制最终会成为窒息创新活动的制度。事实上，行会成员的权利和义务是由他们在社会等级中的地位来决定的，行会也只是中世纪社会的一种内部集成，以相应的规章制度来平衡成员间的权利和职责。

随着文艺复兴的西风东渐，僵硬的行会结构逐渐解体，社会人，特别是那些发明家和企业主逐渐视自己为自由的个体而非行会的成员，发明本身也逐渐不再依靠行会的势力范围保护，而是更多依靠更为先进的法律体系的创新了。

5.1.2　欧洲专利体制的发源和运行

欧洲有关专利的特权制度的发展实际上也是为了对抗行会的力量。不过最早的专利特权的授予还是归于皇权(王权)，授权的对象也主要是一种实践特定贸易的权利，包含了应用某种技术生产和贸易的特殊权利。最早的专利特权证书是 1311 年在英国签署的。值得注意的是，那时的专利证书主要是针对某种广为人知的技术或某种进口贸易活动，即证书本身赋予的事实上是发起该项贸易以及使用某种技术的特权而不是对发明本身的特权。特别是，当时的专利也不只授予本国人，同时更可能首先授予居住在本国的外国人，全看国际贸易的需要。同时，又因为那时的专利并不成其为一种法律制度，缺乏授予专利的法制化规则，因此专利权人也无法实施其法律效力。

其后，维也纳参议院 1474 年法条(The Venetian Senate’s 1474 Act)大概是第一个有记载的介绍专利行政管理体系的文件，其奠定了几乎现代专利管理体系的所有事项：细节性的专利说明、法律认定权利的定义、专利申请过程、专利法律实施，以及他人侵权后的专利权补偿(Merges 、Duffy，2002)。尽管此文件的实践作用大小仍有争议，但该文件也能说明，在那个时代的意大利威尼斯，借以保护当地贸易和发明的特权制度主体应当已经建设起来了。Penrose(1951)甚至已经计算出从该法条通过直到 15 世纪这些年间，至少约有百余特许权经授权并在实际运行中。其实，更为重要的启示是，这些变化说明正是意大利的手工业者推进了此类体系化保护工业发明的思想和制度，并随着他们的迁移，横跨欧洲将这些思想和制度带到了英国(Merges 、Duffy，2002)。

在英国，伊丽莎白 I 世统治下的前期，专利证书主要是用来吸引外国的发明者，以便进口先进技术知识[事实上，有关国家创新能力的相关研究，如 Furman 等(2002)，就曾提到，英国工业革命时期的大量新技术和新发明实际上是外国人带来的，但重要的是，英国成为当时世界上首先使用很多新技术的创新聚集地和集散地，从而造成了工业革命]；而在这一朝代的后期，专利特权制度已经降级为一种成熟的垄断性授权形式，作为一种制度，其运行的合理性完全谈不上，这类专利权利与其相关技术的所谓有用性和新颖性的联系也都基本上抛弃不用了，授权本身全看授权者的嗜好和利益偏向，特别是成为皇室提高其收入的一种手段(Bainabridge，2002)。因其对贸易活动不利，英国《1623年垄断法》(1623 Statute of Monopolies)明确抛弃了授予专利权的所有其他条件，除非该方案是一项真正的发明。该法律对授予专利权仅强调了有用性条件，但并不要求书面形式对发明的详细说明。直到18世纪上半叶，专利申请的书面详细说明才成为了标准化的过程文件，但整个体系还是属于注册型而非审查型。

英国的工业革命时代是一个急需发明和新技术的时代，但那个时期，对发明的要求更着重于加工制造以及相关的设计。因而，发明者为获得专利授权必须演示其发明的可操作性(Merges 、Duffy，2002)。对比今天的专利授权，当时更重视的是发明本身所透露出来的新的技术信息，因此，书面的专利说明书变得越来越重要。

5.2　美国专利制度的代表性作用

5.2.1　美国专利体制的发源和运行

美国专利体制的建立是从英国移植过去的。但美国最初是由多个殖民地组成的。因此，美国的专利制度也是从多元化和多体制形态中走出来的。早期的美国就存在一项发明在不同地方被授予给不同所有权人的现象，于是，其他州附有专利权的产品在本地销售就可能遇到针对同一发明的不同权利人的侵权诉讼。直到美国统一各州殖民地，独立于英国成为单一国度时，统一专利制度就成为重中之重。专利法旋即成为联邦法律，而非某一州的法律，特别表现在美国宪章第八款第一条的陈述：美国议会将“通过给予其写作和发现的相应作者和发明者以有限的、一定时间段的排他性权利来推进科学和有用技术的发展”。美国第一个专利法是1790年颁发的，美国第一项专利权也是当年授予的。专利应当授予具有新颖性和有用性的发明，意味着该专利注册时美国境内应当没有使用过或知悉相应的发明，但有关这一条文的审查和落实那个时候却还没有专门的程序和机构来实施。其实，在早期的美国，大概由于服务设施的短缺，真正体现该发明的新颖性标准的是在法庭上，即仅当有其他人将此专利权人告上法庭的时候，该项发明是否具有新颖性和有用性才真正有人去认真考察和对证。这也是美国的专利制度以先发明原则，而非先申请原则授予专利的主要原因(Weiss，2010)。

5.2.2　现代专利制度体系(美国19～20世纪)

美国专利制度的发展代表了现代专利体系发展的进步特征。19世纪最大的改进来自两个方面：①注册形式的专利授权让位于实质性审查为标志的现代专利授权方式；②创造性(或译作非显而易见性，即non-obviousness)成为专利实质性审查的重要标准。

随着工业革命的发展，实质性审查及创造性标准成为应对不断增长的专利申请量之下仍然保证授权专利质量的有效措施，同时也意味着需要应对专利行政机构的技术资源需求。那个时候，虽然在注册制之下专利申请经注册之后几乎立即可以得到授权；但另一方面，由此引起的不断增长的法律纠纷却使人疲于奔命，后果是出现大量的无效专利。随之而来的弊端是，专利权人越来越没有把握其专利权到底能够持续多久，又由于这种专利官司的发生并没有确定的时间性，反而使得相关专利的有效性质疑时间拉得很长，最终破坏了社会整体对于专利制度的信任。于是，1836 年，美国终于实施了专利权的实质性审查制度，但在授权时限上仍然维持了先发明原则，此举为专利权的有效时限提供了保证，同时也大大降低了专利法律纠纷案件的数量。另一个所谓创造性审查标准的引入，也是为了补充仅凭新颖性和有用性标准考量的缺陷，单凭这两项考察往往导致大量非技术性质的小型琐碎发明被授予专利，而引入这个非显而易见性标准之后，就保证了所授权的发明专利都是较为突出的(即 non-trivial)。不过，有意思的是，这一创造性标准最先是在法庭上采用的，直到 1952 年才被正式纳入专利法条文中。

进入 20 世纪之后，企业开始建立了自己的研发机构。从此，发明专利再也不主要是发明家个人的事情了，而渐渐成为研发机构的主要产出形式。也正是由于大型企业研发部门的持续力量及其相应的专利保护，这些企业得以更加稳固地占有更大范围的市场，乃至国外的市场。在这样的发展形势下，专利组合及其竞争策略也渐渐发挥出更大的优势。

值得点出的是，20 世纪 20～30 年代，美国市场上曾出现过多起针对专利垄断事实所发起的公共事件，出现了针对滥用垄断权的反垄断运动，从那时起，大型公司的专利组合就被看作是一种窒息市场竞争的手段，专利体制也不再被单纯看作是一种社会奖励和促进创新技术和知识的正面形象的制度了。

第二次世界大战之后，美国的 1952 年版专利法强化了 1790 年版专利法及 1836 年的修正版的所有条文，但 20 世纪 20 年代和 30 年代反专利垄断的情绪和事件在 20 世纪 60 年代和 70 年代仍有持续，也导致这一时期发生的专利诉讼案件比率较低。

美国的专利纠纷早先主要是在地方法院作听证和判案，不可避免，这类不同地区判案存在巨大差异，于是打官司的一方都去那些他们认为有判案经验或和他们的案件有相似内容的地区性法院。而那个时候，美国企业的专利诉讼起因还有另一层原因，即存在一种恐惧情绪，害怕美国的工业界优势会输给日本企业。在这种形势下，既是为了克服不同地区法院判案的差异，更重要的是为了强化美国专利体系的整体力量，1982 年美国联邦巡回上诉法院(the Court of Appeals for the Federal Circuits，CAFC)成立，专门应对各类专利纠纷，并且从其设立起，就有一种肯定相关专利权的倾向，即偏向于原告人的倾向(Merges et al.，2003)。

5.2.3 美国的全球专利和知识产权视野

1995 年，美国政府签署了“知识产权的贸易相关方面”(Trade Related Aspects of Intellectual Property，即 TRIPs Agreement)并迅速付诸实施。为与此协议相一致，美国的专利法也作了相应的修订，其中重要的一点是，专利有效期从其申请日起 20 年，而非原定的自授权日起 17 年。专利权有所扩大，包括在销售和进口商品相关的产品或工艺上享有的排他性权利。

值得注意的是，类似TRIPs这样的具有重大国际市场影响的知识产权条约，往往都是美国的企业最先发起，代表了美国企业及其政府的全球性知识产权视野。

TRIPs起因是由于20世纪80年代，国际上发达国家对外直接投资(FDI)的规模已经相当巨大，也把其中的知识产权问题带到了世界各地。其中化工类企业特别是制药类企业面临特殊的问题，即相关国家(甚至包括巴黎公约成员国或是专利合作协议成员国)的专利制度差别很大。虽然美国的专利法认可药物专利，但在某些发展中国家，药物本身是不能被授予专利的(我国1985年版的专利法就规定不授予药物专利，但在与美国的知识产权谈判之后，特别是加入WTO，需要满足TRIPs要求，1992年版增加了药物专利的内容)，只有制药的工艺过程技术能够被授予专利，于是东道国企业就可能利用其他工艺手段合法生产同一种药物，例如在印度就有这样的事例，而且这样生产出来的药物还可以合法出口到其他同样不授予药物专利的国家。相关的跨国制药企业认为世界知识产权组织(WIPO)事实上没有能力来处理这类法律实施争端问题，于是转而求助于国际贸易相关的协议框架，即关税与贸易总协定(General Agreement on Tariffs and Trades，GATT)。

最初将此诉求付诸实施的是美国的辉瑞公司首席执行官——Edmund Patt。他首先提出应将知识产权问题纳入贸易相关的构架，他并通过其企业网络关系联合其他相关企业在各类主题论坛和非政府贸易协会中共同提出这一呼吁，并游说美国政府的商业谈判顾问委员会(the Advisory Committee on Trade Negotiations)，从而把这一议题引入了政治圈内。经过美国商业界和政客的努力，知识产权议题得以在乌拉圭回合的谈判(1986)中纳入议事日程。在此还特别应提到美国相关企业的执着及其骨干作用。当时的形势是，虽然美国的影响巨大，但为通过这样的条款，还需要欧洲和日本的支持。为此，辉瑞公司联合IBM及其他美国公司的代表在1986年特别建立了一个知识产权联合会(Intellectual Property Community，IPC)，其中共有13个企业成员，即布列斯托-梅尔(制药)、杜邦(化工和保健)、FMC(化工)、通用电气、通用汽车、惠普、IBM、强生(制药)、默克(制药)、孟山都、辉瑞(制药)、洛克威尔国际、华纳通讯。这些公司都有意将其生产和业务部分地迁往发展中国家，他们都认为仅仅保护制药的生产过程是远远不够的，通过专利回避手段当地企业还是会合法生产同样的药物或类似的产品。当年6月，这些IPC的企业成员纷纷到欧洲和日本，游说其商业合作伙伴甚至竞争者，希望他们也都能为他们的政府拿出知识产权与贸易密切相关的典型案例，联合起来争取一个有利的贸易框架。最终，TRIPs协议于1994年签字生效。

TRIPs协议到底有哪些重要的条款和要求呢？

(1)该协议提供了一个最低的知识产权保护标准，所有世界知识产权组织(WIPO)成员国都应遵守。因此，该协议不仅保护专利，还保护著作权、商标权、地理标志、工业标准、商业秘密。这样一来，所有成员国都需要调整其本国的知识产权法律，特别是专利法，以符合TRIPs 的标准。

(2)说到专利，正是由于IPC成员企业的辛苦和努力，TRIPs中27款的文字正反映了这些企业成员的权利诉求：

“【……】专利适用于所有发明，不论是产品还是工艺过程，包含<u>所有的</u>技术领域，前提是这些技术具有新颖性、具有创新步骤，并可用于工业实践。【……】专利应当受到肯定，专利权收益应当受到肯定，不论该发明源自何地、何种技术，**无论相关产品是当地生产抑或进口**，都应一视同仁。”

(3)在 28 款中对相应排他权的产品内涵也有说法:

“专利应给予其拥有者下列排他性权利：

【......】当专利保护范围为一种工艺时，为了防止第三方未经专利权人许可而擅用其工艺过程，或其行为涉及：使用、供他人出售、本人出售或为这些目的进口，则至少通过其工艺过程所生产的产品也适用”(WTO，1994)。

如此一来，仅用一种生产工艺保护的新产品现在就有了双重保护，这一点对药物和化工生产尤其重要，即使对有关产品(材料)自身的保护被什么原因撤销或终止时，产品本身还可以应用工艺类保护条款中因其工艺与产品当前的唯一相关性仍旧得到保护。

McCalman(2005)曾对 TRIPs 协议所带来的国际性长期和短期收益流动做过专门研究，他的研究结果表明，虽然发展中国家从长期来看会取得收益，但短期看，毫无疑问，工业化国家(也就是发达国家)从 TRIPs 协议获得收益是主流。

5.3　国际专利制度的建立和发展

知识产权制度的差异性也导致国家间日益增长的合作意愿，并建立相关的国际组织来解决相应的争端，如巴黎公约和专利合作协议。

5.3.1　巴黎公约

随着工业革命的兴起，各个国家建立起了有效的专利制度，但各国之间的制度存在差异，而这些差异可能会带来重大的国际关系影响。比较著名的事件通常都与国家制度架构的形成有关。例如，1873 年的维也纳博览会上展出工业化新产品之际，奥地利政府就是一个代表性的国家，其专利法视任何在博览会上展出特定原型产品皆为首次公开，此后其相关专利申请就自动失去了新颖性，也就是说，博览会上的新产品不受保护。而以美国为首的代表团已经充分认识到这一危机，于是美国代表团给奥地利政府施压，希望他们改变相关的专利法条款，虽然奥地利政府并不是一定要听美国的，但最终还是通过了一项特殊法令，声明会保护博览会上出现的技术发明。

经过若干次这样的国际性会议(第一次这样的专利权协商会议正是在这次维也纳博览会之后立即召开的)，特别是 1878 年在巴黎召开的非正式讨论会议上(所谓非正式，主要是指会议参与讨论者主要是企业代表和相关法律机构人员，议题反映相关企业的需求，并得到官方的响应)，与会者雄心勃勃要成立一个国际专利联盟，期望用这样的联盟和法律来替代所有成员国国内的专利法律机构及相关法规，但事实上各个国家的分歧极大，只能通过可塑性强的机制和法律条文来解决。正是由于这种无法达到充分一致的情形，以及会议的非官方性质，与会者一致同意建立了相应的永久性协商会议机制，并在此类努力之下，第一次官方的正式会议于 1880 年在巴黎召开，通过了一个法律性文件，并最终于 1883 年形成了巴黎公约(Paris Convention)。

巴黎公约的主要成绩是用国民待遇(national treatment)方式解决外国专利权人、专利优先权、国际专利独立性等问题。对此解决方式的一个有意思的解释是，任何一个国家，只要具有提供专利保护的制度，都必须给类似荷兰人这样的外国人以排他性权利的机会，即使本国人根本没有可能获得荷兰专利(这是因为荷兰已经撤销了他们的专利制度)，即这一条件并非互惠性的相对条件，而是绝对条件。

而优先权条件则为外国人在申请专利的时间上提供了更为公平的起点。其含义是说，公约成员国都应为任何一个专利申请人提供从申请日起为期 12 个月的期限，在此期限内该专利申请的新颖性不会失效，以防止任何第三方于这期限内提出类似内容的申请。

专利独立性的要求则是，一个国家对特定专利权的撤销和无效处理并不能给其他国家这个专利带来同样的影响。

到 2013 年，世界上已经有 175 个巴黎公约成员国。中国于 1984 年 12 月加入了巴黎公约。目前运行的巴黎公约版本是 1967 年斯德哥尔摩修正版，并在 1979 年修订。巴黎公约由总部位于日内瓦的世界知识产权组织管理。

5.3.2 专利合作协议

专利合作协议(patent cooperation treaty，PCT)的组织目的不同于其他专利合作组织，它更具有专利国际化过程的服务性和工具性。

第二次世界大战之后，随着世界经济的兴盛，跨国专利申请活动大量增加，那些出口技术的主要国家，以美国为代表，其跨国专利申请业务越来越复杂，对同一个发明的专利申请，因国别要求不同，每个国家的专利申请文件和例行程序都要走一遍，牵涉大量的翻译和文字工作。此外，相当多的国家都要求外国专利申请人应当通过本国律师来申请专利，也使得专利申请的事务性更重于技术和市场业务本身。

于是，同样也是美国企业率先提出一种简化国际性专利申请业务的方式，通过布鲁塞尔知识产权保护机构研究，形成了最初的报告(1967)，并主要通过一些非政府组织，邀请专家对此报告提出建议。最终，PCT 于 1978 年 1 月建立并付诸实施，最初由 18 个成员国组成。目前，PCT 已经具有 141 个签约成员国，该协议曾有三次修订，最近一次是 2002 年版，该协议的管理工作也归于世界知识产权组织。

PCT 框架下的国际性专利申请程序相对较为复杂，包含国际和国内两个部分。PCT 申请人一般通过该国国内机构提出申请，但其实也可以通过其他任何一个成员国来提出 PCT 申请，通过这两者之一便进入国际程序。在 PCT 框架下，尽管申请书只是一份，却代表了向所有成员国的申请程序。于是，相关国家的专利申请程序可以就此开启，如果申请文件等合要求，则所有国内申请程序暂时中止 20 个月，同时会有一个权威性的指定国家承担起相关的国际性对比文件的检索，并为申请人及其接受申请的国家提供一个国际性检索报告，至此，第一阶段的国际部分工作结束。而第二阶段的国际部分工作属于自愿选择性的，如果申请人认定需要这一阶段的程序，则即开启一个国际性初审过程，而同时，国内程序会再度暂时中止 5 个月。待此阶段结束之后，该申请就进入国内程序部分，只有此阶段上依照相关国家的专利机构提出的要求，申请人才需要准备一个翻译版本。国内程序阶段，前期的国际检索报告和其后可能得到的国际性初审报告都会作为重要的参考资料。

5.4 美国专利与商标局制度框架下的专利获取过程

在很多国家，特别是美国，获得专利权必须通过专利律师，专利律师是专利权人的代表，通常尽可能为专利权人对相应的技术内容争取更宽的法律保护范围(scope)。与此相对，美国专利与商标局(USTPO)的专利审查人则是社会公共利益的代表，尽可能地缩窄对该权利权人所申请技术内容的法律保护范围。当然，专利审查人借以缩窄甚至拒绝某项专利申请的依据就是特定专利法所规定的几条重要的标准。专利申请人是否获得授权是通过专利律师和专利审查员之间的讨论和谈判来决定的，整个过程叫作获得专利权的专利诉求(patent prosecution)

一般而言，专利申请都具有这样几项内容：①有关该发明的技术说明，说明如何制作以及如何使用该项发明，这些内容被称为“细部说明”(specification)；②有关此发明的图例(drawings)；③一项或多项权利要求(claims)，而这些权利项要求就基本定义了申请人对该技术的法律保护范围的请求。专利审查员则主要根据专利法所规定的新颖性(novelty)、创造性(non-obviousness)、实用性(国内有时用英文 utility，但实际上这一考核标准是用来强调申请人是否提供了足够的使其他中等水平以上技术人员能够重现该发明的信息，即应使用 sufficiency of disclosureof the invention 来表达，用中文表示应为“足够的发明信息披露”)标准来审查专利申请书。专利审查员的角色基本上是准判案法官的角色，通过其对法律标准的理解和一定的专业知识水平，以及对比以前存在的发明信息来决定专利申请人提出的权利项要求是否合于新颖性和创造性的要求。

根据 Anthony Miele(2000)的描述，从时序上看，当专利申请人通过其专利律师递交专利申请书后，通常时隔三个月到一年之后，专利审查员将开始第一次实质性审查，即采集和浏览所有以往相关的专利信息和发表论文信息(这些对照组文件被称为 prior art)。随后，该审查员将对所有信息加以对比分析，以判断这一专利申请及其相关的权利项要求是否符合新颖性和创造性准则。当这些分析可以给出相应的结论时，专利审查员将会发出一份文件，通常叫作 office action，申明驳回相应的专利权利项要求及其原因，例如不符合新颖性要求(通常写作：allegedly anticipated by)或不符合创造性水准(obvious in view of prior art)。之后便是专利律师的工作，针对每一份 office action，专利律师都会准备一份回应文件(通常称为 amendment 或 response)，其中将对审查员每一拒绝项提出相应的意见，同时修改以前的专利权利项申请。而下一轮审查过程中，审查员都基本倾向于拒绝，除非原申请中的权力项申请已经充分缩窄。因此，这个阶段专利律师的作用十分重要，如果仍需保留原来申请的专利权利项范围，则该律师必须提供足够的证据和说明，来辨明这些权利项的可专利性(patentability)和可专利性水平，以及指出审查员对相应较宽范围的权利项的可专利性之所以存在疑问的某些可能误区。由于美国专利商标局事实上有数以千计的专利审查员，因此客观上是可能存在审查员的主观偏见的。但一般而言，专利律师的说服力及其所提供的证据五花八门，客观上专利权利项保护有可能朝向更宽范围发展；而从公众利益的角度出发，如前所述，专利权利项过宽可能引起的社会利益损失的后果更大。事实上，美国专利商标局就曾出现过在 CD-ROM 相关技术发明授权的权利项范围过宽，而导致多家工业厂商对此提出异议，致使该组织机构不得不重新审查该项专利的情形。

当然，这一 Patent Prosecution 过程也有其他因素要考虑，比如时效性，因而接受较窄的权利项范围同时更快地获得专利权也是专利权人及其相关律师要考虑的另外一类因素。

5.5　现代欧洲专利制度的发展特点

如前所述，欧洲是专利制度的发源地。但欧洲现代专利制度已经和统一的欧洲市场紧密相连。今天的欧洲专利局是 20 世纪 70 年代依据“欧洲专利公约(EPC)”(该公约于 1973 年由欧洲 14 国签订，1978 年正式生效)设立的，并于 1980 年授权第一项专利，其授权专利可以在覆盖人口总数超过 5 亿的欧洲大陆得到保护，目前已经成为与美国、日本、中国并列的四大专利审批机构和授权地。在欧洲大陆内部，德国的领先地位十分显著，一般占 18%(2007 年数据，下同)，与其余国家，如法国(约 6%)、荷兰(约 5%)、瑞士(4%)、英国(3.5%)和意大利(3%)相比，位居前列。

值得说明的是，欧洲专利公约对欧洲专利申请程序进行了简化，申请人只需通过一次申请，就可选择在任一缔约国家获得专利保护。此外，欧洲专利局授权专利素以审查质量高、审查队伍专业性强、涵盖技术领域广泛而著称，每位专利审查员都掌握好几门外语。欧洲专利局的专利文献数据库储存量高达 6000 余万件，专业图书馆藏 5000 余万件专利和非专利文献副本(卢惠生，2008)，因此向欧洲专利局递交的专利申请都将接受非常严格的实质性审查。同时，如遇专利纠纷，权利人可以通过欧洲专利局的异议程序和上诉程序，无须通过缔约国法院提起民事诉讼(同上)。有关欧洲市场专利申请程序和选择，Marco T. Connor 和林亚松(2007)作了很详细的说明，可以参考。

有关欧洲市场的专利技术资源竞争特点的研究，具有德国、英国和北欧研究背景的 Harhoff 和 Reitzig (2004)的研究工作具有一定典型性，该研究分析了 1978～1996 年生物和医药行业获得 EPO 授权但又被诉讼的专利样本，考察这些被提起诉讼专利的决定因素。该研究发现，无效诉讼是欧洲专利局专利权竞争活动中的最重要机制，大概有 8.6%的专利遭受过这类无效诉讼。而这一实证研究最终发现专利的无效诉讼会随着专利的可能价值升高而增加，即，越是价值高的专利越有可能遭受无效诉讼，因而这些无效诉讼活动更可能集中在那些高技术领域或者高不确定性市场竞争领域(生物制药技术是最为典型的技术领域)，这也是欧洲专利的有代表性的方面。

另一方面，来自意大利和西班牙的学者 Gambardella 等(2007)通过研究欧洲专利数据库的数据，发现欧洲市场专利许可最重要的决定因素是企业规模的大小，也就是说，较大规模的公司会有更多的专利许可，而其余表征专利质量的指标，如专利宽度、专利价值、保护程度等虽对专利许可有影响，但表现没有那么重要。这说明，欧洲市场上的专利许可很可能大多数是由跨国公司等大型企业主导，甚至是在企业内部发生的，而小规模企业的专利许可并不突出，特别是专利质量的作用并不那样显著。并且，该研究还表现技术市场中交易成本的作用，即很多潜在的可能许可的专利并未真正进入许可贸易，一方面说明技术许可的市场需求规模较大，另一方面也说明交易成本更小的公司内许可(往往发生于大型企业特别是跨国公司)正在居于主导地位。该研究使用了较多表征专利质量的指标，如专利保护强度、技术通用性、技术科学性特征、技术经济价值等，但相比之下，这些指标的重要性要低于企业规模、企业辅助资产等经济类型指标的作用。

以上两类研究说明了专利技术资源竞争的典型表现，或者是高技术领域上所有权人和潜在所有权人之间的竞争(应当主要发生在高技术中小企业之间)，或者是大型企业主导下的公司内专利许可，两个类型的专利数量都可能是巨大的，但代表的技术创新内涵可能很不相同。

5.6　国际专利制度发展大事(西方国家的视角)

来自英国诺丁汉大学商学院工业经济领域的学者 Weiss (2010) 曾著书专门从国际和国家层面探讨专利政策的法律-经济效应，提出了很有见地的理论分析观点。其中，他也总结了专利制度演变过程中应当注重的突出事件，并与相应的政治和技术演变事件相比照，本章专门提炼出其中的专利法律体系演变与技术史意义上的比照事件，摘录如下，借以给读者一个西方学者观测专利制度建设的视角参考(表 5-1)。

表 5-1　专利制度建设的事件对照表(Weiss，2010，**节略版**)

年代	专利法律体系的演变	重要技术创新事件
1280 年		意大利北部，眼镜的发明
1311 年	英国第一封专利证书(以书信方式) Letter of Patent (England)	
1450 年		可移动打字机问世
1474 年	威尼斯上议院相关法律颁布，第一个专利管理法律条文，发明人只需注册，没有书面文件的审查	
16 世纪	德国的多位王室曾广泛使用专利的概念和设施，并有较好的经济用途。	
1609 年		显微镜面世
1623 年	专利的垄断地位被认可，其垄断地位被认为是反市场垄断的一种例外，发明的有用性被引入专利审查过程，14 年专利权被认可。	
18 世纪	工业革命时期：发明方案的书面描述成为专利申请的必要条件，对发明方案的新颖性和技术内涵的注意力转移到其发明方案的知识内涵。	
1791 年		蒸汽船问世
1836 年	美国专利法修改和补充，导入专利的实质性审查制度	安全火柴出现*
19 世纪中叶	非显而易见性标准(Un-obviousness)即创造性标准开始导入专利审查体制。	
1849 年		安全别针
1850 年	瑞士废除专利制度，直到 1907 年才恢复	
1869 年	荷兰废除专利制度，直到 1912 年才恢复	真空吸尘器面世
1881 年		金属探测器
1883 年	“巴黎公约”，解决国际间的专利保护，导入“国民待遇”规则	

续表

年代	专利法律体系的演变	重要技术创新事件
1922 年		雷达问世
1953 年		微波发射
1970 年	“欧洲专利公约”，欧洲专利局(EPO)成立，欧专局代表欧盟成员国授予专利权	
1972 年		计算机成像(CT)设施上市
1982 年	“专利合作协议(PCT)”签署，处理专利的国际申请。	
1982 年	统一专利判案的美国联邦巡回法庭(CAFC)成立	
1993 年		全球定位系统(GPS)
1995 年	乌拉圭会谈中的 TRIPS(贸易相关的知识产权问题协议)，作为世贸组织(WTO)的一个组成文件，也是所有成员国之间遵守的最低水平的协调标准(GATT)，正式签署。	

*这里记录的安全火柴的出现与下面的历史故事时间不完全一致。

5.7　专利故事：一个极为“传统”的发明——火柴及火柴产业

通过一个故事了解一件推进人类社会文明重大进步的小发明发生发展的经历，这也是一个典型的从个体发明家(也包括那些注重实用技巧的科学家)的玩物转变为一个不断增长其市场规模的非凡产品的成长故事。其中的过渡过程足以让人思考其发生发展的经济学规律和特点，特别是其中有关专利技术发展的规律和特点。

历史上，很多工匠、科学家、发明家都曾致力于火柴这种东西的发明制造。而现代火柴中的第一个成品则起源于 17 世纪 60 年代末德国汉堡的一位炼丹师。这位炼丹师曾用一种方法把几种金属化合物混合冶炼，他以为可以就此炼出金子，但实际上，他却炼出了磷这种元素的结晶体。炼丹师感到异常失望，便把这项发明搁置起来，但却受到英国物理学家伯赖的注意。1680 年，伯赖制造出一小块粘着磷的纸片和一根蘸有硫磺的木棍，当此木棍划过纸片时，就会爆出火焰，这是人类第一次演示化学火柴。但那时的问题是磷元素很稀少，因此这种火柴只能是一种价格昂贵、数量有限的新事物。当人们对这种火柴尚在闻所未闻之际，这项发明本身就已经悄然消失在那些以论文形式存在的纸堆中了。

1817 年是火柴的制造和发明极富戏剧性的一年。一位法国物理学家经过自己的埋头阅览和实验，曾为他大学里的同行们演示过他制作的挥发性“火柴”。这种火柴是一些经过磷化物处理的纸条，一遇空气便会自动点燃，因此必须事先将这些纸条密封在一个玻璃瓶内，所以也叫“点火绳”，一时名声大噪。但这种火柴用起来极不方便，使用者需要点燃火柴时，必须打破玻璃瓶，并很快将火点燃蜡烛，因为这种法国制的点火绳不仅挥发，而且燃烧时间很短。

1826 年，英国的药剂师华尔克在自己的实验室里作炸药实验时，他在用一根木棍搅动一坛子多种化合物的混成液的过程中，发现有一滴水珠式的化合液凝结在木棍端头。他想很快划掉这块凝结物，便用木棍在石头地面上划动，结果端头突然起火，于是摩擦式火柴也就此诞生了。按照后来华尔克的论文，这根棍的端头物并不含有磷，而是硫化锑、氯化钾、树胶以及淀粉的混合物。

到此为止，火柴的“制造”技术基本上还是在一些对这类发明饶有兴趣的个体发明家中间传播。如华尔克用他的技术自制了一些三英寸长的摩擦火柴，也只是用这些火柴在朋友中演示取乐，他从未将这项发明申请专利，也并没有打算就此投资做生意。但当华尔克在伦敦表演他的三英寸火柴时，一位旁观者琼斯意识到了这项发明的商业价值。于是，琼斯自己干起了火柴业，很快便创下了了不起的市场效应，火柴经由琼斯这样的企业家行为创造成为一种有商业市场规模的产品，并融入某种社会文明的进化过程，例如当时的市场表明，由于火柴使用便利，使得香烟和雪茄的销量也急速上升。

但是，此后火柴的制造过程还是离不开发明家和科学家的介入，其市场规模的发展当时也十分有限，这是由于其制造过程和制造结果还有令人厌烦之处。如，早期的火柴点燃时都会有一个大火花，并且释放出浓烈的气味。因此在那些年里，火柴而不是香烟被公认为是对人体有害的东西。当英国人的火柴传到法国时，法国人感到这种火柴的气味太大，于是巴黎的化学家苏莱亚博士重新配制了燃烧物质。这一次则是以磷元素为主，从而减少了气味，延长了燃烧时间。但不幸的是，由于磷是一种毒性很强的物质，因此这种火柴的制造引起了一场致人死命的不断蔓延的职业性疾病，即磷毒性颌骨症。一盒火柴头上的粉就足以用来杀人或自杀，当时这样的事情在报纸上也时有报道。直到 1911 年，美国钻石公司制造出第一只无毒火柴之后，才结束这种悲惨状况。

1836 年，第一个安全火柴的设计获得专利。现代安全火柴的设计实际上出自一系列的相关设计的创新和技术转移。1855 年，德国的化学家舒特教授发明了安全火柴，其特点在于，它的可燃性物质(仍旧是有毒的)分成了两个部分，一部分在火柴头上，另一部分在火柴盒上。但最初的安全火柴的装盒方法不妥当，涂有化学涂层的一面是在火柴盒内，因此打开火柴盒时往往也同时把火柴点燃了。几年之后，美国钻石公司买下了这一火柴设计的专利，并把涂层改在了外面，从此火柴的设计就再也没有大的变化了。1896 年，火柴的生产从手工业进化为大规模机械化生产。至此，火柴的制造基本固定在这样的生产流程里面，剩下的事情就是这样的产品最终会有多大的市场规模的问题。但值得注意的是，自从火柴不再是发明家的玩物，而是具有商业价值的产品时，专利权便如影随形，成为当事企业或相关专利权人通过垄断形式不断获利的有效途径，进而推进火柴制造技术本身逐渐完善乃至形成基本固化的生产模式。

有意思的是，产品的市场规模发展，有时却不一定是技术本身能够决定的，而是其他一些社会因素倒可能带来巨大影响。这里有趣的是，由于火柴盒紧凑，便于做广告，价格也便宜，同时在那些年里在美国以外的国家还很少见到，因而火柴甚至被用作政治性宣传品。1940 年，美国军队的心理战机构选择火柴作为提高士气的宣传用品，对第二次世界大战中的德国、意大利、日本轴心国占领区进行宣传。那时，美国盟邦军队的飞机曾在中国、缅甸、希腊、法国、西班牙、土耳其、意大利和英国撒下了成百万只火柴，封面印有各式宣传文字，于是也就把火柴带到了世界各地。

直到今天，火柴的发明仍旧在继续，我国学者刘继泽(2001)撰文介绍了一种带阻燃杆的芳香性火柴的美国专利(1997 年 8 月 12 日申请,1999 年 2 月 2 日公开)，这种火柴结构设计为三部分，药头组分为一部分，冠于阻燃杆之一端，阻燃杆分为两段，第一段由药头端到一个可任意选择的距离，这一段阻燃杆注入了可放出蒸气的组分，达到阻燃效果。其后这位作者(2004)撰文又介绍了一项日本火柴专利：这项专利是把“推进剂”或称“发射药”用于生产火柴药头。这项专利的发明人是日本戴赛尔化学工业有限公司的田中和亿长等人。该专利于2000年10月3日公开。看来，有关火柴的专利故事仍在持续，只是多了些技术内涵。

第六章　中外专利制度的比较

导言：

研究我国的专利技术发展及其竞争关系，一定是放在国际市场的大环境中来考察，因此典型国家的专利制度差异比较也是必要的知识背景。我们在开展有关中外专利技术竞争比较的课题时，也曾将中外专利制度比较作为重要的组成部分，主要从可专利性、专利权授予的审查机制、专利权覆盖范围、专利缴费制度、专利侵权的救济等几方面来考察，这类知识的把握，也对以后大量专利信息和数据处理时体会其背景有更多的帮助，是专利技术资源管理研究的必要知识储备。

6.1　中外专利制度的可专利性差异

可专利性(patentability)包括两个方面：①可授予专利权的发明的主题范围(coverage)；②发明被授予专利权的标准(standard)。不同国家在授予专利权的标准和发明可专利性主题上是存在较大差异的，通过收集必要的信息，列出下列相关的范围比较(表 6-1)。

从表 6-1 中可以看到，除了用词上的差异，各国授予专利权的标准基本一致，都要求专利应该满足新颖性、创造性和实用性等条件。值得指出的是，我国专利法在第三次修改将之前的相对新颖性标准，即："没有在国内外出版物上公开发表过或在国内公开使用过或者以其他方式为公众所知"，修改为绝对新颖性标准，即："不属于现有技术，即申请日以前在国内外为公众所知的技术"。而在美国、欧洲和日本，应用的都是绝对新颖性标准。

而各国对于可专利性主题的表述各不相同，其中美国专利法虽然将可授予专利权的发明范围限定为"任何新颖而实用的方法、机器、产品或者物质合成，或其任何新颖而实用之改进者"，但是在实践中，美国专利法可专利性主题的范围最为广泛，对商业方法、计算机程序和动植物品种均没有限制。而欧洲专利公约可专利性的排除条款最多，达到了 7 条，其中值得注意的是经营业务的计划、规则和方法(即商业方法)、计算机程序和植物或动物品种这三个排除项。在日本，专利法限定专利是"利用自然规律，源于技术构思的高度创造性工作"，并将"任何有可能违反公共秩序，道德或者公共卫生的发明"列入了排除条款，在可专利性主题范围上与美国相似。而我国专利法也明确提出，动植物品种不得申请专利，另外将"对平面印刷品的图案、色彩或者二者的结合作出的主要起标识作用的设计"列为排除项，主要出于通过限定授予外观设计专利权的客体范围，以激励对产品本身外观的创新活动，减少外观设计专利权与商标专用权的重叠。

下面将对常见的动植物新品种、商业方法和计算机软件专利这三个可专利性主题的主要差异分别进行论述。

表 6-1 中外可授予专利权的发明的主题范围

国家	授予专利权的标准和发明可专利性的主题范围
美国	• 授权标准：新颖性、非显而易见性、实用性 • 可授予专利权的发明或发现：任何新颖而实用的方法、机器、产品或者物质合成，或其任何新颖而实用之改进者
日本	• 授权标准：新规性、进步性、产业利用性 • 可授予专利权的发明：利用自然规律，源于技术构思的高度创造性工作 • 不可授予专利权的发明：任何有可能违反公共秩序，道德或者公共卫生的发明
欧洲	• 授权标准：新颖性、创造性步骤、产业利用性 • 可授予专利权的发明：任何有创造性并且能在工业中应用的新发明 • 不可授予专利权的发明： ①发现、科学原理、数学运算方法 ②艺术创作 ③执行智力活动、游戏或商业方法的方案、规则和方法以及计算机程序，但仅限于欧洲专利申请或欧洲专利有关活动的本身 ④信息的表达 ⑤对人体或动物体用外科或治疗方法以及在人体及动物体上实行的诊断方法 ⑥发明的公布和利用违反公共秩序或道德的 ⑦植物或动物品种或者实质上是生产动植物的生物学方法，但不适用于微生物学的方法以及用该方法获得的产品
中国	• 授权标准：新颖性、创造性、实用性 • 不可授予专利权的发明： ①科学发现、智力活动的规则和方法 ②疾病的诊断和治疗方法 ③动物和植物品种 ④用原子核变换方法获得的物质 ⑤对平面印刷品的图案、色彩或者二者的结合的设计

注：根据美国专利法、欧洲专利公约、日本专利法和中国专利法(2008 年修订)整理。

6.1.1 动植物新品种的可专利性

动植物的可专利性在现今生物技术蓬勃发展的时代异常重要，某些具有特别特性的动植物品种可能是科学发现的结果，也可能是技术发明的结果。国家知识产权局邓声菊等(2006)对不同国家动植物品种权的保护情况进行了比较。

美国于 1930 年通过了 Townsend-Purnell 植物专利法案，是世界上第一个授予植物育种者专利法的立法，该植物专利法只保护无性繁殖的植物品种。1961 年，主要由欧洲国家建立的国际植物新品种保护联盟缔结了“国际植物新品种保护公约”，于 1968 年生效。受此影响，美国 1970 年通过了植物品种保护法，对通过有性繁殖的植物新品种提供一种类似于专利的保护，在实践中大量的杂交植物方法被授予了专利，导致杂交植物也作为杂交方法的一部分而受到保护。1985 年，在 Ex Parte Hibberd 案中，植物，不管是无性繁殖的植物还是有性繁殖的植物都被美国专利商标局的专利申诉与冲突委员会裁定为美国专利法第 101 条规定的实用发明专利的法定主题。1987 年，在 Exparte Allen 案中，动物被裁定为美国专利法第 101 条规定的实用发明专利的法定主题。一年后，美国专利商标局授予了著名的哈佛鼠专利，这是遗传工程改造后的动物新品种的第一个专利。除允许授予动物专利权外，还允许对细胞系(cell lines)包括人体细胞系授予专利权。

虽然欧洲专利局对转基因哈佛鼠发明授予了发明权，但是动植物品种在欧洲专利公约中是不能被授予专利权的，对此欧洲专利局对动物品种作狭义解释以让更多的相关发明能够得到专利权保护。另外，1998 年欧洲议会和欧盟理事会通过了《生物技术发明专利保护的指令》对生物技术进行知识产权保护。该指令仍然规定不可专利性的排除性条款：①植物和动物品种；②繁殖动物和植物主要是生物学方法。同时规定有关植物和动物的发明如果其技术可行性不仅限于特定的植物和动物品种，则具有可专利性；对生物学方法的排除性条款规定并不影响有关微生物的发明或者其他技术方法以及依该方法获得产品的发明的可专利性。这一指令体现在 1999 年欧洲专利局在欧洲专利公约实施细则新增加的第四章“生物技术发明”中。

在日本专利法中没有规定对可专利性主题的排除条款。日本对动物授予专利是从 1988 年美国授予第一件动物专利以后开始的。日本对新植物品种的保护还有《种苗法》，因此同一植物品种在日本既是专利法保护对象，又是《种苗法》的保护对象。但是日本认为《专利法》和《种苗法》在保护对象和具体要求上各有差异，在对象上，专利保护的是技术构思，种苗法保护的是植物品种。

在我国，专利法规定动植物品种不构成可专利性的主题，对于植物和动物，无论是品种，还是品种之上的种、属、科、目；无论是基本生物学方法获得的，还是通过遗传工程方法获得的动植物新品种均不授予专利。但是专利法对动物和植物品种的非生物学的生产方法给予专利保护。此外，国家知识产权局在 2006 年实施的审查指南中指出，动物的体细胞以及动物组织和器官(除胚胎以外)不符合专利法规定的动物定义，以及植物细胞、组织和器官若不符合专利法规定的植物定义，则属于可授予专利的主题。另外，我国的《植物新品种保护条例》对属于植物育种人创造性劳动通过植物品种权给予保护。而微生物不属于动物和植物的范畴，我国对微生物和微生物方法发明给予保护。

6.1.2　商业方法的可专利性

在商业方法专利的兴起背景上，贾丹明(2006，2007)提到，商业方法专利是现代网络和计算机技术发展的自然产物，是计算机软件技术在社会生活和经济活动中应用和渗透的必然结果。随着信息技术及互联网的蓬勃发展，商业方法的应用在企业经营中扮演着重要的角色，已成为企业能否在商业竞争中获利的关键因素之一。任何新颖的商业运作创意或创新的商业模式，都能够创造出商机和财富。因此企业一方面努力追求更好的商业方法模式，另一方面又尽可能通过商业方法专利阻止其他同行企业使用相同方式进入市场。

在商业方法可专利性上，关兆辉(2004)，苏运来(2007)，彭霞(2006)对国外商业方法的专利保护情况进行了分析。

1998 年，美国联邦巡回上诉法院通过 State Street Bank 一案的判决确立了商业方法可专利性的原则。美国专利分类 705 分类号下的专利全部为商业方法专利。

随着 1998 年美国商业方法可专利性的确认，日本专利局于 2000 年 11 月公布了“商业方法专利政策”，修改了计算机程序相关发明的审查标准，并将商业方法专利的审查标准增列其中。

相对美国和日本，欧洲在商业方法上的积极态度表现得保守而谨慎。最初欧洲持反对态度，认为商业方法专利会对欧洲的经济构成危害，并有可能引发一场新的战争。随着电子商务和互联网技术在欧洲的迅速发展，为了保护本土产业利益，顺应世界范围的专利发展趋势，欧洲专利局逐渐转变态度。2000 年，欧洲专利局上诉委员会以 Pension Benefit 一案形成自己的判例，对商业方法可专利性的条件做出了具体规定。2001 年欧洲专利局发布的新审查指南指出，一项有技术特性的产品或方法，即使主张专利的主题定义了至少包括一项商业方法，仍具有可专利性。可见欧洲专利公约虽然将商业方法排除在专利保护的范围之外，但在实践中，欧洲专利局更侧重于技术性方面，强调的是技术构思而且考虑更多的是发明的创造性。

而我国 2004 年 10 月 1 日出台了《商业方法相关发明专利申请的审查规则(试行)》，其中提到，“商业方法涉及商业活动和事务，这里所说的商业比传统意义上的商业含义更为广泛，例如包括：金融、保险、证券、租赁、拍卖、投资、营销、广告、旅游、娱乐、服务、房地产、医疗、教育、出版、经营管理、企业管理、行政管理、事务安排等”。可以看到我国商业方法涉及的范围是相当广泛的。但从技术上而言，商业方法可以分为非技术性的传统商业方法和采用计算机和网络技术完成的商业方法，而在我国专利权的授予必须满足可专利性标准，即新颖性、创造性和实用性，而传统商业方法并不具备满足条件，所以商业方法专利主要指利用计算机和网络技术完成的商业方法。

6.1.3 计算机软件的可专利性

在计算机软件相关发明的可专利性上，中国科技信息研究所的杨佳等(2006)分析了美国软件专利制度的发展，国家知识产权局的吴晓达(2007)进行了中外比较。

杨佳将软件在美国受保护的程度将美国软件专利制度的发展时期划分为四个时期，即：①拒绝保护期(1966～1978 年)，司法对软件专利总体持拒绝保护状态；②弱保护期(1978～1981 年)，软件专利的司法保护从完全的拒绝向有条件的选择转变，但是力度仍十分柔弱；③反复不定期(1981～1992 年)，软件专利的司法保护处于举棋不定的反复阶段；④扩大保护期(1992 年以后)，美国对软件给予专利保护的政策逐渐成熟，保护范围开始扩大。

到 1996 年 2 月，美国专利商标局颁布了《与计算机有关的发明专利审查指南》。该审查指南解释道，一项与计算机相关的发明只要是一个专业技术领域的实际应用，就属于可专利的主题。也就是说美国专利法不再关注计算机软件的技术属性，淡化了计算机软件的技术和商业的分类标准，美国不再对其可专利性进行讨论。

日本专利局 1982 年 12 月发布了《关于计算机应用技术发明审查指南》，之后该审查基准被频繁调整。2000 年 12 月《与计算机软件有关(含与商业方法有关的)发明审查指南》的最新版本发布。该审查指南中明确了：通过计算机完成多种功能的计算机程序本身可以被定义为产品发明；由软件处理的信息是通过硬件手段来具体实现的，则上述软件可以被定为专利法中所述的法定发明，即具备可专利性。

2001 年 11 月，欧洲专利局发布了新的审查指南，对计算机软件专利仍然要求“技术性”，这与美国和日本有明显差别，而且关于“技术性”的理论没有改变。该审查指南规定，如果通过已有技术解决的问题不是技术问题，本发明的权利要求会因为没有创造性而被驳回，即使该新主题是非显而易见的，即：对已有技术的改进如果属于欧洲专利公约可专利性排除的主题，那么这个改进就是没有创造性的。显然，虽然欧洲专利局对软件的可专利性放宽了审查，但是对权利要求中的非技术性内容在评价创造性时不予考虑，是对软件可专利性的一种变相否定。另外，《欧盟计算机软件相关发明的可专利性指令》被欧洲议会于 2005 年 7 月和 2006 年 7 月两次驳回，软件的可专利性由欧盟各成员国决定（Leblond，2008）。

在我国，国家知识产权局专利审查指南（2006 年版）第九章《关于涉及计算机程序的发明专利申请审查的若干规定》指出："涉及计算机程序的发明，是指为解决发明提出的问题，全部或部分以计算机程序处理流程为基础，通过计算机执行按上述流程编制的计算机程序，对计算机外部对象或者内部对象进行控制或处理的解决方案"。该定义与欧洲专利局类似，也强调了计算机程序的技术性，强调如果计算机程序与某一技术领域相关，至少涉及了一个技术问题并且还能够产生一定的技术效果，那么这种发明中所涉及的计算机程序，就是具有技术性的计算机程序，属于专利保护的范畴。

6.2 中国和典型国家专利获取过程和获取标准的差异

日本专利局、欧洲专利局和中国专利局在发明专利权的获取流程上基本一致，如图 6-1 所示。从图 6-1 中可以看到，专利申请需经过形式审查和实质审查两重审查步骤，其中实质审查必须在申请日后三年内提出，否则该专利申请被视为撤回。而所有专利申请自申请日后第 18 个月自动公开。在实质审查阶段，如果审查员认为该专利申请属于可专利性的主题范围，且达到了授予专利权的标准，那么专利权将被授予，否则该专利申请将被驳回。如果专利被驳回，专利申请人可以向专利复审委员会（日本和欧洲为专利局上诉委员会）提出复审申请，复审委员会可能维持驳回决定，此时申请人可以进一步发起行政诉讼，通过司法途径确定专利权；复审委员会也可能撤销驳回决定，授予专利权。在专利权被授予后，任何第三方都可以向复审委员会提出无效宣告请求，无论复审委员会维持专利权或者做出专利无效决定，双方均可以通过司法途径来确定专利权。而美国的专利权获取流程独树一帜，下面将重点就美国、日本、欧洲、中国的差别进行论述。

美国是世界上唯一遵循发明优先原则的国家，美国企业在保持良好工作记录的前提下可以适当推迟专利申请的时间，其他国家的企业则必须尽快进行专利申请以赢得专利竞赛（Hall et al.，2001）。由于全球一体化进程，美国目前已经改变其发明优先原则，具体体现在 2007 年版的专利立法修正案中（Patent Reform Act of 2007，H.R. 1908，S.1145）。在确定在先技术时，美国的宽限期为 1 年，日本和中国为 6 个月，欧洲则没有宽限期。这个差异可能导致一件在美国通过审查的专利，在其他国家不能通过审查。为此美国建立了临时专利申请制度，申请人可以先提出一个表格比较简单，费用比较低廉的临时专利申请以保证专利申请的优先权日，然后在一年的期限内完成复杂的普通专利申请表格。很多情况下，临时专利申请的提出和该发明的公开是在同一天，否则发明的公开可能在无意中既成事实。例如，在国际博览会上的展示活动本身将威胁该发明在更短宽限期的其他国家取得专利。

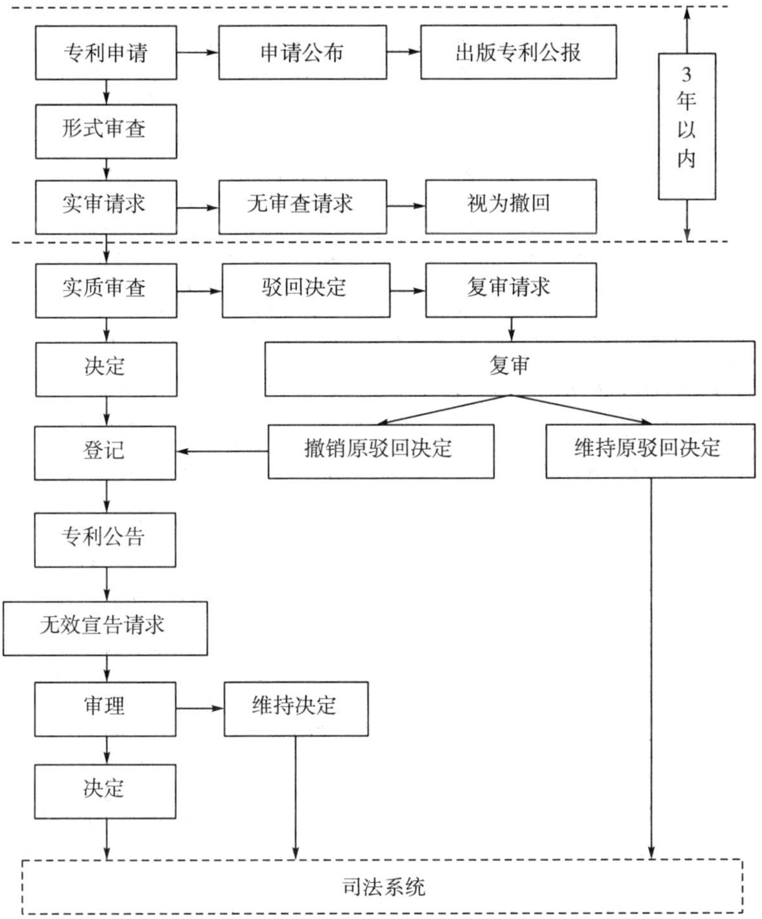

图 6-1　日本、欧洲和中国专利权的获取流程

来源：作者整理。

在专利文献的公开上，美国也与众不同，其专利申请人可以选择只在美国申请专利，并在专利授权日公开其专利；也可以选择同时向其他国家提出专利申请，由专利局在 18 个月后自动公开其专利(Lemley et al.，2005)。而欧洲、日本和中国的专利申请都在 18 个月后自动公开。这一差异在解释不同国家专利局的专利文献公开数量时非常重要，而且美国专利法要求公开非常详细的技术内容，从而美国专利是一个重要的技术信息获取渠道(OECD，1994)。

在专利审查过程上，美国专利商标局由专利审查员决定是否启动专利审查，而在欧洲专利局、日本特许厅和中国国家知识产权局，专利审查申请由申请人在专利受理后三年内提出。审查过程的不同导致从专利申请到专利授权，不同专利局的时间有较大差异(表 6-2)。

表 6-2　中外专利权获取过程的差异

	美国	日本	欧洲	中国
优先原则	· 发明优先	· 申请优先		
宽限期	· 1 年	· 6 个月	· 无	· 6 个月
专利公开	· 如果同时向外国申请，18 个月后公开；如果仅在美国申请，授权后公开	· 18 个月后自动公开		
实质审查	· 审查员决定	· 申请日后三年内提出审查申请		
权利要求	· 可以通过继续申请为未授权专利添加权利要求项，提交重新发布申请更改已授权专利的权利要求项	· 允许多权利要求项的申请，但是没有继续申请和重新发布申请的机制		

来源：作者整理。

专利通过权利要求项来表达其保护范围，权利要求项的数量代表了专利的宽度。美国、欧洲和中国都允许多权利要求项的申请，而日本在很长的一段时间内都执行的是单一权利要求项的专利申请制度，这导致日本的专利系统受理的专利申请占到了世界专利申请的40%（OECD，同前）。尽管日本的专利法最近允许多权利要求的申请，但是日本国内的高专利申请率仍然没有改变。而继续申请（continuation application）是美国专利制度的又一独特之处。继续申请是指申请人向其更早提交的未决（pending）专利申请中添加权利要求项的申请。在美国，申请人和专利审查员在权利要求项上讨价还价，如果对审查员允许的权利要求项不满，申请人可以提出继续申请以获得更广泛的保护范围。如果一件已授权专利有缺陷，申请人可以在两年内重新提交一份有更多权利要求项的专利申请以获得相对完全的权利覆盖范围，即重新发布申请（reissue application）。中外专利权获取过程的差异可以总结为表 6-2 所示。

6.3　中外专利维持费用（年费）及缴纳制度比较

世界各国的专利维持费缴纳制度各不相同，这构成了不同国家专利维持行为研究的基础。在美国专利商标局，专利权人需在专利获得授权后分三次缴纳维持费，分别在授权日后第 3.5 年、第 7.5 年及第 11.5 年；在日本特许厅，专利权人需在专利注册时一次性缴纳申请日后第 1～3 年的年费，从申请日后第 4 年开始逐年缴纳；在欧洲专利局，专利年费需从专利申请日后第 3 年起逐年缴纳。而在中国国家知识产权局，专利权人需在专利注册时需要一并缴纳各个年度的申请维持费（申请日后第三年开始缴纳，每年 300 元）和授权当年的年费，此后逐年缴纳。上述各个专利局的现行年费缴纳标准（2009 年 5 月）如表 6-3 所示。

表 6-3　美国、日本、欧洲和中国的专利年费缴纳标准(各国货币)

国家	现行年费缴纳水平
美国(授权日后)	第 3.5 年，980(美元)； 第 7.5 年，2,480(美元)； 第 11.5 年，4,110(美元)；
日本(申请日后)	第 1～3 年(每年)，2,300+200 每权利项(日元)； 第 4～6 年(每年)，7,100+500 每权利项(日元)； 第 7～9 年(每年)，21,400+1,700 每权利项(日元)； 第 10～25 年(每年)，61,600+4,800 每权利项(日元)
欧洲(申请日后)	第 3 年，400(欧元)；第 4 年，500(欧元)； 第 5 年，700(欧元)；第 6 年，900(欧元)； 第 7 年，1,000(欧元)；第 8 年，1,100(欧元)； 第 9 年，1,200(欧元)；第 10 年及以后各年，1,350(欧元)
中国(申请日后)	第 1～3 年(每年)，900(元)； 第 4～6 年(每年)，1,200(元)； 第 7～9 年(每年)，2,000(元)； 第 10～12 年(每年)，4,000(元)； 第 13～15 年(每年)，6,000(元)； 第 16～20 年(每年)，8,000(元)

注：作者根据各国专利局网站的信息整理，搜集时间为 2009 年 5 月。

为了对各国的专利年费缴纳标准进行直观比较，假设专利权在申请日后第三年被授予，每件专利的平均权利要求项为 5 项，且按照美元∶日元∶欧元∶人民币元=7∶0.07∶10∶1 的汇率将各国货币兑换成人民币计算，得到的各专利局专利年费缴纳水平如图 6-2 所示，坐标的横轴的年份按照申请日计算，纵轴的单位为人民币(元)。首先，在年费的缴纳次数上，美国专利商标局仅仅需要缴纳三次，而其他三个专利局都需要逐年缴纳。其次，在年费水平的递进方式上，欧洲在申请日后 10 年内年费水平逐年递增，从第 10 年开始保持不变；日本和中国在申请日后 10 年内每 3 年上调一次年费水平，日本从申请日后第 10 年开始维持费水平不变，而中国则自申请日后第 16 年起才保持不变。最后，在年费的绝对金额上，欧洲专利需要缴纳的年费最高，远远高于日本专利和中国专利；如果考虑第 3～11 年或第 3～15 年的专利维持总成本(简单加总，不考虑时间价值因素，下同)，则欧洲专利最高，美国、日本次之，中国最低；如果考虑第 3～20 年的专利维持总成本，则欧洲专利最高，中国日本专利次之，美国专利最低。

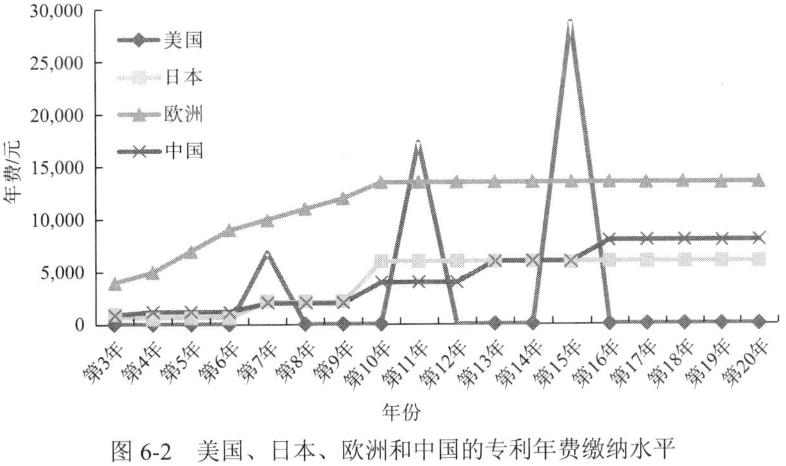

图 6-2　美国、日本、欧洲和中国的专利年费缴纳水平

6.4　典型国家专利权维持的状况

Bessen（2008）以 1991 年在美国专利商标局授权的 9 万多件专利为样本，按照专利权人类型、规模和技术类别分析了专利的维持情况，如表 6-4 所示。上一小节已经提到，美国的专利维持费用是按照授权日计算的，共需缴纳三次，分别在第 3.5 年、第 7.5 年和第 11.5 年，所以表 6-4 中分析了第 4 年、第 8 年和第 12 年的失效比例，而缴纳过第三次费用之后，该专利权无须再缴纳维持费用，这一部分比例为届满比例。另外，美国专利商标局对小型实体减半收取专利维持费用，所以表 6-4 中对专利权人的规模进行了说明。而技术类型的划分使用了美国经济研究院（NBER）专利数据库使用的 IPC 与技术类别的对照表，该对照表的详细内容可以参见 Goto 和 Motohashi（2007）。可以看到，总体上来看，41.52%的美国专利维持到专利生命期届满，而在三次专利维持费用缴纳的时间点，失效比例均在 20%左右。小型机构持有的专利比例为 29%。从专利权人类型上来看，未划分的机构和个人专利持有至届满的比例最低，仅为 22%；而上市公司的比例最高，为 50%。从规模来看，小型机构专利持有至届满的比例为 25%，而大型机构为 48%。从技术类型来看，计算机和通信类别的专利持有至届满的比例最高，而“其他”类别的专利持有至届满的比例最低，仅为 33%。

表 6-4　美国 1991 年授权专利的维持情况

	失效比例			届满比例	小型比例	专利数
	第 4 年	第 8 年	第 12 年			
所有专利	20.21	20.95	17.31	41.52	29.33	94,342
按专利权人类型						
未划分组织和个人	36.05	26.14	15.43	22.38	88.24	17,786
非公共组织	18.21	20.41	17.00	44.38	45.34	17,229
上市公司	13.70	19.37	16.58	50.35	9.77	21,904
外国机构	17.43	19.66	18.78	44.13	2.34	37,423
按照规模						
小型	32.22	25.72	16.66	25.40	100.00	26,768
大型	15.46	19.06	17.57	47.91	0.00	67,574
按照技术类别						
化学	19.10	21.19	18.63	41.08	15.73	18,175
计算机和通信	11.74	17.46	17.56	53.24	14.51	9,816
药品	20.11	20.66	15.13	44.10	36.87	8,288
电和电子	16.28	19.28	17.45	46.99	18.91	16,481
机械	21.65	21.62	17.72	39.00	31.73	21,561
其他	27.11	23.22	16.34	33.33	51.82	20,021
维持费用（$92）	814	1,562	2,327			

注：　Bessen（2008）。

由于欧洲专利需要逐年缴纳年费，其逐年失效的比例一般用图表示。Deng（2007）对欧洲专利局成员国的专利维持比例进行了分析，如图 6-3 所示。

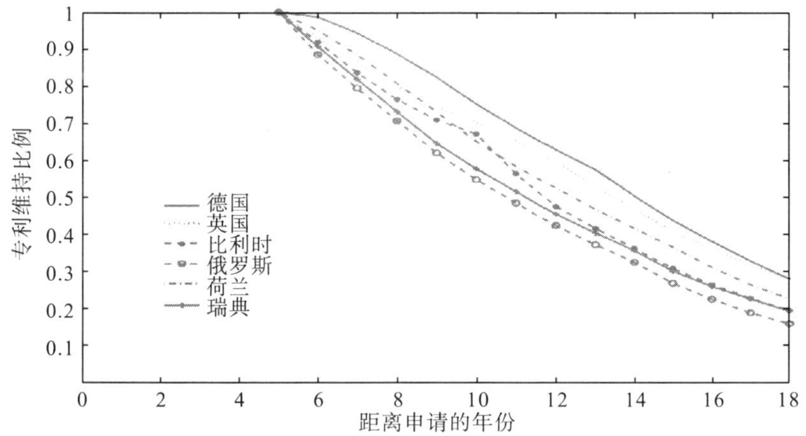

图 6-3　欧洲各国的专利维持比例（1978～1980 年的欧洲专利样本）

来源：Deng（2007）。

值得说明的是，专利维持的数据一般以专利生命期已经届满的数据为样本，所以通常有 20 年的滞后，图 6-3 中选取的时间阶段为 1978～1980 年。另外，欧洲专利以申请日计算，所以图中的横轴为距离申请日的年份。可以看到德国和英国的专利平均有效期高于其他欧洲国家。例如在德国 70%的专利维持到申请日后第 10 年，而在第 14 年的时候大约有 50%失效。而奥地利和比利时的专利有效期的中位数分别为 11 年和 12 年。

Deng（2007）还进一步对不同国家持有的欧洲专利在不同技术类别的维持情况做出了分析，例如来自美国、日本和德国的情况如图 6-4、图 6-5 和图 6-6 所示。

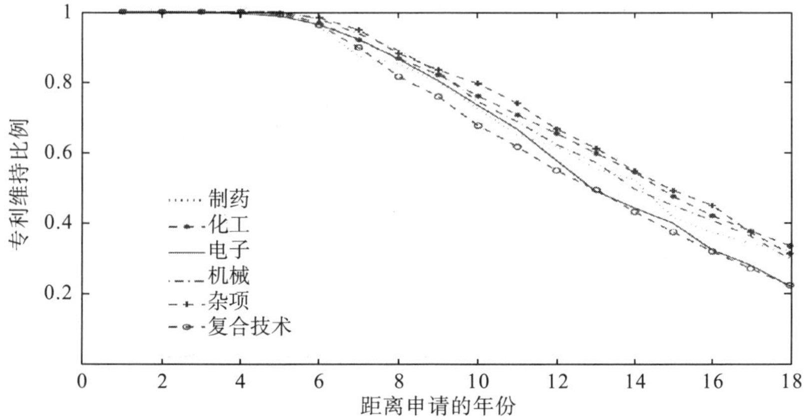

图 6-4　来自美国的欧洲专利在不同技术领域的维持情况

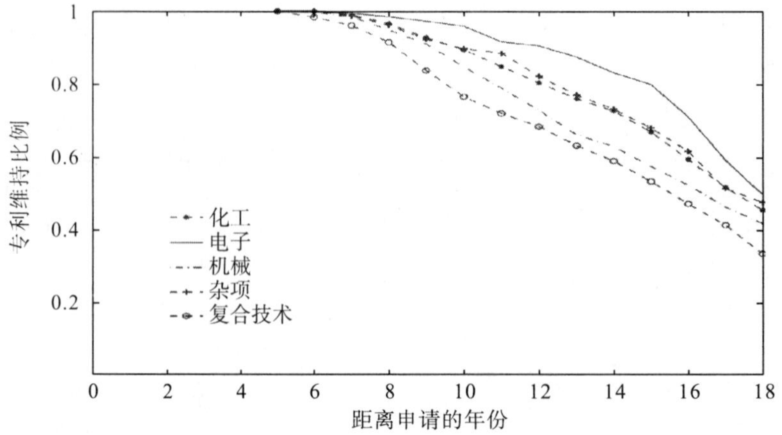

图 6-5　来自日本的欧洲专利在不同技术领域的维持情况

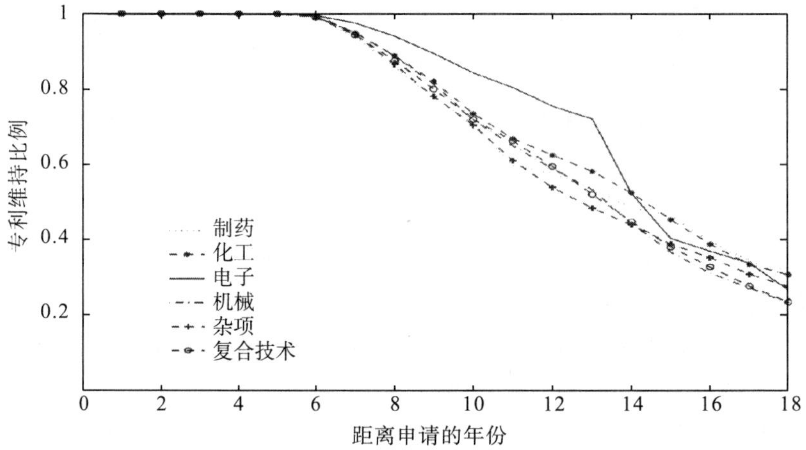

图 6-6　来自德国的欧洲专利在不同技术领域的维持情况

来源：Deng (2007)。

可以看到，不同国家在不同技术领域的维持情况截然不同，例如在日本和德国电子领域的专利维持率是最高的：而在美国，电子领域的专利维持率在所有年份都低于化学领域；在美国和德国药品专利的维持率较低，而在欧洲专利局成员国(此处未列出)，药品的专利维持率是所有技术领域中最高的。另外，从维持率的数值来看，日本专利的维持率水平最高。

6.5　中外专利权执行制度的差异

在专利权执行制度上，中国有两个与其他国家显著不同的特点。

(1) 第一个特点是专利权的行政保护和司法保护并举。专利行政执法部门包括国家知识产权局和地方知识产权局。1985～2004 年，大概 1/3 的专利纠纷案件由行政部门处理。而到了 2006 年，根据《2006 年中国知识产权保护状况(摘要)》，行政部门受理了 28%

的专利纠纷案件。可见在中国，专利权的司法保护是主导，而行政保护以其执法简便、快捷、效率高的优势发挥着重要的作用。行政保护和司法保护的对比如下：①行政部门没有对损害赔偿进行调处的权利，专利权人如果要获得损害赔偿就必须通过司法系统；②行政处理决定需要经过司法审查，如果当事人对行政处理决定不服，可以向法院提起行政诉讼；③如果同一案件涉及跨区域的多个侵权人，则选择其中一个地方法院起诉即可，而行政部门的跨省执法则有一定的难度；而且行政部门依据的专利保护条例各个省份不同，而司法系统则根据诉讼法和最高法院的司法解释。④如果涉及发明专利的侵权，由于案件的审理过程复杂，成本较高，应该选择司法系统。而在中国专利法第三次修改中，上述第一点差别将消除，行政执法将可以处以侵权损害罚款，专利的行政保护得到了加强。

⑵第二个特点是专利侵权纠纷案件过程中不允许进行现有技术或者现有设计抗辩。如果专利权人指控他人侵犯其专利权，被控侵权人却举证证明其实施的技术或者设计是申请日之前已经为公众所知的现有技术或者现有设计，因而主张其行为不侵犯专利权，则被控侵权人只有启动无效宣告程序，使涉及的专利权被宣告无效，才能免除其侵犯专利权的责任。然而，由于我国审理专利侵权纠纷的程序与宣告专利权无效的程序是彼此独立的，由不同的机关分别负责进行审理，这就需要被控侵权人请求中止专利侵权纠纷的审理程序，启动无效宣告程序，经过专利复审委员会的无效审查以及人民法院的两级审理，就专利权是否有效的问题得出结论，然后再恢复专利侵权纠纷的审理程序，整个过程需要若干年的时间。现有技术抗辩已被美国、日本、德国等国在其专利司法实践中广泛采用，并被中国专利法第三次修改采纳。

在专利行政执法上，美国和英国也有其特点(赵梅生，2004)。在美国，如果当事人认为某一专利侵权属于商业不正当竞争行为，可以向美国联邦贸易委员会起诉，美国联邦贸易委员会可以发布禁止商业中不正当竞争行为的禁令；另外美国国际贸易委员会也可以禁止以下两种情况的产品进口：①包括了不正当的竞争行为，②进口会对某一项在美国的产业造成实际上的损害。如果不服从上述两个行政机构关于专利侵权的决定，可以向联邦巡回上诉法院(CAFC)提出上诉。在英国，英国专利局对专利侵权问题有法定的管辖权，以减少当事人的时间与费用，前提是当事人约定同意向英国专利局就专利侵权纠纷提出请求，英国专利局可就是否构成侵权、损害赔偿及有关开支费用等救济做出决定。

在宣告专利权无效的程序上，美国、英国和法国将其并入专利侵权诉讼，日本和德国则有单独的处理程序(赵梅生，2004)。该研究认为单独的专利权无效机制有利于确定重要的专利(Harhoff et al.，2003)。在日本，专利效力审查是在专利特许厅的复审部门进行的，对于特许厅关于专利效力的决定不服，可以上诉至高等裁判所。然而，受理侵权诉讼的裁判所可以根据被告侵权人提供的证据对专利的效力进行审查，通常不等待专利效力的决定。在德国，专利无效诉讼由德国联邦直属法院处理，第二审法院为最高法院。处理侵权诉讼的法院如果认为专利无效诉讼有很大的胜诉可能，可以等待联邦直属法院作出专利无效判决。在其他情况下，无须等待专利无效诉讼的任何决定，经上诉法院审理，即可对侵权诉讼作出判决。

在司法机构的设置上，美国于1982年设立了联邦巡回上诉法院(The Court of Appeal

of the Federal Circuit，CAFC）专门受理专利纠纷案件。CAFC 的建立不仅统一了美国专利权的司法保护，也使法律环境倾向于对专利权人友好，专利权的覆盖范围扩大（Hall et al.，2001），这导致了美国专利纠纷案件的数量近年来迅速增长，甚至到了阻碍技术创新的地步（Jaffe et al.，2004）。英国专利诉讼的第一审法院为专利法院，第二审法院为上诉法院，第三审在上议院。德国、法国的专利侵权诉讼由具体的专管侵权案件的地方法院管辖，第二审法院为地方上诉法院，第三审法院为最高法院。在日本，专利纠纷的第一审受理集中在东京或者大阪地方法院，第二审集中在东京高等法院，第三审为最高法院。中国的专利纠纷案件的第一审法院为指定的中级人民法院，第二审法院也是终审法院为高级人民法院。根据《2007 年中国知识产权保护状况（摘要）》，截止到 2007 年底，中国具有专利案件管辖权的中级人民法院数量为 69 个。可以看到美国的专利纠纷案件完全由 CAFC 审理，英国、德国、法国和日本都通过三级终审制度在全国取得了统一，而中国的二级终审制度则使专利纠纷案件往往在省的范围内审理，不能实现全国统一。中外专利权执行制度上的差异可以总结为表 6-5 所示。

表 6-5　中外专利权执行制度的差异

	美国	日本	欧洲	中国
专利权的行政保护	• 联邦贸易委员会和国际贸易委员会可就专利侵权发布禁令	• 无	• 英国专利局有专利侵权的法定管辖权	• 国家和地方知识产权局受理专利纠纷
专利侵权案件现有技术抗辩	• 采用	• 采用	• 德国采用	• 专利法 2008 修订第 62 条采纳
审理层级	• 三级终审	• 三级终审	• 英国、德国和法国三级终审	• 二级终审
专利权无效宣告的受理	• 并入专利侵权诉讼	• 专利局复审委员会	• 英国并入专利侵权；德国由法院受理	• 国家知识产权局复审委员会

注：来源于作者整理。

6.6　中外专利侵权救济的差异

专利侵权救济（remedies against patent infringement），可以理解为专利侵权的法律责任，它直接关系到专利制度的成效。专利侵权救济的种类包括损害赔偿、禁令、诉讼费用和刑事制裁等，这些救济一般都通过司法途径获得，也包括行政途径和其他途径。下面将主要就损害赔偿、禁令和诉讼费用三个方面进行讨论。

（1）在损害赔偿上，不同国家的计算方式是类似的，都是基于权利人的损失、侵权人的非法获利或者许可使用费的合理倍数予以确定，如果上述方法都难以确定，则根据 TRIPs 协议的规定，可以支付法定赔偿额。但是通常在发展中国家获得的损害赔偿不如发达国家高。另外，在美国可以处以 3 倍的损害赔偿，即赔偿不只是为了补偿损害，还含有报复性、示范性和惩戒性，以惩罚和预防错误行为。有学者比较了不同国家的潜在专利侵权损害赔偿规模，指出美国和英国的损害赔偿规模最高，德国、法国次之，日本较低，中国最低(赵梅生，2007)。

(2)禁令和损害赔偿都是专利侵权救济的主要方式，禁令包括临时禁令(又称初步禁令或者中间禁令)和永久禁令(又称限制令)。临时禁令指在对专利侵权诉讼最终裁决之前，由法院依据权利人的申请，作出要求被控侵权人停止侵犯专利权行为的裁决。临时禁令具有强制性和暂时性，其效力一般延续至诉讼终结，并被永久禁令或撤销禁令的裁定所代替，永久禁令的效力则相应地延续至专利权终结。在美国，永久禁令是专利侵权诉讼的一个常态的做法，一旦确认专利侵权成立和专利有效，通常会发出永久禁令。但是从 2006 年 5 月的 eBay 案后，联邦最高法院认为必须通过四要素检测才能适用永久禁令，即原告应当证明：①原告已经遭受不可挽回的损害；②法律上的救济方式(例如金钱损害赔偿)不足以弥补此损害；③考虑到原被告双方的困境平衡关系，衡平法的救济是有正当理由的；④永久禁令的颁发不会对公共利益造成危害(孙海龙、姚建军，2008)。在日本和德国，禁令是最基本的专利侵权救济措施。

在中国，最高法院于 2001 年 6 月 7 日发布了《关于对诉前停止侵犯专利权行为适用法律问题的若干规定》，对诉前禁令进行审查时采取了类似美国的做法进行四要素检测，分别为：①被申请人正在实施或者即将实施的行为是否构成侵犯专利权；②不采取禁令是否会给申请人的合法权益造成难以弥补的伤害；③申请人提供担保的情况；④所采取的措施是否损害公共利益。虽然各国的禁令制度大体相似，但是具体实施上仍存在着很大差距。

(3)在诉讼费用上，不同国家之间存在着较大的差异。以 20 世纪 90 年代初的情形看，在美国，专利侵权诉讼的费用从 10 万美元到 200 万美元不等，依案件的复杂程度而定。在法国，费用从 10 万法郎到 30 万法郎不等；在德国，费用可从 5 万马克到 50 万马克。在英国，高级法院的诉讼费用一般为 10 万英镑到 100 万英镑，在中层法院，费用在 5 万英镑左右。在日本，诉讼费用根据标的额的不同而不同。在中国，专利权的行政保护和司法保护的费用不同，但是两条途径的费用都比较固定，按照案件的标的额的一定比例收取。总体而言，对同样标的的诉讼，日本的诉讼费用平均高于英国和美国，德法次之，中国最低。当然，进入 21 世纪后的知识经济时代，这类费用有所上升，2018 年三星对苹果公司的专利侵权案的赔偿竟然达到 5.39 亿美元水平①，与 20 世纪 90 年代前的情形相比实在不可同日而语。

另外，在诉讼费用的承担上：在美国律师费和其他诉讼费用可由败诉方支付给胜诉方；在法国，由败诉者承担胜诉者的一切费用；在英国，败诉方要支付胜诉方律师费用的 70%；在日本，在请求损害赔偿的案件中，败诉方需支付胜诉方部分律师费；在中国，一般败诉方承担案件受理费，双方各自承担律师费等费用。在专利法第三次修改中，专利权人因制止侵权行为所支付的合理开支也纳入了赔偿数额的范围。中外专利侵权救济上的差异可以总结如表 6-6 所示。

---

① http://www.businessinsider.com/samsung-apple-lawsuit-patent-infringement-2018-5。

表 6-6　中外专利侵权救济的差异

	美国	日本	欧洲	中国
损害赔偿	高，故意侵权需支付三倍的损害赔偿	较低	英国高，德国和法国次之	最低
禁令	需经四要素检测	确认侵权和专利权有效后即颁布永久禁令	德国与日本相同	需经四要素检测
诉讼费用	高	最高	英国高，德国、法国次之	最低

来源：作者整理。

6.7　本章结语

中外专利制度的比较主要是两个方面：①专利制度的法理，这一部分应当与国际上的制度发展趋势一致，也存在很多问题，但更多是法学领域的探讨；②专利制度的实施，后者在技术创新研究的意义上显然更为重要，在专利技术资源竞争的研究上则要牵涉到更多的实践知识，因而此类研究是与法律界交叉的部分，急需经济学、法学、管理学诸多领域的学者展开合作。而作者团队的研究工作还远远不够，本节不当之处应有很多，也希望读者批评指正。

第七章 中国专利制度改革与变迁效应

导言：

专利制度的变革往往伴随着经济的发展需要；同时，在发展中国家，或经济后进国家的经济起飞阶段，专利制度改革还往往伴随着经济的开放和国际化发展的要求上面，我国专利制度改革就伴随这样的发展背景，但近年来我国专利制度发展趋向于促进科技转化实效和强化知识产权保护力度方面，并积极促进本国技术创新，相关制度建设是否带来技术创新和市场竞争方面的显著变化，还需要设计相应的分析框架加以研究。特别重要的是需要将我国的专利制度变革效应与国际上典型国家专利制度变革效应对比，这一方面的研究工作还显得不够，有必要在典型产业技术领域和不同的地区展开有针对性的比较研究。

7.1 中国专利制度改革概述

迄今为止，中国专利法体系已经有四轮法律修改和制度更新。

(1)中国专利法于 1984 年 3 月 12 日通过，从 1985 年 4 月 1 日起实施。1992 年 9 月，为了履行中美两国达成的知识产权谅解备忘录，并为我国恢复关贸总协定缔约国提供有利条件，我国对专利法进行了第一次修改。该次修改将授权前的异议程序改为授权后的撤销程序；开放了对药品和化学物质以及食品、饮料、调味品的专利保护；增加了本国优先权；增加了专利权人禁止他人进口行为的权利，将方法专利权的效力延及依照该方法直接获得的产品；将发明专利权的期限从 15 年改为 20 年，将实用新型和外观设计专利权的期限从 5 年(可续展 3 年)改为 10 年；增加了在国家出现紧急情况、非常情况或者为公共利益的需要可给予强制许可的规定。第一次修改后的专利法自 1993 年 1 月 1 日起施行。

(2)2000 年 8 月，为了适应我国加入世界贸易组织(WTO)的形势需要，更有效地发挥专利制度促进科技创新和经济社会发展的作用，我国对专利法进行了第二次修改。本次修改取消了撤销程序；取消了专利复审委员会对实用新型和外观设计的终局决定权；增加了发明和实用新型专利权人禁止他人许诺销售专利产品的权利；调整了职务发明创造权利归属的规定，允许发明人或者设计人利用单位物质技术条件下与单位约定权属；建立了诉前请求法院责令涉嫌侵权人停止有关行为的制度；增加了实用新型专利检索报告制度；明确了侵权赔偿额的计算方式；对善意侵权行为免除赔偿责任。第二次修改后的专利法不仅完全与世界贸易组织有关规则一致，而且更好地适应了我国完善社会主义市场经济体制、建设社会主义法治国家的需要。第二次修改的专利法自 2001 年 7 月 1 日起施行。

(3)2008 年 12 月，专利法第三次修改获得通过，并于 2009 年 10 月 1 日起施行，第三次修改的背景如下。①从国内层面上看，以国家投资为主完成的发明创造的权利归属还不够明确，其推广利用政策还不够明晰，不利于充分发挥国家财政对我国自主创新及其推广应用的推动作用；授予专利权的条件还不够严格，致使一些创新程度不高的发明创造被授予专利权；我国实用新型和外观设计专利的申请量和授权量在世界上已经名列前茅，但权利不够稳定，在一定程度上影响了我国专利制度的整体效果；对专利权人合法权益的保护还不够及时有效，不利于树立和巩固社会公众对专利制度的信心；一些滥用专利权的行为还未得到有效规制，影响了我国企业经营活动和创新活动的正常开展。只有及时修订我国专利法，采取有效措施解决上述问题，才能使我国的专利制度更好地发挥作用。②从国际层面上看，专利制度的国际协调正在加紧进行，引起了国际社会的高度关注。近年来，广大发展中国家从维护其自身利益的角度出发，极力主张对遗传资源、传统知识和民间文艺的知识产权保护形成国际规则。这一议题已经成为发展中国家和发达国家斗争的焦点之一。另外，继 2001 年世界贸易组织多哈部长级会议通过《关于 TRIPS 协议与公共健康的宣言》之后，世界贸易组织总理事会于 2003 年通过了落实该宣言的决议，允许各成员在规定条件下给予专利强制许可，制造有关专利药品并将其出口到相关国家，从而突破了 TRIPS 协议的有关限制。只有及时修订我国专利法，适应国际形势的发展变化，才能更好地维护我国利益。

从我国专利制度的发展过程来看，早期阶段中国的专利权保护水平还达不到美国、日本和欧洲国家的标准，但是自 2001 年以来中国的专利权保护大大加强。这一变化反映在 Ginarte 和 Park(2008)发展的专利权指标(index of patent rights)中。该专利权指标由五个方面构成，包括可获得专利性、国际条约的签约数、专利保护期限、执行机制和限制等。中国在 1960～1990 年的平均得分为 1.33，在 122 个国家中排名第 93 位，专利权保护水平较低；1995 年中国得分为 2.12；2000 年中国得分为 3.09；到了 2005 年，中国的得分达到 4.08，排名升至第 34 位，显示了中国专利权保护力度的显著增强。在 2005 年的排名中，美国排名第一，日本排名第五，大多数欧洲国家在前 20 名之列，而中国则高居发展中国家的榜首，超过了墨西哥、印度、巴西、喀麦隆和泰国等国家(具体内容可见本书第四章)。

(4)2015 年，我国发布专利法第四次修改草案，集中在加大保护力度、促进专利技术转化实施等促进我国技术创新实效上，以及完善专利审查制度和完善代理制度等制度建设方面。

7.2 有关专利制度演变影响的相关研究

改革开放近 40 年来，中国科技创新能力有了极大的提高，创新促进经济发展的政策和实践空前活跃。从科技创新活动的重要指标之一，专利申请数量上看，中国专利申请量自 1993 年开始快速增长，一些国际上的研究认为，这一增长态势部分应归功于 1993 年的第一次专利法修改及强化专利权保护(Motohashi，2008)，专利制度所提供的有效保护对中国技术创新能力的提升极为重要。

中国专利制度 1985 年正式建立，同年加入《保护工业产权巴黎公约》(Paris Convention on the Protection of Industrial Property)。依次发生在 1993 年、2001 年和 2008 年的中国专

利法三次重要修改的效果到底如何，国际国内许多学者都对此问题和法律变迁效应做了研究（Yang，2003；Chen et al.，2009；Fai，2005；Ma et al.，2009；Sun，2000，2003；Yueh，2009；Hu 、Jefferson，2009），可以从中比较全面地来看专利制度改革的效应。如表 7-1 所示，国内著名知识产权研究领域的学者汤宗舜（2001）对前两次修改内容进行了概括。总体看，两次修改皆做了有利于专利权人的修订。第一次修改取消了专利权人实施其专利权的部分义务，扩大了授予专利权的范围，并有效延长了专利保护期，第二次修改改进了审批程序并加强了与国际惯例的接轨。

表 7-1　我国第一次和第二次专利法修改的主要内容

第一次修改（1993 年 1 月 1 日生效）	第二次修改（2001 年 7 月 1 日生效）
1. 取消了对药品、用化学方法获得的物质以及对食品、饮料和调味品不授予专利权的限制； 2. 专利权人有权制止他人未经许可使用、销售和进口依照该方法直接获得的产品； 3. 延长专利保护的期限，发明专利权延至 20 年； 4. 取消专利权人在中国实施其专利的义务，改订批准强制许可的条件； 5. 完善申请及审批的程序，增订本国优先权等	1. 取消专利权依单位所有制不同分为“持有”和“所有”的规定，一律改为职务发明创造的专利权归单位所有，非职务发明创造的专利权归发明人、设计人所有； 2. 加强对专利权的保护，在专利权人享有的排他权中增加许诺销售权； 3. 理顺审批程序：取消专利复审委员会的终局决定权； 4. 与国际条约相协调，对专利法中关于强制许可的规定做了修改

资料来源：汤宗舜（2001）。

综合国际国内学者对我国专利制度改革效应的相关研究，主要关注点在两方面：①对外国专利权人的影响，②对本国技术创新活动的影响。

从外国学者的研究角度，主要是与国际接轨程度以及对外国专利权人的保护水平，如 Motohashi（2008）发现，专利制度与国际接轨程度的提高对外国专利权人在中国申请专利的意愿具有正向作用，因而会增强外国人在中国申请专利的数量。与此相对应的国际经验也有类似的表现，如 1980 年代美国加强对专利权的保护，同期专利申请量急剧上升（Jaffe，2000），也包括来自外国专利申请人。但也有不同意见，如 Kortum 和 Lerner（1998）认为，尽管两者在时间上重合，但专利申请量的上升并非仅由专利制度变动引起，而更多应是由研发产出增加引起的。Jaffe（2000）则认为，若无专利制度保证，研发产出难有提高，专利申请量难以大幅增加。Maskus 和 McDaniel（1999）也认为专利制度及不断完善对日本科技进步起到了积极作用。

有关中国专利制度变迁对中国本土技术创新活动的影响，国际国内都有相应的研究观点，如 Yueh（2009）认为专利制度及变迁为中国的科研活动提供了制度保障，有正面作用。但说到对于技术创新活动的真正影响，甚至更进一步说，对技术创新质量的影响，相关研究还显得不够。

本节记录了本书作者对中国专利体系两次制度性变动对发明专利活动的影响，以及对专利权人行为的影响。

7.3　考察专利制度变动效应的观测点及其解释

一般考察专利制度对技术创新活动的影响时，大多从专利产出的角度进行观测：①从专利活动的积极性方面，如专利申请量；②从专利的质量水平方面，如专利授权量。然而仅凭专利数量指标难以发掘专利制度的深层次作用。

由于形成专利产出的研发活动本身、专利申请决策、专利授权(表现技术发明的质量)，以及专利权延续的时间长度(表现专利权可能的市场价值预期)在很大程度上都取决于专利权人对其技术价值的预期和对专利制度的理解及预期，因此从专利权人对专利制度变革的反应角度来进行观测应当更为科学。

本节将从专利权人角度入手探讨专利制度变迁的效应，即探讨专利制度的变动对专利权人行为特征的影响。为此，应当首先对专利制度法律效应关系做相应的说明和解释。

首先应当在中国专利法语境下对专利申请到可能授予专利、专利最终的失效整个过程的法律状态做一个清晰的解释。图 7-1 给出专利自提出申请后经历的各个法律状态。专利权人向国家知识产权局(State Intellectual Property Office，SIPO)提交专利申请，18 个月之内专利受理行政部门向公众公开专利申请；36 个月之内专利权人须提请实质审查，否则其申请被视为撤回；提请实质审查后，专利行政部门根据专利的新颖性、创造性和实用性等实质性审查标准决定是否授予专利权；授权之后，专利权人须按时缴纳年费以延续专利权，若不缴纳年费则专利权自动终止；在持续缴纳年费的条件下，发明专利自授权日起满 20 年即有效期届满，专利权自动失效。

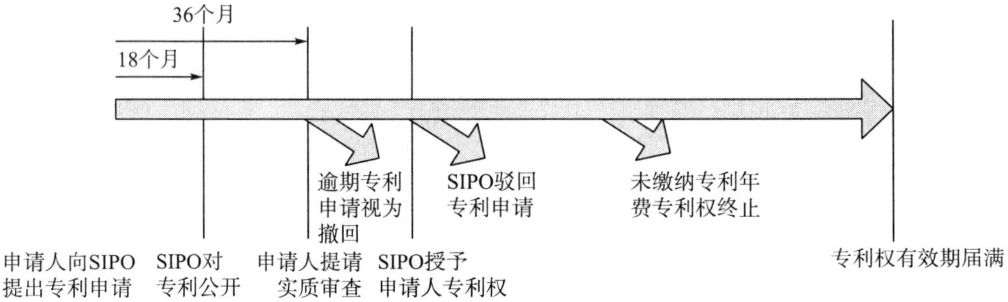

图 7-1　国家知识产权向(SIPO)专利法律状态审查过程

Zeebroeck(2007)从专利权人表现其专利权意愿的角度出发，提出专利(包括潜在专利，即尚未或授权的专利)寿命的分期理论，认为从(潜在)专利权人从专利申请到专利权(如获授权)终止的整个时间轴上应划分出两个阶段：①第一阶段称为临时寿命(provisional life)，即从提出申请到提请实质审查；这一阶段上，潜在的专利权人有其自主意愿来决定是否继续该发明的专利权属性，由于技术未来价值和市场竞争的预期变动，这样的自主意愿的变化是很自然的，事实上，Harhoff 和 Wagner(2003)、Popp 等(2003)、Regibeau 和 Rockett(2003)、Yang(2007)、Xie 和 Giles(2009)等国际学者都对专利的临时寿命进行过研究，得出了很有意义的结果。②第二阶段称为实际寿命(active life)，即从专利授权到专利权终止(包括停止缴费而自动终止以及专利到期自动终止)。对此问题的研究更多注重的是专利缴费行为，或对专利存续期的研究。而 Maurseth(2005) 和 Svensson(2007) 都专门对专利的这一“实际寿命”进行过研究。下面分别对此两类行为进行分析。

对于临时寿命期研究所针对的具体现象，是很多专利权人在最后期限到来时才会提请实质审查，原因是专利在临时寿命期间可享受“临时”法律保护(Zeebroeck，2007；Nakata and Zhang，2009)。若“临时”保护足以为专利提供有效保护，则专利权人会尽可能延长“临时”保护时间；反之会尽快结束“临时”保护期，较早获取专利权以享受“完全”保护，即完整意义上的法律保护。显然，这一现象与专利制度有着密切的关系。

对于专利的实际寿命的研究，则更多针对专利的存续行为，即更多与专利权人对其拥有的技术本身的市场预期有关，而这一预期可能携带着更有用的专利价值信息；但同时，这一价值信息也一定与该权利所在的国家的专利制度保护的有效性有关。如国际上很多学者，如 Schankerman 和 Pakes (1986)、Maurseth(2005)、Bessen (2008) 和 Svensson (2007) 等都认为专利的存续期信息包含着专利价值信息，而这一专利价值信息也透露出所在国家专利制度所提供的“完全”保护为专利权人所带来的净收益。若专利权人认为专利制度所提供的“完全”保护非常有效，则会有较强的年费缴纳意愿，专利将会有较长的实际寿命。

除了上述两阶段法律状态所表现的研究意义之外，反映研发质量或发明价值特征的变量是专利授权，但这一授权过程其实也由两个方面的质量水准来决定。一是潜在专利权人提请实质审查的发明本身的质量；同时，特定国家专利审查机构开展相应的实质性审查的能力和水平也决定着最终专利权的质量和水平。如我国早期专利审查程序不完善的情况下，专利授权事实上更多地取决于专利权人，只要专利权人提请实质审查并在后续的审查过程中积极配合，专利一般会被授权。我国 1985～2009 年申请的发明专利中，约有 35 万项是专利权人主动撤回申请，56 万多项的审查结果是授权，只有约 3 万项的审查结果是不授权。因此，专利授权事件事实上更多地反映的是专利权人愿意获得专利的行为特征。而当国家专利行政机构的审查质量和水平提升之后，专利权人的专利意愿就成为专利授权的一个前提条件，而最终的专利授权反映的是专利权人意愿和专利审查行政机构审查质量的一个综合指标了。

综上，专利授权、临时寿命和实际寿命三类变量实际上可以看作是包含专利权人对专利制度信任程度和获得专利意愿的信息指标。若专利权人对专利制度所提供的“临时”保护足够信任，则会尽量延长专利临时寿命；若专利权人对专利制度所提供的“完全”保护足够信任，则会尽量获取专利权，并尽可能长地延续专利权。本章将应用这样的研究观点来分析我国专利制度的变动效应，即对专利授权、临时寿命和实际寿命的影响，进而看出相应的专利制度变动对专利权人的技术创新专利化行为及相应的技术创新活动的影响。

7.4　我国专利制度变动效应分析——以 1992 年和 2000 年两次变动为例

本节使用数据为我国专利制度两次变动前后两年共计约 27.5 万条发明专利。选取较短的时间区间可以保证除专利制度变动以外的其他环境变量的影响，以便于在较稳定的条件下考察专利制度变动的效应。

如图 7-2 所示，1985～1992 年专利申请和授权量较平稳。第一次专利法修改后，专利申请和授权量开始快速上升。因此第一次专利制度变动提高了专利权人的专利申请动机。这与 Motohashi（2008）的发现是一致的，与 Jaffe（2000）研究结果类似，他认为对专利权保护的加强是美国专利申请量提高的重要原因。

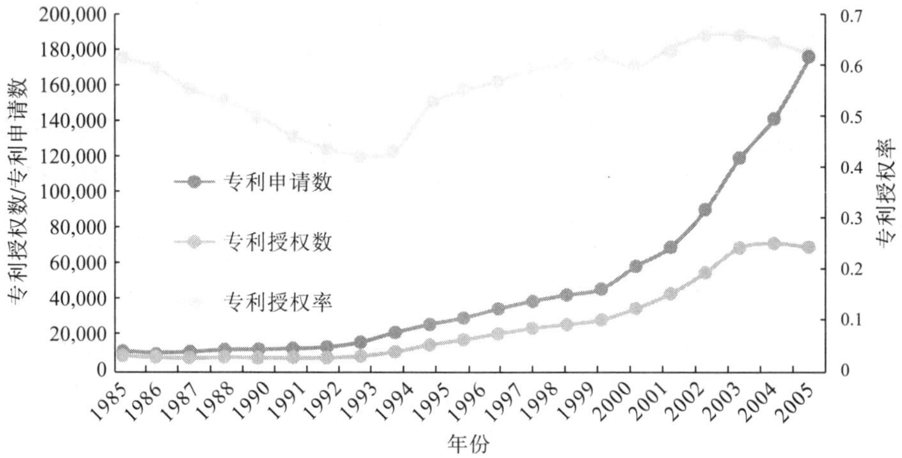

图 7-2　专利申请、授权数量和专利授权率

资料来源：根据 1985～2009 年专利数据整理而得。

专利授权率在 1985～1992 年呈下降趋势，第一次专利制度变动后开始上升；而在 1993～1999 年处于上升趋势，2000 年开始下降，第二次专利制度变动后又开始上升。可见两次专利制度的变动对专利授权有正向作用。

图 7-3、图 7-4、图 7-5、图 7-6 给出的是专利临时寿命和实际寿命的分布直方图。图 7-3、图 7-4 皆显示专利的临时寿命呈驼峰型分布，暗示着大部分专利权人或在提出申请后立刻申请实质审查，或在最后期限到来时才提请实质审查。这与 Nakata 和 Zhang（2007）研究日本专利临时保护期时的发现是一致的。图 7-3 显示，1991～1992 年超过 25%的专利权人在提出专利申请后立刻便提请实质审查，而该比例在 1993～1994 年则急剧降到了 2%以下。说明第一次专利制度变动后，更多专利权人愿意享受更长的“临时”保护。

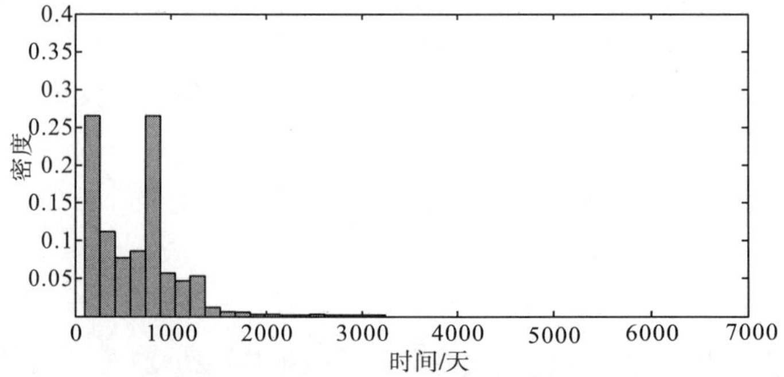

（a）1993~1994年

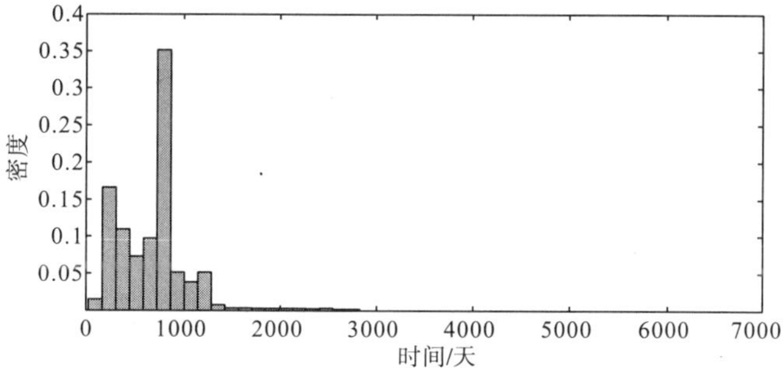

(b) 1993~1994年

图 7-3　第一次专利制度变动前后专利临时寿命分布直方图

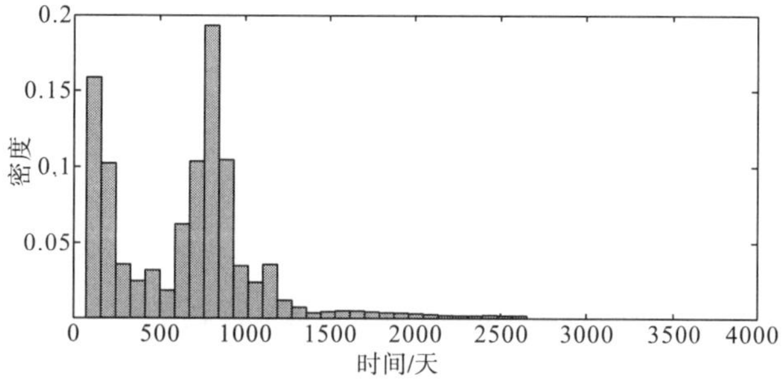

(a) 2000年~2001年6月

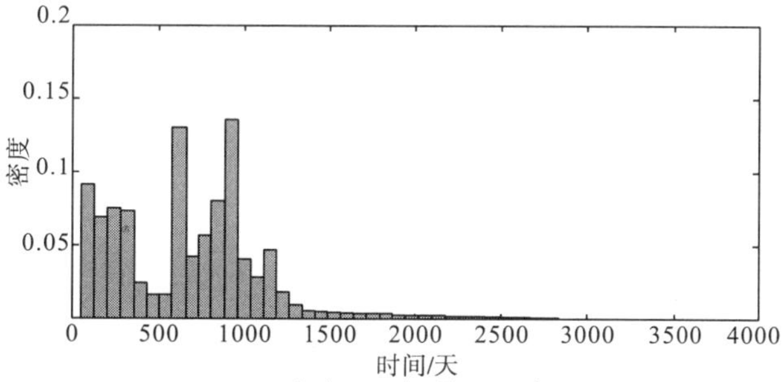

(b) 2001年7月~2002年

图 7-4　第二次专利制度变动前后专利临时寿命分布直方图

图 7-5、图 7-6 中两次专利制度变动前后专利实际寿命分布密度没有太大差异，说明专利制度变动对专利实际寿命的影响并不显著。

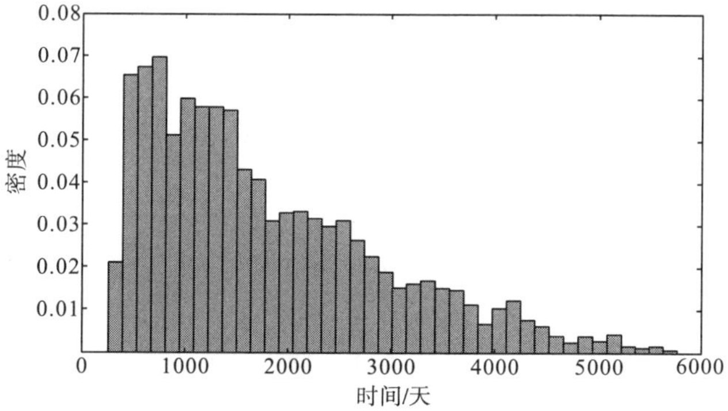

(a) 1992年7~12月

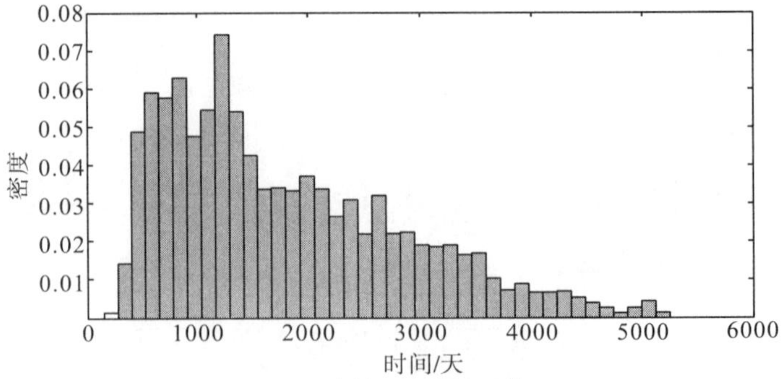

（d）1993年1~6月

图 7-5　第一次专利制度变动前后专利实际寿命分布直方图

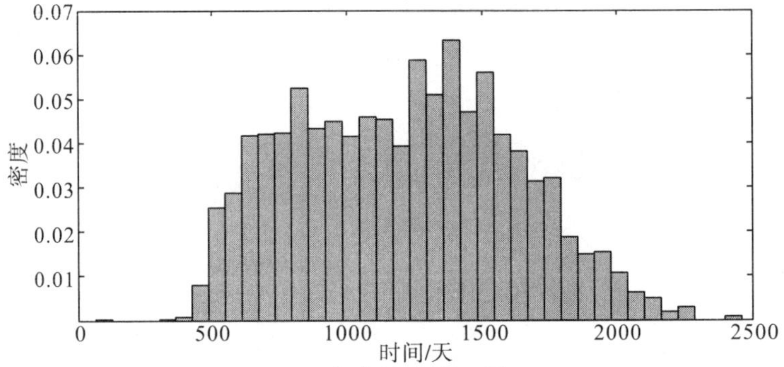

（a）2001年1~6月

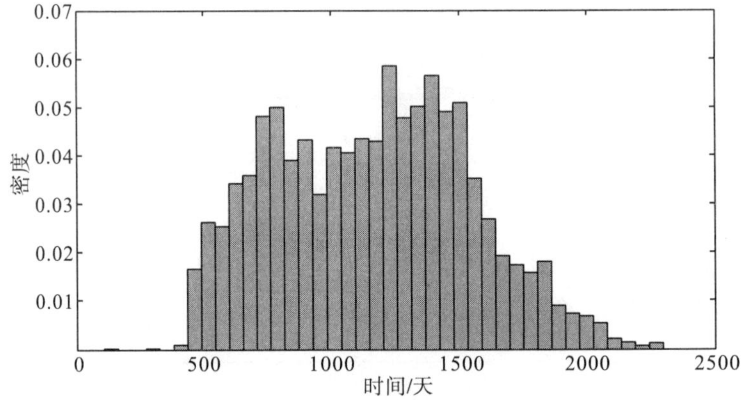

（b）2001年1~6月

图 7-6　第二次专利制度变动前后专利实际寿命分布直方图

为了更准确地判断两次专利制度变动前后专利临时寿命和实际寿命的分布差异，作者对其进行了 Log-Rank 检验，结果如表 7-2 所示。在 5%水平下，可以认为专利制度变动前后专利临时寿命分布存在显著差异。但尽管选取的时间区间比较短，专利分布的时间特征仍不能忽视。检验结果显示，1991 年与 1992 年，1993 年与 1994 年专利临时寿命的分布存在显著差异，但两个检验的 Chi2 值(22.31，15.23)远小于 1991～1992 年和 1993～1994 年专利分布检验的 Chi2 值(146.52)。这说明第一次专利制度变动带来的专利临时寿命密度的变动程度，大于专利临时寿命密度随时间变动的程度。

表 7-2 专利临时寿命和实际寿命分布的 Log-Rank 检验

专利寿命	Group	Events Observed	Events Expected
临时寿命 1991～1994 年	1991～1992 年	17,962	16,671.61
	1993～1994 年	35,530	36,820.39
	Total	53,492	53,492.00
		Chi2 (1) =	146.52
		Pr>chi2=	0.0000**
临时寿命 1991～1992 年	1991 年	7970	7658.04
	1992 年	9992	10303.96
	Total	17962	17962.00
		Chi2 (1) =	22.31
		Pr>chi2=	0.0000**
临时寿命 1993～1994 年	1993 年	15146	14785.32
	1994 年	20384	20744.68
	Total	35530	35530.00
		Chi2 (1) =	15.23
		Pr>chi2=	0.0001**
临时寿命 2000～2002 年	2000 年～2001 年 6 月	83,125	83,546.18
	2001 年 7 月～2002 年	125,753	125,331.82
	Total	208,878	208,878.00
		Chi2 (1) =	4.59
		Pr>chi2=	0.0322**
临时寿命 2000 年～2001 年 6 月	2000 年	52129	51889.37
	2001 年 1 月～2001 年 6 月	30996	31235.63
	Total	83125	83125.00
		Chi2 (1) =	2.97
		Pr>chi2=	0.0847
临时寿命 2001 年 7 月～2002 年	2001 年 7～12 月	36646	36936.28
	2002 年	89107	88816.72
		12573	12573.00
		Chi2 (1) =	3.26
		Pr>chi2=	0.0711
实际寿命 1992 年 7 月～1993 年 6 月	1992 年 7～12 月	2,128	2,118.46
	1993 年 1～6 月	2,373	2,382.54
	Total	4,501	4,501.00
		Chi2 (1) =	0.08
		Pr>chi2=	0.7748
实际寿命 2000 年	2000 年～2001 年 6 月	3,886	3,883.65
	2001 年 7 月～2002 年	4,259	4,261.35
	Total	8,145	8,145.00
		Chi2 (1) =	0.00
		Pr>chi2=	0.9581

注：** significant at 5% level。

同样，在 5%水平下可认为 2000 年～2001 年 6 月和 2001 年 7 月～2002 年两部分专利的临时寿命分布存在显著差异，但不认为 2000 年和 2001 年 1 月～2001 年 6 月两部分专利的临时寿命分布存在显著差异，也不认为 2001 年 7 月～2001 年 12 月和 2002 年两部分专利的临时寿命分布密度存在显著差异。这再次证实了专利制度的变动对专利临时寿命有显著效应。

从表 7-2 的 Log-Rank 检验中并没有发现专利制度的变动对专利实际寿命有显著作用，因此没有做如专利临时寿命那样详细的检验。

7.5　我国专利制度变动效应分析——基于处理效应的分析方法

因上述分析将所有专利数据混合，没有考虑专利的个体特征。本部分将考虑专利所属类别、专利权人国别以及是否联合申请等异质性因素。为了以更细致的方式考察专利制度变动的效应，引入了处理效应(treatment effect)方法。该方法可以在排除个体异质性因素的情况下，对比受专利制度变化影响和不受其影响的两部分专利的授权、临时寿命和实际寿命差异，以使研究更精确。我们将专利制度变动前申请的专利集合称作对照组，变动后申请的专利集合称作处理组。

7.5.1　处理效应理论及其应用

处理效应由引入“反事实分析框架(counterfactual framework)”，这一框架最早是由 Rubin(1974)提出来的，许多学者先后运用过这一分析方法(Rosenbaum、Rubin，1983；Heckman，1992；Heckman et al.，1998；Imbens、Angrist，1994；Angris et al.，1996)。所谓“反事实分析框架”，指的是所有个体只可能分属于两选一的组合，或者是接受处理的产出组合，或者是不接受处理的产出组合。根据这一原理，对于任意一项专利 i，用 $\left(Y_i(0), Y_i(1)\right)$ 表示两个可能出现的结果，其中 $Y_i(0)$ 表示未受到专利制度变动影响时出现的结果，$Y_i(1)$ 表示受到专利制度变动影响时出现的结果，则专利制度变动对专利 i 的效应为 $Y_i(1)-Y_i(0)$。设我们最终观测到的结果为

$$Y_i = Y_i(W_i)$$

其中，$W_i \in \{0,1\}$ 表示专利是否受到专利制度变动的影响。

实际上手中掌握的样本是不完整数据，因为我们无法观测到专利 i 身上出现的另外一个结果。对于特征向量为 X_i 的受专利制度变动影响的专利 i，观测到了出现的结果 $Y_i(1)$。现在的问题是对专利 i 未受专利制度变动影响时的结果 $Y_i(0)$ 进行估计。最常用的方法之一是使用与专利 i 特征向量接近，而且未受到专利制度变动影响的专利出现的结果对 $Y_i(0)$ 进行估计。

其中，专利特征向量 X_i 包括专利权人的国别、是否联合申请以及专利所属类别。专利权人国别分为五种：中国、欧盟、美国、日本和其他国家；专利所属类别按照分类号(international patent classification，IPC)首位共分八大类，分别用 A～H 表示。由于样本容

量较大，对于每一项受专利制度变动影响的专利 i，都有相当数量的未受影响的专利与专利 i 有相同的特征向量。本章选择与专利 i 有相同特征向量，且未受专利制度变动影响的专利集合作为专利 i 的对照组(Match Group)。即

$$J_i(M_i)=\left\{j_i(1),j_i(2),\cdots,j_i(M_i)\right\}$$
$$\text{s.t. } X_{j_i(k)}=X_i,\ W_{j_i(k)}=0\quad\left(k=1,2,\cdots,M_i\right)$$

其中，$J_i(M_i)$ 是专利 i 的对照组；$j_i(k)$ 是 i 的对照组中第 k 项专利的下标。

则专利制度变动对专利 i 的处理效应估计量为

$$\Delta_i=Y_i(1)-\frac{1}{M_i}\sum_{k=1}^{M_i}Y_{j_i(k)}(0)$$

专利制度变动的平均处理效应(average treatment effect on the treated，ATET)的估计量为

$$\Delta=\frac{1}{N_T}\sum_{i=1}^{N_T}\Delta_i=\frac{1}{N_T}\sum_{i=1}^{N_T}\left[Y_i(1)-\frac{1}{M_i}\sum_{k=1}^{M_i}Y_{j_i(k)}(0)\right]\tag{7.1}$$

其中，N_T 是受到专利制度变动影响的专利数量。

在同方差假设下，Δ 的方差由下式给出：

$$\text{Var}(\Delta)=\frac{1}{N_T}\text{Var}\left[Y(1)\right]\Bigg|\frac{1}{N_T^2}\sum_{i=1}^{N_T}\frac{1}{M_i}\text{Var}\left[Y(0)\right]\tag{7.2}$$

$\text{Var}\left[Y(1)\right]$ 是 $Y_i(1)$ 的方差，$\text{Var}\left[Y(0)\right]$ 是 $Y_i(0)$ 的方差。$\text{Var}\left[Y(1)\right]$ 和 $\text{Var}\left[Y(0)\right]$ 的方差由下式给出：

$$\begin{cases}\text{Var}\left[\hat{Y}(1)\right]=\dfrac{1}{(N_T-1)}\displaystyle\sum_{i=1}^{N_T}\left[Y_i(1)-\bar{Y}(1)\right]^2\\ \text{Var}\left[\hat{Y}(0)\right]=\dfrac{1}{(N_C-1)}\displaystyle\sum_{i=1}^{N_C}\left[Y_i(0)-\bar{Y}(0)\right]^2\end{cases}\tag{7.3}$$

式中，N_C 是未受专利制度变动影响的专利数量。$Y(1)$ 和 $Y(0)$ 是处理组和对照组中出现的结果的平均值。

7.5.2　分析结果

本节使用式(7.1)计算了两次专利制度变动对专利授权率、临时寿命和实际寿命的平均处理效应(ATET)。平均处理效应的方差由式(7.2)给出，结果如表 7-3 所示。

表 7-3 显示，第一次专利制度变动将专利授权率提高了 0.03，占平均授权率的 5.71%。而 1991～1992 年(1992 年间申请的专利集合被看作处理组)则仅占 2.71%，远低于 1991～1994 年的 5.71%。这再一次暗示了时间效应小于专利制度的变动效应。但是，1993～1994 年的 ATET(1994 年申请的专利集合被看作处理组)所占比例(15.37%)要远高于 1991～1994 年(5.71%)。这也可能是由于专利制度变动的效果所导致的，因为是在专利制度变动 1 年之后 ATET 变动的幅度增大。

表 7-3　第一次和第二次专利制度变动的处理效应

说明	所有专利			
	处理组专利的平均授权率	ATET	Z	ATET/%
第一次专利制度变动对专利授权率的处理效应 Data: 1991～1994 年（1993～1994 年的专利数据集合被看作处理组）	0.48	0.03	11.10***	5.71
时间对专利授权率的处理效应 Data:1991～1992 年(1992 年的专利数据集合被看作处理组)	0.42	−0.01	−2.61***	2.71
时间对专利授权率的处理效应 Data:1993～1994 年（1994 年的专利数据集合被看作处理组）	0.52	0.08	24.09***	15.37
第二次专利制度变动对专利授权率的处理效应 Data: 2000～2002 年（2001 年 7 月～2002 年的专利数据集合被看作处理组）	0.66	0.05	23.09***	7.55
时间对专利授权率的处理效应 Data:2000 年～2001 年 6 月（2001 年 1～2001 年 6 月的专利数据集合被看作处理组）	0.62	0.02	6.95***	3.12
时间对专利授权率的处理效应 Data:2001 年 7～2002 年（2002 年的专利数据集合被看作处理组）	0.66	0.01	5.11***	1.29
说明	处理组专利的临时寿命	ATET	Z	ATET/%
第一次专利制度变动对专利临时寿命的处理效应 Data: 1991～1994 年(1993～1994 年的专利数据集合被看作处理组)	736.46	90.35	33.11***	12.27
时间对专利临时寿命的处理效应 Data:1991～1992 年（1992 年的专利数据集合被看作处理组）	652.39	17.63	3.58***	2.70
时间对专利临时寿命的处理效应 Data:1993～1994 年（1994 年的专利数据集合被看作处理组）	761.52	58.71	15.63***	7.71
第二次专利制度变动对专利临时寿命的处理效应 Data: 2000～2002 年（2001 年 7 月～2002 年的专利数据集合被看作处理组）	676.86	−16.07	−0.84	2.37
时间对专利临时寿命的处理效应 Data:2000 年 1～6 月（2001 年 1～6 月的专利数据集合被看作处理组）	688.85	−2.58	−1.00	0.38
时间对专利临时寿命的处理效应 Data: 2001 年 7 月～2002 年（2002 年的专利数据集合被看作处理组）	678.53	5.76	3.96***	0.85
	处理组专利的实际寿命	ATET	Z	ATET/%
第一次专利制度变动对专利实际寿命的处理效应 Data: 1992 年 7 月～1993.6 月(1993 年 1 月～1993 年 6 月专利数据集合被看作处理组)	1811. 9	10. 77	0. 49	0. 59
第二次专利制度变动对专利实际寿命的处理效应 Data: 2001 年(2001 年 7～2001 年 12 月的专利数据集合被看作处理组)	1178. 0	0. 81	0. 13	0. 69

注：*** significant at 1% level。

第二次专利制度变动将专利授权率提高了 0.05，占平均授权率的 7.55%。第二次专利制度变动前，时间对专利授权率的 ATET 仅占 3.12%，而第二次变动后则仅占 1.29%，明显低于 7.55%，这验证了第二次专利制度变动的显著效应。

第一次专利制度变动将专利的平均临时寿命延长了 90 天，占专利平均临时寿命的 12.27%。第二次专利制度变动对专利平均临时寿命的影响不显著。为了验证专利制度变动对专利临时寿命的效应大于时间的效应，我们做了类似于专利授权率部分的平均处理效应分析，如表 7-3 所示。对比 1991～1994 年、1991～1992 年、1993～1994 年以及 2000～2002 年、2000～2001 年 6 月、2001 年 7 月～2002 年的处理效应，可以判定专利制度变动对专利临时寿命的效应的确远大于时间的效应。

对于专利的实际寿命，专利制度变动的效应则并不那么显著。第一次专利制度变动仅延长了 10 天的实际寿命，仅占平均实际寿命的 0.59%，且在 5%水平下不显著。同样第二次专利制度变动也没有对专利实际寿命构成显著影响。

7.6　本章研究结论与研究方法总结

(1) 上述研究结果说明，专利权人只有在相信专利制度能够为其科研成果提供可靠的法律保护时，才会申请获取并延续专利权。

从修订条款上看，两次专利制度变动加强了对专利权的保护，并在专利申请领域、保护期限、申请程序等方面做了更有利于专利权人的规定。这两次变动增加了专利权人对专利制度的信任程度，主要表现在专利制度变动后专利授权率的提高上，即专利权人获取专利权的意愿提高。第一次变动还在提出申请到提请实质审查期间为专利权人提供了更有效、可靠的法律保护，使得专利权人愿意享受更长期的“临时”保护。

但从定量结果看，两次专利制度变动未能在专利实际寿命期间为专利权人提供积极可靠的法律保护。中国发明专利的实际寿命普遍偏短，因有效期届满(发明专利为 20 年)而专利权终止的发明专利所占比例几乎为零，而欧美等国专利的这一比例则高达 20%～40%(Bessen，2008；Yi，2007)。对比 1993 年和 2001 年前后专利的实际寿命可见，两次专利制度的变动并未明显延长专利的实际寿命，说明为专利权所提供的法律保护不足，更多专利权人倾向于较早终止其专利权。

中国前两次专利制度变动虽然在保护专利权方面起到了一定的积极作用，专利权人对专利制度的信任程度有所增加，但通过对比专利权人在专利制度变动前后的行为差异可以得出的结论是：专利制度为专利权所提供的有效保护不足，专利权人仍旧不完全信任专利制度为其提供的法律保护。这一方面是由于中国专利制度依旧不完善，对专利权的保护力度仍旧不足；另一方面也是由于专利法的实施不到位。这无疑会影响专利制度在我国科技进步中积极作用的发挥。经过第三次修订的专利法更进一步加强了对专利权的保护，加大了对侵权行为的处罚力度。

(2) 在研究方法上，本章选取较短时间区间，即专利制度变动前后两年的发明专利为研究对象，以保证其他环境变量的稳定性。运用三个变量描述专利权人行为特征及其对专利制度的信任程度：即专利授权、临时寿命和实际寿命，并使用 Log-rank 检验和处理效应方法对专利制度变动前后专利权人行为特征差异进行了分析。结果显示，专利权人对专利制度的信任程度在两次专利制度变动后有一定增加，主要表现在专利授权率的提高和临时寿命的延长上。但专利的实际寿命并未有明显延长，说明专利制度本身的变迁为专利权人提供保护预期仍旧不足。以上研究为可以作为相应的专利制度变迁效应研究的一个参考。

第八章　专利制度与政策的中外企业专利战略响应

导言：

专利制度的技术创新效应，特别是相应的企业创新战略响应是一类比较重要的研究课题，并且随着不同产业、不同政策时段、不同经济发展期而不断有所变化，需要时时关注。本章收入了作者团队有关专利审查保护机制的企业技术创新效应的研究工作，是研究专利制度的企业专利战略响应的一个局部，虽然其中的思考和研究工作并不全面，但其研究视角和研究方法具有一定的可参考的地方，特别是，如何发现和界定专利制度的企业专利战略响应，如何解释和分析这一战略响应的可能变化，仍然是一个专利技术资源竞争方面的课题。

8.1　保护性专利制度的技术创新效应

在面向发展中国家的知识产权制度及其效应的研究课题时，可能要面对某些制度变迁的效果分析。由于通常落后于发达国家的工业技术水平的现实，发展中国家的知识产权制度往往或被动或主动的需要对其制度进行更新，其中有可能出现偏向于国内企业技术保护的条款或制度运行，特别在一些新兴经济体的发展尤其如此。例如，韩国 2007 年实施的《技术产权保护法》明确规定，当中小企业无力对技术进行保护时，可以申请从政府获得资助或技术保护培训①；巴西为了促进本国科学技术的发展，政府制定了一系列政策，适当限制外国资本投资巴西高科技领域，并保护国内高科技企业(李明德，2004)；与美国进攻性色彩较浓的知识产权制度相反，印度知识产权制度有着较强的防御性色彩，尽管印度专利法重保护工艺而不保护产品的条款一直受到西方社会的强烈批评，但印度政府出于保护国内制药工业和稳定国内药品市场价格的考虑而一直坚持此类制度(张义明，2002)。

由于技术创新能力与发达国家有较大差距，发展中国家可能会实行一些保护性的专利审查机制，使国内企业能够更容易并更快速地获取专利权。我国市场上的专利竞争是否存在这样的效应，国外企业在中国要想获取专利权是否需要等待更长时间，获取专利权的难度是否大于国内企业，客观上都有一些讨论和争议。我们从专利授权和条件寿命期视角，结合企业的专利战略考虑对这种保护性审查机制的有效性进行探讨。从申请专利保护的技术垄断效果看，保护性审查机制限制了国外企业专利竞争战略的实施。然而，相较于国内企业，国外企业出于专利市场收益的不确定性考虑，更倾向于延长专利的条件寿命期，保护性审查机制延迟授予国外企业专利权的做法无疑更有益于其专利市场战略的展开。另一

① 山东省商务厅. 韩国将实施技术产权保护法[EB/OL]: http://www.shandongbusiness.gov.cn/index/content/sid/29349.html。

方面，由于国内企业获取专利权相对容易，使得一些技术含量低、市场收益水平不高的专利被授权，增加了企业的专利权维持费用。因此，从专利战略视角看，保护性专利审查机制并不完全有利于国内企业。

8.2 条件寿命期的专利战略含义

在技术的市场转化及技术竞争过程中，企业往往根据自己的专利战略需要提前或者推迟提请实质审查，因此专利的条件寿命期选择一般包含着丰富的专利战略含义。

在被正式授权之前，专利存在着很大程度的不确定性。这种不确定性首先表现在专利授权的不确定性上，在严格的专利审查机制下，一些技术含量不高的专利申请最终往往不会被授权；其次表现在专利保护范围的不确定性上，在专利审查过程中，审查人员往往要求企业就专利申请保护的宽度进行修改，因此在正式授权前专利技术的保护宽度往往是不确定的（Harhoff、Wagner，2005）。尽管授予企业正式的专利权可以极大地消除上述不确定性，但出于收益方面的考虑，许多企业往往会在专利正式授权前便开始进行技术的转让和许可。一方面出于利益最大化考虑，企业期望找到出价较高的技术购买者，由于授权后的专利需要缴纳一定数额的年费，在技术市场化前景不明了之前，企业往往并不急于获取专利权，而是努力为其掌握的技术寻找合适的市场转化机会。另一方面随着替代技术的出现，原有技术逐渐贬值，企业往往会错过出价较高的买家，技术买卖双方的信息不对称也制约着技术交易，因此较长的搜寻过程一般伴随着较高的机会成本。Gans 等（2008）曾在他们的模型中严格证明，当机会成本小于一个临界值时，企业会尽量延长搜寻时间。因此，专利的市场收益是条件寿命期所蕴含的专利战略含义之一。

尽管专利在申请过程中需要一定成本，但由于规模和资金方面的差异，更关心该部分成本的往往是中小型而非大型企业。相较于资金较为充裕的大型企业来说，中小型企业更为关心的可能是申请专利所带来的直接收益问题，因而并不急于获取专利权，而大型企业则往往通过大量申请专利来达到垄断技术市场的目的（Graevenitz et al.， 2007；McGuinley ,2008），因此大型企业相较于中小型企业获取专利权的意愿更高。

条件寿命期的另一个专利战略含义表现在企业在同行技术竞争战略方面的考虑。Hall 和 Ziedonis（2001）在其研究中指出，为了争取技术优势，企业往往会申请大量专利，以便在与对手的技术垄断与反垄断竞争中获取更多的“谈判筹码”（bargaining chip）。为了与对手进行有效竞争，掌握尽可能多的专利是非常重要的。这样一方面可以从容应对可能来自竞争对手的侵权诉讼，另一方面也可以对竞争对手构成专利诉讼威胁，甚至还可以用来迷惑竞争对手（Harhoff、Wagner，2005；McGuinley，2008）。因此，企业专利竞争战略更侧重于大量申请专利，以期通过该行为牵制竞争对手。

在专利的条件寿命期，企业一般会根据竞争对手专利战略的变化做出适时的专利战略调整。对于一些潜力较大的技术市场，企业可能会加大该领域专利的申请力度，从而造成该领域专利申请和授权量的突击式增长。从条件寿命期上看，企业更倾向于尽快获取专利权，因此该领域的专利竞争战略更可能表现为较短的条件寿命期与较多的专利申请；对于一些前景不甚明了的技术市场，企业会为了保持该领域的竞争优势而申请专利，但并不急于获取专利权，这样可以给竞争对手造成技术垄断的错觉，企业甚至会在申请专利被公开后频繁地修改专利内容以迷惑竞争对手，达到限制竞争对手申请专利的目的(参考同上)。因此该领域的专利竞争战略更可能表现为较长的条件寿命期。

由上述分析可见，专利的条件寿命期从一定程度上反映了专利技术的市场战略与竞争战略特征，企业往往根据自身的专利战略需要选择较长或者较短的条件寿命期。

8.3　专利审查体制与专利战略选择

在专利的申请、审查、授权等一系列看似简单的法律行为中，隐含着丰富的专利战略含义。专利的审查过程不仅关系到企业自身的专利申请，更成为企业了解竞争对手技术信息的技术监测手段(Day、Schoemaker，2005；Christensen，2000；Gray、Meister，2006)。在给出这些专利战略的具体含义前，有必要对我国当前的专利申请过程进行简单的概述。

图 8-1 给出的是我国专利自提出申请后经历的主要法律状态。首先，企业向国家知识产权局提交专利申请，18 个月之内审查机构向公众公开专利申请；36 个月之内申请人须提请实质审查，否则其申请被视为撤回；提请实质审查后，审查机构根据专利的新颖性、创造性和实用性等决定是否授予专利权。Zeebroeck(2007)对自提出专利申请到专利授权期间申请人和审查机构的行为特征进行了专门研究，审查机构在此期间会对申请人提出的全部专利权要求进行审查，一些排他性(exclusive)的专利权要求往往不能被审查机构授权，因此，在进行专利审查后，申请人往往只能“有条件地”获得“部分”专利权[①]，而难以“无条件地”获得“全部”专利权[②]，因此该阶段往往称为专利的“条件寿命期(provisional life)”。条件寿命期被认为是企业在制定专利战略时考虑的关键要素之一(Rivette、Kline，2000)。

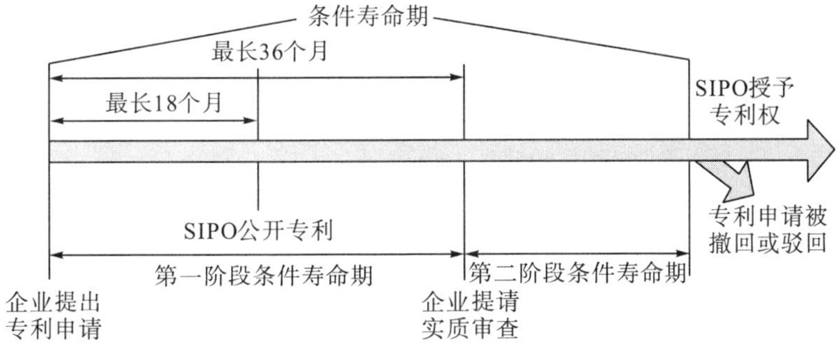

图 8-1　我国专利授权过程的两个参考期

① 例如，申请人提出了 A、B、C 三个专利权项，审查机构只支持 A、B 两个专利权项，并且规定只有当 A、B 都受到侵犯时，才构成侵犯专利权。

② 例如，申请人提出了 A、B、C 三个专利权项，审查机构予以全部支持，并且规定当 A、B、C 中的任意一项受到侵犯时，就构成侵犯专利权。

由图 8-1 可见，以企业提请实质审查为分界线，可将专利的条件寿命期分为两个阶段，第一阶段为自企业提出专利申请到提请实质审查的时间，第二阶段为提请实质审查到专利授权的时间。自企业提出专利申请到提请实质审查的时间长度基本上取决于企业，即企业提出专利申请后，会根据自己的专利战略需要在 36 个月之内的任何时间提请实质审查，因此第一阶段条件寿命期长度更取决于企业。申请人提出实质审查请求后，审查机构会对专利技术的原创性进行审查，因此第二阶段条件寿命期长度一般更取决于审查机构。

8.3.1 从条件寿命期分布考察中外企业的专利战略选择差异

本书从国家知识产权局获取了我国发明专利数据库，数据库中共记录了 1985～2009 年申请的共计 160 多万项发明专利的申请日、提请实质审查日、授权日、分类号以及申请人和发明人信息等。之所以只选择发明专利，是因为相较于实用新型和外观设计专利，发明专利的技术含量往往更高，对真实技术的演进及专利战略的选择往往更具代表性。因此，本节提到的“专利战略”主要是以隐含在“发明专利”背后的专利战略为依托。

如图 8-2 所示，按照申请人国籍对企业申请的发明专利分为五组，并绘制了五个条件寿命期的概率分布图。图 8-2 很清晰地表明，条件寿命期的分布很明显不是传统的单峰型分布，而是基本都呈双峰型分布，说明企业或者在提出专利申请后立即提请实质审查，或者尽可能在最后期限到来时才提请实质审查，选择其他时间提请实质审查的企业所占比例则极低。这种特殊的分布从某种程度上验证了条件寿命期所暗含的专利战略意义，即企业总倾向于选择一个较长或较短的条件寿命期以满足自己的专利技术市场战略或竞争战略的需要。

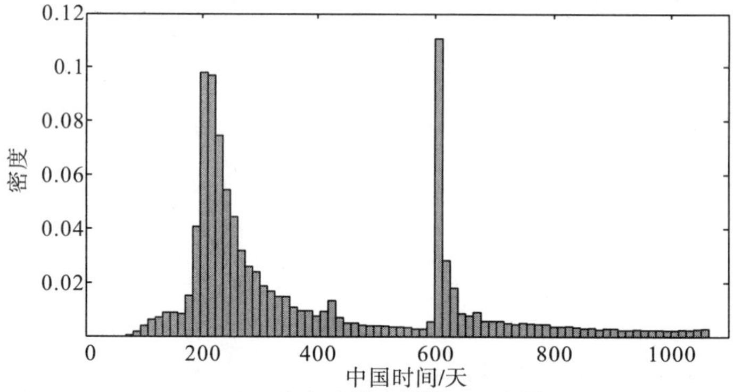

（a）申请人国籍——中国

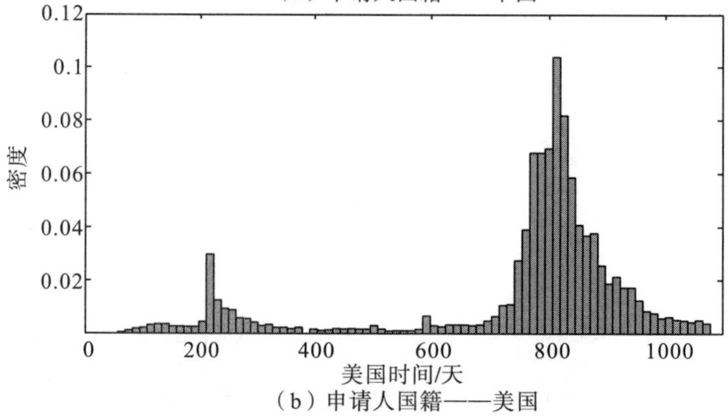

（b）申请人国籍——美国

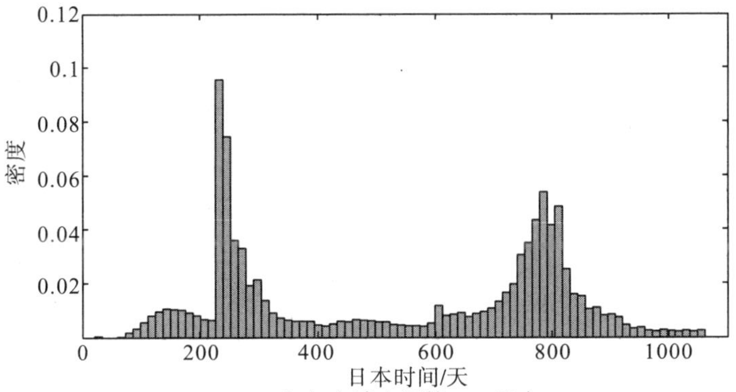

（c）申请人国籍——日本

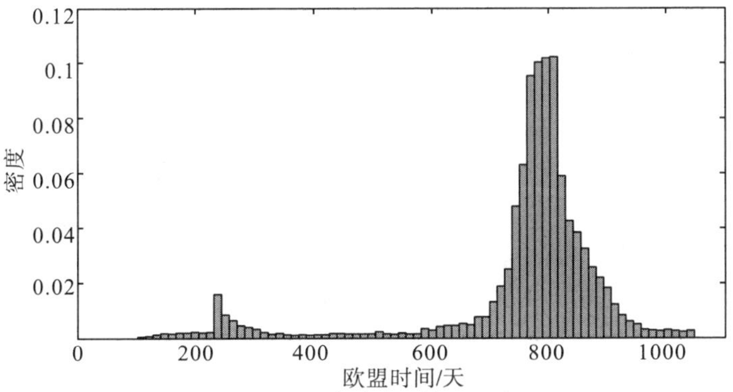

（d）申请人国籍——欧盟

图 8-2　各国企业发明专利的条件寿命期概率密度图(包含数据：全部发明专利)

从图 8-2 中的双峰型分布也可以看出，无论是哪国企业，在专利条件寿命期长度上的选择行为基本上都存在着两种类型：一种期望尽早获取专利权而选择较短的条件寿命期，另一种类型期望尽可能晚地获取专利权而选择较长的条件寿命期。但从两种类型企业所占的比例看，各国企业之间存在着较大差异。由图 8-2 可见，中国企业选择较短条件寿命期的比例远高于选择较长条件寿命期的企业，而美国、欧盟则完全相反，来自这两个地区的企业的专利条件寿命期分布极为相似，选择较长条件寿命期的企业比例皆远高于选择较短条件寿命期的企业。日本和其他国家较为接近，两种类型企业所占比例基本持平。从条件寿命期分布的对比结果看，中外企业的专利战略存在着较大差异，中国倾向于较早获取专利权的企业所占比例较高，而国外倾向于较晚获取专利权的企业比例较高。

8.3.2　基于第二阶段条件寿命期分布考察中外企业的专利战略选择差异

本节重点从第二阶段条件寿命期长度与专利授权的视角分析我国专利制度的保护性专利审查机制效应。

由图 8-3 可见，第二阶段条件寿命期，即审查机构审查各国专利所用时间长度基本都呈现出右偏的对数正态分布特征，但不同的是，中国本土申请的专利的第二阶段条件寿命期分布更为集中，其峰度明显高于且偏度明显小于美、日、欧等国申请人。此外，中国本土申请的专利的第二阶段条件寿命期分布的峰顶所处横坐标位置相较于美、日、欧等国更偏向较短的时段。这些分布特征差异说明，相较于中国申请人，外国申请人在中国获取专利权一般需等待更长时间。

然而，通过对专业专利审查工作人员进行访谈发现，专利审查人员真正用于审查中国专利的时间往往长于外国专利，因为许多外国专利在中国申请专利前便已申请了国际专利申请，因而大大缩短了专利在中国审查所需时间，而大多数中国的专利申请是首次申请，因而往往需要对专利技术的原创性进行彻底审查，这样无疑需要更多时间。尽管审查外国专利需要的时间比审查中国专利更少，但由图 8-3 可见，外国申请人专利权获取时间却较长，即外国申请人获取专利权需要等待的时间显著长于中国申请人。这种情形一定程度说明了保护性专利审查机制的作用，即更有利于本土申请人较早获取专利权的效果。

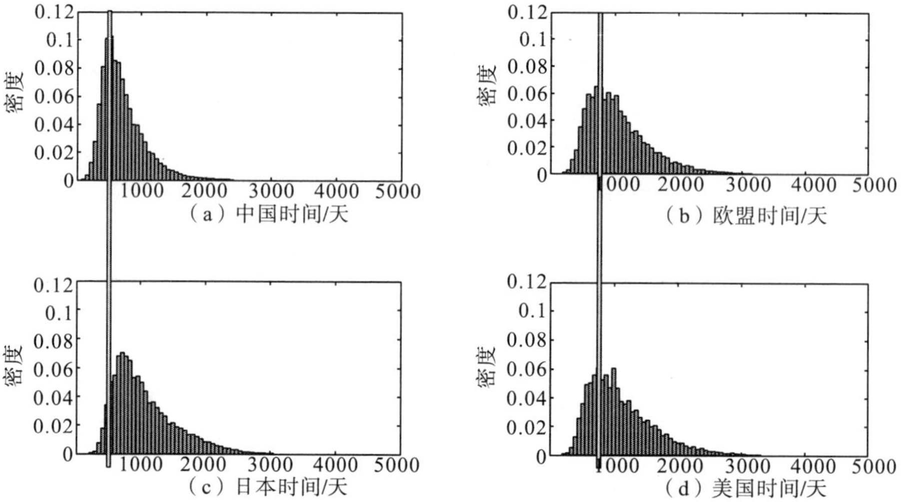

图 8-3　各国企业发明专利的第二阶段条件寿命期概率密度图

注：包含数据：授权发明专利。

8.4　基于条件寿命期的专利权获取响应研究

8.4.1　专利审查机构授予专利权意愿的差异分析

一些学者对专利授权的决定因素进行了定量分析。Guellec 和 Pottelsberghe（2000）以及 Zeebroeck（2007）使用传统的 probit 模型对专利授权事件进行了研究。但是，将专利授权看作独立事件可能并不妥当，因为专利授权往往同时取决于申请人和审查机构。

尽管早期学者 Kiige（1992），Steffek（1981），Shanghai Patent Agency（1989），Shen（1986）对专利授权事件进行过细致分析，但在定量研究中多数学者仍将专利授权看作一个整体事件。Nakata 等（2009）使用有序 Probit 模型（ordered probit model）对申请人是否提请实质审查进行了研究，但却未对审查机构的专利授权行为进行研究。而本节将通过建立二变量 probit 模型综合分析提请实质审查和专利授权行为。

专利是否授权这一事件实际上取决于两个关系方——申请人和审查机构。当申请人获取专利权的意愿较高时，更可能提请实质审查。在申请人提出实质审查请求后，审查机构根据专利的新颖性、创造性和实用性等决定是否授予专利权。该过程可以用二变量二值响应模型(bivariate binary outcome model)进行表述，可用 y_a^* 表示申请人获取专利权意愿的隐变量，当申请人获取专利权的意愿较高时，申请人更可能提请实质审查，y_a 表示是否提请实质审查的决策变量；用 y_g^* 表示行政部门授予申请人专利权意愿的隐变量，y_g 表示是否授予专利权的决策变量；X_1 表示影响申请人提请实质审查意愿的解释变量，X_2 表示影响行政部门授予专利权意愿的解释变量，则可建立如下模型：

$$y_a = \begin{cases} 1, & \text{当} y_a^* > 0 \text{时} \\ 0, & \text{当} y_a^* \leqslant 0 \text{时} \end{cases}$$

$$y_g = \begin{cases} 1, & \text{当} y_g^* > 0 \text{时} \\ 0, & \text{当} y_g^* \leqslant 0 \text{时} \end{cases}$$

其中

$$y_a^* = X_1\beta_1 + \varepsilon_1$$

式中，y_a^* 是申请人决策方程；X_1 中包含了影响企业获取专利权意愿的变量。

由于我们关注的是企业获取专利权意愿和审查机构授予专利权意愿的差异，我们重点关注的自变量是申请人国籍。另外，参考 Zeebroeck（2007），Nakata 等(2009)以及 Guellec and Pottelsberghe（2000)的研究，本书选取了企业规模(ratio of application，以企业在专利所属领域申请专利占该领域全部专利比重表示)、专利的研发人员投入(human input，以发明人人数表示)以及专利是否联合申请(joint application)作为申请人决策方程中的控制变量。

$$y_g^* = X_2\beta_2 + \varepsilon_2$$

式中，y_g^* 是审查机构决策方程；X_2 中包含了影响审查机构授予专利权意愿的变量，包括申请人国籍和企业规模。

如果获取专利权的机会对于任何类型的申请人来说都是均等的，即如果专利审查机制是非保护性的，则可以预见的是申请人国籍和企业规模变量的参数估计值皆不显著。控制变量包括反应专利技术复杂度的专利申请说明书页数(number of pages)①和反应申请技术保护宽度的前四位分类号个数(number of IPC)②。

另外申请人和审查机构决策方程皆包括的控制变量还有专利申请年代和所属技术领域。

假设 ε_1 和 ε_2 服从均值为0，方差为1的标准联合正态分布，即 $\mathrm{E}[\varepsilon_1]=\mathrm{E}[\varepsilon_2]=0$, $\mathrm{Var}[\varepsilon_1]=\mathrm{Var}[\varepsilon_2]=1$，$\mathrm{Cov}[\varepsilon_1,\varepsilon_2]=\rho$。

待估计参数向量 β_1 和 β_2 中的某个参数估计值若是正的，就说明对应该参数的自变量对申请人提请实质审查或审查机构授予专利权有积极作用，因此其对专利质量的作用是

① 复杂的专利技术一般需要更多的图表和文字解释。

② 专利分类号可以用以划分技术领域，包含较多分类号的专利技术一般会横跨更多的技术领域。

正的。

用y表示专利授权事件。只有当申请人提出实质审查请求（$y_a=1$），且审查机构在进行实质审查后认为符合授权标准并决定授权时（$y_g=1$），专利才会被授权（$y=1$）。则：

$$y=\begin{cases}1, & \text{当}y_a=1\text{且}y_g=1\text{时}\\ 0, & \text{否则}\end{cases}$$

该模型是一个典型的二变量 probit 模型，在ε_1、ε_2服从联合正态分布假设下，可以建立如下的偏对数似然函数模型：

$$\ln L(\beta_1,\beta_2,\rho)=\sum_{i=1}^{N}\left\{y_i\ln\Pr(y_i=1)+(1-y_i)\ln\left[1-\Pr(y_i=1)\right]\right\} \tag{8.1}$$

其中

$$\Pr(y_i=1)=\Phi(X_{1i}\beta_1,X_{2i}\beta_2;\rho) \tag{8.2}$$

其中，$\Phi(.)$是标准二元正态分布函数。

二变量 Probit 模型最早是由 Poirier（1980）提出来的。通过利用ε_1和ε_2之间的相关性，该模型可以得到更准确的估计量。通过使用二变量 Probit 模型将申请人与审查机构的行为分开，可以对审查机构授予不同国籍申请人专利权意愿的差异进行分析，进而找到保护性专利审查机制存在的证据。

极大化似然函数（8.1）得到的回归结果如表 8-1 所示。由表 8-1 可见，在审查机构的决策方程中，外国申请人的参数估计值皆为负，这说明审查机构授予外国企业专利权的意愿低于中国本土企业。可见在获取专利权意愿相同的情况下，中国本土企业比外国企业更容易获取专利权。另外，在审查机构决策方程中，企业规模（ratio of application）的参数估计值显著为负，可见审查机构对企业的规模也有所考虑，其授予大型企业专利权的意愿低于小型企业。由此便再次找到了中国保护性专利审查机制存在的证据。

尽管如此，由申请人决策方程中外国申请人显著为正的参数估计值可见，外国企业获取专利权的意愿则显著高于中国本土企业。由此导致中国本土企业专利的授权率显著低于外国企业。

表 8-1　二变量 Probit 模型回归结果

自变量	申请人决策方程	审查机构决策方程
申请人国籍（Reference: China）		
U.S.	0.2391***	−0.0372***
	（28.27）	（−11.48）
Japan	0.9356***	−0.0003
	（116.44）	（−1.04）
E.U.	0.5310***	−0.1728***
	（64.50）	（−21.29）
Other Countries	0.2694***	−0.1010***
	（34.15）	（−14.63）
企业规模（ratio of application）	1.4391***	−0.4726***
	（43.10）	（−2.93）

续表

自变量	申请人决策方程	审查机构决策方程
条件寿命期(provisional life)	-0.0004***	
	(-51.32)	
人员投入(human input)	0.0972***	
	(70.10)	
联合申请(joint application#)	-0.0227**	
	(-2.43)	
专利申请说明书页数(number of pages)		0.0002*
		(1.74)
IPC 个数(number of IPC)		-0.0455***
		(-14.56)
申请时期（Reference: 1985～1992）		
时期 2（1993～2001.6）#	0.0896***	-0.0024
	(9.10)	(-0.96)
时期 3（2001.7～）#	0.4214***	0.6954***
	(43.74)	(31.29)
技术领域（References: Other Fields）		
Information Technology#	0.2918***	0.3829***
	(34.43)	(19.29)
Biotechnology#	0.1546***	-0.1627***
	(15.84)	(31.29)
Material Technology#	0.1266***	0.2937***
	(15.10)	(21.24)
Environmental Technology#	0.3305***	0.0011
	(32.75)	(1.12)
Mechanical Engineering#	0.1692***	0.2839***
	(17.01)	(5.4938)
Constant	0.0362***	0.1875***
	(2.80)	(13.19)
Log Likelihood	-502,939.21	
Wald chi2	35,928.43	
Prob>chi2	0.0000	
Number of Obs.	926,359	

注：#表示该变量是虚拟变量，下表同；***，**，*分别表示参数估计值在 1%、5%、10%水平下显著，下表同。

8.4.2　保护性专利审查机制对企业专利战略选择的影响

专利市场战略和竞争战略是企业着重考虑的两种专利战略布局。然而，保护性专利审查机制的存在则从某些方面强化了企业的专利战略。为了对这点进一步深入说明，本书将样本按申请人国籍分为五组，并对每一组进行回归分析，结果如表 8-2 所示。

表 8-2　分申请人国籍的二变量 Probit 模型回归结果

白变量	美国		日本		欧盟		其他国家		中国	
	申请人决策方程	审查机构决策方程	申请人决策方程	审查机构决策方程	申请人决策方程	审查机构决策方程	申请人决策方程	审查机构决策方程	申请人决策方程	审查机构决策方程
企业规模 (ratio of application)	0.5489*** (14.84)	−0.3941* (−1.82)	0.9182*** (20.06)	0.0031 (0.4839)	0.7296*** (15.62)	−1.4749*** (−3.42)	1.5801*** (22.24)	−0.4748 (−1.36)	0.2612*** (28.38)	0.1829* (1.88)
条件寿命期 (provisional life)	−0.0001*** (−10.73)		−0.0001*** (−18.56)		−0.0001*** (−7.94)		−0.0001*** (−6.18)		−0.0002*** (−4.66)	
人员投入 (human input)	0.0021 (0.98)		0.0243*** (12.24)		0.0003 (0.13)		0.0544*** (21.07)		0.0272*** (74.60)	
联合申请 (joint application#)	0.2428*** (15.43)		−0.2836*** (−22.19)		0.5465*** (30.79)		−0.2661*** (−15.17)		0.0137*** (5.60)	
专利申请说明书页数 (number of pages)		−0.0017*** (−16.85)		−0.0024*** (−14.04)		0.0013*** (10.88)		0.0028*** (12.58)		0.0089*** (75.49)
IPC 个数 (number of IPC)		0.0041 (0.86)		−0.0037 (−0.73)		−0.0386*** (−8.78)		−0.0299*** (−5.50)		−0.0090*** (−9.24)
申请时期 (Reference: 1985～1992)										
时期 2 (1993～2001.6)#	−0.4384*** (−32.41)	−0.7328*** (−31.41)	0.0058 (0.34)	0.0038 (0.57)	−0.2651*** (−18.37)	0.0132 (0.45)	0.1271*** (5.83)	0.2087*** (5.84)	0.0426*** (13.04)	0.1173*** (13.09)
时期 3 (2001.7−)#	−0.2124*** (−14.59)	−0.3689*** (−14.73)	0.1545*** (9.14)	0.3859*** (8.38)	−0.1587*** (−10.53)	0.2775*** (9.38)	0.1582*** (7.26)	0.2622*** (7.34)	0.1382*** (46.04)	0.3712*** (44.93)
技术领域 (References: Other Fields)										
Information Technology#	−0.1026***	−0.1652***	0.0831***	−0.0262*	−0.0451*	0.1408***	0.3256***	0.5284***	−0.0031	−0.0092

续表

自变量	美国		日本		欧盟		其他国家		中国	
	申请人决策方程	审查机构决策方程	申请人决策方程	审查机构决策方程	申请人决策方程	审查机构决策方程	申请人决策方程	审查机构决策方程	申请人决策方程	审查机构决策方程
	(−7.42)	(−7.21)	(7.04)	(−1.79)	(−1.85)	(6.90)	(30.39)	(30.21)	(−1.05)	(−1.11)
Biotechnology#	−0.2369*** (−15.10)	−0.3879*** (−15.04)	0.2055*** (14.72)	−0.0327* (−1.82)	−0.0521* (−1.74)	0.3580*** (14.59)	0.2260*** (16.81)	0.3639*** (16.56)	−0.0036 (−1.11)	−0.0110 (−1.21)
Material Technology#	−0.1923*** (−13.92)	−0.3228*** (−14.10)	0.1363*** (9.42)	−0.0272* (−1.80)	−.0501** (−1.99)	0.2421*** (9.67)	0.1860*** (12.52)	0.3023*** (12.47)	0.0052** (2.07)	0.0141** (1.98)
Environmental Technology#	−0.0455*** (−2.74)	−0.0744*** (−2.70)	0.2956*** (18.96)	0.1538*** (9.13)	0.2623*** (9.19)	0.5210*** (18.78)	0.2585*** (16.96)	0.4239*** (16.95)	0.0033 (1.05)	0.0091 (1.02)
Mechanical Engineering#	−0.0081 (−0.45)	−0.0103 (−0.34)	0.2678*** (18.36)	0.1742*** (10.24)	0.2969*** (10.25)	0.4755*** (18.34)	0.2736*** (18.12)	0.4441*** (17.89)	−0.0058** (−1.84)	−0.0156* (−1.74)
Constant	0.9287*** (46.17)	1.5323*** (44.98)	0.6649*** (31.55)	0.8384*** (38.10)	1.3858*** (35.51)	1.0651*** (29.02)	−0.0221 (−0.87)	−0.0747* (−1.80)	0.4429*** (106.09)	0.1969*** (16.89)
Log Likelihood	−71,473.45		−86,258.73		−69,381.21		−74,928.42		−238,876.03	
Wald chi2	4,472.31		2,831.93		4,368.37		2,623.90		2,164.64	
Prob>chi2	0.0000		0.0000		0.0000		0.0000		0.0000	
Number of Obs.	115,603		181,174		123,278		121,548		384,756	

由表 8-2 可见，申请人决策方程中，企业规模(ratio of application)的参数估计值都显著为正，这说明大型企业相较于中小型企业获取专利权的意愿更高。然而，在审查机构决策方程中，美国和欧洲样本组企业规模参数估计值显著为负，日本不显著，而其他国家尽管不显著，但参数估计值也为负。由此可见审查机构授予国外大型企业专利权的意愿低于中小型企业，这样可以保证国内技术市场不被科技水平较高的跨国公司所垄断。一方面，可能存在的保护性审查机制具有限制国外企业大量申请专利垄断技术市场的专利战略；而另一方面，从审查机构决策模型中可见，中国本土样本组企业规模的参数估计值显著为正，这说明审查机构有较强的保护国内大型企业技术创新活动的效果，客观上有利于国内企业专利竞争战略的展开。

另外，条件寿命期(provisional life)的参数估计值皆显著为负，可见企业获取专利权的意愿随着时间推移逐渐降低。由于保护性审查机制延迟了国外企业获取专利权的时间，因而降低了国外企业获取专利权的意愿。

从专利战略视角分析，获取专利权时间相对较快并不完全有利于国内企业。尽管从技术垄断视角看，保护性审查机制可能更有利于国内企业，但从专利未来收益的不确定性看，较早获取专利权缩短了企业用以观察专利收益的时间，同时在此过程中收益水平较差技术发明获得了专利权，也会为维持这些专利增加了企业的货币成本，由于收益水平低，这些专利的专利权往往在授权后较短时间内便终止。相比之下，由于获取专利权难度较大，国外企业被授权的专利往往技术含量较高，并能产生较高收益。此外，由于审查时间较长，国外企业有更充足的时间考察专利的市场收益，进而更充分地考虑是否有必要获取专利权。本章作者也曾发现中国本土申请的发明专利的延续时间显著低于国外企业在中国申请的发明专利(张古鹏、陈向东，2012)，说明保护性审查机制也可能是其原因之一。

因此，从企业规模和条件寿命期的参数估计值看，保护性审查机制相对弱化了国外企业的专利竞争战略，但却强化了其市场上的专利竞争地位，而这一效应对国内企业而言则刚好具有相反的表现。

8.5　本章研究结论与研究方法总结

本章首先对隐含在专利条件寿命期背后的专利市场战略和专利竞争战略进行了分析。出于专利未来收益的不确定性考虑，企业总倾向于延迟提请实质审查以充分观察专利产生的市场收益，进而更充分地考虑是否有必要获取专利权；另一方面，通过大量申请专利以期垄断技术市场也是企业重点考虑的战略之一。因此，企业总倾向于选择一个较长或者较短的条件寿命期以实现自己特定的专利战略，第一阶段条件寿命期的双峰型分布验证了企业的这种专利战略选择特征。

通过分析第二阶段条件寿命期的分布特征发现，专利审查机构在审查国内企业的专利申请时较国外企业更快；在使用二变量 Probit 模型进行回归分析发现，专利审查机构授予国内企业专利权的意愿较国外企业更高，以上两方面研究表明了我国保护性专利审查机制效果。

而由于保护性审查机制的客观存在，国内外企业的专利战略选择受到了不同影响。由于国外企业更倾向于花费更长的时间观察专利的市场收益情况，保护性审查机制延迟授予国外企业专利权的行为强化了国外企业的专利市场战略。

在保护性审查机制下，国内企业可能更迅速地获取专利权，但同时使得国内企业难以充分观察专利的预期收益，导致许多专利授权后的收益水平并不高、技术含量相对较低，从而增加了企业的专利维持费用。这说明尽管保护性审查机制更有益于国内企业技术垄断战略的展开，但在应对专利预期收益不确定的情形下则相对国外企业表现为劣势。

从本章的研究结果看，保护性专利审查机制并不完全有利于当地企业，同时也不是完全不利于国外企业。虽然在发展中国家，保护性专利审查机制仍然有相当的必要性，但从我国国内企业的专利竞争战略考虑，更应当充分照顾到本土企业的专利战略布局，真正提高保护性专利审查机制的有效性。

从本章的研究方法看，基于条件寿命期分布的差异点来考察不同企业群的专利战略响应也是一种有意义的研究角度，不但可以研究类似本章主题的专利审查制度响应，也可以延伸到其他相关的政策或市场事件的响应研究，因此本章研究工作可能是这类研究的一种参考。

第三篇

专利技术资源竞争和战略管理：专利权控制技术

引　　言

专利权利的控制是专利技术资源竞争及其战略管理的基础，虽然专利权越来越成为保护既定技术成果和利用这一成果资源进行有效地市场控制的必选方式，但毕竟专利权制度的保护及其所有权人的有效控制只是这类保护和控制市场的一种选择，并非必要方式。因此，本篇讨论的问题在逻辑上应是：①是否应用专利权保护？②如何通过专利许可有效地保护和控制？③如何应用成组专利或群专利开展有效地市场垄断和控制？④如何应用专利权应对和开展法律诉讼进而实现市场控制？这一逻辑系列似乎涵盖了专利技术资源的专利权战略的所有方面。

但事实上，应用专利权组合并与所有权人的专有技术(技术秘密)适度结合，进而应用其他工业产权形式(例如最为常用的商标形式)，通常是更为理想的、更为全面的保护方式，也奠定了利用知识产权实行权利攻击的良好基础。大量的市场竞争实践证明，能够娴熟地开展这类市场控制的战略管理者是在国际市场游刃有余的跨国公司；小型高科技公司则需通过国际化发展的经验来寻找更适应自己的市场分割和嵌入方式，以及相应的专利权控制手段。这些主题应当是商学院学者和学生面临知识经济竞争时代要学习和讨论的课题，但很遗憾，这样的课题目前还似乎尚未成为我国商学院各类课程乃至案例研究的重点。

第九章　专利战略：获取专利权的管理

导言：

可以说，将获取专利权作为一种战略管理是当今现代化企业战略管理的重要内容，而专利权获取战略则需要从大量的国际国内的研究来总结来发现那些高科技市场较为发达、高附加价值的制造业市场较为发达、专利制度相对成熟、专利战略相对成熟的国家和地区的企业的专利运行经验，特别是总结和发现专利权获取效应和竞争效果的相关研究。因此，本章综合了作者及其课题组开展专利质量研究时有关专利权竞争效应的文献分析，并且总结了研究和教学工作中的一些成果和体会，一并放在这里，供读者参考。

9.1　专利权能够做什么——专利战略考量

专利给予了专利权人在一定期限内独占开发其专利技术的权利，同时专利也通过公布技术细节来推动技术被社会更广泛的应用。大部分创新并没有申请专利，而小部分创新却可能被多项专利所覆盖。大部分专利仅代表了只具有很少经济价值的新颖发明，而小部分专利却有非常高的价值(OECD，2005)。专利申请作为一种技术保护方式在不同行业的应用差别很大，在大多数行业，专利权很少被用来应对侵权；但是在一些行业，特别是制药和化学行业，专利权的应用则非常普遍(Mansfield，1986；Arundel、Kabla，1998)。Blind等(2006)也特别指出，相对于中小规模的企业，专利在大公司扮演着更重要的角色。Cohen等(2002)在对制药企业研发部门的管理人员进行调研之后发现，竞争者需要花费更长的时间来模仿企业已申请专利的产品或者工艺。

在专利的上述角色之外，专利有时候也被企业看作企业价值的指标，即使该专利技术还没有被实际应用到企业的任何产品之中。事实上纳斯达克 1984 的规章认为只要企业拥有可观的由知识产权组成的无形资产，那么即使企业经营亏损也允许企业进入市场发行股票。专利还提供了一种进入壁垒的途径(Hall、Ziedonis，2001)，通过向竞争企业许可专利，发起专利诉讼达成和解或者获得赔偿，美国德州仪器公司近年来每年从其进攻性的知识产权执行政策中获得的收入超过 10 亿美元，以至于通过法律诉讼获取经济收益也成为专利权获取的重要目的(Jeff、Lerner，2004)。

专利所起到的重要作用可以由专利的申请趋势反映出来。对此 Scherer 等人很早就作了重要的研究工作，他们通过比较研发数据和专利数据发现，不同技术领域或者行业有着显著不同的专利申请倾向(Scherer，1965；Scherer，1983；Arundel、Kabla，1998)。同时，Mansfield(1986)和 Arundel 等(1998)的研究也发现，专利申请倾向也会随着企业规模的增加而增加，并且工艺创新的专利申请倾向往往高于产品创新(Brouwer、Kleinknecht，1999)。

进入 21 世纪后，有关专利的作用及其重要性的文献有更快的增长，这些研究工作日益关注专利权人组织申请专利的动机。如 Blind 等(2006)的工作总结到，除了企业申请专利的传统动机，即保护自己的发明不被模仿，战略性专利申请动机正在成为趋势。封锁竞争者就是一种典型的战略性专利申请动机，它有两种不同的形式。进攻性的封锁是为了防止其他企业应用相同或相近专利领域的技术发明，防御性的封锁是为了保证本企业的技术空间不被其他企业的专利侵占。其他的战略性专利申请动机还包括建立企业声誉和技术形象、扩展国际市场、作为内部绩效指标和动力、作为潜在的交易谈判筹码、获得许可收入和制订标准等。

上述的文献大都基于发达国家的创新实践，而发达国家专利权人在发展中国家的专利申请则是另一个研究热点。例如，Ganguli(1999，1998)分析了印度的专利体系，发现非居民(non-resident)专利申请在印度起主导作用，1988 年外国机构的专利申请数量是印度居民专利申请数量的 2 倍，该数据到了 1997 年差距扩大到 4 倍。同样，Urquidi(2005)的研究提到，在南方共同市场(MERCOSUR)国家和墨西哥，跨国公司而不是本土公司是专利的主要申请者。例如，在阿根廷 85%的专利由外国企业申请；在智利 82%的专利申请由外国公司申请。来自美国的专利申请占据了南方共同市场国家和墨西哥的最大份额。另外，Yang 和 Clarke(2005)分析了中国从 1985～2002 年的专利申请活动，来自世界知识产权组织(WIPO)和国家知识产权局(SIPO)的数据显示，非居民专利申请占据了中国总体专利申请的 72%，而非居民的专利授权也超过了总体专利授权的 60%。这些研究都一致地显示，外国公司的非居民专利申请在发展中国家占据主体地位。而外国公司分支结构在当地的专利活动同样发挥着重要作用。例如，Albuquerque (2000)发现在 1980～1995 年，外国企业的分支机构贡献了巴西 13.7%的居民(Resident)专利申请份额，仅排在本土民营企业之后，而超过了国有企业，大学、研究机构和政府机构。

尽管在大多数发展中国家，来自外国的专利申请都占据着主导地位，但是外国机构在发展中国家申请专利的动机还较少有学者研究。Sun(2003)还曾分析了 1985～1999 年，外国专利在中国的发展情况和决定因素，发现外国专利申请主要是由专利来源国向中国出口的增长而驱动的，而专利来源国的创新能力或者与中国的地理距离影响并不十分显著。

总体来看，获取专利权的战略经营目的按照专利权获取动机的分析及其时代演变特点，大致可以分为两个类型，即传统类型动机和非传统类型动机。

所谓传统类型的动机，主要指专利权人出于保护自己正在或将要应用的技术，防止他人模仿这类技术而设置的法律障碍，是一种基于一定市场前瞻性所制定的局部市场垄断的资源预设。这是由于技术竞争带来的可替代性水平不同，决定了专利技术的垄断在大多情形下是一种相对垄断，或垄断竞争意义上的资源，但也不排除某些专利技术在一段时间上具有绝对垄断的优势，而使得某些专利技术具有突出的控制作用。但不论如何，传统类型的动机是在保护自己可能“使用”的技术。

随着不同产业技术的发展和专利技术资源管理的策略发展，特别是知识资本和金融资本的融合发展，使得专利权获取动机更多呈现所谓战略动机特点，这类所谓战略型动机又被称为非传统类型的动机，或现代专利竞争的动机类型，其主要特点是封锁他人可能“使用”的技术。

在讨论20世纪90年代专利申请高潮现象时，越来越多的文献关注其中的非传统动机，这些动机通常并不与狭义上的研发投入、产出和研发组织相联系，而是为了专利的所谓战略利益。正如Hall和Ziedonis(2001)对此类现象所描述的，这类改进的知识产权管理不仅提高了现有专利资源实践的效率，而且还改变了拥有专利权本身的意义。根据当前大部分调查，所谓战略性专利申请动机主要是为了封锁竞争者，通常表现为两种不同的形式：进攻性封锁和防守型封锁。所谓进攻性封锁指防止其他企业应用相同或相近专利领域的技术发明，而本企业或专利权拥有者倒并不一定要应用这类技术。这意味着尽管企业在这个领域可能没有应用这些专利的直接利益，但是本企业获得了专利权便可能阻止其他企业利用该类技术的范围，从而扩大了市场控制力。而所谓防御性封锁则更多反映本企业或权利权人为保证他们自己足够的技术空间不被其他企业的专利侵占而大量申请专利的动机(Kingston，2001)，这可以控制因第三方拥有自己领域的专利而造成的专利侵权和市场侵蚀(Cohen et al.，2002)。表9-1综合了国际上重要的研究结果，反映出多种多样的获取专利权的所谓战略动机。

表9-1　战略性专利申请动机类型及其排名

	Arudel 等 1995(1993)	Duguet 和 Kabla 1998(1993)	Cohen 等 2002(1994)	Pitkenthly, 2001(1994)	Schalk 等 1999(1997)	OECD (2003)
■ 传统动机						
保护免于被模仿	1	1	1	1	1	–
许可收入	4	4	6	4	7	5
因竞争者专利实践而申请专利	–	–	–	–	–	1
■ 战略动机						
防御性封锁	3	2	3	–	2	3
进攻性封锁	–	–	2	2	3	–
声誉/技术形象	–	–	5	–	6	–
国际市场扩展	5	5	-	–	–	4
内部绩效指标/动力	6	6	7	–	5	–
潜在的交易/谈判筹码	2	2	4	3	4	2
将自己的发明变为标准	–	–	–	5	–	–
提高资本市场价值	–	–	–	–	–	6

注：括号中为数据实际搜集的年份，根据文献(Blind K et al.，2006)改编。

不同行业的战略型专利权获取动机也有差别。美国生物技术行业在人类基因相关领域的占先权专利申请(preemptive patenting)也是战略性专利权获取动机的另一种生动体现(Hemphill，2003)，占先权专利申请是指已经拥有垄断地位的企业，面临其他企业竞争时，着意再制造一个由沉睡专利组成的专利丛林战略。特别对于多市场(或所谓多元化经营型)企业而言，很有可能其市场领域会与其他企业的市场重叠，通过申请相关领域的专利，实现与其竞争者进行交叉控制的效果，于是既有可能通过交叉专利许可实现对该类市场的控制，或者通过专利丛林效应，控制其他企业在这类领域的进一步发展。事实上，跨国公司通常更倾向于在其产品的重要目标市场国家，特别是生产基地区域国家获得专利权，来达到这种或者共同控制市场，或者限制其他企业发展的策略，见 O' Keeffe(2005)对美国、欧洲、日本、韩国等地区跨国公司的研究。当然这种种专利权获取动机还受到不同国家和地区获得专利权的制度门槛、市场通常的专利战略、市场技术多样性战略表现、国际研发合作难易程度等等因素的影响，以及目标国家专利保护等市场制度和文化的共同影响，见 Guellec 等(2006)的研究。

9.2 何种情况下需要专利：专利与专有技术保护机制

一般而言，企业经过研发过程产生的技术成果，有多种技术保护方式，获取专利权是其中一种，其他方式还包括技术秘密(或专有技术)方式，以及两者相结合的技术先导期优势(lead-time advantage)方式。实践上，专利权获取与专有技术的技术保护方式各有其优势和劣势；同时，两者在相当多的场合下又是结合发展的，配合企业一定程度的技术先导型战略，突出各自优势来实现企业的战略发展目的。

此外，企业专利权的获取又与企业所在国家和地区的市场经济发展特征以及创新文化特征有一定的联系。图 9-1 给出了企业保持其研发成果的通常路径，可以看到，作为重要的技术资产或无形资产的专利技术资源发展是企业市场战略的重要组成部分；同时，特定地区和产业的科技制度和市场文化特征具有了高度技术引领的成分时，企业的专利权选择和专利资产的增长和发展也会成为特定产业、特定区域乃至特定国家的经济发展特征。

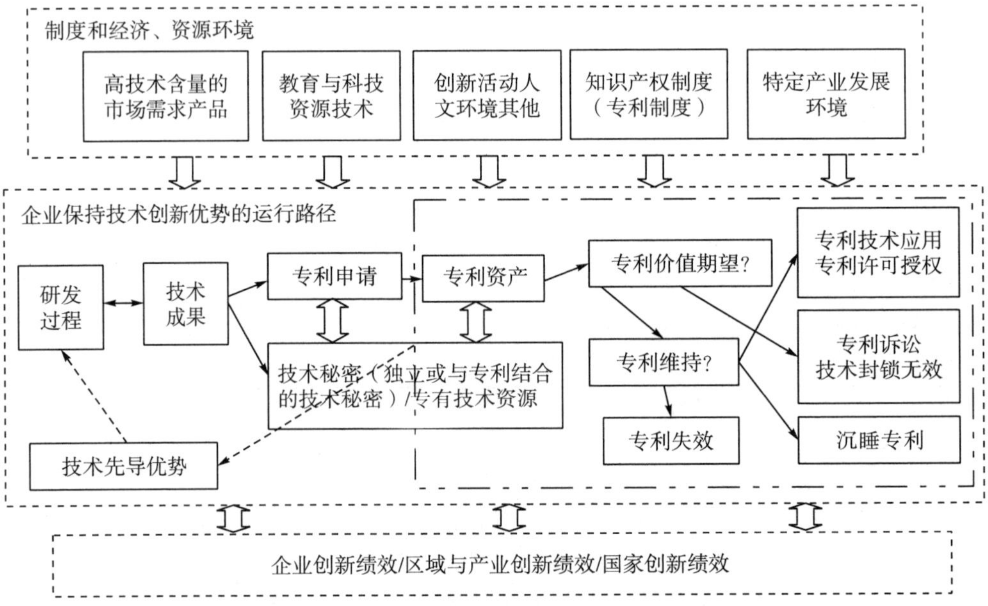

图 9-1 企业专利权获取的期望路径与发展背景

注：作者绘制。

在专利权诉求的前提下，首先需要确定专利权的可能最大收益和相应的成本。根据对图9-1的路径分析，企业研发成果首先有在获得专利权和技术秘密方式两者之间做出选择，一般而言有以下考虑：①所在国家和地区的知识产权制度的立法和司法效率；②技术本身的特性；③市场垄断和竞争特点，例如竞争对手的技术差距；④产业垄断和竞争结构，例如大企业群的控制力，以及行业协会的作用等；⑤其他区域、产业、市场竞争特点等。

事实上，一些以专利权经营为目的的实业专家对此有更为实用的看法，例如Cantrell(2009)以其多年伦敦知识产权公司业务经营者的身份,曾提出以下一些考虑专利权价值的方面，也是决定是否获得专利权的重要参考：①专利权本身的质量和覆盖范围；②在该专利权影响所及的其他专利权的质量和覆盖范围；③行使专利权的法律机构质量及其运行质量；④受此专利权保护的技术发明在市场中的应用方式；⑤支持行使此类专利权的各类可用资源及其可用性本身的情形；⑥竞争对手所拥有的所有相关资源情形；⑦特定的可能用得到的专利诉讼法庭(陪审团等相关机构)情形；⑧专利权所覆盖的、依据专利法可行使的司法权利情形等。

从中可以看出，从实践角度来总结专利权获取的战略考量，专利权的覆盖范围和司法(即行使专利权)的质量(从所有权人角度考虑的司法质量)是主要的方面。

而从技术特性的细节而言，可以综合以下几类情形选择是获取专利权保护还是以专有技术保护为上策(表9-2)。

表9-2　专利权保护与专有技术保护的考量方面

	使用专利保护	保守技术秘密(不申请专利)
保护成本	当保守技术秘密成本过高时，同时技术内容又很容易泄露时，专利权保护是上策	当保护技术秘密较易实现，同时专利权保护的效果微弱，专利司法效率不高时，应用技术秘密保护是上策
保护期限	专利的保护期最长在20年，适宜于中短期的技术保护	如果措施得当，适合于更长时段的技术保护，不受20年的限制
技术生命周期	当技术生命周期相对较长时，易于应用专利形式保护，技术生命周期过短则不适宜。	当技术生命周期相对长，同时，技术的复杂程度又较高，属于研发难度较大的技术，则适宜用专有技术形式来保护
技术内涵的权利划分	专利权划分容易，并可据此由具体的合同定义并实现技术的独占期，以及独立开发的边界等	当不易在企业间以及发明人之间实现技术成果权利划分时，同时也不易定义和实现独占期时，技术秘密更符合实际
技术许可或技术转让控制	容易实现对许可的时段和(销售或制造)场所的控制	一旦转让技术秘密，控制技术的难度较大，以控制具体的工程技术人员为主要手段
技术合作难易	由于权利划分相对容易，因此易于开展边界相对清晰的技术合作，适宜于国际化或跨区域的技术合作	适宜于较高程度的技术合作，同时也往往表现技术转让双方的较大技术差距和差别性技术和生产合作
技术应用范围	当技术的应用范围较广泛时，拥有专利权可能具有更大的市场垄断收益	当技术的应用范围较窄，同时市场分割较精细时，拥有技术秘密容易获得垄断收益
技术标准	专利技术更容易实现技术标准战略	配合专利技术的技术秘密更容易控制标准

注：作者整理。

同时，对技术成果的保护，选择专利技术还是专有技术形式并非一种非此即彼的结果，也有可能是一种结合双方优势的结合。例如，如图 9-2 所示的两类及其混合方式。

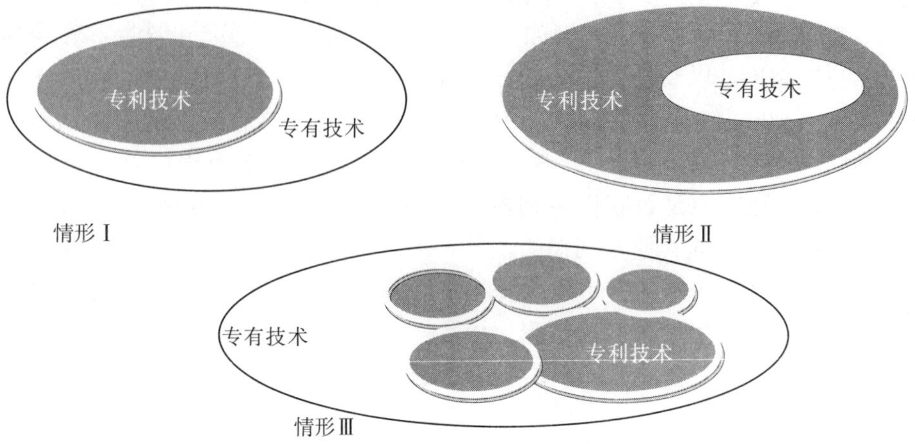

图 9-2　专利技术与专有技术的典型结合方式

(1)情形 I：应用专有技术保护其中包含的专利技术，即将专利技术应用过程中的几乎所有的过程和操作性技术作为专有技术来覆盖和保护，通过保密方式控制特定专利技术的应用过程，或更好应用该专利技术的过程。

(2)情形 II：应用专利权保护其中所包含的专有技术，即申请专利时，在满足专利权审查机构有关新颖性、创造性、实用性(即必要的技术信息披露)基础上，将该设计运行的最佳数据和相关信息加以保密，实现对该技术方案最佳运行性能的保护。

(3)情形 III：应用专有技术来保护必要的专利组合，由于现代化产品通常都是通过成组专利或强力专利组合来保护的，因而对此类专利组合实现专有技术的覆盖，就可以更好地体系化地保护特定的技术群，因此是更为先进的技术保护方式。

同时，将上述三类结合方式灵活运用，可以更好地实现对企业技术资源的保护。

9.3　专利权获取步骤：阶段性决策

对任何潜在的专利权人而言，即使决定应用专利权来保护自身的技术成果，或取得预期的可能市场收益，专利权的获取过程也存在着阶段性的决策问题。其基本考量在于不同阶段上的信息披露和相应的成本，这既包括实际付出的阶段性专利机构要求的费用成本，也包括不同阶段上的当前市场发展动态变化带来的机会成本。

(1)提交专利申请时，专利权人，主要是工商业企业，需要就专利保护的地域范围(即在哪些国家获得专利权保护，又称专利家族规模)和途径(仅仅国内专利机构途径，还是巴黎公约途径或者 PCT 途径)做出决策，特别是跨国专利权获取情形，例如在华专利申请，或我国企业在国外的专利申请，由于构成其专利申请的大部分可能不是在东道国国境内研发得来，当事企业需要就其技术组合的哪一部分，以何种方式在东道国申请专利做出选择，此为阶段决策 1。

(2) 专利权的授予由不同东道国国内的专利局决定，但世界上大多数国家的专利制度都有一个事实上的保密期，即在潜在专利权人向专利机构提出申请，到专利申请进入实质性审查，乃至最后专利机构做出决策(授予专利或否决其专利申请)之间，还有大约 18 个月的秘密期，此为阶段决策 2。

(3) 当专利申请被正式确认授予专利权之后，为维持专利权的有效，专利权人必须逐年缴纳年费，而专利权的价值会随着科学技术的发展，产品生命周期的变化而变化(通常情况下是逐年降低)，专利权人需要根据专利的维持成本和潜在收益做出是否维持专利有效的决策，此为阶段决策 3。

(4) 在保持专利权有效的前提下，专利权人可以就专利权的使用做出选择，专利权使用可以大致划分为两类：①技术的实际应用，包括本企业实施以及创业实施、许可他人使用(通常为相关利益者，例如关联企业或者供应链上下游企业)，或许可他人创业使用；②技术及相关市场的控制，包括许可给竞争对手、向竞争对手发起专利诉讼，也包括用于保障自己的技术发展空间和(或)抑制竞争对手的技术发展空间的技术封锁目的。第二类型的专利的数量巨大，例如其中的沉睡专利也属此类专利，该类专利处于有效状态，但所有权人尚未将其用于生产过程或者市场控制目的。而通过专利权的应用来实现其技术价值，特别是专利权人通过激进型的专利战略，通过法律诉讼等手段压制其他企业(特别在发展中国家，国际型跨国公司利用此类手段压制本土企业的发展空间)，更是当今专利战略的发展主要形式之一。这两类专利技术的应用形式选择属于重要的阶段性决策，此为阶段决策 4。

(5) 当专利权人的专利技术被他人侵权，包括竞争对手的无意识侵犯，或者企业发现自己专利技术的保护范围中出现了新进入者，这时专利权人可以与对方就专利许可进行讨论，如果双方协商一致，则专利许可协议达成(决策 3)；如果双方就专利权使用条款的分歧较大，专利权人便可能提起专利侵权诉讼，寻求司法解决。由于专利权是否有效最终由司法决定，专利诉讼将使专利权面临无效的风险，专利权人需要在诉讼过程中就是否与被控侵权方达成和解做出判断(决策 5)。

上述的决策 1 到决策 5 等五种专利行为同时受到市场需求、科学技术进步、专利制度、创新环境和技术特点等外部因素的影响，外部因素的分析特别是中外专利制度和创新环境的差异分析是专利权获取行为研究的重要部分，而这五种专利行为动机相关分析则更系统的综合了其他相关的种种方面。值得指出的是，企业的专利权获取行为往往是作为一个整体来看待的，因此划分不同的企业样本权来突出不同类别的企业动机十分重要。

9.4 专利申请行为的倾向性：专利权获取的行业差别性因素

如前所述，Scherer (1965，1983) 恐怕是最早定义专利申请倾向为每单位研发投资所产生的专利数量的研究，这个方法可以应用于提供了大量研发投资和专利等公开数据的国家。Kabla (1996) 则引入了一个相对严格的定义，即给定时间内一个行业内至少申请了一项专利的企业的比例。还有几个定义是由Mansfield(1986)的研究演化而来，最初的定义为可申请专利的发明(patentable inventions)中实际申请专利的比例。可申请专利的发明是指发明达到专利法所要求的新颖性，非显而易见性(non-Obviousness)和工业应用的标准。对Mansfield定义的扩展是用商业化了的发明比例代替实际申请专利的发明比例。这个定义克服了一个缺点，即许多发明从来没有商业化过，因而没有经济价值。而且这个缺点还会因为一个专利并不对应一项发明，更不对应一项创新的事实而扩大，Acs等(1988)的研究表明一项创新对应的专利数量在0.6～49波动。而Arundel(1998)在欧洲创新群体调查(CIS)中提出创新倾向的衡量使用的是以销售额为权重的专利倾向率。

Scherer最早分析专利申请倾向时便指出，专利申请倾向在不同行业和不同规模的企业间不同。现有文献的研究结论表明，影响专利申请倾向的因素在行业与行业间不同(Arundel，1998)；专利申请倾向随公司规模递增(Mansfield，1986)，(Aroundel，1998)，(Brouwer、Kleinknecht，1999)；处于创新集群的企业更倾向与申请专利(Chabchoub、Niosi，2005)；工艺创新的专利申请倾向低于产品创新(Brouwer、Kleinknech，1999)；专利保护强度(Kortum、Lerner，1999)、财务动机(Mowery、Ziedonis，2002)、政治稳定性(Waguespack、Birnir，2005)能够提高专利申请倾向；独立创业企业(independent venture)申请专利的倾向低于公司创业企业(corporation venture)(Zahra，1996)，科学机会、可申请专利性、性别、生命周期、制度联系和社会网络等因素影响研究人员的专利申请倾向等(Azoulay、Ding，2007)。

综合以上，基于成本效益原则是比较基础性的解释，特别在中国乃至一般意义上的发展中国家的经济发展中，即一件专利在发展中国家的预期价值决定了它是否在该国申请。专利在一个特定国家的价值受到该国专利制度的影响。虽然每件专利的商业化潜力各不相同，但是专利审查和诉讼的程序对所有专利是相同的。

9.5　专利申请决定因素研究综合分析

有关专利申请的决定因素，事实上反映了专利权获取行为的动机，本节根据以往的多类研究工作，将其中有关专利申请行为的研究，特别是运用计量经济学对各类典型组织的专利权获取动机进行考察的理论和实证研究，作相应的综合，给出下列有关企业/个人、行业/机构和国家三个层面上的相关研究工作，突出了有关专利申请行为决定因素，即专利权获取动机意义上的研究思想和成果。

9.5.1　企业层面专利申请行为的决定因素研究综述

现有文献研究专利申请时，都将专利申请作为创新的产出指标，而在理论上阐述专利申请的决定因素时也往往与创新联系在一起，下面三个创新影响因素的分析(Lerner，2006)可以作为企业层面专利申请决定因素的参考。第一类影响因素是企业的规模和发展寿命。就企业规模而言，熊彼特学说认为(Schumpeter，1942)，在渐进创新的层面上认为大企业比小企业更适合从事创新，而行业层次的创新随市场集中度更体现这样的趋势(Nielsen，2001)。但值得指出的是，虽然企业规模的影响因素很重要，有关实证研究文献也有相当数量，但其研究结论并不统一，而是有一定的差异(Cohen et al.，1987)。而从企业发展寿命的角度看，显然年轻的企业更被认为是在引入新产品上更加有效(Prusa、Schmitz，1994；Henderson，1993)。第二类影响因素是财务约束。因为研发项目存在着信息不对称问题使得从外部进行研发融资变得困难，结果企业可能也不能实现好的研发项目。许多早期的研究认为现金流和研发投资之间存在联系，最近的研究则更系统的研究了这个议题，发现小企业的研发投资对现金流的敏感性更加显著(Himmelberg、Petersen，1994)，而希望提高杠杆效应的企业则倾向于减少研发投资(Hall et al.，199)。第三类因素是获取知识溢出的能力。大量的理论文献(Romer，1986)认为技术知识的溢出是未来创新的重要源泉，也是专利制度的重要贡献途径之一，但知识和技术的溢出往往局限于一定的地理范围(Jaffe et al.，1993)，而且创造活动比制造活动更集中(Audretsch、Feldman，1996)。另外，企业可能寻求与学术界建立密切的联系以增强他们的吸收能力(Cohen、Levinthal，1989)，这些观点在生命科学中更获得直接的实证研究支持(Henderson、Cockburn，1996；Zucker et al.，1998)。

在这些因素之外，Olsson 和 McQueen 构建了一个决定企业专利申请的模型(Olsson、McQueen，2000)。该模型由三组要素组成，分别为申请专利的需要、申请专利的能力和获取有效专利的潜力。具体而言，第一组指标反映了与前面所述的专利申请倾向和动机。公司和所处环境的复杂性令人很难对其申请专利的需要做出评价，从而越来越多的研究人员和实践者开始研究公司选择申请专利或者保密的原因。第二组申请专利的能力基于公司的内部环境，包括普通专利知识、战略专利知识和成本。第三组获取和使用专利的潜力基于企业的外部环境，但是这些因素的某些方面也与公司特征相关，包括专利效力和可申请专利性。

另外就个体专利权所有人(往往就是发明者本人)而言，技术机会往往是个体发明家申请专利的重要影响因素。技术机会有三个维度，即技术表现、技术不确定性和技术可行性。其中，前两个维度是显著和重要的决定商业化成功概率的因素，而第三个维度对申请专利的影响最大(Åstebro、Dahlin，2005)。

9.5.2　行业/机构类型层面专利申请行为的决定因素研究

行业层面专利申请的决定因素虽然可能仍然以企业层次的专利申请数据为基础，但是着重要说明某一个行业所特有的决定因素。由于行业影响着专利申请倾向，所以大部分实证研究都是针对某一特定行业。例如，Belderbos 分析了 231 家日本大中型电子企业的专利和海外分支机构数据，在企业层次上的统计分析表明，与海外创新数量(以在美国专利局申请的专利数量表示)有显著正相关关系的决定因素包括研发强度、出口强度、海外制造的强度、海外绿地投资的操作经验以及海外制造中购并的相对重要性，而企业的规模与海外创新呈现出非线性关系(Belderbos，2001)。Avermaete 等(2003)则特别分析了欧盟小型食品制造企业的产品和工艺创新的决定因素，虽然小型食品制造业一般被认为在一个成熟而且低技术的领域操作，研发活动有限而专利申请稀少。作者提出了一个分析小型食品企业创新的内外决定因素的框架，实证结果强调了企业员工技能，企业在默悟知识上的投资和外部信息源的使用等因素所起的关键作用(Avermaete、Viaene，2003)。

上面两篇文献关注于制造业创新，而 Lerner 则分析了影响金融创新的因素(Lerner，2006)，作者认为金融业与制造业的创新在专属性(appropriability)、规范(regulation)、协作(collaboration)方面有着重要差别。所以在金融业，有更强的市场力量以及与顾客有更安全关系的投资银行更有可能创新，在产品市场上盈利能力有限的企业，即最弱和最小的企业，有最大的引入新产品和服务的动机，是最具创新性的。

上面的文献分析工业专利申请的决定因素，而对于研究机构也有学者展开了研究。Tuzi 以意大利国家研究院为对象，分析了决定公共研究机构技术生产的因素(Tuzi，2005)。文章扩展了 Furman 等(2002)提出的国家创新能力模型，认为决定公共研究机构技术生产(以专利申请为指标)的因素包括机构的技术存量，机构的基础设施，机构与外界的联系，机构的科学能力等等。结果表明在科学活动与技术生产之间存在着正向关系，而与大学或企业的合作并不能影响研究机构的创新强度。所以有用的科学才是好科学(useful science is good science)。

9.5.3　国家层面专利申请行为的决定因素研究

国家层面决定专利申请更多地与国家的宏观经济发展和政治法律环境有关。例如 Kortum 和 Lerner(1999)利用专利数据分析了关于美国国内专利申请自 1995 年以来急剧增长的原因。作者提出了三个可能的假设，其中心假设是专利申请的跳跃反映了因为法律环境变化导致的专利申请倾向的增加。1982 年美国专门审理专利案件的联邦巡回上诉法庭被国会宣布成立，在这之前专利案件在不同地区受到不一致的审理。新法庭的成立被广泛认为倾向于保护专利权人，所以该假设被称作友好法庭假设。与这条假设对应的是两种备选解释。第一种备选解释认为专利的剧增反映了大范围的技术机会。过去 20 年中新企业的成立和高技术部门的创新爆炸性地增长，尤其在生物技术、信息技术和软件行业。专业化的金融中介在资助这样的企业上发挥了关键作用，风险资金组织在这段时间有超过 10 倍的增长。专利申请的跳跃可能表明了一个技术革命的开始。而且信息技术应用于发现过程本身也大大提高了研发生产率。最后,由于过去 10 年研发机构管理机制的变化导致研发活动是更多地转向应用，从而增加了可申请专利的数量。上述这一系列观点被集合成为技术机会假设(fertile technology hypothesis)。第二种备选解释是友好法庭假设的延伸，反映了在大量政治经济学文献中指出的企业和监管部门 (regulator)之间的交互。这类文献证明了处于牢固地位的在位者能够利用规则或行政管理上的变化来增强它们相对于进入者的优势。如果美国转向更强的专利保护不是一种外部事件，而是特定集团游说的结果的话，那么这些集团将从政策变化中受益更多。一种可能受益最多的利益集团是国内企业，相对的，许多海外公司可能会觉得美国专利系统变得对国外的专利人不友好。第二个含义是专利保护的加强仅仅有利于一部分国内企业。尤其是推动这些改革时最活跃的，已经建立了专利部门的大企业，上述观点被称为利益集团假设。上述的三种假设分别涉及法律、科技和政治三个方面，极好地诠释了国家层次的专利申请行为。

Sun(2003)则分析了外国专利申请在中国的决定因素，研究发现外国专利主要由需求因素驱动(例如 FDI，进口)，而来源国的创新能力(在美国的专利数量)或者与中国的距离并没有显著影响，尤其对于发明专利而言，这些都表现出了中国市场日益增长的竞争。对于发展中国家而言，其国家的专利制度更容易受到加入某国际协议的影响。Ninan 和 Sharma(2006)分析了加入 WTO 对印度渔业专利申请的影响，发现加入 WTO 之后印度渔业的专利申请数量稳步上升，但是专利集聚的领域出现了结构性变化。

除了专利政策之外，更多地研究关注于环境政策的变化对专利申请的影响。例如 Lanjouw 和 Mody(1996)分析了环境相关领域的技术创新和技术溢出。作者认为政策通过增加消除环境污染的投入而影响创新。在发达国家这种相关关系是显著的，而在发展中国家虽然本国专利申请体现了对引进技术的消化吸收，但外国专利申请起到了决定性作用，并且保护着蕴含在出口设备中的技术。而 Popp(2006)分析环境政策的改变对创新带来的影响时，得出更加严格的环境标准的实施，将导致更多的本国专利申请，而不是外国专利申请。发明者响应本国的环境政策压力，而不是外国的环境政策。专利引用分析表明，早期的更严格的外国环境专利确实对于美国相应技术领域的创新做出了贡献。

如果说上述作者的研究局限于某一特定国家的话，那么 Furman 等(2002)提出的普适型国家创新能力研究框架则是将专利制度及其相关的技术资源作为国家创新能力的重要组成部分。作者将国际专利申请(外国在美国专利商标局的专利申请)作为创新产出，利用生产函数考察了国家层次的国际专利申请的决定因素。作者认为国家创新能力取决于三个方面：公共创新基础设施、专业化集群的创新环境以及上述两者间的连接质量。作者发现虽然国家之间创新投入水平的差别能够揭示大部分差异，但是研发生产率相关的因素也扮演着相当重要的角色。而且国家创新能力也影响了下游的商业化，例如反映在高技术出口市场的占有率上。值得注意的是 OECD 国家的创新能力水平在平均 20～30 年的时间区段上存在着较为显著的收敛现象。

9.6　专利权获取行为体系化分析结构

根据以上对获取专利权相关研究的成果与研究思想综合分析，专利权获取行为的观测实际上包含了专利权的功能考量，但又是结合不同经济和技术背景、结合不同产业和企业战略背景下的考量，因此，这一主题具有宏观考察和微观考察的意义，其中所包含的研究思想和分析线索实际上也关系到本书的其他章节，本章将这一研究线索做一个大致的体系化综合，可以分为以下几个递进的层次。

1)国家或区域层面的专利权获取效应的观测

(1)宏观层面的专利与生产率的关系(专利制度的创新福利效应问题)：①研发、专利与生产率关系问题；②专利与创新水平(例如，某种创新指数)的关系；③专利与竞争力(例如，某种竞争力指数)之间的关系。

(2)专利制度的创新及社会福利效应问题(例如，专利与创业之间的关系)。

(3)专利制度的社会福利效应问题(例如，专利与就业的关系)等。

2)企业层面的专利权获取效应和获取行为的观测

(1)微观层面的专利权与企业利益最大化的关系：①专利活动与企业绩效问题(参考第

三章)；②专利技术深度与企业绩效问题；③专利技术宽度(技术多样化)与企业绩效问题。

(2)分时段：当前企业专利权获取行为：①专利许可行为(参考第十章)；②专利诉讼行为(参考第十二章)。

(3)分时段：基于企业远期收益的专利权获取行为；专利维持行为研究(参考本书其他章节，特别有关专利维持与专利价值参考第二十三章)

(4)竞争优势构建：群专利行为。①技术路径阶段分区及其群聚集问题；②单一企业的技术发展路径的群专利或组合专利问题；③群落企业技术发展路径的组合专利和专利竞争(专利联盟与专利池)(参考第十一章)。

根据上述分析，专利权获取行为的研究实际上可以分为两个部分：一是专利权获取的效果，或称专利权获取效应的研究，大多可以归于经济学范畴的分析和研究；另一类是专利权获取行为的研究，大多可以归于微观层面的管理学范畴的分析与研究，大致可通过设定不同的样本群和窗口期，根据以往的专利权获取效果的分析来发现其中不同组别专利权获取效果的差异，探讨其中的行为管理的问题。

同时，根据上述分析逻辑，客观上也还存在相当多的专利权获取行为的研究空间，特别是，不同企业群落，包括国别和不同区域划分、不同产业划分、不同企业规模划分等意义上的企业群落，或所有权人群落层面上也都有相应的专利权获取行为的差异，值得展开深入研究。这里，本书的相关章节以及本章的作用只是试图提供一种体系性的研究思路，以及部分相关的初步研究成果。

第十章　专利战略：专利许可的控制和管理

导言：

对专利许可的研究，是把握专利的实际应用信息意义上更为贴切的专利质量研究，目前客观上也有这样的信息可以采用。因此，针对专利许可展开专利技术资源竞争和管理领域的研究是大有可为的。本章收入有关专利许可行为的相关理论解释和针对中国市场数据的初步实证研究，重点是针对外国专利许可人在中国市场的许可特征的分析，以2007年附近数据分析为主，以当时的市场竞争而言更突出了外国专利权人的竞争优势特点，其结果有一定的参考意义。其中，专利许可的决定因素的讨论，也是在为专利的价值分析提供支持。

10.1　国际市场专利许可行为的研究

专利权获取之后，专利权人有多重渠道和目的来使用其专利权，主要途径包括自行实施、许可他人实施、封锁竞争者、专利储备以应对他人的可能诉讼，并可能形成沉睡专利等（Giuri et al.，2007）。多种专利使用途径的出现是因为从发明到新产品或者新技术商业化的道路漫长而且代价高昂，而且并不是所有的发明和新技术都能够转化为商业上盈利的创新。许多专利从来没有得到实施，这些专利中仅有部分专利产生了经济回报。是否使用专利以及如何使用专利的决策依赖于一系列因素。例如，专利权人可能不具备实施专利的下游资产，通常的情况包括专利权人是一家小企业，个人发明者或者科学机构。在这些情形下，许可便成为一种选择。即使是大企业也有未实施的专利，这些专利大都用于战略性目的，例如用来封锁竞争者，改善公司在交叉许可协议中的议价能力，或者避免被竞争者封锁等。

根据面向9,017件欧洲专利（patval-EU）进行的发明者调查结果（同前），专利的可能使用情况如表10-1所示。

可以看到，近1/2的欧洲专利（51%）被其申请机构用于工业或者商业用途。而近36%的专利没有被使用，其中1/2的专利被用于封锁竞争者，另一半则是沉睡专利。另外，6%的专利被对外许可，4%的专利同时被许可和内部使用，而3%的专利被用于交叉许可，即总共仅有13%的专利被许可。

如果分行业来看，则仪器行业用于三种许可目的专利比例最高，达到18%。如果分规模和机构性质来看，则不同规模的企业在专利使用上存在着显著不同。例如大型企业将一半专利用于自用，10%的专利用于许可贸易，40%的专利未使用，自用比例最低，未使用比例最高，许可贸易比例最低；中型企业自用比例最高，高达66%；最后小型企业许可贸易比例最高，为 26%，未使用比例最低，仅为 18%。即企业规模决定了企业对专利的使用和许可情况。而研究机构和大学的专利用于许可贸易的比例普遍高于企业，例如民营研究机构为 42%，公共研究机构和大学为 33%，其自用比例则远低于企业。

表 10-1　欧洲专利的使用情况

	内部使用 /%	许可 /%	交叉许可 /%	许可和使用 /%	封锁竞争者（未用）/%	沉睡专利（未用）/%
（以下按照行业分布，观测数=7,711）						
电子工程	49.2	3.9	6.1	3.6	18.3	18.9
仪器	47.5	9.1	4.9	4.3	14.4	19.8
化学和药品	37.9	6.5	2.6	2.5	28.2	22.3
工艺工程	54.6	7.4	2.0	4.9	15.4	15.7
机械工程	56.5	5.8	1.8	4.2	17.4	14.3
总计	50.5	6.4	3.0	4.0	18.7	17.4
（以下按照规模和机构性质分布，观测数=7,556）						
大型企业	50.0	3.0	3.0	3.2	21.7	19.1
中型企业	65.6	5.4	1.2	3.6	13.9	10.3
小型企业	55.8	15.0	3.9	6.9	9.6	8.8
民营研究机构	16.7	35.4	0.0	6.2	18.8	22.9
公共研究机构	21.7	23.2	4.3	5.8	10.9	34.1
大学	26.2	22.5	5.0	5.0	13.8	27.5
其他政府机构	41.7	16.7	0.0	8.3	8.3	25.0
其他	34.0	17.0	4.3	8.5	12.8	23.4
合计	50.5	6.2	3.1	3.9	18.8	17.5

注：Giuri 等(2007)，表格内的数字均为百分比，并且每行的百分比之和等于 1。

而专利未被使用对专利制度的影响也是研究的热点之一。例如专利保护强度的提高将增加专利申请倾向，并且减少专利的使用。当专利的保护范围变宽时，不使用该专利的社会成本提高，因为此时专利权人不太可能拥有实施专利多种用途所需的全部异质性资产和能力，然而专利所有权给予了专利权人阻止任意第三方实施该专利的权利。

Gambardella 等(2007)进一步对专利许可的决定因素进行了分析，发现影响专利许可的最重要因素是企业的规模，其他的因素还包括专利的通用性、专利价值、专利权的保护、非核心技术、专利的科学本质等，但是其影响较小。而且尽管上述因素都影响专利权人许可专利的意愿，但是仅有少部分因素，主要是企业规模，影响许可实际发生的概率。

而世界专利许可市场在近年来飞速发展，Athreye 和 Cantwell(2007)指出，一方面世界许可收入大幅增长，从 20 世纪 80 年代不到百亿美元，飞速增长到 2000 年的接近 800 亿美元；另一方面，获得专利许可收入的国家数从 1985 年的 35 个剧增至 2003 年的 83 个。而 Razgaitis(2005)基于专利许可调查给出了更新的数据，472 家美国和加拿大的样本公司在 2004 年总共为取得专利许可支付了 144 亿美元，占当年研发支出的比例为 7%～12%；总共获得对外专利许可收入 90 亿美元，占当年大型企业(500 人以上)销售收入的

5%～12%，小型企业销售收入的 32%～49%。

总体来看，专利许可虽然比例也可能不大，但所具有的收益却迅速增加，同时专利许可主体也在日益扩大。

10.2　外国在华专利权人的专利许可发展现状和特点分析

我国《专利法实施细则》第 13 条规定："专利权人应当将其与他人签订的实施专利许可合同，在合同生效后三个月内向专利局备案"。1986 年 3 月 10 日当时的中国专利局发布《专利许可合同备案公告(第 12 号)》，规定了专利许可合同备案的方式和要求。2002 年 1 月 1 日，《专利实施许可合同备案管理办法》开始施行。新办法赋予已备案的专利实施许可合同下列权利：①已经备案的专利实施许可合同的受让人有证据证明他人正在实施或者即将实施侵犯其专利权的行为，如不及时制止将会使其合法权益受到难以弥补的损害的，可以向人民法院提出诉前责令被申请人停止侵犯专利权行为的申请；②经过备案的专利合同的受让人对正在发生或者已经发生的专利侵权行为，也可以请求地方备案管理部门处理；③当事人可以凭专利合同备案证明办理海关知识产权备案手续；④经过备案的专利合同的许可性质、范围、时间、许可使用费的数额等，可以作为人民法院、管理专利工作的部门进行调解或确定侵权纠纷赔偿数额时的参照。同时国家知识产权局从 2002 年开始设立专利合同备案数据库，管理备案数据，并提供公众查询；同时专利合同备案的有关内容由国家知识产权局在专利登记簿上登记，并在专利公报上公告。

本章的专利许可分析主要基于国家知识产权局网站上提供的历年专利合同备案统计数据，其中由国家知识产权局受理的专利许可合同备案数据包括 2002～2009 年第一季度，而相应时间段上各省市知识产权局受理的专利许可合同备案只有 2002 年、2003 年和 2008 年的数据。

10.2.1　我国涉外专利许可合同备案的情况

我国受理的专利许可合同备案在各年度的分布情况如表 10-2 所示。首先看由国家知识产权局受理的专利许可合同备案，如果以合同数来看，2003 年的合同数剧增，但是专利许可人的数量反而较 2002 年有所下降，原来在 2003 年有涉及 DVD 技术的专利由少数外国专利权人同时向多家国内厂商许可，导致了上述合同数剧增而许可人反而减少的现象出现；而 2008 年的合同数更是从 2007 年的不到 200 件剧增至近 1,600 件，同时许可人数也从 110 人增至 591 人，但是查阅合同内容后发现大部分新增的许可人属于国内居民。而从作为许可标的的专利数来看，2005～2007 年，平均每项专利许可合同涉及的专利数分别为 22 件、10 件和 13 件，而在其他年份平均每项合同的专利数少于 3 件。其次，由地方知识产权局受理的专利许可合同备案的趋势更为明显，所有指标从绝对量上来看都在增加，而且在 2008 年已经达到相当的规模；而每项合同的许可人数和受让人数都有减少的趋势，而每项合同的专利数则有增加的趋势。最后，由地方知识产权局受理的合同数均高于国家知识产权局，且在 2008 年差距有扩大的趋势。

表 10-2　我国受理的专利许可合同备案的分布情况

年份	合同专利数	合同数	许可人数	受让人数	专利数
国家知识产权局受理的专利许可合同备案					
2000	129	110	33	34	127
2001	159	98	45	61	127
2002	283	156	60	115	120
2003	485	301	55	141	288
2004	440	111	62	96	315
2005	4,822	114	59	90	2,533
2006	1,800	124	72	98	1,193
2007	4,443	186	110	133	2,379
2008	2,981	1,598	591	654	2,485
2009 第一季度	2,380	1,763	681	694	2,336
地方知识产权局受理的专利许可合同备案					
2002	209	185	114	120	203
2003	563	422	209	246	512
2008	8,761	6,727	2,136	2,232	8,467

注：根据国家知识产权局网站“统计信息”栏目下“专利实施许可合同备案登记相关信息”整理；合同专利数即该年份按照合同备案号和专利号不同来计算的记录条数；合同数即该年份备案的专利许可合同的数量；许可人数即该年份备案的专利许可合同中涉及的不重复专利许可人的数量；受让人数即该年份备案的专利许可合同中涉及的不重复专利受让人的数量；专利数即该年份备案的专利许可合同中涉及的不重复专利的数量，本节各图表的来源同此附注。

再进一步对许可人的国别进行分析，国家知识产权局的专利许可合同备案中许可人为外国居民的比例在各年的分布情况如图 10-1 所示。

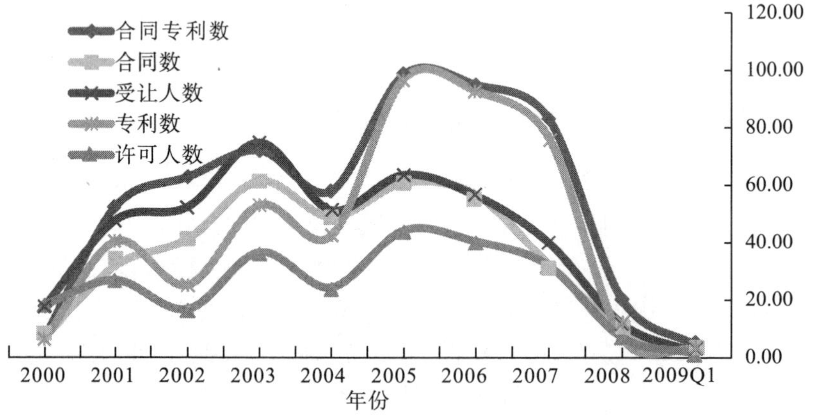

图 10-1　我国涉外专利许可合同备案的比例在各年份的分布

各年涉及的外国许可人比例在 2007 年及以前在 17%～44%，是所有五项指标中比例最低的；但是从合同数和专利数这两项关键指标来看，外国专利权人则在我国的专利许可市场扮演着重要的角色。例如，在 2001～2007 年，涉及外国许可人的合同比例则均在 30%以上，在 2003 年和 2005 年达 60%以上。而涉及外国专利许可人的专利比例在 2005 年和 2006 年更是高达 90%以上，在 2007 年也高达 76%。而地方知识产权局受理的专利许可合同备案中，2002 年仅有 2 项涉及外国许可人的合同，2003 年有 5 项，而 2008 年为 0 项，由此可见几乎全部涉及国外专利权人的专利合同都是在国家知识产权局备案的，而地方知识产权局主要受理双方均为国内居民的专利许可合同。

10.2.2　外国专利许可人分析

(1) 以下部分将集中对涉外专利许可合同进行分析。涉外专利许可合同共有 728 件，其中合同数超过(含) 10 件的外国许可人有 13 家，具体如表 10-3 所示。

表 10-3　超过(含) 10 件专利许可合同的外国许可人

合同数降序	外国专利许可人	合同数	专利数
1	株式会社东芝	80	4
2	荷兰皇家飞利浦电子股份有限公司	70	1,679
3	多尔拜实验室特许有限公司	58	1
4	住友特殊金属株式会社	51	50
5	BCD 半导体制造有限公司	46	24
6	皇家飞利浦电子有限公司	28	867
7	株式会社日立制作所	28	6
8	皇家飞利浦电子有限公司	24	21
9	美国高通公司 (QUALCOMM Incorporated)	17	15
10	杜比实验室特许公司	14	1
11	意大利息思维有限责任公司	13	12
12	Ovonic Battery Company.inc..	10	10
13	汤姆逊许可证公司	10	4

从表 10-3 可见：①外国许可人前 13 家的合同总数为 449 件，占比 62%，可见专利许可合同在外国许可人的分布非常集中，少数外国企业把持了大量专利许可合同。②外国专利许可合同主要集中在电子信息产业，包括排在第 1 位的日本株式会社东芝，第 2、6、8 位的荷兰皇家飞利浦电子股份有限公司，第 3、10 位的美国杜比公司，第 5 位的 BCD 半导体制造有限公司，第 7 位的日本日立制作所，第 9 位的美国高通公司，第 11 位的意大利息思维有限责任公司，第 12 位的美国 Ovonic 电池和第 13 位的法国汤姆逊许可证公司。特别是日本株式会社东芝、荷兰皇家飞利浦电子股份有限公司、美国杜比公司、日本株式会社日立和法国汤姆逊许可证公司等公司的专利许可合同都与 DVD 相关技术相关，凸显了 DVD 技术在我国专利许可证市场的重要地位。唯一不属于电子信息产业的即第 4 位的日本住友特殊金属株式会社，属于有色金属行业。③外国许可人的合同数与专利数极不对称，例如以日本株式会社东芝为许可人的专利许可合同高达 80 件，可是其许可标的仅 4 件；又例如美国杜比公司的 72 件许可合同都指向同 1 件专利，即少数极重要的专利在中国市场重复许可给多位受让人。

(2) 进一步按照专利数对外国许可人排序，涉外不重复专利数为 3,972 件，该数量与表 10-1 有差别，因为外国专利人可能在不同年份对相同的专利进行多次许可，这导致整体的不重复专利数低于分年份的不重复专利数之和。而超过 30 件专利的许可人为 14 家，具体如表 10-4 所示。

表 10-4　超过 30 件专利的外国许可人

合同数降序	外国专利许可人	合同数	专利数
2	荷兰皇家飞利浦电子股份有限公司	70	1,679
34	荷兰皇家飞利浦电子有限公司	3	1,408
7	皇家飞利浦电子有限公司	28	867
170	荷兰皇家立飞利浦电子股份有限公司	1	856
79	DISCOVISON　ASSOCIATES	1	349
176	米其林研究和技术股份有限公司、米其林技术公司	1	251
80	DISCOVISION　ASSOCIATES	1	118
94	SHELL RESEARCH LIMITED (英国壳牌公司)	1	67
25	株式会社生方制作所	4	60
52	马渊马达株式会社	2	54
4	住友特殊金属株式会社	51	50
115	维尔克鲁工业公司 (VELCRO INDUSTRIES B.V.)	1	50
144	鲁奇油气化工有限公司　Eastman 化工公司　SK 化工有限公司	1	38
36	YKK 株式会社	3	31

注：DISCOVISON 应为 DISCOVISION，荷兰皇家立飞利浦电子股份有限公司应为荷兰皇家飞利浦电子股份有限公司，原数据如此，这里不做处理。

表 10-4 说明：①前 14 家许可人共许可不重复专利 3,279 件，占比 83%，较合同数的集中程度更高，可见在华许可的外国专利掌握在极少数外国企业手中。②外国许可人涉及的技术范围更加广泛，除了荷兰飞利浦、美国 DISCOVISION ASSOCIATES 涉及 DVD 技术外，法国米其林、英国壳牌公司、鲁奇油气化工有限公司、Eastman 化工公司、SK 化工有限公司属于橡胶和石油化工行业，维尔克鲁工业公司和日本 YKK 株式会社属于服装加工工业，日本株式会社生方制作所和马渊马达株式会社属于仪器行业，而住友特殊金属株式会社则属于有色金属行业。③部分外国许可人的专利数较多，而合同数极少。上述 13 家许可人中只有荷兰飞利浦和日本住友特殊金属株式会社的合同数排名在 13 名之内，其他的许可人虽然专利数较高，但是合同数排序普遍较低，其中甚至有 7 个许可人只出现在 1 次许可合同中。可见大量专利是通过一次性的许可合同转移到国内。

10.2.3　涉外专利受让人分析

为了对专利许可合同和专利的流向有准确的把握，以此来了解外国许可人在华许可的方式，进一步对受让人的合同数和专利数进行分析。首先将受让人按照合同数降序排列，得到合同数超过(含)5 件的受让人 12 家，如表 10-5 所示。

表 10-5 超过(含)5 件合同的受让人

合同数降序	受让人	合同数	专利数
1	安泰科技股份有限公司	49	49
2	上海新进半导体制造有限公司	46	24
3	比亚迪股份有限公司	11	15
4	深圳思名烨科技有限公司	9	9
5	南通万德电子工业有限公司	6	6
6	厦门松下电子信息有限公司	6	361
7	佛山市三水好帮手电子科技有限公司	5	27
8	南靖万利达科技有限公司	5	10
9	江苏宏图高科技股份有限公司	5	13
10	廊坊立邦涂料有限公司	5	5
11	宁波博一格数码科技有限公司	5	12
12	康佳集团股份有限公司	5	11

表 10-5 说明：

(1) 前 12 家受让人的合同总数为 156 件，占比 22%，仅有 3 家的合同数超过 10 件。可见受让人的集中程度极低。

(2) 前 12 家受让人可以大体分为两类。①受让人属于外国在华子公司，例如上海新进半导体制造有限公司则属于 BCD 半导体制造有限公司的在华子公司；深圳思名烨科技有限公司属于韩国扎尔曼技术株式会社在华设立的子公司；南通万德电子工业公司属于新加坡万德国际有限公司在华子公司；廊坊立邦涂料有限公司属于日本油漆株式会社在华子公司。②受让人则属于国内企业，例如安泰科技股份有限公司属于有色金属行业，主要从日本住友特殊金属株式会社获得专利许可；比亚迪股份有限公司则主要从美国 Ovonic 电池公司获得专利许可；而第 6、7、8、10、11 位的受让人则都与 DVD 技术的专利许可有关。

(3) 受让人专利数与合同数的比例大于 1，这是因为一件专利只能转让给受让人一次，而许可人却可将一件专利许可给多个受让人。

将受让人按照专利数降序排列，得到受让专利数超过百件的受让人 20 家，如表 10-6 所示，可以得到结论如下：①前 20 家受让人共受让不重复的专利数 3,037 件，占比 76%，远高于专利许可合同的集中程度。②专利数降序排列前 20 位的受让人的合同数都很少，仅有厦门松下电子信息有限公司排在合同数第 6 位。另外有 9 家受让人的合同数仅为 1 件，其他 10 家受让人的合同数也低于 5 件。③受让人的专利均来自表中排名靠前的外国许可人，除了厦门松下电子信息有限公司和常州新科数字技术有限公司的专利主要来自 DISCOVISION ASSOCIATES；上海米其林回力轮胎股份有限公司来自其母公司；大唐国际发电股份有限公司来自于英国壳牌、联合碳化化学品及塑料有限公司和鲁奇 AG 公司外，其余 16 家受让人的绝大部分专利全部来自荷兰飞利浦，另外极少数量的专利来自于日本日立、松下电器、东芝、美国杜比公司等。在受让人列表中同样发现了非常集聚的 DVD 专利许可的现象，除了上海米其林回力轮胎股份有限公司和大唐国际发电股份有限公司外，其他的 18 个受让人都是我国 DVD 播放机和盘片的生产商。

表 10-6　超过 100 件专利的受让人(按受让专利数排序)

受让人	合同数	受让专利数
重庆禾兴江源科技发展有限公司	1	1,311
东莞大新科技有限公司	3	1,224
深圳山灵数码科技发展有限公司	1	856
厦门松下电子信息有限公司	6	361
广州长嘉电子有限公司	3	351
惠州市德赛视听科技有限公司	4	350
鸿谱数码科技(惠州)有限公司	3	347
深圳华甲数码有限公司	3	347
东莞康特尔电子有限公司	2	345
东莞超普电子有限公司	2	345
江西欧亚易数据科技有限公司	2	342
辽源九州数码科技有限公司	2	339
上海米其林回力轮胎股份有限公司	1	251
上海联合光盘有限公司	1	161
上海华德光电科技有限公司	1	160
江苏永兴多媒体有限公司	1	144
宁波精胜科技有限公司	1	143
昆山沪铢光电科技有限公司	1	143
大唐国际发电股份有限公司	3	119
常州新科数字技术有限公司	1	118

10.2.4　专利许可合同的类型分析

由于国家知识产权局受理的专利许可合同备案中，仅有 2008 年对许可类型进行了标注，而地方知识产权局受理的各年专利许可合同备案中均有许可类型的数据，本小节将基于 2008 年国家知识产权局和地方知识产权局的专利许可合同进行分析，我国专利许可合同在许可类型上的分布(合同数)如表 10-7 所示。可以看到，在 2008 年，以国内居民为许可人的专利许可合同以独占许可为主，占比 94%，普通许可占比 4%，排他许可占比 1%，其他各种许可类型累计不到 1%。而以外国居民为许可人的专利合同虽然独占许可仍占多数，达到 59%；但是普通许可比例大大上升，为 34%，同时排他许可占比 1%，与国内居民相当。2008 年我国专利许可合同在许可类型上的分布(专利数)如表 10-8 所示。

表 10-7 2008 年我国专利许可合同在许可类型上的分布(合同数)

许可类型	合计	比例/%	国内居民	比例/%	国外居民	比例/%
总计	8,325	100	8,170	100	155	100
独占许可	7,772	93.36	7,680	94.00	92	59.35
普通许可	410	4.92	358	4.38	52	33.55
排他许可	86	1.03	76	0.93	10	6.45
独占许可、分许可	35	0.42	35	0.43	0	0.00
分许可	13	0.16	13	0.16	0	0.00
其他许可	9	0.11	8	0.10	1	0.64

注：其他许可类型包括(普通许可、分许可)，(独占许可、普通许可)，(普通许可、交叉许可)，(排他许可、交叉许可)和交叉许可，由于观测数太少合并考虑，本小节表格同此注。

表 10-8 2008 年我国专利许可合同在许可类型上的分布(专利数)

许可类型	合计	比例/%	国内居民	比例/%	国外居民	比例/%
所有类型	10,946	100	10,773	100	173	100
独占许可	9,881	90.27	9,777	90.75	104	60.12
普通许可	870	7.95	817	7.58	53	30.64
排他许可	107	0.98	97	0.90	10	5.78
独占许可、分许可	35	0.32	35	0.32	0	0.00
分许可	19	0.17	19	0.18	0	0.00
其他许可	34	0.31	28	0.26	6	3.47

将表 10-7 和表 10-8 进行比较，可以看到各种许可类型的排序保持不变，依次为独占许可、普通许可和排他许可及其他许可。但是国内居民普通许可的专利数比例高于合同数比例，即每件普通许可合同涉及的专利数高于平均数。

进一步对不同类型的许可人进行统计，发现所有的外国许可人均为企业，进一步以合同数和专利数为基准，国内专利许可人在产学研上的分布(合同数)和(专利数)分别如表 10-9 和表 10-10 所示。

以合同数为基准与外国专利许可人全部属于企业不同，国内的专利许可合同有近 60%的许可人为个人，28%为企业，8%为大学，4%为研究机构。但是分许可类型来看，则在普通许可类型中情形稍有不同，其企业占比为 54%，超过个人的 37%。

以专利数为基准，在所有许可类型上，国内专利许可人在机构类型上的排序仍然为个人、企业、大学和研究机构。但是在普通许可和排他许可这两种类型中，企业的地位进一步上升，其中国内企业占据了国内普通许可的 77%，且在排他许可中企业份额与个人份额相等。可见个人由于通常不直接实施专利，从而更倾向于以独占许可的形式获得较大的许可收益；而企业则有可能在自己使用专利的同时将该专利许可给其他机构，所以需要以普通许可的形式继续持有知识产权。在对中国专利许可市场进行分析之后，下节将对外国专利许可的决定因素进行分析。

表 10-9　2008 年国内专利许可人在机构类型上的分布（合同数）

许可类型	合计	企业	大学	研究机构	个人
所有类型	8,170	2,263	619	364	4,925
独占许可	7,680	2,020	593.5	349.5	4,717
普通许可	358	192	21	12	133
排他许可	76	32	4	2	38
独占许可、分许可	35	1	0	0	34
分许可	13	13	0	0	0
其他许可	8	5	0	0	3

注：如果一件合同的许可人分属于两种机构类型，则该合同的权重为 0.5，其他合同权重为 1。

表 10-10　2008 年国内专利许可人在机构类型上的分布（专利数）

许可类型	合计	企业	大学	研究机构	个人
所有类型	10,775	3,964	659	425	5,728
独占许可	9,778	3,244.5	624	411.5	5,498
普通许可	818	631	30	11	146
排他许可	97	45	5	2	45
独占许可、分许可	35	1	0	0	34
分许可	19	19	0	0	0
其他许可	28	23	0	0	5

注：如果一件合同的许可人分属于两种机构类型，则该合同的权重为 0.5，其他合同权重为 1。

10.3　外国在华专利许可的决定因素

10.3.1　外国在华专利许可的决定因素模型

Gambardella 等（2007）基于欧洲专利调查 PatVal 分析了专利许可的决定因素，其决定因素模型以一件专利是否被实际许可，以及发明人是否有意愿许可分别作为因变量，其多个解释变量将在下面分别论述。

（1）第一个解释变量是专利保护的强度和通用性，以每件专利被分配的不同 IPC 小类（IPC 前四位）的数量和权利要求项的数量来衡量。

（2）第二个解释变量是技术的科学性，测度技术的明示性和默悟性，以科学文献、（大学、研究机构）、（用户、供应商和竞争者）对技术发展的重要性来衡量。

（3）第三个解释变量是技术的经济性，以一件欧洲专利是否在授权后被提出异议；是否在授权前被第三方递交观察请求；专利申请中指定的欧洲国家的数量来衡量。值得注意的是，通常用来表征专利价值的前向引用没有被采纳，Gambardella 等认为前向引用数和专利许可之间存在内生关系，因为引用和许可的决定都是在专利申请(或授权)之后做出的。例如，在大学的专利许可中，平均而言有 16%的被许可专利的引用来自专利受让方。

(4) 第四个解释变量是企业规模和辅助性资产，以大型企业、中型企业和小型企业的虚拟变量来衡量。

(5) 第五个解释变量是核心或者非核心技术，根据专利份额是否大于 3%和显性技术优势(revealed technology advantage，RTA)是否大于 2，将企业的专利划分为四类技术，分别为核心技术(core，专利份额>3%，RTA>2)，背景技术(background，专利份额>3%，RTA<2)，边缘技术(Marginal，专利份额<3%，RTA<2)和细分技术(Niche，专利份额<3%，RTA>2)。

(6) 第六个解释变量是竞争，以 IPC 小类专利分布的集中程度来衡量技术竞争。

(7) 第七个解释变量是控制变量，包括该专利是否为预订的研发目标抑或是副产品；专利所属的 30 个技术领域，使用 OECD1994 年发布的专利手册中的 ISI-INPI-OST 的专利与技术分类的对照表；专利所属的 ISI-INPI-OST 对照表中 5 个更大的技术领域；最后是国家的虚拟变量。

通过上述分析，可以看到影响专利被许可的因素可以被归结为两类，一类是专利自身的属性，包括前三个解释变量，体现专利自身的价值因素，其数据均可以从专利文献中找到；另一类是企业自身的属性和所处的环境，包括企业的规模、专利组合和竞争环境，体现专利在企业技术资源配置中的地位，分别基于企业的基本信息、企业专利组合和专利所处技术领域的竞争态势得出。

而本章将以 2000～2008 年在中国市场许可的外国居民在国家知识产权局申请的发明专利为样本展开分析，其原因如下：①外国在华的专利行为是本书的研究主旨；②外国居民的专利许可合同备案主要由国家知识产权局受理，其历年数据完整，能够较好地反映外国许可人 2000～2008 年在中国市场的许可情况；③外国在华专利以发明和外观设计为主，而国际上的研究基本以发明为研究主题，因为发明的经济价值更高，且围绕发明已经形成了一整套基于 IPC 的研究方法和体系；④外国在华进行许可的专利有多种来源，通过分析实际的专利许可合同得知，如果外国居民要许可的技术标的已经在国家知识产权局申请了专利，那么通常该专利申请将单独或者作为专利家族成员成为专利许可合同的标的，而无论该专利是否已经在中国获得授权；如果该项技术没有在国家知识产权局申请专利，那么该项技术将直接以外国专利的形式成为合同标的。而数据的可得性，仅以涉外专利合同中的中国发明为对象(Gambardella、Giuri，2007)。

这样，通过对涉及外国许可人的专利合同进行整理，对专利的申请号进行归并、甄别和标准化，并在国家知识产权局网站上下载相应的著作权项目，得到发明 639 项作为本次研究的样本。

由于每件样本专利至少被许可了一次，以每项专利被许可的次数为专利许可决定因素模型的因变量。同时参考 Gambardella 等(2007)，设置专利属性和企业属性的解释变量。外国在华专利许可的决定因素模型如式(10.1)所示。

$$许可数=\alpha+\beta_1 专利属性+\beta_2 企业属性+\beta_3 控制变量+\varepsilon \tag{10.1}$$

下面对解释变量分别进行说明。专利属性通过专利的保护范围，专利的开发过程属性和专利的经济属性等三个方面来测度。首先是专利的保护范围，以权利要求项的数量和IPC的数量来衡量。专利的保护范围是通过权利要求来限定的，直接评价权利要求的宽度是最好的测量专利保护范围的方法，在实践中常常被企业应用，但在学术研究中一般用专利说明书（已授权专利才有）中的权利要求项的数量来代替。而IPC的数量是另一个专利范围的指标，一件专利所属的技术领域越多，其覆盖范围越广。专利的保护范围越广，其可能的应用途径就越多，也就越可能被许可。

(1) 应用途径越多意味着市场对该技术的潜在需求越大；其次，应用途径的广泛也意味着部分应用与专利权人的业务范围相差较远，这导致专利权人倾向于许可该专利，因为受让人的终端市场与许可人没有显著的竞争关系。而且理论分析结果表明，通用技术与行业中更高程度的纵向专业化和上游的技术专业化企业的组建联系在一起（Gambardella et al.，2007）。

(2) 专利的开发过程属性，以发明人和申请人的数量来表征。如果一件发明有多个申请人，那么该发明往往是母公司和子公司之间的内部研发分工或者产学研之间的合作产生的；如果一件发明有多个发明人，那么该发明也往往由一个研发团队，甚至是跨组织的研发团队完成。专利开发过程涉及的企业和人员越多，相应的技术就越复杂，所应用到的默悟性知识越多，需要在多个权利人之间协调的工作量也越大，这三个方面都不利于技术的许可。因为复杂技术的应用范围更为具体和狭窄；默悟性知识在不利于转移的同时，也不利于保护，因为其保护范围无法准确界定；而多个专利权人不容易达成一致意见。

(3) 专利的经济属性，以专利说明书的页数、优先权项的个数、是否通过PCT途径申请、是否为分案申请、是否被授权、是否已失效来衡量。Rcitzig（2004）对影响专利价值的因素进行了总结，指出专利文献的字数、专利家族的规模、申请人的数量、发明人的数量、专利权的有效性、权利要求项的数量等因素都与专利价值正相关。而专利说明书的页数与专利文献的字数对应；优先权项的个数、是否通过PCT途径和是否为分案申请这三个指标都与专利家族的规模对应；是否被授权以及是否处于有效期则与专利的有效性对应。被许可的专利通常具有较高的经济价值，因为受让人付出许可使用费是希望从该专利的使用中获得超过购买价格的收益。而专利的价值分布极不平均，少数专利价值重大的同时，大部分专利一文不值，因为这些专利的实施将带来经营上的负现金流，所以价值高的专利更有可能被许可，同时高价值的专利会提高许可使用费的价格和收益提成比例。

企业属性主要通过企业在国家知识产权局的专利申请存量和在样本专利中的累积许可的专利数量来测度。在被PatVal调查的欧洲专利中，有76%的专利由大型企业所有，10%的专利为中型企业所有，14%的专利为小型企业所有（参考同前），可见大多数专利为有着较大专利存量的大型企业所有。而前面中国许可市场的现状分析也揭示了少数国外大企业垄断专利许可合同和专利的情况。以企业在国家知识产权局的专利申请存量为指标，可以测度企业的技术能力，企业的技术能力越强，制定国际标准的话语权越大，其技术被许可的概率也越大。而现状分析中揭示的：①独占许可类型占大多数，这意味着这些专利只能被许可一次，仅有少数重要专利通过普通专利反复多次许可；②除了一两家合同数和专利数都多的外国企业之外，大多许可专利数较多的企业获得合同数较少；说明企业累计许可的专利数越多，其专利被平均许可的次数越少。

控制变量主要包括专利所属的行业和专利的申请年份。控制行业因素在于：首先，不同行业专利许可的特征显著不同，例如半导体行业以交叉许可为特点，而制药业则以大型制药商购买小型制药企业的研发成果为特点；其次，不同行业的专利属性显著不同，例如化学工业的工艺创新比例较高，而电子信息产业的产品创新比例较高；另外，不同行业的专利申请倾向也不同，电子信息产业和制药行业的专利权保护比较有效，其专利申请倾向最高。而控制专利的申请年份则在于一方面专利的申请年份越早，其被多次许可的概率就越大；另一方面，对于一项技术而言，其主导设计出现之时的专利往往成为该技术的标准，从而这一时段的专利作为基础性技术被许可的概率较大。

10.3.2　数据和分析结果

样本专利在各年份的分布及其平均许可次数如图 10-2 所示。从图 10-2 中可以看到，按照申请年份，1994～1996 年以及 1999～2003 年的专利数均接近或超过 50 件；而各年份平均许可次数也有较大的起伏，其中 1995 年专利的平均许可次数达到 11 次，是所有年份中最高的。联系到前述 DVD 技术在我国专利许可市场中的重要地位，以及 1995 年 DVD 标准正式确立，可知 1995 年的平均许可次数高主要与 DVD 技术相关。

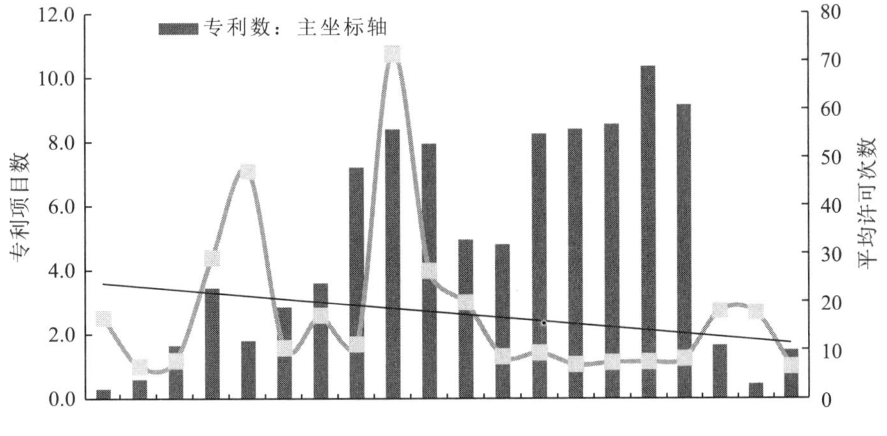

图 10-2　样本专利在各年份(1987～2006 年)的分布及其平均许可次数

样本专利在各技术领域的分布如图 10-3 所示。图 10-3 中应用了 OECD 专利统计概要中所使用的由世界知识产权组织发布的 IPC 与技术领域的对照表。该对照表将专利按照 IPC 小类归集到 35 个技术领域(WIPO 二级技术分类，WIPOL2)和 5 个更大的技术领域(WIPO 一级技术分类，WIPOL1)。图 10-3 中的横轴坐标以 WIPOL2/WIPOL1 的形式标注，图中专利数超过 50 件的 WIPOL2 包括 1(电子机械、能源)，2(视听技术)，17(高分子化学、聚合体)和 32(交通)等 4 个技术领域；如果从平均许可次数来看，则仅有 2(视听技术)、4(电子通信)和 5(基本通信过程)等三个 WIPOL2 技术领域的平均许可次数超过 5，而上述技术领域全部属于 WIPOL2 的 I(电子工程)，其他四个 WIPOL2 领域 II(仪器)，III(化学)，IV(机械工程)和 V(其他领域)的平均许可次数均低于 3。

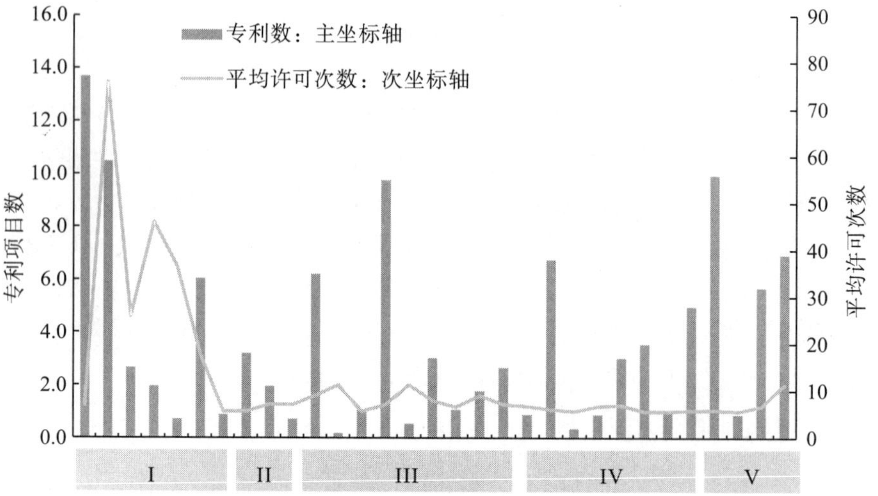

图 10-3　样本专利在各技术领域的分布

专利许可决定因素模型各变量的描述性统计及相关关系分别如表 10-11 和表 10-12 所示。值得注意的是专利说明书的页数和权利要求项的数量需要打开专利说明书全文逐项整理，工作量较大，仅对许可次数为 2 次及以上的专利进行了整理，在后面的回归分析中，将针对这一部分结果单独说明。

表 10-11　专利许可决定因素模型各变量的描述性统计和 VIF 的计算

	平均值	标准差	VIF	Tolerance	决定系数
1. 许可次数	2.72	7.18	1.44	0.69	0.31
2. IPC 的数量	2.19	1.30	1.05	0.95	0.05
3. 发明人的数量	2.45	1.78	1.06	0.94	0.06
4. 申请人的数量(=1 取 0，>1 取 1)	0.18	0.39	2.24	0.45	0.55
5. 优先权的项数	1.31	0.89	1.07	0.93	0.07
6. 是否为 PCT 途径	0.38	0.49	1.43	0.70	0.30
7. 是否为分案申请	0.06	0.24	1.08	0.93	0.07
8. 是否被授权	0.89	0.32	1.19	0.84	0.16
9. 是否已失效	0.08	0.27	1.12	0.89	0.11
10. 企业在 SIPO 的专利申请存量	820	1,994	1.46	0.68	0.32
11. 企业许可的不重复专利数量	22.73	26.62	2.25	0.44	0.56
12. 是否为电子工程技术领域	0.32	0.47	1.25	0.80	0.20
13. 是否专利申请年为 1995 年	0.08	0.27	1.2	0.83	0.17

注：样本数=639。

表 10-12 专利许可决定因素模型各变量的相关关系

	1	2	3	4	5	6	7	8	9	10	11	12
1. 许可次数	1											
2. IPC 的数量	NS	1										
3. 发明人的数量	NS	NS	1									
4. 申请人的数量(=1 取 0，>1 取 1)	−0.0758†	0.0738†	−0.0702†	1								
5. 优先权的项数	NS	NS	0.2012**	−0.0965*	1							
6. 是否为 PCT 途径	−0.1608**	0.1664**	−0.0714†	0.3670**	−0.1004*	1						
7. 是否为分案申请	0.1356**	NS	NS	−0.0692†	NS	−0.1997**	1					
8. 是否被授权	NS	NS	NS	−0.2010**	NS	−0.2456**	NS	1				
9. 是否已失效	−0.0676†	−0.0968*	NS	−0.1372**	NS	NS	−0.0743†	−0.1885**	1			
10. 企业在 SIPO 的专利申请存量	0.4990**	NS	NS	NS	NS	−0.1813**	NS	NS	NS	1		
11. 企业许可的不重复专利数量	−0.0937*	NS	−0.0905*	0.7096**	−0.1305**	0.3990**	−0.0854*	−0.2764**	NS	−0.0772†	1	
12. 是否为电子工程技术领域	0.2939**	NS	NS	−0.2541**	NS	−0.2621**	NS	NS	NS	0.2476**	−0.1902**	1
13. 是否专利申请年为 1995 年	0.2743**	NS	NS	−0.1052**	0.0777*	−0.2257**	0.0739†	NS	NS	0.3545**	−0.1417**	0.1421**

注：NS，不显著；*，$P<0.05$；**，$P<0.01$；†，$P<0.1$；样本数=639。

从表 10-11 可以看到，模型的 12 个变量的 VIF 值均低于 3，而平均值为 1.37，远低于阈值 10，即模型变量的设定上不存在显著的多重共线性。而从平均值来看，平均许可次数才 2.72，标准差却达到了 7.18，说明专利引用次数的分布不均衡，即大部分专利的许可次数较少，仅有极少数专利的许可次数很高，这与专利价值的不均衡分布是一致的。而在从专利属性来看，IPC 的数量和发明人的数量平均都超过 2 项，而申请人数量超过 1 的比例为 18%，说明大部分专利都涉及了数个技术领域，主要通过研发团队开发，而且相当部分专利是联合申请的。而从优先权的项数和分案申请的比例来看，分案申请更能够体现专利家族的价值。另外被许可的专利 89%为授权专利，8%的专利已失效，显示还存在着少部分专利作为外资专利家族的一部分在未获得授权的情形下被许可的情形，值得专利受让人注意。而企业的平均专利申请量很高，达八百多项，但是平均被许可的专利仅 20 多项，显示了专利许可有效地表征了专利的高价值。最后，因变量专利的许可次数为 Count 型数据，其平均值为 2.72，标准差为 7.18，不符合泊松分布的条件。其实际分布及拟合如图 10-4 所示。

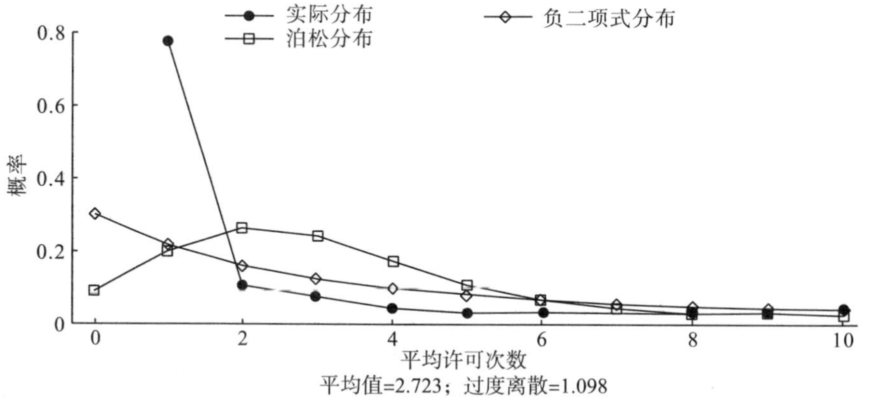

图 10-4　专利平均许可次数的分布拟合

可以看到对于许可次数为 2～6，负二项式分布的拟合好于泊松分布，而处于这一范围的专利数量较多，仅次于许可次数为 1 的专利数量，从而选用负二项式分布模型来估计参数，估计结果如表 10-13 所示。

其中，模型 1 为基础模型，仅包括了两个控制变量；模型 2 包括了 2 个控制变量和 8 个专利属性变量；模型 3 包括了 2 个控制变量和 2 个企业属性变量；模型 4 包括了全部 12 个自变量。从四个模型的对数似然值和伪决定系数来看，专利属性和企业属性自变量的引入提高了模型对因变量的解释力度。由于模型 4 对因变量的解释力度最大，下面将主要针对模型 4 的回归结果进行解释。

首先从控制变量来看，是否为电子工程技术领域的系数显著为正，体现了该领域专利的平均许可次数较高的特点。

其次从专利属性来看，反映专利保护范围的 IPC 的数量也显著为正，即专利的保护范围越大，该专利被多次许可的概率越大。

反映专利开发过程的发明人的数量系数在 0.01 的水平上显著为负，与前面的分析一致，即专利的复杂性、默悟性不利于专利的许可；而申请人的数量则在 0.1 的水平上显著为正，则说明专利被多个权利人持有，虽然可能使专利许可较难在多个权利人间达成一致意见，但是本样本中的多个申请人都属于母公司和衍生的研发机构——例如，米其林技术公司和米其林研究和技术股份有限公司；或者关联企业——例如，日立金属株式会社和日立铁氧体电子株式会社，这种股权上的控制和关联关系将提高权利人行动的一致性，而凸显联合研发带来的专利价值的增长，从而提高了专利许可的概率。

表 10-13　专利许可决定因素模型的回归结果

	因变量：专利许可次数(全样本)			
	模型 1	模型 2	模型 3	模型 4
截距项	0.1998**	0.6787**	0.2669**	0.7890**
是否为电子工程技术领域	1.30**	1.15**	0.9170**	0.8666**
是否专利申请年为 1995 年	0.9471**	0.8777**	0.2956*	NS
IPC 的数量		NS		0.0664*
发明人的数量		−0.0481†		−0.0883**
申请人的数量(=1 取 0，>1 取 1)		NS		0.2587†
优先权的项数		NS		NS
是否为 PCT 途径		−0.3548**		−0.2238*
是否为分案申请		0.3587*		0.3343*
是否被授权		−0.2891*		−0.3601*
是否已失效		−0.7329**		−0.5827**
企业在 SIPO 的专利申请存量			0.0002**	0.0002**
企业许可的不重复专利数量			−0.0064**	−0.0087**
对数似然值	−1223	−1202	−1165	−1139
伪决定系数	0.1157	0.1312	0.1578	0.1766

注：NS，不显著；*，$P<0.05$；**，$P<0.01$；　†，$P<0.1$；样本数=639。

反映专利经济属性的 5 个变量中，优先权项数、是否为 PCT 途径和是否为分案申请与专利家族的规模有关，其中优先权项数的系数不显著，是否为 PCT 途径显著为负，而是否为分案申请显著为正。由于外国在华通过传统途径和 PCT 途径申请专利的成本比 PCT 途径的获取和维持成本高，相应地外国对该专利在华的价值预期也更高。另外，注意到图 10-4 中 1995 年及以前的平均专利许可次数较多，而 PCT 途径 1994 年才在中国适用，即许多重要的专利都是以传统途径申请的，两个因素综合到一起导致了 PCT 途径的效果为负。而分案申请和在先申请共享优先权日，并且一起构成了完整的技术方案，分案申请的专利经济价值更高，与前述分析一致。另外的是否被授权和是否已失效与专利的有效性有关，回归结果显示，获得授权并且在有效期的专利较未获得授权或者获得授权但是已经失效(未维持或者被宣告无效)被许可的次数更多，这与前述的分析也是一致的。

最后从企业属性来看，企业专利申请存量的系数显著为正，企业累计许可的不重复专利的数量显著为负，均与前面的分析一致，即：企业的技术能力和制定国际标准的话语权提高了其技术被许可的概率，而专利许可的合同数和专利数的不对称分布导致企业累计许可的专利越多，其平均许可次数越低。

另外，对许可次数大于 1 次的 142 件专利搜集了其专利说明书的页数和权利要求项的数量，以这部分专利为样本的回归结果如表 10-14 所示。

表 10-14　专利许可决定因素模型的回归结果(许可次数>1 的样本)

	因变量：专利许可次数(次数大于 1)			
	模型 5	模型 6	模型 7	模型 8
截距项	1.07**	1.33**	1.32**	1.31**
是否为电子工程技术领域	1.21**	0.7257**	1.10**	0.6974**
是否专利申请年为 1995 年	1.02**	1.33**	0.4886*	0.5693**
IPC 的数量		NS		NS
权利要求项的数量		0.0124*		0.0174**
专利说明书的页数		0.0110**		NS
发明人的数量		NS		−0.0878†
申请人的数量(=1 取 0，>1 取 1)		NS		NS
优先权的项数		NS		−0.1654*
是否为 PCT 途径		NS		NS
是否为分案申请		NS		NS
是否被授权		NS		NS
是否已失效		NS		NS
企业在 SIPO 的专利申请存量			0.00015**	0.00016**
企业许可的不重复专利数量			−0.0324**	−0.0194**
对数似然值	−412	−396	−386	−369
伪决定系数	0.0995	0.1360	0.1570	0.1935

注：NS，不显著；*，$P<0.05$；**，$P<0.01$；†，$P<0.1$；样本数=142。

以次数大于 1 的专利为样本，则这些专利必然属于普通许可类型，因为独占许可只可许可一次。从回归结果来看，控制变量和企业属性类别的变量的结果与模型 1～4 一致，这里不再赘述。而专利属性变量的变化较大，其中新引入的权利要求项的数量显著为正，即专利的保护范围越大，其被许可的概率越大；而此时优先权的项数显著为负，即企业优先权项的数量越多，该专利被多次许可的概率越低，这与前面 PCT 途径的系数为负的解释是一致的；发明人的数量依然显著为负。其他专利属性变量变得不显著，可能与样本数的大量减少相关。

10.3.3　基本结论

(1)我国的专利许可市场可以通过国家知识产权局和地方知识产权局受理的专利许可合同备案情况来衡量。在 2000～2007 年，国家知识产权局产权局受理的专利许可合同数为100～300件；到2008年猛增至1,600件，同期地方知识产权局受理的专利许可合同数达到6,700余件，可见近年来我国专利许可市场的飞速发展。而其中涉及外国许可人的合同比例为30%～60%，涉及外国许可人的专利比例在2005～2007年甚至高达76%以上，凸显了外国许可人在我国专利许可市场的重要地位。

(2) 合同数最多的13位外国许可人把持了涉外合同的62%，且这些合同主要集中在电子信息产业，尤其是DVD相关技术上。专利数最多的14位外国许可人许可了占比高达83%的专利，这些专利分布的范围包括DVD技术、化工、服装加工、仪器和有色金属等行业。值得注意的是少数几项专利通过数十项合同重复许可，以及一件合同一次性转让数百项专利的现象同时存在。

(3) 合同数最多的受让人占比仅为22%，可见我国专利许可市场的受让人相对分散；这些受让人可以分为两类：①外国在华子公司，②国内企业。而专利数最多的20家受让人占比为76%，集中程度较高；这些受让人多为我国DVD播放机和盘片的生产商，其专利主要来自以荷兰飞利浦为代表的DVD技术许可方。

(4) 2008年外国专利许可合同中独占许可比例为59%，普通许可为36%，排他许可为6%。而国内专利许可合同以独占许可为主，占比94%，普通许可仅占比4%。外国专利许可方全部为企业，而国内专利许可人的类型按照合同数或者专利数降序排序均为个人、企业、大学和研究机构。但是在普通许可类型中企业份额超过了个人份额。

(5) 从外国企业在华专利许可的时间分布上来看，1995年申请的专利平均许可次数较高；从技术领域分布来看，属于电子工程领域的专利平均许可次数较高；而外国企业在华专利许可主要由专利属性和企业属性两个方面的因素决定，其中专利的保护范围、申请人的数量、分案申请以及企业的技术能力均正向决定专利被许可的概率；而专利发明人的数量、PCT途径的申请、未被授权以及法律状态无效等因素都负向影响专利被许可的概率。

10.4　专利故事：加入专利许可形式的专利竞争——微软如何围剿免费的安卓

安卓(Android)是目前全球最大的移动操作系统，截止到2013年，全球安卓智能手机使用量已超过7.5亿部。安卓手机如此快速的扩张，一方面得益于谷歌雄厚的技术能力以及对移动互联网发展前景准确的判断；另一方面也得益于谷歌设计的安卓系统特有的开放、开源、自由和免费的生态模式，而安卓之前的手机操作系统，如塞班(Symbian)系统、黑莓(BlackBrry)系统以及苹果的iOs系统等，都未做到真正的开源和免费。安卓全新的免费、开源的商业模式使得传统手机市场发生了巨变。

相比之下，微软和诺基亚主推的Windows手机的表现则要暗淡许多。诺基亚更是由于自身的战略选择失误导致倒闭。面对手机市场的节节败退，微软公司开始逐渐转向利用专利展开对谷歌安卓的围剿。事实上，一个手机操作系统的开发需要用到多项业已成熟的专利技术，常用的文件管理、通信管理、显示、交互、浏览器等功能，都是基于现有技术开发的。例如，在文件系统上面，安卓就要用到微软的 file artist 等技术；微软还拥有以无线的方式实现日历、地址簿动态同步的专利技术，而这些技术恰恰是安卓平台的手机都用到的；在无线通信技术方面，如何实现智能手机和小区的发射塔，即蜂窝信号站点之间进行数据和语音传输的技术，微软也拥有专利；还有 wifi 上网的技术以及音视频方面的技术①。安卓系统的开发过程式正是基于微软这些已经开发并且申请了专利的技术来进行的，但谷歌却未向微软支付过专利使用费用，也未曾同微软达成过技术使用许可协议，这就使得安卓系统时刻处于危险的境地。由于谷歌并不直接生产和销售搭载安卓系统的手机，也不从安卓系统中直接获利，微软难以直接起诉谷歌。于是，搭载安卓系统的设备制造商便成了微软起诉的对象。2011 年 3 月，微软在美国华盛顿州西雅图西区法院起诉了美国第一大连锁书商邦诺（Barnes & Noble）、富士康和英业达，指控他们生产的 Android 电子阅读器和平板电脑侵犯自己的专利。由于设备商使用安卓系统并未向谷歌支付软件使用费，谷歌并无义务与微软签订专利许可协议，而像华为、中兴、联想、小米等国产手机厂商在法律义务上则不得不向微软支付专利使用费。尽管微软对安卓的专利围剿不会撼动安卓在手机操作系统领域的领袖地位，但仍然为其推广带来了不小的麻烦，例如，据一位华为公司高管透露，华为的每部安卓手机为系统需要支付专利许可费用 6 美元左右，微软还与包括三星、宏达电子（HTC）、Velocity Micro、General Dynamics 和 Onkyo 达成了类似缴纳许可费的专利授权协议。

在手机通信领域，谷歌公司是后来者，但无疑也是最成功的搅局者。为了稳固安卓系统的地位以及竭力摆脱对微软、诺基亚等公司技术的依赖，谷歌公司也开始在手机操作系统领域展开了专利布局，专利申请量连年翻番。但由于谷歌先前的技术积淀不足，就目前看，谷歌在面对微软的专利围剿战略时无能为力，但随着新兴移动通信技术的不断兴起，或许在不久的将来能够看到谷歌利用专利展开对微软的反围剿。

事实上，不仅是苹果和三星、微软和安卓，智能手机产业充斥着各种有关专利权的诉讼，苹果与诺基亚、微软与摩托罗拉、甲骨文与谷歌及其他一些公司之间均存在法律纠纷，而这些法律纠纷发起的基础，无疑是跨国公司手中掌握的专利权。跨国公司还通过相互收购的方式强强联合，以形成更庞大的团体相互对抗。例如，谷歌出资 125 亿美元收购摩托罗拉以获得其 1.7 万项专利的使用权，微软以 72 亿美元价格收购诺基亚等（胡素雅，2014）。显然，跨国公司间的专利混战极为激烈，作为智能手机的领军企业苹果显然是众矢之的，与其存在专利纠纷的企业最多。这主要是由于苹果手机和平板电脑起步较晚，许多产品都是基于现有技术发展起来的。但苹果也进行了多项技术革新，诸如滑动解锁、自动横屏等广受市场欢迎的技术，都出自其原创，苹果也正利用这些技术对包括三星在内的多家智能手机厂商发起了专利诉讼。甚至一些已经退出手机生产的企业，如诺基亚、摩托罗拉，以及业已破产的企业（如柯达），也纷纷利用掌握的专利技术向其他智能手机厂商频频发起赔偿诉讼。可见，专利作为最有效的技术武器，发挥作用的范围广、时效长。许多异军突起的智能手机厂商极大地受到了既有专利技术的束缚。

作为手机行业巨头的诺基亚和摩托罗拉，尽管其公司整体业务已经分别被微软和谷歌

---

① 中国知识产权网：http://www.cnipr.com/news/gwdt/201304/t20130419_175938.html.

收购，但其掌握的大量核心专利技术仍然是移动通信技术赖以存在的基础，部分专利更是现代移动通信产业的标准基本专利，譬如作为3G和4G移动通信技术基础的1G和2G技术。尽管诺基亚等曾经的手机巨头已经在多个场合多次表示不会成为“专利流氓”，但其掌握的大量的专利组合仍始终是其他手机厂商的潜在威胁。

对于业已成熟的技术领域，多数企业，即使是大型跨国公司往往也会受制于专利空白。例如，尽管苹果公司的iPhone近些年销售火爆，但其进入移动终端设备领域的时间却很晚，第一部iPhone在2007年才开始对外发售。大多数移动通信领域的行业技术标准皆不是苹果公司原创。苹果因此还于2011年向诺基亚支付一笔一次性费用和后续版权使用费。

而对于尚未成熟的技术领域，申请专利已经成为高科技企业跑马圈地的最重要手段。例如，在苹果公司2007年开始发售智能手机iPhone之前，谷歌公司在美国专利和商标局(the United States Patent and Trademark Office，USPTO)仅申请了35项专利。在意识到了智能手机业务的广阔市场前景后，谷歌公司开始加紧研发并改进Android系统，自2008年开始其专利申请量便以每年翻一翻的速度增长，2014年申请专利2,566项，排名美国第7 (Maccoun、LaBarre，2015)。这些专利无疑为未来的专利大战埋下了伏笔。

本章仅以移动通信技术领域为例对专利的重要作用进行了说明，在许多其他领域，如生物制药、冶金、化学等领域，跨国公司围绕专利作所展开的激烈竞争也屡见不鲜。专利在激烈的企业竞争中扮演着重要的角色。读者可以参考本书有关典型产业专利技术竞争的章节。

第十一章　专利战略：专利联盟(专利池)地位竞争

导言：

有关专利技术竞争的研究，绕不开关于专利池的话题。而现实中的专利池与产业发展、企业战略，乃至国家经济发展都密不可分。专利池历来都是反映南北国家之间技术差距的一个技术平台，同时也是一个堡垒型的专利竞争形式，值得企业家和技术创新政策研究和制定者的特别关注。而对此类主题的研究，主要应当看两个方面：①专利池(或专利联盟)的技术创新效应(包括正面促进创新成果发展和负面的过度垄断专利权收益两个方面的效应)；②专利池的技术竞争的国别或区域经济发展的经济效应。我国作为一个不断发展中的新兴经济体国家，首先不可避免要遇到各类专利池的挑战，并在此过程中寻求组建本土企业为核心的专利联盟；其次需要总结其间的政策干预与市场竞争之间适宜的调节水平。作为专利池和专利联盟主题的研究学者，也应注重这些方面的研究课题。本章提供了本书科研团队的一些研究经验，特别是提供了其中的一些研究理念和分析框架，也可作为后续研究此类主题的参考。

11.1　专利丛林与专利联盟

所谓专利丛林（patent thicket），即大量相互牵制的专利技术的存在，使得一件新产品的商业化必须取得众多拥有相关专利厂商的专利许可，才能付诸实施，因而给新产品的商业化过程造成事实上的困难。而专利联盟作为一种联合所有必要专利进行打包许可，即将涉及特定产品或服务的所有必要专利集中进行许可，这类策略既满足了技术所有权人的专利收益要求，也简化了必要专利群许可的过程和手续，克服了专利丛林带来的负面影响，便利复杂产品专利技术的许可使用。因此，专利丛林和专利池(或称专利联盟)是解决复杂产品及其相关技术的两个方面，但与此同时，伴随着专利联盟可能施展的知识产权滥用和垄断策略，特别是专利联盟积极参与制定产品标准，保证其有利于专利联盟的海量专利许可收益，又可能造成对专利池外企业的高额收费，形成新的技术壁垒和利益堡垒，又称为一种具有另一负面效应意义的专利战略组织形式。

现有的文献大多分析专利联盟对单独许可的优势，专利池的组建机理、涉及专利池的知识产权纠纷，其可能导致的知识产权滥用和垄断，以及 Zhan(2007)对发达国家在发展中国家的专利权滥用行为的分析。Zhan(2007)列举了事实标准下的知识产权滥用，包括美国英特尔公司诉深圳东进公司案件和思科诉华为案件；法律标准下的知识产权滥用，包括无锡多媒体诉 DVD3C 专利池，和中国台湾地区发起的针对 CD-R 专利池的反垄断调查。可以看到当前的专利池研究大多基于法律、经济学的视角，分析专利池的组成对社会福利的影响，或者以案例的形式进行说明；特别在中国，DVD 专利池是一个受到广泛关注的专利池，一方面 DVD 高额的专利联盟许可费迫使大量中国 DVD 播放机的出口企业退出该行业，另一方面围绕 DVD 专利池的法律诉讼不断。但是目前还没有文献以专利为基础，考察 DVD 专利池的组建前后和专利池的规模扩大对其他该领域参与者的技术发展的影响。而这正是本节要论述的主题。

11.2　产业专利池发展简史

早在 1856 年，美国出现了第一个专利池——缝纫机联盟，该专利池几乎囊括了美国当时所有缝纫机专利的持有人。1908 年，Armat、Biograph、Edison 和 Vitagraph 四家企业达成协议组建专利池，将早期动画工业的所有专利集中管理，被许可人(例如，电影放映商)，要向专利池缴纳指定的专利使用费。1917 年，当时正值美国参加第一次世界大战急需大批飞机，然而，有关飞机制造的主要专利掌握在 Wright 企业和 Curtiss 企业手中，它们有效地限制了飞机生产。于是，美国官方出面促成各飞机生产厂商组成专利池，以减少专利阻碍，扩大飞机生产。专利池的发展经历了三个阶段。

(1) 1890～1930 年：避风港时期。20 世纪初期，专利池并未受到反托拉斯法的挑战，美国司法实践一般认为知识产权与反托拉斯法目的不同，处于对立地位，从 1890 年《谢尔曼法》通过后的 20 年间，由于无任何案例可循，专利池几乎成为专利权人联合行为的避风港，法院对于专利权人行使专利权的行为给予相当宽松的许可，甚至认为依据契约自由原则，专利权人有权自由使用其发明且可以合理扩张其权利，因此专利法应优先于反托拉斯法适用，如在 E. Bement & Sonsv. National Harrow Co.案中，美国最高法院认为涉及约定价格的专利池均属合法行为。总之，在这一时期，专利池成为反托拉斯法的例外情形，依专利法行使专利权的行为，可以免除反托拉斯法审查。

(2) 1930～1980 年：限制时期。鉴于美国对专利授权所采取的严格态度，法院开始承认专利法与反托拉斯法是可以并存的，并不再认为专利池属于可以免除反托拉斯法审查的范围。这一时期，法院不仅采用二阶段判断原则，即首先利用权力用尽原则判断专利权人的行为是否逾越其权利保护范围，再应用反托拉斯法的原则予以审视，而且开始广泛应用专利滥用原则判断专利授权行为是否违法。美国司法部的政策也开始发生变化，于 1975 年提出了“九不原则”，将专利制度与反托拉斯政策的敌对态度推上最高峰。自此，美国企业界的专利池数量剧减，且在 1990 年以前，最高法院对于专利池的授权行为，几乎没有合法的认定。

(3) 1980 年至今：日趋平衡。20 世纪 80 年代，美国实务界及立法者对专利及其他知识产权不再持对立态度，认为保护知识产权对于促进生产及创新具有极大作用，并认为如果订立限制性授权协议，可以使专利权人愿意利用其专利，从而产生促进竞争的效果。司法部也拒绝将当然违法原则适用于授权交易行为，同时于 1986 年正式废除了“九不原则”。至 20 世纪 90 年代，专利法与反托拉斯法之间一度紧张的关系几乎消失。1995 年，美国司法部和联邦贸易委员会共同颁布了《知识产权许可的反托拉斯指南》，明确指出专利池可以通过整合互补技术降低交易成本、避免相互牵制，以及避免耗费人力、时间、财力的侵权诉讼等。近年来，专利权日趋受到重视，美国大型企业纷纷将专利权许可收入列为企业的重要经营收入，正如 2003 年联邦贸易委员在《促进创新：竞争与专利法律政策的适当平衡》报告中所表明的，只有依赖竞争政策与制度的协调，才能最终实现促进产业发展、增进消费者福利的共同目标。

11.3　国际市场专利池发展现状

如表 11-1 所示，根据 Knowledge Ecology International 2007 年的研究报告，首先按照成立时间将 20 世纪 90 年代之前的专利池筛选出来，然后按照电子信息行业和生物制药(包括农业)行业对专利池进行了分类。最后列出了目前正在召集中的专利池。

表 11-1　国外专利池现状

	序号	名称	成立年份
早期行业	01	Sewing Machine Combination	1856
	02	National Harrow Company	1890
	03	United Shoe Machinery Company	1899
	04	Motion Picture Patents Company	1908
	05	Association of Sanitary Enameled Ware Manufacturers	1909
	06	Standard Oil Cracking Pool	1911
	07	Association of Licensed Automobile Manufacturers	1903
	08	Davenport folding beds	1916
	09	Manufacturers Aircraft Association	1917
	10	Radio Corporation of America	1919
	11	Glass Container Association of America	1919
	12	National Lead Co.	1920
	13	New Wrinkle	1937
	14	Line Material Co.	1938
	15	Singer ‘401’	1956
电子信息行业	16	MPEG-2 Patent Portfolio	1997
	17	Bluetooth Special Interest Group	1997
	18	OpenCable Applications Platform	1997
	19	DVD3C	1998
	20	G.729 Audio Data Compression	1998
	21	MPEG-4	1998
	22	IEEE 1394/FireWire	1999
	23	3G Patent Platform Partnership	1999
	24	DVD6C	1999
	25	Multimedia Home Platform	2004

续表

	序号	名称	成立年份
	26	AVC/H.264	2005
	27	Open Invention Network for Linux Software	2005
	28	UHF RFID Consortium	2005
生物制药和农业行业	29	Pillar Point Partners	1992
	30	Golden Rice Pool	2000
	31	AvGFP	2001
	32	Public Intellectual Property Resource for Agriculture	2001
	33	stART Licensing，Inc	2005
	34	The SARS IP Working Group	2005
	35	Essential Medical Inventions Licensing Agency	2006
	36	UNITAID pool for AIDS medications	2006

注：当时正在召集的专利池包括：①Digital Radio Mondiale；②IEEE 802.11 networking；③IEEE 802.16 networking；④MHP；⑤MPEG-4 Audio；⑥Near Field Communications；⑦OCAP；⑧Spectral Band Replication；⑨TV-Anytime；⑩UHF-RFID；⑪Digital Rights Management Technology；⑫ATSC；⑬DVB-H；⑭Blu-Ray disc。

11.4　我国国内市场专利池发展现状

关于国内专利池的名称和管理机构，只见于研究文献的只言片语。同时，国内专利池的大量出现也是在近几年才开始的，因此国内专利池的搜集整理工作非常困难。国内科技新闻传播能力日益增强，关于专利池的相关新闻报道的资源比较充分。以“专利池”“专利联盟”为关键词在对 2000～2008 年的慧科中文报纸数据库检索的基础上，对国内专利池的名称、管理机构和成立时间进行了整理。慧科中文报纸数据库(http://news.wisenews.net.cn)由慧科提供的专业新闻数据库。目前，慧科监测的媒体包括中国大陆地区、港澳台地区、东南亚和英美国家的 580 多家媒体。

国内有些专利池尚无具体名称，因此以管理机构的名称代替专利池的名称，同时其成立时间也是管理机构的成立时间，如表 11-2 所示。

11.5　典型产业专利池分类

1) 电子通信产业专利池

相对第一代模拟制式手机(1G)和第二代 GSM(global system for mobile communications)、TDMA(time division multiple access)等数字手机(2G)，第三代移动通信技术(3rd generation，3G)一般是指将无线通信与国际互联网等多媒体通信结合的新一代移动通信系统。目前，3G 主要存在三大技术标准，即 W-CDMA(wideband code division multiple access)、CDMA 2000 和 TD-SCDMA(time division-synchronous code division multiple access)。

表 11-2　国内专利池现状

	序号	名称	成立时间
电子信息行业	01	TD-SCDMA 产业联盟	2002 年 10 月 30 日
	02	中国家庭网络标准产业联盟	2004 年 7 月 26 日
	03	AVS 专利池	2004 年 9 月 20 日
	04	CMMB 工作组	2005 年 8 月
	05	闪联信息技术工程中心有限企业	2005 年 12 月 18 日
	06	EVD 专利池	2006 年 12 月 6 日
	07	深圳中彩联科技有限企业	2007 年 4 月 23 日
	08	中关村数字电视产业联盟	2007 年 6 月 8 日
	09	CBHD 专利池	2007 年 9 月 7 日
	10	中国可信计算联盟	2008 年 4 月 25 日
	11	数字家庭专利池	2008 年 9 月 27 日
其他行业	12	钢铁专利技术开发和转化实施联盟	2005 年 9 月
	13	空心楼盖专利池	2006 年 1 月 8 日
	14	装备制造业专利技术开发与实施联盟	2006 年 3 月 9 日
	15	电压力锅专利池	2006 年 10 月 13 日
	16	国家(上海)生物医药展示交易中心	2006 年 12 月 4 日
	17	电磁节能专利池	2007 年 3 月 9 日
	18	中国镀金属抛釉陶瓷专利制品产业合作联盟	2008 年 4 月 21 日
	19	NCD 专利池	2008 年 10 月 10 日

2) 网络产业专利池

2004 年 6 月 23 日，由富士通、惠普、英特尔、联想、IBM、Kenwood、联想、Matsushita Electric(松下)、微软、NEC Personal Products、诺基亚、飞利浦、三星、Sharp、索尼、STMicroelectronics 和 Thomson 等组建数字生活网络联盟(digital living network alliance，DLAN)。它是一家非营利性贸易合作组织，旨在根据开放式工业标准制定一个设计指南互操作性框架，以实现跨行业的数字融合。

3) 多媒体产业专利池

国际上音视频编解码标准主要两大系列：ISO/IEC JTC1(International Organization for Standardization，ISO 国际标准化组织/ International Electrotechnical Commission，IEC 国际电工委员会 Joint Technical Committee 1)制定的 MPEG(moving pictures experts group，运动图片专家组)系列标准；国际电信联盟针对多媒体通信制定的 H.26x 系列视频编码标准和 G.7 系列音频编码标准。MPEG 自从 1988 年 5 月 10 日在加拿大渥太华召开第一次会议以来，MPEG 已经编制了 ISO/IEC11172(通常所说的 MPEG-1，1992 年 11 月批准)和 ISO/IEC 13818(通常所说的 MPEG-2，1994 年 11 月)等国际标准。1994 年由 MPEG 和 ITU 合作制定的 MPEG-2 是目前国际上最为通行的音视频标准。MPEG LA 是 MPEG 国际标准的专

利许可管理机构，目前正在管理的专利组合包括 MPEG-2、ATSC、AVC、VC-1、MPEG-4 Visual、MPEG-2 Systems、1394；准备管理的专利组合包括 blu-ray disc 和 DRM；不再管理的专利组合包括：MPEG-4 Systems 和 DVB-T。

2002 年 2 月 19 日，以索尼、飞利浦、松下为核心，联合日立、先锋、三星、LG、夏普和汤姆逊共同发布了 0.9 版的 blu-ray disc（简称 BD）技术标准。由蓝光联盟许可办公室（blu-ray disc association license office）进行专利管理和许可相关工作（http://www.atsc.org [EB/OL]）。与蓝光相对的是 HD-DVD 阵营，原本东芝已加入蓝光联盟，然而利益的分配以及相关技术特性诱使东芝断然退出该组织，转而联合 NEC 开发 Advanced Optical Disk，并且得到 DVD-Forum 的支持，改名为 HD DVD。2008 年 2 月 16 日，东芝宣布放弃 HD-DVD 格式。

4）家用电器产业专利池

地面数字电视广播标准，经国际电讯联盟（ITU）批准的共有三个：欧盟的 DVB-T、美国的 ATSC 和日本的 ISDB-T。成立于 1982 年的先进电视制式委员会（the Advanced Television Systems Committee，Inc.）是一家国际非营利性组织，主要从事数字电视非强制性标准（voluntary standards）的开发工作。ATSC 是美国数字电视地面传输标准，ATSC 广播频道的带宽为 6MHZ，调制采用 8VSB，信源编码视频压缩采用 MPEG-2，音频压缩采用 AC-3 压缩标准（http://www.atsc.org[EB/OL]）。根据美国联邦通信委员会（Federal Communications Commission，FCC）发布的消息，2007 年 3 月 1 日之后，出口到美国销售的 13 英寸以上的数字电视都必须符合 ATSC 标准的技术规范。美国 ATSC 标准涉及专利费每台彩电共计 23 美元左右，但是还有些是没有算在其中的，例如美国 Sun 企业收取数字电视中间件费用等。总括起来，有这样一些收费数据：①汤姆逊许可企业拥有 18 件核心专利技术，这些专利技术涉及编解码技术、图像处理技术、V-Chip 技术等。这 18 件专利大部分被美国 ATSC 采纳为标准，制造商需要为这部分专利技术交纳每台 3～5 美元的专利费。①英特尔企业 HDCP，每年收取约 15000 美元的入门费。②日立、东芝、松下、飞利浦、索尼、汤姆逊、Siliconimage 等 7 个企业联合体的数字接口专利（HDMI）技术，每年收取 10000 美元的入门费。③索尼数字接口 POD 模块技术，有 4 件主要的专利技术，收费为每台 600 日元和净售价的 2%。④杜比企业的音频 AAC 技术，拥有 220 件核心专利技术，收费为每台 2 美元左右。⑤日本船井电子企业拥有 500 件数字电视核心技术，估计每台 2 美元左右，该技术由汤姆逊许可企业转让过来。⑥MPEG-LA 的 MPEG-2 的视频压缩技术，涉及 795 件核心专利技术，每台收费 2.5 美元（24 个专利人，57 个国家持有）。⑦美国 Lucent 企业 ATSC 技术，收费为每台 1 美元。⑧美国 Zenith 企业 V-chip 技术，收费为每台 2.5 美元。⑨加拿大 TRI-Vision 企业 V-chip 技术，收费为每台 1.25 美元。⑩CUARDIAMEDIA 企业的 V-chip 技术，收费为每台 1 美元。

数字电视传输标准一共包括三个标准：地面传输标准、有线电视标准和卫星电视标准。有线数字电视标准和卫星电视标准此前已确定采用欧洲标准 DVB-C 和 DVB-S，这些标准之后都有大量的专利池专利。

电子信息产业领域包括可信计算平台联盟。可信计算技术体现的是整体安全的思想，这一概念最早是在 1999 年由微软、英特尔、惠普、IBM 等国际大企业提出的，其主要思路是利用可信计算技术构建一个通用的终端硬件平台，增强现有PC终端体系结构的安全性。1999年10月，IBM、英特尔、微软、惠普等厂商组织成立了可信计算平台联盟（TCPA）。目前英特尔及微软两大巨头在全世界力推可信赖平台模块（trusted platform module，TPM）规范，其中也包含大量的专利。

5）生物制药产业专利池

（1）金水稻专利池。农业生物技术领域的金水稻事件，是人们对专利丛进行协商以提供专利池保护模式的富有启发意义的案例。Potrykus成功地利用维生素A的一种前体D胡萝卜素对水稻进行了遗传学修饰，使之呈黄色，因此而被称为金水稻。Potrykus想将金水稻的遗传学材料转移到发展中国家进行进一步的培育，进而将该性状导入这些发展中国家消费的本土品种。但是，金水稻所包含的70个专利分别属于32个不同的公司和大学。经过与69个关键专利持有者的接洽，达成了一项协议，他们允许Potrykus在发展中国家免费地转让许可权，并有权进行子许可。并且，他们自发建立了一个人道主义委员会来协助相关的管理和决策。到目前为止，已经向亚洲发展中国家的有关机构授予了大约20个主要的许可。

（2）SARS专利池。SARS冠状病毒专利池是医药领域的一个典型案例。SARS暴发后，世界卫生组织建立了一个实验室网络来协助控制该传染病的流行，该网络分离出了一种病因性病毒并对其基因组进行了测序。两个小组各自独立地发现了SARS基因组，并且几个参与的实验室共同对SARS基因组序列数据进行了专利权的申请。其后，进一步的研究导致了附加的由公立和私立机构实体提出的专利申请的备案。WHO建立了一个SARS顾问团，提出“在利益相关者们的共同协商下，建立一种战略，来解决潜在的、与SARS冠状病毒相关的知识产权问题，并因而来改善对该疾病干预方法的开发”。到目前为止，在资深技术专家和法律专家的协助下，相关各方已经签署了正式的主要协议，相关专利已经构成了一个专利池，并从美国推广至其他地区。

11.6 专利池分析框架

有关专利池的分析，关键是两类课题：①站在池内企业的立场，分析专利池形成的机理和市场竞争效果；②站在池外企业立场，分析池内企业和池外企业的专利竞争关系，从中找到适宜的专利池竞争策略。而从国际上相关主题的研究工作看，对于后一种研究是比较欠缺的。

根据我国市场专利竞争的实际情形，有关专利池研究框架的设计，需要重点考虑观测外国企业和本国企业的专利竞争关系。其中，外国企业又分两种：池内企业与池外企业。由于在多数业已形成的专利联盟中，我国企业并不具有池内企业的身份，因此我国企业通常作为池外企业来看待。其次，还应考虑池内企业的专利，并非所有专利放入池内，因此还存在池内企业的池内专利和池外专利情形。当然，池外企业不存在池内专利的情形，但存在与池内专利形成竞争的池外专利。第三，还应考虑到随时间变化不同企业专利竞争地位的改变，即随时间变化的池内和池外身份的改变。因此，应本着专利权空间和时间线索上的维度来并考虑设计相关的影响关系研究框架。本章据此提出了下列研究框架，如图 11-1，此类研究的聚焦点可能有以下几个方面。

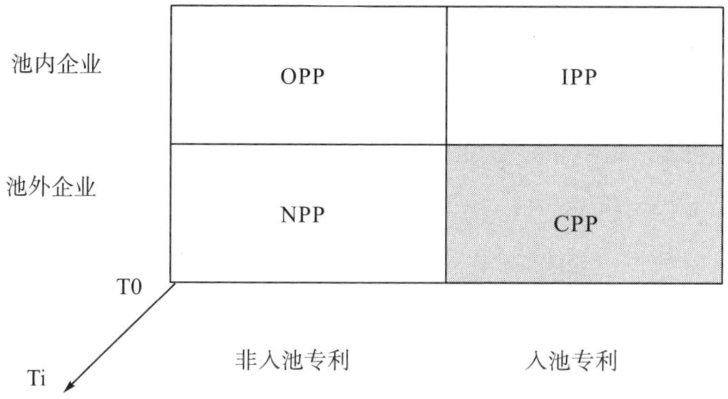

图 11-1 专利池内外专利竞争分析框架设计

注：陈向东(2010)。

(1)池内企业的专利组合，即池内企业的入池专利(in-pool patents，IPP)与非入池专利(off-pool patents，OPP)之间的关系，此时也应注意不同组专利随时间变化的情形。

(2)池内企业与池外企业的专利竞争，即池内企业的池内专利(IPP)与池外企业的竞争型(经济学意义上的竞争型与互补型在这里都存在，但因其所有权人在专利池外，因此统称为竞争型)专利(competitive patents against the pool，CPP)。

(3)池外企业与池内企业的专利竞争关系，包括池外企业的非直接竞争型专利(non-relevant patents to the pool，NPP)及其与 CPP 的关系，以及池外企业在不同时间段上的进出行为，即有可能进入专利池的情形。

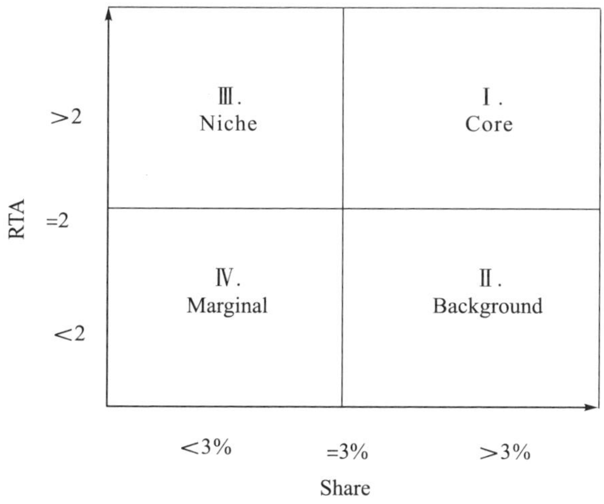

图 11-2 专利竞争位分析框架

(4) 考虑时间段的差别，即从 T_o 到 T_i 时段的变化。

需要指出的是，这一研究框架只是针对一个专利池，对于专利池间的可能竞争与合作，也可以将其他相关专利池认作此专利池为基准的特定池外专利及其专利权人加以分析。

为分析不同群组的专利竞争力变化，也适用引入技术份额(technology share，TS)和显性技术优势(relative technology advantage，RTA)来做相关分析。特别是结合两者共同分析专利池相关的竞争力分析。

这一分析构架主要参考 Gambardella 等(2007)提出的研究体系，即：①竞争位 I：核心位置(core position)：对应 TS>3%，RTA>2；②竞争位 II：所谓背景位置(background position)：TS >3%，RTA<2；③竞争位 III：所谓机会位(niche position)，TS <3%，RTA>2；④竞争位 IV：所谓边际位(marginal position)：TS<3%，RTA<2；如图 11-2 所示。

11.7 DVD 专利池分析

1) DVD 技术的发展

1994 年 12 月，索尼和飞利浦发表了“高密度多媒体 CD 的格式与技术指标”(MMCD)，这是第一个提出来的 DVD 技术规格。1995 年 1 月 24 日，东芝发布了另一个 DVD 规格——“超密度光盘系统”(SD-DVD)。两个同盟一时相持不下，最终在 IT 界与娱乐界的双方压力下，于 1995 年 9 月 15 日达成了统一标准，同时成立了机构——DVD Consortium，该机构于 1997 年 4 月成为制定、维护、发展 DVD 标准的国际组织 DVD 论坛(DVD Forum)。

1998 年，日本索尼公司、荷兰飞利浦公司和日本先锋公司发起建立了 DVD3C 专利联盟。

1999 年，日立、松下电器、三菱电机、时代华纳、东芝和 JVC 发起建立了 DVD6C 专利联盟。

2002 年 2 月，以索尼、飞利浦、松下为核心，联合日立、先锋、三星、LG、夏普和汤姆逊共同发布了 0.9 版的 blu-ray disc(简称 BD)技术标准。2003 年 11 月 19 日 DVD 论坛以 8 比 6 通过 HD DVD 是 DVD 配合 HDTV 的下一代产品。

由此下一代 DVD 标准(即蓝色激光 DVD 或高清 DVD，1995 年的 DVD 标准为红色激光 DVD 或标清 DVD)在以索尼为核心的蓝光标准和以东芝为核心的 HD-DVD 标准之间展开。蓝光标准由索尼公司主导，飞利浦、松下、日立、先锋、三星、LG、夏普、汤姆逊、苹果、戴尔、惠普等都是蓝光阵营的鼎力支持者。HD-DVD 标准，由东芝、NEC、三洋三家企业主导，后加入的有微软、英特尔及惠普等。2008 年 2 月 19 日，日本东芝公司正式宣布退出 HD-DVD 业务，确立了索尼公司倡导的蓝光标准成为事实标准。

从而 2002 年以来，DVD 技术同时沿着现有的标清 DVD 和高清 DVD 技术两条路径发展。

2) DVD 技术相关联盟

(1) DVD 论坛。DVD 论坛(DVD forum)是制定、维护、发展 DVD 标准的国际组织，成立于 1997 年 4 月，其前身是 DVD Consortium(成立于 1995 年)，创始成员包括东芝、松下、索尼、三菱、日立、先锋、JVC、飞利浦、汤姆逊、时代华纳共10家。这10家公司也是论坛最高权力机构理事会的成员，理事会的其他成员还包括IBM、Intel、三星、LG、夏普、ITRI(中国台湾工研院)、NEC、微软、三洋和迪士尼，东芝是理事会主席。目前论坛会员超过230家厂商。

在下一代DVD标准上，论坛成员存在严重分歧，2002年2月，索尼、飞利浦、松下、日立、先锋、三星、LG、夏普、汤姆逊9家共同发布蓝光光盘(blu-ray Disc)标准；而东芝联合NEC提出了自己的标准，并于2003年11月获得DVD论坛理事会的批准，该标准也被正式命名为HD DVD，其后获得了时代华纳(同时支持蓝光光盘)、三洋、Intel、微软等的支持。而ITRI(中国台湾工研院)独自提出HD-FVD标准。

(2)蓝光光碟联盟。2002年2月19日九家主要的电子产品公司：索尼、松下电器、三星电子、先锋公司、三菱、飞利浦、日立、LG及汤姆逊跟国际组织DVD Forum存在严重分歧，九间企业认为下一代光碟格式必须以新的方式运行，不应该再以DVD-ROM为基础上发展，于是以新力为首的九间企业决定组成新的联盟。2002年5月，蓝光光碟联盟的前身："blu-ray disc founders"正式成立，负责制定及开发蓝光光碟。

2004年5月18日"blu-ray disc founders"正式更改名称为"蓝光光碟联盟"(blu-ray disc association)。由于蓝光光碟的强大容量及更快的读取速度，很多世界知名的企业相继加入蓝光光碟联盟，包括苹果公司、DELL、TDK和HP等。

(3)前瞻光储存研发联盟AOSRA。前瞻光储存研发联盟(advance optical storage research alliance，AOSRA)是由中国台湾工研院结合中国台湾光学储存媒体领域30家厂商所组成的组织：其中研究单位代表：中国台湾工研院；光碟片厂商：铼德科技、中环公司、利碟科技、讯碟科技、国硕科技、钰德科技、精碟科技、远茂光电；光驱厂商：建兴电子、明基电通、广明光电、威刚科技、宜达电子、微星科技、鸿友科技；芯片厂商：联发科技、扬智科技、威腾光电、凌阳科技、其乐达科技；软件影像厂商：得利影视、亚艺国际。

(4)中国高清光盘产业联盟(CHDA)CBHD。清华大学光盘国家工程研究中心、清华同方、TCL、新科等。

(5)EVD。北京阜国、上广电(SVA)等。

(6)中国DVD行业主要企业。①DVD播放机：中国华录、新科、步步高、万利达、奇声、金正。②DVD盘片：清华同方，清华紫光。

3)DVD专利池

(1)DVD3C。1998年的初始发起者为日本索尼公司、荷兰飞利浦公司和日本先锋公司。2003年8月，韩国LG公司加入DVD3C联盟，形成DVD4C。

(2)DVD6C。1999年6月由日立、松下电器、三菱电机、时代华纳、东芝和JVC发起；2002年6月IBM加入，于2005年8月将专利售予三菱电机退出专利联盟；2005年4月三洋和夏普加入；2006年11月，三星加入。

(3)MPEG-2、DB和DTS。涉及DVD的数据压缩格式。

4）中国市场DVD相关光存储技术的专利发展现状

在使用中国专利数据时需要注意，外国企业在中国申请专利时，根据巴黎公约原则，无论是传统的专利申请途径还是PCT途径的国际申请，都可以享有12个月的优先权要求，从而外国居民申请的中国专利通常有一年的滞后期。

根据文献，DVD相关光存储技术分为核心技术和应用技术，按照IPC小组类号对国家知识产权局专利数据库进行检索，得到上述技术自1985～2006年的专利申请数据如表11-3所示。

表11-3　光存储技术对应的IPC分类及其专利申请数（1985～2006年）

光存储技术	IPC小组类号	IPC小组类名	专利申请	
核心技术	G11B7/24	光记录载体的结构和材料	1,184	T1
	G11B7/007	光记录载体上信息的排列（微观结构）	481	T2
应用技术	G11B7/004	记录、重现或抹除方法；读写或抹除电路；	642	T3
	G11B7/08	传感头或光源相对于记录载体的配置和安装	408	T4
	G11B20/10（光盘）	用于光盘的数据记录或重现的格式	587	T5
	G11B33（光盘）	光盘系统的附件或光盘存放装置	228	T6

由于PCT途径的专利申请可以选择在优先权日后第30个月才进入中国，再经过至少6个月公开，导致部分2005年以来来自国外PCT途径的专利申请还没有进入专利数据库，从而2005年和2006年的专利申请数较2004年大幅降低，但是这种下降并非该领域专利申请真的减少了，而是部分专利申请由于申请流程还没有被公开。本书据此对后续专利数据做部分预测后，绘制出光存储技术对应的IPC领域10年间（1995～2006年）的专利申请趋势图如图11-3所示。

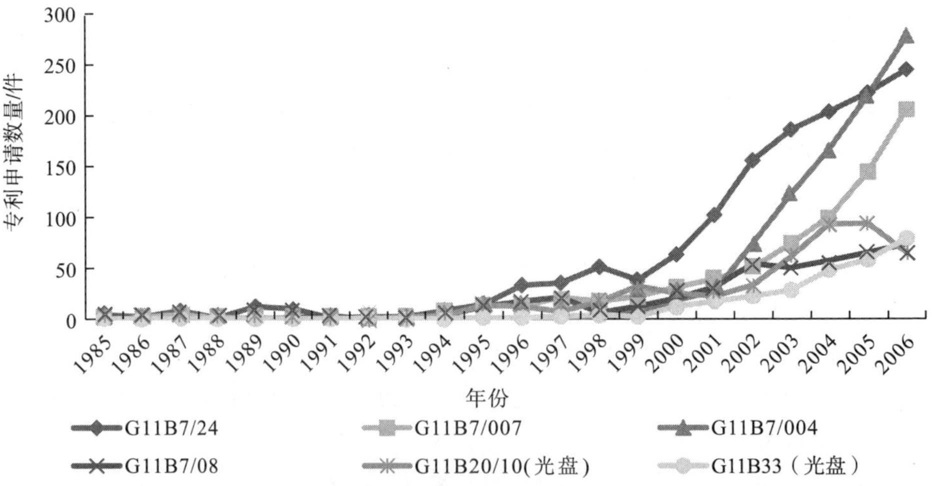

图11-3　光存储技术的核心技术和应用技术在中国的专利申请

注：2005年和2006年的数据为预测值。

DVD 专利技术体系是以光盘的结构和材料为基础建立的，其他相关技术随着盘片技术的改进而改进。1995 年 DVD 标准刚刚确立，从而 1995 年之前，属于应用技术的四个方面的专利都很少，其中光源配置和数据格式技术仅在某些年份有不超过 3 件的专利，而读写电路应用技术的专利数为 0 件，安装技术的专利仅在 1992 年有 1 件。随着 DVD 标准的确立，光源配置和记录格式方面的专利迅速增长到每年 10 件以上，但在 1997 年和 1998 年有所回落，之后又有新的发展，这与 DVD 论坛于 1997 年通过了 DVD-R 和 DVD-RAM 规格有关，这导致可记录光盘的应用技术增长；而读写电路和光盘系统安装的专利依然很少。直到 1999 年，DVD 论坛十个主要成员解决了专利许可的内部分歧，建立了 DVD3C、DVD6C 和 Thomson 三个独立许可实体之后，专利申请开始全面爆发。其中，光盘结构、材料技术和读写电路技术开始快速增长，前者主要涉及多种功能盘片的标准开发，后者则涉及了对于现有标准的大规模产业化应用；而微观结构、光源配置和安装系统的专利则稳定增长；只有记录格式技术经历了 1999～2001 年连续三年的下降，说明在这期间，基于现有的 DVD 标准进行记录格式优化的技术空间有限。

从上述技术分类来看，DVD 的盘片结构和材料、信息排列属于最基础的核心专利，这些技术发展到一定程度之后，结合实际的市场需求会陆续建立一系列光盘标准。然后 DVD 技术的大规模产业化开始，各公司根据这些标准开发出实际应用的盘片读写装置，从而相关的读写电路、记录格式、光源配置和安装系统的应用技术随之增多。这些应用技术虽然也很重要，但是它们是基于现有光盘标准开发的。当各大企业和研究机构推出新的盘片结构、材料和微观结构之后，新的标准又将建立，从而开始新一轮的应用技术开发热潮。

5）专利池对中国市场竞争影响分析

DVD3C、DVD6C 和 THOMSON 三个主要的 DVD 专利技术的许可人（以下简称 D3D6T）在国家知识产权局所用的专利申请人，除去翻译上的不统一因素，其申请人战略各不相同。有的公司以统一的名义来管理在华专利，例如先锋、松下、三菱电机、时代华纳、东芝、JVC、IBM、三洋、夏普等企业；有的公司则以不同子公司的名义分别在华申请专利，例如索尼、飞利浦、LG、日立、汤姆森。

图 11-4 列出了 DVD3C、DVD6C 和 THOMSON 三个主要的 DVD 专利技术的许可人（以下简称 D3D6T）在 1985～2006 年在光存储相关技术领域的专利分布。

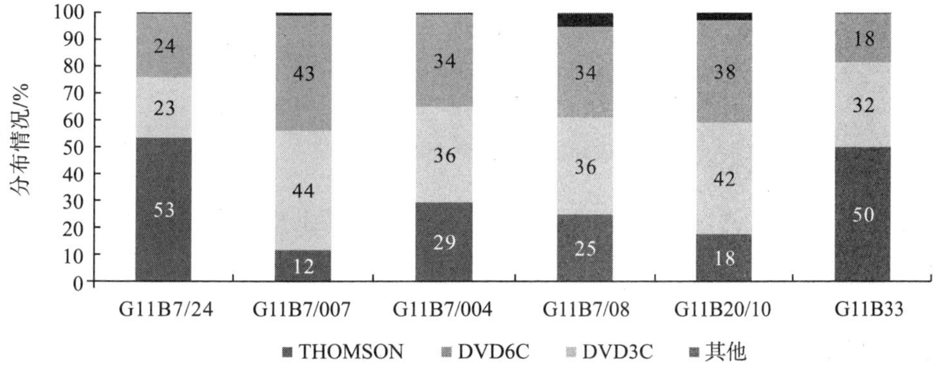

图 11-4　DVD 专利池在光存储相关技术领域的专利申请分布（1985～2006 年）

在处理上述 D3D6T 成员在中国申请的专利时，值得说明的是韩国 LG 公司。LG 公司在华设立了多家子公司，其中的上海乐金广电电子有限公司在 DVD 相关技术领域申请了大量专利，而分析该公司所申请专利的发明人时发现绝大多数专利的发明人是韩国国籍，再联系 LG 公司是上海乐金广电的控股股东，由此将上海乐金广电电子有限公司的专利作为韩国 LG 公司名下的专利是合理的。从图 11-4 中可以看到，DVD3C、DVD6C 和 THOMSON 这三个独立专利许可体的成员在光盘微观结构和数据格式上贡献了超过 80% 的专利份额；在读写电路和光源配置技术上的专利贡献超过了 70%；在盘片结构和材料和光盘系统附件技术上的专利份额最低，但是也超过了 47%。究其原因，盘片结构和材料专利是光盘最基础的技术，包括整体机构、记录层材料、非记录层材料、数据排列的微观结构还有其他应用技术等内容，目前红光 DVD 是主流技术，专利权主要握在上述 DVD 专利技术许可人的手中。但是随着新一代蓝光 DVD 技术的发展，更多的公司加大了在蓝光技术上的投入，或者非传统的新型光存储截止的整体构造专利技术，从而使这一领域的专利竞争最为激烈；而光盘系统附件技术则因为更接近市场，较大的专利份额被 DVD 光盘和视盘机的制造商占据。但是基于现有盘片结构和材料上的数据微观结构、数据格式、读写电路和光源配置等必须技术，都掌握在 D3D6T 成员的手中，从而 D3D6T 掌握的专利技术份额呈现出两头(结构材料和附件系统)低，中间(核心和关键技术)高的趋势。

将非 D3D6T 的专利细化为其他外国机构、中国台湾、中国大陆三个申请源，与 D3D6T 在 1995～2006 年的专利发展态势如图 11-5 所示。

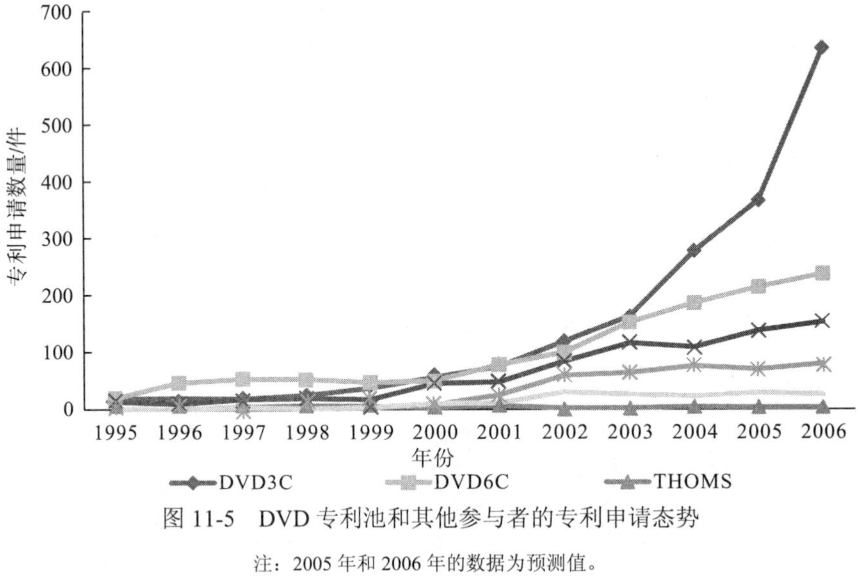

图 11-5　DVD 专利池和其他参与者的专利申请态势

注：2005 年和 2006 年的数据为预测值。

从图 11-5 可以看到，在 1999 年之前，DVD6C 是最重要的参与者，但是其专利申请在此期间非常稳定；DVD3C 次之并保持增长，然后是其他申请人，来自 THOMSON、中国台湾和中国大陆的专利都很少。到 2000 年之后，DVD3C 的专利申请开始超过 DVD6C，两者之间的差距在 2004 年达到最大，之后差距逐渐缩小；而其他申请人的专利申请较快增长，直到 2005 年仍保持在第三的水平；同时，中国台湾自 2000 年以来的专利高速增加，并在2006年超过其他申请人；中国大陆的专利申请则自2002年以后稳定在每年30件左右的水平。这六个DVD技术的主要参与者在每年所占的专利份额如图11-6所示。

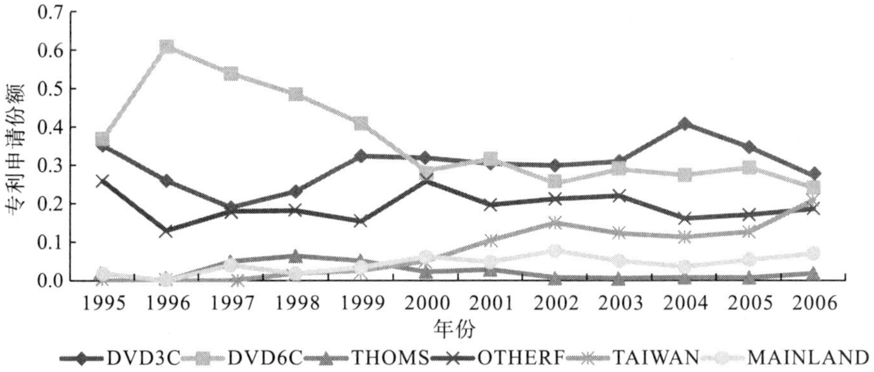

图11-6　专利申请份额

图11-6专利份额的发展态势与图11-2显著不同，而在同一技术领域中，竞争性的参与者之间比较专利份额更有意义。为考察DVD3C和DVD6C专利池的组建对该技术领域的其他参与者带来的影响，本书分为1985～1998年和1999～2006年两个阶段，对六个参与者专利份额进行相关分析，得到的结果分别如表11-4和表11-5所示。

表11-4　专利池的组建对其他参与者带来的影响(1985～1998年专利申请)

	1	2	3	4	5	6
1. DVD3C	1					
2. DVD6C	−0.22	1				
3. THOMSON	−0.26	−0.19	1			
4. 其他外资	−0.53*	−0.58*	0.31	1		
5. 中国台湾	0.01	0.18	0.47†	−0.15	1	
6. 中国大陆	−0.03	0.11	−0.21	−0.49†	−0.11	1

表11-5　专利池组建之后对其他参与者的影响(1999～2006年专利申请)

	1	2	3	4	5	6
1. DVD3C	1					
2. DVD6C	0.12	1				
3. THOMSON	−0.21	0.83*	1			
4. 其他外资	−0.41	−0.394	−0.25	1		
5. 中国台湾	−0.33	−0.80*	−0.63†	−0.04	1	
6. 中国大陆	−0.66†	−0.70†	−0.40	0.57	0.60	1

注：*，$P<0.05$；**，$P<0.01$；†，$P<0.1$。

从表 11-5 可看出，在专利池形成之前，竞争主要在 DVD3C 和其他外资，DVD6C 和其他外资，中国大陆和其他外资之间展开，三组竞争者此消彼长；而中国台湾与汤姆森之间还呈现出共同成长的特征。

在专利池形成之后，竞争态势发生了极大变化，DVD3C 和 DVD6C 均与中国大陆形成竞争关系；而汤姆森与 DVD6C 呈现出共同成长特征。值得注意的是其他外资在专利池形成之后，其与 DVD3C 和 DVD6C 的竞争关系消失了。

由此可以认为，专利池的组建一方面代表外国企业之间的竞争关系转向合作，另一方面则开始对专利申请国当地的企业形成打压态势，专利池的组建不利于本土企业的技术发展。

前面通过相关分析大概分析了专利池的形成对竞争的影响，下面将通过回归分析更准确地估计各个参与者之间的竞合关系。由于其他外资、中国台湾和中国大陆在 DVD 相关技术领域的专利数较少，下面的分析将上述参与者统一为“非 DVD 专利池成员”进行处理。由于专利池的组建对于非 DVD 专利池成员的影响是在一段时期内逐步产生效果，将采用多项式分布滞后模型进行回归，回归模型如式(11. 1)所示。

$$\left(\text{Non}-\text{Pool}_{\text{patenting-grantedpatent}}\right)_t = \alpha + \sum_{i=0}^{k} \beta_i \left(\text{In}-\text{Pool}_{\text{patneting-grantedpatent}}\right)_{t-i} + \varepsilon \tag{11.1}$$

公式假设非 DVD 专利池成员第 t 年的专利申请或者授权受到不同专利池成员专利第 $t-k$ 年到第 t 年专利的共同影响，即 DVD 专利池的专利对非专利池成员的影响有 k 年的持续期。在回归中 k 的确定将通过实验法，即分析不同的取值下，模型的决定系数调整值、AIC(akaike info criterion)和 SC(schwarz criterion)，取模型的决定系数调整值最大，相应地 AIC 和 SC 最小的 k 值作为模型的输入。经试验发现，$k=4$。

由于因变量的取值包括非专利池成员的专利申请和专利授权，自变量的取值包括专利池的专利申请和专利授权，根据因变量和自变量的不同取值，将产生四类模型结果，下面分别论述。

以非专利池成员的专利申请为因变量，以专利池的专利申请为自变量的模型回归结果如表 11-6 所示。从模型 1～3 来看，DVD3C、DVD6C、Thomson 的专利申请量与非 DVD 专利池成员的其他机构的专利申请量呈现同步增长的趋势，所以单个专利池来看，其总体影响均显著为正，且三个模型的决定系数都大于 0.68。重点对模型 4 的结果进行解释，因为模型 4 的决定系数为 0.9053，为 4 个模型中最高(并且也高于以两个专利池的专利申请为自变量的情况)。

在模型 4 中，可以看到 DVD6C 的整体影响系数(即 DVD6C 的专利申请及其 1～4 年的滞后项的系数之和)最大，为 4.4041，即 DVD6C 的专利申请对非 DVD 专利池成员的其他机构专利申请有促进和竞争引导作用；而 DVD3C 的整体影响系数为-2.8191，即 DVD3C 的专利申请对非 DVD 专利池成员的其他机构专利申请有抑制作用。而 Thomson 专利申请的总体影响并不显著，这与它在华专利申请数量过少有关。

以非专利池成员专利申请量为因变量，以专利池成员专利授权量为自变量的回归结果如表 11-7 所示。

表 11-6 专利池专利申请对非专利池成员专利申请的影响

	因变量：非 DVD 专利池成员的专利申请			
	模型 1	模型 2	模型 3	模型 4 对整体
α	1.3069*	0.8458†	3.4939**	NS
DVD3CPA(total effect)	0.7845**			−2.8191**
DVD6CPA(total effect)		0.8574**		4.4041**
THOMSPA(total effect)			1.0757**	NS
Adj R Square	0.6938	0.7677	0.6893	0.9053
Period	1989～2006 年	1989～2006 年	1989～2006 年	1989～2006 年

注：*，$P<0.05$；**，$P<0.01$；†，$P<0.1$；NS-not significant。

表 11-7 非 DVD 专利池专利申请量受各专利池成员在华专利授权量的影响

	因变量：非专利池成员的专利申请			
	模型 5	模型 6	模型 7	模型 8
α	1.5531**	1.0649*	4.2554**	NS
DVD3CPG(total effect)	0.8947**			−2.8200*
DVD6CPG(total effect)		0.8801**		3.4145**
THOMSPG(total effect)			1.3266**	0.6992*
Adj R Square	0.6762	0.7414	0.6389	0.8453
Period	1989～2006 年	1989～2006 年	1989～2006 年	1989～2006 年

注：*，$P<0.05$；**，$P<0.01$。

模型 5～8 的结果与模型 1～4 的结果类似，所有的 4 个模型均能够显著解释非专利池成员的专利申请(调整后的决定系数均大于 0.64，模型 8 更高达 0.85)。值得注意的是模型 8 中，Thomson 专利授权开始显著正向影响非专利成员的专利申请。可见虽然 Thomson 的专利申请数较低在模型 4 中不显著，但是以其专利授权以其高质量对非专利企业起到了显著的技术引领作用。

以非专利池成员的专利授权为因变量，以各专利池专利申请和授权为自变量的回归结果分别如表 11-8 和表 11-9 所示。

模型 9～12 的结果与模型 1～4 的结果基本相同，即各专利池成员的专利申请通过影响非专利池成员的专利申请，进而影响其专利授权。

模型 13～16 的结果与模型 5～8 基本相同，即 Thomson 的专利授权通过高质量竞争形式促进其他非专利池成员的专利申请和专利授权。

表 11-8　非 DVD 专利池专利授权量受各专利池成员在华专利申请量的影响

	因变量：非专利池成员的专利授权			
	模型 9	模型 10	模型 11	模型 12
α	NS	NS		-3.3778*
DVD3CPA(total effect)	0.8096**			-4.0950**
DVD6CPA(total effect)		0.9041**		5.6633**
THOMSPA(total effect)			1.0738**	NS
Adj R Square	0.6155	0.6350	0.5554	0.8707
Period	1989～2006 年	1989～2006 年	1989～2006 年	1989～2006 年

表 11-9　非 DVD 专利池专利授权量受各专利池成员在华专利授权量的影响

	因变量：非专利池成员的专利授权			
	模型 13	模型 14	模型 15	模型 16
α	NS	NS	3.3678**	NS
DVD3CPA(total effect)	0.9809**			-3.6206*
DVD6CPA(total effect)		0.9809**		4.2593**
THOMSPA(total effect)			1.4249**	0.8524*
Adj R Square	0.6120	0.6834	0.5481	0.8243
Period	1989～2006 年	1989～2006 年	1989～2006 年	1989～2006 年

回归分析的结果也揭示出，在同一技术领域存在多个专利池时，各个专利池的存在对非专利成员的创新的影响是不同的。有的专利池仅集中少数必需的专利，从而该专利池的组建在便利了专利许可的同时，也促进了围绕专利池而开展的大量外围技术创新。而有的专利池在组建过程中，包括了该专利池代表技术方案的几乎全部重要专利，限制了其他非专利池成员的创新空间，阻滞了该领域的技术创新。值得指出的是，仅仅从专利数据来看，研究可以得到上述结果。但还需要从经济和市场数据来观察。图 11-7 和表 11-10 表示了我国 DVD 出口欧洲国家的发展情况。显然，有关专利权一定程度上约束了该产品的出口。

6）研究结论

上述研究可以得出如下结论：DVD 专利池成员所占的专利份额呈现两端（结构材料和附件系统）低，中间（核心和关键技术）高的特点。从相关分析的结果来看，专利池的组建一方面代表外国企业之间的竞争关系转向合作；另一方面则开始对专利申请国当地的企业形成打压态势，专利池的组建不利于本土企业的技术发展。而从回归分析的结果来看，则 DVD6C 成员和 Thomson 的专利对非 DVD 专利池机构的专利有促进作用，DVD3C 的专利对非 DVD 专利池机构的专利有阻滞作用。即在同一技术领域存在多个专利池时，各个专利池的存在对非专利成员的创新的影响是不同的。

表 11-10　中国对欧洲 DVD 出口增长率(前 10 位国家)

国别	2001 年/%	2002 年/%	2003 年/%	2004 年/%	2005 年/%	2006 年/%	2007 年/%	2008 年/%	2009 年/%
比利时	454.12	−5.33	7.12	15.86	−39.37	−36.40	−5.16	−27.92	5.40
丹麦	63.21	195.5	125.4	−16.24	−11.84	−24.77	−22.29	11.89	−28.71
芬兰	−64.13	312.7	537.2	64.46	40.91	−38.89	16.30	−25.61	−68.46
法国	71.88	92.2	145.7	10.49	−26.60	−30.91	46.71	12.85	−3.43
德国	126.91	254.7	25.64	13.56	−12.28	−29.10	−5.37	−3.59	−7.92
意大利	290.80	142.8	250.3	73.23	−50.27	20.75	30.41	−41.24	−8.85
荷兰	397.62	233.0	69.24	36.88	−4.76	−15.19	−6.01	−5.61	−8.73
俄罗斯	54.22	486.4	272.6	69.07	190.3	40.46	17.99	−17.69	−49.09
西班牙	452.19	40.37	290.7	−3.51	−13.14	−8.11	31.72	0.10	−20.11
英国	94.22	85.88	79.41	17.55	−23.36	−13.44	1.39	175.0	33.66

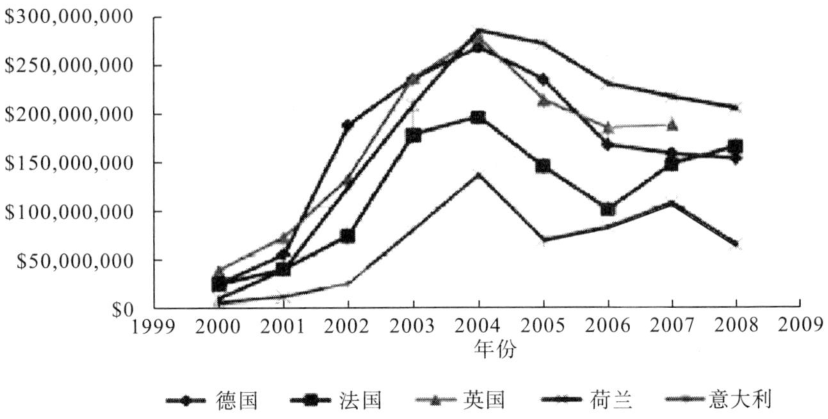

图 11-7　中国向五个典型欧洲国家出口 DVD 金额变化

11.8　MPEG II 专利池分析

移动图形专家组(moving pictures experts group，MPEG)是于 1988 年 5 月在加拿大渥太华建立的技术联盟组织，初创者大多为国际标准组织成员和国际电气工程委员会的成员。该类型技术主要是服务于音频和视频信号的编码和解码技术。而 MPEG-II 则是在 1994 年建立的，其目标是为高解析度的和高速信息传播技术提供工业标准。

这类用于音频和视频编码和解码的标准可以分为两类：①ISO(国际标准组织)/IEC(国际电工委员会)JTC1 主导的 MPEG 体系；②ITU 主导 H.26x 系列视频标准和 G.7 系列的音频标准，用于多媒体的通讯和传播。MPEG-II 是由 MPEG 和 ITU 联合开发，作为第一代的音频和视频标准。时至今日，国际上已经开发出四套不同类型的音频视频编码标准体系，即 MPEG-II、MPEG-IV、MPEG-IV AVC (也被称为 AVC 或 JVT，H.264，以及后续的 MPEG7 和 MPEG21)和 AVS。其中，前三类标准是由 MPEG 专家组开发，而第四个类型(AVS)则是由我国专家组开发形成。如果按技术代际来划分，则 MPEGII 为第一代，后三类为第二代。由于关系这类技术的主要专利领域在 H04N，因此这里只对该技术领域的专利进行分析。表 11-11 给出了 MPEGII 专利池成员和池外典型企业在该专利池形成前和想成后的专利发展情形。

表 11-11　MPEG-II 专利池成员在相关技术领域(H04N)的中国专利申请量

(与该成员其他技术领域专利申请量比较)

成员企业	专利池形成前 10 年专利申请积累		专利池形成后 10 年专利申请积累	
	H04N 领域池内占比/%	在该成员所有专利中占比/%	H04N 领域池内占比/%	在该成员所有专利中占比/%
SAMSUNG ELECTRONICS	12.03	23.97	15.53	10.69
PHILIPS	8.28	10.36	14.51	16.72
Matsushita	8.28	11.72	14.15	9.28
SONY	11.90	19.05	13.64	15.40
THOMSON	39.20	61.71	10.63	35.20
LG Electronics	0.00	N/A	10.26	18.68
CANNON	3.62	5.33	5.44	11.91
TOSHIBA	1.16	1.83	2.79	4.60
SHARP	3.23	11.01	2.61	7.66
SANYO	1.16	5.77	2.23	5.98
HITACHI	1.42	1.07	2.11	2.94
MITSUBISHI ELECTRIC	0.52	0.74	1.82	4.00
General Instrument	0.00	N/A	1.01	52.02
FUJITSU	0.00	0.00	0.84	2.60
NTT	0.00	0.00	0.68	3.94
JVC	2.59	48.78	0.65	15.98
Alcatel-Lucent	0.00	0.00	0.38	2.83
France Telecom	0.00	N/A	0.28	11.07
Bosch	0.00	N/A	0.21	0.75
BT	0.52	8.51	0.12	5.71
GE	6.08	12.14	0.05	0.19
COLUMBIA UNIVERSITY	0.00	0.00	0.04	3.76
KDDI	0.00	N/A	0.01	5.56
总专利申请数 / 平均数	100	12.71	100	10.16

来源：中国知识产权协会(2005)；数据取自中国知识产权局网站，按专利池形成后 H04N 领域专利申请数排序。

从表 11-11 中可以看出，专利池的形成实际上促进了专利总体的增长，具有一定的竞争示范效应。首先是池内成员在专利池形成后 10 年中的专利申请量较前增加了 15 倍，达到 11462 件。其次是池外企业在相应的技术领域的专利申请也有了更高的增长，特别是国内企业的专利申请(图 11-8)。

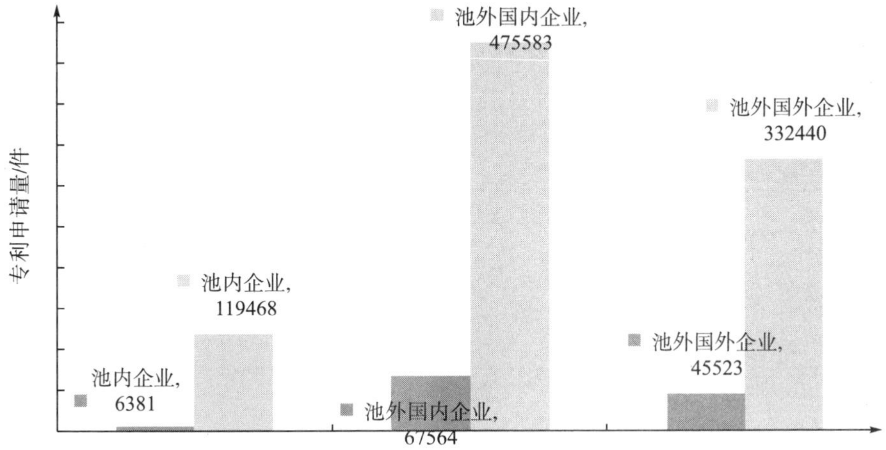

图 11-8　MPEG II 专利池形成之前与之后的 10 年专利积累量对比

根据这些相关数据，依照前述的 RTA 和 TS 测度原理，本书做出如下比较，比较专利池形成前后相应企业的位置变动情形。由表 11-12 中可见，池内企业的竞争位置在专利池形成前后有所变动，但数量不多，且主要在核心位和机会位之间变动，落到边际位的很少。这说明专利池形成后对专利池成员的竞争位置大多有巩固和增强的效应。

表 11-12　MPEGII 专利池形成前后池内成员的竞争位置变化

Position	技术份额(Technology Share) <3%	技术份额(Technology Share) >3%
RTA>2	机会位 JVC，Cannon，Sanyo，Sharp，British Telecom，French Telecom (+)，General Instrument (+)，Thompson (-).	核心位 Philips，Samsung Electronics, Matsushita (Panasonic), Sony, LG Electronic (+), Thompson (+)，GE (-).
RTA<2	边际位 NTT, Alcatel-Lucent, Bosch, Toshiba, Fujitsu, Columbia University, Hitachi, Mitsubishi Electric, KDDI, GE (+), French Telecom (-)，General Instrument (-)，LG Electronics (-).	背景位 无样本

注：(+)为该公司在专利池形成后改变至此位置；(-)为该公司在专利池形成后从此位置消失；无上述记号则为专利池形成前后位置无变化。

而从对池外企业的影响来看，主要观测池内企业在专利池形成较短几年内的影响，由相关模型可见，专利池内企业的专利申请活动对国内企业的专利授权有一定负面影响，而专利授权并无大的影响。总体上说明专利池的形成在即使在初期的几年里，对池外企业的专利数量的影响大多属于竞争示范类型，即有所促进(表 11-13)。

表 11-13　影响效应模型：池内企业对池外企业（MPEGII）

	自变量 专利池内	专利池外专利申请	专利池外专利授权	专利池外专利申请 国内企业	专利池外专利授权 国内企业	专利池外专利申请 外国企业	专利池外专利授权 外国企业
专利申请	0 年滞后	*P**	*P***	-	*P***	*P***	-
	1 年滞后	*P***	-	*P***	-	*P***	-
	2 年滞后	*P***	*N***	*P***	*N***	*P***	-
	3 年滞后	-	*N***	-	*N***	-	-
专利授权	0 年滞后	*N***	*P***	*N***	-	*N**	*P***
	1 年滞后	-	-	-	-	*P**	*P***
	2 年滞后	*P**	-	-	-	*P**	*P**
	3 年滞后	*P***	-	*P***	-	*P**	-

注：*，$P<0.05$；**，$P<0.01$，*P* 代表正向关系，*N* 代表负向关系。

但这些结果都是基于专利申请和专利授权的数量基础上做出的，并未考虑专利的质量差异，特别是，构成专利池的原始专利的重要控制作用。因此，这类研究只是针对专利形成效应的一个参考性研究。更多的有关专利池内专利权的影响关系应当从更为本质的技术层面来做细部考察。

11.9　WCDMA 专利池分析

WCDMA 专利池主要由 NTT DoCoMo、Ericsson、Nokia 、Siemens 在 2002 年 11 月发起，为池外企业许诺必要的专利许可条件，其后 Fujitsu、Matsushita、Mitsubishi、NEC、Sony 公司也同意加入该计划，并最终与 2004 年 1 月 1 日形成了专利联盟。正式的专利池由 9 家企业组成：ETRI、Fujitsu、KPN、Mitsubishi、NEC、NTT DoCoMo、NTT、Sharp、Siemens。

为从技术本质的深层次分析池内池外企业之间的影响关系，本书给出了下面的池内和池外企业组作为研究对象，如表 11-14 所示。

表 11-14　研究样本企业名录

专利池内 / 池外企业	企业成员	
WCDMA 专利池	French Telecom（FT） Nippon Telegraph & Telephone（NTT） Fujitsū Kabushiki-gaisha NTT DoCoMo（NTTD） Royal KPN（KPN） SHARP	MITSUBISHI ELECTRIC Siemens AG NEC Corporation Panasonic（Matsushita） SK telecom（SK） TOSHIBA
池外典型外国竞争型企业	LG，MOTO，Ericsson，Philips，Qualcomm Inc，Lucent，Nokia，Samsung，Sony	
池外典型国内竞争型企业	大唐电讯、华为、中兴	
池外其他国内企业	其他台湾企业（TAIWAN）	其他大陆企业（MAINLAND）

相关的专利技术领域描述如表 11-15 所示。本书按照相应的专利池专利列表共计采集 WCDMA 专利[①]302 条，截止期为 2009 年 4 月 9 日。相关专利技术领域为：G07G、G01S、H04M、G06F、H04Q、H03M、H04L、H04W、G10L、H04J、H04B。在这些领域中，H04Q、H03M、H04L、H04W、G10L、H04J 及 H04B 领域的专利数占总数的 95.36%。

表 11-15　WCDMA 专利池相关典型技术领域

技术领域	IPC 分类	IPC 次级分类	专利申请	专利授权
H04B　传导技术	H04B7	**Radio transmission systems**	1963	82%
H04J Multiplex communication	H04J13	**Code multiplex systems**	8924	18%
技术领域	IPC 分类	IPC 次级分类	专利申请	专利授权
H04B　传导技术	H04B7	**Radio transmission systems**	1963	82%
H04J Multiplex communication	H04J13	**Code multiplex systems**	8924	18%

应用所谓专利寿命周期(patent life cycle，PLC)指标以及所谓专利宽度指标测算，将专利池内企业所拥有的两组专利(专利池企业放入池内的专利和没有放入池内的专利)进行对比，其间存在很大的差别(表 11-16)。

表 11-16　池内企业相关技术领域(池内专利与池外专利)技术特征比较

专利池成员	专利生命周期(PLC)		专利技术宽度(patent breadth)	
	WCDMA 专利池内专利	WCDMA 专利池外专利	WCDMA 专利池内专利	WCDMA 专利池外专利
KPN	14.5	12.4	0.6	0.96
FT	11.1	3.3	1.3	1.02
FUJITSU	9.8	4.2	1.2	1.44
NTT DoCoMo	9.7	1.9	1.2	1.46
NEC	8.6	3.8	1.4	1.44
Siemens	7.7	4.2	1.4	1.4
Sharp	7.1	4.9	2.1	1.47
Mitsubishi	5.3	4.4	1.7	1.59

从表 11-16 中可见，池内成员企业放在池内的专利通常总会比其未放入池内的专利寿命要长，也代表其池内的专利质量相对要高一些。而从专利技术宽度的测度角度来看，却有相反的表现，即成员企业池内的专利相对其池外专利而言其宽度要更狭窄一些，同时这一更为狭窄的规律在不同成员企业间也存在差异。显然，技术领域上控制范围更宽一些的专利会给予其所有权人更多的独立性许可回报。因此，作为池外专利即表现了所有权人更多的独立控制期望。同样可以理解，池内专利某种程度具有一定的池内成员企业共享特征，因而其专利技术主题倾向于更为聚焦，同时池内成员企业间在较为狭窄领域上分享其许可回报。

① http://ep.espacenet.com。

从技术领域的角度观测（表 11-17），上述趋势更为明显，即池内专利的寿命周期相对池外专利的寿命周期而言更长，质量更高，同时技术宽度相对池外专利更为狭窄。于是，如果把专利寿命周期和专利宽度看作是专利质量的有效度量指标，则这样的质量交叉分布局面似可推广来解释其他专利池专利的质量分布特征，本书的研究也是对进一步分析专利池或专利联盟内外专利质量提供了一个有益的参考。

表 11-17　同一技术领域池内专利和池外专利的技术特征比较

IPC	专利生命周期（PLC）		专利技术宽度（patent breadth）	
	WCDMA 专利池内专利	WCDMA 专利池外专利	WCDMA 专利池内专利	WCDMA 专利池外专利
H04M	10.9	6.3	NA	NA
G10L	8.9	5.6	0.95	1.16
H04Q	8.7	4.3	0.88	0.99
H04J	8.4	5.1	1.5	1.69
H04B	7.1	2.4	1.82	1.39
H03M	7.0	4.6	0.99	1.56
H04L	6.9	4.0	1.28	1.4
H04W	NA	3.7	0.61	1.05

根据上面的分析，并结合前述有关专利池分析框架和竞争力分析原则，表 11-17 提供了相应的测算结果。其中可以总结出，在此电信产业技术领域，由于中国的典型企业竞争力强，专利技术含量增长迅速，因此，虽然池内企业的专利在专利池形成后也有增强和保持原有地位的情形（也有池内企业的专利失去原有位置而下降到更低地位的情形），但池外三家中国企业也都有提高其竞争地位的优越表现。因此，WCDMA 专利池的形成，从本书通过专利申请和专利授权量方面的对比来看，并未取得更大的竞争优势（表 11-18）。

表 11-18　池内企业和池外企业竞争位置及其专利池成立前后变化（WCDMA）

竞争位		technology share <3%	technology share>3%
RTA>2		机会位	核心位
	池内	SK，NTTD，FT（+） Mitsubishi（-），Fujitsu（-），Siemens（-）， KPN（-），NTT（-）	NEC（+），Ericsson（-）， Matsushita（Panasonic）（-）；
	池外	Lucent，MOTO（+），Nokia（+）， 大唐电信（-）	Samsung，Qualcomm Inc.， 中兴，华为，大唐电信（+） Nokia（-），Moto（-），
RTA<2		边际位	背景位
	池内	FT，Toshiba，Sharp， Mitsubishi（+），Siemens（+），NTT（+），KPN（+）	无公司
	池外 Pool	Philips， Sony（+），LG（-）	LG（+）

注：（+）为该公司在专利池形成后改变至此位置；（-）为该公司在专利池形成后从此位置消失；无上述记号则为专利池形成前后位置无变化。

通过相关模型(表 11-19)来考察池内企业对池外企业专利申请及授权方面的影响，也可以得到类似的结论，即除了一年滞后期考察中对本国专利申请有不大显著的负面影响之外(远期年份的滞后作用其实很难判断是专利池的影响，特别对池外的外国企业的专利而言更是如此)，大多影响为正，即通过市场竞争示范作用激励池外企业的专利活动。因此，也可大致得出同样的结论，即 WCDMA 专利池对我国本地企业的专利活动负面影响不大，反而有很强的竞争示范激励作用。

表 11-19　池内企业专利对池外企业专利活动的影响(WCDMA)

自变量 专利池内	因变量					
	专利池外专利申请	专利池外专利授权	专利池外专利申请国内企业	专利池外专利授权国内企业	专利池外专利申请外国企业	专利池外专利授权外国企业
池内专利申请(总效应)	*P***	-	*P***	-	*P***	-
0 年滞后	-	-	-	-	*P**	-
1 年滞后	-	*P***	-	*P**	*P**	*P***
2 年滞后	-	*P**	-	*P**	-	*P**
4 年滞后	*P***	-	*P***	-	-	*N***
5 年滞后	*P***	*N***	-	*N**	*P**	*N***
池内授权专利(总效应)	*P***	*P***	*P***	*P***	*P***	*P***
0 年滞后	-	*P**	-	-	-	*P***
1 年滞后	-	*P***	*N**	*P***	-	*P***
2 年滞后	-	*P* **	-	*P***	-	-
3 年滞后	-	*P***	-	*P***	-	*N**
4 年滞后	*P***	-	*P***	*P***	*P***	*N***
5 年滞后	*P***	*N**	*P**	*N**	*P***	-

注：*，$P<0.05$；**，$P<0.01$，*P* 代表正向关系，*N* 代表负向关系。

11.10　AVS 专利池分析

AVS(audio–video service)专利池是由中国标准相关专家组(数字音频视频编码技术标准，简称为 VAS 工作组)在 2002 年发起，由中国工业与信息化部批准成立的、以中国企业为主导的音频视频先进信息技术国家标准(简称为 AVS 标准)，这一标准成为数字音频视频工业的一个活动基础。紧接着，2005 年 5 月，我国音频视频行业的第一个工业联盟正式成立，包括了 12 个先导成员，如 TCL、Skyworth、海信、Waves、上海广播电子局、中兴、华为等。这也是中国市场上一个清晰的信号，即正式支持 AVS 标准生产相应产品而走出的第一步。

本章特别将 AVS 专利池也作为研究对象之一，考察池内和池外企业的竞争效应。同样，相关数据也是取自 1985～2009 年，以便与前述专利池发展情形做对比。表 11-20 为

AVS 专利池的池内企业和其池外竞争的相关企业列表。表 11-21 则列出了 AVS 专利池的主要专利技术领域。相关数据就是在这些信息基础上采集完成(图 11-9)。

表 11-20　AVS 专利池的池内企业与其池外竞争企业

池内企业	池外企业
Alcatel Alstom	Konica
ICCIE	Philip
HSKX	Canon
HSKX	Nokia
SXDZ	Sharp
Texas Instruments Inc.	Samsung
Hisense	Siemens
Huawei	
Huayamicro	
USC	
BRCM	
AGIT	
SVA	
SVA	
GuoHao	
Changhong	
Panasonic	
Yaoying	
Thompson	
Bosheng	
Xinhan	
Spreadtrum	

表 11-21　AVS 专利池主要技术领域

IPC	领域的技术特点描述
G06F21	保护计算机或计算系统，防止非授权操作的安全设置技术
H04N7	远程视频系统
H04N5	远程视频系统细节技术
H04Q9	远程控制系统或远程体系中的设置技术

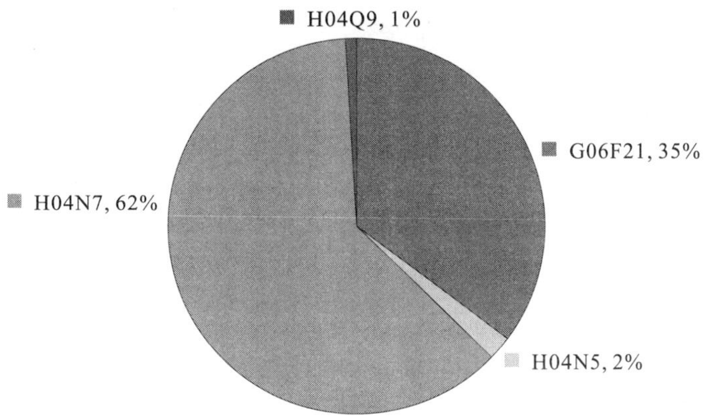

图 11-9　AVS 典型 IPC 领域的专利分布

同样运用 RTA-TS 分析技术比较专利池形成前后对池内和池外企业竞争地位的影响，表 11-22 给出了相关结果。从表 11-22 中可以看出，处在关键位置(如核心位)的中国企业在专利池前后都比较稳定的把握其地位不变，也包括处于背景位的企业。

表 11-22　基于 RTA 及 TS 的池内与池外企业竞争位置变化

AVS 专利池成立前后成员企业的竞争位置		
位置	池内企业	池外企业
核心位	海信，长虹 Thompson Spreadtrum (−)，Skyworth (+)	Nokia Sharp Skyworth (-)
背景位	华为, Panasonic	Samsung, Siemens
机会位	AGIT，Spreadtrum (+), Huayamcro,	Konica，Philips (-)
边际位	NBICC，Texas Instrument ，Canon	Philip (+)

注：(+)为该公司在专利池形成后改变至此位置；(−)为该公司在专利池形成后从此位置消失；无上述记号则为专利池形成前后位置无变化。

应用类似的模型作相应的池内专利对池外专利的影响分析，结果发现，池内专利仅对池外外资企业专利申请量有微小的负面影响，而对其授权专利的影响则不清晰。整体而言，池内专利对池外专利没有清晰的影响。

11.11　专利池影响关系汇总

本书对典型专利池的发展，特别是池内企业的池内和池外专利，以及池内专利对池外专利(分组)影响做了较为详细的分析，其分析框架对专利池和专利联盟的分析有一定参考价值，而其分析结果综合起来，可以分为四种市场竞争情况来理解其中的专利技术竞争。

(1)垄断型市场：专利所有权人完全垄断特定技术市场，因而基本不存在形成专利池或专利联盟的可能，属于非合作类型的市场。

(2)寡头垄断市场：有少数专利所有权人垄断特定技术市场，而其拥有的专利又具有互补性质，因此有形成专利池的可能，具有合作潜力，并可能由少数所有权人划分特定技术边界，通过市场推广其相应的技术标准。

(3)垄断竞争市场：多家专利所有权人分享各自垄断的差别型技术市场，并且拥有的专利既有竞争(替代)型，也有互补型，于是可能形成多个专利池来共享其中专利技术，由少数高权重(专利数量高份额或专利高度重要)所有权人引导划分技术边界，通过市场推广其相应的技术标准。

(4)高度竞争市场：专利技术高度分散，所有权人难于合拢形成专利池。

显然，只有第二种情形和第三种情形专利池才可能形成，并且可能影响到专利池内的组成结构，表现为三类控制技术的结构形式：①专利池内的关键所有权人(权重最高)控制其他池内专利资源，形成相应的金字塔型管理机制和工业标准，属于金字塔型专利池；②专利池内的所有权人在技术权重和控制水平上相对平等，属于较为扁平的控制管理机制及相应的工业标准，可以称之为网络型专利池；③专利池内的所有权人在技术权重和控制水平上，相对池外专利所有权人而言也存在弱势区域，因此构成交叉型弱控制水平的专利池，基本上难于形成有规模的工业标准。

而从本书各类专利池的池内池外影响模型分析来看，大多数情况下，专利池的建立其实是起到了竞争示范作用，对池外企业的专利申请或专利授权活动有一定的激励效应，或至少对其没有一致性的负面影响，尤其当考虑一定的时滞效应之后。同时，这一结果也说明了本书研究方法的局限性，即主要以专利申请或专利授权的数量为基准来观测相关影响，而没有考虑到特定专利的控制权重，其实某些专利的控制作用要远大于其他专利，但这样的分析需要借助与更为专业技术的考察。

表 11-23 给出了本书对相关专利池进行分析之后的结论汇总，并给出了可能适用于其他专利池的一些一般性分析。供相关主题的研究者和研究生参考。

表 11-23 专利池形成及其基本结构以及对池外企业的影响(情景分析)

技术市场竞争位置	专利池形成	专利池结构	专利控制特征	池内企业合作形式	例子	专利池形成可能对池外企业的影响
垄断型市场	无法形成	N/A	由单独所有权企业控制	N/A	N/A	封锁和控制现有技术路径
寡头垄断型市场	可能形成	金字塔模式、准金字塔模式	单一专利池控制(池内企业高梯度控制)	存在高权重企业控制情形	MPEGII	专利池竞争地位、池内高权重企业的地位基本保持，临近技术领域上以竞争示范形式可能给池外企业带来正向或负向影响(以专利申请和专利授权角度看)，同时在经济效益上带来负面影响
			专利池控制/若干专利池控制(池内企业弱梯度控制)	成员企业梯度权重控制情形	DVD	同上

续表

技术市场竞争位置	专利池形成	专利池结构	专利控制特征	池内企业合作形式	例子	专利池形成可能对池外企业的影响
垄断竞争型市场	可以形成	网络化控制	技术由池内企业和池外企业分散控制，技术资源以互补形式存在	权重高度分散的控制形式技术互补	WCDMA	专利池竞争地位、池内高位企业地位基本不变，临近技术领域上以竞争示范形式可能给池外企业带来正向激励(以专利申请和专利授权角度看)，长期看经济效益影响多元
			技术由池内企业和池外企业分散控制，技术资源以互补和竞争形式存在	权重高度分散的控制形式技术互补及替代竞争	AVS	专利池竞争地位、池内高位企业的地位基本不变，临近技术领域上以竞争示范形式可能给池外企业带来正向激励(以专利申请和专利授权角度看)，长期看经济效益影响多元
高度竞争市场	几乎无法形成	N/A	技术由多家企业分散控制，技术呈现替代性，而非互补性		N/A	N/A

第十二章　专利战略：侵权诉讼与反诉讼环境下的专利技术资源管理

导言：

专利侵权诉讼能增强相关专利的市场竞争力，可能为当事人创造收益，也可能给创新活动造成阻碍，因此赋予了专利更实在的价值背景。种种情形都说明，对专利侵权诉讼行为值得进行深入的研究，不但是理解和开展专利技术资源管理研究、企业专利侵权诉讼战略研究、政府层面创新政策研究等方面的必需内容，同时也是理解专利价值的必然课题。本章引入参加专利价值研究的在职研究生的研究工作，从中更多体现了知识产权特别是专利法制建设中应用司法资源的实际考察。

12.1　专利侵权诉讼的含义及类型

专利侵权诉讼的特点主要体现在其科技属性上。因专利权范围由权利要求界定，而权利要求是由多个技术特征组成的，在判定是否构成专利侵权时，相关法律规定的全面覆盖原则是判断疑似侵权产品或者方法是否包含有权利要求书所记载的所有技术特征，如果全部包含，则构成专利侵权。专利侵权行为给企业权利人带来的损失主要表现在：研发成果被无偿使用、产品利润下降、市场份额减少、企业名誉受损等。

专利技术具有现实或潜在的实用价值，能给企业创造利润，因而专利侵权是市场竞争中的常见现象。一般情况下，专利侵权行为包括直接性侵权行为和间接性侵权行为。直接性侵权行为又包括生产性侵权行为和经营性侵权行为。

生产性侵权行为包括两个方面：①未经允许生产、制造专利产品；②未经允许使用专利技术来直接或间接生产。专利方法的未经允许使用，只要是为生产经营目的的使用都构成侵权。为生产经营目的自行设计、制造的产品，只要与他人的专利产品相同也构成生产性侵权。

经营性侵权行为主要是指未经允许销售侵权产品的行为。间接侵权行为比较复杂，侵权者主观上通常具有某种程度上的明知或共同故意，并且其以直接侵权行为的成立为前提条件，如果直接性侵权行为不成立，则间接性侵权行为就不可能存在。间接性侵权行为通常包括以下三种表现形式：①自己生产的主要零件是专门为其他侵犯专利权者制造的，并且该主要零件不具备通用性，那么主要零件的生产者可能构成间接性侵权；②他人组装成产品是提供成套的生产配件，并且这些成套的生产配件是成套销售的，如果他人组装后的产品构成侵权，则该生产配件的提供者的行为构成间接性侵权行为；③将某项技术，甚至是其专利技术转让给他人使用，如果使用者的行为构成侵犯专利权行为，则该技术转让者亦构成间接性侵权。

对企业专利侵权诉讼行为，国外研究主要是基于专利的战略价值研究展开的。黎薇(2007)对此类文献研究做了较好的总结，通过以下四个方面反映专利的价值①。

(1)嵌套机会(nested opportunity)。首先可以把企业的专利诉讼战略看作是由一系列嵌套选择事件所组成的选择序列(Lanjouw，1998)。Spier 等(1992)认为，在嵌套选择集合中存在着优先权排队问题，此排队次序随企业战略及其相关技术领域不同而有所不同。针对专利侵权行为，若选择和解，则专利权人的行为也要受到和解协议的约束。因此 Teece 等(1997)的研究强调，在嵌套选择过程中，正确的在先选择反映的是企业的动态能力框架中对其战略位置做了很好的判断。

(2)隔离机制(isolating mechanisms)。所谓隔离机制由 Rumelt (1984)提出，用以分析企业如何保护关键资源免于被模仿，进而获得持续寻租效应，通常包括四种：产权和声誉壁垒、信息传递障碍、因果模糊以及路径依赖。而专利技术能使其所有权人建立起一种“隔离机制”，阻断来自竞争对手模仿的风险。Grindley 和 Teece(1997)的研究认为，如果一些专利相对另外一些专利来说，能给企业带来更为理想的寻租收入，那么附着在这些专利权上的部分价值往往会被分流出去，通常是基于专利的潜在价值许可给其他企业使用。而那些难以被模仿的核心专利，则被企业选出来建立隔离保护机制。

(3)许可证收入(royalty harvesting)。Katz(2002)等认为专利技术许可是为了避免企业之间的过度竞争；Arora 等(2008)则进一步认为对那些战略隔离功能不显著的专利，企业倾向于把这些专利作为外部许可来获得许可证收入。特别在没有技术标准垄断时，企业也会通过专利许可实现许可收入，而不倾向于独自实施。

(4)战略防御(defensive strategies with patents)。通常通过所谓“相互锁定”来实现其战略防御，Somaya 等(2003)认为拥有相互交叉专利权的企业彼此具有相互锁定(mutual hold-up)效应：各专利间相互交叉、错综复杂的关系一旦面临他人专利诉讼威胁，就可动用本企业相关专利反诉。“相互锁定”的另一特点是可形成集合效应，从而对于相互锁定关系以外的企业起到威慑作用，也就形成了专利联盟的初始形态。事实上，这些企业之间往往会寻求围绕核心专利派生出若干从属专利，并在联盟之内构筑强大的专利池或者形成相互钳制的专利丛林(Clarkson、DeKorte，2006)。

12.2　专利侵权诉讼的策略选择：国际与国内研究

在专利权人发现侵权行为之后，是发起专利诉讼(litigation)抑或达成和解，或者是否在专利诉讼中选择和解是专利权执行过程中的一个关键决策。这是由于专利权是否有效最终是通过司法系统确认的，专利诉讼让专利权面临着不确定的风险。Lemley 和 Shapiro(2005)系统分析了专利权的或然性，作者举例到尽管美国每年授予近 20 万项专利权，仅有 1.5%的专利被发起诉讼，而最终仅有 0.1%的专利被判决。从而专利权仅仅赋予了拥有者在法庭上声明专利权的权利，如果专利被判决无效，则权利自始即不存在。而专

① http://www.doc88.com/p-9925730761660.html。

利权被宣布无效的风险极大，几乎有 1/2 的诉讼相关的专利被判无效，即使那些有着巨大商业价值的专利也不例外。这使得专利诉讼为潜在的进入者提供了所涉及专利权有效性的重要信息，从而成为一种信息传导机制(Choi，1998)。而专利权的这种不确定性也导致专利权人倾向于选择和解，包括专利许可、交叉许可、专利池、合并和合资企业等多种和解形式。

事实上，根据针对美国专利诉讼结果的分析和研究，诉讼和反诉讼获胜的可能性都很大，说明了专利诉讼本身的复杂性，不但有法律过程的因素，更有技术因素的作用。

根据 Sherry 和 Teece 的研究(2004)，在美国联邦法院判案中，专利诉讼原告获胜情况如表 12-1 所示。

表 12-1　美国联邦法院专利诉讼的判案情形(1979～1995 年)

项目	法庭裁定	指令性裁定	陪审团裁定	所有裁定	审议前有动议	所有
			案例数/件			
原告获胜	350	27	254	631	386	1017
被告获胜	379	26	137	542	880	1422
双方获胜	57	0	19	76	71	147
			原告获胜比例/%			
原告获胜*	48.0	50.9	65.0	53.8	30.5	41.7
原告获胜**	51.8	50.9	66.6	56.6	34.2	45.9

注：*不包括双方获胜情况，** 包括双方获胜情况。

其中，也包含了和解情形。具体到诉讼和和解的决策上，Crampes 和 Langinier(2002)分析了专利权人在发现侵权行为之后的选择；通过建立实时博弈模型，作者发现尽管侵权被司法证实之后，侵权者需要支付高额罚款，但是专利权人仍然倾向于选择和解；同时可能的罚款越高，进入的概率越高。Somaya (2003)则认为专利诉讼过程中选择不达成和解，是企业专利使用战略的结果。企业可以将专利作为保护其战略意义的孤立机制，也可以将专利视作可以交叉持有外部技术的防范性工具，而实证结果显示，在研究性医药和计算机专利诉讼没有达成和解与专利技术的战略意义相关，而交叉许可在计算机专利案件中扮演着重要的角色。

作为专利权诉讼的决定因素研究，Lanjouw 和 Schankerman(2001)将美国专利诉讼案件涉及的专利组与控制组进行比较，发现专利权的属性和专利权人的属性影响着专利的诉讼风险。诉讼率在不同技术领域截然不同，并且以下四种情况都会得到提高，包括：①创新的价值较高(通过专利引用，权利项数量来反映)；②该创新是专利权人技术上关联的序列(sequence)创新的基础(专利自引比例)；③专利权人为美国居民；④专利权为个人。

上述研究大都从法律、博弈模型和经济学实证分析的角度出发，对发达国家特别是美国的专利诉讼行为进行了多方位的解读，而发达国家在发展中国家的专利诉讼实践则大都着眼于专利制度的讨论，而少有实证性的结论。

专利侵权情形的分析和对策主题牵涉到对专利侵权诉讼的法律解释或功能解释，同时企业专利侵权诉讼的应对或防御措施也是较为集中的主题。从国内文献来看，尤其应用性强的专题报纸和刊物论文更加集中，如下所示。

1）专利侵权诉讼的功能解释方面的研究

陈钢（2004）研究了在不同市场结构和不同竞争地位情况下，企业所采用的专利战略。陈钢认为在垄断竞争的市场结构中，厂商数量众多，各厂商的产品有差别，专利侵权诉讼作为竞争型专利战略，可以起到保持企业竞争优势的作用。于志红（2002）认为，对于经济实力较弱的企业，由于技术上没有垄断优势，防御型专利战略是优先采取的战略。专利侵权诉讼可以作为抵御专利攻势的有效手段之一，达到捍卫已有的市场，打破竞争者的技术垄断。

2）企业专利侵权诉讼的应对或防御措施方面的研究

目前我国企业已经拥有相当一些专利侵权诉讼特别是应对诉讼的策略，一些典型研究对此类活动做了总结。

韩秀成（2004）认为，专利侵权诉讼是企业的一种经营策略和手段，它能树立企业的权威，维护企业的权益，巩固企业在竞争中的优势地位。企业在专利诉讼战中灵活运用专利战略、战术，以尽可能小的成本赢得专利战的主动权。冯晓青（1997）在研究企业专利侵权诉讼中作为被告的应对策略时，认为专利侵权诉讼中，被告应选择适宜的应对策略，可以概括为：检索现有技术，核实专利权的法律状态；分析对比涉诉产品的技术特征要素；适时提出反诉；请求宣告专利权无效；合法使用法律规定的抗辩权。何海帆等（1997）、陈展（2005）则强调，在进入实体审理前企业的诉讼策略包括：实施证据保存、财产保全的策略，进行公知技术的检索和专利法律状态调查。在法院审理过程中，原告和被告的战略选择包括：原告可以集中力量打击侵权阵营中的实力薄弱方，突破一点，再各个击破；以进为退，适时退出诉讼程序；不要轻易启动无效宣告程序等。

魏衍亮（2005）分析了中国企业应对外商的专利战的策略，针对典型的生物芯片技术企业专利侵权诉讼情况，认为专利侵权诉讼可推动专利许可谈判活动。特别是专利权人可以利用其核心专利对某些行业巨头提起诉讼，威慑其他侵权者或潜在侵权人，在此之后仍以许可谈判获取许可费收益。温旭（2005）认为，专利侵权诉讼的目的往往与争夺市场份额有关，通过专利侵权诉讼可以抑制竞争对手的生产规模，以方便专利权人扩大市场。企业在专利侵权诉讼过程中可采取的策略有：研究透彻专利技术，收集强有力的证据，巧用法律程序。王承守、邓颖懋（2006）专门研究总结了美国专利的侵权诉讼程序，提出企业规避侵权、制止侵权的整套诉讼策略。杨跃民和林梁以调查问卷的方式对浙江制造企业的专利侵权诉讼行为进行了实证研究，指出企业专利侵权诉讼的主要影响因素是意识薄弱、害怕诉讼、专利质量低等。

针对专利诉讼的市场效应，任声策、宣国良（2006）曾总结分析德国、美国、日本等专利大国的专利侵权诉讼活动，讨论了专利被模仿、专利侵权诉讼本身带来的专利价值效应以及影响机制等问题，认为当企业发生专利侵权诉讼时，影响的不只是在两个诉讼当事人权利的问题，对市场、企业本身、其他竞争对手都产生巨大影响；与此同时，市场投资者也会对当事公司的价值有新的看法。

经过多年艰苦卓绝的努力，国内关于专利诉讼的相关研究在理论和实践总结上都取得了一定的突破，但也存在一些不足。

3)我国专利侵权诉讼方面研究的不足

(1)不同领域专利侵权诉讼行为特点反映不够。不同领域中，企业的专利侵权诉讼行为会有不同的特点。一些文献分析了某些行业内的专利诉讼战略，但在领域分布上有一定偏好，一般说比较重视高科技行业，而忽视了某些传统行业。例如，综合以往文献，主要针对新兴产业如通信信息、互联网、生物医学或制药领域，并且研究内容偏重于侵权行为的界定等法律问题。而对于传统的机械行业领域，尽管在我国国情之下，机械行业专利侵权占的比率很高，却鲜有针对性的研究。机械制造行业有自己的特点，例如诉讼完成之后双方以专利交叉许可的形式组建战略联盟是一个普遍的现象，但这些联盟或专利池的潜在盈利期望都不高，这类现象应该引起关注。

(2)专利侵权诉讼行为与企业整体战略。文献研究中倾向于把专利侵权诉讼行为从企业整体的专利战略割离开来分析，但是企业的专利侵权诉讼行为并不是孤立存在的，它与企业其他专利行为是相互作用、相辅相成的。例如，企业专利布局对专利侵权诉讼行为有很大影响，专利布局决定了企业在诉讼中是否拥有够分量的战略筹码，从而影响它在诉讼中的选择行为，而研发联盟的建立也隐含了企业专利侵权诉讼的动机，暗示了企业专利侵权诉讼的趋势。因此专利侵权诉讼行为与其他专利行为乃至企业职能战略、竞争战略甚至公司战略是不可分割的。

从战略层面而言，需要各个单独领域彼此协同起来，这就要求将这些专利活动的单个环节联系起来；在应用层面上，需要能够指导企业专利战略实践的框架来落实和支撑公司战略的实现。

12.3　我国专利侵权诉讼发展动态

随着中国专利申请量的持续增长，专利纠纷的数量也逐年增加。据中国知识产权保护状况白皮书统计的数据，中国司法部门在2009～2011年新收专利案件分别为4422件、5785件和7819件；同比分别增长8.54%、30.82%和35.16%，可见不管是专利案件还是增长率都有大幅度的增长。据中国保护知识产权网统计，跨国专利侵权案件中2011年的科技领域有重大案件量为近40起，但2012年案件增长量就为2011年的3倍之多。再如根据《2012年中国知识产权司法保护状况》报告中指出，全国地方人民法院共新收知识产权民事一审案件87419件，审结83850件，分别比上年增长45.99%和44.07%。其中，新收著作权案件53848件，比上年增长53.04%；商标案件19815件，比上年增长52.53%；专利案件9680件，比上年增长23.80%；技术合同案件746件，比上年增长33.93%。其中，反映各类知识产权侵权案件数量发展极为迅速，且专利案件中90%以上都是科技界的专利侵权诉讼，并引起相关贸易纠纷高潮。也就是在这一年，我国专利法、商标法、著作权法、民事诉讼法、专利代理条例、职务发明条例等6件主要法律进行了集中修订。从相关司法机构发展看，截至2013年底，全国具有专利、植物新品种、集成电路布图设计和驰名商标案件管辖权的中级人民法院分别为87个、45个、46个和45个；具有一般知识产权案件管辖权的基层人民法院为160个，具有实用新型和外观设计专利纠纷案件管辖权的基层人民法院为7个(见《2013年中国法院知识产权司法保护状况》)。值得注意的是，我国政府近年来加大知识产权体系建设，特别在司法相关机构的建设上，如2014年11～12月，我国先后设立知识产权审判专业机构——北京知识产权法院、上海知识产权法院和广州知识产权法院。根据最新版本的《2016年中国法院知识产权司法保护状况》报告，我国最高人民法院知识产权庭拟定在南京市、苏州市、武汉市、成都市等地设立知识产权专门审判机构及其案件管辖的具体方案，2017年初，上述四个专门审判机构相继挂牌，开始受理案件。

如果从2016年的最新数据看各类案件情形，据统计我国地方各级人民法院新收知识产权行政一审案件7186件，其中，专利案件1123件，商标案件5990件，著作权案件37件。审结一审案件6250件，其中，涉外、涉港澳台案件2394件，占38.30%，这个涉外案件远比我国早先(如2007年，具体数据见后)的发展比例高得多。

从我国涉外知识产权案件发展来看，国际间的专利侵权诉讼不再局限于保护本国所有权人的知识产权不被侵犯，而更多偏向于保护隐藏在背后的巨额利润。发达国家之间的利益纠纷，发达国家与发展中国家市场争夺，使得更多国家卷入这场知识产权之战。

12.3.1　国内专利侵权诉讼概况

近年来我国经济高速发展，专利申请数量逐年大幅度增长，同时专利纠纷的数量也逐年增加。总括来看，与专利有关的诉讼主要包括三种类型：①民事诉讼，主要是由侵犯专利权引起的，少量由专利转让或实施许可合同纠纷引发，是专利诉讼的主体组成部分，相关数据显示民事诉讼量占全部专利诉讼总量的90%以上(数据来源于知识产权出版社,《专利侵权诉讼调查报告》)；②刑事诉讼，大都是由于侵犯专利权引起的，目前案量还很少；③行政诉讼，是对专利权无效宣告行政程序中，专利复审委员会作为当事人之一的诉讼，该行政诉讼通常也与专利民事诉讼特别是专利侵权诉讼有着密切联系，因为宣告专利权无效是侵权人应对专利侵权诉讼的有效手段。最高人民法院《民事案件案由规定》曾刊登有近20个与专利相关的案由。1995～2013年中国专利侵权诉讼一审案件量以及诉讼金额的变化趋势如图12-1所示。

据不完全统计，截至2014年2月，我国专利民事诉讼中专利侵权案件接近2万件。从诉讼金额上来看，专利侵权案件的涉案金额从1元到上亿元不等。从20世纪90年代以来，有据可查的诉讼金额超过20亿元人民币，另有大量的庭外和解金额没有统计在内。专利侵权诉讼一审案件中，有55.48%的案件的审理结果为撤诉，意味着超过半数的专利侵权诉讼一审案件以和解的方式结案。针对专利侵权诉讼一审案件的判决不服，提起上诉的比率为32.26%，上诉成功率为13.67%。

我国专利侵权诉讼一审案件的发生地区与经济发展状况一致，位于前列的是经济发达的广东地区以及长三角地区，其中广东省名列第一，其次是浙江省、江苏省等(图12-2)。

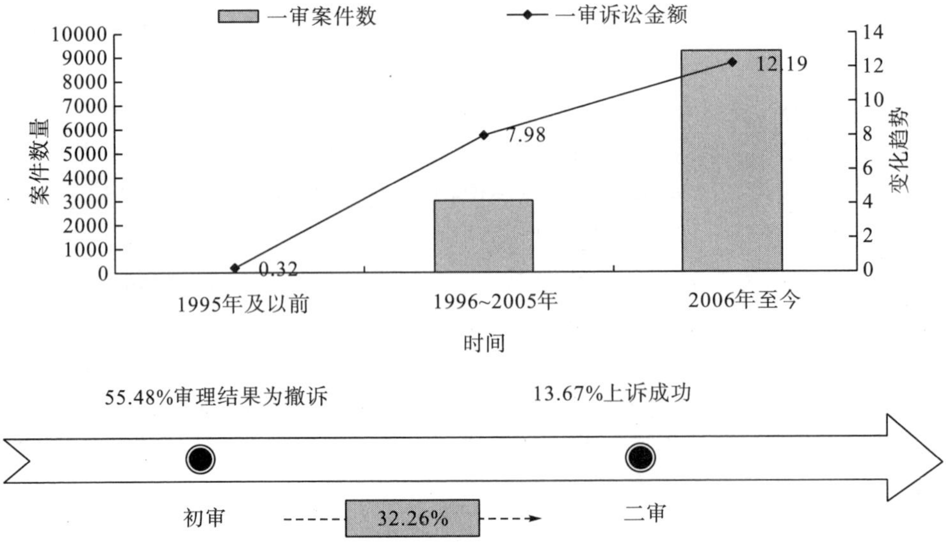

图 12-1　我国专利侵权诉讼一审案件量以及诉讼金额的变化趋势（1995～2013 年）

来源：《中国专利侵权诉讼状况研究报告（1995—2013）》。

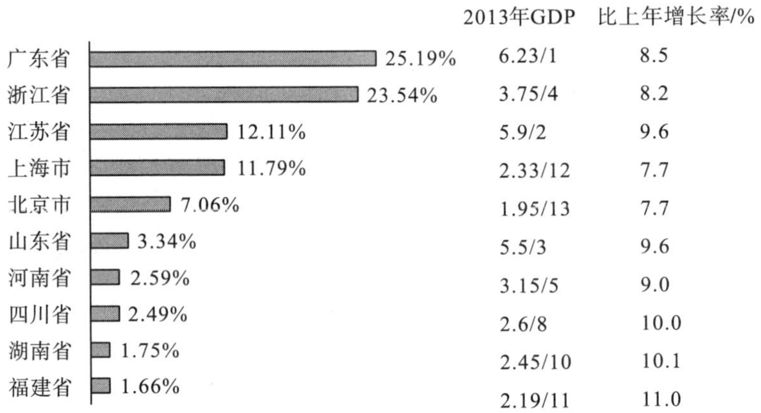

图 12-2　我国专利侵权诉讼一审案件地区分布前十名（1995～2013 年）

来源：《中国专利侵权诉讼状况研究报告（1995—2013）》。

12.3.2　外国专利权人司法保护

专利权的司法保护和行政保护并举是我国专利执行制度的一大特色。国务院 2008 年 6 月发布的《国家知识产权战略纲要》指出，要“加强司法保护体系和行政执法体系建设，发挥司法保护知识产权的主导作用，提高执法效率和水平，强化公共服务。”可见在我国司法保护体系是主导，而行政保护是补充。

在国家知识产权局 2007 年 4 月印发的《关于加强知识产权保护和行政执法工作的指导意见》中提到了行政执法的工作内容包括：“对故意侵权，特别是群体侵权、反复侵权行为，对诈骗知识产权权利人的行为，对弄虚作假故意欺骗国家有关部门、恶意利用知识产权制度的行为，要坚决加大打击力度，探索加重其违法责任的方式、方法。对侵权纠纷，要发挥行政执法的特点，加快调处，争取快速解决。对外观设计专利、实用新型专利，由于法律保护期短，产品市场周期更短，必须在现有措施的基础上，以更快的速度解决这类知识产权侵权纠纷。”其中，更是特别提到“对取得我国知识产权的权利人，不管其来自本地、外地，本国、外国，都必须依法积极保护其合法权益。”可见，我国的行政保护对外国专利权人是开放的。

国家知识产权局统计年报从 2006 年才开始在专利行政执法状况部分对专利侵权纠纷和查处假冒专利行为进行统计，统计结果如表 12-2 所示。

表 12-2 我国专利权行政保护状况（分国家和地区）

国家和地区	专利纠纷受理		专利纠纷结案		查处假冒专利	
	2006 年	2007 年	2006 年	2007 年	2006 年	2007 年
总计	1,227	986	952	733	33	32
中国大陆	1,050	881	789	660	31	32
美国	11	4	4	1	0	0
日本	37	41	33	24	1	0
英国	4	4	4	6	0	0
法国	10	2	4	2	0	0
德国	12	0	9	6	0	0
澳大利亚	1	9	1	3	0	0
俄罗斯	0	0	0	0	0	0
韩国	1	9	2	9	0	0
加拿大	0	3	0	0	0	0
中国香港	79	12	65	7	1	0
中国台湾	6	17	12	9	0	0
其他	16	4	29	6	0	0

注：源自 2006 年和 2007 年国家知识产权局年报。

可以看到，在专利纠纷的行政执法受理上，中国大陆所占的比例最高，在 2006 年为 86%，2007 年为 89%；如果加上中国香港和中国台湾，则中国国内居民在 2006 年和 2007 年的占比均高达 92%。而外国专利权人请求的行政执法数量相对较少，以 2006 年和 2007 年的专利纠纷案件数量之和来计算，日本请求的最多，两年合计 78 件；合计达到 10 件的有美国、法国、德国、澳大利亚和韩国；英国和加拿大分别只有 8 件和 3 件。

专利纠纷的结案数量反映了统计年份之前的专利纠纷案件受理情况，来自中国的比例依然高达 91%以上；而外国专利权人按照审结数量降序排列依次为日本、德国、韩国、英国、法国、美国和澳大利亚。

而从查处假冒专利的情况来看，外国专利权人极少利用此种行政保护方式，在 2006 年仅有日本专利权人请求一项假冒专利查处，而 2007 年所有的假冒专利请求都来自中国居民。

综上所述，外国专利权在华的行政保护主要采取专利纠纷的方式，而查处假冒专利这种方式应用得极少。同时专利纠纷案件涉及的外国专利权人主要来自日本、北美、欧洲国家和韩国等 OECD 成员国。

外国企业在华专利权的司法保护，还可以体现在外国在华的专利诉讼案件的审判上。从 2007 年那个时候的情形看，全国经指定具有专利、植物新品种和集成电路布图设计案件管辖权的中级人民法院分别有 69 个、38 个和 43 个。根据 2004～2008 年《中国知识产权保护状况》，1985～2008 年，我国受理的知识产权民事一审案件在各种案件类型上的分布如表 12-3 所示。

表 12-3　我国受理的知识产权民事一审案件在各种案件类型上的分布

年份	合计	专利	著作权	商标	不正当竞争	技术合同	其他
1985～2003	57,431	16,105	10,444	5,304			
2004	12,205	2,549	4,264	1,325	1,331	630	557
2005	16,583	2,947	6,096	1,782	1,303	636	660
2006	14,219	3,196	5,719	2,521	1,256	681	846
2007	17,877	4,041	7,263	3,855	1,204	669	845
2008	24,406	4,074	10,951	6,233	1,185	523	1,340

注：根据 2004～2008 年《中国知识产权保护状况》整理，其中"其他"包括植物新品种权，而 1985～2003 年未给出不正当竞争、技术合同的统计。

1985～2003 年的累计数来看，涉及专利的知识产权民事案件是所有案件类型中数量最多的，占比达到 28%。但是 2004 年以来，涉及著作权的知识产权案件开始占据主导地位，其比例从 2004 年的 35%稳定增长至 2008 年的 45%；而专利案件虽然绝对数量逐年增长，但是其占比有所反复，在 2008 年占比为 17%。而 2004～2008 年审结的知识产权民事一审案件中涉外案件的比例如图 12-3 所示。

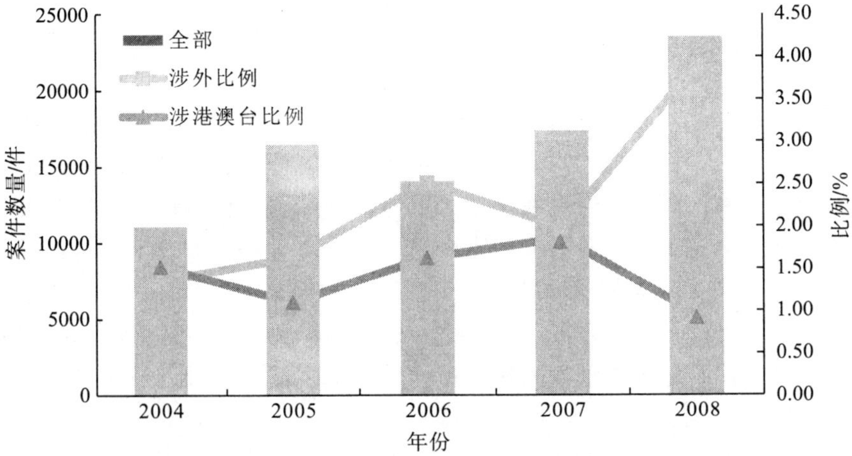

图 12-3　我国审结知识产权民事一审案件中涉外案件的比例(2004～2008 年)

注：根据 2004～2008 年《中国知识产权保护状况》整理，其中涉外比例为涉及外国企业、外国组织和外国人的案件占该年知识产权民事一审审结案件的比例；涉港澳台比例为涉及中国香港、中国澳门和中国台湾的案件比例。

从图 12-3 中可以看到，除去 2007 年，外国在华的知识产权诉讼案件的比例逐年增长；如果从绝对案件数量来看，则 2004～2008 年的数量分别为 151 件、268 件、353 件、345 件和 914 件，2008 年外国专利权人在中国发起的专利诉讼数量剧增 70%。一方面外国专利权人在我国国内直接发起诉讼的数量增加，另一方面外国在华分支机构也在专利诉讼中发挥越来越重要的作用。例如，2006 年 1～10 月，全国法院受理和审结涉及“三资企业”的知识产权民事一审案件 752 件和 447 件，其中受理和审结涉及外国投资的案件 533 件和 308 件，受理和审结涉及港澳台投资的案件 219 件和 139 件，这类具有同样涉外因素的案件在数量上也占相当比例。从而外国在华的专利诉讼呈现母公司和分支机构齐头并进之势，而且分支机构的作用也更容易为研究者所忽视。另外，在知识产权诉讼的金额上，2005 年全年结案诉讼标的总金额 26.12 亿元，案均 19.5 万元，这远远低于美国动辄上百万美元的专利诉讼标的额。

本节将根据北大法宝《中国法院裁判文书数据库》截止到 2007 年 12 月 31 日收录的专利审判裁判文书，对外国企业在华专利权司法保护的情况做实证分析。按照专利权的国籍统计专利诉讼案件在各年份的分布如表 12-4 所示。

表 12-4　我国专利诉讼案件在各年份的分布(按专利权人的国籍)

国家	1988～2003 年		2004 年		2005 年		2006 年		2007 年	
	初审	复审	初审	复审	初审	复审	初审	复审	初审	复审
澳大利亚	3	1	1	0	0	0	0	0	0	0
比利时	0	0	1	0	0	0	0	0	0	0
德国	7	0	2	4	6	0	1	1	3	0
法国	3	0	0	0	4	1	4	0	3	3
韩国	3	0	0	0	0	0	0	0	0	0
荷兰	5	0	1	0	1	0	0	0	0	2
加拿大	0	0	2	0	2	1	0	1	3	0
美国	6	2	3	1	4	2	5	2	13	0
南非	2	1	0	1	0	0	0	0	0	0
日本	14	0	5	4	5	10	6	4	5	5
瑞士	3	1	3	0	0	0	0	2	0	0
意大利	0	0	2	0	1	0	2	1	0	1
英国	1	0	2	0	1	2	2	1	0	0
维尔京群岛	0	0	0	0	6	0	0	0	0	0
中国	748	275	353	57	703	222	566	117	475	156
合计	795	280	375	67	733	238	586	129	502	167

注：根据北大法宝《中国法院裁判文书数据库》中隶属于专利权权属、侵权纠纷案件分类下截止到 2007 年 12 月 31 日的裁判文书整理，需要注意的是仅有公布了裁判文书的专利纠纷案件才在统计范围，本节其他表格同此。

可以看到，涉及日本专利权人的裁判文书数量最多，其次为美国、德国和法国，涉及外国专利权人的裁判文书占所有裁判文书的比例为 5 %。而涉案数较多的外国专利权人及其专利如表 12-5 所示。

表 12-5　涉案数较多的外国专利权人及其专利

专利权人	裁判文书数	专利类型	涉及产品
美国伊莱利利公司	11	发明	药品及相关化合物
德国汉斯格罗股份公司	8	外观设计	卫浴用品
日本乐仙株式会社	7	外观设计	日用品
法国斯托布利-法韦日公司	6	发明	纺织机械
英属维尔京群岛 科万商标投资有限公司	6	外观设计	纺织机械
荷兰皇家菲利浦电子有限公司	6	外观设计	家用电器
加拿大人 Manfred A. A. Lupke	6	发明	材料工艺
德国许茨工厂公司	6	发明	机械
美国科勒公司	5	外观设计	卫浴用品
英国施特里克斯有限公司	5	发明	电子产品
日本株式会社普利司通	5	外观设计	轮胎

可以看到，发明和外观设计是外国专利权人在华专利诉讼的主要两种专利类型，这与在华专利申请的类型分布是一致的。而其涉及的行业包括纺织、电子、家居用品和汽车，都是我国制造业中比较有活力的部分。而国内涉案较多的专利权人及其专利如表 12-6 所示。

表 12-6　涉案数较多的国内专利权人及其专利

专利权人	裁判文书数	专利类型	涉及产品
荆玉堂	55	外观设计	床上用品
上海恒昊玻璃技术有限公司	50	外观设计	玻璃制品
霍敬荷	45	实用新型	灯饰
北京特瑞克墙材科技有限公司	43	实用新型	建筑
广东兴发集团有限公司	35	外观设计	铝制品
苏州罗普斯金铝业有限公司	33	外观设计	铝制品
刘腊梅	27	外观设计	床上用品
高林	27	实用新型	建筑
广州金鹏实业有限公司	25	发明和实用新型	建筑
元大金属实业（深圳）有限公司	24	实用新型	滑板车
广东兴发创新股份有限公司	22	外观设计	铝制品
宁波燎原工业股份有限公司	22	外观设计	灯饰
虞荣康	21	外观设计	灯饰
陆正新	21	实用新型	建筑
沈志军	20	外观设计	平面设计

可以看到国内专利权人与国外专利权人在专利诉讼上有较大不同：①国外专利权人以企业为主，而国内的企业和个人几乎各占 1/2；②国外的涉案专利以发明和外观设计为主，

而国内的涉案专利以外观设计和实用新型为主；③国外的涉案发明集中在机械、电子行业，而国内的涉案实用新型则主要集中在建筑和装饰行业。

12.4 我国国内机械技术领域专利权诉讼分析

12.4.1 样本概况

综上所述，本书选取北京中级人民法院（一审法院）作出的专利侵权诉讼案件判决书为原始数据，时间范围为 2010 年 1 月 1 日～2014 年 6 月 30 日，以审结日期为准。共搜集判决书 745 篇，其中发明专利 304 篇，实用新型专利 441 篇。由于外观设计专利主要体现外观设计产品的美感，与技术关联度较小，因此本书没有纳入外观设计专利侵权诉讼判决书。上述判决书主要来源于北大法宝商业数据库，以法院裁判文书信息网、知识产权保护网公布的法院判决书作为补充。

搜集到的 745 篇判决书的格式为 WORD 或 PDF。通过运行一程序从每一篇判决书中提取关键信息，如审理法院、审结日期、原告、被告、法院受理日期、专利号、专利名称、专利授权日、原告诉讼请求、判决内容、无效宣告、行政诉讼、中止、鉴定意见、禁令、诉讼保全、共同侵权、转让、实施许可、撤诉、反诉、商标等，这样每一个判决书便形成一条包含上述关键信息的数据，745 篇判决书便初步形成包含 745 条数据的 EXCEL 专利诉讼专题数据库。与专利相关的专利诉讼案件共包括以下五类。

(1) 专利行政诉讼案件，是指因不服专利复审委员会作出的行政决定，如复审决定、宣告专利权无效决定等，而启动的以专利复审委员会作为被告的行政诉讼案件。

(2) 专利侵权诉讼案件，是指专利权人或其他利害关系人对专利侵权者提起的民事诉讼案件。根据专利权的类型不同，专利侵权诉讼案件包括侵犯发明专利权、侵犯实用新型专利权和侵犯外观设计专利权诉讼案件。

(3) 专利权属纠纷诉讼案件，是指由专利申请权或专利权的归属发生争议而引发的民事诉讼案件，其包括专利申请权属纠纷诉讼案件和专利权属纠纷诉讼案件。

(4) 专利合同纠纷诉讼案件，是指由专利权转让合同纠纷、专利申请权转让合同纠纷或者专利实施许可合同纠纷等而引发的民事诉讼案件。

(5) 其他专利纠纷案件，如由实施强制许可使用费纠纷、发明专利申请公布后临时保护期使用费纠纷等引发的民事诉讼案件等。

由于外观设计专利主要体现外观设计产品的美感，与技术关联度较小，因此本书没有纳入外观设计数据。这些发明和实用新型专利侵权诉讼数据基本涵盖了机械技术领域的所有方面。

12.4.2 机械领域专利侵权诉讼的统计

本书根据发明名称并参考权利要求书的限定逐条进行人工筛选，最终筛选出属于本书所定义的机械领域数据 600 条，占全部数据量的 87%。后续的研究都是在该筛选所得数据的基础上进行的。

筛选所得的600条机械领域数据中，包含发明专利217个，实用新型专利383个。总体胜诉率为67%，其中发明专利胜诉率为76%；实用新型专利胜诉率为62%，低于发明专利。图12-4示出机械领域专利侵权诉讼的发生地理区域分布及各区域发明专利占比情况。

从图12-4可看出，在样本窗口期，我国专利侵权诉讼的地区分布很不均衡，但主要以经济发展水平为主要线索。

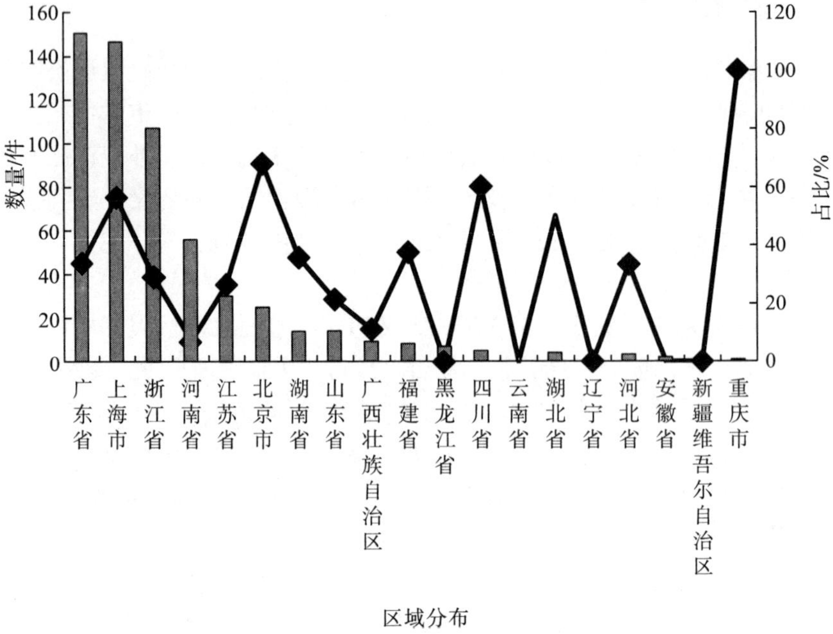

图12-4　机械领域专利侵权诉讼的发生地理区域分布及发明专利占比

注：折线为发明专利占比。

从图12-4可以看出，机械领域的专利侵权诉讼的发生地区由高至低排序依次为：第一为广东地区，151件；第二为上海地区，147件；第三为浙江地区，107件；第四为河南地区，56件；第五为江苏地区，34件；第六为北京地区，25件；第七为湖南地区，14件；第八为山东地区，14件；其余地区的专利侵权诉讼均在10件以下，不再一一列举。各个地区发生的专利侵权诉讼中发明专利占比有所不同，发明专利占比最高的地区是北京为68%（重庆涉案专利全为发明专利，但数量很少），其次是上海地区为56%；而专利侵权诉讼案件量比较大的广东、浙江地区发明专利占比较小，分别为34%和29%。图12-5给出了机械领域专利侵权诉讼的原告类型及发明专利占比情况。

从图12-5可看出，原告类型的主力军为个人，数量为301起，占总数的50%；其次是民营企业，占总数的24%；外资企业居中，为89起；最少为合资企业，仅23起；国有企业为41起。

不同类型的原告的诉讼专利中发明占比有较大差异：发明专利占比最高的是外资企业，发明专利占其诉讼专利总数的78%，其次是合资企业，为23%；再次为国有企业，为41%；民营企业为27%；发明专利占比最少是个人，仅为25%。

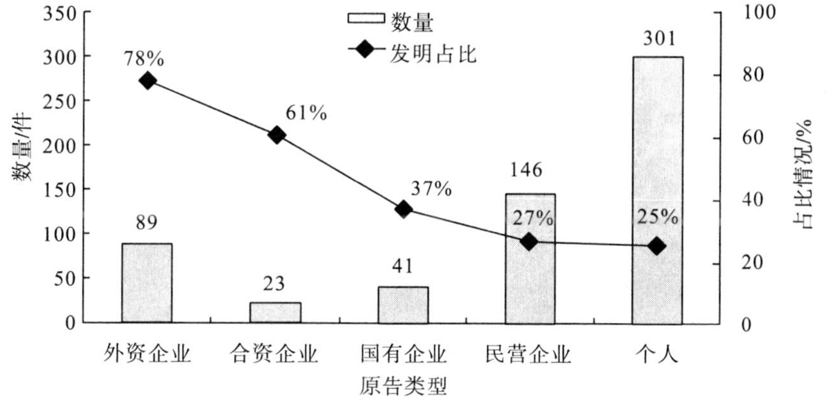

图 12-5 机械领域专利侵权诉讼的原告类型及发明占比

图 12-6 示出了机械领域专利侵权诉讼中不同类型原告的胜诉率排名情况。图 12-6 中可以看出，合资企业作为原告的胜诉率最高，达 78.3%；其次是外资企业，达 75.3%；民营企业为 69.9%；国有企业为 68.3%；胜诉率最低的是个人作为原告，仅有 60.5%。

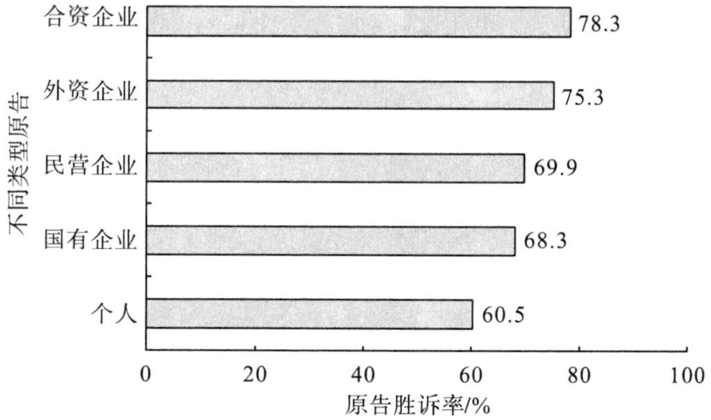

图 12-6 我国机械领域专利侵权诉讼不同原告的胜诉率排名

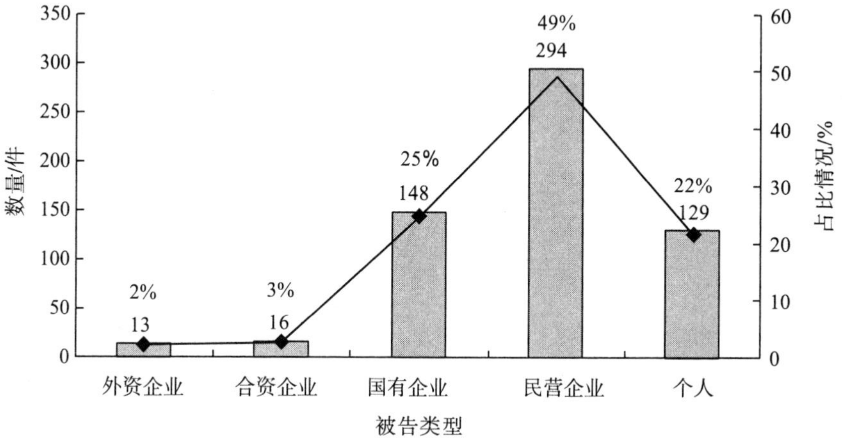

图 12-7 机械领域专利侵权诉讼的被告类型

从图 12-7 中可以看出，被告的主体为民营企业，占总数的 49%，也就是说接近 1/2 的被告都是民营企业。其次是国有企业和个人，占比分别为 25%、22%。占比最少的是外资企业，仅有 2%，外资企业与合资企业之和也仅有 5%。

根据专利诉讼专题数据库统计，所有诉讼专利的专利生命周期平均为 1401 天。发明专利的专利生命周期平均为 1331 天，其中最长为 4918 天，最短为 29 天。实用新型专利的专利生命周期平均为 1454 天，其中最长为 2680 天，最短为 532 天。

根据进一步统计，在这些专利侵权诉讼样本中，诉讼专利的专利授权年龄主要分布于 100～1500 天，在 1500～3500 天的量几乎只有 100～1500 天量的 1/2，而超过 3500 天及不足够 100 天的非常少见。由此可见，以排挤竞争对手，夺回市场份额为目的的专利侵权诉讼，起诉时间不宜过晚。从图 12-7 也可以看出，专利授权年龄超过 3500 天的专利侵权诉讼案非常少，因为对于实用新型专利来说，此时已超过保护期，专利技术已成为公有技术，此时所谓的侵权者实质上也不构成侵权，法院亦无法判决停止生产、销售活动。

依据中国民法通则和专利法的相关规定，提起专利侵权诉讼的诉讼时效为两年，自专利权人(或者利害关系人)得知或应当得知侵权行为之日起计算。而对于一些持续进行的专利侵权行为，权利人在超过两年后才起诉时，只要专利权仍在保护期内，并且侵权人仍然在实施侵权行为，虽然人民法院一般仍判决被告停止侵权行为，但是对侵权损失赔偿额的计算只能自专利权人向人民法院起诉之日起向前追溯两年，超过两年的侵权损失法律不予保护。因此，在不存在中断诉讼时效理由情况下，专利权人应在诉讼时效内提起专利侵权诉讼。

12.5　基于经验的我国专利诉讼应对策略分析

有文献研究表明，专利侵权诉讼的目的包括如下几方面：①打击竞争对手，并将竞争对手排斥出相关市场，以保持本企业的市场份额；②扰乱竞争对手的市场推进策略；③增加谈判砝码；④收取高额的侵权赔偿金，增加竞争对手经营成本；⑤增强宣传效果，提升企业知名度。因此，结合上述专利侵权诉讼目的，专利权人或利害关系人并非仅仅一味追求胜诉，某些情况下，即使没有胜诉也能达到诉讼目的。例如，有些诉讼目的为“以诉逼和”，最终达成和解而收取的专利实施许可费大于侵权赔偿金。

12.5.1　我国专利诉讼基本路径

1)理解我国专利诉讼的基本路径

围绕上述专利侵权诉讼审理过程及审理前及结案后，原告方主要的诉讼行为可以包括以下几方面(图 12-8)。

(1)起诉准备阶段：制定诉讼策略，如选择哪个或哪些专利作为诉讼专利，在何时何地以何种方式起诉，选择哪个或哪些侵权人作为被告，损害赔偿额的选择；起诉前是否发律师函，是否申请诉前保全措施，如诉前证据保全、财产保全；搜集侵权证据；败诉风险应对策略等。

(2) 向法院提交起诉状。

(3) 应对被告的答辩状。例如，如何应对被告向专利复审委员会启动专利权无效宣告程序，如何阻止法院中止审理，如何应对被的管辖权异议。

(4) 如果一审败诉，是否上诉。

(5) 是否主动提出和解；若被告提出和解是否进行和解谈判等。

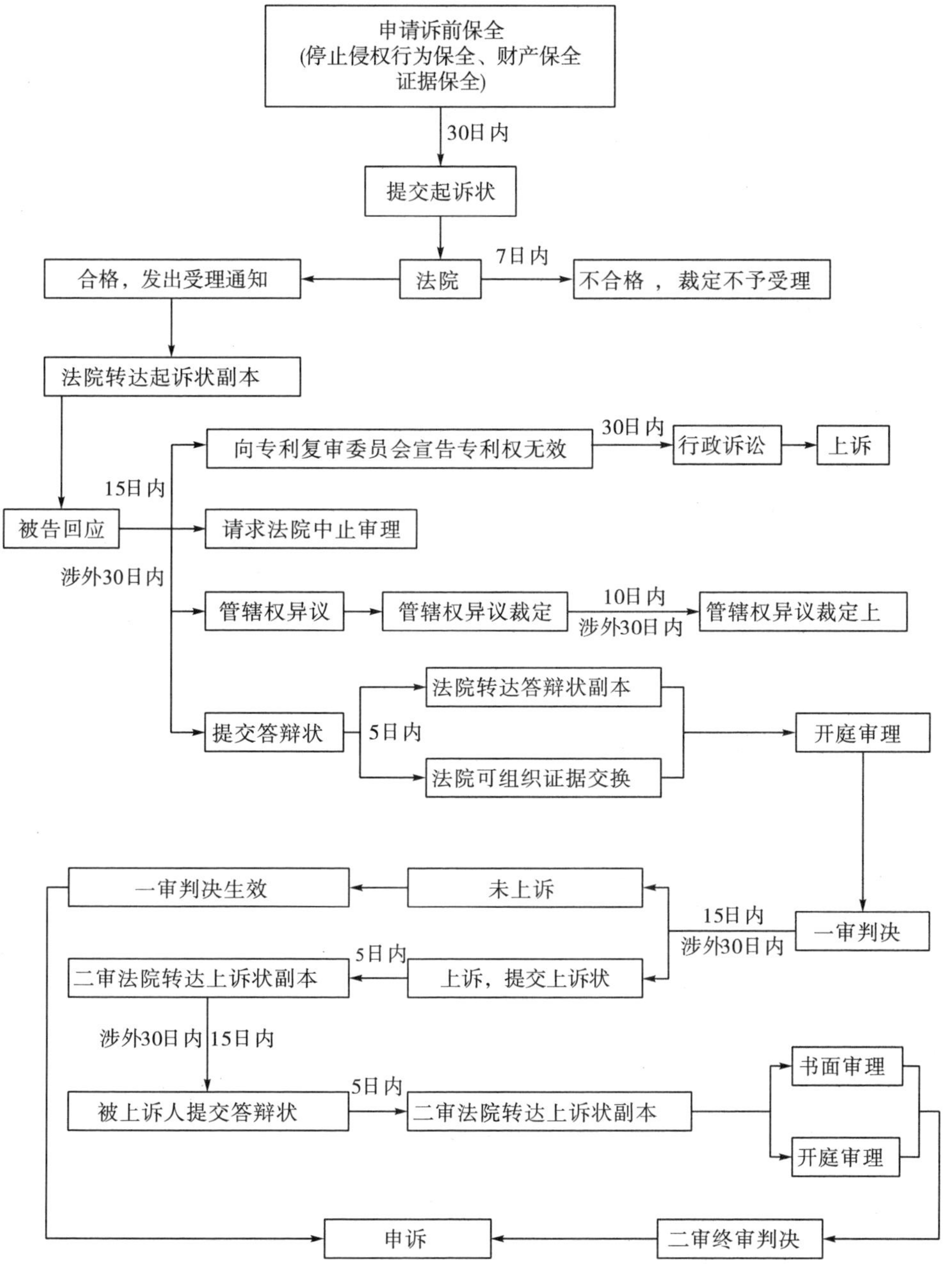

图 12-8　我国专利侵权诉讼审理流程

2）被告方的诉讼行为

被告方的诉讼行为主要包括以下几个方面。

(1) 被告在接到起诉状副本后，首先选择应诉、不应诉或者和解，如果不应诉，则体现为一种不作为行为；如果选择应诉，则制定相应的应诉策略，准备答辩状；如果选择和解，则制定相应的和解谈判策略。

(2) 被告积极应诉的行为可以包括：准备答辩状，向专利复审委员会提出宣告原告的专利权无效请求，法院请求中止审理，向法院提出管辖权异议。

(3) 若对专利复审委员会的审理决定不服，可以向北京市第一中级人民法院提起行政诉讼，可以针对一审行政判决向北京市高级人民法院上诉；可以在专利复审委员会审理期间或北京市第一中级人民法院审理期间或北京市高级人民法院审理期间请求与原告和解。

(4) 如果对法院请求中止审理的裁定不服，或者对法院管辖权异议的裁定不服，可以上诉。以下站在原告方的角度，分析原告方在诉讼过程中所表现出的具体诉讼行为。

12.5.2　专利权有效性和稳定性评估

专利权并非一经获取就一劳永逸，根据相关法律规定，如果有人认为专利权的授予不符合法律规定，即可启动宣告专利权无效程序，宣告专利权无效的结构包括维持专利权有效、宣告专利权部分无效以及宣告专利权全部无效。专利权一旦被宣告无效，将被视为自始即不存在。相关文献研究表明，美国专利权被宣告无效的概率是 40%，德国专利权被宣告无效的概率是 45%，中国专利权被宣告无效的概率更高，一旦在诉讼过程中专利权被宣告无效，将直接导致专利诉讼方的败诉。因此，在应对专利侵权诉讼之前，首先需要客观评估相关专利权的稳定性，尽量寻找相关专利的非稳定性因素进行无效诉讼。

专利侵权诉讼中，侵权人请求宣告专利权无效，有可能导致中止审理。相关法律规定，被控侵权人对专利权向中国专利局专利复审委员会提出宣告专利权无效请求，专利复审委员会受理后，被控侵权人即可以此为依据请求法院中止审理正在进行的专利侵权诉讼。对于发明专利，由于在权利审查程序中已经过实质审查，人民法院一般不中止诉讼；而对于实用新型专利侵权诉讼，法院一般会中止审查，待专利复审委员会就专利有效性作出审查决定后，再恢复专利侵权诉讼。但对于实用新型专利侵权诉讼，如果有切实的证据证明其专利权非常稳定，法院也可以不中止诉讼。

综上所述，起诉前充分评估专利权的稳定性，是否经得起宣告专利权无效的考验。并准备充足的证据，证明专利权稳定，尽量防止诉讼程序因提起宣告专利权无效而中止，从而防止侵权人利用该中止程序恶意拖延审理周期。

12.5.3　专利权保护范围的评估

(1) 专利权的保护范围是否足够清楚。如果专利权利要求书中的术语不清楚，或者逻辑不清楚，专利说明书也没有给出合理解释，则可以认为专利权的保护范围不清楚，继而难以界定专利技术与公有技术的边界。这种情况下，法院对专利权人通常是不予支持的，很难取得令专利权人满意的诉讼结果。

(2)在专利权的保护范围足够清楚情况下，要对疑似侵犯专利权的产品或方法与本专利产品或方法进行对比，根据全面覆盖原则，初步判断疑似侵犯专利权的产品或方法是否落入本专利权的保护范围，如果没有落入本专利权的保护范围，则实质上不构成侵犯专利权。

12.6　基于经验的我国专利发起诉讼策略分析

专利侵权诉讼技术性很强，研究分析并吃透专利技术及与其相关的背景技术是非常重要的。要赢得专利侵权诉讼，不仅需要懂得法律条文及相关规定，还必须充分理解专利技术。单从法律条文上，是难以解决专利侵权诉讼的相关问题的，特别是在认定某一技术是否落专利权保护范围而构成侵权，是否属于现有技术，专利技术对本领域技术人来说是否属于显而易见等，都需要相当深厚的技术知识，因此研透专利技术及其相关技术也是专利侵权诉讼成功的关键之一。

12.6.1　专利诉讼的证据采集

在专利侵权诉讼中，完备的证据极其重要，俗语说，打官司即打证据，可见完备的证据直接关系到专利侵权诉讼的胜败。在提起诉讼之前，必须通过多种途径了解和调查侵犯专利权行为的事实情况，例如侵权产品的来源、销售地域、销售途径以及销售数量、销售单价，等等。

专利侵权诉讼证据主要包括权利证据、侵权证据和损害赔偿证据。其中，权利证据包括专利权证书、专利登记簿副本、专利授权公告文本以及专利年费收据等。实用新型专利还要附上实用新型专利评估报告。侵权证据和损害赔偿证据是专利侵权诉讼的重中之重。

侵权证据是指能够证明存在侵犯专利权的证据。展开来说，侵权证据就是能够证明未经专利权人允许而为经营目的擅自制造、使用、销售或许诺销售、进口专利产品或使用专利方法的行为。

基于证据证明力的考虑，侵权证据可通过公证方式取得。也就是说，专利权人发现侵犯专利权行为后，可以向公证机关提出申请，对购买侵权产品的过程以及购买到的侵权产品进行公证，或者对侵权现场如许诺销售等，或者对侵权产品的安装地进行勘查公证，并取得公证书。对网站的侵权产品图片也可以由公证处下载形成经公证的证据，从而证明被告存在侵权行为。所以专利权人要尽量配合职能部门，取得高质量的证据。通过公证最大限度地提高证据的证明效力并保全证据。此外，专利管理机关在行使职权时取得的证据，以及海关在行使职权时取得的证据，都是证明力强的、法院容易采信的证据。

12.6.2　搜集损害赔偿证据

追索损害赔偿是专利侵权纠纷诉讼中的难点，其关键还是在于证据。为了获得证据，可通过各种正当合法途径取证，例如积极寻求工商、税务等部门的协助等。

在专利侵权赔偿诉讼中，按照相关法律规定，对专利侵权赔偿数额的确定依次按照以下方式确定：①权利人因被侵权所遭受的损失；②侵权人因侵权所获得的利益；③专利许可使用费的合理倍数；④法定赔偿金，一般在人民币 5000 元以上 30 万元以下确定赔偿数额，最多不得超过人民币100万元。

如果拟按照第①种权利人因被侵权所遭受的损失来主张损害赔偿，专利权人可通过专利实施许可合同或财务审计报告等相关证据来证明损失的额度。

A、专利实施许可合同：专利权人与他人签订的专利实施许可合同，以合同约定的许可使用费作为请求赔偿的依据，故专利实施许可合同可以用作经济损失的证据。

B、财务审计报告：当专利权人主张赔偿数额的依据为其所受到的损失时，可以提供能表明本企业生产的单位产品获利情况的财务审计报告，以及因被告的侵权行为所造成的减少的销售量总数或侵权产品的数量，二者的乘积就是原告的损失数额的依据。

如果拟按照第②种侵权人因侵权所获得的利益方面来主张损害赔偿，相关证据较难获得，其原因是：虽然侵权产品的价格可以通过市场获知，但侵权人通常会隐匿生产销售的数额，从而专利权人较难获得真实的生产销售的数额。如果拟按照侵权人因侵权所获得的利益来确定损害赔偿，专利权人等被侵权人可以向法院提起证据保全请求，从而获得侵权者的生产销售以及营利情况，以促使损害索赔的顺利执行。

如果拟按照第③种专利许可使用费的合理倍数来主张损害赔偿，可以专利许可合同中载明的使用费作为证据，法院会参照该证据并结合侵权恶意程序等因素酌定损害赔偿数额。

在无法取得上述第①、②、③种方法计算损害赔偿的证据的情况下，专利权人可以主张按照第④种法定赔偿金来主张损害赔偿数额。

12.6.3　损害赔偿主张

损害赔偿数额问题一直是专利侵权诉讼中的重点和难点。相关法律虽然规定了多种计算损害赔偿数额的方法。然而，在现实中，除了法定赔偿外，应用不同的计算方式都很难得到贯彻和执行。专利诉讼专题数据库中仅有极少数判例是依据权利人因被侵权所遭受的损失或者侵权人因侵权所获得的利益计算损害赔偿数额的。对于大多数的专利侵权诉讼，或因专利权人无法提交相关证据，或因其提交的证据不完善达不到证据性要求，也就是说专利权人未能充分举证证明其因专利侵权所遭受的实际损失或者侵权者因专利侵权所获得的利益。绝大多数专利侵权诉讼都是法院依据《关于审理专利纠纷案件适用法律问题的若干规定》中第二十一条的规定，根据专利权的类别、侵权人的侵权性质和情节等因素，酌定损害赔偿数额。

关于专利侵权诉讼中的损害赔偿数额的确定，我国法律采取的是填平原则，即损失多少赔偿多少，没有引入惩罚性赔偿。因此，相比较而言，我国专利侵权诉讼中的损害赔偿数额不可能像具有惩罚性赔偿规则的国家，如美国那么高。所以，在我国进行专利侵权诉讼，损害赔偿不建议要求提得过高。从我国目前专利审判的实践来看，高额的损害赔偿除了用于新闻炒作之外，对专利权人没有更多的好处。

由本书第五章专利诉讼法院判决的损害赔偿数额分布情况可知，发明专利的损害赔偿数额大都分布于1万～50万元，总体平均值不足20万元；实用新型专利的损害赔偿数额大都分布于1万～12万元，总体平均值不足8万元。这是我国目前的审判实践。如果专利权人提出几千万的损害赔偿，那么除了付出高额的诉讼费外，最终能实际获得的损害赔偿会与诉讼请求中相距甚远；而且提出高额损害赔偿并非一定会对专利权人有利，因为此种诉讼会对法院造成不必要的压力。在多数专利侵权诉讼中，适当数目的损害赔偿是比较恰当的。鉴于审判实践的具体情况，发明专利侵权诉讼的损害赔偿额一般在 100 万人民币以下，实用新型在 50 万以下的诉讼请求是比较合适的。当然，如果专利权人有切实的证据充分证明其因专利侵权造成的损失数额或者侵权人因专利侵权所获取的利益，可以主张更高额的损害赔偿。

专利侵权诉讼中，专利权人可以申请法院对侵权人的财务资料进行证据保全，运用收益法对侵权人的侵权收益进行评估，从而能够获得相应的资料，并且收益法的计算结果也体现了专利权所能带来的额外收益的本质，可用作侵权人因专利侵权所获得利益的证据。

12.6.4　专利赔偿的金额选择

有具体、明确的诉讼请求是提起专利侵权诉讼的前提条件。专利侵权诉讼中，诉讼请求通常包含停止侵害、消除影响、赔礼道歉以及赔偿损失等，而赔偿数额的要求则是专利侵权诉讼中最为关键的诉讼请求之一。因此，在确定和选择了诉讼对象后，接下来的重点工作之一就是正确、合理地估算因专利侵权所遭受的损失，以确定损害赔偿数额。

按照现行法律法规及相关司法解释的规定，在专利侵权赔偿诉讼中，对专利损害赔偿数额的确定依次按照以下方式确定。

(1) 权利人因被侵权所遭受的损失。

(2) 侵权人因侵权所获得的利益。

(3) 专利许可使用费的合理倍数，一般参照该专利许可使用费的 1～3 倍合理确定赔偿数额。

(4) 法定赔偿金，一般在人民币 5000 元以上 30 万元以下确定赔偿数额，最多不得超过人民币 50 万元；2009 年 10 月 1 日之后，新修订的专利法规定的最高上限提高至 100 万元。在法定赔偿中，专利权人或利害关系人等原告可提供相关证据，以证明被告侵权情节及专利产品的市场价值，法院在确定具体赔偿数额时可以参照。

(5) 人民法院根据权利人的请求以及具体案情，可以将专利权人因调查、制止侵权所支付的合理费用计算在赔偿数额内。

(6) 免除损害赔偿事由：侵权者为生产经营目的而使用或销售侵权产品或依照专利方法直接获得的侵权产品，但是侵权者主观上不知道是侵权产品，如果有证据能证明侵权产品的合法来源，虽然构成侵权，但可以不承担赔偿责任。

因此，专利权人或利害关系人应当根据自己手中所掌握的证据材料，选择损害赔偿数额的最佳计算方式，以使自己的主张能得到法院最大限度的支持，从而使自己的损失能得到最大限度的补偿。

根据专利诉讼专题数据库的统计，侵害发明专利判例的损害赔偿数额总体平均水平为 16.45 万元，侵害发明专利判例的损害赔偿数额总体平均水平为 7.14 万元，发明专利判例的损害赔偿数额高于实用新型专利 2 倍以上。

图 12-9 和图 12-10 显示了机械领域的专利侵权诉讼中法院判决的损害赔偿数额分布情况，图中横轴表示法院判决的损害赔偿数额，单位为“万元”，纵轴为专利侵权诉讼数量。

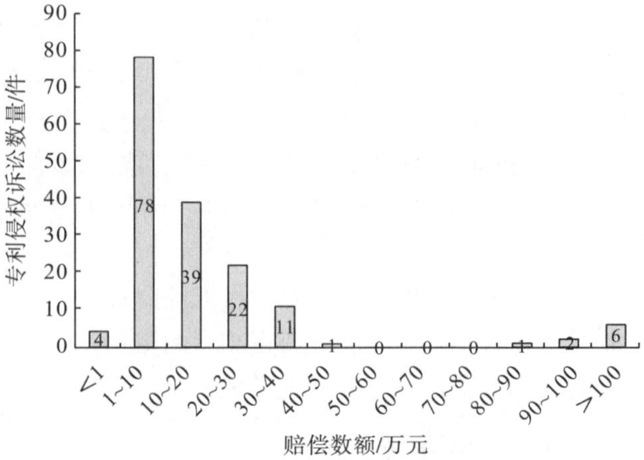

图 12-9　发明专利诉讼法院判决的损害赔偿数额分布

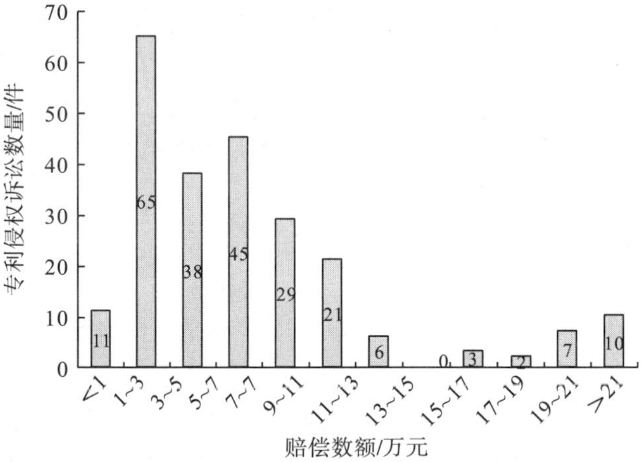

图 12-10　实用新型专利诉讼法院判决的损害赔偿数额分布

从图 12-9 和图 12-10 来看，无论是发明专利，还是实用新型专利，法院判决的损害赔偿数额相对较集中。对于发明专利来说，损害赔偿数额大部分在人民币 1 万元以上 50 万元以下，50 万～80 万元几乎没有，80 万～100 万元的损害赔偿数额会有少数的判例，当然也有个别案例的损害赔偿数额在 100 万元以上，专利诉讼专题数据库中，侵害发明专利的损害赔偿数额最高为 150 万元。

对于实用新型专利来说，损害赔偿数额大部分在人民币 1 万～12 万元，15 万～20 万元的损害赔偿数额案例比较少，当然也有个别案的损害赔偿数额在 50 万元以上，专利诉讼专题数据库中，侵害实用新型专利的判例损害赔偿数额最高为 100 万元，超过大部分发明专利。

12.7　案例故事：天津海鸥表业集团有限公司的海外专利维权之路

1955 年，新中国第一只国产手表诞生于四位修表师傅组成的手表试制小组之手。两年后，政府牵头组建了天津手表厂。天津手表厂生产出了中国第一只航空表，第一只女装表，第一只出口手表，第一只获得国际金奖的中国手表……经过了半个多世纪的探索和发展，昔日的天津手表厂经过重组成立了天津海鸥表业集团。数十年间，天津海鸥表业集团为中国的手表产业赢得了无数荣誉。

然而，即使是这样一个老牌的技术过硬的企业，在走向国际化的过程中竟也惹上了数次知识产权官司。巴塞尔钟表展是世界上最大的钟表珠宝展之一，每年都会云集数以十万计的专业关注卖家和近 2500 家国际媒体。天津海鸥表业集团几乎每次都会在巴塞尔钟表展上展出最新产品，但也多次被海外钟表厂商以侵犯知识产权名义起诉，表 12-7 中列举了其中最主要几次诉讼的经过和结果。

表 12-7　天津海鸥表业集团在巴塞尔钟表展上遭受的历次专利诉讼

年份	事件经过	结果
1996	海鸥因为一款手表的外观和某国际知名品牌相似被对方起诉侵权	因之前没有申请专利，“海鸥”以败诉告终。后来，“海鸥”在公司内部建立了知识产权部门[①]
2008	瑞士制表业顶级公司——历峰集团属下独立制表人格勒拜尔·福尔斯向组委会提出申诉，认为海鸥参展的一款双陀飞轮手表侵犯了他所拥有的专利权，违反了瑞士联邦专利保护法。海鸥公司积极应对，详细阐述了其并不存在专利侵权的事实	由瑞士手表专家担当的鉴定师作出的鉴定结论认为，格勒拜尔·福尔斯专利证书上的核心特性不存在于海鸥争议产品内，海鸥展出的双陀飞轮手表没有违反瑞士联邦专利保护法[②]
2011	一家瑞士钟表企业投诉天津海鸥手表集团公司，提出其“陀飞轮不锈钢袖扣饰品”外观形状涉嫌侵权，要求将袖扣撤展并接受处罚。集团总工程师马广礼立刻把国内专利和瑞士专利证书的原件电传到瑞士，不到 20 分钟，所有材料均已齐备。证据资料显示，这款袖扣的外观专利已于 2009 年 6 月 26 日在瑞士注册并获得注册证书，权利人是天津海鸥手表集团公司	瑞士巴塞尔国际钟表珠宝展知识产权委员会宣布，中国天津海鸥手表集团公司对这家瑞士企业的所谓“侵权”投诉提出反诉获胜[③]

当企业没有为其产品中的相关原创技术申请专利时，在应对外来的知识产权诉讼时往往比较被动。从表 12-7 可以看出，海鸥集团从 1996 年毫无专利保护的状态到 2008 年据理力争，再到 2011 年申请并利用有效专利进行反诉，其应对海外知识产权诉讼方面的做法日益成熟，经验日益丰富。由图 12-11 可见，海鸥集团在 2007 年之前申请专利数量极少。尽管成立了知识产权部门，但同上述 A 公司一样，在经历了 1996 年的专利诉讼后，海鸥集团并未立刻意识到专利保护的重要性，其专利申请量依然极少。2008 年的第二次知识产权诉讼使得海鸥集团开始真正重视企业的知识产权战略，不久便为其在中国授权的多项专利提交了 PCT[④]申请。几乎在同一年，海鸥集团在国内的专利申请量也开始迅速增长(图 12-11)。

从专利总量上看，海鸥集团相较于一些国外制表企业已经占有绝对优势。例如，瑞典著名制表企业欧米茄公司在世界范围申请的专利总量约为 363 项，低于海鸥集团的 683

① 滨海时报：http://www.cnepaper.com/bhsb/html/2012-03/23/content_14_4.htm。

② 人大经济论坛：http://bbs.pinggu.org/thread-1439442-1-1.html。

③ 人大经济论坛：http://bbs.pinggu.org/thread-1439442-1-1.html。

④ PCT 为专利合作协定(patent cooperation treaty)的简写，是专利领域的一项国际合作条约。主要涉及专利申请的提交，检索及审查以及其中包括的技术信息的传播的合作性和合理性的一个条约。PCT 不对“国际专利授权”，授予专利的任务和责任仍然只能由寻求专利保护的各个国家的专利局或行使其职权的机构掌握。

项[①]。但是，海鸥集团的专利申请几乎全部集中在国内，其海外专利申请极为有限，除了为其掌握的大约 59 项国内专利提交了 PCT 申请外，在 EPO 仅申请了一项专利，而在其他两大专利申请机构，美国的 USPTO 和日本的 JPO 的专利申请量为零。相比之下，欧米茄的专利申请则遍布世界各地，图 12-12 中给出的是其在 USPTO、JPO、EPO 和 SIPO 的专利申请量。因此，中国企业的专利申请范围不应仅限于国内，应更加注意海外专利的申请。

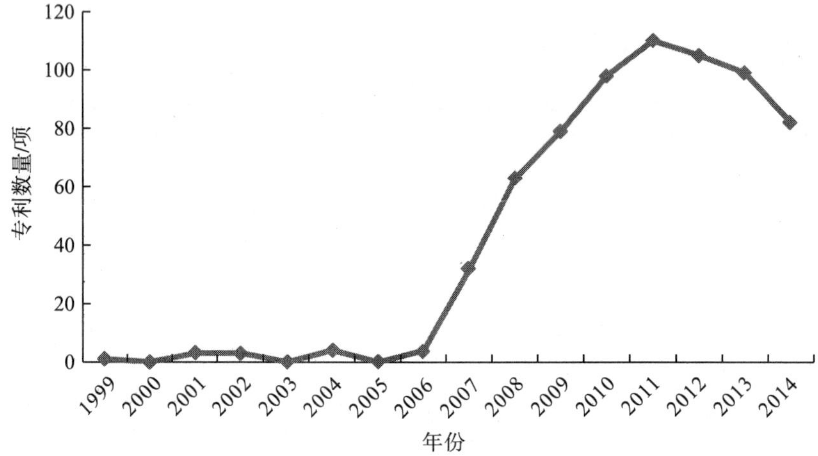

图 12-11　天津海鸥手表集团公司在中国国家知识产权局专利申请量

注：发明专利+实用新型+外观设计

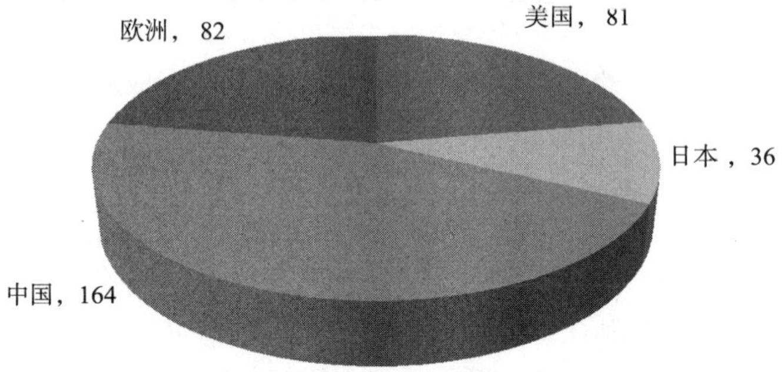

图 12-12　欧米茄公司在世界各主要专利机构的专利申请量(单位：件)

尽管专利在企业市场经营与竞争中起着重要的作用，但不可否认的是，目前我国多数企业对专利与市场间的关系认识不足。两者应该是并行的，互促互进的，而非此消彼长的关系。应该认识到，在激烈的市场竞争中，专利不仅是保护自身市场的防卫工具，更是抢占市场的进攻武器。

① 根据 EPO、USPTO、SIPO、JPO 专利数据库检索结果计算得到。

第四篇

专利技术资源发展与竞争分析技术：大数据挖掘

引　言

专利文献分析技术是一个越来越依靠计算机软件编程和数据挖掘算法的技术类型，很多所谓的专利技术地图和专利技术领域的预测分析都越来越依赖于这样的分析技巧和算法。专利大数据挖掘和分析本身是发展趋势，但作为在经济管理，特别是技术创新管理领域的研究学者和学生，如何在这样的领域找到自己本学科的重要课题，找到自己的定位呢？本书以为，专利文献的次级体系(sub-system)数据集及其聚焦点是主要的方面，大数据不在于“大”，而在于“精”，即相对于特定主题的精准。管理学者不同于情报学学者可能主要在于：管理学者更应聚焦于“人”，即专利权人，专利发明人，特定地区、城市乃至特定国家的“人”，而相应的技术领域是从属性的。事实上，根据现有国际国内学者的研究工作推演开来，从聚焦于人的专利数据分析，可以实现特定专利权人的创新行为、市场控制行为、特定技术领域的“新兴”推动行为，甚至利用创新政策的“投机”行为的研究，可以研究的天地实在广阔。

另一方面，专利大数据的研究也可能需要警惕一个误区，即：凡具备“大”数据条件的专利技术领域(特别是相对精准的技术领域)，就有必要对其技术的“新兴”性质提出质疑，这是因为，真正前瞻和可能具有后续强大的控制力的原始性专利，在其初始期阶段的“群”或“大”的性质并不突出，而对当前足够“大”的数据进行的方向性分析，是否有可能忽略那些以后可能具有更大控制力的专利技术呢？这可能是专利大数据分析工作中需要注意的悖论情节。

第十三章　专利密集领域与新兴技术的大数据分析

导言：

所谓专利技术密集产业以及新兴技术的分析都离不开对海量专利数据的分析。因此，针对大量专利信息的统计分析方法和分析技术往往成为一种大数据分析工作，往往被认为是专利技术分析的重要组成，又由于这类分析工具和方法也往往与相应的定制化数据的采集和数据库的建设有密切的关系，因而往往需要相应的数据库技术和计算机软件应用以及相应的人才作为必要的支持。在这一发展形势下，专利技术研究似乎已不再是一个小规模的研究团队能够承担的工作。但从专利技术质量的分析角度来看，其中既包含概念型框架的部分，也包含实际数据采集和处理分析的部分，其实大的技术团队(包括企业型的咨询机构和情报分析机构)和小的研究团队(如高校教师所能够掌握的科研项目范围的研究生和教师团队)在这类分析面前也还是能有各自的分工，前者显然是以特定的技术领域和细致的市场分割所擅长，并且往往以技术领域为主要聚焦点；而后者则是需要不断思考、分析和提出研究针对新问题的新框架，同时以不同所有权人在不同技术领域的集合表现为聚焦点。因此，关键是找准科研工作的定位。

这里给出了有关新兴技术分析过程中的大数据分析方法的应用过程以及相应的研究框架设计，作为读者的一个参考。

13.1　新兴技术的分析思路：基于科学文献的新技术机会的预测分析

随着知识经济全球化进程的加快，作为科技活动最常见科研成果主要体现于科学文献和专利文献中，在国家、区域、企业层面的科技战略制定过程中也变得日益重要。特别在战略性新兴产业的发展和新兴技术的发展过程中，基于专利文献分析相应的技术路径演化，有助于为政府部门、科研机构、高新技术企业的科技战略布局及研发资源分配提供参考，以及为对未来热点新兴技术及可能出现的专利侵权作分析和预测提供参考。

对于新兴技术的分析，科学文献的分析占有重要的地位。其中，引文分析是一个常用的路径。科学文献引文分析的前提是引用和被引用的文章之间有相似的研究主题，这些相关文章提供一个世界范围对特定技术主题的研究工作的分析，最终可以达到利用引文网络分析(citation network analysis)来发现新兴技术的目的。同时，不同高新技术领域的专利之间的引用和被引反映不同学科领域的科研合作。早期的引文分析工作中，引文分析用于描述与能源相关的期刊引文数据(journal citation data)(R. Dalpé,1995)或者是期刊归类数据(journal classification data)(Tijssen，1992)之间的网络关系。

例如，以能源领域的新兴技术分析为例，主要分析方法的思路包括：①分时段共引信息，例如分三个时期以上的共引集群(co-citation clusters)来追踪研究领域可能出现的新兴产业，预测近期未来的发展变化(Small，2006)。②基于引用信息的网络分析(citation network analysis)，如Yuya等(2008)曾应用可视化的基于引用信息的网络分析方法，通过可持续能源(sustainable energy)的网络图谱追踪新兴研究领域；这类结合可视化网络图分析和数据挖掘分析(text mining)的方法来分析新兴产业和新兴技术具有一定代表性。如果把上述引用信息为基础的相关分析步骤展开来，可以具体描述如下。

(1)文献采集：主要从SCI数据库中收集和能源相关的文章，例如上述研究工作，采集到共计15万左右的科学文献，分别分布在66个国际学术期刊上，在此文章基础上筛选出高引论文，例如上述15万篇文献中有5万多篇高引论文被收集起来作为引文分析文献数据库。

(2)应用社会网络分析方法，特别是社会网络图谱分析，将这些高引文献和被引文献构造一个非加权非定向的网络关系图。

(3)应用社会网络分析中的分簇拓扑聚类方法(topological clustering method)，具体可以参考Newman (2004a，2004b)对网络图进行结构分层，即将该网络图中相似结构进行归类。

(4)词频分析：在完成网络聚类分析后，再通过能源研究领域文献中对高引关键词和被引关键词进行主题分析和归类，并对相应类别文献所在的期刊进行归类分析。

(5)类别定义分析：分别为这些分析得到的类别里面的高频词语作主题定义，并测算相应期刊上的刊出平均年限，并在此基础上应用此平均年份信息对能源领域的新兴技术进行追踪。例如，上述2004年研究工作的图谱分析结果显示，燃料电池(fuel　cell)和太阳能电池(solar　cell)是两个正在迅速增长的新兴领域。

事实上，通过网络分析还可以进一步开展技术路线的预测(Bengisu et al.，2006；Daim et al.，2006)和技术发展路线图(Galvin,2004)的分析。还可以应用数据挖掘技术(data mining，DM)和数据库断层分析技术(database tomography，DT)以及相应的方法体系来判断特定研究领域的分类结构(Kostoff et al.，2004；2005)，从而进行较为细致的技术预测。国际上此类研究工作往往根据高频且相近的词组和短语，提取能源研究领域文章的分类结构，将网络分析运用到专利合作的代表学者Sungjoo Lee(2009，2007)。Sungjoo(2009)使用公司的专利引用网络(patent citation network)和被引网络(citation-based network)的情况公司技术路线分行为者-相似地图(actor-similarity　map)、行为者-相关地图 actor-relations map、技术-产业地图(technology-industry　map)和技术-附属公司地图(technology-affinity map)，以此为公司寻找技术机会及市场商业机会。文章将这四种网络地图分为以市场驱动和以技术驱动的两大类专利地图；通过专利互动网络考察韩国信息和通信技术(ICT)领域的技术扩散和寻找新的技术创新机会(2009)；基于关键词的专利网络图谱分析专利的关键词，以此寻找新的技术发明机会(2008)；分析技术路线网络趋势来考察公司技术风险(2007)。此外，美国学者Roberts利用1985～1996年美国通信行业的企业和企业联盟的数据生成的网络，研究了复杂技术和创新者的网络演化是如何影响进一步的创新活动(Soh、Roberts，2003)；S.Chang(2009)通过分析专利引用和被引的频次，建立基本专利的指标

(basic patent)，用聚类建立专利间的关系，将美国的引用和被引专利分成8大类，给出美国十几年基础专利的变化趋势。合作网络图谱也用在研发合作网络图谱(R&D collaboration network)(Hyukjoon Kim，2009)方面，使用小世界网络(small-world network)分析技术扩散过程和结构。

13.2　新技术机会预测——基于文本挖掘的专利地图绘制技术

在专利技术演化路线分析中，专利地图(patent map)作为最有效的工具之一受到了越来越多的关注。专利地图主要使用专利本身包含的文献信息来绘制。如日本专利局(Japanese Patent Office)使用专利文献信息绘制了多个技术领域的专利地图,共计200多张(Japan Institute of Invention and Innovation，JIII，2002)。韩国知识产权局(Korean Patent Office)也曾开展未来五年的期限内若干技术领域的专利地图绘制(Bay，2003)。许多经济发达国家如美国(Morris et al.，2002)、意大利(Canmus 、Brancaleon，2003；Fattori et al.，2003)等曾研究使用专利文献数据绘制专利地图。

专利地图一般使用文献计量方法绘制，一般是在文献计量学的方法体系上作数据的图形处理。而对文献计量学的学科而言，Norton(2001)曾将其定义为对文本及其隐含信息的测度，它可以帮助发掘、组织以及分析大量数据，以使研究者能够搜寻到有用的信息。专利文献计量的方法常用来帮助分析专利申请人、发明人、技术领域、引文情况等(Daim et al.，2006)，其中最常用的是引文分析，一项专利被后续专利引用的次数在一定程度上代表了该项专利的重要程度(Karki，1997；Morris et al.，2001)，并可以用来划分技术领域并反映技术领域间的关联程度(Chang et al.，2009；Lai、Wu，2005；Gress，2010)。也有学者从专利申请人和分类号(international patent classification，IPC)角度探究部门间的联合研发及技术复杂性，如雷滔、陈向东(2011a，b)，Ozman(2007)等。

然而，传统文献计量学使用的信息大多局限于引文、申请人、技术领域等浅层次的文献信息，而对于专利文本内容的信息深度挖掘不足(Lee et al.，2009)。鉴于此，部分学者开始将文本挖掘(text mining，TM)方法运用到专利分析当中(Andal，2006; Kim et al.，2008; Tseng et al.，2007a，b；Yoon and Park，2002)。Yoon等(2008)使用文本挖掘技术对专利文本中的关键词进行了分析，并根据专利间关键词相似度绘制了二维地图。Tseng等(2007a，b)建立了基于文本挖掘的碳纳米技术领域专利地图，并介绍了多种文本挖掘技术，包括文本分割(text segmentation)、摘要提取(summary extraction)、主题识别(topic identification)、信息地图绘制(information mapping)等。这些基于文本处理的技术可以用来复原并概括文本中的信息(Yoon et al.，2008；Fujii et al.，2007；Tseng et al.，2005，2007a，b)，进行技术趋势分析(Yoon、Park，2004；Yeap et al.，2003；Yoon et al.，2002)，以及划分技术领域 (Schellner，2002；Krier 、Zacca，2002；Larkey，1999)。

从专利信息文本挖掘的角度看，应用数据挖掘技术，从大量无结构的文本信息中发现潜在的、可能的数据模式、内在联系、规律、发展趋势等，抽取有效、新颖、有用、可理解的，散布在文本书件中的有价值知识，并且利用这些知识更好地生成有一定新颖性意义的类别，是一个非常复杂的分析过程，需要结合技术发展的一般规律、特定技术领域发展的特殊规律、数据挖掘的一般技术，以及数据挖掘有针对意义的新方法(通常往往是几种分析技术的结合)。

常见的文本挖掘方法包括文本结构分析，文本摘要分类、聚类、关联以及数据演变分析等。涉及的技术包括信息抽取、信息检索、语言处理和数据挖掘技术等。

而利用文本挖掘技术生成专利地图的主要过程如图 13-1 所示。首先从特定专利信息系统(包括公开网站和相关的原始数据库)收集特定技术领域的发明专利文这阶段的专利数据仅仅是用文本表达的非结构化或半结构化数据(unstructured/semi-structured data)，需要将其转化为结构化数据(structured data)。这种结构化过程事实上就已经结合了特定课题的需要，例如可按照专利 IPC 主分类号对专利技术进行分类，在不同分类的领域采用不同的逻辑构建相应的数据集合。同时，专利摘要文献可能包含着反映其技术领域特征的特征型关键词，即反映特定技术主题的关键词，于是使用文本挖掘软件对摘要文本进行分词处理，可得到大量特征待选关键词，之后再对这些待选关键词进行一一分析甄别和判断，去掉非专业性词汇，保留专业性词汇。其中，特征关键词在专利摘要文献中出现的频率可以作为其重要性的衡量。通过筛选和保留那些出现频率较高的重要词汇，排除频率较低同时非专业重要性的词汇。特别是，可以将一定技术领域范围的特征关键词出现频率以向量形式表现，该向量便可用来衡量技术领域间的差异化程度。同时，集合特定技术领域的关键词向量即可构成关键词矩阵，再通过主成分分析方法等比较有效的统计分析技术，将过高维度的关键词矩阵适当降维，即有可能绘制出有意义的可视化专利地图。

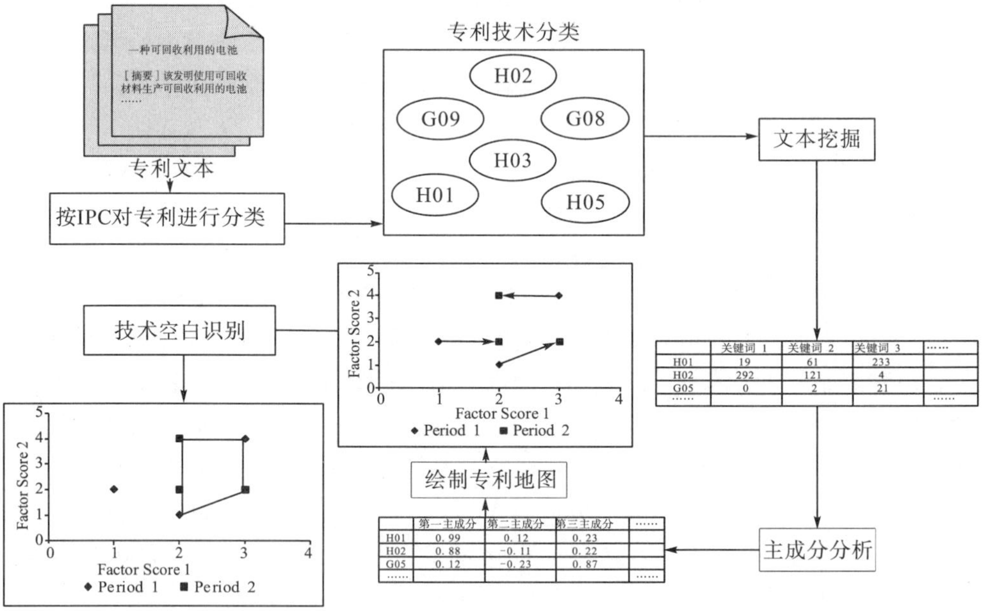

图 13-1　专利地图绘制及技术空白识别过程

具体分析，当使用主成分分析(principle component analysis，PCA)方法生成简约型关键词矩阵时，便可适当选取其中的重要主成分构成相应的两两对应的二维平面分析框架，并通过因子得分绘制二维专利地图。本章下节所示分析实例则是选取前两个主成分绘制二维专利地图，得到相应的技术领域分布图形，在此基础上，根据相应的技术领域在专利地图上的动态变化，可识别出技术空白领域。

值得说明的是，当存在多个技术空白领域的情况下，需要对这些领域未来发展的潜力进行判断，以找到有价值的空白领域，用以预测未来热点新兴技术在专利地图上可能出现的位置。在识别空白技术领域之前，参考 Lee 等(2008，2009)，Yoon 等(2008)的方法，首先定义新兴技术关键词(emerging keywords)和颓势关键词(declining keywords)，实际也就是本书前述所谓特征关键词。新兴技术关键词，或对应地称为优势关键词，是指专利摘要文献中出现频率随时间逐渐增加的技术关键词；而颓势关键词指专利摘要文献中出现频率随时间逐渐下降的技术关键词(Lee et al.，2008，2009；Yoon et al.，2008)。为排除专利数量因素的干扰，可考虑将技术子领域中单个关键词出现的总次数除以其包含的专利数量，并考察该值随时间的变化趋势。当子领域包含较多新兴技术(优势)关键词时，该领域范围则可能预示着一片新兴技术领域；反之则可能是呈现发展颓势的技术领域(Lee et al.，2008，2009；Yoon et al.，2008)。

另一方面，值得指出的是，虽然专利文本包含大量有用信息，但由于文件往往过于冗长，而且根据相关研究，极富信息量的专利文献的页数往往更多，摘要文字也偏多，因此依靠技术专家的逐条分析实在难以开展有效的关键词分析；但同时，文本挖掘技术虽然能够成批处理大量文本数据并从中提取有用信息，很多情况下也要依靠有针对性的文本挖掘技术的有效开发和设计(Smith，2002；Tseng et al.，2005，2007a，b)。同时，还有研究指出，文本挖掘技术在处理专利文本的精确性上还是不如专业技术人员的手工操作(Smith，2002)。例如，目前大多数文本分析软件难以自动分辨一定专业领域的同义词、近义词以及合成词(Uchida et al.，2004；Lee et al.，2009)等。因而为克服文本挖掘技术的局限性，辅之以一定的专业技术人员的逐项分析操作又是比较合适的办法。显然，这里存在着一个文本挖掘技术的机器分析和专业技术人员的专家分析的适当契合问题。

还需要注意的是，目前文本挖掘技术主要基于以英语表达的专利文本分析工作，相对而言，基于英语文本挖掘的专业软件也较常见，如 Aureka、IPMap、PatentMatrix、Spore Search、M-Cam Door、ATMS/Analyzer 等(Lee et al.，2009)。当然也有以汉语为基础表达的专利文本分析的文本挖掘技术，例如蒋健安等(2008)，陈志雄、曾辉(2010)对面向专利数据的中文文本分类技术进行了讨论，刘玉琴等(2007)曾对中国光通信技术领域专利的摘要及权利要求文本进行了分析，对专利间的相关度进行了研究，Trappey 等(2011)使用文本挖掘技术分析了中国射频识别(radio frequency identification，RFID)领域的专利摘要，并使用文本相似度指标对该领域专利进行了分类。上述文献对中国专利的文本挖掘技术进行了一些开创性的研究，但研究的深入程度不足，未能构建出直观有效的专利地图，从而无法对专利技术特征的演变有一个深入的了解，更无法对中国未来热点新兴技术进行预测。因此，以中文为基础文献的文本挖掘分析技术，结合特定的新兴技术发展主题，还有很大的发展空间。

13.3　ICT 技术领域的专利技术挖掘

毫无疑问，在信息化发展时代的大背景下，所谓传统行业和高技术行业的边界日趋模糊，以往的那些较为传统行业如汽车、物流、贸易、金融、教育等都受到了信息技术的极大冲击。信息与通信技术(information and communication technology，ICT)越来越多地渗入到各行各业，并为其注入了新的活力，甚至将一个个传统行业改造成为以全新的信息技术为技术平台的全新商业模式的行业。因此，ICT 领域本身的重要性及其潜在的市场价值使得对 ICT 内部技术特征及其演化的研究尤为重要，与此相关的新技术发展的脉络分析，包括专利信息为基础的数据挖掘和分析、专利地图的绘制等也成为一个重要的研究话题。

本章包含了作者团队应用文本挖掘技术对中国 ICT 技术领域的授权发明专利中文摘要文本进行了分析，并绘制了二维专利地图。通过对比不同时期专利地图的动态变动趋势发现，ICT 领域内子领域间技术差异程度呈先扩大后缩小的趋势。作者对专利地图上的多个空白领域进行识别并对其未来潜力和价值评估后，发现了一个较有价值的空白技术领域，该空白领域以技术应用型研究为主，而在理论研究领域中，微观结构技术可能会成为中国未来 ICT 领域的研究热点之一。

13.3.1　数据选取

本节选取的数据包括中国 2000～2007 年授权的发明专利。之所以只选取授权专利，是因为相较于非授权专利，授权专利一般拥有更高的价值和质量(Guellec 、Pottelsberghe，2000)，因此对真实的技术演化更具有代表性。根据 OECD(Organization for Economic Co-operation and Development)的 ISI-OST INPI 分类方法，按照分类号将 ICT 领域专利分成 5 个子领域(Schmoch，2008)。以前三位分类号为标准，又将 5 个子领域进一步划分为 18 个细分领域，如表 13-1 所示。以两年为一组将每个子领域中专利划分为四组，每组包含专利数量如表 13-2 所示。可见，基本电气元件(H01++)，电通信技术(H04+)，计算、推算、计数(G06)领域包含发明专利数量最多，而控制、调节(G05)，信号装置(G08)，微观结构技术(B81)领域包含的专利数量最少。

13.3.2　专利摘要文本分词结果

本章对 2000～2007 年 ICT 领域发明专利摘要文本进行分析，得到共计 3,003 个关键词，首先初步筛掉部分非技术性关键词，然后邀请专家进一步筛选，并对同义词进行合并，剩下共计 1,431 个技术性关键词。记录每个关键词每年在每个技术领域中出现的次数，除以专利数量可得关键词在每项专利中出现的平均次数，之后可得该关键词的平均增长率。增长率大于 0 的为新兴关键词，小于 0 的为衰退关键词。2000～2007 年出现次数最多的前 100 个关键词及其增长率如表 13-3 所示。

表 13-1　ICT 领域分类及子领域名称

母技术领域名称	前三位分类号	前四位分类号	子技术领域名称
电子机械及设备、电能	F21	F21	照明(电的方面或元件)
	G05	G05F	控制、调节
	H01++	H01B，H01C，H01F，H01G，H01H，H01J，H01K，H01M，H01R，H01T	基本电气元件
	H02	H02	发电、变电或配电
	H05	H05B，H05C，H05F，H05K	其他类目不包含的电技术
视听技术	G09	G09F，G09G	教育、密码术、显示、广告、印鉴
	G11	G11B	信息存储
	H03	H03F，H03G，H03J	基本电子电路
	H04	H04N3，H04N5，H04N9，H04N3，H04N15，H04N17，H04R，H04S	电通信技术
电信	G08	G08C	信号装置
	H01	H01P，H01Q	基本电气元件
	H03+	H03B，H03C，H03D，H03H，H03K，H03L，H03M	基本电子电路
	H04+	H04B，H04H，H04J，H04K，H04L，H04M，H04N1，H04N7，H04N11，H04Q	电通信技术
信息技术	G06	G06	计算、推算、计数
	G11+	G11C	信息存储
	G10	G10L	乐器、声学
半导体	H01+	H01L	基本电气元件
	B81	B81	微观结构技术

表 13-2　每组专利数量

前三位分类号	2000～2001 年	2002～2003 年	2004～2005 年	2006～2007 年
F21	174	198	277	301
G05	32	110	154	95
H01++	3,558	5,290	6,007	2,625
H02	1,398	2,233	2,742	1,454
H05	814	1,611	1,978	664
G09	695	1,238	2147	887
G11	1,761	2,779	2,607	707
H03	204	284	291	115
H04	1,011	1,489	2,038	1,050
G08	28	66	168	196
H01	430	469	358	92
H03+	785	1,104	917	344
H04+	6,864	10,736	12,374	5,884
G06	3,998	7,294	8,822	5,105
G11+	283	341	195	32
G10	339	726	569	279
H01+	2,427	5,981	7,393	4,336
B81	28	75	86	38

表 13-3　出现次数最多的前 100 个关键词及其增长率(2000～2007 年)

排序	关键词	出现次数	增长率	排序	关键词	出现次数	增长率
1	方法(method)	802,240	0.0955	36	转换(transform)	19,237	0.0131
2	装置(equipment)	394,689	−0.0465	37	编码(encode)	18,931	−0.2318
3	系统(system)	253,368	0.0703	38	输入(input)	18,676	−0.0483
4	制造、制作(production)	141,250	0.2373	39	业务(business)	17,983	18.4478
5	控制(control)	104,744	0.0721	40	电源(power source)	17,932	0.0467
6	显示(display)	91,484	0.0879	41	光学(optics)	17,687	−0.0506
7	电路(circuit)	90,729	−0.0098	42	模块(module)	16,718	0.1121
8	数据(data)	89,617	−0.0844	43	电机(electric motor)	16,361	0.0189
9	半导体(semiconductor)	84,813	0.1189	44	电极(electrode)	16,075	0.0132
10	电池(battery)	79,203	−0.0692	45	功能(function)	15,963	0.0765
11	存储(storage)	64,974	0.0386	46	同步(synchronization)	15,769	−0.0935
12	记录(record)	62,965	−0.2616	47	晶体(crystal)	15,739	0.1891
13	信息(information)	62,363	−0.085	48	电解(electrolysis)	15,535	−0.3532
14	通信(communication)	61,282	2.0846	49	薄膜(thin film)	15,453	0.2106
15	网络(network)	60,129	0.1294	50	进行(progress)	15,443	0.0367
16	移动(mobile)	55,090	−0.0732	51	电容(electric capacity)	14,892	1.2189
17	电子(electronic)	55,049	−0.0993	52	操作(operation)	14,759	0.005
18	结构(structure)	54,560	0.1656	53	封装(package)	14,678	0.453
19	图像(image)	50,796	0.5011	54	有机(organic)	14,382	0.5632
20	驱动(drive)	48,929	0.1173	55	利用(utilization)	14,229	−0.1337
21	元件、组件(element)	48,134	−0.076	56	电话(telephone)	13,739	−0.4166
22	实现(realize)	42,473	0.4285	57	金属(metal)	13,525	−0.1115
23	连接(connect)	41,657	−0.1779	58	提供(supply)	13,495	−0.2008
24	信号(signal)	40,198	−0.2032	59	二次(secondary)	13,464	−0.1488
25	终端(terminal)	39,770	0.1887	60	跟踪(tract)	13,321	0.0287
26	检测、测试(test)	39,627	0.1632	61	交换(exchange)	13,291	−0.1353
27	开关、切换(switch)	38,015	0.0255	62	接入(insert)	13,260	0.2315
28	无线(wireless)	35,302	2.7307	63	扫描(scan)	13,260	0.0248
29	发光(light)	34,996	0.3406	64	信道(information channel)	13,046	−0.2749
30	数字(digit)	32,956	−0.1139	65	动态(dynamic)	13,025	0.0562
31	传输(transmission)	32,599	−0.1464	66	发送(send)	12,913	−0.2994
32	程序(program)	31,569	0.2046	67	电压(voltage)	12,719	0.041
33	介质(medium)	30,835	−0.1685	68	芯片(chip)	12,648	0.1952
34	管理(management)	29,590	0.1477	69	电动(electro motion)	12,566	−0.1418
35	等离子(plasma)	28,468	0.0736	70	处理(process)	12,352	0.0274

续表

排序	关键词	出现次数	增长率	排序	关键词	出现次数	增长率
71	媒体(media)	28,162	1.073	86	应用(application)	12,005	0.3836
72	接收(receive)	27,928	-0.3207	87	便携(portable)	11,954	-0.2457
73	计算(calculation)	26,051	0.0506	88	发射(launch)	11,863	-0.2699
74	制备(preparation)	25,755	0.2564	89	天线(antenna)	11,659	-0.4657
75	燃料(fuel)	22,960	0.1513	90	输出(output)	11,434	0.063
76	自动(automatic)	21,726	1.1112	91	容器(container)	11,363	1.2031
77	功率(power)	21,481	-0.1133	92	二极管(diode)	11,271	0.2731
78	保护(protect)	21,471	0.0052	93	电视(television)	11,159	0.1072
79	集成(integration)	21,359	-0.0501	94	解码(decode)	11,098	-0.2075
80	用户(user)	20,961	-0.0002	95	动机(motivation)	11,057	-0.1798
81	视频(video)	20,808	0.0212	96	分组(grouping)	10,894	-0.2208
82	单元(unit)	19,921	-0.0127	97	内容(content)	10,812	0.0776
83	材料(material)	19,625	-0.0747	98	安全(security)	10,771	0.1381
84	形成(formation)	19,615	0.3422	99	阴极(cathode)	10,690	-0.363
85	光盘(disk)	19,451	-0.2084	100	接口(joint)	10,445	0.0915

13.3.3 专利地图表现的动态变化趋势

使用子领域中每个关键词出现的次数构成关键词向量，然后将所有子领域的关键词向量罗列为关键词矩阵。使用主成分分析法得到关键词矩阵的主成分，其中前两个主成分的累计贡献率为 85.32%，能够解释关键词矩阵的大部分变异，因此可以仅对前两个主成分进行分析。用子领域第一和第二主成分因子得分分别表示横坐标和纵坐标值，以绘制专利地图。将两个连续时期的专利地图放置在一个坐标平面内可得专利地图的变化趋势图。箭头的始点和终点分别为第一时期和第二时期子领域所在位置。图中的虚线箭头表示该子领域的始点和终点坐标值过大，无法在坐标轴平面中标出，因此缩短了箭头长度并做了平行移动。

由图 13-2 可见，大多数子领域都朝向远离坐标原点(-0.45,-0.45)的右上方或右下方变动，只有少数几个子领域 G06、G05、F21、H05 朝向靠近坐标原点的左下方变动，说明 ICT 领域 2002～2003 年较 2000～2001 年的专利地图的分布更为发散，子领域间的技术特征呈现发散趋势，ICT 领域内部技术间差异程度扩大。而图 13-3 中子领域的变动方向则较为混乱，说明 2002～2003 年较 2000～2001 年 ICT 领域内部技术间差异的程度没有明显扩大或者缩小的趋势。图 13-4 则恰好与图 13-2 相反，其大部分子领域都朝向靠近坐标原点的左上方或左下方变动，可见 2006～2007 年较 2004～2005 年的专利地图的分布更为收敛，ICT 领域内部技术间差异程度缩小。总结图 13-2、图 13-3、图 13-4 图中专利布局的变动趋势可以得出的结论是：2000 年以后 ICT 领域内不同技术间差异的程度呈先扩大后缩小的趋势。

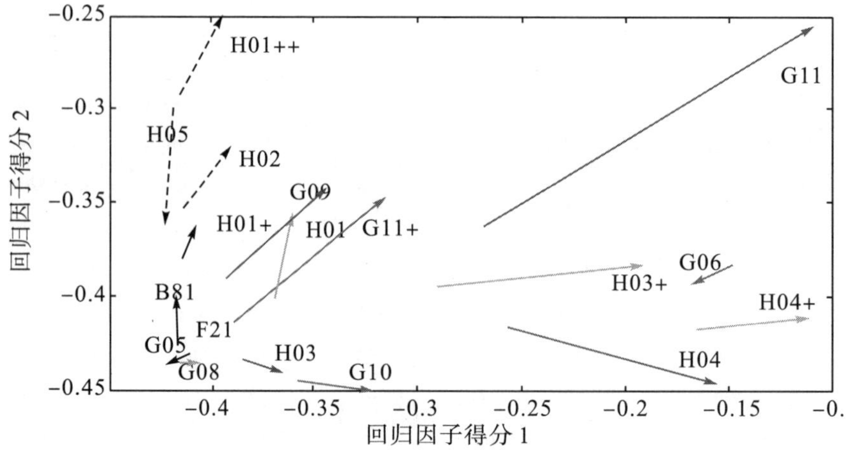

图 13-2 专利地图的动态变化(2000～2001 年→2002～2003 年)

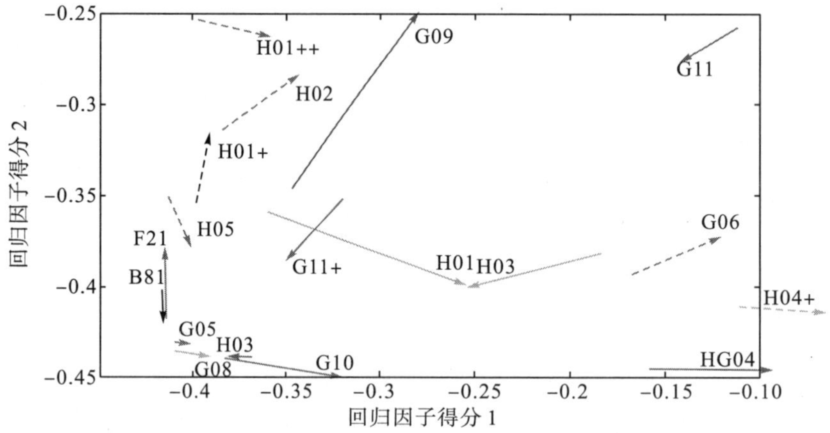

图 13-3 专利地图的动态变化(2002～2003 年→2004～2005 年)

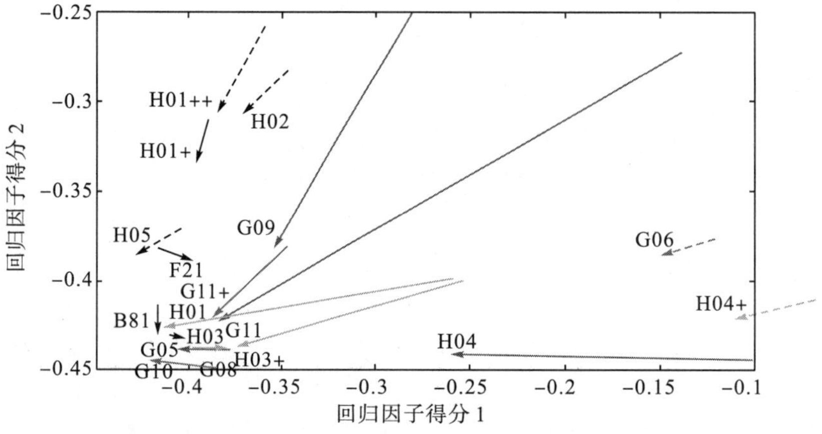

图 13-4 专利地图的动态变化(2004～2005 年→2006～2007 年)

这一自发散到收敛的发展趋势，说明了这些特定技术领域围绕 ICT 技术发展的某种演化规律，配合相应的所有权人的专利技术领域发展趋势分析，则可以非常清晰地确定该技术领域关键所有权人的竞争发展格局。

13.3.4　技术空白识别及潜力评估

由上节分析可见，ICT 领域内的子领域在专利地图上的分布呈先发散后收敛的趋势，技术间差异程度呈先扩大后缩小趋势。如图 13-5 所示，将四个时期子领域的散点图放置在一个专利地图内。可见，距离原点较近位置的子领域数量较多，密度较大，且大部分散布在坐标点(−0.4，−0.4)周围并围成了一个技术空白区域，同理可得其他两个距离原点较近的技术空白区域，将这三个空白领域分别命名为 1、2、3，如图 13-6 所示。三个空白技术领域周围的子领域如表 13-4 所示。

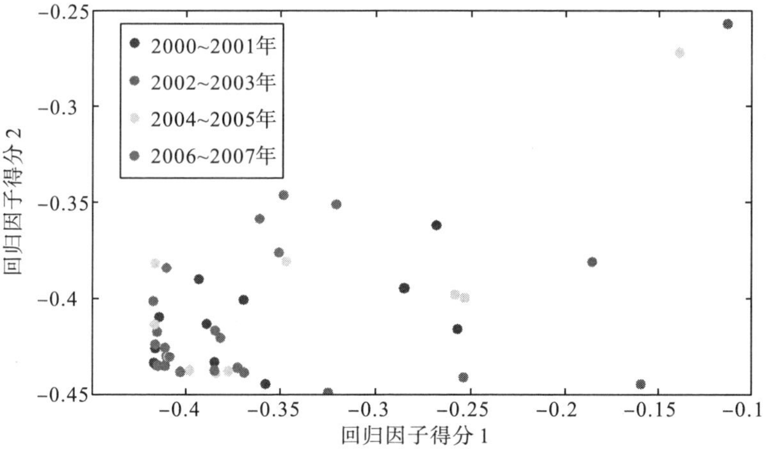

图 13-5　专利地图的比较静态分析

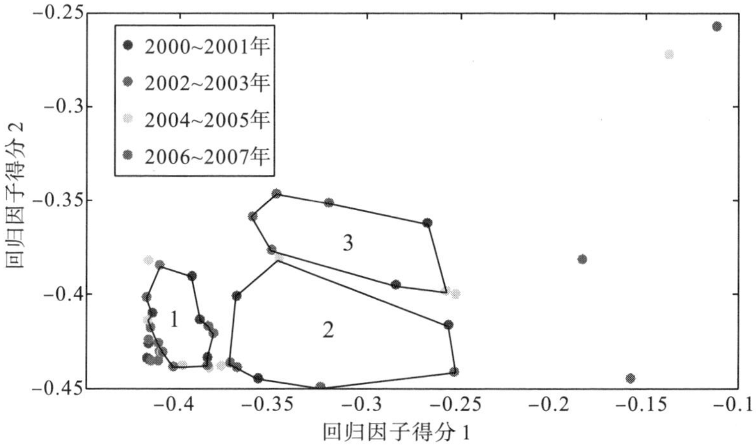

图 13-6　专利地图上的空白技术领域识别

表 13-4　空白技术领域周围的子领域

空白领域 1	B81、B81、B81、F21、F21、F21、F21、G05、G05、G05、G08、G08、G09、G10、G11、G11+、G11+、H01、H03
空白领域 2	G09、G09、G11、G11+、H01、H01、H03+
空白领域 3	G10、G10、G11+、H01、H03、H03+、H04、H04

当子领域中新兴关键词数量大于衰退关键词数量时，就将该子领域定义为处于上升期的新兴技术领域，反之则为衰退的技术领域。ICT 领域内 18 个子领域研发潜力评估结果如表 13-5 所示。由表 13-5 可见，其中 12 个子领域属于新兴技术领域，只有 6 个子领域属于衰退技术领域，说明 ICT 领域仍然属于开发潜力较大的新兴技术领域。

表 13-5　新兴和衰退技术领域

新兴技术领域	F21、G05、H01++、H02、G09、H04、G08、H04+、G06、G11+、H01+、B81
衰退技术领域	H05、G11、H03、H01、H03+、G10

结合表 13-4、表 13-5 分析可知，空白领域 1 周围的 19 个子领域中只有 4 个属于衰退技术领域，而空白领域 2 周围的 7 个子领域中有 4 个属于衰退技术领域，空白领域 3 周围的 8 个子领域中有 5 个属于衰退技术领域。很明显空白领域 1 周围的新兴子领域个数多于衰退子领域，新兴技术占主导地位，空白领域 2 和 3 则相反。由此可以推断，空白领域 1 属于未来市场价值较高的空白技术领域，而空白领域 2 和 3 的未来市场价值则相对较小，如图 13-7 所示。

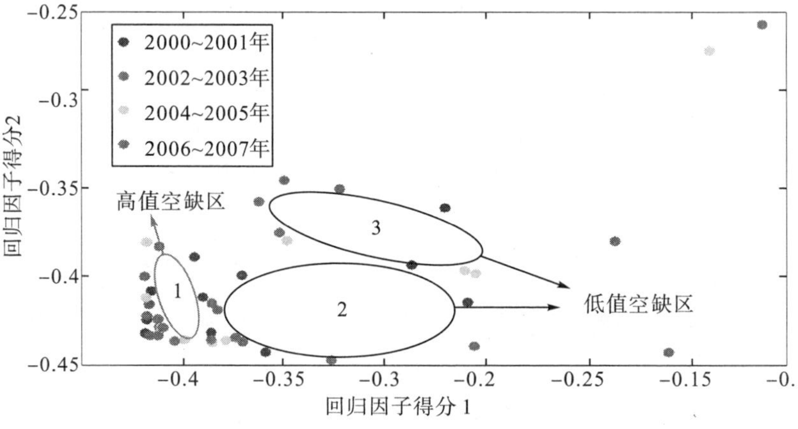

图 13-7　空白技术领域未来价值评估

另外，空白领域 1 周围的子领域数量较多，说明其技术成分的组成较为复杂，但子领域包含的专利数量较少，如 B81、G05、G08 领域每时期专利数量还不超过 100，F21 领域则仅在 100～300，在 ICT 领域中皆属于包含专利数量最少的子领域，说明空白领域 1 的开发程度较低，尚有较大技术开发的潜力。

通过分析空白领域 1 周围新兴子领域 B81、F21、G05、G08、G09、G11 的名称可以发现，空白领域 1 周围的子领域包含的技术内容较为分散，且皆偏向于应用型技术，如照明(F21)，控制、调节(G05)，信息存储(G11)、信号装置(G08)等。这暗示着中国未来 ICT 领域的发展重点可能在于基础信息技术在现实中的应用，而理论型研究的比重则较低。另外，偏向于理论型技术领域的微观结构技术(B81)虽然包含专利数量较少，但在三个时期内都分布在空白领域 1 周围，说明微观结构技术很可能会成为中国未来 ICT 理论型技术研究领域中的一个热点。

13.3.5　ICT 领域的技术关联分析

专利技术的关联分析也是大数据分析的一个类型。通过众多专利技术的关联分析，可以发现技术的合作者和竞争者，以及专利技术在此种关联情形下的发展趋势和发展方向。这一节内容介绍本书研究团队所开展的针对 ICT 技术领域的专利技术关联分析工作，作为专利信息大数据分析的参考。专利技术的关联分析主要通过以下路径来开展。

首先按照专利主分类号(IPC)对专利技术进行分类。同时，在相应的专利摘要中采集能够反映其技术领域特征的关键词。使用文本挖掘软件对摘要进行分词处理，得到大量关键词后，再对关键词进行分析判断，去掉非专业性词汇，保留专业性词汇。用 $\boldsymbol{T}_j$ 表示第 j 个子领域的关键词向量：

$$\boldsymbol{T}_j = (d_{1j}, d_{2j}, \cdots, d_{nj})$$

其中，d_{ij} 为第 i 个关键词在第 j 个子领域中的权重。

d_{ij} 有多种取值方法，一种是取 1 或 0，即当第 i 个关键词在第 j 个子领域中出现时取 1，否则取 0，这种取值方法的缺陷是不能够突出一些出现频数较高关键词的重要性；另一种是取关键词 i 在第 j 个子领域中出现的频数。为了突出部分关键词的重要性，选择后一种取值方法。在计算文档间关联度时可以使用的方法是计算关键词向量间的余弦夹角：

$$\mathrm{sim}\left(\boldsymbol{T}_j, \boldsymbol{T}_k\right) = \cos\left(\boldsymbol{T}_j, \boldsymbol{T}_k\right) = \sum_{i=1}^{n} d_{ij} d_{ik} \Bigg/ \sqrt{\sum_{i=1}^{n} d_{ij}^2 d_{ik}^2} \tag{13.1}$$

很明显当两个文档中共同出现(co-occurrence)的关键词数量越多，文档相似度越高。得到各子领域间的技术相似度后，即可根据相似度矩阵绘制专利地图。在上述关键词数据采集与分析的基础上，本书开展相应的技术关联分析。

根据每个关键词在每个子领域中出现的次数，由公式(13.1)可得子领域的技术相关度矩阵。使用 Ucinet6.0 软件可以根据技术相关度矩阵绘制出 ICT 领域内子领域间的技术关联图，并将关联度临界值设定为 0.1，即只有当关联度大于 0.1 时才会在图中标出，以排除不重要的关联性，使技术关联图更加简洁直观，如图 13-8 所示。图 13-8 中的连线表示两个子领域间具有技术关联性，连线的粗细表示关联程度的高低。本书将具有 5 个以上子领域具有关联性的子领域定义为核心技术领域。

为考察 ICT 领域内技术关联性的动态变化，仿照前述研究，本书给出 2000 年后共四个时期的技术关联图。如图 13-8 所示，2000～2001 年子领域间的联系较为密切，其中 G09、H05、G08、G05、H03、H03+、H04、G11+、B81 等子领域同多个子领域都具有关联性，说明这几个子领域属于 2000～2001 年的核心技术领域。而 F21、H01++、H02、H04+则相反，仅与一个子领域存在关联性，或不与其他任何子领域存在关联性。

但在第二阶段的 2002～2003 年，子领域间连线明显减少，彼此具有关联性的子领域数量减少，将图 13-8 与图 13-9、图 13-10 比较可以发现，图 13-9 中的连线明显比图 13-6 粗，因而 2002～2003 年是以少数子领域的高度关联性为特征的。该时期的核心技术领域是 H03、G05、G08、H03+、G11+、H01。而不存在关联性或与其他子领域关联性较低的子领域数量明显增多。

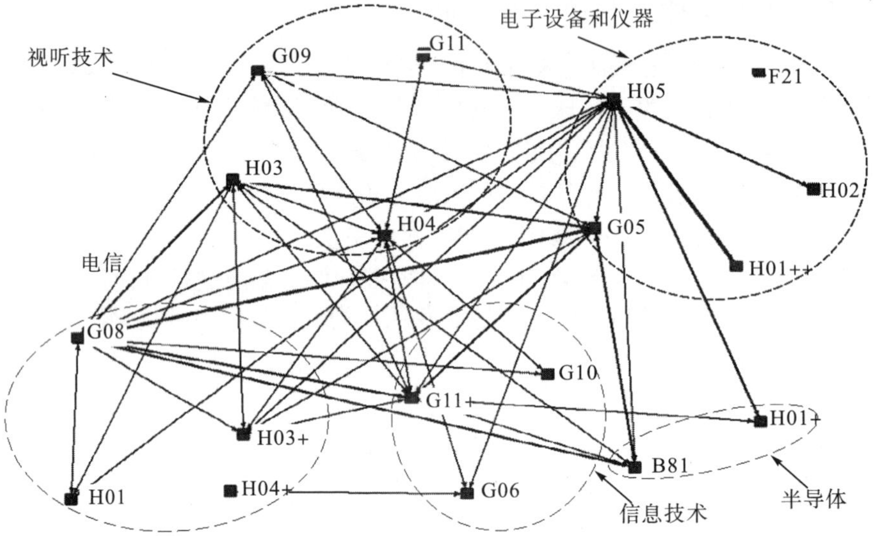

图 13-8　ICT 领域内部的技术关联图(2000～2001 年)

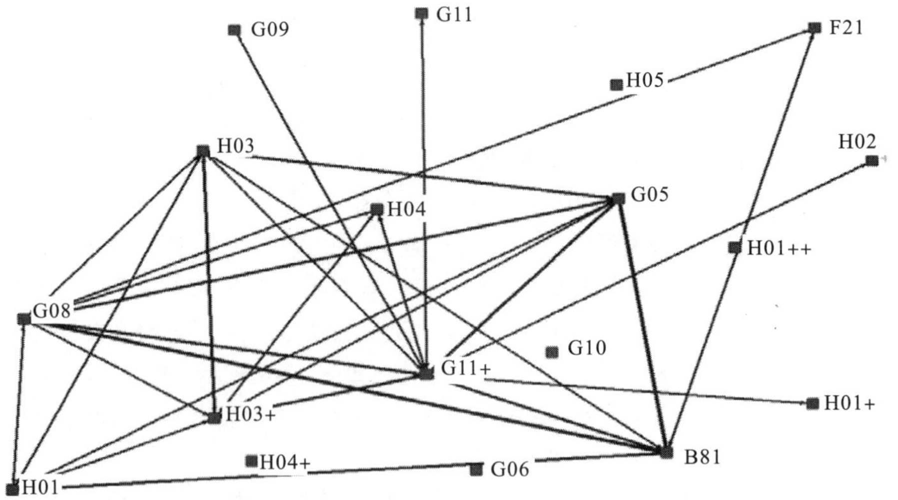

图 13-9　ICT 领域内部的技术关联图(2002～2003 年)

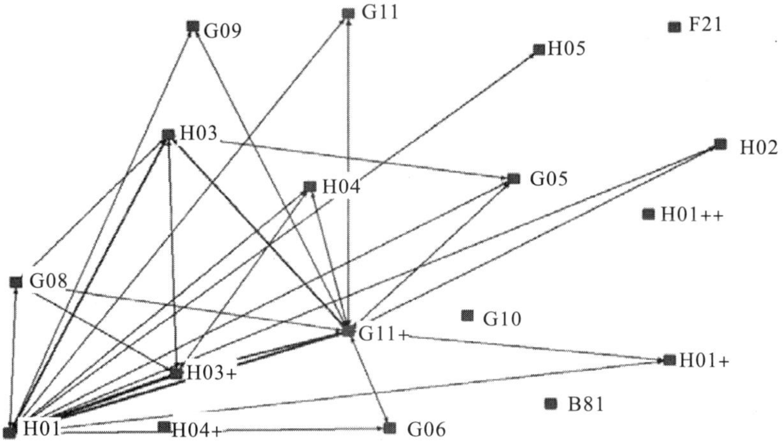

图 13-10　ICT 领域内部的技术关联图(2004～2005 年)

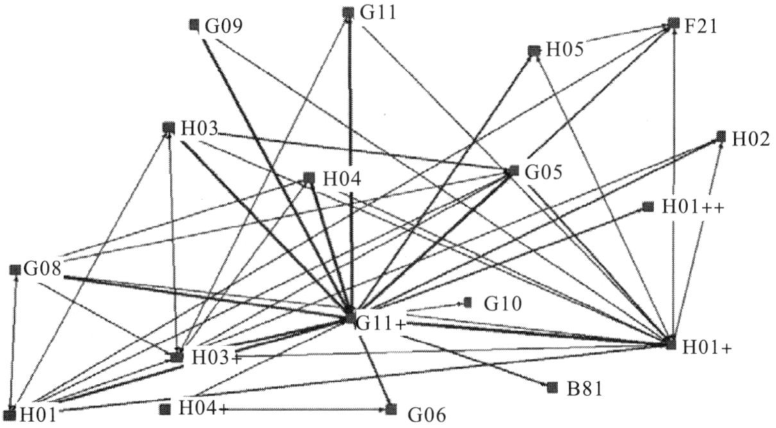

图 13-11　ICT 领域内部的技术关联图(2006～2007 年)

在第三个时段 2004～2005 年，核心技术领域开始由多极化向单极化演进，该时期只有 H01、G11+、H03、H03+属于核心技术领域，数量明显减少。图 13-8 中连线明显比图 13-7 细，说明子领域间的关联度有所降低。且不存在关联性或与其他子领域关联性较低的子领域数量进一步增加。

而到第四个时段的 2006～2007 年，子领域间的关联度又有所上升，连线的数量及粗细程度都超过了 2004～2005 年。该时期的核心技术领域又呈现出多极化特征，为 H03、G08、H01、H03+、G11+、H01+、G05、H03(图 13-11)。

综合对比图 13-6～图 13-9 的变化可见，2000～2007 年始终属于核心技术领域的只有 G11+、H03 和 H03+，而 H01 和 H01+则由非核心领域逐渐成长为核心领域。另外，G11+同 G05、H04、G09 等多个子领域在四个时期内始终存在较高程度的关联性，说明关联性较为稳定。同样，H03 同 H01、H03+、G11+、G05，以及 H03+同 H04、G08 等子领域的关联性也很稳定。可见，核心技术领域同其他领域间的联系是较为稳定的。此外，总结这几幅关联图可知，ICT 领域内部技术间的关联程度呈先下降后上升的“U”形趋势变化。

技术关联性研究是前述技术发展趋势研究的很好补充，可以发现相关技术，包含新兴技术的发展是发散—收敛—再发散的途径，与技术创新的发展规律更有细部的支持。

13.3.6　ICT 领域新兴技术分析结论

ICT 技术极大地影响着人们的工作与生活，对 ICT 技术本身的特征及其演化进行研究有着重要的意义。

本章综合分析了有关应用大数据分析，特别是数据挖掘技术分析专利文献信息的相关研究，给出了重要的研究思想和相应的研究分析方法，包括构建数据挖掘技术分析专利文献的框架型问题和相应的解决方案。

本章的实例选取中国 2000～2007 年 ICT 领域的授权发明专利作为研究对象，根据 OECD 的 ISI-OST INPI 分类方法，按照专利分类号将 ICT 领域专利分成了 18 个子领域。同时，应用文本挖掘软件对专利的中文摘要文本进行分析，记录 18 个子领域中每个关键词出现的频次，并用手工筛选方法挑选出技术特征关键词，之后用子领域中技术特征关键词出现的频次构成关键词向量和相应的关键词矩阵，通过主成分分析，提取关键词矩阵的第一和第二主成分绘制出二维专利地图。

在上述分析基础上，通过对比不同时期专利地图的动态变动趋势，这一实例研究得出了重要的研究发现。

(1) ICT 领域内子领域间技术差异程度呈现先发散后收敛的发展趋势，表现出本书聚焦技术领域的发展规律，即呈现特定技术领域的途径演化和时段演化的发展，可以更为清晰地界定当前时段的新兴技术和成熟技术。

(2) 在现有技术发展状态空间基础上，通过对比专利地图演化发展趋势，可以发现相应的空白技术领域，据此可以对相关领域进行评价，识别出未来具有发展潜力和可能市场价值的专利领域，而对此类空白领域进一步解释和分析，可以定义两类发展方向：①蕴含潜在技术研发投资空间的领域；②技术误差领域，比如基本遵循专利诉讼类型的市场发展的技术领域。

(3) 与上述重点技术领域的分析相对应，分析还发现了当前发展潜力相对较小、商业潜力价值较低的领域；通过对其周边子领域的技术特征进行比对分析，确认这些相关领域(也包括空白领域)多属于应用型研究领域，且偏向于基础信息技术在生产实践中的多元化应用。据此分析，这类基础信息技术的应用也可能成为未来我国 ICT 领域发展技术方向，甚至某些领域也有成为主流技术领域的机会。

(4) 本书还通过应用社会网络分析方法，结合文本挖掘技术对中国 2000～2007 年 ICT 领域发明专利技术的关联水平及其动态演变进行分析。其结果显示，中国 ICT 领域内部技术间的关联程度呈先下降后上升的“U”形变化趋势，ICT 领域内部技术间的知识具有较强的交叉性和较高的关联度。2000～2007 年始终处于核心技术领域的子领域为静态存储装置(G11+)和基本电子电路(H03、H03+)，这三个子领域同其他多个子领域保持着密切且稳定的联系。尽管数据存储和电子电路技术在 ICT 领域属于较成熟的技术，但从文中分析可以看出，它们同其他子领域的联系最为密切，在 ICT 领域中发挥着极为重要的纽带作用。另外需要关注逐渐成长为核心领域的半导体技术(H01、H01+)，该领域在 ICT 领域中的作用日益凸显。

13.4 本章结论

可以说，有关新兴技术的大数据分析是专利技术资源管理的重要方面，但其关键是找到适宜的分析逻辑，配置以适宜的分析方法，并根据我国专利技术的发展实际，来确定其中可能蕴含的新兴技术。

本章给出了有关新兴技术分析过程中的大数据分析方法的一类应用过程，其中包含了相应的分析框架设计，作为应用大数据分析专利技术信息的一种参考。

但值得指出的是，由于技术创新的 S 曲线规律，也由于追逐专利权的两类基本行为（生产技术导向的技术创新行为和法律诉讼获益导向的专利权行为），以及多种多样的专利战略发展需要，在海量的专利信息中分析可能浮现出的新兴技术发展痕迹是一个去粗取精、去伪存真的精细过程，需要研究者发挥专业知识和丰富的专利权竞争经验，动用多种聪明才智去组合实现不同类型的新兴技术识别任务，这一过程既是一个所谓数据分析密集型（如多种数据挖掘技巧）研究过程，也是一个纵深理解特定领域技术创新的发展规律的过程。其中，专利权扮演着重要的角色。

本章针对 ICT 技术领域的研究结果也具有较好的政策含义：首先，ICT 领域属于科技含量高，知识交流频繁，技术交叉性强的技术领域，部分研发甚至融合了机械、化学、生物、新材料等多个学科。因此，现代 ICT 领域的研发任务往往不能靠单学科研发团队完成，需具有跨学科人员组成的研发团队才能胜任。其次，ICT 领域的企业和研究机构在进行技术研发时一般都会用到静态存储装置（G11+）和基本电子电路领域的技术内核。因此，政府在进行 ICT 产业宏观研发战略布局时，应当将研发资源适当向核心技术领域倾斜，加大研发力度，努力掌握技术原理，并不断完善核心技术，以扭转 ICT 领域靠引进核心技术发展的现状，降低对国外技术的依赖程度。

第十四章　成组(群)专利质量观测和比较

导言：

成组(专利)的质量观测是专利技术分析的重要部分，从相互竞争或合作的权利人角度看，所谓群专利应当是一种专利组合，具有重要的组织战略意义；而从第三方角度考察特定群体的专利，则是一种与技术复杂性相关的群专利质量分析问题。而针对群专利的质量分析技术或方法也是分析组合专利质量的重要基础。因此，运用相关的观测方法来实现这样的群组形式的专利分析比较，应当是从事专利信息研究的学者和专业人员重要的基本功。本章收集了作者团队与此相关的一些研究，也是一种专利质量分析的尝试。其中，特别运用专利技术宽度与专利技术深度的测度技术，是否可以在一定程度上区分不同专利群的质量差异，也有待客观实践来验证，不过本身也还是可以作为相关研究工作的参考。

14.1　群专利的质量分析——专利技术复杂度的分析视角

有关群专利的质量分析，涉及专利技术复杂特性基础上的评价与分析。其复杂性反映在两个方面：①专利权人的组织复杂性，②专利技术本身涉及的广度与深度意义上的复杂性。

有关专利权人的复杂性，可以从近年来相关研究文献的研究主题趋势上反映。近年来关于技术创新方面的文献日益注重产业与企业层面的技术特征及其技术创新活动(Nesta 、Saviotti，2004)对产业及企业组织结构(Orsenigo et al.，2000；Dosi、Hobday，1999；Prencipe，2000；Brusoni、Prencipe，2000；Ozman，2005；Cowan　et al.，2003)的影响。该领域里的研究认为，某些产业中的产品及其生产过程变得越来越复杂，并且越来越集中于特定的市场部门，因而对产业及企业组织结构的有效选择具有显著影响。例如，关于复杂产品系统的文献着重强调了复杂产品和组织结构之间的协调性。此外，与此相关的其他研究领域还关注于公司和行业的技术特征，并对技术边界和产品边界进行了区分(Brusoni 、Prencipe，2000；Brusoni et al.，2001)。Nesta 和 Saviotti (2004) 对医药类企业技术的多样性及其连贯性进行了分析，并发现两者对企业的技术创新皆具有正向作用。值得注意的是，这些学者及其相关文献有相当一些是以专利技术为研究对象的。可以说，大多这样的组织复杂性关系到不同组织间的合作与边界问题，本身表现出一种倾向，即技术创新活动的开放性和合作包容性，以及与此相关的适度封闭特征和竞争性。

而对专利技术本身的复杂性，则有众多学者倾向于从专利技术的深度和广度着眼来考察和分析。例如，较为常见的此类研究框架一直注重技术领域之间的组成关系及其彼此之间的依赖关系(如 Simon，1969；Zander、Kogut，1995；Kauffman，1993)。Wang 和

Tunzelmann (2000) 曾将技术的复杂性用两个维度来定义，即技术的宽度和深度，其中技术深度指“在剖析目标客体某一方面的逻辑原理时存在的认知方面困难的程度”，而技术宽度则是指“目标客体所涉及的技术领域范围”。技术的宽度与深度从两个相关程度较低的角度出发描述技术复杂度特征，因此复杂度中一个维度的变化并不一定会导致另一个维度的变化。

技术的深度指标容易理解，但在实践上，技术深度的研究往往需要借助于特定技术领域的专家知识来把握特定技术瓶颈的理解和相应的技术发展阶段特点，基本上是通过技术瓶颈级别和阶段特征来把握技术创新的质量的。

与此相对应，从专利技术的角度来考察，技术创新所涉及的技术领域宽度则表现了创新活动本身的前瞻性和相关质量，特别是考虑到不同类技术往往以交叉和重叠方式孕育新兴技术的发展规律，因此技术宽度是重要的研究主题，在专利信息的利用上，尤其体现在所谓专利宽度的研究工作上。

有关专利宽度的研究大致可分为两个角度：①从制度设计者的角度，观测和分析专利宽度带来的社会福利(创新活动的垄断和竞争之间的平衡)，更多是从经济学领域分析专利宽度，突出了兼顾路径开拓型(突破式)创新性质的专利与路径跟随型(渐进式)创新的制度意义；②从专利所有权人的角度，观测和分析专利宽度的竞争意义。显然，这些研究思想和研究方法，尤其是后者对理解专利质量会有更为重要的理论研究参考意义。

在制度方面，专利宽度表现专利的保护范围。一般而言，对于小微创新活动，特别是那些路径开拓类型的创新或重大发明，通常具有高风险、高增长潜力以及市场不完善等特点，理论上说应以长期限、窄范围的专利保护为优；与此相对，对于那些大企业主导的渐进式创新活动(通常具有较高的行业垄断性、较低的模仿成本、较低的市场风险，也被诺德豪斯称为一般性发明)则应以短期限、宽范围专利保护为优，这些原则不但可以用来分析不同类型创新主体的创新活动质量，而且也可以反映专利制度发展可能存在的改进空间。我国学者也对专利宽度的制度内涵和专利权运行内涵作了理论研究，包括骆品亮、郑绍濂(1997)，他们认为这一概念表现未侵权条件下的创新活动深化的最小区间；寇宗来(2004)则将专利保护宽度看作是创新竞赛者之间的知识控制比率(也可以反映为技术许可的空间比率)。

在专利权人所代表的专利质量研究方面，Klemperer (1990)、Gilbert 和 Shapiro(1990)等的研究工作最早分析了专利宽度与发明人(权利人)收益之间的关联关系。Gilbert 和 Shapiro(1990)认为，专利宽度实际上标识了专利持有者在专利有效期间所能得到的流动利润率，因而强调了在既定专利保护范围条件下，专利持有者对专利垄断权的利润空间，因此这一指标具有定价能力，也就在一定程度上表现了专利质量本身。Denicolo(1996)则从衡量技术知识散播程度(degree of dissemination of technological knowledge)角度考察基于专利宽度的技术竞争模式，定义技术知识水平高低含义；Donoghue 等(1998)还将专利宽度分为领先性宽度(leading breadth)和延迟性宽度(lagging breadth)来表现专利技术的质量高低。近年来，有关专利宽度研究仍有发展，且更多反映专利权人的竞争战略，例如 Elena Novelli(2015)的研究突出了专利信息所表现的两类宽度内涵：①围绕发明专利核心思想的变异空间，是以专利文书中的权利项来表现的；②这些变异(或可能的差别化边界)在现实发明空间上的定位，实际上可以认为是这些变异的重要性预期，是由专利局专利审查员所核准的该发明的技术类别和权利项来表现的。显然，这类研究对本课题考察小微创新群的专利质量和新兴技术关联都有重要地方参考意义。作者团队一直开展有关专利宽度的研究工作(许珂、陈向东，2010)，有一定积累，结合最新的国际国内研究思想和方法，围绕专利质量测度主题应会有较好的研究产出。

在具体专利信息的应用方面，Müge Özman (2007) 通过使用专利数据，从 Wang 和 Tunzelmann (2000)的二维技术质量概念出发，从专利的分类号入手提出了一种测度专利技术复杂度的实际方法。专利一般含有一个主分类号和若干个副分类号，Müge Özman (2007)根据专利的主分类号判断专利所属的技术领域，根据专利的副分类号判断其涉及的全部技术领域。根据 OECD(Organization for Economic Co-operation and Development)的 ISI-OST INPI 分类方法，按照分类号可以将全部专利分成三十个子领域和六个母领域，各领域名称及其包含的分类号如附表 14-1 所示。Özman (2007) 计算了欧洲专利局(EPO)1978～2000 年各领域中专利的数量。

14.2　专利技术的宽度与深度测度

14.2.1　数据基础：专利分类号结构

根据 Özman 从专利分类号入手计算专利的宽度和深度的思路，以及以此为契机判断和分析技术复杂度的研究思想，在实现此类专利技术宽度和深度的测度之前，有必要对专利分类号(IPC)的结构进行具体分析。

毫无疑问，专利分类号可以用来对专利所处技术领域进行逐层细分。由专利分类号的首位所确定的大类为第一层结构，这一层专利类别可分为八类，分别用字母 A～H 表示，由于此层级过于笼统，基本没有技术领域的分析意义；而专利分类号的前三位所确定的类别可以作为专利领域的第二层结构，这一结构行业信息丰富，可以作为研究技术领域的具体参照体系；由专利分类号的前四位所确定的类别可以作为第三层结构，这一结构层已经触及非常具体的产业乃至产品大类，可以作为较为精细的专利技术领域的研究参考；而由专利分类号前六位构成的类别组为第四层结构，例如某项专利的分类号为 A21B01/06，A 表示该专利所属的大类为“人类生活必须(农、轻、医)”；A21 表示该专利所属的类为“焙烤”；A21B 表示该专利所属的次类为“食品烤炉；焙烤用机械或设备”；A21B01 和 A21B01/06 分别表示专利所属的组和次组，它们对应着“使用射线加热的焙烤设备”。

14.2.2　专利技术宽度

Müge Özman (2007)使用专利的副分类号所涵盖的技术领域来衡量专利宽度。可以直接用专利所涉及的技术领域个数来衡量其包含的技术知识的宽度，但 Müge Özman (2007)认为还需要考虑不同技术领域之间的相关性。例如，医药领域(pharmaceuticals，cosmetics)同生物技术领域(biotechnology)的相关性要远高于医药领域(pharmaceuticals，cosmetics)同电信领域(telecommunications)的相关性。这时在计算医药领域中专利的宽度时，恰当的做法是赋予电信领域较生物技术领域更高的权重。Breschi 等(2003)给出了 30 个技术领域之间的相关系数，基于这些相关系数，Müge Özman（2007)给出了技术领域 j 中专利 i 的加权宽度公式：

$$b_{ij} = \sum_{k \in I} x_i(k)(1 - R_{jk}) \tag{14.1}$$

其中，R_{jk} 是技术领域 j 和 k 之间的相关系数，其取值可参考 Breschi 等(2003)。

14.2.3　专利技术深度

专利的深度指的是一项专利涉及其所属领域的技术深度，其测度并不像专利宽度那么直接。一项专利可以同时具有较高水平的宽度和深度。例如，它涉及了多个技术领域，且在每个技术领域中都涉及了相当数量的子技术领域。

一种直接计算专利深度的方法是计算分布在其所属技术领域(以主分类号判断其所属领域)的副分类号的个数。用 k_{im} 表示专利 i 的第 m 个副分类号，并设专利 i 共有 M 个副分类号。当分类号 k_{im} 属于 j 领域时，设 $x_j(k_{im}) = 1$，否则 $x_j(k_{im}) = 0$。这时专利 i 在其所属领域 j 的技术深度为

$$d_{ij} = \sum_{m=1}^{M} x_j(k_{im})$$

本章附表 14-1 中三十个技术领域的划分几乎全部是基于前四位分类号间的差别进行的划分，而专利的分类号一般为七位或八位，因此 d_{ij} 只能够粗略地给出专利在其所属领域的技术深度。若要更为细致地考虑专利的技术深度，需要进一步发掘其分类号中所包含的信息。

在其所属领域中，专利所涉及的可能是相距较远的两个或多个子领域，也可能是完全相同的一个子领域。为了说明这点，先考虑两个例子。若一项专利中包含两个副分类号 A01N57/12 和 A01N25/18，这意味着它的技术原理涉及了两个差异较大的子领域；另一方面，若一项专利中包含两个分类号 A01N57/09 和 A01N57/12，则意味着其技术原理仅涉及了一个子领域 A01N57。基于这种考虑，在计算专利在其所属技术领域的深度时，应当考虑其在各细分领域的技术深度。Özman(2007)使用前六位分类号划分细分技术领域，并据此构建了专利深度权重指数。其计算步骤是：首先从专利的副分类号中提取出属于专利所属领域的副分类号，然后将其中前六位相同的副分类号归为一组，并计算每一组在所有副分类号中所占的比重。用 a_{is} 表示细分领域 s(以前六位分类号划分)在专利 i 的副分类号中所占比例，I_i 表示专利 i 在其所属领域中所涉及的细分领域组成的集合。为了计算权重，Müge Özman（2007)引入了 Blau 指数：

$$w_{ij} = 1 - \sum_{k \in I_i} a_{is}^2$$

较高的 Blau 指数意味着专利以相似比例使用其涉及的细分领域的知识，较低的 Blau 指数意味着相较于其他细分领域，专利更为紧密地使用了某个细分领域的知识。因此，较低的 Blau 指数值对应着较高的知识单一化程度（Özman，2007)。

在测度技术领域 j 中的专利 i 在该技术领域的深度时，Özman（2007)以 $1 - w_{ij}$ 为权重，

将专利 i 在其所属领域 j 的技术深度表达为

$$D_{ij} = d_{ij}\left(1 - w_{ij}\right) \tag{14.2}$$

14.3　中国市场专利数据的技术复杂度——与欧洲专利技术复杂度对比

14.3.1　中国与欧洲专利技术宽度与深度差异分析

中国专利数据库中包含了所有在国家专利局(SIPO)自 1985～2009 年登记的约 160 万条发明专利。为了与 Özman(2007)的研究结果进行对比，本章选取专利数据时在时间上尽量与 Özman 选取数据相一致，即选取 1985～2000 年登记的约 36 万条发明专利作为研究对象，其中包含两个或两个以上分类号的专利有约 19 万条。而 Özman (2007) 在计算时使用的是欧洲专利数据库 1978～2000 年共计约有 67 万条包含两个以上分类号的专利。如图 14-1 和图 14-2 所示，为了与 EPO 中专利数据进行对比，本书则采集数据计算了中国专

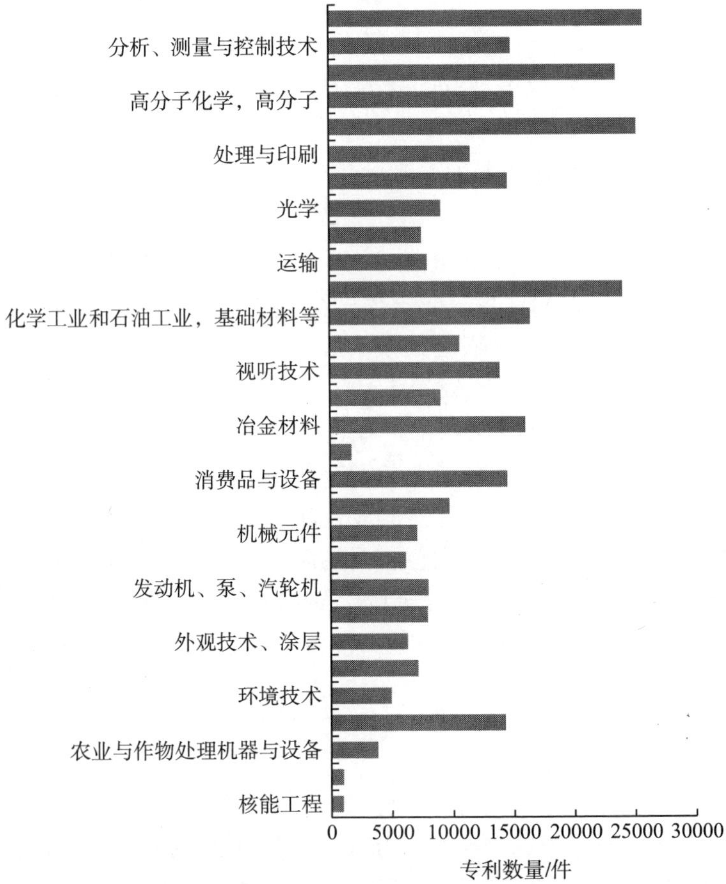

图 14-1　中国专利数据库中各领域专利数量(1985～2000 年)

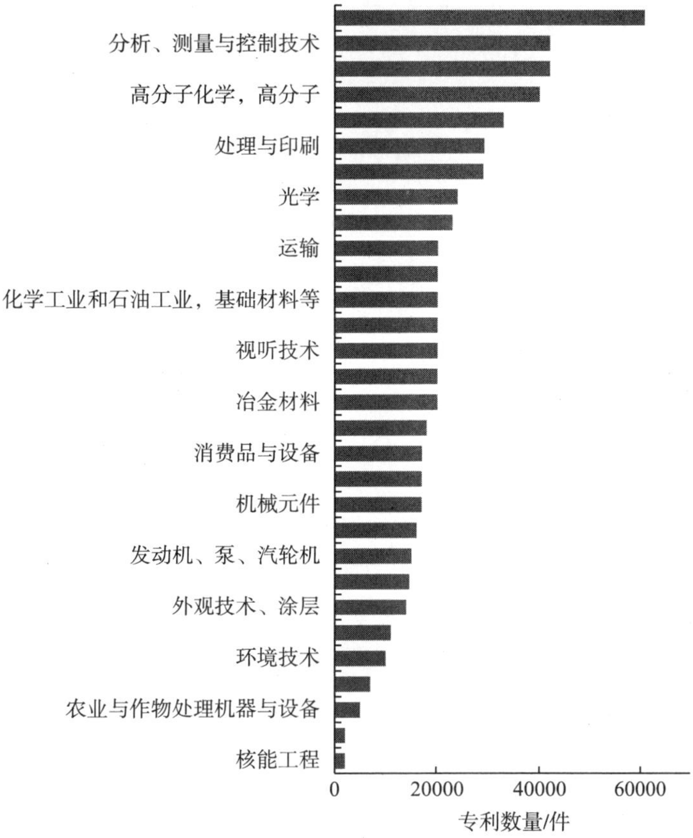

图 14-2　欧洲专利数据库中各领域专利数量(1978～2000 年)

资料来源：Ozman(2007)

利局(SIPO) 1985～2000 年相应领域发明专利的数量。可以看出，中国和欧洲相应领域专利所占比例接近。如两个数据库中专利所占比例最高的均为电信(telecommunication)、有机化学(organic fine chemistry)、电子机械及设备、电能(electrical machinery and apparatus，electrical energy)领域的专利。但明显不同的是中国专利数据中电信领域的专利所占比例最高，欧洲专利数据库中有机化学领域的专利所占比例最高。

应用研究公式(14.1)和式(14.2)，本章汇总计算了中国专利数据中包含两个以上分类号的每项发明专利的技术宽度和深度，并计算了 30 个领域中专利的平均技术宽度和深度，各技术领域分布如图 14-3 所示，图中每个数字对应一个技术领域，如附表 14-1 所示。对比图 14-3 和图 14-4 可以发现，欧洲各专利技术领域的分布要比中国更为集中，即欧洲各技术领域间的宽度和深度差异要小于中国。

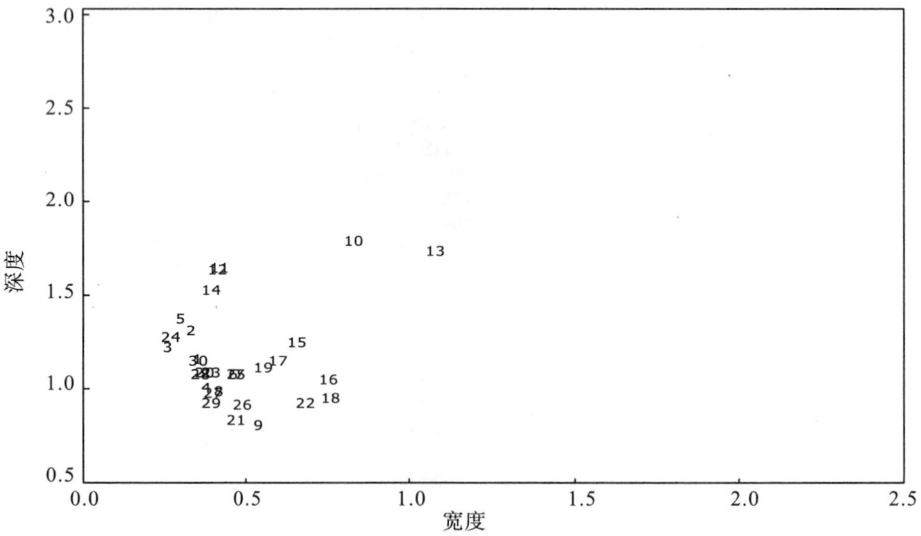

图 14-3　使用中国专利数据计算的 30 个技术领域的平均宽度与深度

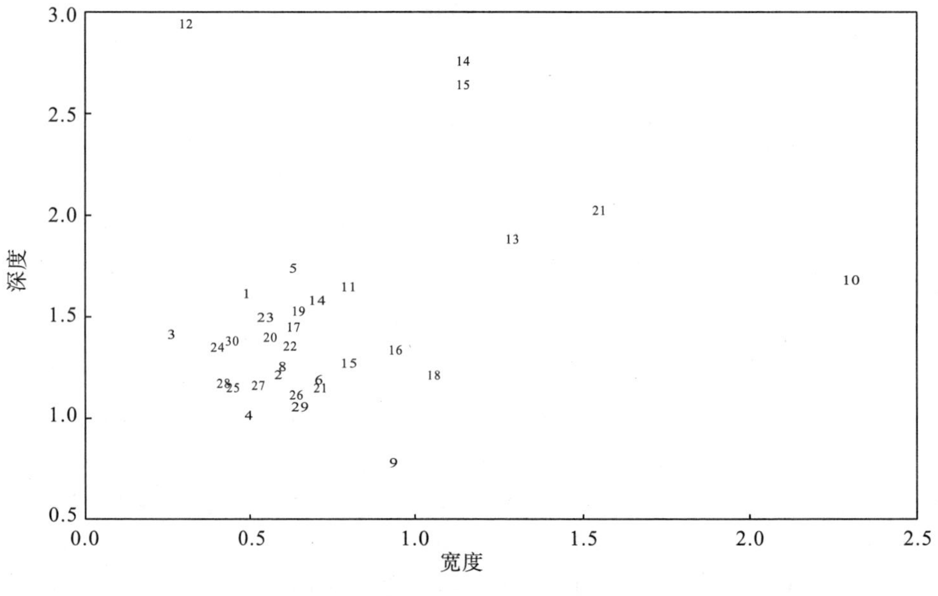

图 14-4　使用欧洲专利数据计算的 30 个技术领域的平均宽度与深度

从图 14-3、图 14-4 中可以看出，中国专利数据反映的技术宽度和技术深度与欧专局的数据相比有一致性，例如除大部分技术领域有相似的位置之外，领域 13(生物技术)和 10(有机精细化学)都相对更宽，但中国专利数据表现更为突出，表现在技术领域 10 向更宽的方向延展，而技术领域 12(制药、化妆品)的位置要比欧专局数据的技术深度指向更高的方向。只是两者技术领域 13 的位置相似。

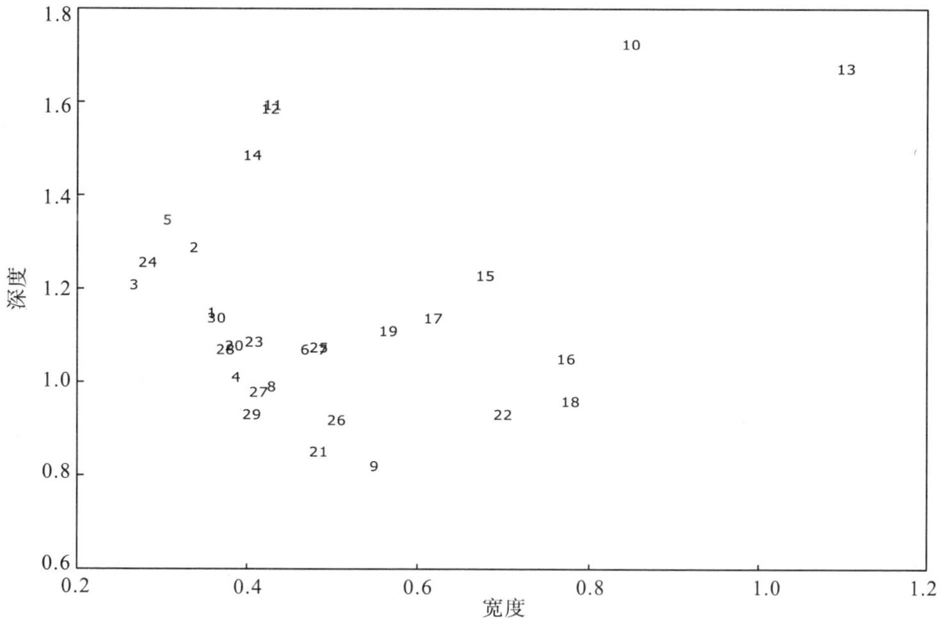

图 14-5 图 14-4 放大后的效果

注：以上数据都源自 Ozman (2007)。

如将图 14-4 放大成为图 14-5，可便于看清专利技术领域的具体分布。对比图 14-3 和图 14-5，两个图中的技术领域 10、11、12、13、14 均位于纵坐标较高的位置，说明这几个领域内专利的平均技术深度处于较高水平；两个图中的技术领域 10、13、15、16、18 均位于横坐标较高的位置，说明这几个领域内专利的平均宽度处于较高水平；综合技术宽度和深度的特征可以看出，复杂度最高的技术领域为 10 和 13。技术领域 3、4、9、18 在图 14-3 和图 14-5 中的相对位置也非常接近。计算可知，30 个领域在中国和欧洲的技术宽度相关系数为 0.730，技术深度相关系数为 0.735，皆为高度正相关，且皆在 0.01 水平下显著。由此可以看出各技术领域的复杂度在不同地区间所表现出来的趋同特性。

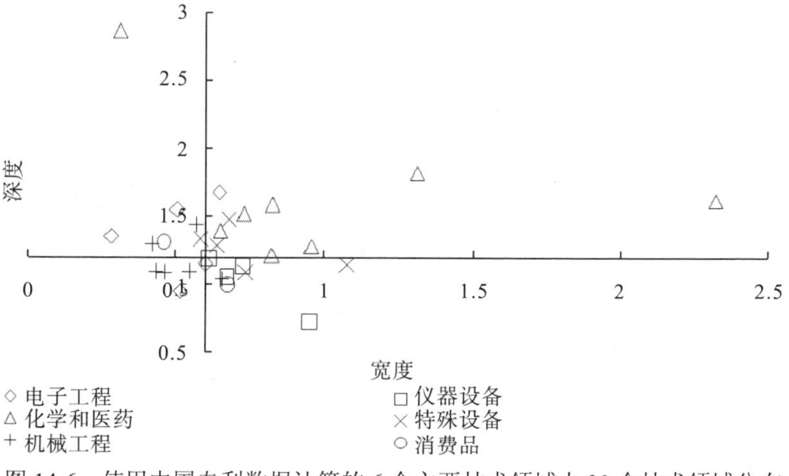

图 14-6 使用中国专利数据计算的 6 个主要技术领域内 30 个技术领域分布

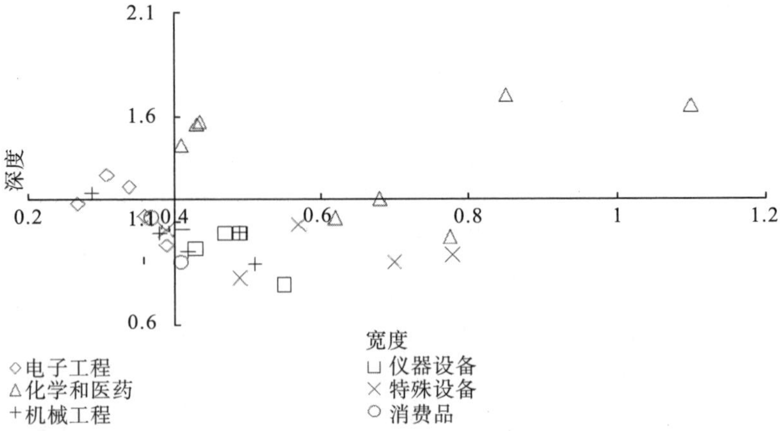

图 14-7 使用欧洲专利数据计算的 6 个主要技术领域内 30 个技术领域的分布

为了从更宏观的角度查看主要技术领域在中国和欧洲专利数据中表现出来的共性，本章提供图 14-6 和图 14-7，其中使用相同符号表示中欧相同的技术领域。这里应用了附表 14-1 中含有的 6 个主要技术领域。图 14-6 和图 14-7 显示，化学和医药领域（chemistry and pharmaceuticals）内的八个技术领域（图中的△）皆位于较高的坐标位置，说明该主要领域的专利宽度和深度皆处于较高水平，由此可以推断其技术复杂程度相对较高。电子工程领域（electrical engineering）（◇）和机械工程领域（mechanical engineering，machinery）（+）的专利宽度普遍高于工艺工程、特殊设备领域（process engineering，special equipment）（×）。另外，电子工程领域的技术深度普遍高于仪器设备领域（instruments）（□）。

由于电信技术领域的专利技术竞争十分激烈，本章特别将电信技术领域的专利信息加以计算，以便分析该领域的技术复杂水平。

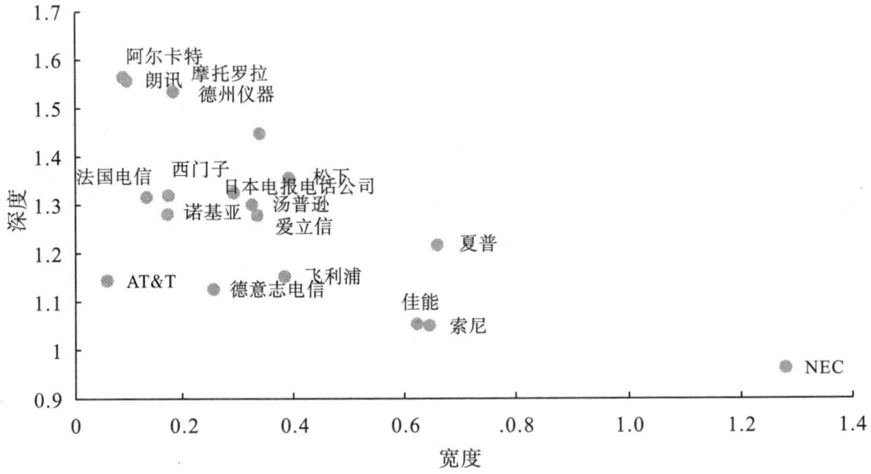

图 14-8 电信技术领域世界前 20 家跨国公司在中国市场专利技术宽度与深度对比

电信技术领域是过去 30 年间我国发展最快的工业技术领域。1985～2000 年在中国申请的专利中，电信类专利数量最多。因此，有必要对电信领域的技术复杂度进行深入剖析。

本章挑选了电信领域前 20 家跨国公司作为研究对象，给出了这 20 家公司在中国申请的电信类专利的技术复杂度分布图，如图 14-8 所示。

与 Özman (2007)给出的图 14-9 对比发现，与 30 个技术领域所表现出的技术宽度与深度的趋同性相反，20 家电信类公司在中国的技术宽度和深度与在欧洲有着较大的差异。图 14-9 中 20 家公司的分布比图 15-8 更为集聚，说明这 20 家电信公司在欧洲的技术宽度和深度相对较低，技术复杂程度也相对较低。计算可知，20 家电信类公司在中国的技术宽度与深度之间呈现强负相关关系(相关系数为-0.72)，而图 14-9 中样本公司的技术宽度与深度的相关关系则并不明显(相关系数为 0.02)。

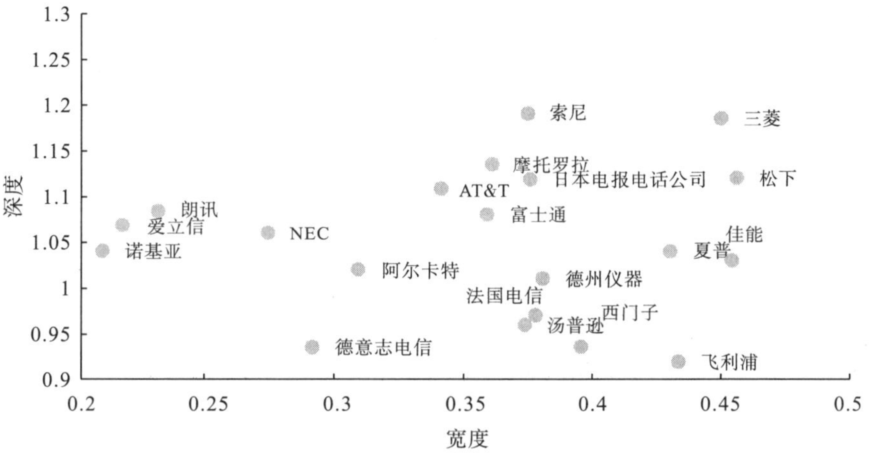

图 14-9　电信领域世界前 20 家跨国公司在欧洲的技术宽度与深度

注：资料来源于 Ozman(2007)。

为了更清楚地看清图 14-9 中企业的分布，将图 14-9 放大如图 14-10 所示。图 14-10 中 20 家企业的相对位置与图 14-8 有着相当大的差异。在中国经营的电信公司阿尔卡特(Alcatel)、朗讯(Lucent)、摩托罗拉(Motorola)和得州仪器公司(Texas Ins.)的技术深度处于最高水平，而相应的技术宽度则处于最低水平。同样在中国经营的公司 NEC、佳能(Canon)、索尼(Sony)和夏普(Sharp)则正好与阿尔卡特(Alcatel)、朗讯(Lucent)、摩托罗拉(Motorola)和得州仪器公司(Texas Ins.)相反。20 家公司中，索尼(Sony)、富士通(Mitsubishi)在欧洲的技术深度处于最高水平，富士通(Mitsubishi)、松下(Matsushita)、佳能(Canon)、夏普(Sharp)、飞利浦(Philips) 在欧洲的技术宽度处于最高水平。而诺基亚(Nokia)和朗讯(Lucent)在中国和欧洲的技术宽度皆比较低。德国电信公司(Deutsche Tel.)在中国和欧洲的技术宽度和深度皆处于较低水平。从以上分析可以看出，很少有企业在中国和欧洲的技术深度或宽度皆处于最高水平。这 20 家企业在中国和欧洲技术深度的相关系数仅为 0.1003，技术宽度的相关系数仅为 0.0857，皆呈弱正相关关系，且在 0.1 水平下皆不显著。这说明选定的 20 家电信类企业在中国的技术深度和宽度与在欧洲可能没有太多的共性存在。然而，在从公司归属地和研发规模视角进行分析后，仍能看出技术复杂度的某些共性。

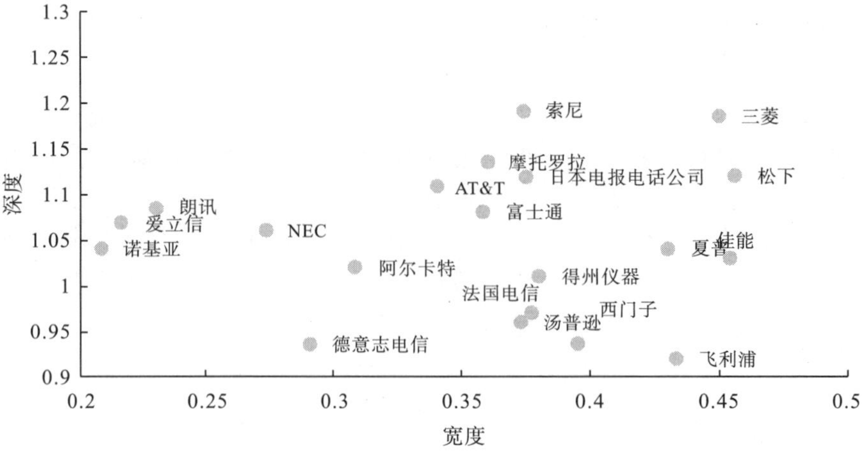

图 14-10　图 14-9 放大后的效果

14.3.2　中国与欧洲专利技术复杂度共性表现

1) 企业归属地视角

虽然对图 14-8 和图 14-9 的综合分析并没有发现显著的共性，但对两个图分别进行分析时却能发现这 20 家公司的一些归属国特征。本章将 20 家电信类企业按照总部所在国家重新作图，如图 14-11 和图 14-12 所示。图 14-11 显示，在中国经营的 20 家电信类企业中，日本电信类企业(图中的□)在中国的技术宽度普遍高于欧洲和美国电信类企业(图中的◇和△)，而在技术深度方面三个地区的企业之间则没有明显差异。而在欧洲经营这 20 家企业中，日本和美国电信类企业(图中的□和△)在欧洲的技术深度普遍高于欧洲电信类企业(图中的◇)，而在技术深度方面三者之间没有明显差异。日本企业在中国市场中技术宽度占优，而在欧洲市场中技术深度占优。由此推断，日本电信领域的公司比美国和欧洲电信领域的公司具有更高的技术复杂度。

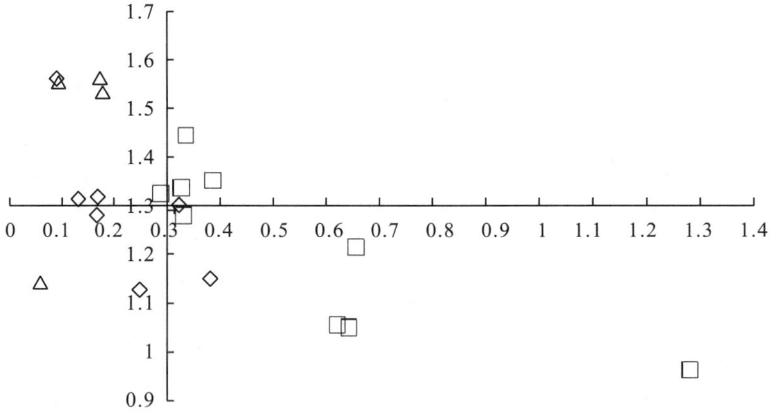

图 14-11　按总部所在地区分电信领域世界前 20 家跨国公司在中国的技术宽度与深度

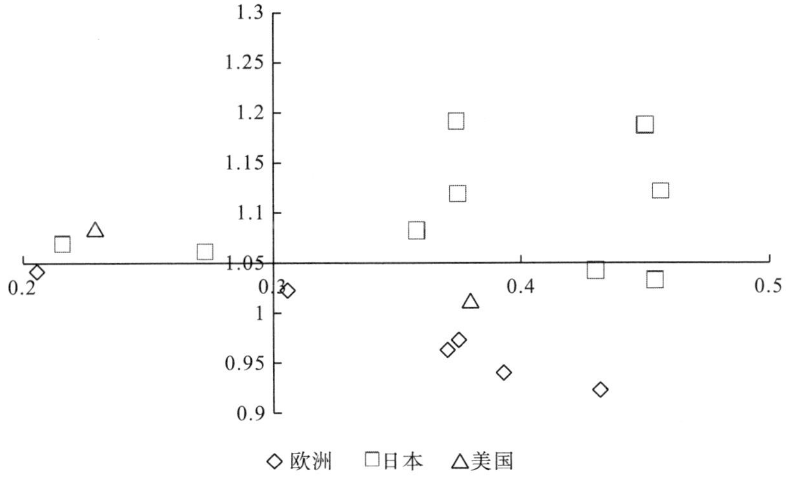

图 14-12　按总部所在地区分电信领域世界前 20 家跨国公司在欧洲的技术宽度与深度

2) 企业研发规模视角

如果使用企业以往申请的专利数量表示企业研发规模，则也可发现一定的趋同特征。这种做法是基于一个较为合理的假设：即拥有较大研发规模的企业会申请较多数量的专利，尤其对具有非保密性质的商业企业来说，该假设更具有其合理性。本章根据这样的合理推理做了这 20 家电信企业的技术宽度-深度-专利申请量 3D 图，如图 14-13 和图 14-14 所示。如图 14-13 显示，在所有样本公司中，松下(Matsushita)在中国的专利申请量最多，其他企业较松下均有相当大的差距。而在欧洲，专利申请量较多的企业之间的研发规模差距则并不十分明显。

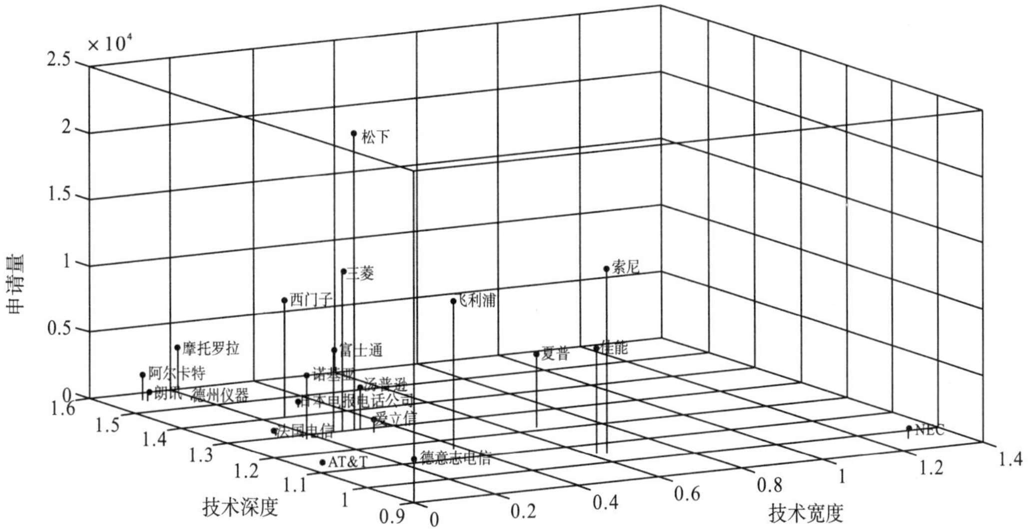

图 14-13　在中国经营的 20 家公司的技术宽度-深度-研发规模 3D 图形

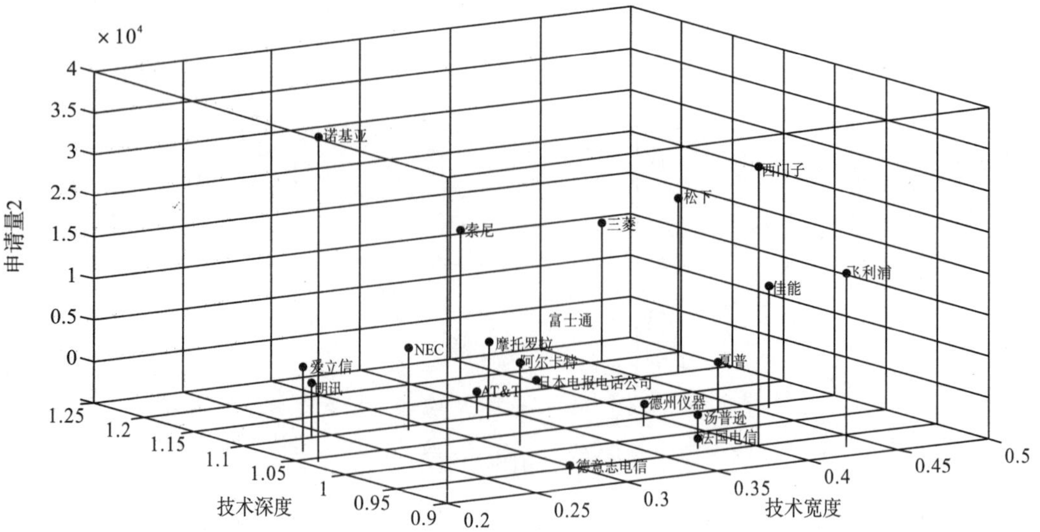

图 14-14　在欧洲经营的 20 家公司的技术宽度-深度-研发规模 3D 图形

将图 14-13 和图 14-14 进行对比，相关样本公司仍有相当聚焦就近市场的地理偏好，如这些样本公司中在欧洲市场上，仍旧是欧洲公司较为突出，如西门子、诺基亚、飞利浦等欧洲基地的跨国公司，而日本跨国公司主要在我国市场的表现突出。

为从研发规模视角找到样本公司技术复杂度方面的共性，本章再做如下三个相对宽松的假设。①假设 I：技术宽度(深度)指数值在 20 家企业中处于前 10 位的企业拥有相对较高的技术宽度(深度)，或称其具有技术宽度(深度)双重优势；②假设 II：技术宽度和深度指数值在 20 家企业中皆处于前 10 位的企业拥有相对较高的技术复杂度，或称其具有技术复杂度优势；③假设 III：专利申请量在 20 家企业中处于前 10 位的企业拥有相对较大的研发规模。

表 14-1 给出了拥有相对较大研发规模的企业，并标注了其中技术宽度、深度及其技术复杂度相对较高的企业。在表 14-1 的 10 家企业中，除 Nokia 公司以外的 9 家企业的技术宽度或深度相对都较高。这也预示着企业的研发规模与技术复杂度之间可能存在正相关关系。为了验证该结论，本章对数据进行分析。在中国经营的这 20 家企业中，Matsushita 公司、Mitsubishi 公司和 Nippon 公司的技术复杂度相对较高。而如表 14-1 所示，这三家公司中两家公司(Matsushita 公司、Mitsubishi 公司)在中国拥有相对较大的研发规模；在欧洲，Matsushita 公司、Mitsubishi 公司、Nippon 公司和 Sony 公司的技术复杂度相对较高。如表 14-1 所示，这四家公司中三家公司(Matsushita 公司、Mitsubishi 公司、Sony 公司)在欧洲拥有相对较大的研发规模。只有 Nippon 公司在拥有相对较大研发规模的情况下不具有技术复杂度的优势。

相反，Deutsche 公司、Nokia 公司和 AT&T 公司在中国既不具有技术宽度优势也不具有技术深度优势；在欧洲，不具有任何技术宽度和深度优势的企业是 Thomson 公司、Alcatel 公司、Deutsche 公司和 Nokia 公司。在上述 5 家公司中，只有 Nokia 公司拥有相对较大的研发规模。

从上述简单的数据比较看，本章所关注的 20 家样本公司存在一定程度的技术复杂度与研发规模之间的正向关系。这类关系也可从图 14-13 和图 14-14 中看出，拥有相对较大研发规模的企业(用蓝色标注)在宽度-深度平面图上处于相对靠外的位置，说明这些企业一般具有相对较高的技术复杂度；而拥有相对较小研发规模的企业(用红色标注)在宽度-深度平面图上处于相对靠内的位置。

表 14-1 专利申请量处于前 10 位的跨国企业

排序	中国市场	欧洲市场
1	**Matsushita***	Nokia
2	Sony	Siemens
3	**Mitsubishi***	**Matsushita***
4	Philips	Philips
5	Siemens*	**Sony***
6	Canon	**Mitsubishi***
7	Fujitus*	Canon
8	Sharp	Fujitus*
9	Nokia	Nec*
10	Motorola*	Ericsson*

注：斜体企业拥有较高的技术宽度；*企业拥有较高的技术深度；下划线及加粗企业拥有较高的技术复杂度。

14.4 本章结论

技术复杂度的测度是当前技术创新领域比较新的研究课题。使用 Müge Özman 提出的专利技术的宽度和深度的测度方法，本章计算了按照 OECD 的 ISI-OST INPI 分类方法划分的三十个技术领域的复杂度，并与 Müge Özman 关于欧洲技术领域的复杂度研究进行了对比，从中发现了各技术领域在两个地区所表现出来的复杂度方面的共性。如中国和欧洲技术复杂度最高的领域均为有机化学(organic fine chemistry)和生物技术(biotechnology)。而在六个主要领域中，化学和医药领域(chemistry and pharmaceuticals)内的各技术领域的技术复杂度皆处于较高水平。

本章选取世界排名前 20 的电信类跨国公司作为研究对象，并从企业归属地和研发规模两个视角分别研究了企业的技术复杂度特征。从企业归属地角度研究表明，日本电信类企业在中国的技术宽度普遍高于欧洲和美国电信类企业，在欧洲的技术深度则普遍高于欧洲电信类企业。因此，日本电信领域的企业倾向于比美国和欧洲电信领域的企业具有更高的技术复杂度。从研发规模角度研究表明，研发规模与技术复杂度之间具有正相关关系，拥有较大研发规模的企业一般拥有较高的技术复杂度。

14.5 本章附表

附表 1 ISI-OST-INPI 技术分类表

技术领域		IPC
Ⅰ. Electrical engineering	1. Electrical machinery and apparatus, electrical energy	F21; G05F; H01B, C, F, G, H, J K, M, R, T; H02; H05B, C, F, K
	2. Audio-visual technology	G09F, G; G11B; H03F, G, J; H04N-003, -005, -009, -013, -015, -017, R, S
	3. Telecommunications	G08C; H01P, Q; H03B, C, D, H, K, L, M; H04B, H, J, K, L, M, N-001, -007, -011, Q
	4. Information technology	G06; G11C; G10L
	5. Semiconductors	H01L, B81
Ⅱ. Instruments	6. Optics	G02; G03B, C, D, F, G, H; H01S
	7. Analysis, measurement, control technology	G01B, C, D, F, G, H, J, K, L, M, N, P, R, S, V, W; G04; G05B, D; G07; G08B, G; G09B, C, D; G12
	8. Medical technology	A61B, C, D, F, G, H, J, L, M, N
	9. Nuclear engineering	G01T; G21; H05G, H
Ⅲ. Chemistry, pharmaceuticals	10. Organic fine chemistry	C07C, D, F, H, J, K
	11. Macromolecular chemistry, polymers	C08B, F, G, H, K, L; C09D, J
	12. Pharmaceuticals, cosmetics	A61K, A61P
	13. Biotechnology	C07G; C12M, N, P, Q, R, S
	14. Agriculture, food chemistry	A01H; A21D; A23B, C, D, F, G, J, K, L; C12C, F, G, H, J; C13D, F, J, K
	15. Chemical and petrol industry, basic materials chemistry	A01N; C05; C07B; C08C; C09B, C, F, G, H, K; C10B, C, F, G, H, J, K, L, M, N; C11B, C, D
	16. Surface technology, coating	B05C, D; B32; C23; C25; C30
	17. Materials, metallurgy	C01; C03C; C04; C21; C22; B22, B82
Ⅳ. Process engineering, special equipment	18. Chemical engineering	B01B, D (without -046 to -053), F, J, L; B02C; B03; B04; B05B; B06; B07; B08; F25J; F26
	19. Materials processing, textiles, paper	A41H; A43D; A46D; B28; B29; B31; C03B; C08J; C14; D01; D02; D03; D04B, C, G, H; D05; D06B, C, G, H, J, L, M, P, Q; D21
	20. Handling, printing	B25J; B41; B65B, C, D, F, G, H; B66; B67
	21. Agricultural and food processing, machinery and apparatus	A01B, C, D, F, G, J, K, L, M; A21B, C; A22; A23N, P; B02B; C12L; C13C, G, H
	22. Environmental technology	A62D; B01D-046 to -053; B09; C02; F01N; F23G, J
Ⅴ. Mechanical engineering, machinery	23. Machine tools	B21; B23; B24; B26D, F; B27; B30
	24. Engines, pumps, turbines	F01B, C, D, K, L, M, P; F02; F03; F04; F23R
	25. Thermal processes and apparatus	F22; F23B, C, D, H, K, L, M, N, Q; F24; F25B, C; F27; F28
	26. Mechanical elements	F15; F16; F17; G05G
	27. Transport	B60; B61; B62; B63B, C, H, J; B64B, C, D, F
	28. Space technology, weapons	B63G; B64G; C06; F41; F42
Ⅵ. Consumption	29. Consumer goods and equipment	A24; A41B, C, D, F, G; A42; A43B, C; A44; A45; A46B; A47; A62B, C; A63; B25B, C, D, F, G, H; B26B; B42; B43; B44; B68; D04D; D06F, N; D07; F25D; G10B, C, D, F, G, H, K
	30. Civil engineering, building, mining	E01; E02; E03; E04; E05; E06; E21

资料来源：Ulrich Schmoch (2008)。

第十五章　合作型专利技术导向
——产学研合作专利

导言：

产学研合作是我国高新技术发展的关键一环。其中，通过专利技术的分析来发现产学研合作的热点技术问题，以及发现潜在的产学研合作机会，都是专利大数据分析的有价值的应用领域。本章收集了本书研究团队以往的相关研究工作，采集产学研合作专利数据，运用社会网络分析方法、数据挖掘技术、技术距离分析技术等方法来解读我国产学研合作领域可能涉及的专利数据，其观测框架和分析技术及其相应的部分研究结果可以供有研究兴趣的学者和学生参考。

15.1　产学研合作机制的发展：理论分析与实证研究综述

高校承担着重大的前沿科研项目，是国家科技创新基础研究的主力军，是战略性新兴产业以及高新技术科技研发与创新的主力，但高校与企业的科技合作和交流一直是一个存在争议的话题，同时高校科研成果也常面临“养在深闺人不识”的尴尬境地。从工业技术创新发展角度来看，企业是研究与开发领域经费投入的主体，是实现科研能力转化，将高新科技产业化的根本动力。但科研活动的高成本和高风险及研发成果的溢出效应使得企业单独进行研发活动的动力不足，因而无论是跨区域技术联盟、高新技术产业集群、高新企业创新，还是新兴学科、交叉学科的培育，科研团队的合作都会体现某种程度的校企合作，都是解决国家或地区高新技术创新能力的关键。

1995 年，Henry Etzkowitz 和 Loet Leydesdorff 提出产官学三螺旋创新模式(Triple Helix Algorithm)(Etzkowitz，1995；2000)理论，旨在推进以知识为基础的经济发展，大学-产业-政府三者间相互作用是改善创新条件的根本(Etzkowitz et al.，1995)。2000 年，这两位合作者的代表作《The dynamics of innovation: from National Systems and“Mode2”to a Triple Helix of university–industry–government relations》中提出大学-产业-政府三方在创新过程密切合作、相互作用，这三个机构每一方都有自己独特的功能和作用。其中的螺线代表三类机构之间的特殊联系，这些联系和纽带总会形成更高的能力来开展进一步的合作，并在这一过程中产生创新性的成果，达到共同发展的目的(Etzkowitz et al.，2000)。高校可利用其研发成果组建新公司，政府可以通过其特定的资助项目改善经营环境来支持创新企业的发展，而企业更是创新的聚焦点，实践其每一轮的创新型成果的市场化，而在这个过程中，专利技术资源就成为十分重要的标志性和推进型中间成果。

从国际上的实践形式看，产官学三螺旋创新模式有多重方式和渠道实现其科技成果转化的功能，如官产学研(Giovanni et al.，2009)、创业型大学(Rory et al.，2007)、大学驱动创业(University-run-Enterprises)(Jong Hak Eun，2006)、学术研究者创业独特优势(Henning Kroll et al.，2009)、研发悖论(R&D paradox)(Mark Lehrer et al.，2009)等，如从专利技术资源的角度看，这些形式大多与高校所拥有的专利有关。而针对校企研发合作的探讨(Craig et al.，2008)则集中于科研人员间知识的交流合作(Boardman.，2007)，知识转移与溢出的渠道(Joaquı'n M,2007)，推动科研人员参加商业活动的因素(D' Este、Patel，2005)及他们与企业建立联系的形式(R´ejean，2006)等，这些形式和相关活动大多则与高校与企业合作的专利有关。

经济合作与发展组织把产学研类型分为八大类型，即一般性研究支持(general research support)、非正式合作研究 (informal research collaboration)、契约型研究 (contract research)、知识转移与训练计划(knowledge transfer and training schemes)、参与政府资助的共同研究计划(collaborative research with government support)、研发联盟 (research consortia)、共同研究中心 (cooperative research centre)，以及其他模式(OECD，2001)。某些国家的产学研模式具有更大的示范效应。如许多研究关注美国产学研的结合模式，如Hall 等(2001)的研究表明，美国大约有 60%的研究项目为校企联合先进技术项目所资助(advanced technology program，ATP)，Caloghirou 等(2001)分析 1983～1996 年欧洲 42 个国家约 6000 家研究合作组织(research joint ventures，RJVs)，发现在 1996 年那个时候即有 67%的大学参与这一组织。Zucker 等(1998)研究了美国生物企业技术创新组织的构成，发现均有一流大学的研究人员参与技术创新项目。Harhoff(1999)研究了西德区域产业集群的形成，认为技术密集型的行业大都与大学和科研院所联系紧密。产学研合作创新过程也是参与者各方不断整合，进行知识生产、知识交流与传递、知识消化与吸收和知识转移的非线性复杂过程。D' Este 等(2008)认为化学或生物技术领域较其他领域更倾向于校企知识转移。Garnsey 和 Heffernan(2005)调查了 1979 年以来世界名校所属的 100 多个创业公司，认为牛津大学比英国和欧洲其他国家大学的创业公司的业绩都要好，但是比起查默斯和斯坦福大学创业公司的业绩还是要逊色一些。众多国外学者(Hong、Yunzhong，2001；Lee、Win Hn，2004；Rogers et al.，2001)就“产学研”合作创新模式总结出多种正式与非正式的组织形式，且对各种有效模式的运作机理进行了深入研究。

在理论分析方面，Steven 等(2005)从交易成本的角度分析，产学研技术联盟中的单方面专用性投资会造成被对方“要挟”，增加机会主义行为，提高了交易成本；而双方较为平等的专用性投资，表明双方合作的意愿和承诺，也具有解决退出障碍的措施，因此双方更容易通过谈判解决问题，并兼顾各自长远利益开展合作，从而减少交易成本。因此，平等形式的投资会减少交易成本，提高联盟绩效。实际上，这里所揭示出的专门性投资可以看作是产学研联盟形成过程各方所寻求的互补型资源。

Das 和 Bing-Sheng(2000)根据资源依附理论，结合高新技术领域研究开发的特点，把高新技术领域技术开发所需资源分为 4 类：资金、技术、信息和管理。其中，技术资源指研究与开发的知识积累、技术诀窍和专利等，而信息资源包括技术创新领域最新进展信息、技术工艺信息和产品市场信息等，这些关键资源无疑是产学研联盟最为重要的动态性资产。而成功的技术创新活动需要以上 4 种资源的有机组合，仅有一种资源则无法完成整体性的创新活动，或可能仅仅在短期内有效，不能在激烈的竞争环境中产生持续的竞争优势。

在考察高校的科研创新及转化能力的评价指标方面，可重点参考 Jong 等(2006)建立的三类大学与企业之间关系的微观理论框架(图 15-1)，并可使用定量指标将这一理论框架进行定量化。量化指标方面，通常重点参考创新活动的基础能力(包括创新投入、创新产出、成果转化和环境支持等)。

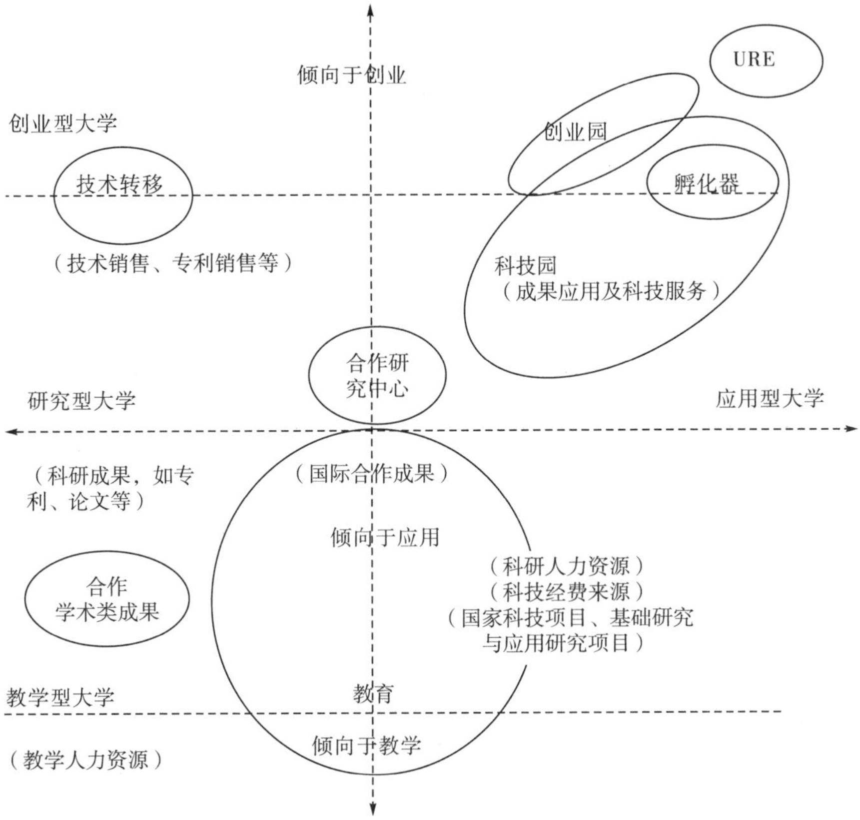

图 15-1　三种大学和企业关系的微观理论框架图

注：Jong-Hak Eun、Keun Lee、吴贵生(2006)。

值得重视的是，某些行业特别注重产学研的结合，比如制药产业。作为一个技术和知识导向的产业，医药制药业和基础科学的联系十分密切。因此，企业更倾向于和学术界保持更多的联系，以获得外部技术和知识的来源和转移，大学和一些公共研究机构的研究地位得到进一步的巩固。由于地理区域的接近能够使这种技术转移更加迅速。因此，制药产业存在显著的区域收敛的特性。例如，美国主要集中在加利福尼亚州和从马塞诸塞州到北卡罗来纳州的东北海岸这两个地区。研究认为其主要原因是因为生物制药产业的经济活动十分依赖高校的科研活动，邻近的地理位置给知识吸收和转移带来便利条件，因此倾向于在主要的大学周围形成集群(Swann、Prevezer，1996；Darby、Zucker，2001)。与此同时，McMillan 等(2000)的研究也表明，生物医学产业比其他高科技产业更加依赖公众科学，需要学术界和公共的研究机构为其提供先进的潜在的生物技术来保持自身的自主创新能力。Audretsch 和 Stephan(1999)的研究也表明，高校科研活动的溢出效应在本质上有着高度的本地化特征，这也是生物制药集群在大学周围形成集群的原因。

Carlsson(2003)认为，生物制药企业通过与大学的紧密合作，获取外部创新资源，因此生物制药产业有着高度网络化的特征。吴晓波(2005)在其研究中表明，制药企业实际上是嵌入在社会或者经济网络中，这种网络包括企业与其他组织(如供应商、顾客、竞争者或其他实体)之间横向和纵向的一系列战略关系，还包括跨产业和跨国家的合作关系，即所谓战略网络(strategic networks)，这种关系深刻地影响着制药企业的行为和绩效。Davide 等(2006)特别分析了生物制药领域创新集群形成的动因和类型，其中也反映了政策驱动集群的因素。

种种研究说明，和其他的产业相比，生物制药产业建立正式联盟的比例要高于其他产业(Arora、Gambardella，1994)。通常，大型制药企业和运用生物技术的小企业建立联盟，能保持自己的优势(Orsenigo et al.，2001)，合作和联盟能使大型企业发展一个网络关系，而且当这里出现一个二选一的可能性时，可以控制知识的选择。当然这里也有研究认为在创新系统中开展合作的是由于劳动分工的差异(McKelvey，1997)。

综合以上，产学研合作是重要的科技成果转化机制。其中，高校拥有的专利技术资源反映的是一种技术创新的初始资产，需要产学研联盟加以扶持和发现商业机会，而高校与产业界的合作专利则是反映产学研联盟的动态资产和创新能动力，也是科技成果转化的最直接显示器之一，值得对此类信息和数据进行深入研究。

15.2　我国大学及科研机构与企业合作专利申请概况

本章收集了作者研究团队早些时间对我国高校开展产学研合作的相关研究工作，其中，主要以 1985～2009 年校企联合申请的专利为数据基础。

具体合作专利数据形式，计入“*i*”={大学；学院；学校}；“*j*”={公司；企业；集团；厂}。每条专利的条目包括公开号、申请号、公开日、申请人、分类号及发明人等。采集到的合作申请专利总数为 65536 条，处理后的校企合作申请专利总数有 6028 条，占总数近 10%。其中，删除了国外校企在我国申请的研究院(所)等研究机构和公司，及公司已经撤销的专利；保留国外及港澳台大学和国内公司联合的及国内大学和国外及港澳台公司的联合专利；分公司情形则按其所在区域归类；合作学校和公司均按其所在的区域归类。

在具体数据采集过程中，应用我国最高科研机构——中国科学院的 111 个院属直系科研单位的所有名称中带“所”但不带“科研/研究”的词进行收集，如“能源所”。研究机构名称比较复杂，相对于大学来讲没有统一的名称规定，因而本书进一步在以上 3 个搜索条件之外，将中科院其余科研单位与公司合作申请的专利进行收集，如“国家纳米科学中心；公司”等。根据以上条件，收集科研机构与其他单位合作申请的专利数据总数为 4516 条，占合作申请总数近 6%。

校企联合申请与高校申请总数状况比较显示为图 15-2，图中横轴代表的是高校申请的专利总数的总数，纵轴代表的是其中高校和企业联合申请的专利总数占高校申请总数的百分比。根据图的分布规律及占比情况，将图形分为 4 大区域。

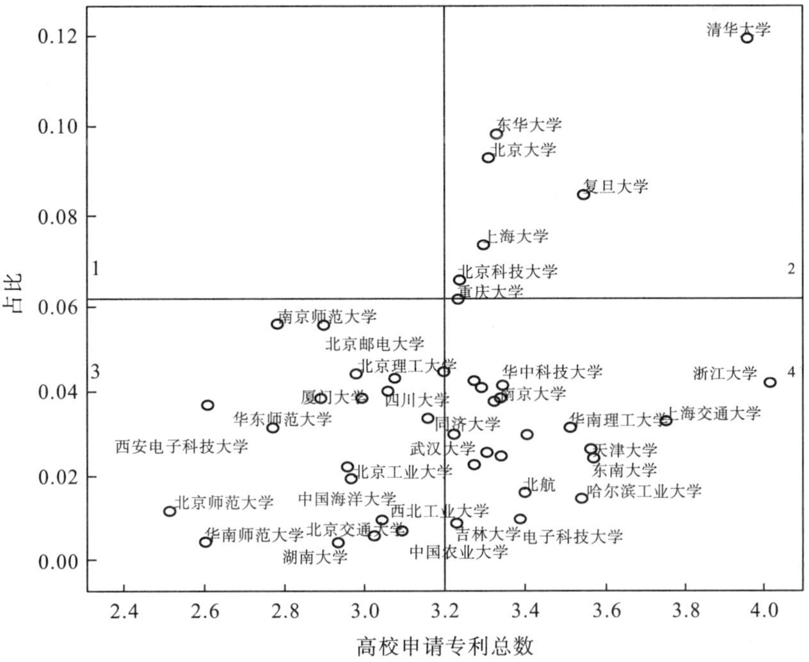

图 15-2　1985～2009 年高校和企业联合申请发明专利数占高校申请发明专利总量比

(1)区域 1 尚为空白，其含义代表高校申请专利数相对少，但高校企业联合申请占较高比例的情况，这部分数据显示空白，正好反映了高校申请发明专利数量和校企联合申请发明专利数量成正比，而不会出现高校自身专利申请少，但联合申请多的异常情况。因而，区域 1 属于异常区域。

(2)区域 2 则代表高校申请总数较多，同时与企业联合申请占比也较高的区域。图 15-2 中显示，区域 2 中的高校占样本高校总数的 15%左右。其中代表性高校为清华大学。它在我国高校申请发明专利量中第二，而企业联合申请的比例占到了绝对优势，表明其非常注重与企业的联合申请。

(3)区域 3 代表高校申请总数相对较少，联合申请占比也较少的区域。这一区域与区域 2 相对应，属于另一个端点，表现相关高校对各类专利的申请相对淡漠，也是传统高校的一种表现。

(4)区域 4 代表高校申请总数相对多，但校企联合申请占比较少的区域。这一区域有其典型性，与区域 3 有类似处，即这类高校除教学之外，一般以单纯的科研为主要聚焦点，但注重申请专利本身，还代表了这类高等院校对于有市场潜力的新技术和新工艺的关注，只是相比之下，与企业直接开展合作科研活动的水平与自身工程型科研活动相比较低。代表性高校为浙江大学，在我国高校申请发明专利量中第一，由于其自身专利数量较高，相比之下，与企业合作申请不突出。

总体来看，这里引入的我国 45 所高校样本大部分分布在区域 3 和 4，这些校企联合占高校申请比例不超过 6%，大部分高校均为独自申请。

15.3 我国校企联合申请的三阶段演化

再以校企联合专利的发展时段来看，其间有经济发展的脉络，更有政策相关的线索。本章以相关科技政策作为划分时间段的依据(表 15-1)，划分下载的联合申请数据，并以不同地理区域之间的合作为聚焦点，计入申请人高校、企业各自所在的省(市)及自治区，将合作者所在区域相连接，即某大学所在区域和其合作的企业所在的区域连线。于是可以发现这类联系的频繁和紧密程度，以及随不同时段发展的变化。为简化其中网络连线，按三个时间段网络连接的节点数 K 的阈值设为 2，即两个区域只有合作过 2 次以上才显示连线，形成原始矩阵，并将其转化为关系矩阵后使用 UCINET 和 NetDraw 绘图。UCINET 由 Borgatti、Everett 和 Freeman 制作，而 NetDraw 是由 Borgatt 编写的便于将分析数据可视化的软件，图形直观。

表 15-1 产学研相关政策的整理

时段	政策出台	相关内容
1985～1999 年	1985 年《中华人民共和国专利法》实施 1999 中共中央、国务院《关于加强技术创新，发展高科技，实现产业化的决定》	企业研发经费有一定比例用于产学研；鼓励教师从事成果商品化。支持高校科技园区，实行财税扶持；对技术转让、技术开发等收入免营业税
2000～2005 年	2000 年，国经贸“实施技术创新工程形成以企业为中心的技术创新”	确定 100 个多种形式的产学研联合示范点
	2002 年，科技部等“发挥高等学校科技创新作用”	加强校科技园、技术创新孵化服务网络等基础设施建设；促进社会资金与高校师生科技知识结合
2006～2009 年	2006 年“十一五”(2006—2010)规划；2006 年六部委成立产学研指导组 2006 年国务院《国家中长期科技发展规划纲要》	确定了我国重点发展的高新技术领域 科技部、财政部、教育部、国资委等指导产学研 提出建立以企业为主体、市场为导向、产学研相结合的技术创新体系
	2007 年，中国产学研合作促进会成立	产业界、教育界、科技界及学术界等成立促进会

注：信息收集整理于《中国科学院产业化信息网》《中国产学研合作促进会》等网站。

图 15-3～图 15-5 分别显示了三个阶段的发展情况。其中，①第一阶段(1985～1999 年)14 年合作情况(总数为 732 条，年均少于 50 条)，北京为校企合作的中心，地位显著，其余大多地区显示严重的孤岛现象；②第二阶段(2000～2005 年)6 年合作情况(总数为 2497 条，年均 416 条)，广东省、上海市、江苏省等地位提高，中心地位逐渐多元化，孤岛现象减少；③第三阶段(2006～2009 年)虽时段缩短，仅 4 年时间，而合作申请量增多，仅 2007 年就是第一阶段申请总数的 1.49 倍，网络线稠密，而北京中心地位消失，知识转移中心呈现多元化发展趋势，除上海市、广东省、江苏省、浙江省外，河南省、湖北省、山东省、重庆市等地位也逐渐上升，港澳台合作上升，校企联合申请高速发展。

因网络图谱只是比较直观显示校企合作的大致发展情况，而社会网络分析方法则将相关指标和网络关系量化，因而可以更清楚地表现三时间段上校企合作专利申请的动态演化情况。

根据社会网络分析方法计算出的上述三时间段的网络指标如表 15-2 所示。边数最大的是第三阶段(2006～2009 年)，达到 2843 条，表明第三阶段的网络联系最密集，校企合作最多。相比之下，第一阶段(1985～1999 年)孤立节点最多，节点数为 6，说明第一阶段中，各地区无合作申请的区域最多。程度中心性和群体程度中心性均为递减趋势，这两个指标表现第一阶段的高度集中趋势逐渐为第三阶段的多元化趋势发展所替代。

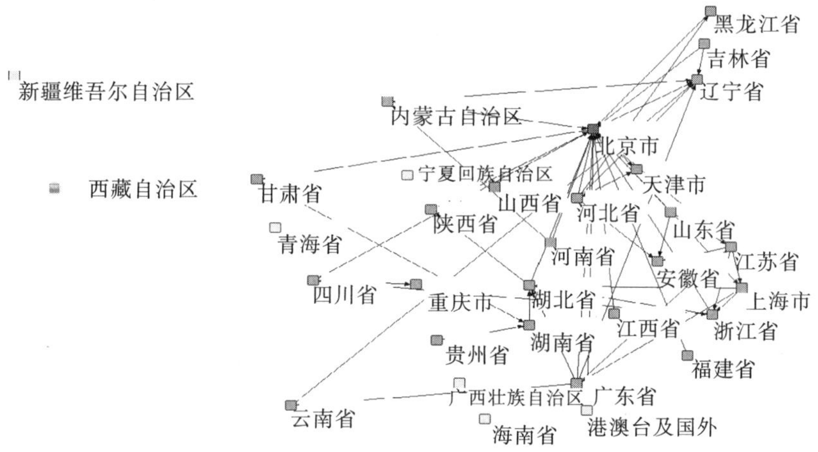

图 15-3 1985～1999 年的区域校企合作申请发明专利图谱

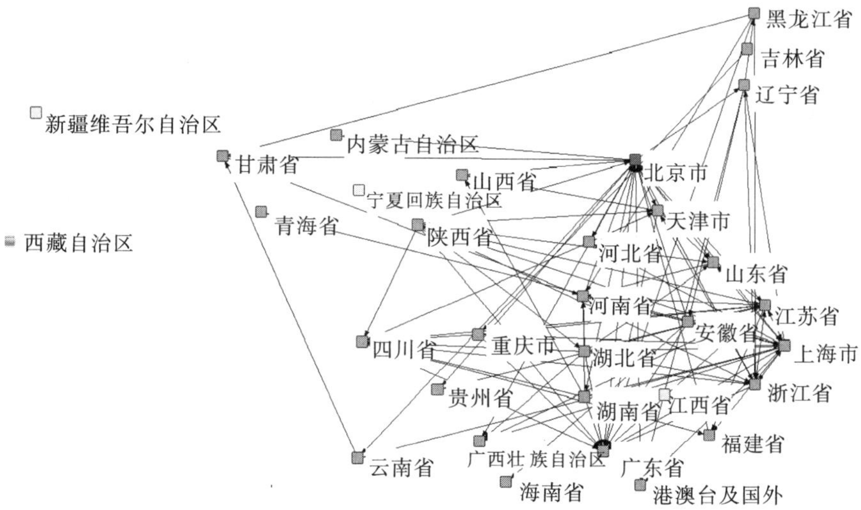

图 15-4 2000～2005 年的区域校企合作申请发明专利图谱

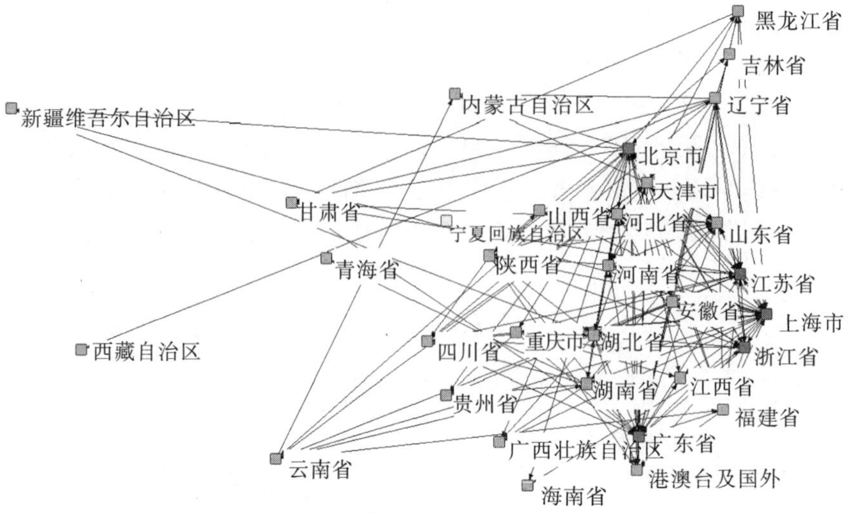

图 15-5　2006～2009 年的区域校企合作申请发明专利图谱

表 15-2　三时间段社会网络分析相关指标测度结果

指标	表达式	阶段 1（1985～1999 年）	阶段 2（2000～2005 年）	阶段 3（2006～2009 年）
边数[①]	-	707	2262	2843
孤立节点[②]	-	6	3	1
密度[③]	$D=\frac{2l}{g(g-1)}$	0.2971	0.8312	0.9459
点度中心水平	$\mathrm{d}(i)=\sum_i \delta_{ij}$ $\mathrm{d}_n(i)=\mathrm{d}(i)/N-1$ （标准化的）	19.07%	6.27%	5.86%
群体中心水平	$C_D=\frac{\sum_{i=1}^{k}[C_D(n^*)-C_D(n_i)]}{\max\sum_{i=1}^{k}[C_D(n^*)-C_D(n_i)]}$	25.39%	24.80%	12.76%

注：①连接所有校企联合人申请的总数；②没有校企联合申请的个数；③实际存在的校企合作和可能存在的校企合作的比例。其中，l 为图中线的数目；g 为图中节点的数目。

上述分析体现了我国校企合作专利申请的发展状态，也说明了我国产学研联盟发展的专利技术表现。如果进一步分析校企合作的重点领域，应当也有重要的启示作用。即校企合作专利申请理论上应当分布在高技术相关的技术领域，对此发展也应做出相应的研究。本章采用国际专利分类号(IPC) 2 级分类进行统计，表示为“大类的类号+一个大写字母”(图 15-6)。因 1985 年来，IPC 进行了八次修订。本书则以 2009 年 1 月的版本为基准，微调 2000 年以来的 IPC 分类范畴，统计 2000 年以来所有校企合作专利领域，共计超过 15 个 IPC。其中，2000～2007 年申请领域聚集统计如表 15-3 所示。

表 15-3 校企合作专利申请的典型领域(合作 10 次以上)

2000 年		2001 年		2002 年		2003 年		2004 年		2005 年		2006 年		2007 年	
IPC	N	IPC	N	IPC	N	IPC	N	IPC	N	IPC	N	IPC	N	IPC	N
C07K	82	C07K	46	G01N	27	G01N	21	G01N	37	A61K	33	G01N	47	G06F	44
C12N	30	A61K	28	A61K	19	A61K	17	A61K	24	G01N	26	H04L	44	G01N	43
G01N	11	C12N	23	B01D	13	C07C	13	H01J	20	H04L	22	G06F	43	A61K	38
		G01N	16	C12N	11	C09D	13	B01D	19	C01B	21	A61K	36	B01D	36
		B01D	12	H04M	10	B01D	12	C07C	16	H01L	19	H01J	36	H04L	36
				H04N	10	C02F	12	G02B	15	H01J	18	C07C	32	C07C	29
						C04B	12	C04B	14	C07C	16	H04N	23	C02F	23
						H04N	12	C02F	12	C12N	15	C02F	20	H01L	18
						C12N	11	C07D	11	C07D	14	C07D	20	C01B	17
						C12Q	11	H05B	10	C02F	13	B01J	19	C07D	17
						H01J	11			C09K	13	C01B	19	H04N	17
						C08L	10			B01J	12	C12N	17	A01K	16
						H04L	10			H04N	12	F24F	15	G05B	16
										B01D	11	H01L	13	H01M	16
										C01G	11	C04B	12	B01J	15
										C04B	10	C08L	12	H01F	15
										G02F	10	C08F	11	D04H	14
										G06F	10	C08G	10	H05B	12
										H01Q	10	G05B	10	C04B	11
														C09D	11
														C09K	11
														C22B	11
														H01J	11
														A23L	10
														B23K	10

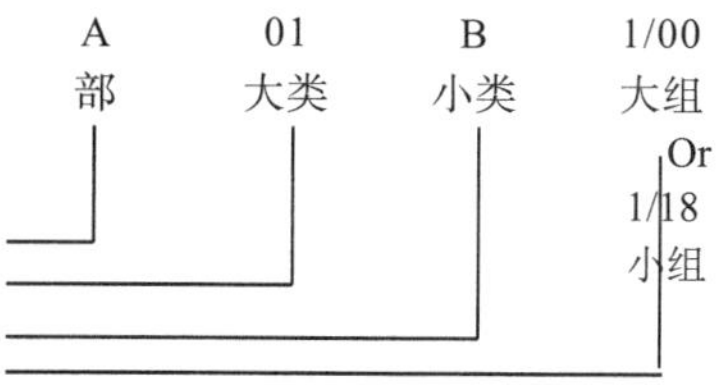

图 15-6 IPC 分类号构成

从表 15-3 中发现，2000～2007 年，大量联合申请的发明专利分布在生物医药(A61K)、信息技术(G06F、H04N、G05B、H01F)、新材料(G01N、C07D、C01B)及新能源技术(H01M、C02F)等领域，联合申请专利的数量在这些年间也飞速上升。相关技术领域都属于 OECD 专利统计数据汇编(compendium of patent statistics，2006)中规定的高新技术领域，也属于我国 2005 年“十一五”(2006～2010 年)规划提出的 5 大重点高新技术领域。应当说，这些领域合作专利申请的增速和较高的数量既反映企业的市场潜在需求，也反映我国国家专利战略布局及科技政策的激励效应。因此，可以说，校企联合申请的发明专利能够反映我国科技发展的重点。

对现有特定技术领域的专利发展信息作专门研究和分析，可以聚焦特殊技术领域来观测产学研合作的空间。本书下面采用纳米技术领域来考察这一发展情形，同时引入了专利文本的词频分析等分析技术。

15.4　应用数据挖掘技术分析我国纳米技术领域产学研合作潜力领域

15.4.1　我国纳米技术领域相关研究背景

纳米技术是 20 世纪 90 年代兴起的新兴技术，是未来经济增长的潜在引擎之一(Kautt et al.，2007)。由于纳米科技孕育着极为广阔的应用前景，美、日、英等发达国家都对纳米科技给予高度重视，纷纷制定研究计划，资助相关研究。我国著名科学家钱学森曾指出，纳米左右和纳米以下的结构是下一阶段科技发展的一个重点，会是一次技术革命，从而将引起 21 世纪又一次产业革命。

我国纳米技术领域的专利申请量增长速度很快，但根据相关研究，我国纳米专利的技术含量还较低，质量水平与国外相比还有很大差距(汪雪锋等，2006；樊春良、李玲，2009)。汪雪锋等(2006)曾使用数据挖掘技术对纳米研究方向的论文及专利数据进行分析，发现中国纳米领域研究主体之间的联系较少，研究主题较为分散，而且同国外研究的关联度也不高。另一方面，我国纳米技术的产业化发展也不尽理想。由于科研机构同企业联系较少，我国科技成果的研发和应用往往存在严重的脱节。从企业方面看，由于缺乏成熟的技术，企业生产的纳米产品品种往往较为单一。目前我国涉足纳米技术研发的企业当中，有 90%以上主要从事纳米材料的生产与应用，几乎没有企业真正从事纳米技术的研发，而国外跨国公司则往往会在纳米技术研发上投入巨资（汪雪锋等，2005）。

由于国内大多数涉足纳米技术的企业规模较小，难以承担纳米研发的巨额科研投入，我国纳米领域的研发力量主要集中在各类科研机构而非企业中。偏向于理论研究的研究机构申请的纳米专利质量一般高于偏向于应用研究的企业（Bonaccorsi、Thoma，2007）[①]。然而，相较于科研机构，企业无疑更了解市场需求，掌握着更强的商业运作能力。企业的

① Bonaccorsi 和 Thoma (2007)的研究显示，同时撰写学术论文并申请专利的发明人所申请的纳米技术专利的质量水平高于仅申请专利的发明人。

商业运作需要有成熟的技术作支持，研究机构的科研成果也需要实现产业化。因而纳米技术领域的产学研合作有着极大的潜力空间，一方面用高技术含量研发成果为企业的纳米产品注入科技活力，同时又可推进高校和科研机构瞄准有市场潜力的纳米技术进行深度研发，进而形成纳米技术产业化的良性发展。

但以往有关研究几乎未能涉及从事纳米产品生产和研发的企业，以及校企之间在这一领域的科技合作。Darby 和 Zucker (2003)的研究显示，同生物技术领域一样，纳米技术企业往往会在科学家在某领域取得重大突破后五年之内进入该领域。因此，企业同研究机构间往往存在着潜在的密切联系。若能前瞻性地挖掘校企合作研发的机会，也能较好地指导产学研的发展，推动纳米技术的产业化。

本书使用文本挖掘技术分析了纳米领域发明专利的摘要文本，并据此计算了专利间的相似度，并将专利相似度较高的研究机构和企业进行梳理，发现可能的产学研合作空间。

15.4.2　我国纳米技术领域专利信息分析技术路线

为了发掘校企产学研合作的机会，需要判断哪些研究机构同企业间拥有着相似的技术。发掘校企产学研合作机会的技术路线如图 15-7 所示。首先从专利数据库中提取申请人、申请号和专利摘要等信息，并整理成 Excel 形式。由于中国纳米领域的发明专利数量较多(约 17,000 条)，这里仅使用发明专利摘要数据判断专利的相似度。相反，许多学者如 Kim 等 (2008)等使用的是专利全文数据，原因是要分析的专利数量较少①。

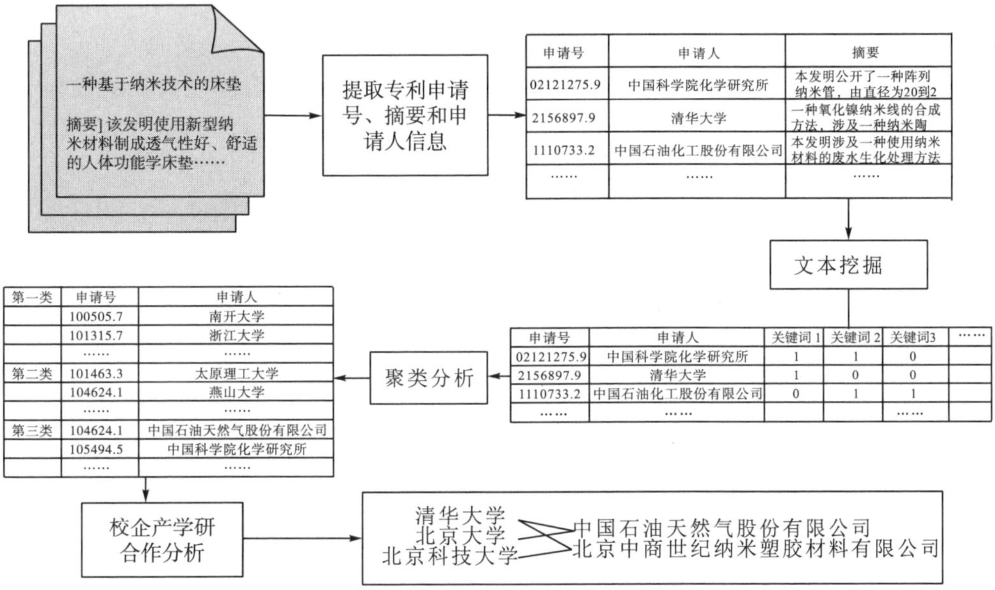

图 15-7　校企产学研合作分析路线图

本书使用文本挖掘技术计算专利摘要的相似度。目前许多学者开始将文本挖掘(text mining，TM)方法运用到专利分析当中(Andal et al.，2006；Kim et al.，2008；Tseng et al.，

① Kim 等 (2008)的研究中仅包含 96 条专利。

2007a，b；Yoon et al.，2002；Yoon et al.，2008)。Tseng 等(2007a，b)介绍了多种文本挖掘技术，包括文本分词(text segmentation)、摘要提取(summary extraction)、主题识别(topic identification)、信息地图绘制(information mapping)等。梁立明、谢彩霞 (2003)使用词频分析法对中国纳米科技研究的动向进行了分析。基于文本处理的技术可以用来复原并概括文本中的信息(Fujii et al.，2007；Tseng et al.，2005，2007a，b；Yoon et al.，2008)，进行技术趋势分析(Yeap et al.，2003；Yoon、Park，2002；Yoon et al.，2008)，以及划分技术领域 (Schellner，2002；Krier、Zacca，2002；Larkey，1999)等。

通过文本挖掘得到每项专利的关键词向量。其中，1 代表该关键词出现在了专利摘要中，0 代表未曾出现(Kim et al.，2008)。专利的技术特征由其关键词向量表达，使用关键词向量可以计算专利间的技术相似度，即关键词向量间欧氏距离越近，专利技术相似度越高(Kim et al.，2008)。然后使用聚类分析方法将技术相似的专利归为一组。处于同一组内的专利申请人间的技术无疑具有相似性，因为他们申请了技术相似的发明专利。

此外，在发掘产学研合作机会时，还考虑了申请人所处的地理位置。通过考察纳米领域以往校企合作申请专利情况可知，90%以上的专利都是由处于同一省份甚至同一城市的单位联合申请的，尽管交通上的便利、互联网的发展使得地区间的信息交流极为频繁，但地理距离因素仍然是合作研发的重要决定因素之一，校企和院企间合作研发仍以临近地区为主。因此，本书倾向于发掘同一地理区域内的研究机构同企业间的产学研合作机会。

15.4.3　我国纳米技术领域高校和科研院所与企业专利

我国是世界上少数最先开展纳米技术研究的国家之一 (樊春良、李玲，2009)。经过二十年左右的发展，中国在纳米技术领域取得了很大的进步，并在基础研究少数几个领域占有优势。自 1992 年开始有纳米领域的发明专利申请以来，中国的纳米专利申请量呈逐年上升趋势(图 15-8)。2000 年前年申请量皆低于 100，进入 2000 年后年申请量实现从 100 到 1000 的跨越仅用了 1 年时间，随后继续以较快速度增长，并在 2009 年突破 3000 大关。可见，中国纳米技术在 2000 年前研发规模较小，2000 年后开始呈现规模化。

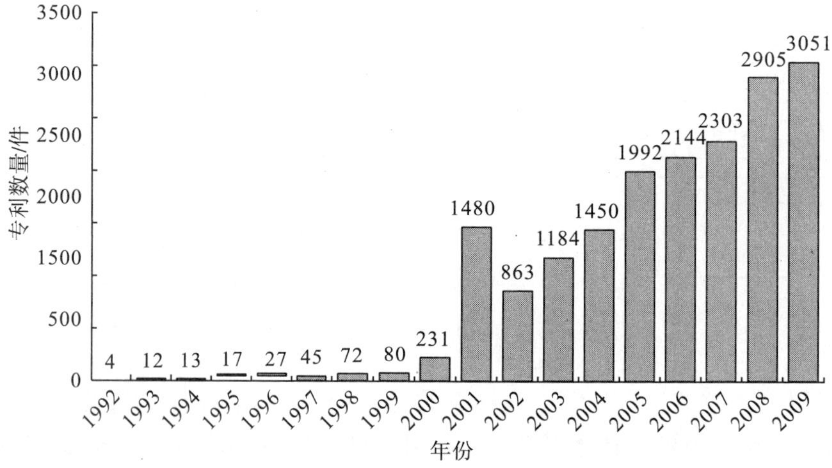

图 15-8　中国纳米技术领域发明专利申请数量

在国内纳米研发主体中，高校和科研机构无疑扮演着比科技企业更重要的角色，发明专利申请量远高于企业。在本书所采集的申请量最多的前 30 个高校和科研机构样本中和前 30 个企业样本中，高校和科研机构样本群拥有 4590 项专利申请，而企业只拥有 257 项专利申请。对比专利申请量可见，研究机构的纳米技术研发规模远大于企业，可以说，我国纳米技术领域的研发力量主要集中在研究机构中。

15.4.4 我国纳米技术领域合作专利信息发掘

本书选取 2000～2009 年授权的发明专利作为研究对象，共计 5,500 条。之所以选取授权专利，是因为相较于非授权专利，授权专利一般拥有更高的价值和质量，因此对真实的技术特征更具有代表性。

为得到更为详细的合作专利的技术信息，本书使用中文分词软件对专利摘要文本进行分析，得到共计 1,578 个关键词。首先初步手工筛掉部分非技术性关键词，之后邀请专家进一步筛选，并对同义词进行合并，剩下共计 630 个技术性关键词。记录每个关键词在每项专利中是否出现，并建立 5500×630 关键词的(0，1)矩阵。其中出现次数最多的前 100 个关键词如表 15-4 所示。从表 15-4 中可见，最常见的关键词如材料/原料、溶液、工艺/技术等出现的次数最多，直接反映纳米技术特征的关键词如纳米管、纳米复合、纳米碳/碳纳米、纳米粒子/颗粒等出现的次数也位居前列。

使用 SPSS 软件对关键词矩阵进行聚类分析，按照技术相似度将 5,500 项专利划分为 100 组(表 15-5)。由表 15-5 可见，大多数组内都包含 50～300 项专利，也有个别组仅包含一项专利，说明该专利同其他专利的技术特征差异较大。

表 15-4 专利中出现频次最多的前 100 个技术性关键词

序号	领域	频次	序号	领域	频次
1	材料/原料(material)	3,180	16	聚合物(polymer)	502
2	反应(reaction)	2,133	17	添加(increase)	484
3	溶液(solution)	2,008	18	化合物(compound)	479
4	表面(surface)	1,956	19	混合物(mixture)	458
5	复合/结合(mix)	1,718	20	高温(high temperature)	456
6	工艺/技术(technique)	2,443	21	直径(diameter)	451
7	分散(disperse)	1,489	22	纳米粒子/颗粒(nano particle)	742
8	温度(temperature)	1,472	23	保护(protection)	446
9	处理(process)	1,438	24	薄膜(thin film)	443
10	离子(ion)	1,401	25	环境(environment)	443
11	金属(metal)	1,309	26	纤维(fibre)	435
12	干燥(dry)	1,276	27	体系(system)	432
13	结构(structure)	1,209	28	生长(growth)	426
14	性能/功能(function)	1,535	29	溶胶(colloidal sol)	425
15	应用(application)	1,122	30	强度(intensity)	424

续表

序号	领域	频次	序号	领域	频次
31	有机(organic)	1,089	66	电子(electronic)	417
32	控制(control)	1,073	67	电极(electrode)	415
33	生产/制造(production)	1,406	68	Si	413
34	催化(catalysis)	1,007	69	Ti	403
35	颗粒(grain)	992	70	氧化钛(titanium oxide)	394
36	活性(activity)	986	71	还原(restore)	373
37	稳定(stability)	979	72	物质(substance)	370
38	化学(chemistry)	970	73	载体(carrier)	368
39	粒径(grain diameter)	953	74	发生(occurrence)	366
40	浓度(thickness)	946	75	器件(component)	358
41	溶剂(solvent)	916	76	纯度(purity)	347
42	水溶(water-solubility)	849	77	氧化硅(silicon oxide)	346
43	分子(molecule)	806	78	微米(micro meter)	343
44	纳米管(nano tube)	723	79	成分(element)	341
45	摩尔(moore)	723	80	凝胶(gel)	338
46	真空(vacuum)	694	81	纳米晶(nano crystalline)	337
47	含量(content)	668	82	加工(processing)	333
48	室温(room temperature)	637	83	导电(electric conduction)	331
49	无机(inorganic)	628	84	树脂(resin)	329
50	过滤(filtration)	621	5	面积(area)	323
51	沉淀/沉积(sediment)	1116	86	效率(efficiency)	321
52	分离(separation)	599	87	介质(medium)	313
53	纳米复合(nano composite)	592	88	合金(alloy)	311
54	粉末(power)	584	89	机械(mechanic)	311
55	尺寸(size)	583	90	高分子(high polymer)	302
56	PH	561	91	固体(solid)	294
57	气体(gas)	546	92	陶瓷(pottery)	293
58	改性(modification)	530	93	连接(connect)	284
59	生成(generation)	528	94	吸附(absorption)	284
60	分布(distribution)	526	95	纳米碳/碳纳米(nano carbon)	281
61	氧化物(oxide)	525	96	碳酸(carbonic acid)	281
62	工业(industry)	515	97	压力(pressure)	280
63	乙烯(ethylene)	513	98	Fe	278
64	设备/装置(equipment)	895	99	透明(transparent)	278
65	生物(biology)	506	100	晶体(crystal)	270

表 15-5 各组中专利数量

组代码	专利数量	组代码	专利数量
1	23	51	139
2	9	52	124
3	30	53	162
4	113	54	67
5	4	55	1
6	305	56	15
7	72	57	91
8	92	58	2
9	85	59	10
10	40	60	48
11	158	61	2
12	173	62	23
13	104	63	90
14	50	64	33
15	1	65	3
16	161	66	46
17	1	67	18
18	1	68	172
19	23	69	1
20	72	70	5
21	187	71	4
22	1	72	210
23	95	73	3
24	7	74	27
25	1	75	18
26	167	76	109
27	26	77	45
28	9	78	77
29	5	79	10
30	52	80	4
31	93	81	6
32	8	82	43
33	15	83	2
34	57	84	49
35	113	85	17
36	1	86	8
37	73	87	320
38	200	88	11
39	99	89	105

续表

组代码	专利数量	组代码	专利数量
40	28	90	1
41	8	91	2
42	2	92	1
43	1	93	9
44	19	94	10
45	156	95	8
46	30	96	2
47	80	97	1
48	68	98	9
49	104	99	3
50	52	100	60
加总		5,500	

对以上专利信息作进一步信息挖掘，可以发现不同类型机构申请专利的热点主题和随时间变化的动态技术变革方向。而对高校科研机构与企业各自独立所申请及获得授权专利作类似的划分，可以发现其间的技术竞争与合作机会，特别对产学研可能的合作而言，可以发现合作的机会。

本书根据各个典型地区纳米技术领域高校科研院所与企业所申请专利的技术距离绘制潜在合作关系图谱，其高校和科研院所与当地企业的主题相关单位数如表 15-6 所示。

表 15-6　我国纳米技术专利申请主题相近的高校科研院所与当地企业间匹配关系

地区	高校数	科研院所数	企业数
京津地区	9	8	19
上海及浙江地区	10	3	20
江苏地区	15	0	11
广东地区	9	1	6
湖北省	6	0	6
四川省	1	1	6
山东省	7	1	5
陕西省	2	0	2
河南省	2	0	1
辽宁省	1	1	1
综合	62	15	77

结果显示，大部分校企产学研合作机会都集中在科研实力和经济实力最强的北京市和上海市，经济实力较强的江苏省、山东省、广东省，以及内陆省份四川省和湖北省也存在相当数量的产学研合作机会，而其他地区则相对较少。相应的合作关系图谱甚至可以将产

学研合作机会细化到具体的研究机构和企业，即发现具有技术相似性的特定研究机构和特定企业，进而可以建议相关机构开发其产学研合作关系。另一方面，纳米合作关系图谱有助于高科技企业明确寻求技术支持的方向，有助于研究机构找到其纳米技术产业化的合适企业，因此对于校企产学研合作关系的确立具有借鉴意义。

15.5 研究结论与启示

增加校企产学研合作，提高技术的产业化水平是未来中国科技发展的重点。从纳米技术的发展来看，尽管我国各类高校和科研机构拥有较强的研发实力，申请并获得大量发明专利，但纳米科技成果的产业转化情况并不理想。其他高科技领域也存在类似的情况。本章所涉及的合作专利信息采集和分析技术，特别是文本挖掘技术对理解我国产学研合作，包括纳米技术领域的技术合作，有很好的启示作用，特别通过能够反映纳米专利技术特征的关键词向量，根据关键词向量间的欧氏距离判断专利技术相似度，之后对技术相似的专利申请人性质及其地理位置进行分析，发掘地区内校企产学研合作机会，是进一步可以开展的工作。

本章通过产学研合作专利申请数据及各自拥有的专利数据分析得出纳米技术领域产学研的当前合作主题，以及可能合作的技术主题领域，是应用文本挖掘技术对我国专利技术信息进行分析，特别是对授权发明专利摘要及所有权人数据进行分析的一种实际应用。同时，类似于纳米合作关系图谱的分析结果也有助于高科技企业明确寻求技术支持的方向，有助于研究机构找到其纳米技术产业化的合适企业，对于校企产学研合作关系的确立具有借鉴意义。

第五篇

典型产业技术领域的专利技术资源竞争

引　言

产业是专利技术的生存基地，但如同本书第四篇引言所指，产业也有新兴和成熟阶段之分，同时当代企业家和学者们所关注的产业，也越来越以技术划分，而非单纯以产品划分；值得指出的是，毫无疑问，大量的专利技术分析是在相对成熟的产业边界内讨论的，这也在一定程度上约定了专利技术的竞争特征。例如，生物制药产业的专利技术竞争与ICT产业专利技术竞争的手段和渠道并不一致，起码后者情形的专利池或专利联盟会显著一些，这是因为ICT，包括电子技术领域的专利具有更强的回避方式(patenting around)，而以分子式来定义的生物技术或制药技术专利则很难开发回避式的专利技术。

因此，如果在当前的产业术语之下讨论专利技术的分析和管理，更多是在相对成熟的技术范围，这类技术具有更强的互补和集成组合方式，因而更可能具有相互钳制的效应，专利技术的法律诉讼效应可能更强。也由于此类原因，对相关专利技术的分析而言，专利信息编码与产业对应的标准更加有序可循，相关的大数据分析相对繁重，但逻辑清晰。这类研究在产业技术竞争的意义上更为实用。但如果希望在新兴产业和新兴技术的范围讨论专利技术问题，则专利技术的分析首先就面临技术领域的逻辑界定，以及特定技术集的定义，因而从学术研究的角度看，更有研究意义。

第十六章　新兴技术领域专利质量比较

导言：

由于新兴技术和新兴产业的研究仍旧存在概念上和内涵上的讨论，有关新兴产业的专利技术研究就显得特别重要，也需要有特别的研究框架方面的思考。正是因为新兴技术的发展和上升特点，专利数量和质量的考察就成为其中重要的因素。当专利数量相当多的时候，很难说相应的技术领域仍然属于新兴阶段；而当专利数量确实处于发展期，样本数据采集极其有限的时候，展开相应的研究也有困难。因此，本章收入作者团队曾开展过的有关新兴技术专利质量的考察，其中的研究方法和结论也可能有一定的争议，希望读者结合有关的研究工作，对本章提出意见。

16.1　新兴技术与专利信息的联系

对新兴技术的研究范围进行梳理，重点突出由 Susan Cozzens 等(2010)概括的新兴技术四个方面的核心特征表现：①快速增长类型(fast recent growth)；②转变或变革过程类型(transition /change)；③市场和经济潜力类型(market potential)；④科学基础类型(science-based)，等维度，并结合其他典型分析技术。本书对应研究团队在其主持的已结题国家社科重点项目“新兴技术未来分析理论方法与产业创新研究”中，对新兴技术发展及其识别技术已经作了比较深入的研究，并取得较好的研究成果，特别结合科学论文引文信息和专利信息挖掘技术等来考察新兴技术特征等方法，识别我国相关领域新兴技术，取得一定的研究成果(李蓓、陈向东，2015a，2015b；张古鹏、陈向东，2013)。本章拟结合以往对新兴技术路径识别和分析的研究工作积累，围绕小微创新群与新兴技术关联特征研究的目标，进一步开发相应的研究理论和分析方法。

根据作者团队的研究积累和总结，国际国内有关新兴技术识别的科学关联和技术关联的重要参考性研究可以用表 16-1 列出。

特别是，我国学者近年来也采用相类似的研究思想和分析方法对有关新兴技术主题作了大量研究，有重要的参考价值(表 16-2)。其中，可看出有两类研究思路：①就专利文本本身的信息来考察专利技术的主题及其“新兴”特征，②通过专利文献信息与科学论文信息之间的联系来考察和识别新兴技术，这些研究工作都对小微创新群的新兴技术关联有重要的参考，通过采用适宜的数据采集方法，分析小微创新群所承载的新兴技术发展。

表 16-1　有关新兴技术识别的科学关联和技术关联的重要参考性研究

来源	数据类型	识别方法
Murat Bengisu (2003)	论文和专利	论文和专利数量的年度增长率
Murat Bengisu，RamziNekhili (2006)	论文和专利	论文/专利基于 S 曲线的技术生命周期及发展速度
Ta-Shun Cho 等 (2011)	专利	专利引文网络，社会网络的结构洞分析
Susan Cozzens 等 (2010)	论文和专利等	论文耦合分析，聚类或因子分析
YuyaKajakawa 等 (2008)	论文	论文直接引文网络，拓扑聚类，论文的平均发表时间及数量增长趋势
Peter Erdi 等 (2013)	专利	专利引文分析，聚类分析
Small 等 (2014)	论文	直接引用模型、共同引用模型
Breitzma 等 (2015)	专利	新兴集群模型、新一代集群评分排行

表 16-2　国内有关新兴技术识别研究中对科学关联和技术关联的典型研究

来源	研究主题	数据类型	研究方法
侯剑华 (2008)	技术前沿演进分析	论文引用	论文间的共引网络分析
杜广强 (2008)	技术前沿识别	论文文本	主题词共现分析
栾春娟等 (2009)	技术前沿探测	专利文本	主题词共现分析
尹丽春等 (2010)	技术前沿演进分析	专利引用	专利共引网络
黄鲁成 (2009)	新兴技术识别	问卷调查	属性综合评价系统
王鹏 (2013)	战略性新兴技术识别	专利文本	德温特手工代码共现分析
王凌燕等 (2011)	新兴技术主题识别	专利文本	主题词共现分析
李蓓、陈向东 (2015)	基于专利引用耦合聚类的纳米领域新兴技术识别	专利引用	应用耦合聚类的新兴技术识别模型
李欣等 (2016)	基于 SAO 结构语义分析的新兴技术识别研究	专利文本	语义分析法建立新兴技术识别模型

16.2　我国新兴技术产业的专利技术发展概况

发展新兴产业是未来中国经济实现健康和可持续发展的重要选择。在新兴产业的发展中，技术创新能力的发展是最重要的环节。2010 年 9 月 8 日，国务院召开常务会议，审议并通过了《国务院关于加快培育和发展战略性新兴产业的决定》，确定战略性新兴产业将成为我国国民经济的先导产业和支柱产业并指出，“十二五”期间，我国将重点培育和发展节能环保、新一代信息技术、生物、高端装备制造、新能源、新材料和新能源汽车等 7 大产业，加大财税金融等政策扶持力度，引导和鼓励社会资金投入，并设立战略性新兴产业发展专项资金[①]。可以说，这 7 大新兴产业将成为我国经济发展的重要支撑点。

① 新华网：http://news.xinhuanet.com/politics/2010-10/18/c_12673179.htm。

迈克尔·波特(1997)、Erickcek 和 Watts(2007)以及中国学者李晓华和吕铁(2010)等对所谓新兴产业的概念做过详尽阐述。而本章则以产业专利技术的研究为主旨，以国内外专利权人在这 7 大新兴产业技术领域的技术创新能力差异为聚焦点开展相关研究。

图 16-1 给出中国专利数据库中中国和国外申请人在 5 个技术领域的专利授权数量。从图 16-1 中可以看出，1985～1992 年，外国申请人在材料技术领域授权的专利数量最多，其次是机械工程领域。而 1993～2000 年，外国申请人在电信和信息技术及机械工程领域的授权量超过材料技术。总体可见，不同时期内技术领域的发展有所侧重，在中外专利所有权人比较来看如此，而在我国专利所有权人来看也基本如此。值得特别关注的是电信和信息技术的迅猛发展。2001～2009 年，国外申请人在机械工程领域的授权量最多，其次则是电信和信息技术及材料技术。而从中国专利权人的范围看，材料技术领域的专利授权量始终是 5 个领域中最多的，其次是机械工程。以专利权获取角度来观察，中国电信和信息技术领域的侧重发展水平明显滞后于国外。在专利权增幅方面，国内专利授权量(1993～2000 年)较 1985～1992 年增幅上不如国外明显；但 2001～2009 年，中国在该领域的专利授权量有很大幅度增长。另外，国外在生物技术和环境技术领域的专利授权量始终处于最低水平，且增幅不如其他 3 个领域明显。而中国虽然在 2001～2009 年在生物技术和环境技术领域的授权量有明显增长，但数量较其他 3 个领域差距较大。如果不考虑电信和信息技术，则相较于材料技术和机械工程领域，生物技术和环境技术属于较为新兴的技术领域。可见，无论是中国还是国外，新兴技术领域同传统技术领域间研发规模方面的能力有很大差距，且这种差距在过去的近 30 年里未有明显缩小。

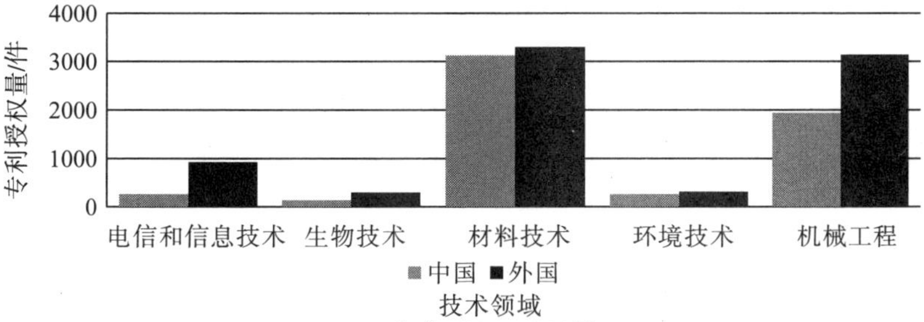

（a）1985~1992年

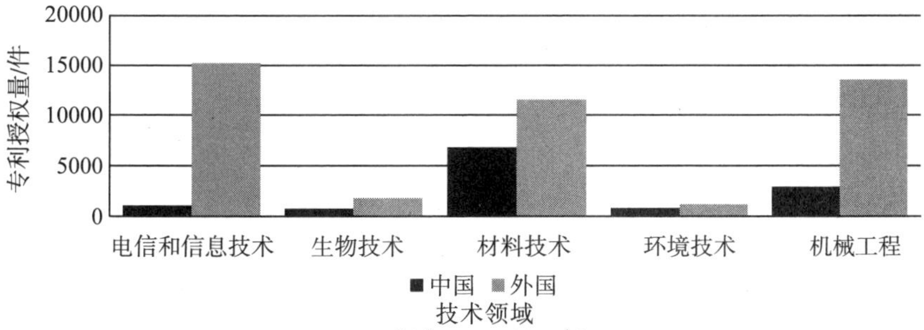

（b）1993~2000年

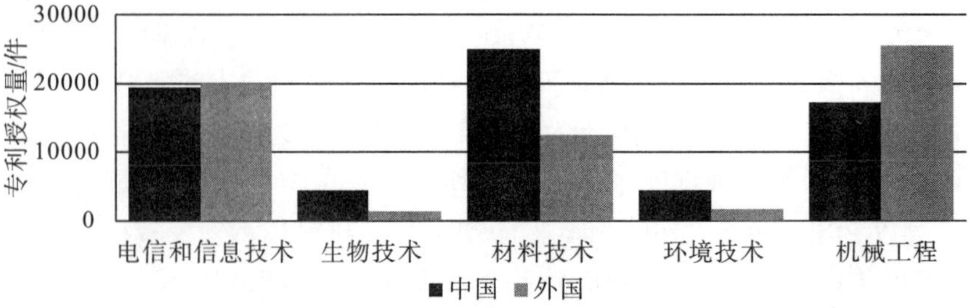

（c）2001~2009年

图 16-1　中国和国外申请人在 5 个技术领域的专利授权量

1985～1992 年和 1993～2000 年两段时期内，中国本土申请人的专利授权量在 5 个技术领域皆低于国外。而且与前一时间段相比，1993～2000 年中国同国外专利授权量间差距的扩大在除环境技术领域外的其他 4 个领域很明显。然而，到了 2000 年后，中国本土的研发规模有了显著扩大，在生物技术、材料技术和环境技术领域的专利授权量在 2000 年前皆落后于国外的情况下，在 2000 年后皆超过国外一倍多。2001～2009 年，中国在电信和信息技术领域研发规模的提升极为迅猛，在 1993～2000 年其专利授权量不及国外十分之一的情况下，2001～2009 年已经同国外基本持平。另外，中国在机械工程领域的专利授权量同国外的差距较 1993～2001 年也有明显缩小。由此可以看出，2000 年以前国外技术在中国占据着优势地位，进入 21 世纪后，中国的研发规模有了非常明显的提升，中国本土的技术优势开始显现，其研发规模在部分技术领域已经开始占据主导地位。

图 16-2 给出的是各国在 5 个技术领域的专利授权率。一般来说某一年申请的专利会在其后的若干年中才能被授权。逐条的微观专利数据记录了每一项专利是否被授权，对数据加总处理可统计出每年专利的授权率。日本申请专利的授权率始终是所有申请人当中最高的，而且相当平稳地徘徊在 80%左右。其次是欧盟，美国及其他国家申请专利的授权率则略低于欧盟。因此，日本申请的专利质量水平要高于其他发达国家，可见日本技术创新的质量水平处于世界领先地位。而中国本土的专利授权率则是图 16-2 中所有申请人当中最低的，因而中国的创新质量水平较发达国家的差距较大。“英国经济学家信息部”(EIU)公布的 2004～2008 年“技术创新效率指数”表明，日本技术创新能力居全球首位，美国居第 3，欧盟内的国家占据了 2～10 名的大部分席位，中国居 54[①]，这与本书从专利授权率的角度对各国创新质量的对比分析一致。

从专利授权率的变化走势看，1985～1992 年国外申请人的专利授权率皆略微下降，1993 年后则略微上升。而中国授权率在 1993 年前后先降后升的趋势非常明显。这与中国第一次《专利法》修改生效的时间吻合。在中国专利制度成立初期，由于对专利权的保护不够，申请人获取专利权的意愿不高，导致专利授权率下降。第一次专利法修改扩大了专利授权领域，取消了专利权人在中国实施其专利权的部分义务，修改了批准强制许可的条件，并将发明专利的保护期由 10 年延长到了 20 年(汤宗舜，2001)。这次修改加强了对专

① 中国专利保护协会：http://www.ppac.org.cn/lcontent.asp?c=89&id=4078

利权的保护，因此1993年后技术创新质量稳步提升。尤其是在2005年和2006年，中国本土申请的专利授权率已经上升到与美国、欧盟等发达国家相当的水平。

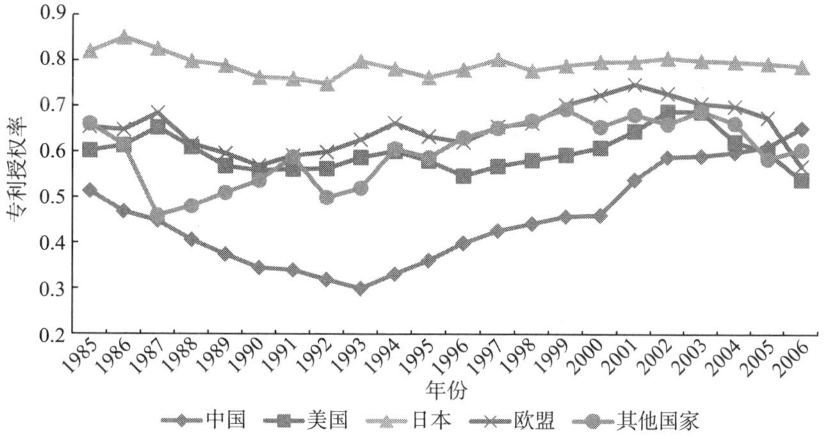

图16-2　5个典型新兴技术领域上典型国家在中国申请专利及其授权率

16.3　基于专利信息的中外新兴产业创新质量差异比较

专利是科技创新活动的最主要和最直接的产出成果之一。出于数据的可得性及其衡量创新能力的可靠性，许多学者以专利申请量和授权量作为技术创新能力的评价指标（Evanaglista et al.，2001；Acs et al.，2002；Hagedoorn、Cloodt，2003；Yueh，2009）。然而，当前对创新能力评价的一个不足之处是缺少关于创新质量的评价。创新能力评价不仅需要考察创新成果的数量，更应考虑创新的“质量”（李习保，2007）。

关于专利质量的评价，国外有一系列研究。包括专利授权量和比例，特别是有关专利付费期的研究。专利授权量主要从研发的规模角度衡量创新能力，而专利授权率和付费期长度则主要从研发的质量角度衡量创新能力。研发质量评价较为可行的办法之一是考察研发的直接产出成果—专利的授权情况及授权后专利权延续的时间长度。在进行专利审查时，审查机构会授予那些有高度原创性技术内涵的专利以正式的专利权（Paul et al.，2007）（Reitzig，2005），因此被授权的专利拥有比未被授权专利更高的质量水平（Dominque et al.，2000）。专利授权后，专利权人需要按时缴纳年费以延续专利权。当从专利技术中获取的收益不足以支付年费时，理性的专利权人会选择不再支付年费，专利权即终止。显然，当专利成果在现实中普及应用的程度越高，从专利中获取的收益就越高，专利权人支付专利年费的意愿越高。因此，在专利被授权的基础上，支付年费的时间长度可以衡量专利价值，即相较于年费支付延续时间较短的专利，年费支付延续时间较长的专利拥有更高的价值（Schankerman et al.，1986；Pakes，1986；Schankerman，1986；Lanjouw，1998；Cornelli et al.，1998）。若一项专利包含着对社会有较高价值的技术，则被授权后应能在较长时间内贡献其价值。因此，专利的授权及其付费期长度从一定意义上代表了专利的质量水平。通过考察国内外的平均专利质量水平，可以看出中外技术创新质量间的差异。

本章以发明专利授权量、授权率和付费期长度作为技术创新质量的主要评价指标，探讨与新兴产业有密切关系的新兴技术领域中国同发达国家技术创新质量的差距。

根据 OECD（Organization for Economic Cooperation and Development）的 ISI-OST INPI 分类方法，按照专利的主分类号（IPC）可以将全部专利划分到 30 个领域中（Schmoch，2008）。从这 30 个领域中挑选出与 7 大新兴产业有密切关系的 5 个技术领域，分别为电信和信息、生物、材料、环境、机械工程，申请人国籍分五个类别：中国、美国、日本、欧盟，以及不含上述 4 个国家或地区的其他国家。对这 5 类国籍申请人在上述 5 个技术领域申请的发明专利的质量水平进行对比研究。

研究结果显示，进入 21 世纪以来，中国本土申请授权专利数量的大幅增长反映了中国在研发规模方面创新能力的提升，但专利授权率和专利平均付费期长度皆落后于发达国家，凸显了中国在研发质量方面的能力与发达国家的差距。

下面通过以存续期信息为基础的专利生存分析技术来分析我国新兴技术领域的专利质量。

16.4　新兴技术领域专利质量差异：基于专利生存分析的视角

16.4.1　生存分析技术简介

生存分析（survival analysis）指对被研究对象的某种状态持续时间长度（如专利自授权之日至停止付费之日的时间长度）及其影响因素的分析，又被称作“过渡分析”（transitional analysis），是近几年较流行的微观计量经济学的重要组成部分（Colin et al.，2005）。

生存分析作为一种分析方法出现在大约 30 年前。Lawless（1982）以及 Cox 和 Oakes（1984）等都是较早提出和应用生存分析技术的研究，此后，Lancaster（1990）对生存分析模型进行了总结和概括，而 Kalbfleisch 和 Prentice（2002）则在他们的计量经济研究成果中提出了生存分析方法的应用，并着重强调了生存分析技术中的经典模型——Cox 模型。

以专利生存信息来应用此类方法，即对相应的生存函数及其估计量进行分析，是一个基本的工作。专利授权之后后，专利权人开始缴纳专利年费。假设一项专利自授权日至终止付费日之间的付费期长度服从密度函数为 $f(t)$ 的概率分布，则该专利的长度 T 大于 t 的概率为

$$S(t)=\Pr[T>t]=1-F(t)=1-\int_0^t f(s)\mathrm{d}s \tag{16.1}$$

其中，$F(t)$ 是 T 的分布函数，$S(t)$ 被称作专利的生存函数（survival function），即专利权在时点 t 处仍然延续的概率，或称专利长度超过 t 的概率，它的值是随时间递减的。

在非参数估计（nonparametric estimation）的框架下，生存函数有其自身的估计量。为了对这个估计量进行具体说明，假设当前掌握一个带有随机删失（random censoring）①观测的专利长度样本，并对样本做如下假设：① d_j：在时点 t_j 处结束的观测个数；② m_j：在

① 本书中指专利权截止到最后一个观测日——2009 年 12 月 31 日——仍未终止的专利观测，这部分观测占有相当大比例。尤其当申请日距离最后一个观测日越近时，随机删失的概率就越高。

区间 $[t_j, t_{j+1})$ 处删失的观测的个数；③ $r_j = \sum_{l|l \geqslant j}(d_l + m_l)$：在时点 t_{j-} 处处于风险之中的观测个数。

当不需考虑因变量时，可以考虑使用非参数化方法对 $S(t)$ 进行估计，常见的非参估计量包括 Kaplan-Meier 估计量和 Nelson-Aalen 估计量，两种估计量得到的生存曲线形状非常接近。其中，Kaplan-Meier 估计量的公式为

$$\hat{S}(t) = \prod_{j|t_j \leqslant t} \frac{r_j - d_j}{r_j} \tag{16.2}$$

下面应用上述结果来分析专利质量的差异。

16.4.2　新兴技术领域的专利质量分国家和地区比较

根据生存分析绘制出的生存曲线如图 16-3 所示。其中给出了前述各国和地区在 5 个行业授权专利的 Kaplan-Meier 生存曲线，其中横坐标表示时间 t(单位：天)，纵坐标表示生存函数 $S(t)$ 的估计值 $\hat{S}(t)$。专利付费期的平均期望长度与专利生存曲线的高度是成正比的。

1）发达国家间创新质量的对比

虽然美国、日本、欧盟、其他国家和地区的专利生存曲线的高度在 5 个技术领域中皆有所差异，但总体看每个国家和地区都在一定技术领域内占有一定优势。其中，日本的技术优势最为明显，其在机械工程领域和材料技术领域的专利生存曲线始终处于最高位置，说明日本在这两个技术领域的技术创新质量处于最高水平。1985 年、1992 年日本在电信和信息技术领域的专利生存曲线的高度与欧盟相当，但在 1993 年、2000 年日本在该领域的技术优势则有所下降，其专利生存曲线的高度低于其他国家和地区，而美国、欧盟和其他国家和地区在该领域的专利生存曲线的高度则较为接近，说明这 3 个国家和地区的技术创新质量较日本处于较高水平。

在生物技术领域，1985～1992 年除中国外的各国和地区专利生存曲线的高度较为接近，其中美国专利生存曲线高度稍高于日本、欧盟和其他国家和地区。1993～2000 年，日本取代美国成为在该领域里技术创新质量最高的国家。

材料技术领域的两个时间段内，日本的创新质量水平始终是最高的。1985～1992 年美国、欧盟和其他国家和地区间创新质量的差距并不明显；但在 1993～2000 年，欧盟显示出了在该领域的创新质量优势，美国和其他国家和地区则明显低于日本和欧盟。

环境技术领域，1985～1992 年日本和欧盟的创新质量较美国和其他国家和地区具有一定优势，但在 1993～2000 年该技术优势变得不甚明朗，其专利生存曲线同美国和其他国家和地区有一定重合。这说明发达国家和地区间在该技术领域创新质量的差距由明显变得不明显。

发达国家和地区间在机械工程领域的创新质量差距的变异与环境技术领域有些类似。1985～1992 年日本在该领域的创新质量水平最高，美国和欧盟的专利生存曲线基本重合，且略高于其他国家。但在 1993～2000 年各国和地区间在该领域的技术创新质量差距也开始变得不甚显著。

美、日、欧盟是世界上传统的科技强国，从上述分析可以看出，这 3 个国家和地区的技术创新质量较其他国家和地区具有一定的优势。1985～1992 年，其他国家和地区在除生

物技术领域以外的其他 4 个领域的专利生存曲线基本上都处于最低位置，但到了 1993～2000 年，其他国家和地区在部分技术领域同美、日、欧盟间技术创新质量的差异变得不明显，甚至有超越传统的科技强国的趋势，如电信和信息技术领域、环境技术领域和机械工程领域。在其他国家和地区申请的全部专利中，韩国和中国台湾地区占据了 70%以上，因此其他国家和地区较美、日、欧所显示出来的技术追赶效应主要以这两个经济体为主。通过国家和地区间技术创新质量的对比可以看出新兴经济体技术创新质量水平的显著提升。

2) 中国同发达国家间创新质量的对比

图 16-3～图 16-7 显示出，中国本土申请的专利生存曲线高度在 5 个技术领域内皆是最低的，说明中国在上述技术领域的创新质量最低。在 1993～2000 年，材料技术领域和机械工程领域中国同国外专利生存曲线的高度差异大于 1985～1992 年。而在其他 3 个技术领域中，1993～2000 年中外间专利生存曲线的高度差异较 1985～1992 年未有明显缩小。由此可见，中国同发达国家间技术创新质量还有很大差距，而且在 2000 年以前，该差距并没有随时间的增长而缩小，反而有局部扩大的趋势。

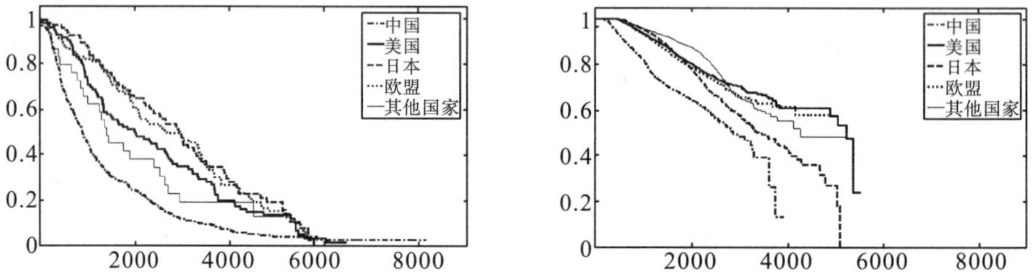

(a)1985~1992年　　(b)1993~2000年

图 16-3　电信和信息技术领域专利生存曲线

注：①图(a)使用的是 1985～1992 年的专利数据，图(b)使用的是 1993～2000 年的专利数据(下同)。②由于专利申请日期距离最后一个观测日(2009 年 12 月 31 日)越近，随机删失发生的概率越高。图中 1993～2000 年的专利样本中随机删失的比例高于 1985～1992 年。图(b)中专利生存曲线之所以在约 5000 天左右被截断，是因为 1993～2000 年申请的专利中有很大比例的付费期长度超过了 5000 天，但这部分专利是随机删失的。图(a)中 1985～1992 年该随机删失所占比例显然低于 1993～2000 年。③图(a)中中国专利生存曲线之所以向右延伸得较长，是因为许多专利的专利权虽保护期满(一般是 20 年，7300 天左右)但却未终止，这可能是由于中国的知识产权制度为少部分国内技术提供了额外保护的缘故，因此这种现象在国外申请的专利中很少见。

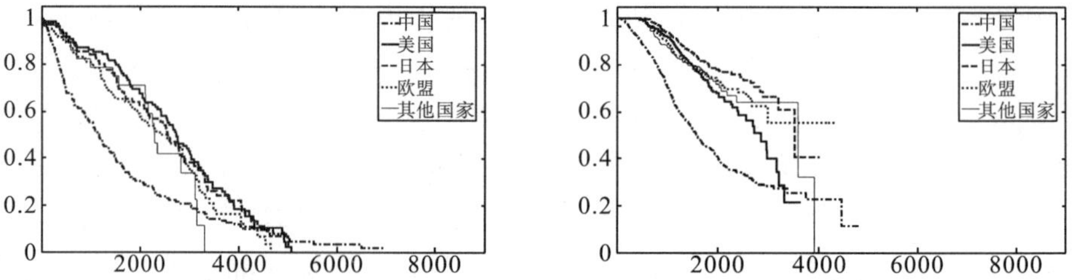

(a)　　(b)

图 16-4　生物技术领域专利生存曲线

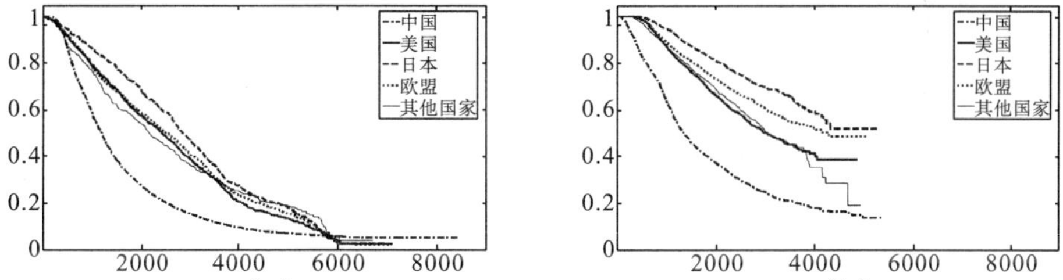

（a）（b）

图 16-5 材料技术领域专利生存曲线

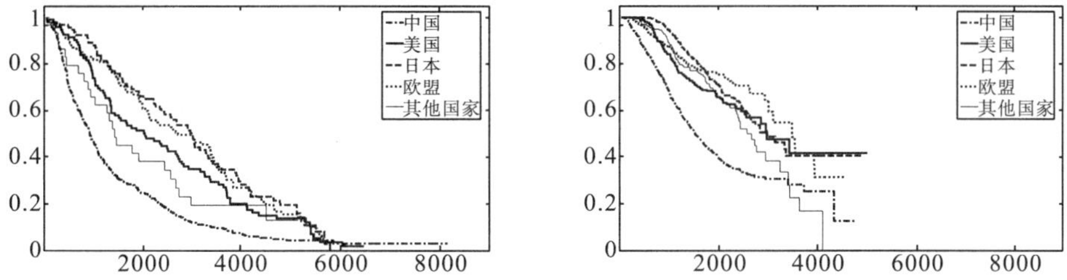

（a）（b）

图 16-6 环境技术领域专利生存曲线

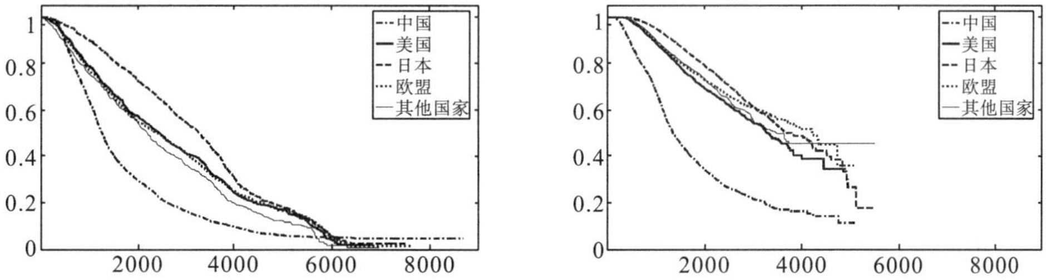

（a）（b）

图 16-7 机械工程领域专利生存曲线

显然，通过专利生存曲线的分析，结合专利授权量、专利授权率和专利付费期长度 3 个维度对比中国同其他典型国家，以及各发达国家和地区间的专利质量差异，可以看出，从专利质量角度考察专利体量的变化和演化有重要的理论和现实意义，也有重要的技术创新政策启示：①在新兴技术领域，我国专利数量快速增长，但值得考察专利质量相对较低的问题，梳理其中的成因；②不同技术领域的专利质量差异，也说明了新兴技术领域的技术竞争特征和相应以国家为边界的技术创新实力的一种质量惯性。

16.5 典型新兴技术领域——新能源技术领域专利质量分析

根据上述五个典型新兴技术领域的分析可以得出有意义的研究结果。而对特定技术领域的考察，则可以进一步分析其间质量差距及相关影响因素。

本章特别以 1985～2009 年中国新能源技术领域发明专利作为研究对象，使用专利权存续的时间长度作为专利质量的衡量指标，研究风能和太阳能领域国内同国外，以及国内本土各类型机构之间专利质量的差异。此外，还应用参数生存分析模型对专利质量的所有权人因素进行回归分析，作为进一步分析专利及其质量差距相关成因的一个参考。

16.5.1 新能源领域专利技术发展概况

随着我国经济的高速发展，能源效率和高能耗产业的问题日渐突出，同时高碳排放导致的国际经济发展的质量格局差距也急需改变，我国企业面临着更大的产业技术改造和新能源发展的压力。

在此发展背景下，以低碳排放和可再生为特征的新能源逐渐受到越来越多的政策和市场的重视。我国国务院 2010 年下发《关于加快培育和发展战略性新兴产业的决定》中明确将新能源作为重点培育和发展的七大新兴产业之一。一般认为，新能源最重要的特点之一是它不会对环境造成污染或仅会造成少量污染，它属于清洁能源，如风能、太阳能、潮汐能、地热能、生物燃料等都可划入新能源的范畴(成思危，2010)。

在新能源领域中，国内本土的研发力量始终占据着主导地位。如图 16-8 所示，以风能和太阳能这两大类型新能源为例，在我国申请的风能和太阳能领域发明专利中，国内本土的历年申请量几乎始终高于国外。而在 2000 年以前，我国风能和太阳能领域的发明专利数量的增长趋势还不明显。可见，进入 21 世纪以来，越来越多的研发团体开始关注于新能源产业，新能源技术在我国的经济发展中正扮演着日益重要的角色。

目前，以民营企业及其研发机构，以及个体专利权人在风能和太阳能领域申请了大量专利。如图 16-9 和图 16-10 所示，在我国风能和太阳能领域，个人申请的专利数量超过了企业和研究机构。由此可见，在新能源领域，我国民间研发团体在研发规模上并不逊于政府主导的企业和研究机构，民营个体经济在我国新能源领域正发挥着重要的作用。

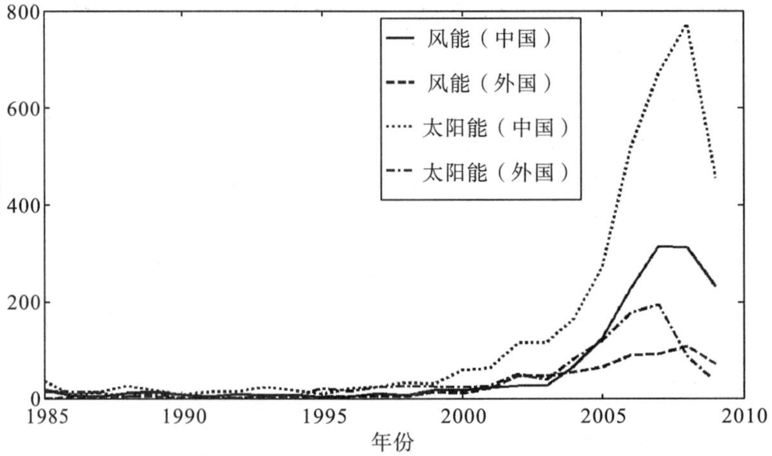

图 16-8 中国和外国申请人在中国申请的风能和太阳能领域发明专利数量

注：2009 年专利数量有一个下降，是因为 2009 年申请的专利信息还未及时录入相关专利数系统，下图原因同

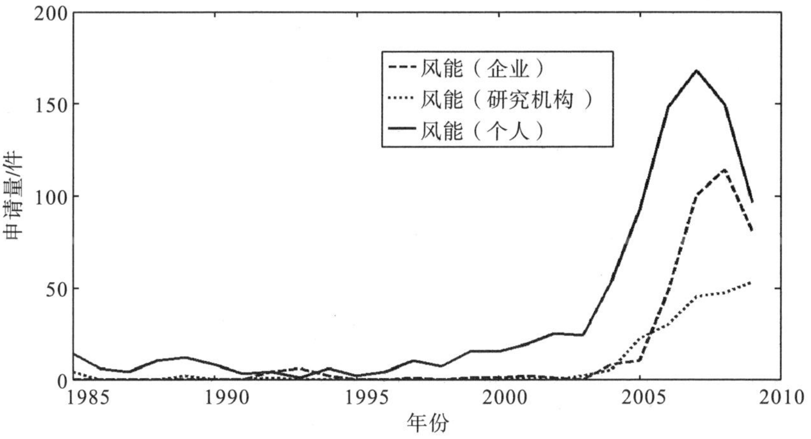

图 16-9　国内三类申请人申请的风能领域发明专利数量

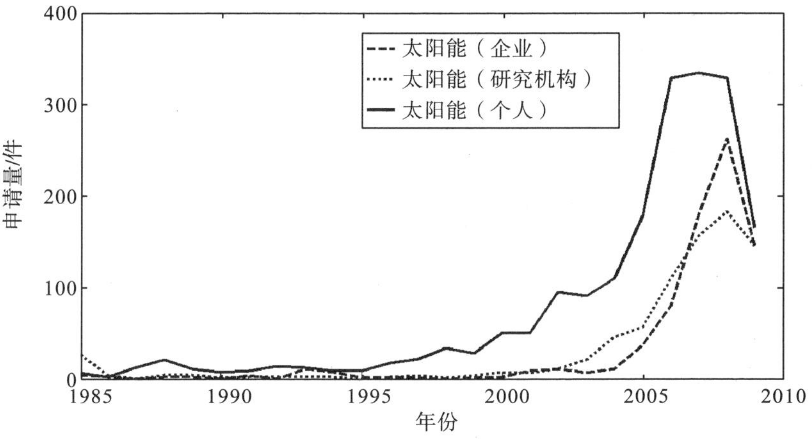

图 16-10　国内三类申请人申请的太阳能领域发明专利数量

16.5.2　新能源领域专利质量比较分析

我国新能源专利数量和新能源专利占能源专利比重在1990～2008年均呈现出逐年增长的趋势(潘雄锋等，2010)。然而，国内新能源领域专利的技术含量普遍不高，自主创新能力较弱已经成为制约我国新能源产业发展的瓶颈之一。目前，我国新能源装备中的关键零部件及关键原材料还不能自主化，不仅使我国新能源设备中的大量利润流失，而且导致产品关键部件严重依赖国外进口，严重制约我国新能源产业的发展(张继周，2010)。新能源产业要发展壮大，关键是技术突破，我国目前在新能源领域的技术研发水平与发达国家相比还存在较大差距。例如，太阳能无晶硅薄膜制造过程中的一些特殊的沉积技术，如物理气相沉积(PVD)和等离子增强化学沉积(PECVD)等技术仍依靠国外引进；风能发电方面，我国目前只能够生产最大3兆瓦风能发电机，较发达国家的5兆瓦还存在相当差距，此外，我国对自动控制技术还掌握得不够，一些关键部件如大型轴承仍依赖进口(成思危，2010)。

由上述研究可见，尽管中国在新能源领域已具备一定研发规模，但技术水平较发达国家还有较大差距，技术内涵亟待提高。然而，已有研究大多限于比较中外新能源领域的技术水平差距，对于国内各类研发团体间的技术水平差距的研究则不多。通过对比研发质量方面的差异，可以对各类研发团体的创新能力有更深入的把握，从而使政府在支持新能源产业发展时对研发团体的科研质量水平有所了解，以侧重支持研发质量较高的研发团体。另外，还以风能和太阳能为例，研究了新能源领域专利质量的影响因素，从而为提升新能源产业科技竞争力提出了政策建议。

这里采集的数据是中国 1985～2009 年授权的风能和太阳能领域的发明专利，共计 1373 项，其中中国本土申请的专利有 853 项。

图 16-11 给出的是专利的生存曲线，其中横坐标表示时间，纵坐标表示专利权继续延续的比例。专利生存曲线是时间的减函数，即随着时间的延长，专利权继续延续的比例越来越低，直到零为止。通过考察各类研发团体的专利生存曲线的高度，可以对其研发质量有所把握，即拥有较高研发质量的研发团体申请的专利一般会延续较长时间，因此专利生存曲线往往位于较高位置。

由图 16-11 可见，无论是风能还是太阳能，中国本土申请的专利的生存曲线高度都低于外国。以授权后 8 年(约 3000 天)时限为分界点分析可见，中国本土申请的专利仅有 20%左右能够延续 8 年以上，而国外则有 50%以上专利可延续 8 年以上。

但图 16-12 中生存曲线的高度差异则不如图 16-11 明显，这说明国内研发团体间研发质量水平差距较小。图 16-10 显示，在国内三类申请人当中，企业的专利生存曲线在时间轴的前半段(0～2500 天)始终处于最高位置，但由于没有一项专利能够延续 2500 天以上，企业的专利生存曲线在 2500 天处终止。而尽管研究机构和个人拥有的专利生存曲线在时间轴前半段处于较低位置，但生存曲线延续到了较长的时间节点，说明其中仍旧有少量专利权延续较长时间，具有较企业所有权人而言更高的质量。图 16-11 显示了类似的现象，即在太阳能领域，企业拥有的专利生存曲线处于最高位置，但却较少足够长的延续时间。综合图 16-10 和图 16-11 可以看出，在新能源领域，平均而言，企业申请的专利平均延续时间最长，其市场化效果最好，而研究机构申请的大部分专利市场化效果不理想。

值得指出的是，我国个人拥有的专利生存曲线表现并不差，基本可与研究机构持平，个别专利权具有很高的质量，可见我国私营经济中蕴含的研发能力是有潜力的，如果辅之以得力的资源和市场条件、政策环境，私营经济很可能会在我国新能源技术领域有更大发展(图 16-13)。

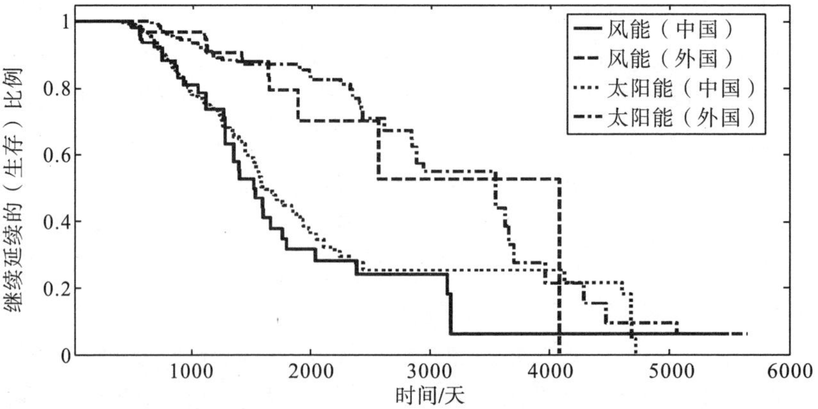

图 16-11　国内和国外申请人申请的风能和太阳能领域发明专利的生存曲线

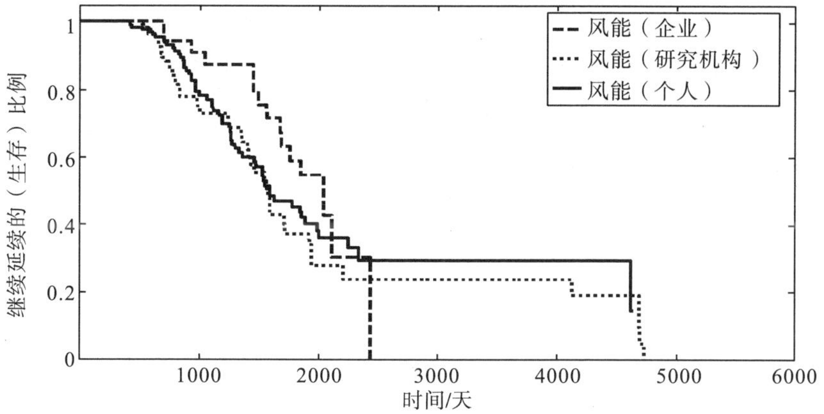

图 16-12　国内三类申请人申请的风能领域发明专利的生存曲线

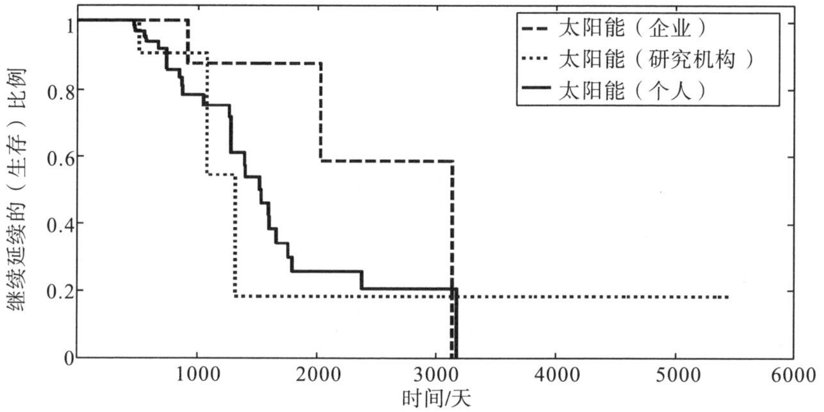

图 16-13　国内三类申请人申请的太阳能领域发明专利的生存曲线

16.5.3　专利质量影响因素分析

1）研究方法分析

专利权延续的时间长度数据可看作生存数据（survival data），因此这里使用更适合这一类数据的生存分析模型进行回归分析（Cameron 、Triverdi，2005）。上述各类图形给出的实际上是 Kaplan-Meier 生存曲线（Cameron 、Trivedi，2005），它属于非参数生存模型（nonparametric survival model）。而为了分析其中可能的影响因素，要用到 Cox 模型，它属于半参数生存模型（semi-parametric survival model），即它有一部分参数需要被估计，而另一部分参数不需要估计；另一个要使用的模型是指数生存模型（exponential survival model），它属于参数生存模型（parametric survival model），即全部参数都需要被估计（Cameron 、Trivedi，2005）。

对 Cox 模型和指数生存模型进行识别可以得到参数β的估计值。生存分析模型研究的是自变量对风险率（hazard ratio）——本书中可理解为专利权终止的瞬时概率——的影响。与传统计量模型不同的是，当β为正时，自变量对风险率有正向作用，自变量取值的增加会带来专利权终止风险的增加，对专利权延续的时间长度有抑制作用。一般来说，生存分析模型的回归结果报告的是自变量的风险率，即 $\exp(\beta)$：当 $\exp(\beta)$ 显著大于 1 时，自变量对专利权延续的时间长度有抑制作用；当 $\exp(\beta)$ 显著小于 1 时则有正向作用。下文回归分析中报告的是参数的风险率。

2) 回归结果

这里分别使用全部专利和国内本土申请的专利进行了回归分析，结果如表 16-3 和表 16-4 所示。由表 16-3 和表 16-4 可见，研发人员投入的风险率几乎在所有模型中都不显著，说明它对专利质量并无太显著的作用。而在太阳能领域，单位间合作研发的风险率小于 1，说明相较于独立研发，研发单位进行合作更有助于提高研发成果的质量。

表 16-3　基于全部发明专利数据的生存分析模型的回归结果

	风能				太阳能			
	Cox 模型		指数模型		Cox 模型		指数模型	
	Hazard Ratio	Z-statistics	Hazard Ratio	Z-statistics	Hazard Ratio	Z-statistics	Hazard Ratio	Z-statistics
研发人员投入	1.1605	1.34	1.0983	0.84	0.9509	−1.00	0.9542	−0.93
单位间合作研发 独立研发(参考变量)	0.9462	−0.20	0.7324	−1.08	0.6815***	−2.58	0.7289**	−2.14
研发单位的规模	0.9860**	−2.52	0.9849***	−2.72	0.9979***	−4.96	0.9983***	−4.14
申请人国籍 中国(参考变量)	0.2730***	−7.68	0.3434***	−6.54	0.3620***	−10.18	0.4251***	−8.90
授权时期 1993～2001 年 (参考)								
时期 1 (1985～1992 年)	1.8029***	3.20	2.3532***	4.84	1.6091***	5.02	1.9606***	7.76
时期 3 (1993～2001 年)	0.7712	−1.16	0.3438***	−5.18	1.0931	0.82	0.4421***	−7.84
技术领域(参考)								
A	0.2122*	−1.96	0.3474	−1.40	1.6093**	2.30	1.5933**	2.28
B	3.6151***	2.18	3.3846***	2.06	3.1130***	5.06	2.4502***	4.02
C	3.2968*	1.96	7.6598***	3.38	1.4250**	2.24	1.4608***	2.42
E	6.4806***	2.92	8.6890***	3.42	0.8105	−0.96	1.0107	0.04
F	2.9928**	2.12	2.7676**	1.98	1.3915***	2.88	1.4320***	3.18
样本容量	377		377		996		996	
LR chi2	33.66		59.95		86.28		110.5	
Log Likelihood	−195.63		−102.32		−876.52		−347.74	
Prob>Chi2	0.0004		0.0000		0.0000		0.0000	

注：*表示 10%水平下显著；**表示 5%水平下显著；***表示 1%水平下显著。

表 16-4　基于国内本土申请的发明专利的生存分析模型的回归结果

	风能				太阳能			
	Cox 模型		指数模型		Cox 模型		指数模型	
	Hazard Ratio	Z-statistics	Hazard Ratio	Z-statistics	Hazard Ratio	Z-statistics	Hazard Ratio	Z-statistics
研发人员投入	0.9864	−0.18	0.9746	−0.36	0.9206	−1.08	0.9175*	−1.69
单位间合作研发 独立研发(参考变量)	1.3684	1.02	0.8903	−0.38	0.8314***	−3.10	0.8884***	−3.72
研发单位的规模	0.9861***	−2.64	0.9897**	−2.20	0.9981***	−3.98	0.9985***	−3.36
申请人类型 个人(参考变量)								
企业	0.7096	−0.90	0.6165	−1.30	0.8488	−1.12	0.9349	−0.46
研究机构	4.8468***	4.16	1.7642*	1.80	1.6456***	3.10	1.6607***	3.44
授权时期 1993～2001 年 (参考时期)								
时期 1 (1985～1992 年)	0.6194*	−1.92	1.1204	0.50	1.2302	1.32	1.1288	0.86
时期 3 (1993～2001 年)	1.2187	0.78	0.4247	−3.80	1.0154	0.12	0.4165***	−7.48
技术领域 (Reference: H)								
A	0.4023	−1.10	0.5390	−0.76	2.7606***	3.78	2.6023***	3.64
C	3.1295*	1.88	6.1384***	2.92	1.8773***	2.72	2.2594***	3.54
E	7.0898***	3.02	7.8594***	3.26	1.2296	0.76	1.7028**	1.96
F	4.6596***	2.84	2.9063**	1.96	1.9551***	3.26	2.0601***	3.54
样本容量	198		198		655		655	
LR chi2	34.81		24.48		24.5		56.89	
Log Likelihood	−114.6		−65.975		−549.97		−232.21	
Prob>Chi2	0.0003		0.027		0.0268		0.0000	

注：*表示 10%水平下显著；**表示 5%水平下显著；***表示 1%水平下显著。

单位的研发规模在风能和太阳能领域都显示出了对专利质量的正向作用，说明技术含量较高的科研成果更可能产生在具有较强科研实力的大型跨国公司、大型国企和名牌高校中。这可能是由于这些部门拥有相对充裕的科研资金支持，且科研人员的科研能力相对较强。相反一些较小的科研机构可能由于缺乏科研资金及高素质科研人才导致其科研成果质量不高。

表 16-3 显示，申请人国籍变量显示外国所有权人的专利风险率要远小于中国申请人，这与前面的图形显示出来的趋势一致。

表 16-3 显示，企业拥有的专利风险率在三类所有权人当中是最低的，其次是个人拥有者，研究机构则是最高的。这暗示企业拥有的专利往往拥有较高的专利质量，而研究机构申请的专利质量甚至不如个人拥有的专利。这可能主要与中国多数科研机构现行的科研

评价体系有关。许多机构对科研人员进行评价时主要看重的是科研成果的数量，而并不注重其日后的应用及普及情况。这可能会导致产生相当数量的低质量、应用前景不好的专利成果。而企业和个人则多是以市场为向导开展其研发活动，其授权专利的市场化程度相对较高，专利权延续时间更长。

16.5.4　新能源技术领域专利质量研究结论

作为未来最具潜力的新兴产业之一，新能源将会越来越多地影响人们的生活。本章选取新能源领域中最常见的风能和太阳能作为具体新兴技术的领域研究对象，并应用专利付费期长度作为专利质量的评价指标，对比分析这两个新兴技术领域中国同国外，以及国内企业、研究机构和个人所有权人之间的专利质量差异。应用生存曲线的差异衡量专利质量的结果显示，国内专利权人的专利质量较国外有较大差距；企业专利权人拥有的专利大部分表现出较高质量水准，而研究机构拥有的专利质量低于企业，这可能由于多数科研机构现行科研评价体系不合理造成的。特别重要的是，个人拥有的风能和太阳能领域的专利的质量尽管整体不如企业，但其质量并不显低，基本与研究机构持平，同时个人所有权的专利在这两个领域申请的专利数量是最多的，一些专利也具有较高的质量。可见在新能源领域，我国民间研发团体也扮演着重要的角色。

这类研究结果也有一定的政策启示意义：各级政府支持新能源产业发展时，不仅需关注大中型企业，还需适当对小型民营企业及多种所有权人的研发活动予以支持。此外，科研机构现行科研评价体系需要适当改变，注重科研成果的市场转化，这也是新能源产业振兴政策需要考虑的重要方面。

同时，这一研究还有整合研发资源方面的政策和市场发展启示，即，合作研发显然有助于新能源领域的技术创新和高质量专利的产出，特别是科研院所与企业、个体研发和企业等多个方面的合作，尤其是在高校和科研院所，合作研发的前景并不乐观。科研人员往往各自为政，即使参加研究团队，也是以师徒形式进行科研活动得多(席酉民等，2006)。由于研发人员分散，可能导致重复和低效研发，研发成果质量和研发效率难以提高。因此，整合科研资源，鼓励部门间及研发人员间联合进行科研活动是政府部门制定新能源技术激励政策时应当予以重点考虑的又一重要问题。

第十七章　典型产业专利竞争：信息通信技术及通信产业

导言：

针对专利信息的电子与信息产业技术的研究需要对相关的技术领域作详细的了解和分析，并需要将专利的技术领域编码(IPC)与相应的电子信息产业技术的典型领域作相应的对照，这一方面既有既定的国际和国内产业规范，也有研究人员根据其研究目的的技术领域约定。前者便于开展横向比较；后者则可能突出重要的技术主题领域，发现特定的技术竞争现象。同时，电子信息产业是我国在国际市场上具有潜在竞争力的典型产业之一，开展国际比较有着重要的产业技术赶超和发展自主创新路径的特殊意义。因此，这一产业的专利技术竞争研究也有着广阔的空间。特别是，电子及信息产业是典型的专利密集产业，其中涉及的专利池和专利联盟竞争、工业标准框架下的竞争等都有着标志性主题的研究领域，可以为其他类似产业技术的发展和市场竞争提供丰富的理论和实践参考。

17.1　信息通信技术及信息产业与专利技术资源关系

由于通信产业技术与一般所说的电子信息产业技术，以及所谓信息通信技术(ICT)都有相互交叉的技术领域和技术资源关系，因此也有必要将这些领域所覆盖的范围作大致的梳理，为其后的特定技术领域基础上的数据采集和分析服务。

同时，专利是企业技术实力的客观反映，而相同技术领域内企业的专利具有一定可比性。Griliches(1990)指出："专利统计为技术变革过程分析提供了唯一的源泉，就数据质量、可获性及详细的产业、组织和技术细节而言，任何其他数据均无法与专利相媲美"，这一点在电子信息、ICT 和通信行业的技术竞争中尤其突出。

目前，国际上比较流行的信息产业的分类有两个：分别是北美产业分类体系(NAICS，2012)及经济合作与发展组织(OECD，2007)(余莱花、袁勤俭，2012)。

(1)OECD 定义的是信息和通信技术业，即 ICT 业。基于联合国国际标准产业分类体系(ISIC)的界定标准，OECD 在原有制造业的基础上，拓展出信息服务业产业，也就是说不仅包括信息与通信技术服务业，还包括信息与通信技术制造业。它包括了 NAICS 分类中不包括的电子信息设备、元器件和其他材料的制造，但不包括 NAICS 分类包括了的出版、电影和音像、广播电视制作、新闻机构、图书馆、档案馆等服务。

OECD 对 ICT 产业的界定标准是：将信息产业分为信息技术制造业和信息技术服务业两个部分，信息技术制造业包括无线电接收机、有线电话等能够实现信息传输功能的产品，以及电子管、显像管等电子器件设备和用于监测、观察物理现象或过程的工业制造设备；

信息技术服务业包括电子器械和设备的租赁和销售服务，及利用电子手段进行通讯和传输的服务，如电信。

OECD 将 ICT 产业界定为制造业和服务业两大类，每个产业大类又分别下设若干产业子部口(表 17-1)。OECD 界定遵循的原则是：①制造业门类下的产业部门的产品必须能够作为信息传递和信息处理设备的载体，实现信息处理、传输和通讯功能；能够利用电子来控制物理过程、检测物理现象。②服务业门类下的产业部门的活动必须采用电子方式实现遁巧传输和信息处理的功能。

表 17-1　OECD 关于 ICT 产业分类的界定

产业分类	代码	部门
制造业	3000	办公、会计和计算机器
	3130	绝缘线和电缆
	3210	电子管和显像管及其他电子器件
	3220	电视、无线电发射机、有线电话和电报设备
	3230	电视无线电接收机、音像录放装置和相关制品
	3312	除了工业制造设备，用于测量、监察、检验、导航等其他过程的设备和配件
	3313	工业制造设备
服务业	5150	机械、设备和物资的批发
	6420	电信
	7123	办公机器和设备的出租
	72	计算机和有关的活动

(2)《北美产业分类体系》(NAICS)则是美国、加拿大、墨西哥三国于 1997 年联合制定的产业分类标准，并在这些国家的统计调查中使用。该分类体系首次将信息产业作为一个独立的产业部门，也是首次在统计分类上界定信息产业。NAICS 规定，作为一个完整的部门，信息产业由下列单位构成：生产和发布信息和文化产品的单位：提供方法和手段，传输和发布这些产品的单位；信息服务和数据处理单位。统计上的信息产业具体包括四部分：出版业、电影和音像业、广播电视和电讯业、信息和数据处理服务业(包括图书馆、档案馆、网上信息服务、数据处理服务等活动)。

NAICS 规定的信息产业不仅包括信息生产、处理和发布活动，也包括使用可利用的信息和信息技术进行更有效生产的各项活动。从产业活动的性质看，它主要强调信息的可传播性和服务性，分类中既包括了传统传播方式的出版、发行业，又包括了现代传输方式的广播、电视和通讯业，还包括了对信息进行加工处理和服务管理的信息和数据服务业。NAICS 的信息业所包括的活动有一共同特点，就是信息可以通过这些活动的传播和服务，被迅速地扩散再扩散。严格地说，NAICS 的信息业主要是指有关信息传播与服务的产业(廉同辉、袁勤俭，2012)。

柴文义等(2011)比较了国际上其他国家运行的 ICT 分类体系。联邦政府认定 ICT 包括电子计算机技术、电子信息技术、国际互联网技术等方面；欧盟认定 ICT 产业只包含电子信息设备、元器件和其他材料的制造及服务业而不包含出版、电影和音像、广播电视制作、新闻机构、图书馆、档案馆等服务；而在欧洲，基于计算机技术与电信技术整合的必要性和重要性，在其产业分类中ICT产业就指信息产业，也就是包括硬件、软件、商务、服务及网络。

我国产业分类体系仍然没有将ICT产业集中作为一个单独的产业群进行分类与统计，国家统计局制定的《统计上划分信息相关产业暂行规定》(2012)，采用《国民经济行业分类》(2011)的编号及部门定义，并借鉴OECD的经验，在ICT产业分类中保留信息与通信技术制造业及贸易以适应现阶段信息经济发展的需要，是我国多数ICT产业统计研究一直采用的分类标准。包括计算机、广播电视、电子元器件等电子信息设备的制造，计算机及通信等电子信息设备的租赁和销售电信、互联网和广播电视等的电子信息传输服务，计算机和软件服务为主的计算机服务和软件业，及新闻出版、电影音像业等其他信息相关服务五个大类(见附录17-1)。

蒋训林(2008)以《中国电子工业年鉴》对电子信息产品制造业分类法为依据，将ICT产业划分为广义ICT产业和狭义ICT产业。广义ICT产业又可分为ICT制造业和ICT服务业，其中ICT制造业包括电子及通信设备制造业、印刷业记录媒介的复制业；ICT服务业包括邮电通信业、软件和信息服务业、电子信息产品销售业和广播电视业。将狭义ICT产业定义为广义ICT产业中那些生产的产品和提供的服务通常作为资本品投入到国民经济各行业中去的产业，它主要包括电子计算机制造业、通信设备制造业和软件业。

在印度等OECD其他国家，ICT产业以ISIC为基础进行筛选，ISIC只有2位或4位代码的子产业，其中ICT产品销售不包括ICT设备零售业(蒋训林，2005)(表17-2)。

表17-2　ISIC Rev3.1分类中的ICT产业

代码	产业名称
	信息和通信技术制造业
3000	办公、会计和计算机器制造业
3130	绝缘导线和电缆制造业
3210	电子管和其他电子器件制造业
3220	无线电及电视发射设备、有线电话电报设备制造业
3230	无线电及电视接受设备、音像生产设备及相关产品制造业
3312	测量、测试、检测、导航仪器及相关设备制造业(不包括工业处理控制设备)
3313	工业处理控制设备制造业
	信息和通信技术服务业
5151	计算机及其外围设备和软件的批发业
5152	电子和电信设备及器件的批发业
6420	电信业
7123	计算机和办公设备的租赁业
7200	与计算机应用相关的服务活动

17.2　通信产业技术发展状况

从 1978 年，美国贝尔实验室研制成功先进移动电话系统(AMPS)，建成了第一代蜂窝状移动通信系统，到目前 LTE 试商用实验网的建成，移动通信技术已经经历了四代演进。第一代是模拟通信技术(以 AMPS、TACS、C-Netz、Radiocom 2000、RTMI 等标准为代表)、第二代是窄带数字通信技术(以 GSM、CDMA 等标准为代表)、第三代是宽带数字通信技术(WCDMA、CDMA2000、TS-SCDMA)、第四代是广带数字通信技术(TDD-LTE、FDD-LTE)(陆楠，2008)。在第一代模拟通信技术和第二代窄带数字通信技术阶段，我国通信企业在技术上基本上属于跟踪阶段，没有掌握相关关键技术；在第三代宽带数字通信技术阶段，我国通信企业开始拥有部分核心技术，并成功制定 3G 国际标准之一的 TD-SCDMA 标准；在第四代广带数字通信技术阶段，我国通信企业正拥有越来越多的关键技术，尤其在 TDD-LTE 领域，以华为、中兴、大唐为代表的中国移动通信企业已经取得大量关键技术专利。

我国移动通信企业虽然在技术创新方面已经有了长足的进步，开始掌握能引领国际标准的关键技术，并已获得大量技术专利。但也开始面临国际上激烈的技术资源竞争，国外通信巨头凭借其在通信领域的技术积累，在我国申请了大量专利，与我国通信企业展开了激烈竞争。以第四代移动通信 LTE 技术为例，近两年来，我国与 LTE 相关的专利申请数量正在激增。通过国家知识产权局的专利数据库，截至 2010 年 5 月，可检索到明确涉及 LTE 的中国专利申请 431 件，其中，国内申请 351 件，占 81%；国外来华申请 80 件，占 19%。截至 2010 年 12 月，可检索到明确涉及 LTE 的中国专利申请 680 件，半年内增长 58%。其中国内申请 555 件，占 82%，国外来华申请 125 件，占 18%(李俊等，2011)。国内申请和国外来华申请仍保持胶着状态，但值得注意的是，国外来华申请采取 PCT 方式较多，国外来华申请半年时间实现如此高的增速，说明国外公司非常重视在中国市场的 LTE 专利部署。

17.3　我国 ICT 产业的专利技术竞争优势研究综述

我国学者曾根据相关领域信息，对我国 ICT 产业的专利技术竞争展开研究。相关研究成果如下所示。

刘凤朝等(2014)基于 USPTO 专利的比较，使用 S 曲线中 Logistic 模型，依据技术生命周期理论分析了 G7 国家和中国 ICT 九个子领域的技术发展轨迹，阐述各国技术发展的阶段特征和布局策略，主要得出的结论有：①在 G7 国家 ICT 九个子技术领域处于不同的发展阶段，移动通信和远程信息处理、集成电路和智能机器人领域均已进入成熟期，无线射频识别和传感网络、宽带和家庭网络和计算机软件领域处于快速成长期，平板显示、数字电视和个人领域正经历成长期向成熟期的过渡；中国在九个子技术领域的起步时间较晚但技术发展速度高于国家，目前中国在多个子领域处于快速发展阶段。②从各子技术领域生命周期不同阶段的分布特征看，中国在多数子技术领域呈现萌芽期持续时间远远超过成长期持续时间的特征，二者的差异较大；相比之下，多数发达国家分布于反对角线附近，萌芽期持续时间与成长期持续时间分布相对均衡。

上述事实说明，中国在技术领域与发达国家的差距表现为两个方面：①技术发展起步的时间较晚呈后发追赶特征；②技术发展的空间较小，难以进入价值链的高端环节。Tseng（2009）在各国ICT技术和子技术领域的发展态势方面，比较了韩国、中国台湾地区、新加坡、中国香港地区、中国大陆和印度六个亚洲国家和地区的创新绩效、创新结构配置、五个子领域的创新强度分布差异以及相应的知识流动特征。

佟大木、岳咬兴（2008）在假定ICT产品零部件具有较高科技含量的前提下，利用国际贸易标准分类SITC3.下5位数编码的ICT产品1991年和2006年的进出口数据，分别计算了我国ICT产业中制成品及零部件的NET值。NET值的变化结果表明，中国经过十几年的发展在该产业制成品的国际竞争力方面得到了提升，零部件的生产也逐渐由竞争劣势向竞争优势转变，正是加工贸易政策推动中国企业参与到ICT产业中技术含量较低的组装工序，得以介入高科技产品价值链，随着加工贸易生产过程中的技术溢出及加工贸易政策的不断调整，从而实现了从低端进入、向高端转移的良性发展。

李海超、衷文蓉（2013）选取信息化发展状况不同水平的国家，评价了ICT产业成长能力，利用因子分析和聚类分析方法，将15个国家按照ICT产业成长能力分为三类，印度和中国同为第二类ICT产业成长能力良好国家，另外还包括加拿大、日本、新加坡，这些国家的ICT产业成长状况虽然落后于优等国家，但也具备一定的优势。其中，ICT产业增加值占第二、三产业增加值的比例中国略高于印度，面向ICT产业的投资占国民总收入比重中印均位于前列，印度略高于中国。中国在移动电话普及率、安全互联网服务器、互联网普及率等主因子上的得分与印度差距较大，信通装备与资源流通环境的差距会阻碍ICT产业的发展；但是人均每年移动通话时间远高于印度，反映出中国信息资源的消费能力，将影响到未来ICT产业的成长潜力。我国专利申请方面表现良好，主要源于近年大部分企业已经意识到知识产权保护的重要性。

就信息服务产业而言，郭晓然、张锡宝（2015）采用2005～2013年中印两国计算机与信息服务贸易进出口数据，对显示性比较优势指数（RCA）、贸易竞争优势指数（TC）、贸易开放度指数（TIS）和国际市场占有率（MS）四个指标加权平均的办法构建了一种新的综合指标体系衡量中印计算机与信息服务贸易竞争力。结果表明，无论单项指标还是综合指标，中国计算机和信息服务贸易的竞争力都远落后于印度。这主要是由政府政策的支持力度和企业创新力度的不同造成的。陈华超、董芳（2003）认为印度软件业的腾飞，除了其所具有的语言、成本、时差等方面的比较优势外，其较高的集中度是非常重要的因素。根据产业集中度理论，市场集中度越高，少数大企业占据的市场份额越高，大企业对市场的控制力也就越强，从而获取高额利润。而我国软件产业的集中度不高，在国内软件市场狭小的情况下，没能及时开拓国际市场。

17.4　通信产业的技术基础及典型领域专利技术竞争比较

17.4.1　通信产业专利技术的技术领域分析

移动通信领域是一个以数据通信为主要功能目的的电气科学领域，涉及多个相关技术领域的交叉，包括电子技术领域、信号处理技术领域、接入技术领域、交换技术领域、传输技术领域、计算机技术领域及系统集成技术领域等。移动通信技术的演进是电学及物理学领域相关技术的整体进步为基础，电物理学领域基础技术的进步推动了移动通信技术的整体演进。在众多交叉的技术领域中，其是与移动通信相关性最大的，属于移动通信技术更新换代的技术瓶颈领域，也是移动通信的关键技术领域。反之，与整体信息系统相关的一些普遍技术则可视为移动通信相关的外围技术，如微电子技术、计算机技术、系统集成技术等。移动通信技术的不断演进过程中，其关键技术的进步尤其值得关注。

移动通信技术领域的技术竞争优势研究应解决专利数据库资源和技术领域的定义问题，这也是由于，这一技术领域所对应的市场通常都是国际性大市场，聚焦何种竞争市场也标志着相关研究的适应性问题。

在数据库选择方面，国外的研究主要是以德温特专利数据库或欧洲知识产权局专利数据库为数据源。例如，美国经济学家 Schmookler（Kleinknecht、Verspagen，2004）在研究专利创新与经济的关系时使用了德温特数据库。国内的研究主要是以中国知识产权局专利数据库为数据源。栾春娟等在研究全球 3G 专利技术计量时使用的是德温特专利数据库。唐健辉和叶鹰（2009）在研究 3G 专利计量分析时用的也是德温特专利数据库，不过使用的分析指标与前不同。常芬芬和黄翠霞（2011）在研究 LTE 专利时使用的是 ETSI（欧洲电信标准化协会）披露的专利数据以及欧洲专利局（EPO）的专利数据库。王雷和戴妮（2008）在研究 TD-SCDMA 和 LTE 专利分布时则使用的是中国知识产权局专利数据库。官建成和戴珊珊（2011）在研究我国信息通信领域专利战略分析时使用的是中国知识产权局专利数据库。俞文华（2014）在研究企业发明专利、技术比较优势和外国专利控制时，使用的均为中国知识产权局专利数据库。

而从技术领域的界定看，移动通信及关键技术集中在无线接入技术领域和无线传输技术领域，移动通信技术的更新换代是以无线接入技术和无线传输技术的升级为标识的。从第一代的模拟系统到第二代的数字系统，信号制式从模拟转变为数字，多址方式也从单一的频分多址转变为频分多址与时分多址甚至码分多址的结合；从第二代的窄带系统到第三代的宽带系统，不仅信号所占频谱被拓宽，而且多址方式也统一以码分多址为主（温维敏等，2010）。LTE 最重要的改进在于采用全新空中接口技术，其中单载波频分多址（single carder-frequency division multiple access，SC-FDMA）和虚拟多入多出（virtual multiple input multiple output virtual MIMO）是 LTE 上行链路中最重要的两种新型技术（林艳芳，2011）。LTE 系统仅支持单天线的上行发送，也就是说不支持 SU-MIMO。为了提高上行传输速率，同时也为了满足上行峰值频谱效率的要求，LTE-Advanced 将在 LTE 的基础上映入上行 SU-MIMO，支持最多 4 个发送天线。LTE 下行最多可以支持 4 个发送天线，而 LTE-Advanced

将会在此基础上进一步增强以提高下行吞吐量。目前确定将扩展到最多支持 8 个发送天线（江宇，2007）。智能天线技术是未来无线技术的发展方向，它能降低多址干扰，增加系统的吞吐量。在 TD-LTE 系统中，上下行链路使用相同频率，且间隔时间较短，小于信道相干时间，链路无线传播环境差异不大。在使用赋形算法时，由于上下行链路可以使用信号传播的无线环境受频率选择性衰落的影响不同，根据上行链路计算得到的权值不能直接应用于下行链路。因而，TD-LTE 系统能有效降低移动终端的处理复杂性。

LTE 目前最大支持 20MHz 的系统宽带，可实现下行 300Mbit/s、上行 80Mbit/s 的峰值速率。在 ITU 关于 IMT-Advanced 的规划中，提出了下行峰值速率 1Gbit/s、上行 500Mbit/s 的目标，并将系统最大支持宽带不小于 40MHz 作为 IMT-Advanced 系统的技术要求之一，因此需要对 LTE 的系统宽带作进一步的扩展。LTE-Advanced 采用的是载波聚合的方式实现系统带宽扩展。

根据移动通信各技术领域的技术特点及对相关文献的中对移动通信关键技术领域描述的踪迹，可得出移动通信的关键技术领域：信源编码与数据压缩、多址技术与扩频通信、信道编码与信道交织、数字式调制与解调、功率控制技术、分集技术与 Rake 接收、多用户检测技术、多载波传输技术、智能天线技术以及软件无线电技术领域（常玉芬，2011）。下面分别加以介绍。

（1）多址接入技术领域。移动用户建立通信的前提是要实现动态寻址，即在服务范围内利用开放式的射频电磁波寻找用户地址，同时为了满足多个移动用户同时实现寻址，多个地址之间还必须满足相互正交的特性，以免产生地址之间的相互干扰。 多址划分从原理上看，与固定通信中的信号多路复用是一样的，实质上都属于信号的正交划分与设计技术。不同点是多路复用的目的是区别多个通路，通常是在基带和中频上实现的，而多址划分是区分不同的用户地址，通常需要利用射频频段辐射的电磁波来寻址动态的用户地址，同时为了实现多址信号之间互不干扰，信号之间必须满足正交特性。移动通信的更新换代过程中，多址接入技术也在不断升级。第一代通信中，主要基于 FDMA；第二代技术中出现 TDMA 及 CDMA；第三代技术中出现了 TDMA 和 CDMA 的结合；在新的第四代技术中，加入了 OFDM 与 TDMA、CDMA 的组合。

（2）信道编码与信道交织技术领域。数字信号在传输中往往由于各种原因，使得在传送的数据流中产生误码，从而使接收端产生数据格式错误或完整性错误等现象。所以通过信道编码这一环节，对数码流进行相应的处理，使系统具有一定的纠错能力和抗干扰能力，可极大地避免码流传送中误码的发生。误码的处理技术有纠错、交织、线性内插等。

提高数据传输效率，降低误码率是信道编码的任务。信道编码的本质是增加通信的可靠性。在实际应用中，比特差错经常成串发生，这是由于持续时间较长的衰落谷点会影响到几个连续的比特，而信道编码仅在检测和校正单个差错和不太长的差错串时才最有效（如 RS 只能纠正 8 个字节的错误）。为了纠正这些成串发生的比特差错及一些突发错误，可以运用交织技术来分散这些误差，使长串的比特差错变成短串差错，从而可以用前向码对其纠错。交织技术对已编码的信号按一定规则重新排列，解交织后突发性错误在时间上被分散，使其类似于独立发生的随机错误，从而前向纠错编码可以有效地进行纠错，前向纠错码加交积的作用可以理解为扩展了前向纠错的可抗长度字节。纠错能力强的编码一般要求的交织深度相对较低。纠错能力弱的则要求更深的交织深度。

(3) 数字式调制与解调技术领域。调频技术的应用曾对模拟移动通信的发展产生过极大的推动作用。迄今，这种调制技术仍广泛用于许多模拟移动通信系统中。第二代移动通信是数字移动通信，其中的关键技术之一是数字调制技术。对数字调制技术的主要要求是已调信号的频谱窄和带外衰减快即所占频带窄，或者说频谱的利用率高易于采用相干或非相干解调抗噪声和抗干扰的能力强以及适宜在衰落信道中传输。数字信号调制的基本类型分振幅键控、频移键控和相移键控。此外，还有许多由基本调制类型改进或综合而获得的新型调制技术。在实际应用中，线性调制技术和恒定包络连续相位调制技术应用较为广泛。线性调制技术主要包括 PSK、QPSK、DQPSK、0K-QPSK 和多电平 PSK 等（谈振辉，2007）。应该注意，此处所谓的线性，是指这类调制技术要求通信设备从频率变换到放大和发射的过程中保持充分的线性。显然这种调制技术要求在制造设备中会增加难度和成本，但这类调制方式可获得较高的频谱利用率。恒定包络连续相位调制技术主要包括 MSK、GMS 呼 TFM 等。这类调制技术的优点是已调制信号具有相对窄的功率频谱和对放大设备没有线性要求，其不足之处是频带的利用率不高，低于线性调制技术。

提高频谱利用率是提高通信容量的重要措施，是规划和设计通信系统的焦点。在意年代初期，人们在选用数字调制技术时，大多注意力集中于恒定包络数字调制，但在意年代中期以后，人们采用 QPSK 之类的线性数字调制。另一种获得迅速发展的数字调制技术是振幅和相位联合调制 QMO 技术。目前，4 电平、16 电平、64 电平以至 56 电平的考虑已在微波通信中获得成功应用（参考前）。以往人们认为高电平的信号特征不适应在移动环境中进行信息的传输，经过近几年的研究和发现，人们提出了许多的改进方案例如，根据移动信道特性的好坏可自适应地改变的电平数，即改变信道的传输速率，从而构成变速率一为减少码间干扰和时延扩展的影响，把将要传输的数据划分成若干个子数据流每个数据流具有较低的传输速率，并且用这些数据流去调制多载波。

(4) 功率控制技术领域。在 CDMA 移动通信系统中，另一个影响系统接收性能的因素就是“远近效应”。在一个蜂窝小区内，由于各个用户距离基站有远有近，基站接收到距离近的用户信号就较强，距离远的用户基站接收到的信号则较弱，这样距离近的用户信号就会对距离远的用户信号造成干扰和抑制，影响其接收效果，这就是所谓的“远近效应”。为了解决这一问题，人们提出了功率控制的方法，即控制上下行链路的信号发射功率，以便基站接收到的各用户信号的强度更为均衡，不至于出现某些用户的信号被“淹没”的情况。功率控制的方法有很多，根据功率控制信息的获取方式，可以分为开环功率控制和闭环功率控制两种。①开环功率控制是指基站或移动台根据自身接收信号的强度自主调整其发射信号的功率，如果接收信号较强，则降低发射功率，反之则提升发射功率。②闭环功率控制是指基站根据接收信号的强度向移动台发送功率控制指令，令其调整发射功率，如果接收信号较强，则令移动台降低发射功率，反之则令其提升发射功率。

(5) 分集技术领域。根据信号论原理，若有其他衰减程度的原发送信号副本提供给接收机，则有助于接收信号的正确判决。这种通过提供传送信号多个副本来提高接收信号正确判决率的方法被称为分集。分集技术是用来补偿衰落信道损耗的，它通常利用无线传播环境中同一信号的独立样本之间不相关的特点，使用一定的信号合并技术改善接收信号，来抵抗衰落引起的不良影响。空间分集手段可以克服空间选择性衰落，但是分集接收机之间的距离要满足大于三倍波长的基本条件。分集的基本原理是通过多个信道(时间、频率或者空间)接收到承载相同信息的多个副本，由于多个信道的传输特性不同，信号多个副本的衰落就不会相同。接收机使用多个副本包含的信息能比较正确的恢复出原发送信号。如果不采用分集技术，在噪声受限的条件下，发射机必须要发送较高的功率，才能保证信道情况较差时链路正常连接。在移动无线环境中，由于手持终端的电池容量非常有限，所以反向链路中所能获得的功率也非常有限，而采用分集方法可以降低发射功率，这在移动通信中非常重要。

分集技术包括两个方面：①分散传输，使接收机能够获得多个统计独立的、携带同一信息的衰落信号；②集中处理，即把接收机收到的多个统计独立的衰落信号进行合并以降低衰落的影响。因此，要获得分集效果最重要的条件是各个信号之间应该是“不相关”的。

当两个用户到基站的信道统计特性相似，即有相同的均值，并且两用户间的信道质量较好时，协作方案提高信息传输速率的幅度就越大，系统性能的提升就越显著。当两个用户到基站信道统计特性不同时，协作依然能提高信息传输速率，且本身通信质量较差的用户受益较大，而相对通信质量较好的用户并没有受到不良的影响，可达速率区域仍然是有所增加的。时延要求常使我们不能够有一定长度的码序列，由此传信率就成为随衰落程度变化而变化的随机变量。有些无线系统对信息传输速率有最低要求，如果低于这个值即认为系统不可靠，无法继续运行。这时，如果得到的随机变化的传信率低于一定的水平，即业务可靠速率，则发生“中断”。因而，中断概率也成为系统性能的一个评判标准。研究表明，如果两用户传信率相等时，对所有业务的可靠速率，协作系统的中断概率都要小于非协作系统的中断概率。即便是传信率的提高并不多，但系统的健壮性却能提高很多。

(6)多用户检测技术领域。在码分多址(code division multiple access，CDMA)通信系统中，不同用户的信号是通过对应的扩频码来区分的。从理论上来说，要严格控制不同用户信号之间的相互干扰，必须要满足两点：①通信系统采用的扩频码组是完全正交的；②各用户信号在传输过程中保持同步。然而，在现实中这两点都是难以实现的。因此，在现实的 CDMA 系统中，各用户信号之间的相互干扰，也即多址干扰，就难以避免了。与一般的信道噪声相比，多址干扰对通信质量的影响往往要大得多。所以，如何有效减小多址干扰，是以 CDMA 为主要多址方式的第三代移动通信系统要解决的关键问题之一。而多用户检测就是一种重要的方法。

多用户检测最早是由美国学者 S.Verdu 于 1986 年提出的，他设计的是高斯白噪声背景下的最优多用户检测，该结构的检测性能已经接近于单用户系统。另一方面，它的运算复杂度也随用户数成指数增长，因此该结构仅具有理论价值。传统的单用户检测将目标用户以外的其他用户的信号都当作干扰来处理，而多用户检测则利用了各用户信号之间通过扩频码建立的联系来实施联合检测。

(7)多载波传输技术领域。由于终端尺寸、复杂度以及天线数代价等限制，多天线技术所带来的传输性能增益是有限的。为了支持更高的带宽(对单用户，最高支持 100 MHz 带宽)、同时保持后向兼容性，3GPP 标准组织在其 LTE-Advanced 标准中引入了载波聚合(CA)技术，将两个或更多的成员载波(成员载波可以分别位于非连续的频谱段)聚合成一个更宽的信道。这种聚合方式提供了扩展的带宽，可以获得期望的峰值速率、增加用户的平均速率。CA 作为 IMT-Advanced 中的一种关键技术，吸引了包括中国移动、诺基亚、爱立信、华为、中兴等众多通信集团的广泛关注。通常，CA 可用于三种不同的频谱场景：带内连续 CA、带内非连续 CA、带间非连续 CA。在 3GPP 规范中，定义了三种载波类型：后向兼容载波、非后向兼容载波、扩展载波。

(8) 智能天线技术领域。智能天线采用了空时多址（SDMA）的技术，利用信号在传输方向上的差别，将同频率或同时隙、同码道的信号进行区分，动态改变信号的覆盖区域，将主波束对准用户方向，旁瓣或零陷对准干扰信号方向，并能够自动跟踪用户和监测环境变化，为每个用户提供优质的上行链路和下行链路信号从而达到抑制干扰、准确提取有效信号的目的。这种技术具有抑制信号干扰、自动跟踪及数字波束等功能，被认为是未来移动通信的关键技术。目前，智能天线的工作方式主要有全自适应方式和基于预多波束的波束切换方式。全自适应智能天线虽然从理论上讲可以达到最优，但相对而言各种算法均存在所需数据量、计算量大、信道模型简单、收敛速度较慢，在某些情况下甚至出现错误收敛等缺点，实际信道条件下，当干扰较多、多径严重，特别是信道快速时变时，很难对某一用户进行实际跟踪。在基于预多波束的切换波束工作方式下，全空域被一些预先计算好的波束分割覆盖，各组权值对应的波束有不同的主瓣指向，相邻波束的主瓣间通常会有一些重叠，接收时的主要任务是挑选一个作为工作模式，与自适应方式相比它显然更容易实现，是未来智能天线技术发展的方向（苗强、毛玉泉，2005）。智能天线技术作为有效解决这一问题的新技术已成功应用于移动通信系统，并通过对无线数字信号的高速时空处理，极大地改善了无线信号的传输，成倍地提高了系统的容量和覆盖范围，从而极大地改善了频谱的使用效率。

相对于单天线以及单载波传输技术，MIMO-OFDM 技术可以提供更高的系统容量和更好的用户服务公平性（陈国平，2011）。LTE 正是以 MIMO 结合 OFDM 技术为基础，辅之以其他关键技术而达到比 3G 系统更高的传输速率，在高效利用频谱资源的同时还为用户提供速率更高、移动性更好的通信服务，因而 LTE 技术被视为 B3G 乃至 4G 未来无线移动通信的主流候选标准之一。

(9) 软件无线电技术领域。软件无线电技术是在硬件平台上通过软件编辑以一个终端实施不同系统中多种通信业务。它用数字信号处理语言描述电信元件，以软件程序下载成数字信号处理硬件（digital signal pocessing hardware，DSPH）。以具有通用开放无线结构（open wireless architecture，OWA），兼容多种模式在多种技术标准之间无缝切换（束峰、颜永庆，2005）。

以上共计九个典型的通信产业技术领域。

17.4.2　移动通信专利技术的国家（地区）分布比较

1963～2007 年，全球 3G 专利申请主要分布在欧盟（24%）、美国（22%）、中国（10%）、韩国（10%）、日本（9%）等国家和地区，一定程度上说明欧盟、美国、中国、韩国和日本是 3G 技术科研力量最强的国家和地区。同时，可以看到，3G 专利的国际申请比例也比较高，为 14%，这说明专利申请人比较重视 3G 专利技术的国际保护。在中国获得移动通信专利授权量最多的是日本，占总授权量的 30%；其次才是中国；韩国和美国的授权量基本一致，有微小差别但不明显。发达国家和地区的申请授权量占据了中国移动通信专利申请授权量的 75%，国内通信企业占据本国市场的份额较小。这也从侧面反映出中国移动通信企业的生存空间不容乐观，发达国家和地区通过专利手段构造市场壁垒，给中国通信企业的发展制造了很大障碍。

3G 核心专利的分布与全部 3G 专利的分布稍有出入。就核心专利分布来看，排序是美国(23%)、欧盟(22%)、日本(9%)、韩国(9%)、中国(8%)。由此可见，3G 技术的核心专利更多地分布在美国和欧盟(栾春燕、尹爽，2009)。

在全球 3G 专利申请前 13 强的机构中，美国和日本各有 3 个高产机构，韩国有 2 个高产机构，芬兰、瑞典、德国和中国各有一个高产机构。其中，专利申请量最高的韩国的三星电子公司，其专利申请量为 809 项，国际比例达到 7.41%。专利申请超过 500 项的公司还有芬兰的诺基亚公司、瑞典的爱立信公司和美国的高通公司(唐健辉、叶鹰，2009)。唐建辉、叶鹰(2009)针对移动通信领域的专利引文研究，还重点关注专利影响因子(CII)、技术强度(TS)以及专利权人 h 指数等三个指标，据此计算出 3G 通讯专利技术领域主要分布在 H 电学大类和 G 物理大类，共占 98.41%；其中 H 大类占 80.27%。通过专利权人代码可以发现，在前 12 位专利权人中，有 3 位是个体专利权人(后缀 I)，占该 12 位专利总量的 13.47%，表明在 3G 通信技术的发展中，企业在发挥着不可替代的主导力量之时，个人也起着积极的推动作用。此外，通信产业极其重要的方面是相关工业标准的建立及其相关专利背景。

移动通信技术大致可分为 GPRS、PDMA、TDMA、CDMA、SDMA、IDMA 五大类技术，目前 CDMA 技术授权量约占移动通信技术授权量的 70%以上，其他技术授权量不足总授权量的 30%，其中 IDMA 授权量最少，再次是 PDMA 授权量，SDMA 授权量虽然比 PDMA 授权量稍多，但并不明显，GPRS 授权量和 TDMA 授权量相当。

17.5 我国移动通信领域相关专利竞争研究

本章研究所采集专利数据来源于中国知识产权网(简称 CNIPR)，专利检索通过平台推荐的“主题+摘要关键词检索”的方式进行专利检索。所有专利检索使用两个关键词组合的方式，即“移动通信 and<技术领域关键词>”的组合。技术领域关键词，选择各技术领域名字的第一个技术类关键词，而且是完整的能明确表达技术领域范围的关键词。针对 9 个关键技术领域，其关键词分布是：多址、信道编码、数字调制、功率控制、分集技术、多用户检测、多载波、智能天线、软件无线电。得出原始专利数据后，从专利申请日时间和专利申请人的角度进行进一步的统计分析。结合移动通信技术更新换代的时间点，分析该技术领域中专利数量的时间分布情况其申请人分布情况。下面分别给出 9 个关键技术领域的专利分布。

1) 多址接入技术领域专利分布情况分析

用关键字“移动通信 and 多址”，包含多址接入及多址连接的相关专利，检索得出所有发明专利数为1138项。

考察专利申请的增长情况，观测发现，这一领域的专利申请从1996年开始增长，2000年后进入申请高峰期，在2006年达到顶峰。配合移动通信更新换代的时间表分析，1996年左右，正值第一代移动通信兴起时代，主要技术热点集中在频分多址技术领域，2000年进入第二代通信时代，主要技术热点增加了时分多址及码分多址技术领域，2004年开始3G及B3G技术预研，主要技术热点增加了三种多址方式的组合等技术领域，并且在三种技术基础上进行了正交组合等方面的进步。该领域技术成为3G及4G技术中直接影响数据带宽的关键空口技术领域，因此在2004～2007年是该领域专利技术的喷发期。

移动通信多址技术领域涉及核心传输网及移动终端两侧设备，不同公司的专注领域不同。例如，有些公司主要专注终端设备，有些公司专注核心网设备，还有一些公司两者皆是主营业务。从图17-1(a)可以看到，前十五名申请人中，三星电子、艾莉森电话、LG电子、松下电器、诺基亚、凯明信息等申请人是专注移动终端的公司；而中兴通讯、华为技术、大唐移动、摩托罗拉、西门子等申请人同时专注核心网及移动终端设备；高通股份及英特尔则是纯粹的芯片商，开发相关芯片授权给第三方使用；NTT是日本的电信运营商，在核心网检索方面有很强的研发能力，在多址领域也有一部分核心专利。

2)信道编码与信道交织技术领域专利分布情况分析

用关键字：“移动通信 and 信道编码”，检索得到所有本领域发明专利数为249项。

按照时间跨度分析，可以看出在2006年信道编码及交织技术领域的发明专利申请数量达到高峰。从折线趋势上可以判断，申请数量的时间分布与移动通信技术的更新换代大体一致。1998～1999年，2000～2004年，2005～2008年，这三个时间段正是第一代移动通信、第二代移动通信及3G的兴起时代。

从专利申请人分布看，图17-1(b)所示，信道编码及信道交织技术领域中，专利申请数量排名前15的机构中，中外比例基本平衡。从专利数量分布上看，我国在信道编码及信道交织领域具有一定的优势。

另外，信道编码技术领域偏重于基础理论和算法研究，各大院校与科研院所的研发投入相对较集中。部分高校也成为重要的专利申请人。例如清华大学、上海交通大学、北京邮电大学、东南大学等，在中国的8名申请人中，占到50%的比例。这些数据也充分证明了科研机构在该领域的研究中占据重要位置。

3)数字调制与解调技术领域专利分布情况分析

用关键字：“移动通信 and 数字调制”，检索得出所有发明专利数为472项。

数字调制与解调是移动通信系统中必不可少的环节，多媒体信号进入无线网络传输前必须经过调制，在接收侧必须经过相应的解调，复原成原信源数据。从第一代移动通信系统开始，数字调制与解调技术就有了广泛应用。如图17-1(c)所示，从1994年开始，移动通信领域数字调制与解调技术的专利申请数量开始进入第一个顶峰，这正好与第一代移动通信的预研时间吻合。1998年，移动通信领域数字调制与解调技术的专利申请数量达到第二个高峰，此时的调制技术主要涉及QPSK、PSK等，主要应用于第二代移动通信。

2001～2005 年，数字调制与解调技术的专利申请数量维持在中等水平，这几年是第二代移动通信趋于稳定，第三代移动通信技术预研兴起的时代。这段时间内，数字调制的基础理论没有革命性的发展，但是开始在第三代移动通信中使用各种调制技术的组合，因此专利申请数量维持在中等水平。2005～2009 年，移动通信领域数字调制与解调技术的专利申请数量进入井喷高峰，涌现出大量新的数字调制与解调方面的专利。因为这个区间是第四代移动通信技术预研兴起的年代，而且在移动通信领域引入了 OFDM 调制技术，该时期内主要的数字调制技术专利都与 OFDM 有关。OFDM 技术是第四代移动通信 LTE 技术标准中的关键技术进步。数字调制与解调技术是日韩企业的优势领域，从图 17-1(c)可以看出，虽然排名第一的企业是中国的中兴通讯，但其领先第二、三、四名的优势并不明显，而随后三名企业都是日韩企业。

在该技术领域，专利申请数量排名前十五的专利申请人中，中国企业或机构有 5 家，占 30%；日韩企业有 4 家，占 26.6%；欧美企业有 6 家，占 40%。虽然从专利申请人分布的角度看，中国和日韩的企业没有取得明显优势。但是从专利申请数量上看，中国和日韩的企业有较明显的数量优势。再结合专利申请的时间分布分析发现，欧美企业在该领域的专利申请时间多集中在 2005 年以前，在 2005 年以前的专利分布中，欧美企业的申请数量占绝对优势，例如爱立信电话(爱立信公司在中国的专利公司)在此领域的 16 项专利全部集中在 2000 年以前。

4)移动通信功率控制领域专利技术分析

用关键字：“移动通信 and 功率控制”，检索得出所有发明专利数为 2793 项。在通信系统容量增加时，多径干扰也越严重，功率控制技术主要用来降低通信系统内的干扰。尤其对 CDMA 系统采用同时同频载波，控制各移动台的功率就是实现最大容量的关键，可以通过功率控制技术将移动台之间的干扰减到最小，实现信道的最大容量。

移动通信领域功率控制技术的演进和发展是伴随着移动通信标准的更新换代一起进行的。在第一代移动通信中，功率控制主要采用 PHS(personal handy-phone system)技术，1998 年之前的功率控制方面的专利主要集中在该领域。但如图 17-2(a)所示，功率控制技术专利在从 1999 年进入上升期，属于新一类技术。该时期内功率控制技术在第二代移动通信标准 CDMA 中广泛应用。随后 CDMA 成为移动通信的基础技术，功率控制技术也在不断发展。从图 17-2(a)中可知移动通信领域功率控制技术专利申请数量在 2007 年以前都是快速增长的。这与移动通信第三代及第四代技术的演进息息相关，每一代移动通信技术的换代都伴随着系统容量的大幅提升，功率控制在移动通信中的地位越来越重要。2007 年以后功率控制技术专利的申请数量进入下降期。

功率控制技术的应用从第二代移动通信时代开始兴起，在第三代及第四代移动通信时代迅速发展。因此，在第三代移动通信标准及第四代移动通信标准中研发投入较大的企业，在专利申请数量上也能体现相应的优势。如图 17-2(a)所示，在功率控制领域，专利申请数量排名第一的申请人我国的大唐移动。大唐移动隶属大唐电信产业集团，代表中国政府提出了 TD-SCDMA 技术标准，并被采纳为国际第三代移动通信标准。借助于在 TD-SCDMA 领域的技术积累，大唐移动在功率控制方面的专利申请数量最多。另外，三星电子、日本电气、NTT、中兴通讯、华为技术、高通股份等企业都在 WCDMA 或 CDMA2000 领域有很大的研发投入，因此专利申请数量也非常多，如图 17-2(a)所示，分列第 2～6 位。

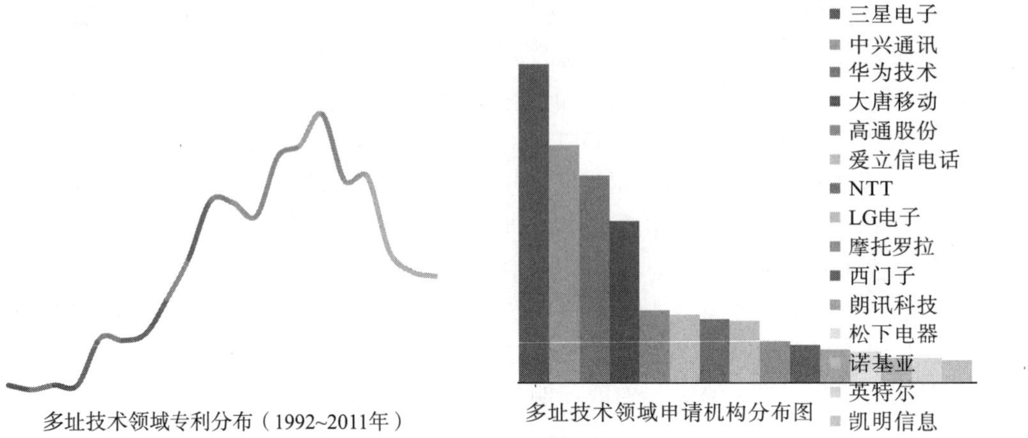

(a)多址技术领域专利分布

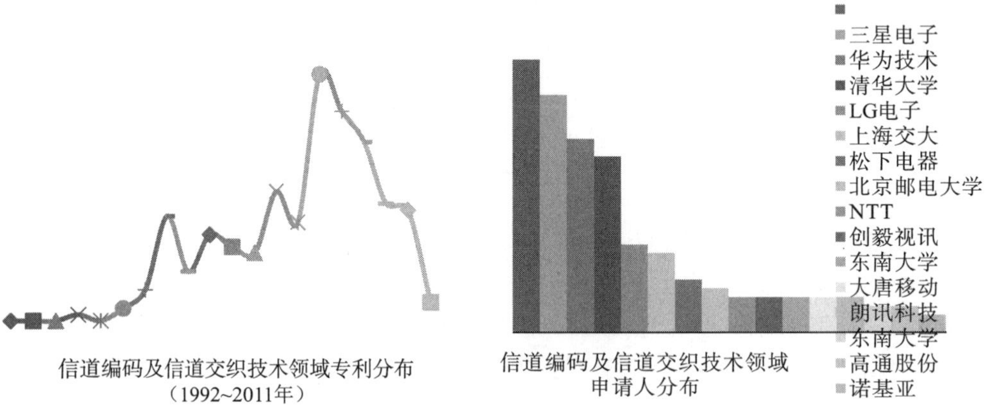

(b)信道编码及信道交织技术专利分布

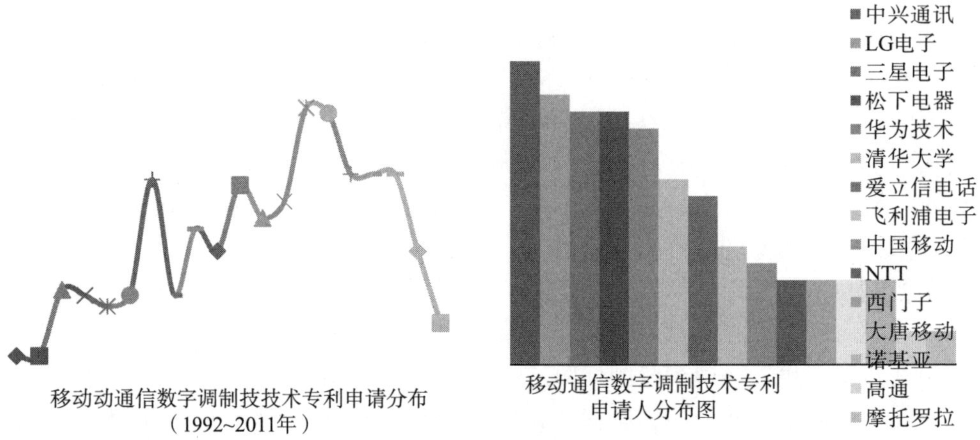

(c)移动通信数字调制技术专利分布

图 17-1　专利分布

在该技术领域，专利申请数量排名前十五的专利申请人中，中国企业或单位有4家，占26.6%；日韩企业有6家，占40%；欧美企业有5家，占30%。但从占比数量上看，中国、日韩和欧美没有较大差距，但是如果结合专利数量来看，日韩企业占49%，中国34%，欧美17%。因此在该领域，日韩企业的专利申请数量占有一定优势。

5)分集技术领域专利分布情况分析

用关键字："移动通信 and 分集技术"检索得出所有发明专利数为175项。

分集的基本原理是通过多个信道(时间、频率或者空间)接收到承载相同信息的多个副本，由于多个信道的传输特性不同，信号多个副本的衰落就不会相同。接收机使用多个副本包含的信息能比较正确的恢复出原发送信号。如果不采用分集技术，在噪声受限的条件下，发射机必须要发送较高的功率，才能保证信道情况较差时链路正常连接。在移动无线环境中，由于手持终端的电池容量非常有限，所以反向链路中所能获得的功率也非常有限，而采用分集方法可以降低发射功率，这在移动通信中非常重要。

从分集技术的原理上来分析，该技术主要应用于基站与手机终端上。因此分集技术从技术阶段上来看，在第一代通信(1997～2000年)时进入萌芽阶段，如图17-2(b)所示。在第二代通信年代进入技术发展期，专利技术数量迅速提升，即在2001～2004年。伴随着第三代通信技术的发展，空口技术也不断成熟，与终端及基站相关的分集技术步入成熟期，即在2005～2008年，分集技术相关专利数量达到顶峰，在2008年会急剧下降，该技术进入技术成熟期。

如上节所示，分集技术主要影响基站设备及终端设备，因此以终端设备和基站设备为主要业务领域的企业在此领域拥有较多专利。如图17-2(b)所示，前三名为华为技术、中兴通信和大唐移动，这三家公司都是我国新兴的以移动通信业内的设备巨头，当年曾被誉为"巨、大、中、华"，其主营业务都是移动通信核心网设备及手持移动终端设备。这三家公司在分集技术领域的专利技术，不仅占据了前三名的排名，三家总共的专利数占到该领域总专利数量的65%。

分集技术也是理论性非常高的领域，属于移动通信基础理论研究领域，很多高校也专注此领域的研究，并取得了可观的成果，排名前15名的专利申请人中，出现了三所高校机构：北京邮电大学、清华大学及北京交通大学。

6)多用户检测技术领域专利分布情况分析

用关键字"移动通信 and 多用户检测"，检索得出所有发明专利数为80项。

多用户检测技术主要是为了解决多用户之间的干扰，保证多用户间通信的稳定性。主要应用于CDMA为基础的通信系统中，在多个用户占用相同信道时，通过不同的码区来区分多径干扰和多址干扰带来的影响。该理论在1986年首先被提出，并在第二代移动通信CDMA系统中应用实践。

如图17-2(c)所示，多用户检测技术在2000年之前，开始有第一波专利出现，主要是针对初期的CDMA系统中的基本专利。在2000～2005年，是CDMA通信标准快速发展的时间阶段，在此过程中开始出现大量关于多用户检测的专利。2007年开始，CDMA进入又一个高速发展期，WCDMA、CDMA2000 和 TD-SCDMA 等国际 3G 标准，皆是基于 CDMA 基础标准发展起来的。因此在此间断多用户检测相关专利数量达到顶峰。在 2009 年后，多用户检测技术进入成熟期，专利申请数量有所下滑。

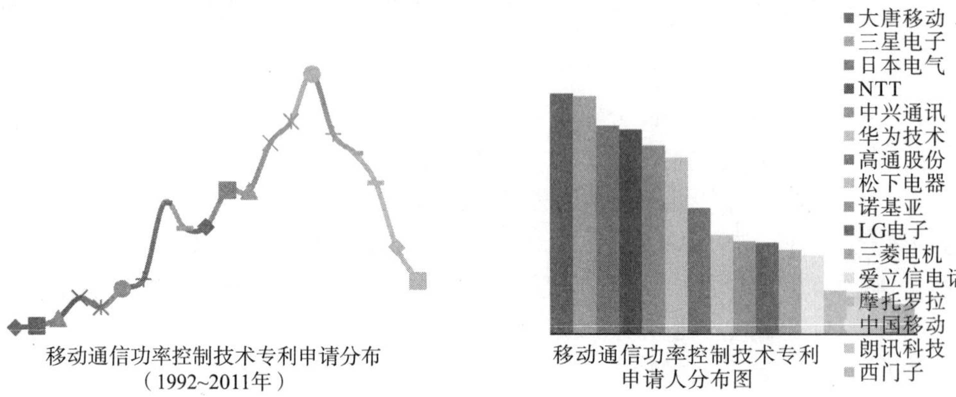

(a) 移动通信功率控制技术专利分布

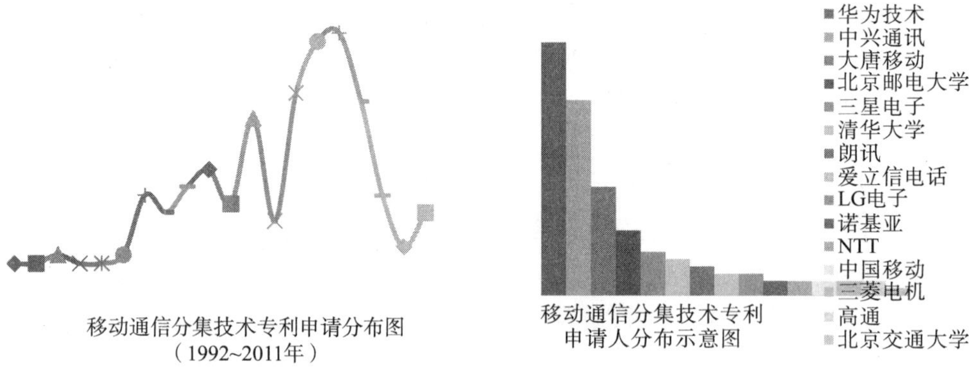

(b) 移动通信分集技术专利分布

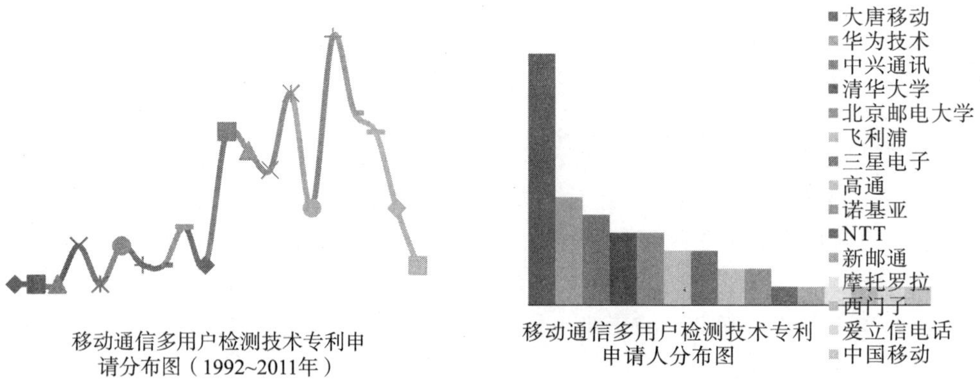

(c) 移动通信多用户检测技术专利分布

图 17-2　多用户检测技术领域专利分布

如图 17-2(c)所示，大唐移动在多用户检测技术领域的专利申请数量最多，主要是因为大唐移动是 TD-SCDMA 国际标准的主要起草者。大唐电信集团代表中国政府提出了 TD-SCDMA 移动通信标准，并被采纳为第三代移动通信国际标准之一。因为多用户检测与智能天线是相关的技术领域，因此大唐移动在此领域有明显的技术优势，专利申请数量排在第一位。另外，华为技术及中兴通讯在 WCDMA、CDMA2000、TD-SCDMA 等标准中有比较均衡的技术分配，因此其在多用户检测技术领域的专利申请数量也比较高。另外，如图 17-2 所示，高通、摩托罗拉、爱立信电话等国外通信巨头也在中国申请了相关专利，他们的专利申请时间一般在 2005 年前，多是基础专利。

7) 多载波传输技术领域专利分布情况分析

输入关键字“移动通信 and 多载波”，检索得出所有发明专利数为 1280 项。

多载波技术主要是为了扩展移动通信的带宽，为用户提供在有限硬件设备的条件下，尽可能通过多载波技术扩大带宽容量，主要影响到终端设备与空口基站设备。多载波技术是一种传输层的技术，主要为常规的数据传输提供多条传输通道，通过载波聚合，加大传输带宽。作为传输层的技术，在第一低通信与第二代通信这两代窄带通信时代中，多载波技术的需求并不强烈，因此在 2005 年以前，多载波技术的专利申请数量维持在萌芽阶段。但在进入第三代移动通信技术预研期后，扩频通信成为移动通信领域的技术热点，因此在 2005～2009 年，多载波技术相关专利进入爆发式增长，专利申请数量平均年增长率超过 20%。在此阶段 WCDMA、CDMA2000 和 TD-SCDMA 等标准的芯片制造商，都纷纷增加了对多载波技术的支持，移动通信的带宽得以成倍增长。

如图 17-3(a)所示，大唐移动、中兴通讯、NTT、松下电器、三星电子、LG 电子等新兴移动通信企业在多载波技术专利申请数量上都高于摩托罗拉、艾利森电话、西门子、朗讯等传统通信巨头。其中很大一方面是因为多载波技术是移动通信领域相对较晚成熟的技术，大唐移动、中兴通讯、三星电子、LG 电子等新兴企业在多载波技术发展的萌芽期就介入了技术研究。在此领域并无明显落后与传统通信巨头的时间劣势，因此在专利申请数量上甚至超越了传统通信巨头。

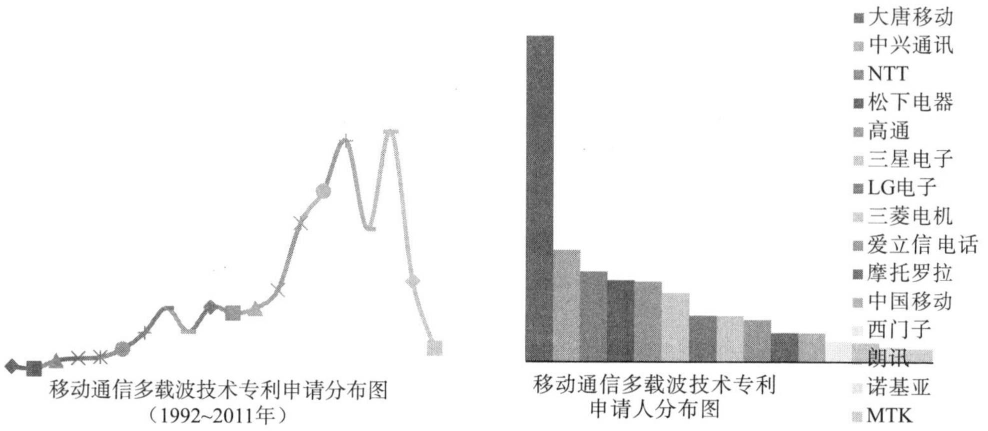

(a)移动通信多载波技术专利分布

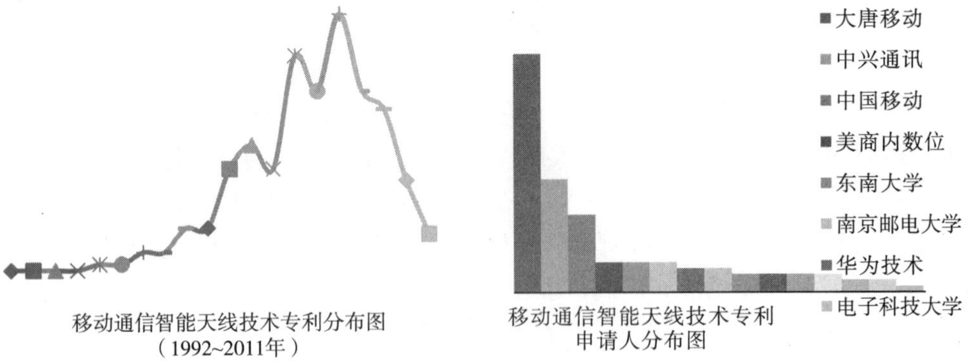

(b) 移动通信智能天线技术专利分布

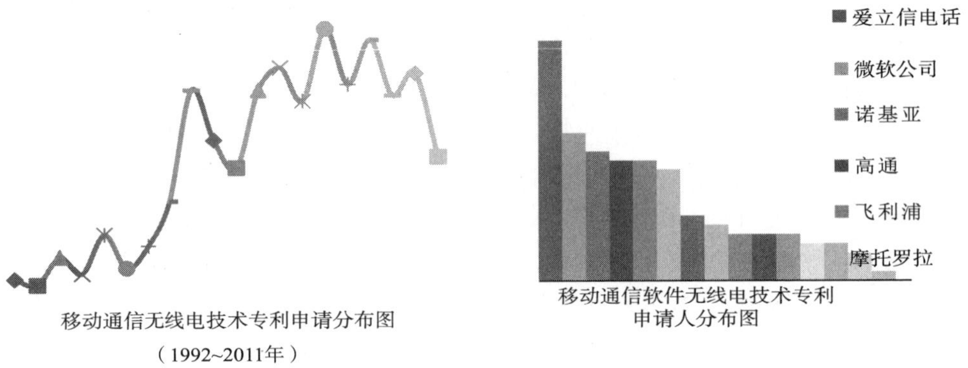

(c) 移动通信软件无线电技术专利分布

图 17-3　多载波传输技术领域专利分布

另一方面，多载波技术与天线技术息息相关，在天线方面造诣更深的企业具有更大的优势，正如图 17-3 所示，大唐移动在此领域再次独占鳌头。

另外值得注意的是，该技术领域中开始出现 MTK 等手机终端方案研发厂商。MTK 等手机终端方案研发厂商在终端设备设计方面积累了广泛的实践经验，在新兴的移动通信技术领域，也具备了一定的技术竞争能力，因此其专利数量也进入该领域企业排名的前十五名。

8) 智能天线技术领域专利分布情况分析

在 CNIPR 平台上进行移动通信智能天线技术领域的专利检索，关键字：“移动通信 and 智能天线”，检索得出所有发明专利数：265 项。

智能天线技术有效解决了同频率、同时隙或同码道的信号干扰，并通过对无线数字信号的高速时空处理，极大地改善了无线信号的传输，成倍地提高了系统的容量和覆盖范围，从而极大地改善了频谱的使用效率。

智能天线第一次被广泛应用在现在移动通信中，是在 TD-SCDMA 国际标准中，并且是 TD-SCDMA 的核心创新技术。因此从技术发展阶段上看，智能天线技术在 2004 年之前一直处于萌芽阶段，如图 17-3(b) 所示，2005～2008 年是智能天线技术快速发展的阶段。

在这个阶段智能天线的发展主要得益于TD-SCDMA成为国际标准之一，并成功普及，吸引力众多通信设备商关注此领域的技术研发。

相对于单天线以及单载波传输技术，MIMO-OFDM技术可以提供更高的系统容量和更好的用户服务公平性。LTE正是以MIMO结合OFDM技术为基础，辅之以其他关键技术而达到比3G系统更高的传输速率，在高效利用频谱资源的同时还为用户提供速率更高、移动性更好的通信服务。随着智能天线技术再次被定义为第四代移动通信LTE标准的关键技术，针对智能天线的技术研究也日趋成熟。2008年后，智能天线技术进入技术成熟期。

智能天线被创新性的应用于现代移动通信系统是我国提出的，关于智能天线的最基本的专利由大唐电信集团拥有。在智能天线技术领域，中国企业是有绝对技术优势的。

因此结合图17-3(b)可以看到，占据智能天线领域专利申请数量前三名的公司是三家中国公司：大唐移动、中兴通讯、中国移动，而且三家公司的智能天线专利申请数量占该领域总专利数量的60%左右，技术竞争优势非常明显。大唐移动作为TD-SCDMA标准的主要提出者，拥有最多的智能天线专利。中兴通信属于TD-SCDMA产业联盟的重要单位，专利数量排第二名。

需特别注意的是，中国移动作为移动通信运营商也入围了智能天线领域专利数量三甲，主要是因为中国移动是TD-SCDMA国际标准最主要的实施推动者，在TD-SCDMA建网及推广中积累了广泛的经验，中国移动研究院在智能天线技术领域已走在世界前沿。

9)软件无线电技术领域专利分布情况分析

用关键字“移动通信 and 软件无线电”检索得出所有发明专利数为495项。

软件无线电技术解决了在同一硬件平台上实现多种通信业务的问题，可以兼容多种模式在多种技术标准之间无缝切换。软件无线电技术从移动通信发展的最初阶段就有巨大的需求，因为移动通信技术领域一直是多种技术标准共存。针对软件无线电的研究也起步较早，而且受移动通信阶段性技术标准更新的影响并不大。如图17-3(c)所示，软件无线电技术领域内的专利申请数量在2000～2011年，基本上是均匀发展的。同时，也可以看到在2006～2008年，软件无线电技术的专利申请数量达到了一个相对高峰，主要是因为此阶段是移动通信发展的黄金阶段，从窄带通信升级到宽带通信，大部分移动通信技术都取得了较大的进展。从图17-3(c)来看，软件无线电技术的专利申请数量还处于均衡发展水平，该技术逐步进入技术成熟阶段。

如上节所述，软件无线电技术主要解决不同技术标准的通信模式间的转换，因此软件无线电技术的研究需要有全面的移动通信技术积累，包括不同标准的通信模式。另外需要较强的软件研发实力。从图17-3(c)可以看到，排名前六的企业中，爱立信电话、诺基亚、高通、飞利浦、摩托罗拉都是传统通信巨头，在移动通信技术积累方面有显著的优势。另外微软公司是公认的全球最具软件研发实力的公司之一。

排名前十的企业或机构中，出现了两家中国单位：清华大学和中兴通信，可以看出我国高校和新兴的通信企业也在软件无线电领域投入了巨大的研发活动，为中国企业在下一代移动通信技术研究中积累了技术知识和经验。

17.6　我国通信产业典型企业专利技术竞争研究

1) 样本选取

第一步，选取在关键技术领域中出现频次超过平均值(42.6%)的企业，选中 14 家企业。

第二步，通过 CNIPR 平台收集这些典型企业在移动通信领域中所有的专利数量，及各企业的发明专利数量，计算企业内发明专利数量占比。其中有 12 家典型企业的发明专利占比超过 85.28%(我国移动通信领域发明专利占比平均数)，最低为三星电子，也达到 86.53%。

第三步，验证这些企业在关键技术领域的专利数量总和，这 12 家企业的发明专利数量占样本专利总量的 81.04%，可以看出这 12 家企业的专利数量总和与其他企业比较也是具有较大优势的。

如图 17-4 所示，选取的 12 家典型企业从国别分布上看，有 3 家中国企业，占样本企业总数量的 25%，主要代表新兴的中国移动通信企业；有 3 家日韩企业，占样本企业总数量的 25%，主要代表与中国企业有类似商业环境的日韩移动通信企业；有 6 家欧美企业，主要代表传统的移动通信巨头企业。

因此，这 12 家企业具有专利技术比较的典型意义，具备了在关键技术领域中专利覆盖面广、专利数量较多、发明专利占比高的特性，同时在国家和区域意义上覆盖了中国、欧美和日韩企业，适合作为移动通信领域技术竞争比较研究的样本。

2) 样本企业的移动通信关键技术领域权重分析

为研究不同的移动通信技术领域在样本企业中相对重要程度，即权重关系，本章对各技术领域的相关参数进行计算。

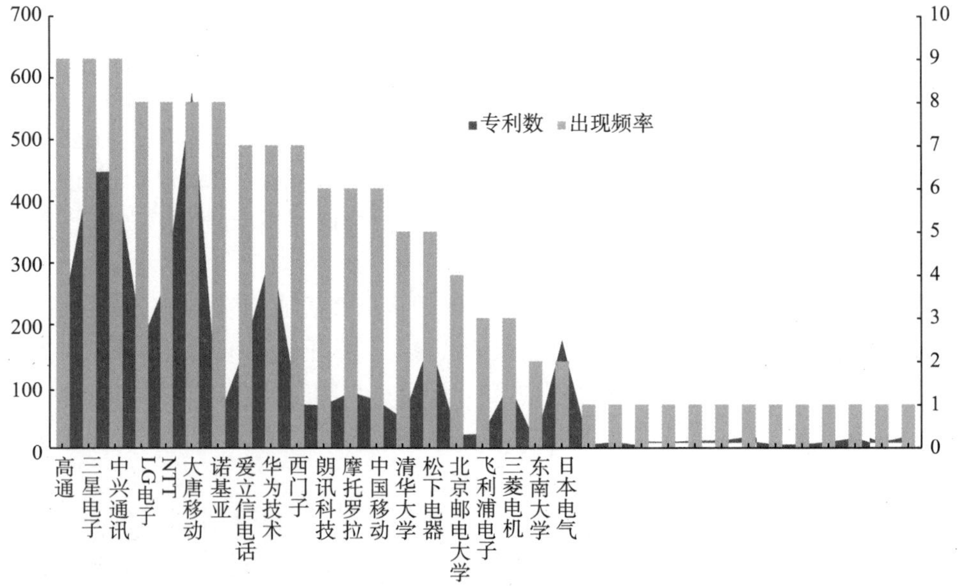

图 17-4　样本企业专利数量及其出现频率比较示意图

本书界定技术领域权重系数为 RI_{iF}，表现技术领域 F 对企业 i 的相对重要性：

$$RI_{iF} = \left(PA_{iF} / \sum_{F} PA_{iF}\right) \times 100\% \tag{17.1}$$

其中，PA_{iF} 为公司 i 在 F 技术领域内的发明专利申请数量；$\sum_{F} PA_{iF}$ 为公司 i 在所有技术领域内的发明专利总数。

该指标反映了公司 i 在 F 领域的发明专利申请量占其总发明专利申请量的比例。通过比较公司 i 在各领域的 RI_{iF}，可以对公司 i 的重点技术领域进行排序，技术领域权重系数越高，则表示该领域对公司 i 的技术创新活动越重要(刘佳、钟永恒，2011)。

计算结果如表 17-3 所示。从表 17-3 中的指数可以看到，功率控制、多址接入、多载波等三个技术领域的整体指数都比较高，最高达到了 62.81%(诺基亚公司功率控制技术领域)，平均值为 27.17%。可见这三个技术领域是整个移动通信关键技术领域中的第一梯队，对移动通信行业的所有企业而言，都是需要重点关注的核心技术领域。

结合技术层面的分析，功率控制、多址接入和多载波是直接影响移动通信终端性能、接入带宽和质量的相关技术，这个技术领域的创新直接影响移动通信的关键性能，也是移动通信技术更新换代的核心领域。

另外，信号编码及交织、数字调制及解调、分集技术、多用户检测、智能天线和软件无线电等技术领域组成了整个移动通信关键技术领域中的第二梯队，对企业的相对重要性指数平均为 3.08%。在第二梯队中，这六个技术领域对典型企业的相对重要性指数分布呈分散状态。偏重信道编码及交织技术领域的有中兴通讯和三星电子，偏重数字调制及解调技术领域的有 LG 电子、NTT 和诺基亚，偏重分集技术的是华为和朗讯科技，偏重智能天线的有大唐移动，偏重软件无线电的有爱立信电话、西门子和高通股份。

表 17-3 典型样本企业不同技术领域的权重比较

技术领域 样本企业	多址接入 /%	信道编码 及交织/%	数字调制 及解调/%	功率控制 /%	分集技术 /%	多用户 检测/%	多载波 /%	智能天线 /%	软件 无线电/%
中兴通讯	24.38	6.94	4.03	34.45	6.04	1.12	17.45	4.25	1.34
三星电子	32.74	6.05	3.36	43.50	1.35	0.67	10.76	0.45	1.12
高通股份	15.28	1.39	0.93	47.69	0.93	0.93	25.93	0.93	6.02
华为技术	26.24	6.08	3.87	39.78	9.67	1.66	11.33	1.10	0.28
大唐移动	12.82	0.69	0.87	33.97	2.60	2.43	39.51	6.93	0.17
LG 电子	16.28	5.81	9.30	43.60	1.74	0.58	18.60	1.74	2.33
NTT	10.62	1.47	1.83	61.17	0.73	0.37	23.08	0.37	0.37
诺基亚	9.09	10.74	4.13	62.81	1.65	1.65	8.26	0.83	0.83
西门子	22.97	2.70	6.76	33.78	2.70	1.35	18.92	4.05	6.76
朗讯科技	20.55	5.48	2.74	41.10	5.48	1.37	17.81	4.11	1.37
摩托罗拉	20.00	3.16	2.11	37.89	1.05	1.05	21.05	1.05	12.63
爱立信电话	18.56	0.60	5.99	38.92	1.80	0.60	17.37	0.60	15.57

总体来看，在各梯队内，不同企业所侧重的技术领域不同，梯队间的相对重要性差异明显。爱立信电话、摩托罗拉、高通股份等传统的移动通信企业的技术覆盖广度当时要优于华为、中兴等新兴的移动通信企业。

3）样本企业的移动通信关键技术竞争指数分析

本章测度样本企业 i 在技术领域 F 的竞争指数 C_{iF}：

$$C_{iF}=\left(PA_{iF}\Big/\sum_{i}PA_{iF}\right)\times 100 \tag{17.2}$$

式中，PA_{iF} 为公司 i 在 F 领域的发明专利数量；$\sum_{i}PA_{iF}$ 为 F 领域的所有发明专利总量。

该指标反映了企业 i 在 F 领域的发明专利申请量占所有公司在该领域的总发明专利申请量的比例。通过比较各公司的 C_{iF}，可对各公司在整个移动通信关键技术领域不同子领域的竞争地位进行排序，某公司的该指标越高，则说明该公司在 F 领域的技术创新能力越强，其竞争地位越高。计算结果如表 17-4 所示。

4）样本企业的移动通信关键技术的 RTA（显性技术优势）分析

RTA 指数（相对技术优势指数）表示申请者在某一技术领域的技术优势，计算依据是申请者在某技术领域的专利数量。RTA 指数的值越大，表示申请者在该技术领域的能力越强。

RTA 指数可用来讨论各企业在不同技术领域呈现出的相对技术优势，可以由此相对技术优势指数来了解各公司的专业领域情况。如果某公司在某项技术领域所计算出的 RTA 指数比例值相比较其他公司高出许多，则该公司于此项技术领域内的发展将较有相对技术优势。同时 RTA 也可用于公司内各技术领域的比较，可以得出该公司具有相对技术优势的领域。

RTA 指数综合考虑了企业在技术领域内部的竞争优势及技术领域本身的重要程度，计算结果也放在表 17-4 中与竞争指数比较，虽然两者在不同技术领域中的优势企业上有差异，但仍然有 5 个样本企业是两者重合的。

表 17-4　典型样本企业不同技术领域的竞争指数和 RTA 比较

样本企业	技术领域									
	比较参数	多址接入	信道编码及交织	数字调制及解调	功率控制	分集技术	多用户检测	多载波	智能天线	软件无线电
中兴通讯	CF	17.96%	25.00%	18.18%	12.17%	26.47%	13.16%	12.34%	23.75%	7.89%
	RTA	18.76	44.34	25.09	−19.59	50.45	−14.58	−18.83	40.5	−25.96
三星电子	CF	24.05%	21.77%	15.15%	15.34%	5.88%	7.89%	7.59%	2.50%	6.58%
	RTA	44.97	32.79	7.61	3.46	−73.82	−57.53	−58.75	−94.88	−41.84
高通股份	CF	5.44%	2.42%	2.02%	8.14%	1.96%	5.26%	8.86%	2.50%	17.11%
	RTA	−27.08	−81.16	−83.78	12.59	−86.68	−32.38	20.25	−79.85	84.4

续表

样本企业	比较参数	技术领域								
		多址接入	信道编码及交织	数字调制及解调	功率控制	分集技术	多用户检测	多载波	智能天线	软件无线电
华为技术	CF	15.65%	17.74%	14.14%	11.38%	34.31%	15.79%	6.49%	5.00%	1.32%
	RTA	25.74	33.14	21.27	−5.47	77.22	24.15	−55.31	−72.48	−95.14
大唐移动	CF	12.19%	3.23%	5.05%	15.49%	14.71%	36.84%	36.08%	50.00%	1.32%
	RTA	−42.41	−94.95	−85.64	−20.95	−28	55.63	55.58	72.53	−98.06
LG 电子	CF	4.61%	8.06%	16.16%	5.93%	2.94%	2.63%	5.06%	3.75%	5.26%
	RTA	−21.1	29.14	79.82	3.71	−59.59	−66.47	−12.58	−43.1	27.66
NTT	CF	4.78%	3.23%	5.05%	13.20%	1.96%	2.63%	9.97%	1.25%	1.32%
	RTA	−56.57	−79.25	−48.65	35.89	−91.45	−85.19	8.87	−96.55	−91.61
诺基亚	CF	1.81%	10.48%	5.05%	6.01%	1.96%	5.26%	1.58%	1.25%	1.32%
	RTA	−66.23	72.31	27.49	38.17	−62.95	23.89	−73.43	−83.61	−63.55
西门子	CF	2.80%	1.61%	5.05%	1.98%	1.96%	2.63%	2.22%	3.75%	6.58%
	RTA	12.95	−43.49	64.92	−21.47	−24.38	4.22	−10.93	36.47	87.42
朗讯科技	CF	2.47%	3.23%	2.02%	2.37%	3.92%	2.63%	2.06%	3.75%	1.32%
	RTA	1.87	23.63	−12.81	−2.22	42.84	5.57	−16.86	37.64	−24.05
摩托罗拉	CF	3.13%	2.42%	2.02%	2.85%	0.98%	2.63%	3.16%	1.25%	15.79%
	RTA	−0.84	−30.07	−37.32	−10.29	−83.11	−20.47	−0.29	−74.7	96.23
爱立信电话	CF	5.11%	0.81%	10.10%	5.14%	2.94%	2.63%	4.59%	1.25%	34.21%
	RTA	−8.27	−96.21	57.38	−7.64	−57.66	−64.79	−19.3	−91.05	97.5

分别来看，不同的技术领域内 RTA 指数的分布情况差异性较大，在多址技术领域中，指数值最高为 44.97，而软件无线电领域最高值为 97.5。

5) 总体观测

本书从移动通信领域的发明专利情况分析的角度，通过一系列专利分析方法，研究我国移动通信领域典型企业的相对技术优势，并与国际上典型企业相比较。所选择的 12 家典型企业，包括 6 家欧美企业，代表传统移动通信巨头企业；3 家中国本土企业，代表新兴移动通信企业；也包括 3 家日韩企业，代表中国以外的新兴移动通信企业。为进一步全面了解各典型企业在全行业中的技术竞争地位，尤其是分技术领域上不同类型企业的技术竞争情况，本章绘制所有典型企业在 9 个关键技术领域内相对技术优势的雷达图如图 17-5～图 17-8，其图形清晰表现了典型样本企业在不同技术领域的比较优劣状态。

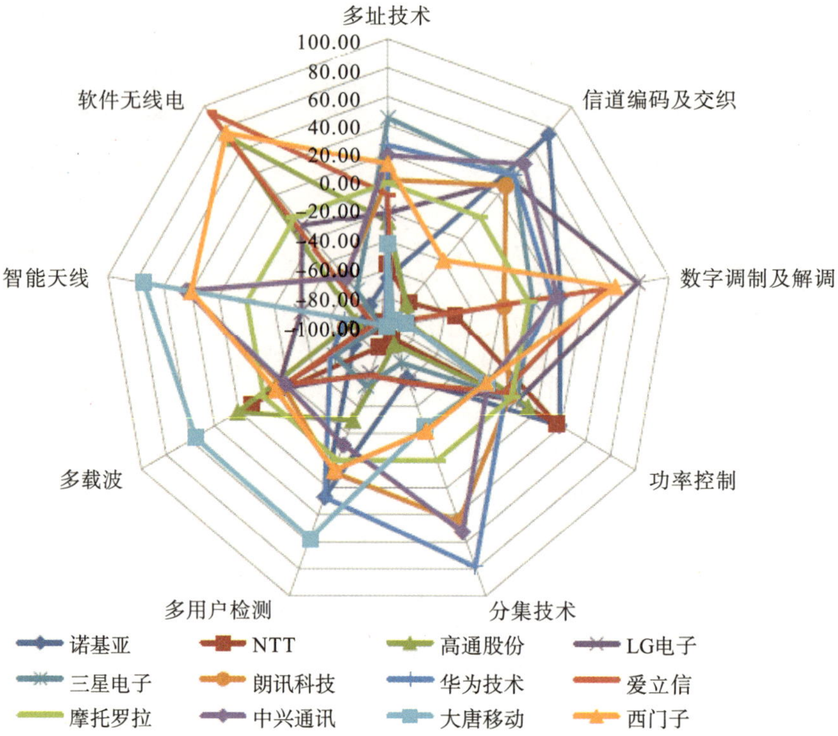

图 17-5　以专利数据衡量的我国移动通信领域典型企业专利竞争力比较

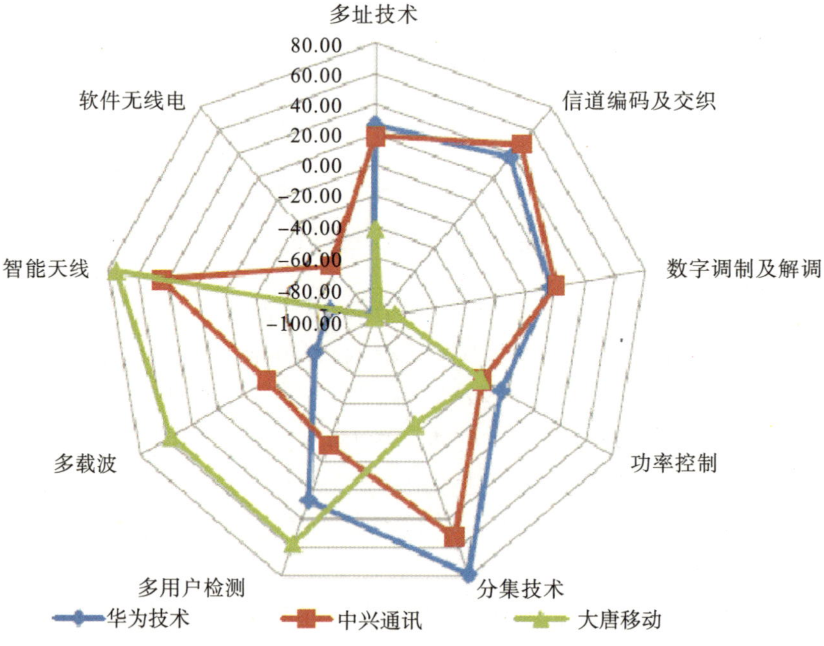

图 17-6　我国移动通信企业相对技术竞争优势比较

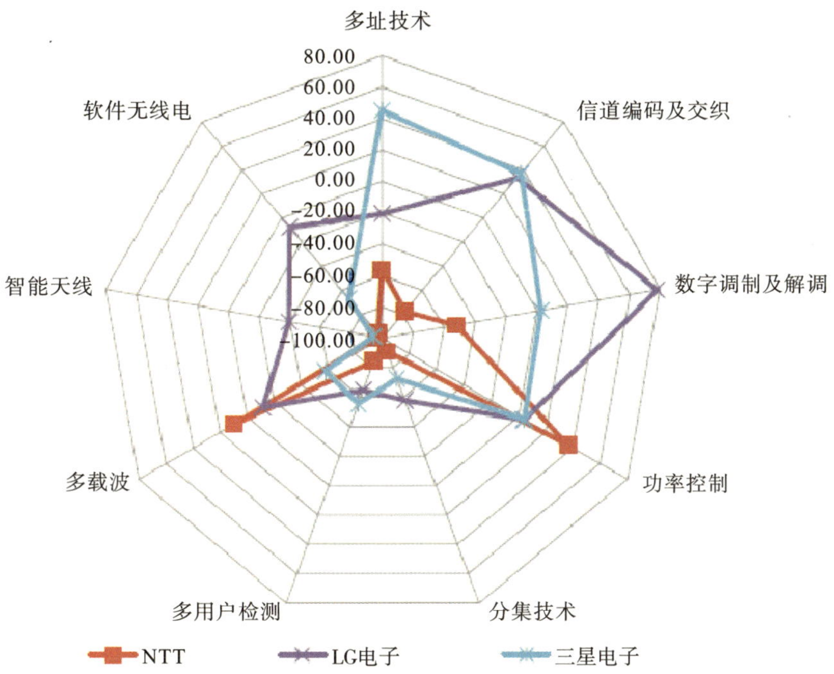

图 17-7　日韩移动通信企业相对技术竞争优势比较

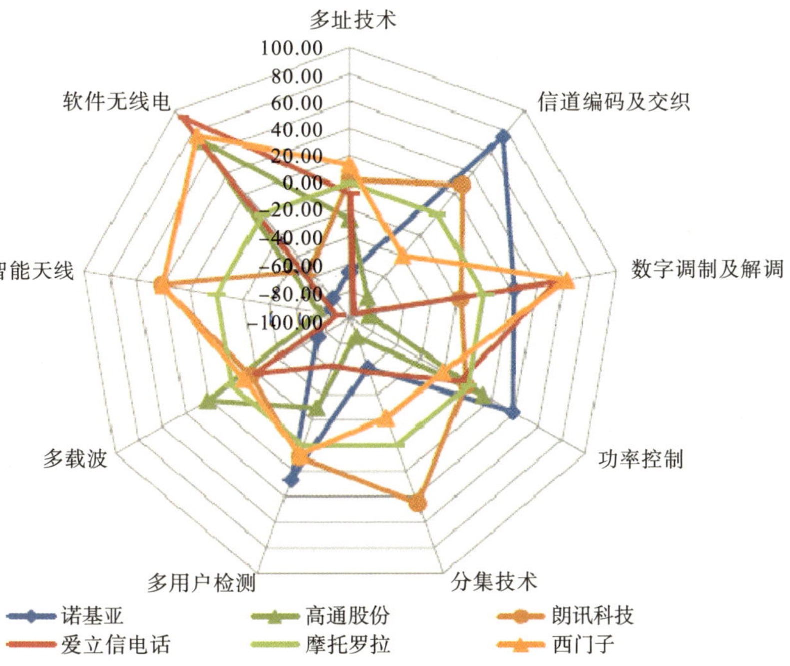

图 17-8　欧美移动通信企业相对技术竞争优势比较

图 17-5 列出所有 12 家典型企业在我国移动通信技术领域的相对技术竞争优势，一方面可以看到，不同技术领域内的竞争激烈程度不一样，多址技术和功率控制技术领域内相对技术优势指数最高在 40 左右，且分布密集，体现了激烈的竞争态势；而软件无线电、

多载波等技术领域的相对技术优势指数最高都超过 80，数据节点分布相对分散，体现了有强弱差别的竞争态势，也说明这些领域存在一定程度的技术垄断特点。另一方面，各企业的优势领域各不相同，整体来看跨度较大，在雷达图的外围及心点附近都有大量的数据节点，清晰地表现了企业的优势技术领域和劣势技术领域。根据所选典型企业所代表的不同企业群体，可进一步梳理欧美传统通信巨头企业、日韩企业和中国本土企业三个企业群体间的相对技术优势的比较研究。

综上分析，中国本土移动通信企业在 2007 年时，已经在某些技术领域中有很大的发展，缩短了与世界移动通信一流企业的差距，尤其是在多载波、多用户检测、智能天线、分集技术 4 个技术领域。

在多载波技术领域，拥有相对技术优势的 4 家企业为：大唐移动(56.26)、高通股份(21.19)、NTT(9.85)、摩托罗拉(0.70)。虽然仅有一家中国企业入围前四名，但是大唐移动的相对技术优势非常明显，领先高通股份、NTT 和摩托罗拉的优势非常大。多载波技术是移动通信扩频通信的主要关键技术之一，该领域的技术进步直接影响移动通信的带宽。多载波不仅是第三代和第四代移动通信的关键技术领域，也是未来移动通信技术发展的核心技术。

多用户检测技术领域中，具有相对技术优势的企业为：大唐移动(57.68)、华为技术(26.97)、诺基亚(26.71)、朗讯科技(8.57)、西门子(7.22)。在该技术领域中，两家中国企业占据了相对技术优势排名的前两位，体现了中国企业在该技术领域的实力和竞争地位。多用户检测技术领域对移动通信容量扩充需要的核心技术之一。

智能天线技术领域中，具有相对技术优势的企业为：大唐移动(74.56)、中兴通讯(44.13)、朗讯科技(41.38)、西门子(40.24)。在该技术领域中，同样是两家中国企业占据了排名的前两位，但是中兴通讯公司与后两名比的优势并不明显。

分集技术领域中，具有相对技术优势的企业为：华为技术(78.29)、中兴通讯(52.43)、朗讯科技(45.01)。中国公司再次在此技术领域取得明显的优势地位，而且结合 4.5.5 节分析可以看出，在该技术领域仅有三家企业具有相对技术优势，呈现出一定的垄断性。

综合而言，中国企业在多载波、多用户检测、智能天线、分集技术等四个技术领域已取得优势地位，但在多用户检测和多载波技术领域内竞争激烈，中国企业需要继续加大研发投入，进一步强化优势竞争地位。

17.7　本章附录

附录 1　信息相关产业分类[①]

类别名称	分类代码
一、电子信息设备制造	
1.电子计算机设备制造	
电子计算机整机制造	4041

① http://www.stats-sh.gov.cn/tjfw/201103/94586.html,2012。

续表

类别名称	分类代码
计算机网络设备制造	4042
电子计算机外部设备制造	4043
2.通信设备制造	
通信传输设备制造	4011
通信交换设备制造	4012
通信终端设备制造	4013
移动通信及终端设备制造	4014
其他通信设备制造	4019
3.广播电视设备制造业	
广播电视节目制作及发射设备制造	4031
广播电视接收设备及器材制造	4032
应用电视设备及其他广播电视设备制造	4039
4.家用视听设备制造	
家用影视设备制造	4071
家用音响设备制造	4072
5.电子器件和元件制造	
电子真空器件制造	4051
半导体分立器件制造	4052
集成电路制造	4053
光电子器件及其他电子器件制造	4059
电子元件及组件制造	4061
印制电路板制造	4062
6.专用电子仪器仪表制造	
雷达及配套设备制造	4020
环境监测专用仪器仪表制造	4121
导航、气象及海洋专用仪器制造	4123
农林牧渔专用仪器仪表制造	4124
地质勘探和地震专用仪器制造	4125
核子及核辐射测量仪器制造	4127
电子测量仪器制造	4128
其他专用仪器制造	4129
7.通用电子仪器仪表制造.	
工业自动控制系统装置制造	4111
电工仪器仪表制造	4112
实验分析仪器制造	4114

续表

类别名称	分类代码
供应用仪表及其他通用仪器制造	4119
8.其他电子信息设备制造	
电线电缆制造	3931
光纤、光缆制造	3932
计算器及货币专用设备制造	4155
二、电子信息设备销售和租赁	
1.计算机、软件及辅助设备销售	
计算机、软件及辅助设备批发	6375
计算机、软件及辅助设备零售	6572
其他电子产品零售	6579
2.通信设备销售	
通信及广播电视设备批发	6376
通信设备零售	6573
3.计算机及通信设备租赁	
计算机及通信设备租赁	7314
三、电子信息传输服务	
1.电信	
固定电信服务	6011
移动电信服务	6012
其他电信服务	6019
2．互联网信息服务	
互联网信息服务	6020
3.广播电视传输服务	
有线广播电视传输服务	6031
无线广播电视传输服务	6032
4.卫星传输服务	
卫星传输服务	6040
四、计算机服务和软件业	
1.计算机服务	
计算机系统服务	6110
数据处理	6120
计算机维修	6130
其他计算机服务	6190
2.软件服务	
基础软件服务	6211

续表

类别名称	分类代码
应用软件服务	6212
其他软件服务	6290
五、其他信息相关服务	
1.广播、电视、电影和音像业	
广播	8910
电视	8920
电影制作与发行	8931
电影放映	8932
音像制作	8940
2.新闻出版业	
新闻业	8810
图书出版	8821
报纸出版	8822
期刊出版	8823
音像制品出版	8824
电子出版物出版	8825
其他出版	8829
3.图书馆与档案馆	
图书馆	9031
档案馆	9032

第十八章　典型产业专利竞争：制药产业

导言：

制药产业是典型的专利密集型产业之一，也是管理学科、经济学科、知识产权法律学科等多个领域同时关注行业性技术创新活动规律的典型产业之一。

制药产业从19世纪建立至今，一直是产业经济发展中十分特殊的产业，因此备受社会关注。制药产业的重要性首先在于，作为部门经济特别是部门创新体系的一个门类，制药产业是非常特殊的，同时兼有经济、技术、社会(伦理)和法律等突出的专门问题。纵览国内外研究制药产业发展经济规律的文献，都无一例外的认为该产业的研发和创新活动具有特殊性。国际上有关制药技术创新的研究以及开发过程的研究不再仅仅是制药领域专家研究的课题，而成为管理学科，特别是技术创新管理领域中的重要课题，其根本原因就是制药以及与其密切相关的技术，通过其高风险和高增长预期成为未来经济发展的主要动力源泉之一。

本章收集作者团队在制药创新体系方面的研究工作，其中突出了专利技术资源的重要地位和专利竞争相关的研究议题。尽管制药产业的技术发展日新月异，但本研究对早先时候我国制药产业及相关专利技术的发展进行的研究仍然有一定参考作用，特别是当时我国制药产业受到外国资本和跨国公司相关技术的高度控制下的发展，今天也还仍旧有其发展脉络，对此进行适当的回顾和总结，在研究结果和研究方法上，可能都还有一定的参考价值。

18.1　制药技术发展与制药产业技术创新体系

通常意义上，医药产业是典型的高新技术密集的行业，具有高投入、高产出、高风险的特点，医药行业在投资界拥有“永不衰落的朝阳产业”的美誉，2003 年英国《金融时报》500强企业所属的行业中，制药业是仅次于银行业的全球最具投资价值的行业。在2008年末世界金融危机，我国股市低迷的状态下，医药板块也被誉为“资金的避风港”，倍受投资者的青睐。

根据IMS的数据，2013 年全球医药市场销售额达到9,890亿美元，与2008年时相比销售额增长了1,940亿美元，年均复合增长率为4.46%。IMS预计，截至2018年，全球医药市场销售额将达到13,000 亿美元，与2013年相比销售额增长30%左右，年均复合增速可达4%～7%。

全球范围看，美国仍然是医药产业第一大市场，预计其2013～2018 年年均增速可达5%～8%。受美国经济复苏以及医保改革法案刺激，美国医药需求增速较快，2013～2018 年增长额可占全球总增长额的40%，略高于其总需求额占全球市场的比例。但总体而言，发达国家市场，包括日本、欧洲等市场，在2013～2018年增速较慢，这主要受到了其经济发展减缓、人口增长缓慢以及政府削减开支的影响[①]。

总体看，新兴医药市场发展速度要显著快于发达国家，IMS 预计2014～2018 年新兴医药市场年均增速可达8%～11%。其中，非专利药和仿制药的增速为专利药增速的2倍。中国是新兴医药市场的领头羊，医药市场占新兴医药市场的46%，而且在未来数年当中，中国也将贡献主要的医药市场增量，IMS 预计 2016～2020 年中国医药市场年均增速为6%～9%。

从产业分析角度看，制药产业的创新体系研究是考察这一领域的必要背景。客观上说，运用部门或产业创新系统的观点来系统分析制药产业的技术创新规律，是20世纪90年代对研发活动加以关注之后的事情。因此，制药产业技术创新体系的研究也属于技术创新领域的新课题。

尤其重要的是，以生物技术渗入制药领域研发活动和相关技术发明为契机，不论技术与科学的联系方面的自然科学规律也好，还是制药研发的组织管理模式变革也好，都标志着新药研发已经进入到一个全新的时代。如果说 Henderson 和 Cockburn（1996）对于新药研发的关注仍停留在研发的规模和范围经济（Economies of Scope）以及其生产率决定性因素方面，那么 Henderson（1999）对于制药产业进入分子生物时代所带来的科学、体制、组织的改变的研究已经从制药环节的研究转变为知识构成模块的协同发展模式的研究了，其中也体现了朴素的进化论思想。同样探讨关于生物技术所带来的创新进化论概念也在McKelvey（1996）的研究中体现出来。McKelvey（1997）应用创新活动的系统论观点研究了技术、制度、组织的协同发展，并在进一步的研究工作中（McKelvey、Orsenigo，2002）将欧洲的制药产业作为分析对象，其运用产业部门创新系统理论作为工具分析了这一特定产业系统的创新绩效以及作为国家创新环境中的地位。其通过系统的分析比较欧洲制药产业部门创新系统的发展，以及与美国制药产业发展进行的对照分析，认为，运用部门创新系统的方法分析制药产业可至少识别4类基本活动：沿时间发展的产业动态特征、聚焦单一企业与整个产业群体行为中的互动关系和网络关系、产业整体以及技术因素之间的互相影响和一些国家专有的因素。

而从制药创新系统研究的视角看，也有四个层面的交织影响关系引人注目，即研发机构影响、专业化企业影响、产业体系影响、国家和政府部门政策影响。其中，虽然产业因素构成了基本的体系边界，但国家及区域政府政策，也会在定参与者类型、不同参与者之间的作用等方面施加重要影响，特别是包括工业-大学交互影响、基础研究和开发研究之间、技术员工特质和流动性、风险投资可获得性及规模，以及管理和竞争模式等方面的影响。

此外，部门创新系统还随时间变化而改变，这种改变可能由于系统中各要素的不均衡作用引起，也可能由外部环境的动态发展，无论是“小”（比如动态系统中出现扰动）还是“大”（出现新的技术范式），都可能给行业生态带来生动的变化。特别是在发展中国家和

① http://www.chyxx.com/industry/201604/406446.html。

新兴经济体国家，外资企业和制药跨国公司的作用十分重要。

在国内的相关研究中，关于制药部门创新系统的观点进入新千年之后刚刚出现，并且主要关注产业创新的制度体系建设和制度安排。曲凤宏等(2005)探讨了我国医药产业创新体系的战略框架设计，他认为将国家创新体系具体到某一个产业当中，就成为产业创新系统，其基本构成、职能、运行机制等与国家创新体系基本一致。同时又围绕该产业的特性，他认为我国医药产业创新体系的战略框架应重点包括：明确政府、市场和科技创新主体定位与功能，明确科研力量优化布局，促进产、学、研联合体，共同构成医药产业技术创新能力为战略重点的体系框架。

18.2　制药产业的特征与技术创新特征分析

根据国内外的典型研究，本章综合以下制药产业特征和技术创新特征。

1) 制药行业产品创新的市场特征

(1) 高增长性。医药产业是目前世界上发展最快的产业之一，1991 年全球医药市场销售额为 2058 亿美元，2005 年已增至 6020 亿美元，14 年间医药市场的年均增长速度达到 7.97%,全球医药市场甚至出现加速增长的态势，并远远高于全球经济的增长速度。根据 IMS 预计，未来年间全球医药市场年复合增长率将维持在 5%～8%。其中，北美和欧洲市场增速在 5%～8%，亚洲太平洋和非洲市场增速在 9%～12%；拉丁美洲市场增速为 7%～10%; 日本市场增速为 3%～6%。据美国权威医药咨询机构 IMS 10 月 29 日最新发布的 2009 年全球医药市场发展预测称，2009 年全球医药市场的增速将与 2008 年相当，保持在 4.5%～5.5%的水平，市场销售额将超过 8200 亿美元。作为新兴药品市场的代表，中国、巴西、印度、韩国、墨西哥、土耳其和俄罗斯市场将合计增长 14%～15%。

(2) 高收益性。医药产业被公认为是一个高盈利产业，发达国家医药行业的销售利润率一般高达 30%，特别是创新药物的利润回报率很高。一种新药一般上市后 2～3 年即可收回所有投资。可以说，新药产品一旦开发成功，投放市场后将获取暴利。20 世纪 80 年代以来，医药产业的发展环境发生了很多变化，新技术不断出现，行业竞争加剧，各国卫生保障体系的变化，新药研发到生产的严格审批等，使得医药行业的吸引力有所降低，即便如此，医药产业现在仍然是收入回报最为丰厚的行业之一，2004 年入选财富强的医药制造企业共 12 家，其利润占营业的收入的比重平均达到 17.9%，远远高于其他行业的收益水平。

从研究的实证结果来看，制药技术的投资存在高投入高风险的事实。实证研究揭示了制药产业创新资本投入的平均回报水平其实是在逐渐下降的(Alexander et al.，1995)。制药技术回报的分布其实是极其不均匀的，十种研发新药只有三种药产生的收益能够抵补超过研发投入(Takuji Hara，2003)，更多的时候低于药品研发的平均成本(Comanor，1986)。少数十分成功的药品研发投资回报却十分可观，通常 20%的药品的高收益占整个市场收益的 70%[同 Takuji Hara(2003)]，这一点在生物制药领域更加突出，其药物可能成为制药产业成功运行的支柱(Grabowski et al.，1994；1990)，因此出现所谓的“重磅炸弹(blockbusters)”。国际著名制药企业主要依靠这一类药品取得收益，但是“重磅炸弹”何时何种情况出现却是高度不确定的。2002年上千种研发得到的药品里面，仅仅只有58种处方药被认为是“重磅炸弹”，其销售额却代表了国际药品市场的1/3。

(3)相对垄断性。医药产业在大多数国家都是由政府控制准入的行业，政府的严格监督和其高投入性造成了医药行业很高的进入壁垒，而一旦进入即可形成相对垄断的地位。医药产业的相对垄断性既表现在区域垄断，也表现在企业垄断方面。

发达国家是全球制药市场的主体。其中，北美是全球最大的药品市场，2005年市场规模达到2657亿美元，占据全球医药市场份额的47%；其次是欧盟地区，市场规模达1695亿美元，占全球份额的30%；日本作为全球第三大医药市场，市场规模603亿美元，占全球份额的10.7%。

医药企业对市场的垄断性越来越强，一批跨国公司通过大规模的联合兼并，对世界医药经济产生了越来越大的影响。世界前10位的制药企业占有世界市场的份额1985年为32.2%，1996年上升到35.5%，2005年上升到46.7%，而且这种趋势还在不断增强。

此外，主要发达国家及其跨国企业垄断地占有了医药研发资源和医药技术创新的成果，以生物技术制药为例：2002年，美国、欧洲和日本等占有了生物技术专利的95%，药物专利的96%，人序列专利的97%。根据相关研究①，如今药品市场已经是高度成熟和稳固，2016年全球药品市场预计1.1万亿美元，其中前十名制药企业占据了40%的市场份额，前十五名企业占了近似50%的市场份额。表18-1为世界前10位跨国制药企业及其国际市场排位变化。

表18-1 跨国制药企业及其国际市场排名

前10位跨国制药企业	2017排名	2016年排名
辉瑞	1	3
默沙东	2	6
强生	3	1
罗氏	4	2
赛诺菲	5	8
诺华	6	4
艾伯维	7	--
阿斯利康	8	10
吉利德	9	9
安进	10	--

注：详细数据见 http://www.rrrry.com/art_27066.htm。

2)制药行业产业技术竞争的特征

(1)研发创新。医药产业的技术创新主要以产品新药的研究开发为主导，因而技术创

① http://zixun.3156.cn/u94a236579.shtml_。

新水平对于该行业的发展起着决定性的作用，研发创新成为医药企业间展开竞争的主要方式。处于世界前列的各大制药公司在研究开发方面投入的费用都十分巨大，研发费金额一般占其销售额的10%～25%，而生物技术制药公司在研究与开发的费用则更加高昂，占销售额比率高于一般制药公司。

(2)兼并整合。为了提升规模和实力，提高新药开发效率，减小新药开发风险，提升医药企业的效益，医药企业间的并购浪潮此起彼伏，在过去的几年中，大多数大型的制药公司都涉及某种形式的并购互动，如葛兰素威康与史克必成、辉瑞与艾尔等著名的合并案例，整合兼并成为医药企业实现增长、强化竞争能力的重要途径。

(3)合同外包。随着科学技术的发展，一些从事药物研发的大型制药企业面对不断出现的新化合物和新技术，候选药物数目越来越多，公司的负担也在不断加重。为了缩短每个药物的上市时间，仅靠企业自身能力难以应付，需要由企业外部提供技术支持和服务。合同研究组织(Contract Research Organization，CRO)[(在我国《药品临床试验管理规范》(GCP)]中的定义是：一种学术性或商业性的科学机构，申办者可委托其执行临床试验中的某些工作和任务，此种委托必须作为书面规定)是一种为各医药企提供新药临床研究服务，并以之作为盈利模式的专业组织，其利用自身专业性和规模优势，为企业有效降低新药研发成本，同时帮助企业实现产品快速上市。CRO 作为一个新兴的行业，于 20 世纪 80 年代初起源于美国，在过去的 20 年中，随着对委托研究服务需求的增加，公司的数量已发展到 1000 多家。

根据 Frost & Sullivan 的报告，全球合同研究机构年的市场规模达到 125 亿美元。CRO 承担了将近 1/3 的新药开发的组织工作，在所有的 I 期和 II 期临床试验中，有 CRO 参与的占 2/3。CRO 服务的全球市场以每年 20%～25%的速度增加，一些较大的 CRO 公司增长率达 45%，据测算，CRO 营业额的年复合增长率为 13.7%。

3)制药行业技术创新的科学发现和技术应用特征

从创新的角度来看，一个公认的结论就是制药产业是一个典型的研发和创新活动密集的制造产业，其主要原因是，药品的发明从来都是一个人类认识世界改造世界的一种直接体现，是必须运用科学知识精确设计分子级别的人造自然物体的集中表现，因此药品的供应可以说纯粹是基于科学发现基础上的技术研发工作(Dimasi et al.，1991，Cockburn、Henderson，1994)，因而制药产业的研发密度在国家的经济产业中是最高的。熊彼特曾对一个产业的发展技术体制的发展进行界定，认为存在两种技术体制：①science-driven；②design-driven，制药业应属于后者。Takayama 等(2002)更直接认为制药产业的发展动因是科学驱动(science-driven)，强调了更多学者的一致意见(Van Vianen et al.，1990)。

这种科学驱动的特点，注定了药品的创新和开发过程是一个周期长、风险大、高投入的过程，同时赋予制药产业创新结果具有高度的布连续性和不确定性的本质(Mossinghoff、Bombelles，1996)，注定了新药开发是一种发展缓慢而且偶然性很大的事情，干中学和机遇是制药技术发展和学习的主要模式(Carlsson，2003)。这种过程一般要经历“发现(discovery)”和“开发(development)”两个阶段(图 18-1)。发现阶段的工作旨在发现能够治愈病症的化学实体，包括目标确定、化合物筛选等方面的工作。这被认为是一个偶然发现的稀有事件，而且被认为是制药价值链上的一个主要瓶颈(Schweizer，2005)。同时认为新的技术和知识根植于药品开发的过程中就将带来激进的药物创新。

如图 18-1 所示，从最初的科学实验到最后的商业化，制药产业有着较长的周期和产品链，要经历研发、开发、临床检验、政府批准、市场营销几个部分，其主要的阶段包括以下阶段。

①确定目标受体(target identification)。在这个阶段，研发人员基于市场潜力以及治疗需求发现需要药物治疗的病症的主要分子结构和特性。

②合成化合物(lead identification)。根据已知的治疗药物特点，从生理和疾病的作用机制，不断测试实验，找出潜在的新的化合物。确认新化合物有潜力在病症所处的生物环境中带来希望看到的改变，通过天然资源或者通过人工合成的方式萃取出来，并鉴定其化学结构。

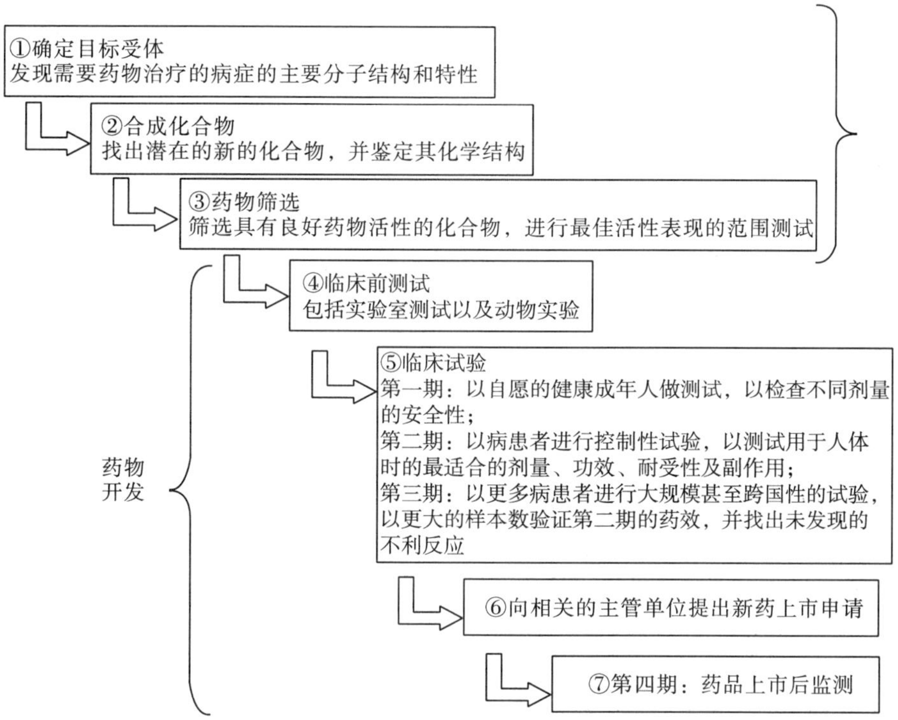

图 18-1　药品研发过程基本路径

来源：依据 Paola Criscuolo(2005)整理。

③药物筛选(lead optimization)。在这一阶段，以动物、细胞组织、细胞培养的方式或者电脑模拟，进行药效测试，筛选具有良好药物活性的化合物，进行最佳活性表现的范围测试。

④临床前测试(pre-clinical development)。包括实验室测试以及动物实验。实验室测试主要包括确定适合人体使用的剂量范围以及剂量形式，如：水剂、针剂、胶剂、膏剂、粉针剂、喷剂等，找出稳定有效的成分以及适合人体吸收的辅料以及赋形剂。动物实验在于

决定化合物对人体环境潜在的影响程度，以动物实验或者组织培养进行测试剂量、服用次数、残留时间的关系。

⑤临床试验(clinical testing)。临床试验的主要目的是确认新药对人体的有效性以及安全性，申请者委托研究医师进行实验，并由相关的人体试验委员会(institutional reviewed board，IRB)监控整个的试验过程。整个临床试验分为 3 期：第一期，以 20～80 位自愿的健康成年人做测试，目的在于建立人体对不同剂量的忍受度，并建立药物在人体中吸收、分布、代谢、排泄的相关资料，这个时期通常要 1～2 年；第二期临床实验阶段，以 100～300 的病患者进行控制性试验，目的在于测试用于人体时的最适合的剂量、功效、耐受性及副作用，这个时期平局平均费时 2～3 年；第三期临床试验，以 1000～3000 位病患者进行大规模甚至跨国性的试验，目的在于以更大的样本数验证第二期的药效，并找出未发现的不利反应，取得新药的适应性、禁忌及副作用等全部资料，这个时期平局平均费时 2～3 年。

⑥向相关的主管单位提出新药上市申请(new drug approval)。成功完成临床试验后，将试验结果(包含临窗前的试验结果)和所有相关资料向主管单位提出新药上市申请(new drug application，NDA)，检查登记手续，审核时间平均约 10～12 个月。如果有资料能够证明新药较市面上的药品对同一种病症具有更好的治疗、预防效果，将有机会进入快速设计程序而缩短审核时间至 6 个月。

⑦药品上市后监测(post-marketing surveillance，PMS)，即第四期临床试验。补充上市前研究中未获得的信息：通过大数量人群用药调查，确定药物在治疗和预防时可能发生的不良反应的发生率，或是有效效应的频率；了解药物对特殊的人群组，如老人、孕妇和儿童的作用；研究并发疾病和合并用药的影响；比较并评价新药是否更优于其他常用药物。同时获得上市前研究不可能得到的新信息：发现罕见的或迟发的不良反应或是有益效应，并用流行病学的方法和推理加以验证；了解人群中药物利用的情况；了解过量用药的效果；对药物在预防和治疗工作中的花费和效益进行评价。

其中，每个阶段都对研发有不同程度的要求，同时参与的主体也比较多，不确定性很大。一项典型的被广泛引用的制药产业研究(1972～1987 年)表明，20 世纪 80 年代时每一种新药上市要花费 2.31 亿美元(Dimasi et al.，1991)，平均上市时间为 10 年以上。美国技术评估产业(OTA)的报告中提及，要成功上市一种新药，平均需要花费 3.59 亿美元(1990 年)，平均上市的时间为 10～12 年，并呈现出逐年上涨的趋势。OTA 分析，在美国，制药产业研发费用以每年 10%的速率增长，企业将收入的 20%投入研发中，这比其他的高技术产业高出 4 倍。显而易见的是，制药产品的创新并不是马上就能在产品中反映的(这可以从每种产品所耗费的研发费用上看出来)，而是带有一定的时滞性，新产品的成功率也比较低，大约 1/6000，市场风险比较高。

制药产业创新过程以及其申请专利的特殊性也影响了创新收益获得期间的有效性。这就是著名的“创新剪刀”现象。如图 18-2 所示。主要是因为制药产业几乎所有的创新都出自处方药的创新，为了确保处方药的收益，制药公司通常会在进入临床试验阶段就对这些处方药连同类似药物进行专利保护。专利药品的保护期限一般都是 15～18 年，最长的也莫过于 20 年，所以一向新药上市以后的实际专利保护期限实际只有 6～10 年，通常也就 6～7 年。虽然很多国家已经一再延长药品专利保护期限，但是对于越来越长的临床试验时间，实际的专利期限也相应变短。

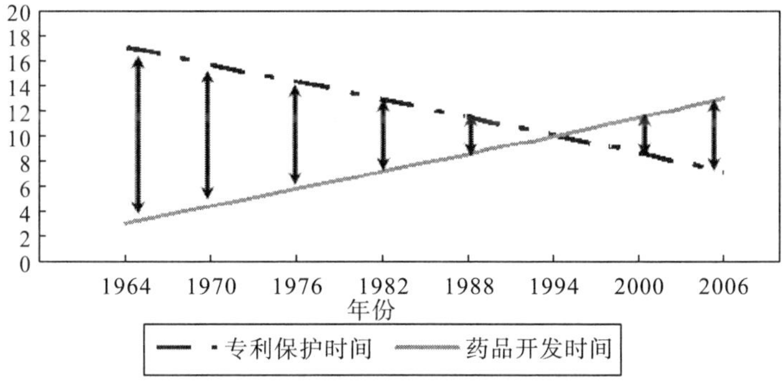

图 18-2　制药行业“创新剪刀”现象

资料来源：根据 Oliver Gassmann 等(2004)整理。

4)制药行业技术创新的社会因素特征

医药制造业一直是产业经济发展中的特殊门类，其研发费用所占销售额的比例远远高于其他产业，因此被广泛地认为是一个技术驱动和创新驱动的产业。但制药产业的创新活动要受到很多社会因素影响，也可以认为是制药行业技术创新的社会因素特征，主要体现在制药业创新涉及因素多元。

如图 18-3 所示，制药产业的技术创新活动本身具有独特的技术创新规律，包含多个方面的因素——化合物研究、临床(前)应用、企业战略、市场开发。

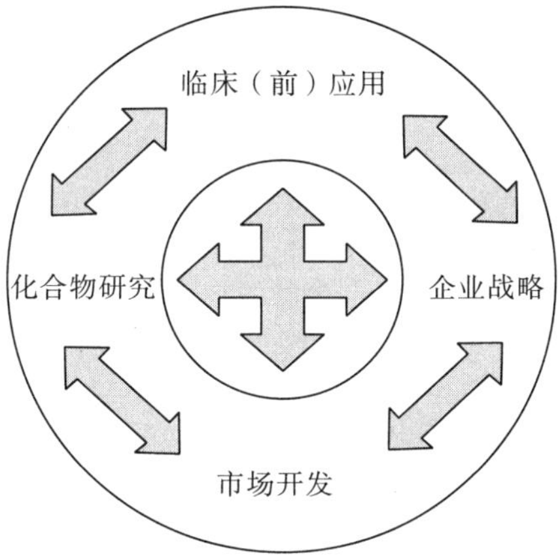

图 18-3　制药行业技术创新活动的多元关系

来源：根据 Takuji Hara(2003)整理。

具体活动可以涉及人力因素(各相关学科研究人员、企业管理层、病人、政府、公众等)、非人力因素(仪器、材料、设施、药品等)、组织因素和社会因素(法规、企业实力、市场容量等)，以及某些药品的社会伦理问题。例如，由于药品研发时间长，4/5 的研发人员因为退休或者换岗而享受不到自己科研成果的商业价值，这在某种程度上导致研发人员往往并不能全力以赴的进行研发，这已经成为制药产业创新管理激励机制中非常棘手的问题(Gassmann 、Reepmeyer ，2004)。另外，为了进行有效的制药研发，世界知名药企都倾向于采用小型、多样化的组织机构对其核心技术(core technology)和治疗方法(therapeutic competencies)进行联合开发(Takuji Hara，2003)。在这方面，有学者强调，外部资源开发(outsourcing)对制药研发的影响越来越突出，它能够有效地节省企业人力、提高研发效率，应该给予其足够的重视(Gassmann、Reepmeyer，2004)。

制药产业技术创新活动还需要综合生理学、病毒学、生物化学、遗传学、化学、物理等多学科领域的技术和知识，更要考虑高技术产业创业过程中企业家素质、企业机构、公司发展战略、外部的人员网络、医疗体系、法规制度、知识产权机构等组织(MacKenzie、Wajcma，1999；Williams、Edge，1996)。同时，文化伦理、生殖等多方面的社会因素也是不容忽视的。各类影响因素综合，可以由图 18-4 来表示。

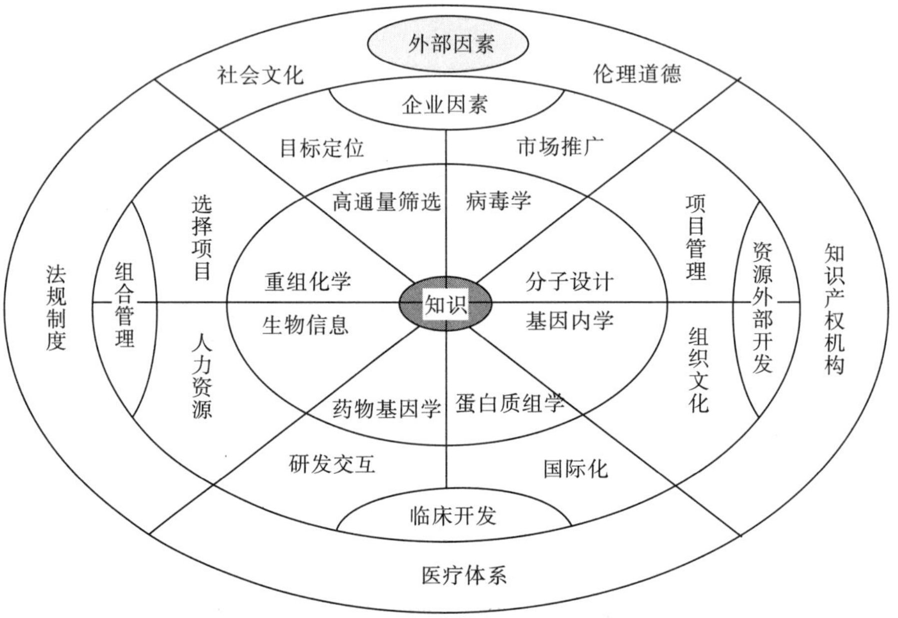

图 18-4　制药业创新涉及因素

5) 制药行业技术创新的动态模型

由于技术本身的资源因素影响多样化以及其复杂的社会影响和参与者的多元化，制药技术创新过程的发展规律表现复杂，也存在多种分析模型，并存在争议。

Rothwell(1998)曾总结了技术创新模型的五个发展阶段：第一代技术创新模型为技术推动模型，流行于 20 世纪 50 年代中期～60 年代；第二代表现为市场拉动模型，流行于 20 世纪 60 年代末期～70 年代早期；第三代为耦合模型，主要于 20 世纪 70 年代中期～80 年代早期；第四代为集成模型，20 世纪 80 年代中期～90 年代；第五代为系统集成和网络模型，主要从 20 世纪 90 年代至今研发模型的主要类别。这五种模型中的前两种被认为是技术创新的线性模型。

制药产业比较适应的情形，如演化经济学家 Nelson 和 Winter(1982) 以及 SCOT(social construction of technology) 学派的学者 Pinch 和 Bijker(1987) 都主张的那样，其技术创新活动不仅仅是由一种力量驱动的，也不是朝某个固定方向的，而是由很多因素共同作用的。也有研究如 Marx 和 Smith(1994) 认为，制药业的创新更多反映了创新延续链条的中断，既非连续性，这同样是由于其与基础研究密切联系的秉性决定的。McKelvey(1997) 还认为，制药业市场一个很主要的特点就是信息不对称，这导致创新活动参与者之间往往只存在一定的重合关系，相当程度上是相互不信任的。因此，技术创新的线性模型被认为已经在相当大的程度上不适用了，大多数学者认为应该采用技术创新网络来解释该产业的创新。Malerba(2004) 主张应该运用创新系统的观点来分析制药产业。

然而，由于现实的医药市场的成熟度以及医药产业研发高密集特点，制药创新和生物技术创新在实际的产业运作中，仍然在很大程度上又带有线性模型的特点(Fleck ,1996)。Tait 和 Williams(1999) 认为这种情况的出现主要是由于政府对该产业的管制所导致的。而在另外一些情形，对新药开发本身的科学规律的认知很有可能成为创新过程的瓶颈。如果考虑到生物制药创新的科学基础和技术开发的刚性特点，则这一类线性模型又是十分特殊的，与其他产业的线性模型存在区别。

Adam(2005) 的观点带有折中的思想。他认为制药产业创新是线形发展模式和整合模式相互依赖的过程，而不是哪一种单独的发展模式，并且认为药品开发是一种激进的创新。而与此相反的是 Takuji Hara(2003) 的研究，他认为按照传统划分创新类别的方式，突变(radical) 型创新和渐进(incremental) 型创新都无法表现制药产业中的创新类型，尤其是渐进型创新不适应于制药产业中偶尔出现的耗时长但影响重大的微小创新。他把制药产业中的技术创新分为三种类型：药品范式创新(paradigmatic innovation)、应用创新(application innovation)、基于改进的创新(modification-based innovation)，以区分制药研发中的创新类型，见表 18-2。

表 18-2　制药产业技术创新三种类型

创新类型 (type of innovation)	化合物种类 (compound)	应用 (application)
药品范式 (paradigmatic innovation)	彼此不同	彼此不同
应用创新 (application innovation)	彼此相同	彼此不同
基于改进的创新(modification-based innovation)	彼此相同	彼此相同

资料来源：Takuji Hara(2003)。

无论制药创新类型如何划分，每种类型的创新之间必然存在不同与联系，任何一种创新都能带来成功上市的产品，所以不能将各种创新独立开来。

6) 制药行业技术创新的国际化特征

跨国企业往往通过市场扩张降低平均成本，弥补高额的研发成本和营销成本，因而跨国经营是一种发展趋势。同时，Zedtwitz 和 Gassmannb (2002)认为，生物制药产业应当是最具全球化特征的产业，尤其是倾向于一些有着特殊区位优势的地方作为研发中心，便于在当地对产品进行适应性开发和测试。事实上，多种实证或调查类研究都说明，生物制药领域的跨国公司更愿意尝试海外投资，特别是海外研发机构的设立。因此，整体上看，生物制药领域存在一种研发国际化的发展趋势(Chiesa，1996)。Chiesa(2000)还认为，跨国公司在海外的研发机构可以支持技术的专有化，以便紧密控制技术这种关键资源。

Carlsson(2003)认为这些致力于生物技术的公司建立了一种跨国合作生存的状态，而不仅是竞争状态(Rothaermel，2001)。Rothaermel(2006)还通过研究 325 个全球性的生物技术公司发现，这种跨国合作状态可以缓和高技术产业的风险和新产品开发。

Cantwell 等(1999；2002)通过对化学和生物制药产业专利数据的分析，认为该领域的跨国公司倾向于在海外运作和自己母国比较优势相一致的技术专有化的研发机构。对于那些决定在较低发展水平的国家和地区建立研发机构的跨国公司而言，更多的是希望获取专门化的研发知识，对于那些决定在高发展水平的地区建立研发机构的，主要希望获得当地的专门化资源，如：相关的企业、大学的研发机构或者专门化的商业服务；而且希望获得一些通用的技术，例如：后向工程和机械技术等。Jommi 和 Paruzzolo(2006)通过对理论的分析和意大利的案例研究认为，影响跨国公司研发当地化的一个重要原因是政府的管制环境，文献的主要争议在于与药品批准和在市场上的竞争相关的严格管制环境相关的竞争机制会促进创新。

Kuemmerle (1999)甚至认为，跨国公司对医药和电子产业的投资主要是为了获得当地的研究与开发资源；并且，批准过程是生物制药产业竞争的关键组成部分。从这个角度说，与研发相关的 FDI 增大了药品快速上市的概率，跨国公司倾向于投资于那些他们期望能获得巨大收益并且有着 high regulatory hurdle 的国家。此外，由显性知识产生的学术集群是相当有限的。这种趋势在电子产业也是一致的，但是不如制药产业明显。

7) 制药行业技术创新的专利技术资源特征

正是由于制药技术创新与基础性研究紧密结合，知识创新过程中的明示类知识(explicit knowledge)占有重要的成分，而默悟类知识(tacit knowledge)占有少量的比例。因而，制药业的创新很容易被仿制竞争者通过分子解析等方法，复制创新者的产品和创新过程，创新的知识和技术容易转移和传播。因此，早先的研究就强调，制药业最有效的控制手段就是通过专利权提供保护。因此，在制药业，尤其是生物制药业，最倾向于通过申请专利来保护自己的技术资源(Taylor 、Silberston，1973)，Arundel 和 Kabla (1998)通过问卷调查的数据，也证明制药领域 79.2%的创新都倾向于申请专利。

专利赋予新药研发者在一定的时间内独占市场的权利，使其凭借此种合法的垄断地位，收回研发时付出的成本，同时获取丰厚的回报。专利作为一种创新资源，对于生物制药企业来说，在激烈的竞争中扮演着重要的角色。拥有较强的专利竞争力就能获得市场竞争优势，就能在市场竞争中立于不败之地。对于制药产业，技术和知识是主要的生产资本，新药的研发是生物制药流程中最重要的一环，拥有一件新药的知识产权往往就垄断了一个市场。事实上，如果没有充分有效的知识产权保护，那么基于研发的生物制药产业就不会存在了。Mansfield(1986)在一个研究中发现，如果没有有效的专利保护60%的医药品不会被引入市场，65%的药品不会被利用。

因此，使用专利数据作为生物制药领域技术创新和技术活动的指标是相对合理的，虽然专利数据也带有一些缺陷(Robson et al.，1988)。在生物制药领域的研究中，专利数据被广泛地使用，Reekie(1973)曾使用专利数据来分析国际性制药产业在伦敦的创新活动，文中将专利数据作为技术改变的指标，来分析生物制药研发的国际性分布。Gideon 和 Markman(2004)通过对生物制药企业的分析，认为一个企业竞争的优势在于保护专利的组织过程和能力，将专利视为有价值的稀有资源，是一种可以仿制但是不可替代的技术资源。因此，使用专利数据分析制药产业的创新和技术发展是一种主流的分析方法。

18.3　中国医药产业发展及其技术创新特征分析

我国医药产业的发展，按照基本分类，包括化学药品原药制造、化学药品制剂制造、中药饮片加工、中成药制造、兽用药品制造、生物和生化制品的制造、卫生材料及医用药品制造七个分行业。自改革开放以来，中国医药产业的产值年均增长率在16%左右；随着中国全面建设小康社会的开始，人们对保健、防病治病的需求也越来越高。

新中国成立以来，特别是改革开放30年以来，医药产业一直保持着较快的发展速度。1978～2005年，医药产业产值年均递增16.1%，经济运行质量与效益不断提高，成为国民经济中发展最快的行业之一。近年来，中国医药产业规模不断扩大，产值、产量连创新高，2005年医药工业实现产品销售收入4020.04亿元，医药产业成为中国国民经济的重要行业之一，并在世界医药市场中发挥越来越重要的作用。

我国医药市场的快速发展已经成为举世公认的事实。近年来，我国医药市场增速超过20%，成为新兴药品市场代表中的代表。2007年，全国医药工业各项主要经济指标增长幅度均保持稳步持续发展，效益大幅增长：全年累计实现现价工业生产总值6927.77亿元，比2006年同期增长25.09%；累计实现销售收入6392.69亿元，同比增长24.90%；利润总额累计629.99亿元，同比增长55.56%；累计实现利税总额974.49亿元，同比增长40.55%。据世界最大的医药咨询机构IMS健康公司的预测，中国到2020年将成为世界第一的药品市场。简单的数字传递出积极的信号：一方面，中国制剂出口海外步伐提速，越来越多的中国制药企业将走向海外市场；另一方面，内需刚性增长和产业规范的提升使得中国市场日益成为众多国内外药企争夺地。目前，我国制药市场已经成为国际市场的重要组成部分，制药行业和企业的发展以及密切相关的制药工业技术的发展，受到国际上各类发展资源的影响非常大。

根据相关报道①，自2014年开始，全球医药市场规模将以4%～7%的年均复合率增长，到2018年将达到1.27万亿美元；其中，仿制药市场将以7%～10%的速度增长，到2018年达到6060亿美元，占整个医药市场规模的48%。全球仿制药市场发展增速是专利药的3倍

① http://www.chinairn.com/news/20140917/08442210.shtml。

以上，国内创新型制剂企业迎来了具有巨大潜力的市场和国家政策的支持。根据我国制药业相关政策和市场实际发展，也参考国际上的相关研究和报告，如 IMS 对美国和中国医药市场的预测等，种种报告都反映出，我国医药产业正处在产业快速积累和高速成长过程中。

而根据国内外的研究，从产业生命周期的角度来看，我国制药行业正处在高增长，低利润回报、低风险性和较低的相对垄断性的产业成长阶段。目前还存在很多发展中的问题。如，我国制药业长期以来以仿制药为主，国内的药品有 97%为仿制药，从目前中国药品消费能力和水平来看，那些在市场上已经销售多年、疗效确切的仿制药将在很长时间内继续作为临床用药的主角在药品市场担当重任。和国外 70%是专利药的产品市场结构相比，其利润回报、风险性特点以及相对垄断性都表现得不如发达国家那样突出。目前我国共有 6000 多家药厂在激烈竞争，这些厂家多数集中在低水平的价格层面，仿制药的利润平均只有 5%～10%，与国际上仿制药平均 40%～60%的利润率不可相提并论。此外，我国医药制造中大企业的相对垄断性较低，制造业前 20 强的市场占有率达 42%，远远低于国际 66%的集中程度。

18.4　我国内地市场制药专利权的分布情况

中国内地以其巨大的医疗市场潜力，吸引了大量制药业跨国公司在中国内地市场的发展，作为其在海外市场开拓的重要一环。从最初的药品出口，到 20 世纪 90 年代直接投资的发展，再到 21 世纪的研发中心建立，专利始终是保护其核心竞争力的重要手段。目前，这类企业的专利已经成为我国内地市场上药品专利中非常重要的组成部分，其俨然已经成为我国内地制药业技术创新活动的重要参与者和某些领域上的领先者，掌握着大量的技术资源和知识基础。

本书通过检索 205 个国家以及中国香港和中国台湾地区相关数据，发现这些资本在我国内地专利申请非常集中，故选取发明专利申请量大于 200 的国家和地区共 22 个，包括美国、日本、德国、瑞士、法国、英国、瑞典、荷兰、意大利、加拿大、韩国、丹麦、比利时、澳大利亚、印度、以色列、西班牙、匈牙利、中国香港地区、爱尔兰、芬兰、中国台湾地区。10%的国家和地区占据了这类在华专利申请的 97%。其中，美国这一世界制药巨头在内地专利申请占 1/3 强，日本占约 14%，德国占 10%左右。

具体数据如表 18-3 所示，平均专利有效率 23.73%，略高于所有数据的专利有效率 22.93%。其中，法国最高达到 30%，澳大利亚最低为 15%。在 22 个样本中，美国和日本在华专利申请量超过万条，德国、瑞士、法国、英国、瑞典、荷兰、意大利、加拿大、韩国、丹麦、比利时专利申请量超过千条，美国、日本、德国、瑞士、法国拥有的有效专利均超过 1000 条。

从制药行业上来看，这类资本主要集中在化学药品原药制造、化学药品制剂制造、生物生化制品制造三大领域，这些领域中这类资本所占比例高达 45%左右，尤其是化学制剂领域，这类资本拥有专利高达 47.01%，生物制药领域 46.72%，化学原药 45.81%。此外，美国、日本、印度、韩国等均对中成药制造业专利表现出极大兴趣，尤其是美国和日本，韩国在中药领域拥有的专利在其中最多(表 18-3)。图 18-5 表现了典型国家和地区在我国内地市场上制药业专利的国别和地区分布。

表 18-3　我国内地市场上药品专利权的国别与地区分布

国别和地区	化学药品原药制造		化学药品制剂制造		生物生化制品制造		中成药制造		总和		比例/%
	专利申请	授权发明专利	专利申请	授权发明专利	专利申请	授权发明专利	专利申请	授权发明专利	专利申请	授权发明专利	
美国	14325	2986	5817	1197	9531	1837	128	13	29801	6033	30.4
日本	6845	2032	2456	713	4476	1151	123	18	13900	3914	19.7
德国	4287	1125	1879	496	2076	427	48	13	8290	2061	10.4
瑞士	3091	825	1263	308	1436	329	14	3	5804	1465	7.4
法国	2246	743	539	150	884	214	26	5	3695	1112	5.6
英国	2075	490	901	211	1142	227	15	3	4133	931	4.7
瑞典	1582	405	741	208	483	113	3	0	2809	726	3.7
荷兰	815	237	244	67	787	211	10	3	1856	518	2.6
意大利	992	272	335	86	380	90	28	7	1735	455	2.3
加拿大	643	129	235	51	505	86	11	2	1394	268	1.4
韩国	822	240	327	93	746	204	103	25	1998	562	2.8
丹麦	689	160	219	47	843	184	6	2	1757	393	2.0
比利时	767	224	253	71	433	90	5	1	1458	386	1.9
澳大利亚	386	64	115	21	411	56	14	2	926	143	0.7
印度	362	69	140	17	133	25	45	2	680	113	0.6
以色列	300	59	110	21	202	54	1	0	613	134	0.7
西班牙	288	69	97	22	119	23	3	0	507	114	0.6
匈牙利	304	74	63	16	55	10	5	1	427	101	0.5
中国香港地区	155	40	52	13	157	32	101	17	465	102	0.5
爱尔兰	163	31	89	14	63	13	3	0	318	58	0.3
芬兰	166	52	80	29	114	25	0	0	360	106	0.5
中国台湾地区	176	39	121	22	255	53	77	15	629	129	0.7
样本合计	41479	10365	16076	3873	25231	5454	769	132	83555	19824	
所有数据	93378	22628	35911	8239	54749	11674	47889	10637	231927	53178	
外资比例/%	44.42	45.81	44.77	47.01	46.08	46.72	1.61	1.24	36.03	37.28	

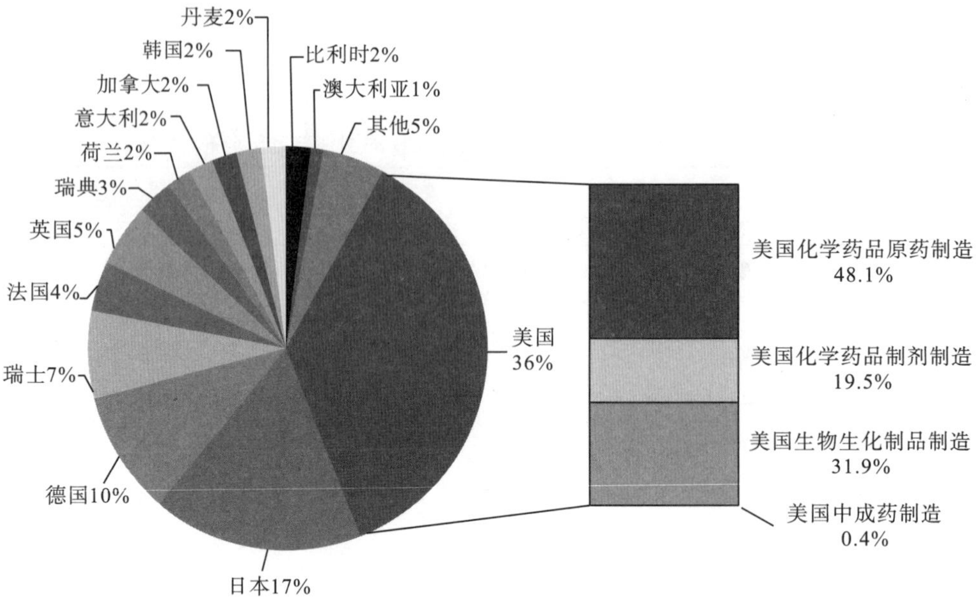

图 18-5 典型国家和地区在我国内地市场上制药业专利的分布

18.5 我国制药业技术创新活动专利技术竞争比较

技术创新是医药产业可持续发展的源泉。我国是制药大国，却离制药强国差距还很远。此外，由于我国独特的社会经济发展特点，我国制药业技术创新也有着许多特点。

1) 低技术创新投入

由于技术创新机制不健全，对技术创新的重视程度不够等原因，导致我国制药企业技术开发投入低、创新动力不足，制约了产业升级和竞争能力的提高。

我国制药企业研发经费投入占销售比例以及科研销售比例不断增长。其中，研发销售比从 1995 年的 0.14%增长到 2006 年的 0.78%；科研销售比从 1995 年的 0.3%增长到 1.5%。尽管如此，我国制药企业研发投入仍远远低于低于 15%～25%的国际先进水平。没有较高的科技投入，无法创造和拥有高技术水平的创新成果，更无法实现技术更新与升级。

2) 医药领域知识产权

医药领域知识产权保护主要包括专利保护、新药新政保护、商标保护和商业秘密保护四个大类。随着中国加入世界贸易组织(WTO)，与世界的联系越来越紧密，需要全面履行《TRIPs 协议》关于知识产权保护的最低义务。因此，专利成为保护药品创新最主要的手段。

我国于 1984 年 3 月 12 日通过《专利法》，并于 1985 年开始对发明创造进行保护。但是鉴于药品的特殊性，1984 的《专利法》并不对药品提供产品保护，而仅仅提供过程保护。专利是药品创新最好的保护伞，这样的专利立法受到了美国这一医药大国的制药行业不断的申诉和指责。1989 年，美国贸易代表办公室(USTR)把中国列入优先观察名单(priority watch list)，为了回应这样的外贸压力，我国通过了新的《版权法》并于 1990 年开始执行，接着于 1991 通过了《软件保护条例》。但是这些立法的努力仍然没有让美国满意。1991 年 4 月 26 日，美国将中国列为“重点国家(priority foreign Country)”，并指责中国对专利法保护的范围不够，同时发起对中国法律、政策等方面的调查。1992 年 1 月，美国列出对中国进口的商品征收 15 亿美元高关税的报复清单，中国也公布 12 亿美元的反报复清单。在贸易报复战的同时，中美双方的磋商也在继续。经过多次协商，中国驳回了美国的无理指责和漫天要价，终于在 1992 年 1 月 17 日中美两国政府签署了第一个关于知识产权保护的协议，即《中华人民共和国政府与美利坚合众国政府关于保护知识产权的谅解备忘录》(以下简称 1992MOU)。至此，中美贸易纠纷就此告一段落。

1992MOU 的签署可以说是中国药品专利保护最具有影响力的事件。依照 1992MOU，我国提高了专利的保护水平，同意对美国 1986 年 1 月 1 日～1993 年 1 月 1 日期间的药品、农业化学物质，自 1993 年 1 月 1 日起提供行政保护。1992 年 9 月 4 日全国人民代表大会常务委员会颁布关于修改《专利法》的决定，1993 年 1 月 1 日实施，修正后的《专利法》开始对包括医药、生物、化学和医疗器械等医疗卫生领域的产品发明进行专利保护。同时，为保护外国药品独占权人的合法权益，1993 年 1 月 1 日国家中医药管理局颁布实施了《药品行政保护条例》,为国外药品生产商提供除专利保护外的另一种保护体系，目的是给予在其他国家获得专利的药品在中国市场的专有权。

另一方面，中国的制药产业在具备国际制药产业一般性特点的同时，还因既包含传统的在中药子行业，又包含近现代的化学制药和当代的生物制药，呈现出兼容并蓄的多元化知识基础。

由于中国的经济社会发展历史制约，我国传统的中药产业和现代化学制药的知识类别存在很大的差异，传统中药业“医药不分”，药品的质量和疗效在很大程度上取决于药材的质量，以及医生所掌握的“秘方”“验方”。传统中药仅仅以非处方药、草药的形式流传，药理病理的研究和认识以默悟性知识为主，这和现代化学药品以编码性知识的特点存在很大的差异，而由于知识以默悟性为主，这也客观上制约了中药产业的商业化。在重要在理论上缺乏创新约束，缺乏在安全性、质量和功效方面完整、科学的数据，以至于没有办法申请专利，更谈不上申请国际专利了。以中国专利数据库(CPRS)为准，对 1985～2005 年公开的授权专利进行统计，涉及中药的发明专利共 7374 件，专利分布如图 18-6 所示。

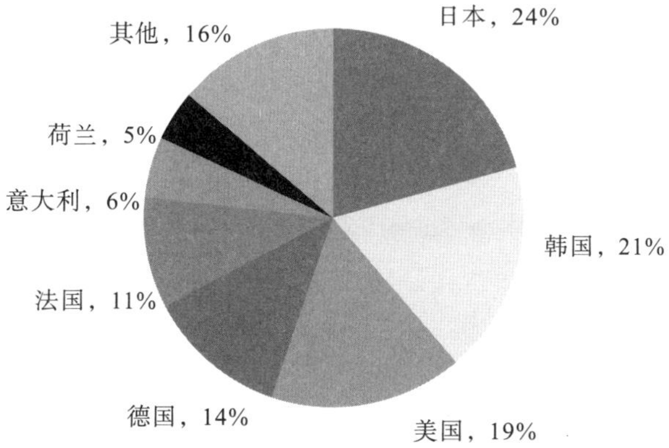

图 18-6　我国涉外权利人中药专利分布图

目前，传统植物药正在世界范围内受到青睐，国际上一些著名的药厂都在研发中药，国内市场上已经出现了德国和法国的银杏叶制剂，日本的救心丹也是我国中药的“衍生物”。这些无偿利用中国传统中药的开发成果获得巨大的收益，在占领国际市场的同时还迅速地占领了我国国内中药市场。

从图 18-6 中可以看出，日本、韩国和美国已经成为我国植物药的主要竞争对手。国产中药缺乏有自主知识产权的高附加值产品，难以获得国际上的认可，主要来自知识产权的困惑。因此，继承和发扬我国传统中药，要适应和进入国际市场，必须加快中药现代化，即对中药进行化学研究，尽快将默悟性的药理、毒理，形成明示型的知识体系，加强对中药知识产权的研究和保护。

3) 内外资制药业参与者的创新模式比较分析

本章通过比较内外资企业技术创新活动模式，来突出我国制药创新特征。考虑到 1993 年是我国医药业发展轨迹发生突变的年份，因此将考察时间窗口分为 1985～1992 年和 1993～2004 年两部分(表 18-4)。

表 18-4　内外资企业群创新模式比较分析

时间	1985～1992 年					1993～2004 年				
	均值	中位数	标准差	最小值	最大值	均值	中位数	标准差	最小值	最大值
外资										
外资参与者	308. 625	301	32.87	271	370	3433.62	3532	1811.51	333	6365
外资参与者净进入数	9	−2	48.41	−53	75	207.38	178	105.10	62	399
外资参与者净进入率	2. 01%	−0.67%	0.1455	−16.46%	20.00%	15.92%	13.97%	0.1169	5.15%	45.94%
外资专利数	541	546.5	63.58	460	650	1678.38	1524	694.34	650	2971
外资两年累计专利增长率	3. 63%	4.25%	0.0584	−4.18%	9.52%	14.79%	12.23%	0.1862	−16.07%	69.84%
外资集中度	0. 0073	0.0065	0.0022	0.0051	0.0114	0.0179	0.0188	0.0084	0.0071	0.0354
内资										
内资参与者	502	365	332.79	227	1199	2656.62	2188	1232.45	1199	5042
内资参与者净进入数	139	67	160.66	7	465	325.62	170	439.49	−397	1059
内资参与者净进入率	20. 32%	18.23%	0.137	3.06%	38.91%	11.86%	7.86%	0.18	−21.52%	46.70%
内资专利数	561. 13	394	378.51	248	1358	4249.31	2666	2809.36	1358	9747
内资两年累计专利增长率	27. 64%	29.62%	0.1473	11.14%	45.91%	24.28%	19.63%	0.2901	−14.02%	85.10%
内资集中度	0. 0006	0.0005	0.0004	2.0484E−17	0.0011	0.0159	0.0005	0.0458	0.0002	0.1659

从表 18-4 可以看出，两个时间窗口期比较，外资年均参与者水平从 308 提高到 3433，翻了 10 多倍，内资年均参与者从 502 提高到 2656，翻了 5 倍多；外资参与者净进入数在两个时间段上，变化了 20 多倍，内资参与者净进入数也变化了近 3 倍；以净进入率考察，外资参与者有很大的提高，从 2.01%上升到 15.92%；相比而言，内资参与者在净进入率上出现了下降趋势，从 20.32%下降到 11.86%；外资年均专利申请数增加了 3 倍，达到年均 1678 件，内资专利数变化了 9 倍，达到年均 4249 件；从两时段累计专利增长率上看，外资增速很快，但绝对值低于内资，内资在两个时间段平均增长较快，但增幅有减小趋势。以上信息说明，外资的参与活跃程度高于内资，小规模创新者在外资参与者中扮演重要的角色，是主要的创新者以及产业创新的主要来源。相比而言，内资参与者则主要是通过长期技术能力积累而能持续其市场发展。

此外，从集中度上看，外资和内资参与者专利申请集中度整体略有提高，这说明有持续性参与者申请专利的比重正在逐步上升，市场上正处在逐步成熟的过程中。

再从中药材及中成药加工领域看，在 1985～1992 年，该领域上相关专利增长率和参与者净进入率相比其他领域均位居第一位，创新集中度相对较高，意味着中药创新领域正吸引着大量的参与者进入，并涌现出申请专利较多的规模创新者，行业发展机会在六个子行业中最高。而在 1993～2005 年，重要领域专利增长率仍然高居榜首，而新参与者净进入率却显著降低，从 28%下降到 11%，排名从第一跌至第五，创新集中度不变。综合起来，中药材及中成药加工业在六个子行业中创新异常活跃，并且在 1992 年之前出现了参与者不断涌入的动态调整过程，净进入率在 1993 年之后的年份中逐渐稳定，两个时间段相比市场集中度下降，但在各子行业中排名稳定，意味着该市场逐步走向成熟，以规模创新者为主力(表 18-5)。

化学药品原药制造是制药业中附加值较低，市场进入相对频繁的一个子行业。相比其他产业领域而言，专利增长速度和创新参与者净进入率均较低，创新集中度也极低，意味着该行业的创新和发展机会相对较小，新参与者对创新的冲击较小，市场还存在参与者多、散、乱的情况，创新资源有待整合。将两个时间段进行比较，第二阶段中专利增长率和参与者净进入率均有显著的提高，说明制药业这一传统行业仍然有相当吸引力，并导致市场集中度进一步降低，这也同时显示该领域创新参与者缺乏足够的创新积累，可能出现低水平重复生产和恶性竞争倾向。

化学药品制剂制造是制药业十分重要的领域。相比于其他几个制药子行业，该行业专利增长率和参与者净进入率均属于中等，且在两个时间出现绝对增长相对稳定的态势，这表明化学药品制剂制造的创新模式和整个行业的平均状况相似。而创新集中度水平在两个时间段差别很大。这反映出该领域创新能力和市场控制能力在参与者间正在进行动态重新分布，小公司和个体创新者不断崛起，对现存企业构成竞争威胁。

生物、生化制品的制造业，代表了未来医药产业发展的新方向，有重要的战略性意义。在两个时间段上，该行业专利增长率和参与者净进入率均有显著提高，集中度也有显著的提高，这说明该行业正以高行业增长机会吸引创新者进入。相比于其他几个子行业而言，该行业专利增长率和参与者净进入率排名属中等，集中度变化较大，并在第二时段有很大提高，这说明，生物子行业正逐步涌现“规模创新者”，创新参与门槛正在逐步提高。

表 18-5　各子行业不同企业群创新模式对比分析

	两年累计专利增长率/%		净进入率/%		调整后的集中度	
	均值	排序	均值	排序	均值	排序
1985～1992 年						
化学药品原药制造	4.8	6	1.84	6	0.009	5
化学药品制剂制造	18.83	3	8.72	4	0.055	1
生物、生化制品的制造	9.83	4	8.94	3	0.02	6
中药材及中成药加工	48.47	1	28.17	1	0.022	3
制药工艺与医疗方法	7.19	5	8.45	5	0.022	2
医疗与卫生用品	20.04	2	11.31	2	0.021	4
中位数	14.33		8.83		0.021	
1993～2005 年						
化学药品原药制造	16.28	6	11.59	4	0.006	5
化学药品制剂制造	30.3	3	17.07	2	0.004	6
生物、生化制品的制造	29.02	4	15.78	3	0.036	1
中药材及中成药加工	32.36	1	11.38	5	0.01	3
制药工艺与医疗方法	30.55	2	17.96	1	0.008	4
医疗与卫生用品	18.27	5	11.29	6	0.018	2
中位数	29.66		13.69		0.009	

制药工艺与医疗方法子行业在两个时间段上的专利增长和市场结构动态发生极大的转变。1992 年前，该行业专利增长率和参与者净进入率相比其他几个子行业均较低，创新集中度较高，说明新冲击该行业的创新者较少，现存公司起着相对重要的作用，在 6 个子行业中比较属于行业机会较低的领域。但 1993 年后，专利申请率从之前的 7.19%上升为 30.55%，净进入率从 8.45%提高到 17.96%，集中度从 0.022 下降到 0.008，在 6 个子行业中行业创新机会走高。

医疗与卫生用品在两个时间段上的发展态势相对其他五个子行业比较稳定，专利增长率和市场结构变化不大。对该行业进行横向比较，可以看出该行业 1992 年以前属于高增长机会子行业；而 1993 年之后，行业成长和行业机会逐渐滞后于其他几个子行业。

总体而言，六个制药子行业的平均专利增长率在两个时间段中提升，参与者净进入率也显著提高，市场集中度随着参与者的进入出现下降趋势。根据 Malarba(2004) 对于熊彼特创新模式的划分和分析，可以判断我国制药工业整体处于动荡和调整的熊彼特模式 I(Malerba，2004)。

18.6 本章结论

本章研究表明，在知识和专利密集增长行业，需要掌握特定的“阈值专利”量，以掌握相对特定市场和特定竞争对手和竞争企业群的竞争力信息，而这一信息的把握，又和产业技术创新的特征和典型模式密切相联。在我国市场发展背景下，制药跨国公司的作用十分重要，巨型制药跨国公司在我国市场的发展，既是威胁，也是机遇，可以起到本土企业技术创新提供竞争示范作用。同时，制药业技术创新的特征，也决定了该产业专利技术的多种竞争模式，从国家层面的制度建设到产业层面的企业结构，更关系到企业层面的技术创新竞争与合作。需要研究的问题相当典型。

18.7 本章附表

附表 1 在华典型制药外资企业样本选择表

英文名	中文名	地区
Bayer	拜耳医药保健有限公司	欧洲
Merck	美国默克公司	北美
Roche Pharmaceutical Ltd	瑞士罗氏制药有限公司	欧洲
GlaxoSmithKline	葛兰素史克公司	欧洲
Pfizer Pharmaceuticals Ltd	美国辉瑞制药有限公司	北美
Novartis Pharma Ltd	瑞士诺华制药有限公司	欧洲
AstraZeneca Pharmaceutical Co Ltd	阿斯利康制药有限公司	欧洲
Aventis Behring	安万特贝林	欧洲
Wyeth Ltd	美国惠氏公司	北美
Novo Nordisk Biotechnology Co Ltd	丹麦诺和诺德生物技术有限公司	欧洲
Takeda Pharmaceutical Co Ltd	日本武田药品株式会社	亚洲及澳洲
Bristol-Myers Squibb	美国百时美施贵宝公司	北美
Eli Lilly Inc	美国礼来公司	北美
Asahi Kasei Corporation	日本旭化成株式会社	亚洲及澳洲
Schering-Plough Ltd	美国先灵葆雅公司	北美
Boehringer Ingelheim	德国勃林格殷格翰制药公司	欧洲
Schering Pharmaceutical Ltd	德国先灵公司	欧洲
Astellas1	安斯泰来	亚洲及澳洲
Pharmacia	法玛西亚公司	欧洲
Otsuka Pharmaceutical Co Ltd	日本大冢制药有限公司	亚洲及澳洲
Sanofi-Synthelabo	圣诺菲合成实验 (包括圣诺菲一阿文蒂斯)	欧洲
Nippon Kayaku Co Ltd	日本化药株式会社	亚洲及澳洲

续表

英文名	中文名	地区
Eisai Co Ltd	日本卫材制药有限公司	亚洲及澳洲
Teva Pharmaceutical Industries Ltd	以色列梯瓦制药工业有限公司	欧洲
Sankyo Pharmaceuticals Co Ltd	日本三共株式会社	亚洲及澳洲
Johnson & Johnson Pharmaceuticals Ltd	美国强生制药有限公司	北美
Kyowa Hakko Kogyo Co Ltd	日本协和发酵工业株式会社	亚洲及澳洲
Chugai Pharmaceutical Co Ltd	日本中外制药株式会社	亚洲及澳洲
Shionogi & Co Ltd	日本盐野义制药株式会社	亚洲及澳洲
Tanabe Seiyaku Co Ltd	日本田边制药有限公司	亚洲及澳洲
Lundbeck	丹麦灵北药厂	欧洲
Ranbaxy Laboratories Ltd	印度兰伯西制药有限公司	亚洲及澳洲
Daiichi Pharmaceutical Co Ltd	日本第一制药株式会社	亚洲及澳洲
Servier International	法国施维雅国际公司	欧洲
Meiji Seika Kaisha Ltd	日本明治制果株式会社	亚洲及澳洲
Kirin Brewery	麒麟麦酒株式会社	亚洲及澳洲

注：1：山之内＋藤泽 2004 后合并为安斯泰来 Yamanouchi Pharmaceutical Co Ltd ,Fujisawa Pharmaceutical Co Ltd。

附表 2　制药产业高技术机会领域分类表

		高技术机会领域
1980～1984 年到 1990～1994 年	高增长率技术领域	424/133.1；424/93.1；424/405；424/208.1；424/408；424/464；424/406
	新出现的技术领域	514/5；514/69；514/73；514/74；514/87；514/109；514/111；514/123；514/133；514/149；514/210.07；514/210.13；514/211.10；514/211.13；514/211.14；514/252.07；514/252.08；514/252.09；514/253.10；514/254.10；514/263.33；514/266.5；514/582；514/611；514/660；514/664；514/697；514/745；514/746；514/750；514/752；514/766；514/767；514/768；514/771；514/780；514/790；514/791；514/792；514/793；514/794；514/795；514/796；514/797；514/798；514/799；514/803；514/804；514/851；514/856；514/857；514/860；514/868；514/896；514/897；514/911；514/933；514/948；514/950；514/955；514/956；514/968；424/9.31；424/9.35；424/9.411；424/10.1；424/10.32；424/10.4；424/41；424/403；424/70.7；424/70.121；424/76.5；424/78.2；424/78.34；424/132.1；424/134.1；424/135.1；424/146.1；424/148.1；424/160.1；424/162.1；424/166.1；424/168.1；424/188.1；424/192.1；424/220.1；424/264.1；424/93.71；424/93.72；424/93.73；424/541；424/543；424/546；424/554；424/568；424/614；424/621；424/624；424/625；424/627；424/628；424/640；424/645；424/666；424/694；424/696；424/699；424/195.18；424/726；424/727；424/733；424/737；424/741；424/752；424/753；424/759；424/763；424/766；424/780；424/803；424/808；424/817；424/820；424/829；
1990～1994 年到 2000～2004 年	高增长率技术领域	424/725；424/777；424/779；424/623；424/694；424/775；424/620；424/629；424/247.1；424/766
	新出现的技术领域	424/9.41；424/10.2；424/162.1；424/-3.2；424/524；424/541；424/611；424/612；424/624；424/625；424/626；424/627；424/628；424/631；424/695；424/708；424/763；424/767；424/780；424/802；424/808；424/814；424/820；424/824；424/829；424/830

附表 3 外资制药企业在华设立研发中心概况

外资药企	年份	母国	研发中心名称	地点	目标
Servier	2001	法国	Servier 北京研发中心	北京市	开发中药潜在价值
诺和诺德	2002	丹麦	诺和诺德中国研发中心	北京市	普通生物研究
阿斯利康	2002	英国、瑞典	东亚临床研究中心	上海市	临床研究；与中国卫生医疗研究院合作
	2006	英国、瑞典	阿斯利康中国创新中心	上海市	转化科学，初期研究集中于癌症领域
	2007	英国、瑞典	临床药理研究中心	北京市	临床药理研究
	2007	英国、瑞典	中国创新研究中心联合实验室	广州市	展在肺癌及其他中国高发病率癌症的转化科学研究
礼来	2003	美国	上海开拓者化学研究管理有限公司—礼来实验室大楼	上海市	为开发新药合并不同的有机物质
	2008	美国	礼来全球研发中国总部	上海市	开展合作研发
罗氏	2004	美国	罗氏中国研发中心	上海市	药物化学领域的研究，阶段 1：化学药品，分析化合物结构；阶段 2 ：TCM 和遗传工程
葛兰素史克	2004	英国	非处方药研发机构	天津市	OTC 药品
	2007	美国	葛兰素史克中国研发中心	上海市	为多发性硬化并帕金森病和阿尔茨海默氏病等严重疾病开发新药
辉瑞	2005	美国	辉瑞中国研发中心		中国本土药品研发，临床实验支持，潜在新药研究
强生	2006	美国	强生中国亚太研发中心	上海市	适合中国人和亚洲人的药品，消费品和个人护理产品的研发
赛诺菲—安万特	2005		赛诺菲-安万特中国临床研究中心	上海市	中药研发，探索研发神经疾病、糖尿病和癌症治疗领域的创新药物
	2008		赛诺菲-安万特京生物统计学中心	北京市	药物基础开发、临床研究、生物统计及编程、临床数据管理以及注册
拜耳			上海聚合物科研开发中心	上海市	药品研究开发

数据来源：根据 http://www.bioon.com/ 以及各大公司主业内容整理所得。

第十九章　典型产业专利竞争：高端制造业

导言：

高端制造业是研究专利技术的一个重要技术领域，除了因为我国是一个制造业大国，制造业先进技术的发展在我国日益显示举足轻重的作用；还因为先进制造技术的专利技术构成本身就是一个世界性研究课题，这主要是出于制造技术的数字化和智能化发展，使得附着在庞大制造体量上的局部专利技术就有着巨大的控制作用。从现实发展来看，我国高铁产业仅仅用了十几年甚至才几年时间就已经和国际典型高铁企业处于相同的竞争领域，但从专利技术的分析角度看，仍旧有一定的差距。高铁制造技术涵盖面极为广泛，本身具有先进制造技术的典型性和概括性，具体可以包含物理、化学等基础学科，以及电子、通讯、基础施工建设等各个领域，因此众多学科和不同门类的技术相互渗透和交叉是我国高铁产业技术发展的特色。本章提供了作者团队在高端制造业和先进制造技术领域与专利技术研究领域结合部的部分研究成果，可供有兴趣的学者、学生以及企业管理人员及相关领域研究者参考。

19.1　先进制造技术发展

先进制造技术(advanced manufacturing technology，AMT)的概念最初是在20世纪80年代初期由美国的一批学者提出。美国麻省理工学院的一些学者在研究美国国民经济、技术和国力的互相之间的重要依赖关系的基础上，重点提出了先进制造对美国发展的重要性(美国麻省理工学院，1991)。但对于先进制造技术的概念内涵，至今尚没有一个统一的定义和标准。Lund和Hnasne(1986)认为：先进制造技术是起源于信息技术的发展而发展的，先进制造技术主要的目的是使生产制造实现自动化。McDermott等(1999)表明：先进制造技术是包含计算机技术、计算机辅助技术、计算机数控设备技术、柔性制造系统技术、机器人技术、自动材料控制技术等的制造技术群。我国学者张申生(1995)曾明确强调：先进制造技术是自动化、通用制造、信息和现代企业管理技术的结合后的技术。杨叔子、熊有伦(1999)研究明确指出先进制造技术是在顺应信息技术不断发展的时代基础上，将电子技术、信息技术、机械技术、能源技术、现代管理以及材料技术结合在一起，应用于生产制造的全过程，目的是为了达到最佳的经济效益的制造技术的全称。迄今为止，国内外对先进制造技术比较公认的说法为：生产制造行业中的企业在结合信息技术、机械技术、管理技术以及电子技术的基础上融合传统的生产技术以对市场竞争激烈的应对。在生产制造企业的生产全过程当中，企业对制造技术进行优化、改进，使制造技术全面提升和演变，进而为实现生产制造企业对动态环境的变化的应对和增加企业在市场上的竞争力而增强生产模式的智能、柔性化的生产制造技术。

从大量国内外的学者研究观点来看，信息技术是先进制造技术的重要基础和核心内涵。如国外学者 Sambasivarao 和 Deshmukh (1986) 的研究强调：先进制造技术是从信息技术中提取出来的，如此才能够实现自动生产。Zair 等 (1992) 在其他学者研究的基础上，给出的先进制造技术的定义也突出了信息技术，并特别细致地纳入相应的技术门类，即：先进制造技术是一类主要以计算机信息技术作为基础技术的技术群，其中包含：计算机数控设备、柔性制造系统、计算机的辅助技术、机器人技术、自动材料控制系统技术、其他自动识别技术等。国内学者的研究在此类研究基础上更突出了先进制造技术的信息技术内涵。国内学者对先进制造技术的研究比较有代表性的学者是熊有伦等 (1996) 和杨叔子 (2004)，而吴复兴 (1999) 研究表明当年中国国防关键技术计划报告中也有对先进制造技术的定义，与熊有伦院士和杨叔子院士的研究结果基本一致。

随着先进制造技术的不断发展，其复杂内涵也日益得到不同类型专家和学者的关注。特别是这一概念在其发展过程中不断吸收最新的机械、电子、信息、材料、能源和现代的管理技术，并且与传统制造技术相整合，应用于国际高端市场的产品设计、制造工程、监控检测、生产管理、质量保证和售后服务等整个制造业全过程，并且能够持续对制造技术改进、优化、推出新技术，同时以实现高质量、高效率、低能耗、绿色环保、柔性生产的方式实现最优技术、最佳经济效益。这种先进制造技术的理念正在深入人心。我国学者张申生 (1995)、李哲浩等 (1995) 的研究都强调了 AMT 的信息化技术和企业管理技术的集成，甚至从先进制造技术涉及的学科领域角度作为出发点，认为先进制造技术是跨数学、社会科学、哲学、经济管理学等众多学科，并且和工程技术、技术科学相交叉的技术体系。

19.2 先进制造技术的层次划分

如前所述，先进制造技术所涉及的技术领域和学科类别非常多，所包含的相关技术内容也相当丰富。

1) 国外研究

Suresh 和 Meredith (1985) 根据对美国的制造企业进行的 14 项具体先进制造技术的实施过程调查结果，将先进制造技术分为三个技术层次：①独立系统技术；②即时系统技术；③集成系统技术。其中，独立系统技术有：计算机辅助设计 (CAD)、计算机辅助过程计划 (CAPP)、数控技术 (NCT)、机器人技术 (RT)；即时系统技术有：材料控制技术 (MCT)；自动存储技术 (AS)、自动检测技术 (ADT)；集成系统技术有：固定与移动网络融合技术 (FMC)、柔性制造系统 (FMS)、计算机/现代集成制造系统 (CIMS)、管理/信息技术 (MT/IT)、制造资源计划Ⅱ (MRPⅡ)、实时生产系统技术 (JIT) 等。

Meredith 和 Hill (1987) 将先进制造技术分为四个层次，这种划分模式也在后续的其他研究中得到了非常广泛的应用，其划分主要根据先进制造技术的应用范围和集成的程度。①第一层次：单机型技术，此技术类型主要以提高操作的精密程度为最终目的，无须任何其他部门的协助，而以单独设备去完成一项任务的功能，例如机器人技术、数控设备技术等；②第二层次：单元型技术，此类型技术主要以成组技术为主，建立机器群组适应批量作业动态需求，例如柔性制造系统(FMS)、计算机辅助工程(CAE)等；③第三层次：中间型技术，此类型技术主要利用CAD、CAM、CAPP、JIT、MRPⅡ的应用，并通过贯穿第二层次技术类型，即从产品设计、产品制造、物资采购和库存等全过程实现上述设施的应用，最终形成规模庞大的生产制造体系；④第四层次：集成型技术，此类型技术主要依托信息技术，全面整合企业各项功能界面，例如最具有代表性的计算机/现代集成制造系统(CIMS)。

Shani等(1992)以先进制造技术的应用范围将其分为三种类型：技术类型I——工程技术，主要包括CAD、CAE、CAPP、CAM；技术类型II——制造技术，例如机器人技术(RT)、群组技术(GT)、单元制造技术(UMT)、柔性制造系统(FMS)、自动存储技术(AS)等；技术类型III——经营管理类技术，例如制造资源计划Ⅱ(MRPⅡ)、实时生产系统技术(JIT)、看板技术、全面质量管理(TQM)、计算机/现代集成制造系统(CIMS)等。

Gerwin(1992)等则依据生产制造自动化程度、整合程度将先进制造技术分为 4 个类型。技术类型I：产品制造设计技术(CAD、CAE)；技术类型II：制造规划与控制技术，主要包括物料需求计划(MRP)；技术类型 III：生产程序技术，主要包括计算机辅助制造(CAM)所需的中间媒介(网络计算机技术(NC)、计算机数字化控制技术(CNC)、固定与移动网络融合技术(FMC)、柔性制造系统(FMS))、自动物料传输技术(例如AGVS、自动化立体仓库系统技术AS/RS)和程序控制技术(计算机辅助教学(CAI)、过程控制技术(PC)等；技术类型IV：集成技术，例如局域网技术(LAN)、广域网技术(WAN)、计算机辅助设计(CAD)、计算机辅助制造(CAM)、计算机集成制造(CIM)。

Burgess(1998)等在前人研究的基础之上将先进制造技术类别进行了整合，并且将先进制造技术归纳为两部分，主要依据是先进制造技术实施过程中互相协作程度的高低和应用管理职能的多少，即所谓硬件技术和软件技术两大类型。硬件技术包括：自动化技术(AT)、柔性制造系统(FMS)、计算机辅助设计(CAD)、计算机辅助制造(CAM)、计算机数字化控制技术(CNC)等。软件技术主要是在组织过程和管理方法之上的技术，例如全面质量管理(TQM)、实时生产系统技术(JIT)、制造资源计划Ⅱ(MRPⅡ)、计算机辅助过程计划(CAPP)等。在实施的过程中，硬件技术实施主要靠员工在独立设备上独立完成。在这个过程中考虑技术因素大过于管理因素，进而员工之间互相协调的影响力较低。恰恰相反，软件技术在实施过程中管理因素大过于技术因素，更加具有协同性和系统性，对员工更加具有影响力。

Boyer等(1996)对先进制造技术的应用层次进行聚类分析，根据结果将先进制造技术分为三类：①设计类先进制造技术：可以缩短产品设计周期，降低成本，抓住市场契机，第一时间掌控市场的先进制造技术；②制造类技术：即企业内部实际的生产类技术；③管理类先进制造技术：增加应用此技术的企业自身内部以及生产供应链之间的便捷性和高效性而进行互相沟通的技术。Boyer(1999)研究也表明：管理类的先进制造技术和设计类的先进制造技术都是通过对生产过程的促进从而增加企业在市场上的竞争能力。这种划分方式在日后得到广泛的认可和应用。此后，Diaz和Machuca(2003)以Boyer(1999)等研究成果为依据，对先进制造技术应用层次的划分进行了比较系统的总结。

2）国内研究

在国内的研究方面，也有一系列相关的层次划分的研究。例如，王隆太(2003)将先进制造技术分类为3个大的主体技术群和1个支撑技术群。其中，主体技术群包括：①现代制造工程设计技术群(例如：可靠性技术、动态技术、反求工程、系统建模技术、CAX和DFX技术、系统集成与仿真技术、并行设计技术、快速原型制造技术、疲劳设计技术等)；②制造系统管理技术群(包括，精益生产、准时生产、全面质量管理、计算机集成制造、敏捷制造、制造资源计划、成组技术、并行工程等)；③设备和物料处理技术群(包括，加工工艺及设备、精密工程、生产工艺及设备、超高速加工、质量控制、切削加工、特种加工等技术)；④支撑技术群(包括，自动化技术、微电子技术、材料科学技术、信息技术、管理科学、计算机技术、系统工程技术等)。

这里，支撑技术群是3个大类技术群的基础性技术资源，为3大类技术群提供营养和动力资源。其后，张世昌(2004)，李晓明等(2004)则根据应用先进制造技术的技术细节和侧重程度，将其分为基础、新型、集成三个层面：①基础技术层，包括精密型热处理、塑性成形、下料等技术、优质高效连接技术、功能性防护涂层技术、精密测量技术、精密铸造技术、精密热处理技术、毛坯强韧化技术、现代管理技术以及各类与设计有关的基础技术等；②新型制造单元技术层，包括工艺模拟以及工艺设计优化技术、新材料成型加工技术、系统管理技术、激光与高密度能源加工技术、质量与可靠性技术、制造业自动化单元技术、清洁生产技术、极限加工技术、CAD/CAM等技术；③先进制造集成技术，包括系统管理技术、应用信息技术、计算机网络和计算机数据库应用技术，以期对前两类技术层进行支持而形成的集成技术，也包括虚拟制造技术、柔性制造系统(FMS)、计算机/现代集成制造系统(CIMS)等。

如这些国内外学者的研究所示，先进制造技术的内涵以信息技术为基础，融合以往多类加工制造技术，通过硬件和相应的软件集成形成具有高度柔性的制造体系，实现精确化、精准化、数据化和智能化加工过程，并融合以高度有效的质量检测和管理工具和运行系统，是一个体现传统制造技术和计算机信息技术相融合的现代技术群。如表19-1所示，本章根据以上学者的研究，将先进制造技术概念分类汇总。

表19-1　先进制造技术概念层次表

研究学者	划分层次	包含具体技术类别
Rosenthal	CAD技术 CAD/CAM技术 CAM技术 工厂管理控制技术	CAD CAM CNC、RP、AMHS、FMS MRP、SFC
Meredith	工程技术 制造技术 商务技术	CAD、CAE、CAPP、GT GT、CAM、CNC、RP、AMHS、FMS、MRP、JIT、GT
Adler	设计技术 制造技术 管理技术	CAD、CAE CAM、CNC、AMHS MRP、MRPII、ABC、SFC

续表

研究学者	划分层次	包含具体技术类别
Lei 和 Goldher	CAD 技术 CAM 技术 计划技术	CAD、CAE、CAPP CAM、CNC、AMHS MRP、MRPII、SFC
Saraph	过程技术 计划体系技术	CAM、CNC、AMHS GT、MRP、MRPII、JIT
Gerwin 和 Kolodny	生产和过程设计技术 制造计划和控制技术 CAM 技术	CAD、CAE、CAPP、GT MRP、CPM NC、CNC、RP、AMHS、FMS、CAI
Boyer 等	设计类技术 制造类技术 管理类技术	CAD、CAE、CAPP、GT CAM、NC、CNC、RP、AMHS、FMS、CAI MRP、MRPII、JIT、CPM、ABC、SFC
Machuca 等	工作自动化技术 工程自动化技术 计划和控制自动化技术	NC、CNC、RP、AMHS、FMS CAD、CAE、CAPP、CAM MRP、MRPII、SFC
Coben 和 Apte	设计技术 自动工艺制造技术 基础技术 计划和规划技术	CAD、CAPP、GT CAM、NC、CNC、RP、FMS AMHS MRPII、SFC
Swamidass 和 Kotha	生产设计技术 过程技术 计划技术	CAD、CAE CAM、NC、CNC、RP、FMS、CAI AMHS、MRP、MRPII、SFC
王隆太等	主体技术群 支撑技术群	现代制造工程设计；制造系统的管理；设备和物料处理技术群； 自动化技术、微电子技术、材料科学技术、信息技术、系统工程技术等
孙林岩等	基础技术群 新型制造单元技术群 先进制造集成技术群	精密技术，现代管理技以及各类与设计有关的基础技术 新材料成型加工技术、系统管理技术等 FMS、CIMS 等

根据以上国内外研究学者的研究成果可见，所谓先进制造技术特别突出其中的信息类技术，如计算机辅助设计（CAD）、物料需求计划（MRP）、制造资源计划Ⅱ（MRPⅡ）、实时生产系统技术（JIT）、柔性制造系统（FMS）、计算机/现代集成制造系统（CIMS）等大量先进制造技术多个层面的技术类型，希望以此来体会其中可能蕴藏的专利技术类型。

19.3　典型高端制造业先进制造技术的专利信息分析

专利的作用以及其影响力在全球范围内与日俱增，其为准确地把握技术发展趋势提供了有效、可靠的科学途径。技术竞争态势的分析主要是针对技术的差异性，彼此之间的差距和竞争力强弱的比较和分析。技术竞争态势的正确分析和准确把握，在企业层面掌握对手竞争技术特性和自身技术不足，甚至是国家层面的国家战略布局和制定国家战略具有举足轻重的意义。

专利可广泛应用于不同学科和制造技术领域。Grant（2014）等的研究指出：在众多跨学科领域代表性学术期刊录入的论文中，大多数都频繁地利用专利数据和专利分析模型对领域内技术发展趋势、企业战略分析、企业创新评估等进行分析研究，其中也包括制造业先进技术领域。Anand 和 Khanna（2000）的研究特别强调化学领域，尤其是制药和生物工艺方面的专利保护尤为有效。

Hagrdoorn（2003）从企业创新能力角度对专利的重要性进行分析，其研究指出：一个企业的创新能力的强弱可以以这个企业的研发水平、拥有技术专利数量和新产品的开发作为代表，并且这三个指标之间相互影响，这表明强的研发能力和拥有多的技术专利数量以及高产品研发率可以增强企业创新能力，进而提升企业市场竞争力，并且指出企业自身的研发投入和拥有专利数量比引入外界的专利和新产品对企业创新性能产生不同的影响。Gambardella（2007）和 Teece（1986）研究指出：在各类技术中，专利技术更趋向于技术的通用性、科学性、经济价值和技术的市场竞争性。乔永忠（2009）的研究是基于中国专利数据，用回归模型对专利数据中的申请人信息、发明人信息、授权时间、权利主体等项进行分析从而对专利的生命持续时间长短进行影响因素分析。

值得指出的是，上述研究文献，大多数情况下，其研究对象都是以制造业企业为聚焦点，特别与电子信息、化学、制药等制造业企业密切相关。因而，这些文献也可以与本章所关切的先进制造技术和高端制造业技术相联系。

同时，针对制造业中经验和技能的重要性而言，专利技术为代表的明示型技术正在不断取代经验型技术，如 Mowery 等（1996）的研究强调，随着研究密集型产业的发展，经验型的知识逐渐趋向明示化方向发展，专利技术对创新活动的不可替代和不可模仿的独特性逐渐凸显。基于 Mowery 等（1996）的研究之上，Markman 等（2005）指出专利技术对创新活动的不可替代和不可模仿的竞争优势成为近年考察专利质量的重要内容。

通过以上对先进制造技术的概念、层次和特征的分析，可知以高端制造业企业的专利技术资源角度分析先进制造技术内涵分为三个类型，即专利技术在先进制造技术中可能表现为三种技术资源类型。

1）编码化内嵌式明示形态的技术

这类技术资源也可以称为编码化（规则化）的技术资源，主要是以关键工艺技术和设备为核心的生产制度体系，表现形式为生产过程规则化和经营管理过程的规则化，以及即期运行的特征。

2）智慧型明示形态的知识和技术

这类技术资源也可以称为思想和设计创新技术资源，主要表现形式为专利等知识产权，以及产品、工艺创新的技术积累和技术发展，即技术资源的动态和远期发展的特征。具体表现为以下三类专利技术。

（1）关键零部件及材料的加工处理技术类型。此类技术随着不同产业的发展特质的不同而具有不一样的特性，突出了先进制造技术中的特殊次级系统以及随着技术发展而出现的瓶颈类型的发展性质。例如，高速铁路产业中大型装备零部件特种加工工艺及装备技术；航空装备制造产业中的新材料制造技术；集成电路产业装备制造中芯片元器件的精密制造和超精密制造技术等。

(2) 电子信息技术类型。此类技术主要以电子信息技术为主的现代化制造技术，对信息技术的要求较高，突出了先进制造技术的智能体系瓶颈类型的发展性质。例如，信息技术、计算机技术、软件工程技术、电子数据处理技术、电子通信技术、人工智能技术、自动控制技术等。

(3) 工艺和综合体系化技术类型（局部）。此类技术主要以系统总装类工艺技术和工程类技术为主，突出了系统总装工艺和工程瓶颈类型的发展特质。例如，装配技术、物料/设备贮运技术、柔性制造技术、敏捷制造技术、人机工程学技术等。

3) 默悟型经验形式的技术（不能反映为专利技术的部分）

此类技术资源也可以称为内向发展型技术和外向发展型技术，主要表现形式为专有技术等外向应用和内向保密形式保护的技术，也包括上述列举的工艺和综合体系化技术类型（局部）：以系统总装类工艺技术和工程类技术为主，突出系统总装工艺和工程瓶颈类型的发展特质，其中存在经验型知识和技术。

19.4 典型高端制造业的专利技术研究

1) 轨道交通制造业

以专利信息反映轨道交通装备产业制造技术的文献较少，本章主要取自国家知识产权局和相关领域专家的研究，加以综合如表 19-2 所示。

表 19-2　基于专利的轨道交通产业技术研究

学者	相关研究技术类别
刘平、张静(2006)	F16B、F16H、F16P(装备零部件)等技术；B22F、B23K(激光束加工)等技术；G01R(测试)等系统总体技术；H04M(电通讯)等
Chang、Kao(2009)	C25D、C30B、C23C(金属材料技术)；H01L(电路、半导体器件)等技术；B32B(层状产品设计)技术；C03C(化学方法玻璃表面处理)等
吴为理(2011)，赵治国等(2011)	汽车发动机零部件制造工艺技术；汽车动力数控系统技术
国家知识产权局专利信息部的研究院王哲等(2011)	H04L、H02B、H02K(数字信息、电子通信)等技术；E04G、E04B、E01B(零部件制造)等技术；G05B(调节、测试)等技术；G06K 等
上海大众汽车公司技术研究员袁少明(2012)	针对新能源车辆的动力系统的电磁兼容测试、大型测试桌等技术；多路监视系统和检测技术等
凌秋妮和国家知识产权局研究院徐国祥等(2012，2013)	B60K6/387、B60K6/38(动力传动离合器)等；B60K6/36、B60W20/00、B60W10/02(用于混合动力汽车的数字控制系统技术)等
黄鲁成等(2013)	E01B、B61D、B61F、B06L、B23Q、B60M、F16C、E01D、B61H(零部件制造)等工艺装备制造技术；B61B、B61L(计算机通信系统技术)、H01B、C08L、C08K(生物材料技术)等技术；H01L(测试检测)；B65G(运输、贮运)等
黄鲁成等(2014)	G06F(数字处理)；H01L、G06K19(集成电路芯片)；H05B，H04L、G06B(数控)；G06K-019(电路装配)、H02J、H04B(装配)
郭姗姗(2013)	B23Q、B60M、F16C、E04B、E01B(零部件制造)；C08K、H02B、H02K(生物材料、电子通信)；G01N、G01B(测试、测量)

续表

学者	相关研究技术类别
国家知识产权局研究院徐国祥等(2012)	H01M(化学能转换技术)
汤俊等(2006)，高寿浩(2014)	对整车及主要总成的性能测试；车辆制动数字控制系统、设计制造技术；车辆部件、配件；传动装置、驱动装置、发动机的零部件

由前文可谓，轨道交通装备领域的制造技术在专利领域中主要通过控制检测、数控系统、测量测试等工艺和综合体系化技术(G01M、G01N……等)；装备零部件制造、材料加工处理(B21D、B23P……等)；数字处理、数字通讯(G06F……等)来反映。

2)集成电路产业先进制造技术

用专利数据反映集成电路产业制造技术如表 19-3 所示。由前文可得，用专利数据反映集成电路产业制造技术为：IC 测试技术(G01R……等)；元器件制造、半导体器件、装备加工技术(H01L……等)；设计电路、集成电路封装；电子通信、材料技术(H04L、H04N……等)。

表 19-3 基于专利数据的集成电路产业制造技术研究

学者	相关研究技术类别
美国佐治亚理工学院技术政策预评估中心张诚等(2006)	C01B、C30B(晶圆制造)、H01L2(IC 制造技术)；H01L(IC 设计技术)、H01L21(IC 封装技术)；B65D、G01R(IC 测试技术)等
中国科学技术促进发展研究中心研究员姜丽楼和杨起全(2007)	利用偏离连线和支撑块空腔制造双面连线集成电路封装、带嵌入式框架的窗口式非陶瓷封装；金属\氧化物半导体后部产品工艺过程、集成电路封装及具有该封装的计算机集成制造系统、硅衬底上形成隔离硅区和场效应器件的产品工艺过程等；具有超浅端区的晶体管及其制造方法、用于单掩膜焊料凸点制造的方法、具有缓变源漏区的金属氧化物半导体场效应集成电路的制造方法、利用氟化气体混合物进行硅的等离子体蚀刻、可焊热界面的电子组件及其制造方法等；化学机械抛光的间隔绝缘材料顶层、物理冷却半导体管芯的方法和装置
江苏出入境监测中心研究员俞建峰和无锡质量监督局技术部的陈翔(2009)	设计验证测试、精元测试、芯片测试、封装测试等系统总体测试技术
Chen 等(2010)	B24B(磨削或抛光的机床、装置或工艺技术)、B23B(车削加工技术)B23C(机床铣削技术)、B23Q(机床零部件技术)、B26F(打孔，切断技术)H01L(半导体器件)、B23K(钎焊或脱焊、切割等制造技术)、B26D(切割技术)、B28D(加工类似石头材料技术)； G01N(对材料的测量测试技术)；B65G(运输或贮存装置技术)、C23F(化学方法除去表面的金属材料)、C04B(化学治耐火材料技术)
Masayo Kani 和 Kazuyuki Motohashi(2011)	G06F9(电数字数据)、G06F17/60、G06F15/20，21、G06F17/30、G06F15/40(计算机数据库，数据处理系统)；G06F/11(检测、监控技术)、G06F12、G06F13、G06F15(数控，计算机控制)
工业和信息化部软件与集成电路促进中心研究员罗佳秀和范兵(2012)	电致发光源；控制装置和设计电路；使用有机材料作有源部分的固态器件、工艺方法或设备、共用衬底的半导体器件、具有势垒的半导体器件或其零部件

综上所述，先进制造技术是传统制造技术和计算机信息技术融合为基础而产生的一个现代总体技术群体。①按技术类别，基于专利角度先进制造技术可以分为几类技术：信息

类技术、设计类技术、制造类技术、管理类技术、计算机集成类技术、工程类技术、计划过程类技术、基础技术等几大类。②按照群体技术，基于专利角度先进制造技术分为几个技术群，包括：制造技术群、主体系统技术群、支撑技术群、基础技术群、新型制造技术群和先进制造集成技术群等。

3) 高端制造业先进制造技术的专利技术构成汇总

(1) 综合国际国内对高端制造业先进制造技术领域的相关研究，可以发现众多学者分析不同产业高端制造业先进制造技术的专利技术领域主要有以下内容。

① 用专利数据反应轨道交通装备产业先进制造技术为：控制检测、数控系统、测量测试等工艺和综合体系化技术(G01M、G01N……等)；装备零部件制造、材料加工处理(B21D、B23P……等)；数字处理、数字通讯(G06F……等)。

②用专利数据反映航空装备产业先进制造技术为：对材料或设备的测试技术(G01D、G01S……等)；零部件加工处理、材料技术(B22C、B23C……等)；控制检测；电、磁(G05D、H01H……等)。

③用专利数据反映集成电路产业先进制造技术为：IC 测试技术(G01R……等)；元器件制造、半导体器件、装备加工技术(H01L……等)；设计电路、集成电路封装；电子通信、材料技术(H04L、H04N……等)。

④用专利数据反映卫星制造产业先进制造技术为：天线装配加载、测量测试(G01L、G01C……等)；元器件、电子芯片(H01L……等)；监测监控(G05B、G05D……等)；电子通信技术(G06F……等)。

⑤用专利数据反映海洋工程/船舶装备产业先进制造技术为：测量测试技术(G01……等)；合金加工处理、零部件制造，层状产品设计制造(B32B……等)；采用物理化学等学科技术纺织海水腐蚀技术、化学涂料、计算机信息技术(C08F、C08J……等)。

⑥用专利数据反映智能制造产业先进制造技术为：人工智能、数控(G05B……等)；发电、配电技术(H04……等)；零部件设备制造(B23、B24……等)。

(2) 基于以上分析可知，高端制造业先进制造技术中以专利技术角度主要分为换件零部件加工制造技术、信息与智能制造技术、工艺和综合体系化设施技术、支撑技术。具体可以包括以下内容。

①关键零部件/材料加工制造技术：B21D 、B21C、B21B、B22C、B24B、B23B、B23K、B23Q、B64C、B64D、B61F、B60L、B61C、B61D、B61G、B61L、B66C、C21D、C22C、E06B、E05B、F01D、F02K、F02C、F15B、F16H、F16C、F16B、F16L、F16K、E05F、H01H、H01L、H01S、H01R、H03F、H05K(零部件，元器件、加工处理制造技术)；B21D、B23P 、B29C 、B32B、B23C、C22C、C22F(材料处理加工)等技术。

②信息与之智能制造技术：G01S、G01C、G01D、G01R、G01N、G01M、G01L、G01B、G05B(测试测量)，B61B(铁路电子信息系统)，G06F、G11B、G11C(电子数字处理存储)，H04L、H04N、H04M(电通信技术)，G05B(检测)等技术。

③工艺和综合体系化设施技术：B65G、B23Q、G05D、C08J、H02M、H03L(总体调节控制)，B25B(固定作用设备)等技术。

④支撑技术：A.工程支撑技术：E01B、E01D、E21D、E02D（基建，铺设），C04B（混凝土），H02J、H02K、H02M（供配电、电转换设备），B64F（甲板设施）等技术；B.基础学科支撑技术：C08G、C10B、C08L、C08K（化学技术）、F16F（物理减震技术），C09J 、C23C、C08L、C08G、C08K（物理化学方法处理技术）；G02B、C11D（光学技术）等技术。

根据以上分析，本书构造高端制造业先进制造技术专利技术分层模型如图19-1所示。综合以上，基于专利信息的先进制造技术可分为四类：①关键零部件/材料加工制造技术；②信息与之智能制造技术；③工艺和综合体系化设施技术；④支撑技术。这为本书提出产业技术领域分析框架，即用专利数据对高端制造业产业核心企业和核心先进制造技术进行研究分析提供理论依据。

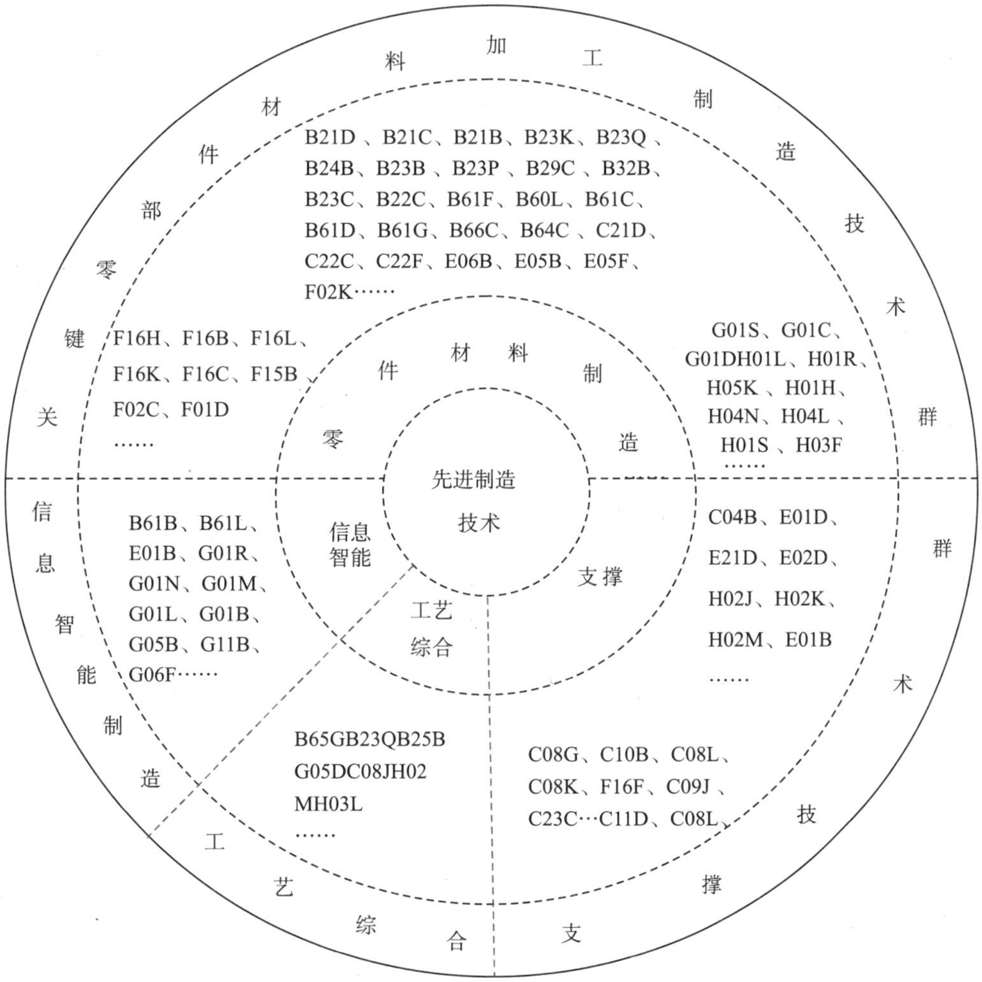

图19-1　基于专利角度的高端制造业先进制造技术层次模型

注：本书作者团队成员制作。

19.5　我国高端制造业先进制造技术中的专利技术分析框架

19.5.1　高端制造业专利技术分析框架的定义

因为专利数据对高端制造业先进制造技术分析是可行并且准确的，所以本书基于专利数据角度对高端制造业企业技术进行分析，提出高端制造产业技术领域分析框架。此框架基于专利数据，将高端制造产业分为“一三三”结构，即，首先将相关企业总括为“一”个主流企业群，之后定义“三”类技术领域(主导技术、重要技术、边缘技术)，最后定义“三”类企业(主导企业、重要企业、边缘企业)。使此框架更具有一般性，本书将其用数学公式表达如下。

假设： 初选企业样本数为 N，则每家企业专利申请量为 $\{K_1,K_2,\cdots,K_N\}$，每家企业的专利技术领域种类为 $\{H_1,H_2,\cdots,H_Z\}$，则企业总体申请量为 $K=\sum_{i=1}^{N}K_i$；令企业专利申请量 $\{K_1\geqslant K_2\geqslant\cdots\geqslant K_N\}$，则占总体专利申请量的 80%以上企业数量为前 M 家企业，$M=\inf\left\{k\,|\,\frac{\sum_{i=1}^{k}K_i}{k}\geqslant 80\%\right\}$；则主导企业群每家企业专利申请量为 $\{K_1,K_2,\cdots,K_M\}$，其中 $1\leqslant M\leqslant N$；总技术领域种类为 $A_1,A_2,\cdots,A_L$；则每个企业技术种类为 $\{\{A_{i_1^{(1)}},A_{i_2^{(1)}},\cdots,A_{i_{H1}^{(1)}}\},\cdots,\{A_{i_1^{(M)}},A_{i_2^{(M)}},\cdots,A_{i_{H1}^{(M)}}\}\}$，其中 $1\leqslant i_{H_M}^{(M)}\leqslant L$，每个企业中每个种类技术专利申请量为 $\{\{\mathrm{B}_{A_{\mathrm{i}_1^{(1)}}}^{(1)},B_{A_{\mathrm{i}_2^{(1)}}}^{(1)},\cdots,B_{A_{\mathrm{i}_{\mathrm{H}_1}^{(1)}}}^{(1)}\},\cdots,\{B_{A_{\mathrm{i}_1^{(\mathrm{M})}}}^{(M)},B_{\mathrm{A}_{\mathrm{i}_2^{(\mathrm{M})}}}^{(M)},\cdots,B_{A_{i_{H_M}^{(M)}}}^{(M)}\}\}$，其中 $1\leqslant i_{H_M}^{(M)}\leqslant L$，进而每个企业申请量为 $K_m=\sum_{j=1}^{H_m}B_{A_{i_j}^{(m)}}^{m}$，$(1\leqslant m\leqslant M)$，每个技术的总专利申请量为 $C_{AL}=\sum_{i_j^{(k)}=L}B_{A_{i1}^{(1)}}$，其中 $k=1,\cdots,M$；$j=1H_k$；令 $C_{A1}\geqslant C_{A2}\geqslant\cdots\geqslant C_{A\mathrm{L}}$，则 $C=\sum_{i=1}^{L}C_{Ai}$；每个技术领域专利申请量占总体技术专利申请量 80%以上的最小技术领域数量为

$$D=\inf\left\{k\,|\,\frac{\sum_{i=1}^{k}C_{Ai}}{\mathrm{C}}\geqslant 80\%\right\}\tag{19.1}$$

则专利申请量占总体 80%以上的技术群为 $\{A1,A2,\cdots,AD\}$，其中 $1\leqslant D\leqslant AL$；每个技术领域的申请企业数量为 $E_{\mathrm{AS}}=\sum\mathrm{I}_{\{S\}}\{i_j^{(k)}\}$，其中 $S=1,2,\cdots,D$；$k=1,2,\cdots,M$；$j=1,2,\cdots,H_k$；则主导技术为 AX，其中

$$X=\{\mathrm{AS}\,|\,n_1\leqslant E_{AS}\}_{1\leqslant S\leqslant\mathrm{D}}\tag{19.2}$$

重要技术为 AY，其中

$$Y=\{\mathrm{AS}\,|\,n_2\leqslant E_{AS}<n_1\}_{1\leqslant S\leqslant\mathrm{D}}\tag{19.3}$$

边缘技术为 AZ，其中

$$Z=\{\mathrm{AS}\,|\,E_{AS}<n_2\}_{1\leqslant S\leqslant\mathrm{D}}\tag{19.4}$$

(本书取 n_1=10，n_2=5)

每个企业的主导技术的申请量为

$$F_k = \sum B^{(k)}_{A^{(k)}_{i_j}} I_X \{A_{i^{(k)}_j}\}$$

其中，$k=1,2,\cdots,M$；$j=1,2,\cdots,H_k$。

每个企业的重要技术的申请量为

$$R_k = \sum B^{(k)}_{\mathrm{A}^{(k)}_{i_j}} I_Y \left\{A_{i^{(k)}_j}\right\}$$

其中，$k=1,2,\cdots,M$；$j=1,2,\cdots,H_k$。

每个企业的边缘技术的申请量为

$$T_k = \sum B^{(k)}_{A^{(k)}_{i_j}} I_Z \left\{A_{i^{(k)}_j}\right\}$$

其中，$k=1,2,\cdots,M$；$j=1,2,\cdots,H_k$。

重要技术领域申请量占企业申请量比大于等于 $U\%$以上的企业为主导外延企业（本书中 $U\%=80\%$）。

不失一般性，令{ $R_{q^{(1)}_1} \geqslant R_{q^{(1)}_2} \geqslant \cdots \geqslant R_{q^{(1)}_M}$ }，其中 $1 \leqslant q^{(1)}_1, q^{(1)}_2, \cdots, q^{(1)}_M \leqslant M$，且 $q^{(1)}_i \neq q^{(1)}_j (i \neq j)$，则令

$$J = \inf\left\{k \mid \frac{\sum_{i=1}^{k} R_{q^{(1)}_i}}{\sum_{i=1}^{M} R_{q^{(1)}_i}} \geqslant U\%\right\}_{1\leqslant k\leqslant M} \tag{19.5}$$

则主导外延企业为

$$\left\{q^{(1)}_1, q^{(1)}_2, \cdots, q^{(1)}_j\right\} = W_1 \tag{19.6}$$

不失一般性，令：{ $F_{q^{(2)}_1} \geqslant F_{q^{(2)}_2} \geqslant \cdots \geqslant F_{q^{(2)}_M}$ }，其中 $1 \leqslant q^{(2)}_1, q^{(2)}_2, \cdots, q^{(2)}_M \leqslant M$，且 $q^{(2)}_i \neq q^{(2)}_j (i \neq j)$，则令

$$G = \inf\left\{\mathrm{k} \mid \frac{\sum_{i=1}^{k} F_{q^{(2)}_i}}{\sum_{i=1}^{M} F_{q^{(2)}_i}} \geqslant U\%\right\}_{1\leqslant k\leqslant M} \tag{19.7}$$

同时令：{ $q^{(2)}_1, q^{(2)}_2, \cdots, q^{(2)}_G$ }$=W_2$，则主流企业为

$$W_3 = W_2 / W_1 \tag{19.8}$$

不失一般性，令：$\left\{T_{q^{(3)}_1} \geqslant T_{q^{(3)}_2} \geqslant \cdots \geqslant T_{q^{(3)}_M}\right\}$，$1 \leqslant q^{(3)}_1, q^{(3)}_2, \cdots, q^{(3)}_M \leqslant M$，且 $q^{(3)}_{\mathrm{i}} \neq q^{(3)}_j (i \neq j)$，则令

$$P = \inf\left\{k \left| \frac{\sum_{i=1}^{k} T_{q^{(3)}_i}}{\sum_{i=1}^{M} T_{q^{(3)}_i}} \geqslant U\%\right.\right\}_{1\leqslant k\leqslant M} \tag{19.9}$$

同时令：{ $q^{(3)}_1, q^{(3)}_2, \cdots, q^{(3)}_P$ }$=W_4$，则边缘企业为

$$W_5 = (W_4 / W_3) / W_1 \tag{19.10}$$

根据以上公式，本书取 $n_1=10$，$n_2=5$，$U\%=80\%$。首先，从高端制造业企业角度出发，这些企业由权威专家、政府官网公布为基准选取，按照企业申请专利数量的多少由大到小进行排序，之后对这些企业申请的专利数据进行整理分析，将专利申请量之和占总申请量

比例大于80%的最少企业数量的企业定义为产业主导企业群。

其次，在选定相关产业主导企业群之后，采集这些企业所申请的所有专利数据进行技术领域的分类，根据分析结果确定主要被研究技术领域，并且根据不同标准对技术领域进行分类，具体分为三大类。第一类：主导型技术领域（申请同一领域专利不同企业数大于等于10家企业的技术领域）；第二类：重要型技术领域（申请同一领域专利不同企业数小于10大于等于5家企业的技术领域）；第三类：边缘型技术领域（申请同一领域专利不同企业数小于等于4大于等于1家企业的技术领域）。

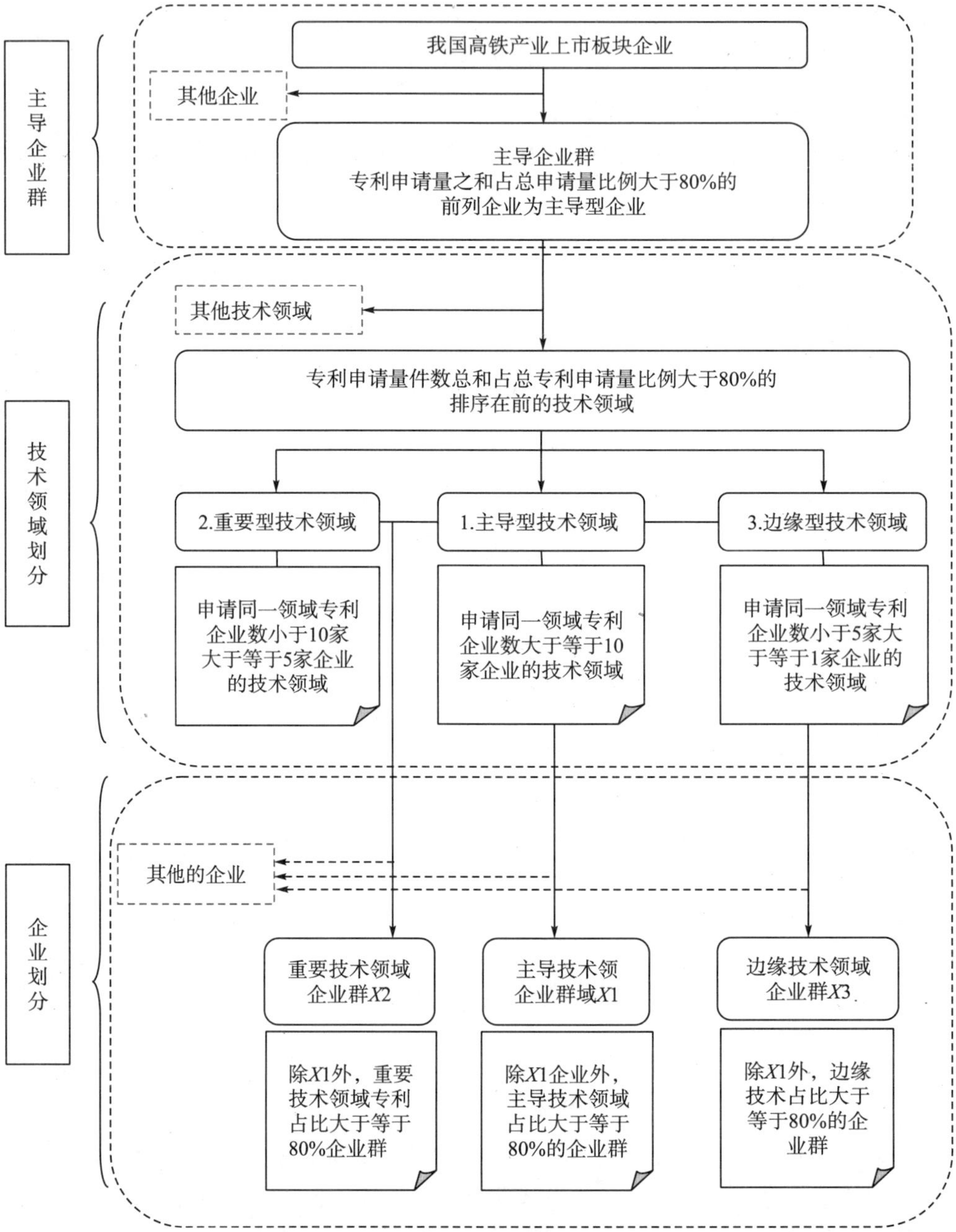

图19-2 高端制造业产业的企业、技术分类系统图

再次，将技术领域分类后，在不同类别技术领域中对不同企业群进行分类：第一类：主导技术领域企业群(定义依据：在主导技术领域专利申请量占比大于等于 80%的企业群为主导企业群)；第二类：重要技术领域企业群(定义依据：在上述企业之外，重要技术领域专利申请量占比大于等于 80%的企业群为重要技术企业)；第三类：边缘技术领域企业群(定义依据：在上述两者之外，边缘技术领域专利申请量占比大于等于 80%的企业群为边缘企业)。

综合上述分析，高端制造业产业的企业、技术分类系统图如图 19-2 所示。高端制造业企业核心竞争力主要依赖于核心技术，本书基于高端制造业产业企业技术分类框架，用专利数据锁定产业核心企业和核心技术，对产业竞争态势分析提供可靠地依据，对产业竞争态势分析具有现实意义。

19.5.2　我国典型高端制造业产业技术竞争力分析框架

为研究我国高端制造业先进制造技术的竞争发展态势，本书将专利作为重要的分析依据，提出以下研究步骤。总体分析框架如图 19-3 所示。

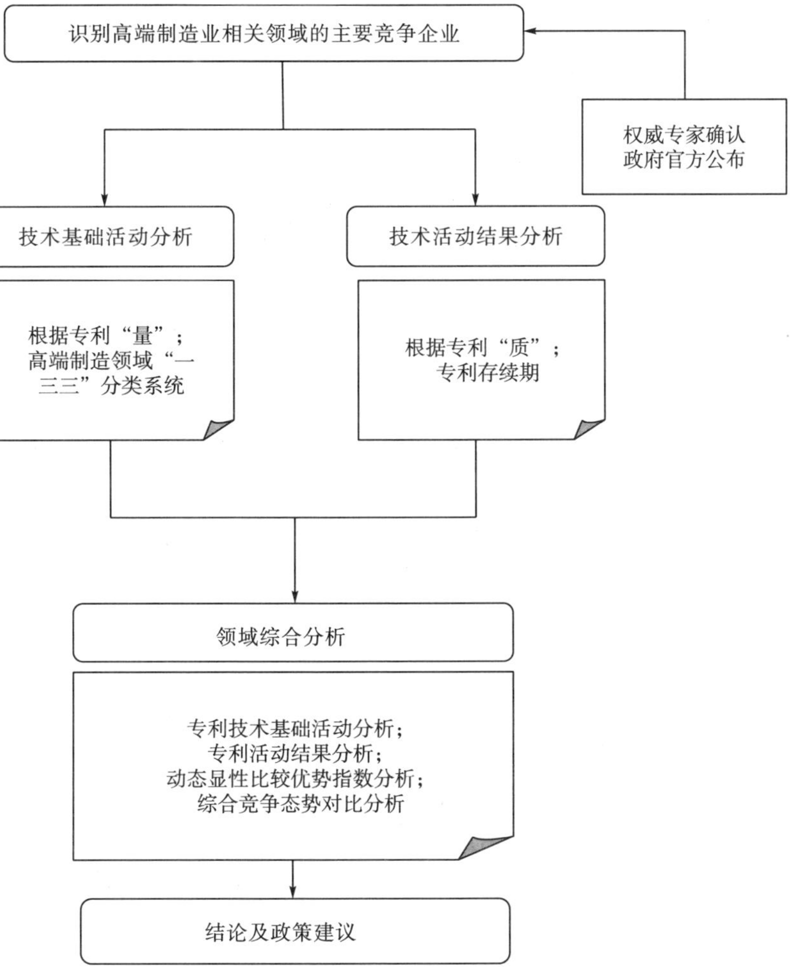

图 19-3　高端制造业竞争分析框架

(1) 首先确立分析高端制造业产业领域的层面和视角。基于产业技术领域分析框架，锁定产业核心企业和核心技术。

(2) 明确企业技术竞争力分析的指标和依据。企业技术的竞争力主要反映为技术的活动基础和技术活动结果，而技术的活动基础主要的分析依据为专利数据的“数量”和具有竞争力的技术，技术活动结果主要的分析依据为专利数据的“质量”。

(3) 企业技术竞争态势具体分析。竞争态势分析由两个主要分析指标和一个重要分析指标所构成。第一个主要分析指标是指对技术活动基础的分析对比，此指标的分析主要是依据专利申请的数量进行分析；第二个主要分析指标是指对专利的活动结果也就是专利质量的分析，结合专利数量和专利质量这两个指标可以对技术领域的主导者和决定技术发展的领先者进行判定，一个重要指标为动态线性比较优势指数，是将研究对象的数据指标分为前后两个时间段进行对比，并判断其是否具有显性优势。本书所研究高端制造业产业核心专利技术的竞争态势分析主要包含：核心企业的专利质量分布趋势，核心企业所关注专利技术焦点。

为分析我国高端制造业产业企业技术竞争态势，本书应用“专利活动”、“专利质量”和“动态显性优势比较指数”三个指标进行衡量。专利活跃程度即从专利的“数量”角度进行分析，指每个企业申请专利数量占该领域所有企业平均申请数量的比例；专利质量则是从专利存续期平均时间长度观测；而动态比较优势指数（*Cr*）则以衡量动态显性比较优势为根据。根据这三个指标，构成企业层面专利组合分析矩阵，如图 19-4 所示。

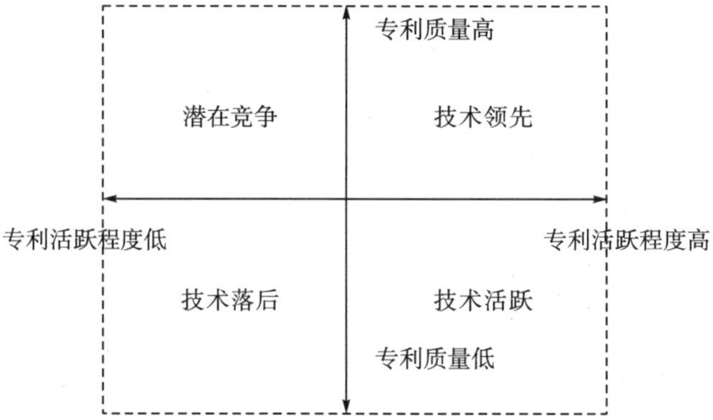

图 19-4　企业层面专利组合竞争地位分析矩阵

19.6　我国高铁产业专利数据分析：技术领域研究

我国国家知识产权局专利分析处对我国高铁产业专利技术研究中所用企业都是上市板块企业，这也是本书选取上市板块企业进行研究的主要理论依据，将所有高铁上市板块企业进行整理，得到 49 家高铁上市板块企业。按照企业申请专利数量的多少由大到小进行排序，之后对这些企业申请的专利数据进行整理分析，将专利申请量之和占总申请量比例大于 80%的最少企业数量的企业定义为高铁产业主导企业群。本书所用的专利数据的申请时间是 1985 年～2014 年 10 月，包括发明专利数据、实用新型专利数据以及外观设计型专利数据。

在选定高铁产业主导企业群之后，搜集这些企业所申请的所有的专利数据并且进行技术领域的分类，根据分析结果确定主要被研究技术领域，并且根据不同标准对技术领域进行分类，具体分为三大类：①第一类：高铁产业主导技术（申请同一领域专利不同企业数大于等于 10 家企业的技术领域）。②第二类：高铁产业重要技术（申请同一专利不同企业数小于 10 大于等于 5 家企业的技术领域）。③第三类：高铁产业边缘技术（申请同一专利不同企业数小于等于 4 大于等于 1 家企业的技术领域）。

将高铁产业技术分类之后，本书在不同类别领域中再对主导企业群进行企业分类。将企业分为三大企业群：①第一类企业定义为高铁产业主导技术企业群，定义依据：具有高铁产业主导技术占高铁主导技术总量较大的企业为高铁产业主导技术企业；②第二类企业定义为高铁产业重要技术企业群，定义依据：不仅拥有高铁产业主导技术，同时也拥有高铁产业重要技术，并且专利申请数量较大的企业为高铁产业重要技术企业；③第三类企业定义为高铁产业边缘技术企业群，定义依据：除了主导技术企业和重要技术企业之外，具有高铁产业边缘技术比例较大的企业为高铁产业边缘技术企业。

图 19-5 为我国上市高铁板块企业专利申请量的变化。如图 19-5 所示，2000 年之前，我国高铁产业几乎没有相应的专利申请，处于专利零申请量状态，相应的我国高铁产业同样处于低水平状态；2000～2005 年，我国高铁产业专利申请量有所突破，但是专利申请量每年都处于 200 个以下，总量不超过 600 个，处于少量状态，但是此时我国高铁产业正处于萌芽起步阶段。2005 年之后，我国高铁产业专利申请数量逐年增长，尤其在最近几年，呈现突飞猛进的增长态势，从而我国高铁产业技术发展历程大体上可以分为三个阶段。①第一阶段：20 世纪 90 年代末之前，我国高铁技术处于零发展状态，但此时国际上高铁建设已经处于初步发展时期，尤其是日本在高速铁路建设中取得了巨大的成就；②第二阶段：20 世纪 90 年代末期～2005 年，我国高速铁路处于初步发展阶段；③第三阶段：2005 年至今，我国高速铁路处于高速迅猛发展阶段，中国仅仅用了 6～7 年的时间就完成了其他发达国家用 30 多年才能达到的目标，并且中国高速铁路已经形成了完整的自主知识产权技术体系。

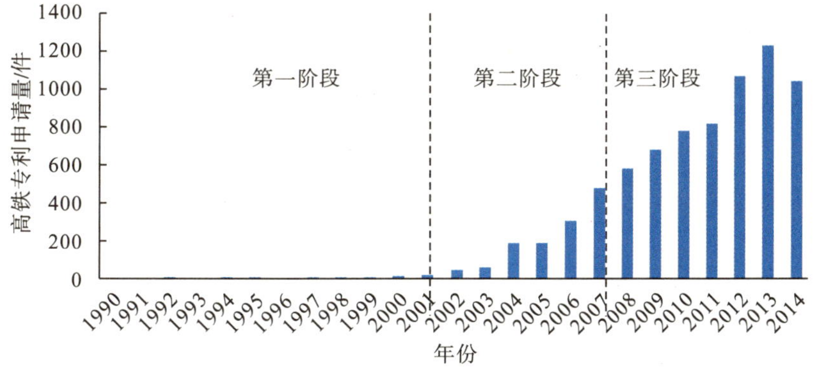

图 19-5　高铁产业相关技术领域的专利申请数量发展

根据我国高铁上市板块49家上市企业列表，本书对每个企业进行其申请专利数据的整理，所采用专利数据是国家专利局公开专利数据，包括发明专利、实用新型专利、外观型专利，数据时间为1985年～2014年10月。每个企业申请专利总数量如图19-6所示。

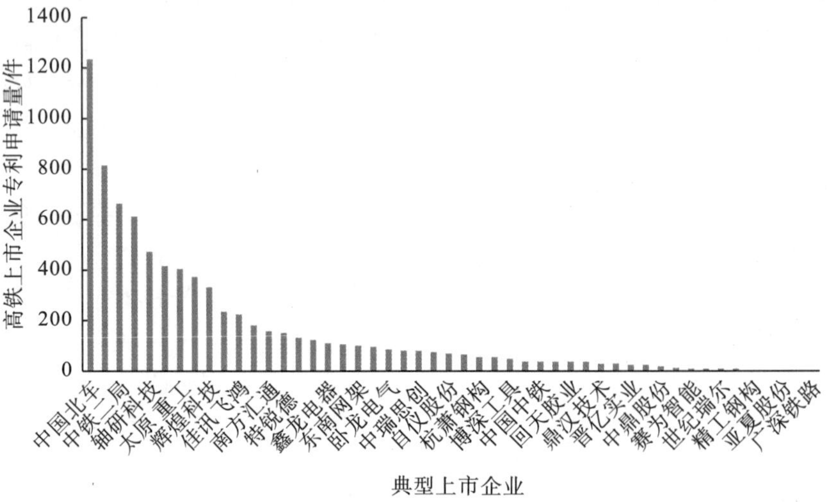

图19-6　我国高铁产业板块典型上市企业专利申请量图

我国高铁产业上市板块企业申请专利总数量为7732件，从49家企业中高铁技术通过专利申请总量排序，依照专利申请占总体专利申请量比例80%的标准得出主导企业群。结果前14家企业，其专利申请总量为6200件，占49家企业专利申请总量的比例为80.19%。

本书再通过查找49家企业专利数据，并分析专利数据的IPC分类号，详细掌握高铁产业技术领域主要涉及技术领域分布情况，并按照其申请专利的IPC号的前4位及其申请数量的多少，进行技术热点领域排序分析。根据专利数据可以得出高铁产业主导企业申请专利的技术领域，对这些专利数据进行整理分析，其中14家高铁主导企业的技术领域如图19-7所示。

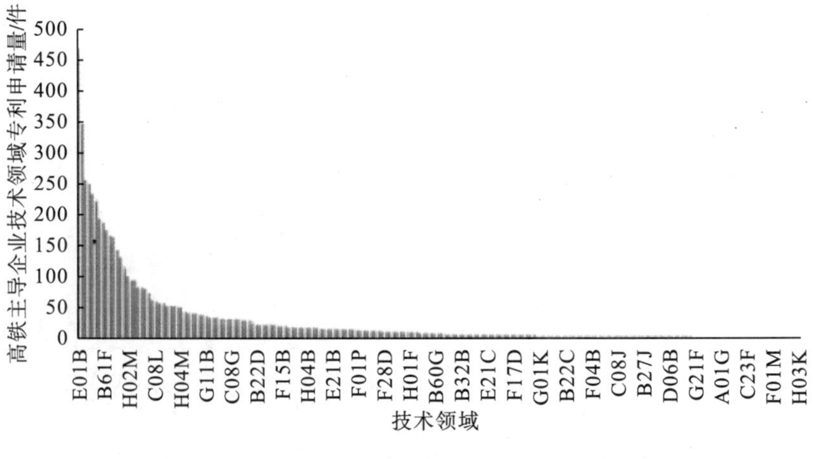

图19-7　高铁主导企业技术领域专利申请量图

由图 19-7 可得，高铁产业 14 家主导企业专利申请技术领域一共有 197 个技术领域类别，专利申请量共 6200 件，为选定主导企业中的技术领域，本书按照每个技术领域的专利申请量进行排序，并且定义每个企业技术领域专利申请量总和占总体技术领域专利申请总和的比例大于 80%的技术领域作为高铁产业主导技术领域，由此发现在 197 个高铁产业技术领域中，前 48 个高铁技术领域的专利申请量总和为 5359 件，占所有技术领域总体专利申请量的比例为 80.06%，大于 80%。所以本书选定 197 个高铁产业中前 46 个高铁技术领域为高铁产业主导技术领域。

本书在高铁产业 49 家主导企业的 48 个重点技术领域中，根据每个技术领域申请专利的企业个数的多少进行排序，从重点技术领域中选择技术领域被申请的企业个数相对较多的技术领域作为高铁产业主导企业重点技术领域中的主导技术领域，其余的技术领域作为高铁主导企业的边缘技术领域。

将我国高铁产业中的技术领域分为三类技术群：①高铁产业主导技术(申请同一专利领域的不同企业数大于等于 10 家企业的技术领域)；②高铁产业重要技术(申请同一领域专利不同企业数小于 10 大于等于 5 家企业的技术领域)；③高铁产业边缘技术(申请同一领域专利不同企业数小于等于 4 大于等于 1 家企业的技术领域)。总结得出，我国高铁产业中 49 家主导企业的 48 个重点领域中，主导技术领域有 13 个，如表 19-4 所示。

表 19-4　高铁产业的主导技术领域

序号	技术领域	技术含义	企业数量
1	E01B	铁路轨道；铁路轨道附件；铺设各种铁路的机器，包括钢轨、道砟层、交叉、护轨、防护装置等	15
2	B61L	动力装置包括电力牵引、集电器、电力制动系统	14
3	B61F	铁路车辆\轮轴等装置	13
4	G01R	测量电变、电磁量	12
5	G01N	材料测试	11
6	B61B	铁路系统，包括铁路网、用悬挂式车辆的高架铁路系统、无悬挂式车辆的高架铁路系统等	11
7	B60L	电动车辆动力装置	11
8	B61C	机车；机动有轨车	11
9	B61D	铁路车辆的种类或车体部件，包括车体结构，整车部件、内部装置等	11
10	G01M	机械零部件平衡测试	11
11	G01L	测量功率、力、流体压力等	10
12	B61G	专门适用于铁路车辆的连接器；专门适用于铁路车辆的牵引装置或缓冲装置	10
13	G01B	不规则表面轮廓测量(厚度、角度等)	10

高铁产业主导技术中主要涉及的技术包括：①关键零部件/材料加工制造技术：B61F、B60L、B61C、B61D、B61G、B61L(零部件装置制造)；②信息与智能制造技术：G01R、G01N、G01M、G01L、G01B(测试测量)；B61B(铁路电子信息系统)；③支撑技术：工程支撑技术 E01B(铁路铺设)。

高铁产业49家主导企业的48个重点领域中重要技术领域有25个，如表19-5所示。高铁产业重要技术中主要涉及的技术包括：①关键零部件/材料加工制造技术：B21D 、B21C、B21B、B24B、B23K、B66C、C21D、C22C、E06B、F16H、H01R(零部件，加工处理制造技术)。②信息与智能制造技术：G05B(测试)、G06F(数字处理)、G11B(数字信息存储)、H04L、H04N(电通信技术)。③工艺和综合体系化设施技术：B65G、B23Q(控制)。④支撑技术：工程支撑技术：H02J、H02K、H02M(供配电、电转换设备)；基础学科支撑技术：C08L、C08K(化学技术)、F16F(物理减震技术)。

表19-5　高铁产业的重要技术领域

序号	技术领域	技术含义	企业数量
1	C08L	高分子化合物的组合物	9
2	C21D	金属材料技术，改变材料的柔韧性	9
3	H02K	电机，发、配电	9
4	H04L	电通信技术；数字信息的传输，例如电报通信	9
5	H01R	绝缘的电连接元件装置	9
6	F16H	一般绝热的传动零部件装置	9
7	G05B	监视、测试系统	9
8	G06F	电数字数据处理；计算；推算；计数	9
9	B21D	金属板或管、棒或型材的基本无切削加工或处理；冲压	8
10	B65G	运输或贮存装置，例如装载或倾斜用输送机	8
11	B66C	起重机；用于起重机、绞盘、绞车或滑车的载荷吊挂元件或装置	8
12	C22C	冶金；黑色或有色金属合金；合金或有色金属的处理；合金	8
13	H02J	供电或配电的电路装置或系统；电能存储系统	8
14	B23B	车削；镗削	7
15	B23K	钎焊、激光、火焰等加工技术	7
16	B23Q	机床零部件控制技术	7
17	B21C	用非轧制的方式生产金属板、线、棒、管、型材或类似半成品；与基本无切削金属加工有关的辅助加工	7
18	C08K	使用无机物或非高分子有机物作为配料	7
19	E06B	车体门部件	7
20	F16F	减震器	6
21	H02M	直流交流功率转换设备	6
22	B21B	基本上无切削的金属机械加工；金属冲压；金属的轧制	5
23	B24B	用于磨削或抛光的机床、装置或工艺	5
24	G11B	基于记录载体和换能器之间的相对运动而实现的信息存储	5
25	H04N	电通信技术；图像通信，如电视	5

如表19-6所示，高铁产业49家主导企业的46个重点领域中的边缘技术领域有8个。我国高铁产业边缘技术主要涉及的技术包括：①关键零部件/材料加工制造技术：E05B、E05F(配件附件)；②支撑技术：工程支撑技术：E01D、E21D、E02D(基建)、C04B(混凝土)；基础学科支撑技术：C08G、C10B(化学)。

表 19-6 高铁产业的边缘技术领域

序号	技术领域	技术含义	申请企业数量
1	E01D	道路、铁路或桥梁的建筑	4
2	E05B	锁；钥匙；门窗零件；保险箱	4
3	E21D	土层或岩石的钻进；采矿；竖井；隧道；平硐	4
4	E02D	基础；挖方；填方	4
5	E05F	使翼扇移到开启或关闭位置的器件；翼扇调节；其他类目未包括而与翼扇功能有关的零件	4
6	C08G	用碳-碳不饱和键以外的反应得到的高分子化合物	4
7	C04B	建筑混凝土类材料	3
8	C10B	化学；冶金；含碳物料的干馏生产煤气、焦炭、焦油或类似物	3

根据上述研究，我国高铁产业 13 个主导技术、25 个重要技术、8 个边缘技术的三类技术分布如图 19-8 所示。

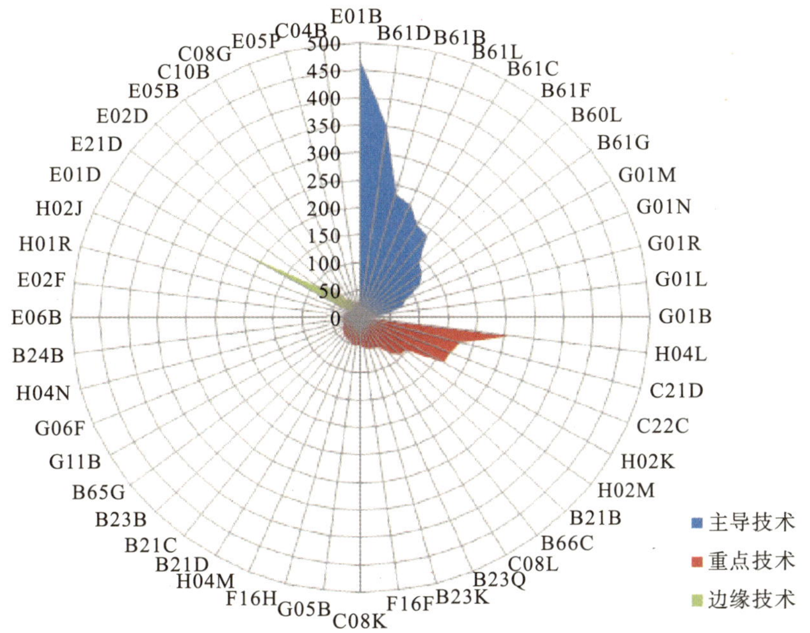

图 19-8 高铁领域三类技术分布图

由以上分析可得，我国高铁产业主导技术的专利申请量最大，所以认为主导技术是专利密集型主要技术；重要技术和边缘技术专利申请量与主流企业主导技术相比较少，则认为重要技术和边缘技术为专利角度的相对非专利密集重要技术。从而以专利角度反映我国高铁产业的相对专利密集型而且主要保护技术为：①关键零部件/材料加工制造技术：B61F、B60L、B61C、B61D、B61G、B61L（零部件装置制造）；②信息与智能制造技术：G01R、G01N、G01M、G01L、G01B（测试测量）；B61B 铁路电子信息系统）；③支撑技术：工程支撑技术 E01B（铁路铺设）。

从专利角度反映我国高铁产业的相对专利非密集但是重点保护技术为：①关键零部件/材料加工制造技术：B21D 、B21C、B21B、B24B、B23K、B66C、C21D、C22C、E06B、E05B、E05F、F16H、H01R（零部件，加工处理制造技术）；②信息与智能制造技术：G05B（测试）、G06F（数字处理）、G11B（数字信息存储）、H04L、H04N（电通信技术）；③工艺和综合体系化设施技术：B65G、B23Q（控制）；④支撑技术：工程支撑技术：E01D、E21D、E02D（基建）、C04B（混凝土）、H02J、H02K、H02M（供配电、电转换设备）；⑤基础学科支撑技术：C08G、C10B（化学），C08L、C08K（化学技术）、F16F（物理减震技术）。

19.7　我国高铁产业专利数据分析：专利技术竞争状态

本书所用专利数据时间为 1985 年～2014 年 10 月的专利数据，因计算专利生命生存期的数据需要已失效的专利数据，经搜集整理我国高铁产业三类企业（主导技术企业、重要技术企业和边缘技术企业）失效专利数据共 3482 件，为深入分析我国企业技术领域发展和竞争能力，本书选取 3 家典型国际高铁产业相关企业：德国西门子（Siemens）、法国阿尔斯通（Alston）、美国通用电气（GE）。三家企业在中国申请的专利数量为 34523 件，失效专利一共有 9170 件。从而对我国高铁产业典型三类企业和国外典型企业专利生命生存期进行分析研究。

19.7.1　基于专利生存期方法分析

生存分析法（survival analysis），也可称为过度分析法（transitional analysis），这种方法是微观经济学中比较经常用到的计量经济分析方法，并且是当代非常流行的分析技术。它是指研究中被研究的目标对象处于某一种状态的时间的长度以及对其产生影响的其他因素的研究分析。这种技术方法更多地应用在经济学问题当中。

本书所研究的是基于生存分析法的专利存续期模型计算专利存续期，从而对专利质量进行评价。国外学者对于专利质量的评价有一定的研究。被大众广泛认同的是专利数据法律状态中从授权日之后的专利所有权所延续的时间长度。每当专利被授权之后相对应的专利权人要对这项专利进行缴费，并且是每年按时缴费，上缴的费用随着年份的增长而增加。如果这项专利给专利权人带来可观的利益并且足以支撑其缴纳年费的话，则这项专利的市场应用价值很高，上交费用说明了专利中所包含更高的质量。相反的，如果专利权人在这项专利中所获得的利润不足以支撑其年费的缴纳，则这项专利在市场上的应用价值很低，专利质量也不高，相应的专利权也将终止。显而易见，基于专利授权中的专利所续缴的年费将专利的生命延续下去，延长了专利的寿命，同时也代表了这项专利质量很高。从而专利付费期的时间长度也代表了专利的质量。

生存分析技术是最近三十多年才发展起来的计量经济学的分析技术。本书用生存函数及其估计对专利生存期进行分析研究，假设专利生存时间服从密度函数为 $f(t)$ 的分布，一件专利生存时间 $T>t$ 的概率如下所示：

$$S(t)=\Pr[T>t]=1-F(t)=1-\int_0^t f(t)\mathrm{d}s \tag{19.11}$$

式中，$F(t)$为时间T的分布的函数；$S(t)$被定义为专利权在t的时间点上依旧延续的概率，或者称作专利生存寿命是假长度大于t的概率，被称作为专利的生存函数，$S(t)$的值随着时间的增长而相应的减少。

生存函数在非参数估计时有他自己的估计量，本书利用一个随机删失专利样本进行假设，从而对估计量进行阐述。

在给出 Kaplan-Meier 生存曲线估计量之前，首先给出一些设定，设：

I 当$i<j$时，$t_i<t_j$；

II $d_j=\sum_l 1(t_l=t_j)$：在时点t_j处专利权终止的专利数量；

III m_j：在时间区间$\left[t_j,t_{j+1}\right)$删失(Censor)的专利数量①；

IV $r_j=\sum_{l|l>j}(d_l+m_l)$：在时点$t_j$处未失效的专利数量。

在使用非参数化方法(nonparametric estimation)对$S(t)$进行估计的前提是不需要去考虑其他的因变量，非参数计量主要方法是 Kaplan-Meier 估计量。Kaplan-Meier 估计量的公式如式(19.12)所示：

$$\hat{S}(t)=\prod_{j|t_j\leq t}\frac{r_j-d_j}{r_j} \tag{19.12}$$

专利存续期的曲线图的横轴坐标为时间长度单位，纵坐标为$S(t)$的估计值。

19.7.2 专利质量指数

专利质量指数为每个专利从授权那一时间起一直到法律状态失效的那一时刻截止，这一时间段的总体天数。

(1)本书将每个企业的专利质量也可称为平均专利质量，将某一企业所有失效专利总共生存天数加和之后除以专利数量，从而得出这一企业的平均专利质量(average patent quality)：

APQ=企业失效专利总体生存时间/总失效专利数量 (19.13)

(2)专利活动度指数(pantent activity)为每个企业申请的专利量与总体平均每个企业专利申请量的比值来表示：

PA=每个企业申请的专利量/总体平均每个企业专利申请量

(3)显性比较优势指数(RCA)是指分析一个国家、地区或者企业的某种产品或者技术是否具有比较优势的时候被常用的测度指标。当 RCA 大于 1 时，表明该国家或者企业的某种商品或者技术具有显性比较优势；当 RCA 小于 1 时，表明该国家或者企业的某种商品或者技术不具有显性比较优势。公式如下：

$$\mathrm{RCA}=\left(X_i/X_t\right)\Big/\left(W_i/W_t\right) \tag{19.14}$$

① 即专利授权后的第t_j年为最后一年，观测期终止，但专利权未终止的专利数量。

式中，X_i 表示被研究企业某商品或者技术的数量值；X_t 表示被研究企业的数量总值；W_i 表示某个领域某个被研究商品或者技术的数量值；W_t 表示某个领域所有企业被研究商品或者领域的数量总值。

动态比较优势指数（*Cr*）可以衡量动态显性比较优势。这个研究是指两个时间段内，后一个时间段的 RCA_2 与前一个时间段的 RCA_1 的比值为 *Cr* 的值，即 $Cr= RCA_2 / RCA_1$。当 *Cr* 的值大于 1 时说明该企业产品或者技术的显性比较优势在上升；当 *Cr* 的值小于 1 的时候，说明该企业产品或者技术的显性比较优势在减弱。两个企业的 *Cr* 值也可以比较，*Cr* 值较大的企业表明这个企业的优势增长的速度较大，这个企业是这一产业中成长很快的新的优势产业。

19.7.3　典型高铁企业专利技术竞争比较分析

如图 19-9 所示，本书将高铁企业样本分为三组，组 I 为典型外企，包括西门子、通用电气和阿尔斯通，组 II 为我国关键国企，主要包括中国南车、中国北车、中国铁建、马鞍山钢铁、和我国高铁产业三类企业专利生存期曲线，组III为我国重要国企。国外企业为黑色，我国主流企业为粉色，主导外延企业为红色，边缘企业为黄色。

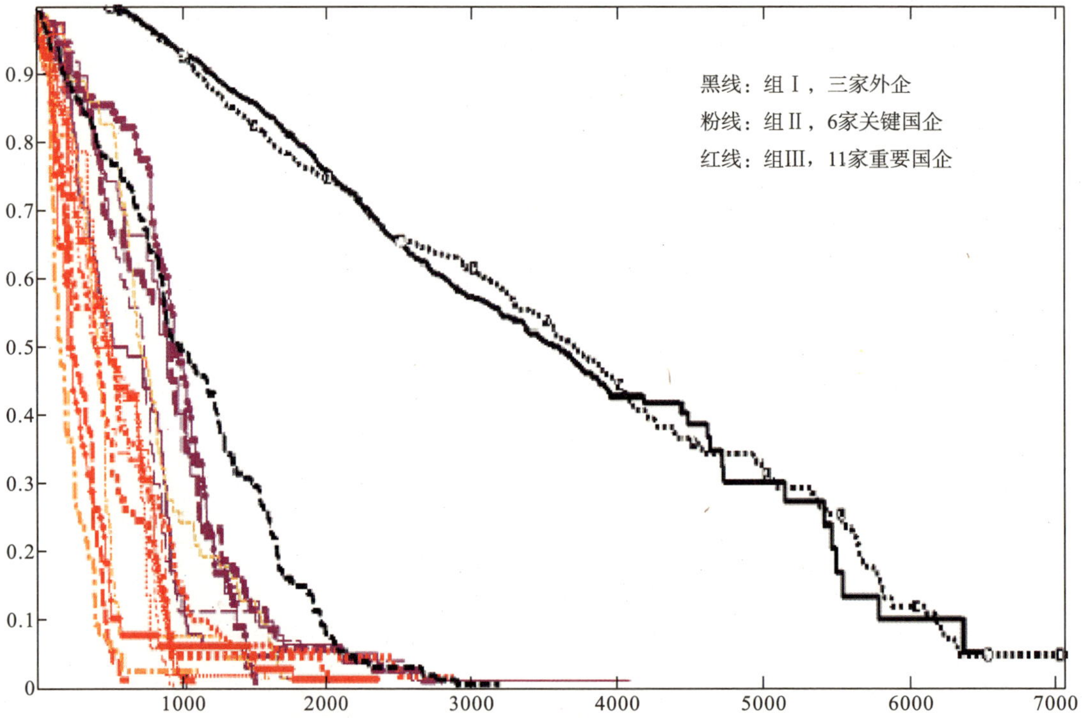

图 19-9　高铁产业三类企业专利生存期曲线图

从图 19-9 中可以看出，国际上典型高铁企业专利质量明显高于中国企业。中国主流企业的专利质量高于国内其他企业但是低于国外企业，其所重点关注的技术包括三类：①铁路轨道附件、铁路车辆部件等制造工艺与装备技术；②铁路电力制动系统、高架铁路系统、铁路动力装置系统、电力制动系统等支撑技术；③测量电变量、机械转矩测量力、测量功、机体部件或设备平衡等物理测试技术。专利质量居中的企业有：中国铁建股份有限公司、河南辉煌科技股份有限公司、太原重工股份有限公司、株洲时代新材料科技股份有限公司、上海隧道股份有限公司。其余企业专利质量相对较低。

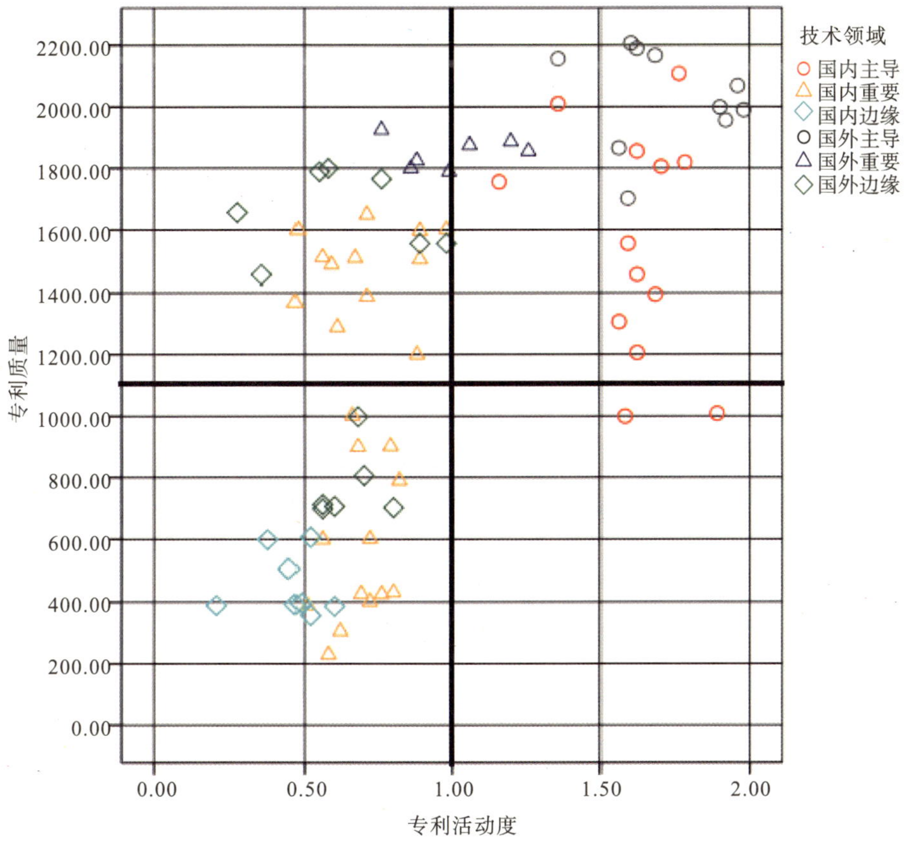

图 19-10　高铁产业技术竞争力分布图

本书将每个企业的 RCA 分为两个时间段作对比，RCA_1 是 2006 年之前的显性比较优势指数，RCA_2 是 2006 年之后包含 2006 年的显性比较优势指数，从而对高铁产业 17 个主要竞争企业和国外三个典型高铁企业的专利数据进行整理后，可以得到专利活动度、专利质量以及 Cr 三个指标的值，如表 19-7 所示。

如表 19-7 所示，首先，高铁产业三类企业中每个企业的专利活跃程度、专利质量、Cr 三个指标值的排序可以看出，与国际典型高铁企业相比，我国高铁产业主要竞争企业的相关专利技术还相对落后，但中国南车处于技术领导者区域；中国北车处于技术活跃区域，马鞍钢铁属于潜在竞争区域，国外企业除通用电气在潜在竞争者区域之外，其他两家企业都处于技术领先者区域，这些企业技术领域的专利的质量也相对最高。相比之下，我国高铁产业的组 III 企业专利活跃程度较低，且专利质量也处于较低水平，总体上还存在较大差距。

其次，我国高铁产业企业的 Cr 值均大于 1，说明正处于全面的优势增长阶段，其中

Cr 值较大的企业有：三家国外企业、中国北车、中国南车、马鞍钢铁，说明这些企业在高铁技术领域的竞争增长优势比其他企业相对更大。这些企业主要拥有具有竞争力的技术包括：①铁路轨道附件、铁路车辆部件等制造工艺与装备技术；②铁路电力制动系统、高架铁路系统、铁路动力装置系统、电力制动系统等支撑技术；③测量电变量、机械转矩测量力、测量功、机体部件或设备平衡等物理测试技术。④铁路隧道，轨道基础建设技术。

表 19-7　高铁产业企业层面技术竞争指标

指标企业	PA	APQ	*Cr*
组 I（三家外企）	0.2	1466.4536	1.72
	0.15	1097.624	1.75
	0.09	1397.725	1.68
组汇总（平均）	0.147	1320.601	1.717
组 II（6 家核心中国企业）	0.159	668.7656	1.59
	0.105	934.4773	1.70
	0.085	519.6933	1.69
	0.081	936.0390	1.01
	0.060	770.0000	1.05
	0.048	643.0270	1.06
组汇总（平均）	0.090	745.334	1.350
组 III（11 家重要中国企业）	0.043	529.5217	1.06
	0.046	676.1951	1.15
	0.052	292.6250	1.26
	0.028	512.5946	1.10
	0.022	823.5161	1.01
	0.020	405.0000	1.06
	0.019	500.7273	1.26
	0.016	237.0000	1.07
	0.030	250.1884	1.02
	0.013	366.0972	1.07
	0.004	202.1111	1.13
组汇总（平均）	0.027	435.962	1.108

再次，组 I 中三家外企主导技术领域包括：①关键零部件/材料加工制造技术：F01D、F02C、F23R、F03D、H01H（发动机、动力装置技术）等技术；②信息与智能制造技术：G06F、G01N、G01R（测量测试）等技术；③支撑技术：工程支撑技术：H02K、H01F（电学、发电、变电）等技术。

这三家国外企业重要技术领域包括：①信息与智能制造技术：G05B（控制技术），G06T（数据图像处理），H04L（电通信技术）等技术；②支撑技术：工程支撑技术：H05K、H02J、F23D（机械工程技术）；基础学科支撑技术：B01D（化学分离技术）等技术。

三家国外企业的边缘技术包括：①关键零部件/材料加工制造技术：H01L、H01J（半导体器件制造）等技术；②信息与智能制造技术：G05B（控制技术），G06T（数据图像处理），H04Q、H04B、H04M、H04W（电通信技术）等技术；③支撑技术：工程支撑技术：F25D（机械工程技术）；基础学科支撑技术：C08L、C07C、C08K、C08G（化学高分子化合物技术）等技术。

相比之下，以专利技术资源角度开展国际国内企业在高铁行业制造技术领域的对比来看，专利活跃程度上中国北车与阿尔斯通和美国通用电气相匹敌，美国通用电气虽然在专利活动度上低于中国南车和中国北车，但是专利质量高于中国南车和中国北车。我国只有中国南车一家企业与国外企业共同分布在技术领导者区域，并且竞争的动态显著指数较明显，竞争增长优势在不断增大。

本书进一步将我国高铁产业典型企业的三类技术：主导技术、重要技术和边缘技术共48个技术领域与国外典型企业30个技术领域竞争态势作对比如图19-10所示。

如图19-10所示，国外典型企业主导技术处于技术领先者区域，重要技术处于技术领先者和潜在竞争者区域，边缘技术处于潜在竞争者区域，少部分处于技术落后者区域。相比之下，我国典型高铁企业的技术中只有主导技术在技术领先者区域，专利质量和技术活跃程度次于国外企业；我国典型高铁企业专利技术的重要技术处于潜在竞争者和技术活跃者区域，虽然专利活跃程度相比较小，但是部分专利质量较高；我国典型高铁企业的技术中边缘技术处于技术落后区域。

19.8　本章结论

由总体分析研究可得，我国高铁技术领域和国外典型企业主要关注主导技术分别分为几个层次：①层次一：主要聚焦为车体零部件等工艺装备制造关键技术；铁路隧道、轨道基础设施基建技术。②层次二：主要聚焦为测量电变量、机械转矩测量力、测量功、机体部件或设备平衡等物理测试技术以及铁路电力制动系统、高架铁路系统、铁路动力装置系统、电力制动系统等支撑技术。③层次三：主要聚焦为机车动力、发动技术；新材料、基础材料技术，生物材料技术等新材料技术。国外现已经处于第三阶段，我国高铁用很短时间步入到层次三，虽然也掌握一定的材料技术但是没有国外掌握的全面深入，所以我国仍处于第二阶段正向第三阶段迈进。

值得指出的是，专利技术在高端制造业先进制造技术中毕竟只是起到一部分作用，因而这里的研究只能在专利技术的层面有一定参考意义，大量的和较为全面的理解高端制造业技术的发展还应引入对专有技术和管理技术部分来综合考察。但本章所涉及的研究工作还是具有重要的借鉴意义，特别在：①关键零部件/材料加工制造技术、②信息与智能制造技术、③工艺和综合体系化设施技术、④支撑技术这类附着在高铁产业技术上的高控能技术，可能代表了高端制造业技术和先进制造技术的一类通行分析框架，以及理解以小技术博大国器发展规律。

第六篇

专利技术资源的价值与资本化运营

引　言

随着专利技术资源竞争的白热化，专利技术资源本身的价值问题便显得日趋重要。更随着专利权诉讼和反诉讼斗争的白热化，专利权的资本化议题，甚至商业化运作也日趋成熟。今天的知识经济时代是否已经到了金融资本和知识资本密切结合的实战阶段？这既有知识和技术渗透金融创新活动的含义，但更重要的含义是，知识产权的当前特别是未来价值已经可以利用金融资本来投资和“炒作”了。金融资本是一把“双刃剑”，既可为现代经济发展提供必需的融通血液，也可为特定地区的经济发展注入“毒性兴奋剂”；与金融资本相联系的知识资本，特别是专利技术资源，应当也有类似的效果。需要加速技术创新的国家和地区，特别在新兴经济体国家和地区，这样的结合更有利于创新活动的发展，还是具有某种负面效应？对此类现象开展相应的研究，应当是学者的责任和义务。同时还应清醒地看到，此类研究有三类定位：①从专利权人和专利权投资者的角度——显然会忽视专利资本化运营的长期经济影响和社会负面影响，但会提升专利权人和投资者的投资眼界和扩大市场机会；②从市场参与者的角度——会关注此类市场的正面和负面作用，但限于经济活动领域；③从社会福利角度，或从政府创新政策研究角度——关注专利权资本化的短期和长期经济效应和社会效应，以及与此相关的专利制度的可能促进创新和抑制创新的效应。

第二十章　专利技术价值测度分析框架

导言：

随着知识经济时代的发展，专利技术资源的价值评测越来越成为一个重要的研究话题。其难点在于，站在不同经济发展主体的角度，其价值评测框架可以非常不同；同时，站在技术发展生命周期的不同时点来观测特定主题的专利价值也会有巨大的差异，何种专利具有怎样高的价值，经历相应的市场发展之后来看似乎很清楚，但当我们站在技术发展的漩涡之中，或者站在毫无发展迹象的涓涓细流之源头，如何能判断哪一支会最终成为融入滚滚波涛的大河，确实还是一件百无头绪的事情，特别是，会否由于当前的技术发展声势过于浩大，以至毫无觉察往后的新兴技术发展端倪，此类误导类型的研究相信也不会少。

本章重点讨论专利技术资源价值测度的典型研究，想通过一些以往课题组的研究工作，显示其中可能出现的问题，特别是这类价值评测工作中的出发立场的立场问题和价值分析时点问题。

20.1　专利技术价值的分析框架及其时点因素

技术在何种情形下可能具有最高的价值，何时具有较低的价值，以往大量的技术创新理论研究，以及相应的技术和专利价值分析已经提供了一定的研究思想基础，最主要的类型可以由图 20-1 来表现。

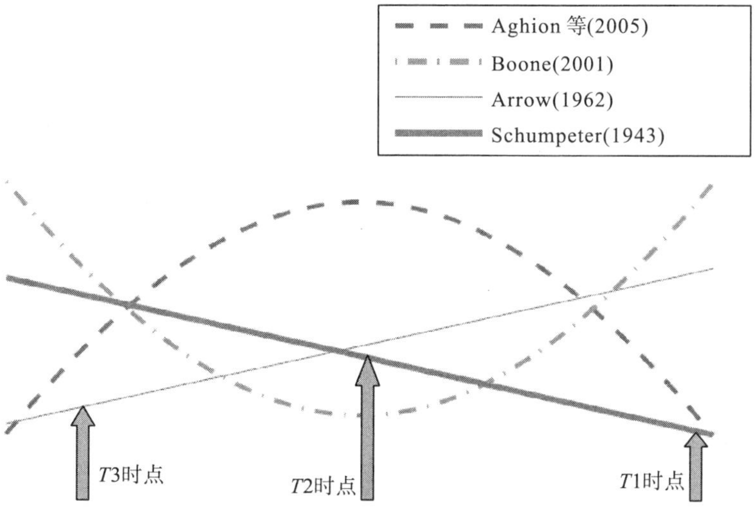

图 20-1　技术创新的价值发展（典型观点差异）

注：根据 Ima 等（2015）图形加注。

其中，图 20-1 纵轴是技术创新的效益或相应的价值，横轴则是相应的产品市场竞争发展，左端点垄断性最强，而右端点竞争性最强。而横轴也可以同时考虑为该类技术的市场发展阶段。显然这里存在着四个主要的相互有所区分的价值发展类型，也是理解专利技术价值发展的重要参考：①以熊彼特理论(Schumpeter，1943)为代表的技术创新价值直线降低型；②以阿罗理论(Arrow，1963)为代表的技术创新价值直线上升型；③以阿根理论(Aghion，2005)为代表的技术创新价值上凸型(先升后降)；④以伯恩理论(Boone，2001)为代表的技术创新价值上凹型(先降后升)。针对上述四类技术创新价值走势及其背景，本章作如下评价和分析。

(1)熊彼特理论(Schumpeter，1943)：技术创新价值直线降低——代表了熊彼特本人所划分的两类技术创新，即突破性(breakthrough)或破坏性(destructive)创新，与渐进式(incremental)创新。显然，前者的价值要高于后者，也更具有垄断性。

(2)阿罗理论(Arrow，1963)：技术创新价值直线上升型——代表了后续创新支撑原始创新构想的理念，即后续创新(大量)才可能解决实现原始创新过程中的可靠性和经济性问题，因而后续创新更有实用价值。

(3)阿根理论(Aghion，2005)：技术创新价值上凸型(先升后降)——结合了阿罗理论和熊彼特理论两类创新价值发展理念，但偏向阿罗理论，即后续创新支撑了原始创新，因而更有实用价值，但再续发展的创新则大量属于改善技术性能和降低经济成本的渐进式创新，价值相比而言降低。

(4)伯恩理论(Boone，2001)：技术创新价值上凹型(先降后升)——结合了熊彼特理论和阿罗理论两类创新价值发展理念，但偏向熊彼特理论，即后续初期创新只是在小范围改进原始创新，实用价值并不高，而更重要的技术创新发生在更大范围的技术扩散过程中，导致大范围的技术扩散的技术创新价值更高，同时也会伴随着竞争的白热化，大量的专利产生之后，其间的市场竞争导向和(法律)权利阻碍导向的竞争形式都会出现，因而技术的价值也趋向增加。显然，这一解释包含了专利价值中的非应用型部分。

综合以上分析，(3)和(4)更接近实际，具有更强的实践特点。同时，如果重点考察市场化的应用型专利技术，则(3)所表现的专利技术价值走势的理解框架更为贴切。同时，还应体会到，这样的技术创新价值走势的理解也具有很强的时点定位问题。

显然，熊彼特理论所支持的技术创新价值走势是在对现有技术发展路线相当清晰的前提下来理解的，也就是说，必须要等待相应的技术领域或技术主题有了基本的满周期发展信息之下，才好把握哪个阶段的技术创新最有价值，哪个阶段的技术创新价值最低等。因而，该类技术创新价值理论的理想观测时点是在 *T*1 的位置。而客观上，大多数技术创新价值测度方法或相关专利价值测度技术是在 *T*1 时点的前提下开发出来的，其共同的特点是，必须掌握大量的该技术路线发展的信息和数据。

相对而言，*T*2 时点的技术创新价值观测，以及相应的专利技术价值观测就要困难一些，因为在 *T*2 时点上，尽管已经具有一定规模的技术发展信息，但特定技术发展的后续走势还不是完全清晰，在此情形下，对相应的技术价值做出合理观测并给以适宜的价值判断，就具有一定的不确定性。所幸的是，在 *T*2 时点上，作为技术创新的主体，往往是已经初步建立了自身技术垄断地位的、具有一定研发规模的大中型高技术企业，同时也伴随着初具规模的日渐清晰的技术路径，具有相当数量的在先技术信息可以追踪和分析。而最为困难的是在 *T*3 时点上的技术创新价值观测，由于这一阶段的技术创新往往呈现发散状态，技术创新主体多元，大多为高技术型中小企业和创业型企业，因此究竟哪些类型的技术创新主题和相应的技术会有较好的发展前景，本身就是一个注定要有高度不确定性结果的研究工作。可以初步做出结论的是，在 *T*1 点观测到相对成熟的技术路径上的所谓技术走势，包括所谓新技术，往往都具有贬值倾向，而 *T*2 和 *T*3 时点上观测到的技术创新走势，则可能拥有较大的升值空间。

而对专利技术价值的判断，则可以参考图 20-2。由图 20-2 可见，如果要比较准确地把握专利的价值，必须拥有该技术已经被使用的信息，包括在工程生产过程中实际应用（包括技术应用的许可）的信息，以及被侵权和诉诸法律纠纷的信息（第四阶段），这也就是说，同样要等到 *T*1 的时点到来时才有可能。但同时也可以体会到，当某类型技术创新（技术发明）已经获得专利权时（第三阶段），即使没有到达真正的使用阶段（不论何种使用），专利权获取本身就代表了该类技术的某种市场潜力和相应的价值潜力。

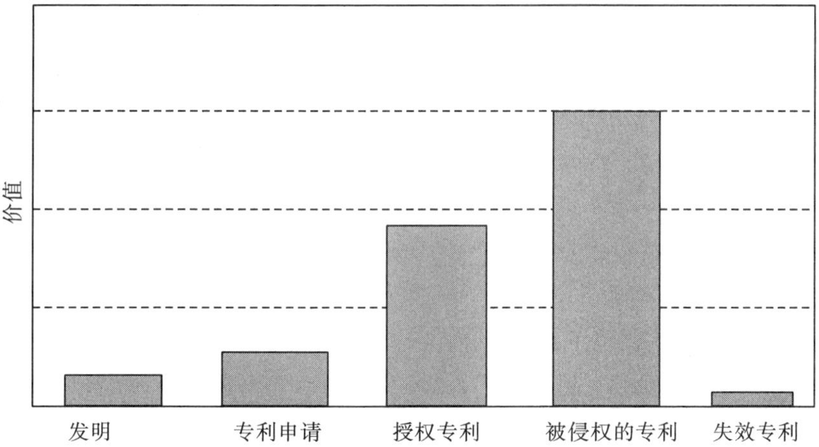

图 20-2　专利技术的价值发展（基于专利生命周期的观测）

注：根据 Sherry 和 Teece（2002）图形。

综合起来，本章提出了以图 20-3 来概括专利技术价值的观测时点，与相应的技术发展寿命周期的图形相结合，来突出这些时点选择的重要意义。特别是，这一技术发展周期的 S 曲线也标示了技术创新不同阶段上的创新主体类型。例如，在 *T*1 观测时点，实际上最近的创新产出（例如专利）大多出自巨量研发投资的大型企业，属于单维路径大企业主导的以收敛型技术创新聚集群为特征的创新行为。而在 *T*2 观测时点上所看到的创新产出，则可能是大型企业和众多中小型高技术企业乃至小微创新企业混合创新的成果，但应主要附着在日渐清晰的单维技术路径上面，属于单维路径多元创新聚集类型；而处在 *T*3 时点上的技术价值观测则要复杂得多：①技术路径多元，②小企业为主导，虽然也有可能出现大型企业研发的路径创新类成果，但一般都不是主流路径，因此是被视为研发的副产品看待，所以可以归纳为多维路径发散型创新聚集，是自主型（以便与另外一些路径依赖型创新相区别）微型创新的类型，在其发展前景上，有众多的影响因素会导致其市场化过程的高度不确定性，因而这类专利技术的价值观测有更大的难度。

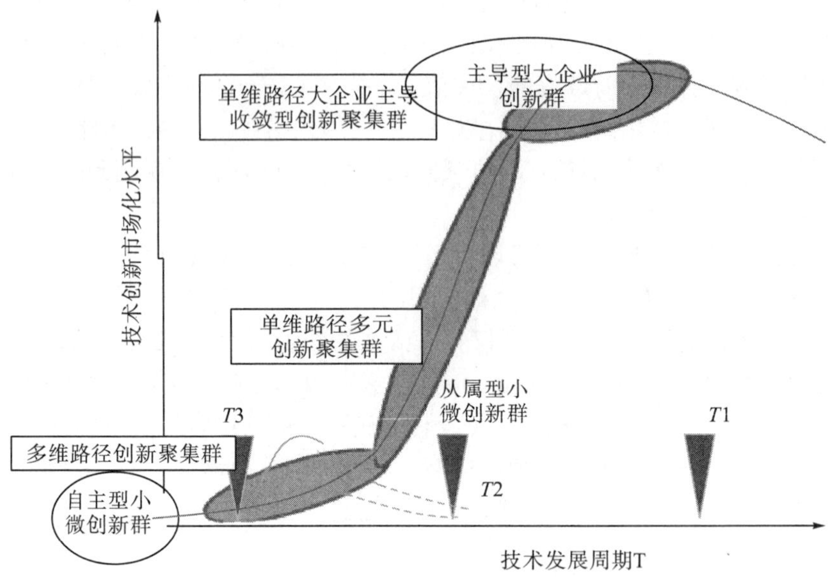

图 20-3　专利技术价值发展观测时点(对应技术生命周期阶段)

注：本书作者陈向东设计。

值得特别指出的是，这一技术生命周期为参考背景的专利价值观测时点分析还须注意，其实在各个时点上的观测是包含其他所有时点情形的，只是在既定的技术路径分析的前提下都作为信息杂音处理了。例如在时点 *T*1，也可能存在其他技术路径创新的专利信息，即对其他可能的技术路径而言，是 *T*3 或 *T*2 的情形，只是由于主导技术路径的信息过于厚重或分析定位而有意忽视另外两类观测时点的技术创新特征。同样，在 *T*3 时点观测的情形，也同时可能存在另外一条或多条成熟技术发展路径的专利信息，即对其他技术路径的观测而言是 *T*1 时点或 *T*2 时点。正是由于同一时点上的技术路径交叉和可能的信息重叠，区分不同技术路径，应用有效的技术观测方法和手段，就成为特别重要的研究课题了。

20.2　专利技术价值观测：适宜 *T*1 时点观测的分析方法

大多数现有的专利价值分析方法及其结果都是在海量专利数据基础上完成的，因此也基本属于 *T*1 时点对应的观测情形，针对的是相对完善的技术发展过程，因而具有海量的专利信息，这一大数据储备作为前提本身，就说明了在这一时点分析专利价值的局限性，即其最终分析结果反映的是基本完成的技术发展路线，至少是根据初具规模的技术发展路线，而对未来新的技术路线的发展并不具有更多的启示意义，即这些研究结果的技术预测能力相对较弱。尽管在这类数据分析基础上开发出来的分析方法和适宜的分析工具很多，甚至也有相应的软件产品作规制化或编码化的情报分析，研究成果往往还可以构成色彩多样的专利地图走势，但仍然摆脱不了海量专利信息本身带来的相对成熟的技术路线这一观测时点上的局限性。下面列出几种典型的专利评价方法，基本属于 *T*1 时点的观测情形。

1)传统的无形资产评估方式

传统的无形资产评估方式，如成本法、收益法等，在实践中，特别在公司兼并、专利质押、公司估值等活动中仍然在使用，用来估算和测度相应的专利价值。这些方法的应用大多应是在 *T*1 时点上作专利价值评价的情形，很少作为 *T*2 时点和 *T*3 时点上的情形，因为这两种情形的专利估值都很难给出一个对当事双方或各方都满意的结果，主要还是由于专利的潜在价值太难于测算，也在于对相应的观测方法的认可也难于达成一致。

(1) 以收益法为基础的专利价值评估方法的主要问题在于：首先，参与评估的关键参数决定是一个根据既定市场和相类似技术发展的经验数据的选择，很难考虑技术的未来价值，而且此类参数是一个确定数字，一旦参数值确定，就忽略了应用相应的技术的隐含的未来增长机会和可能产生的经济效益，也忽略潜在的投资机会。特别是以专利技术为代表的无形资产的评估方法和参数选取更包含了高度的不确定性，客观实践中，有很大可能会高估(现有技术)或低估(未来技术)发展价值，因而相应的评估机构在评估参数选取及评估方法上还很难取信于技术交易或专利参与交易的各类行为当事人。

(2) 以成本法为基础的专利价值评估方法的主要问题则在于：①成本法有其适用前提，其应用前提之一便是被评估资产能够继续使用，如果资产处于报废清算状态则不能采用成本法对其价值进行评估。②成本法的运用一般建立在历史资料的基础之上，此时要求历史成本资料可获取，显然，只有 *T*1 时点的观测可以具备这样的条件。③成本法是从资产购建的成本耗费角度评估资产的价值，不能充分考虑无形资产特别是专利技术可能带来的未来获利空间，而无形资产的价值评估往往更注重其效用，而不是成本耗费，因此运用成本法评估无形资产的价值，劣势更明显。

2)技术线索分析(专利引文分析)

该方法主要通过专利的关联信息以及结合科学论文的引文信息来加以综合分析，包括专利引文，实践上主要针对美国(USTPO)或欧专局(EPO)等国际专利数据的引文分析技术，这主要是因为中国专利数据目前还不具备可以有效操作的引文数据。通常用到的引文指标包括，引文数量(cited index，CI)；引证率(cited rate，CR)，该指标又可分为自引率(self-cited rate，SCR)和他引率(other-cited rate，OCR)；当前影响指数(current impact index，CII)等。同时，根据国际上的典型研究，引文信息(特别是专利引文信息)还可演化出专利文献数量(patent references)、非专利文献数量(non-patent references)、一般性(generality)、独创性(originality)、科学关联度(science linkage，SL)和技术循环周期(technology cycle time，TCT)等指标，以及其他改进和优化的专利引证指标，如累积引证(cumulative citation)和优质专利指数(essential patent index，EPI)等分析技术，这些方法理论上说可用于不同时点上的专利信息研究，但由于海量专利数据是这些引文分析的资源基础，因此大多数情况下仍然可以认为是对应 *T*1 时点的分析。其中，比较例外的情形是科学关联度的分析，由于科学关联度引入了对科学论文的索引信息，扩大了技术分析的数据集，相应的对专利的纵向索引信息的需求强度下降，因此也适用于对少量甚至微量专利信息分析的场合，也就相应地适用于 $T2$ 时点乃至 $T3$ 时点的分析。

针对中国专利信息研究和分析的情况而言，由于我国专利信息目前还无法有效应用专利引文信息，但可结合应用于科学文献的分析，以及中国专利所有权人在美国的专利信息来间接考察本课题样本组或对照组的专利质量测度和分析要求。

需要说明的是，由于引证信息本身也存在质量差异，特别对技术发展初期的技术信息尤其如此。例如 Jaffe 等(2000)认为，与原始专利的引证相比，其他非原始专利的引证信息作用要打“折扣”；Atallah 和 Rodriguez(2006)由此提出累积专利引证指数分析法，需要加入该专利的“引证链”中涉及的相关专利的质量综合考虑，与单纯计算引证次数相比更精确。所谓“当前影响指数”(current impact index)则引入了时间权重，考虑不同时间段对相关论文或专利重要性的判断(Trajtenberg，1990)(Hirschey 和 Richardson，2001)等。正是在这类思考的基础上，Pachys(2014)据此提出根据专利引文信息推定和测算专利价值的两阶段基本模型，本书将其扩展为三阶段，如下：

$$P_q = \sum_{i=1}^{n}\phi_{qi}X_{qi} + \lambda_1\sum_{j=1}^{n'}\phi_{qi}{}'X'_{qj} + \lambda_2\sum_{k=1}^{n''}\phi_{qi}{}''X''_{qk} + \cdots$$

$$1>\lambda_1>\lambda_2>\cdots>0, 0<\phi_i<1, n<n'<n''$$ [①]

其中，P_q 为某公司(某专利权人)Q 的专利价值，这一专利价值由三组专利引文信息决定，第一波专利引文价值代表式中，X_{qi} 为 Q 公司第 i 个专利的被引次数，ϕ_{qi} 为该公司这一专利的权重系数，反映相应专利对于公司业务而言的重要程度，从学术研究的角度，可以认为是该公司主流技术的相关程度。

由于第一波专利是这类技术路线的最早一批专利，因此对这类专利的引用次数应当很多，远高于后续出现的专利引用次数，因此这一波专利群没有相应的系数局限。而 $\phi_{qi}{}'X'_{qj}$ 则代表该所有权人第二波出现的专利的引用次数及相应的技术权重。显然，由于此类专利是在第一波专利出现基础上的成果，相应的专利被引用次数总体低于第一波专利，在总体重要性上也劣于第一波专利，因此有 $1>\lambda_1$ 作为调节系数，这类专利群也对应 $T2$ 时点上的创新成果；此后还有第三波专利群：$\phi_{qi}{}''X''_{qk}$ 分别代表此类专利被引用次数及其相应的技术权重，以及级别更小的调节系数 $\lambda_2(1>\lambda_1>\lambda_2>\cdots>0)$。需要特别指出的是，从专利出现的数量而言，显然第三波出现的专利总量要大于第二波，第二波要大于第一波(即 $n<n'<n''$)，但从专利技术的重要性来说，第一波专利是最为重要的，其引用次数也应是最多的。

将上述一个专利权人的情形扩展到 M 个，即理解为以下新的专利群。在此种情形下，P_Q 就不是某一个所有权人的专利价值，而是一个群体单位(例如某个区域、某个产业、某个国家等)的专利价值，同样由三个专利波群组成，而每一个专利集聚分别可能有 M、M'、M'' 个专利权人(显然：$M<M'<M''$)，但其总体专利价值也应符合上述规律，即第一波专利群的专利质量最高，引用次数应当最多，而后续的专利波群的价值则相对较低。具体见下面的公式：

---

① 改编自：Freddy Pachys. 2014. Technological Innovation Index[M].Vernon Press。

$$M\begin{cases}\sum\\ \sum\end{cases}\qquad M'\begin{cases}\sum\\ \sum\\ \sum\\ \sum\end{cases}\qquad M''\begin{cases}\cdots\\ \cdots\\ \sum\\ \sum\end{cases}$$

$$P_Q=\sum_{i=1}^{n}\phi_i X_i+\lambda_1\sum_{j=1}^{n'}\phi_i' X_j+\lambda_2\sum_{k=1}^{n''}\phi_i'' X_k$$

于是可以写作：

$$P_Q=\sum_{q=1}^{m}\sum_{i=1}^{n}\phi_{qi}X_{qi}+\lambda_1\sum_{q'=1}^{m'}\sum_{j=1}^{n'}\phi_{q'j}'X_{q'j}+\lambda_2\sum_{q''=1}^{m''}\sum_{k=1}^{n''}\phi_{q''i}''X_{q''k}$$

$$\lambda_1>\lambda_2>\cdots>0;0<\phi_i<1;n<n'<n'';m<m'<m''$$

值得提出的是，本章将 Pachys 的两阶段模型扩展为三阶段模型，也是为了突出前述有关技术创新价值分布的阿根理论(Aghion，2005)，即技术创新价值可能具有上凸型特点，即由低到高再降低的发展模式。这也是说，专利的价值走势有可能在发展跟随期(不是后期)出现价值最高的情形。反映在专利引文信息的分布中，即有可能后续(尤其是第二波)出现的专利被引用次数要高于第一波，出现此类情形时，事实上也预示着有关专利引文的分析时点尚未处于最后的 $T1$ 时点，而是在可能的 $T2$ 时点，因而也有一定的技术预测能力。

3) 专利存续期信息基础上的专利价值分析

在以专利存续期信息为基础的专利价值分析理论发展过程中，专利的初始信息始终被认为是最大的(具体可以参考本书第二十三章)。例如，Schankerman 和 Pakes(1986)以及 Pakes(1986)都认为第 t 期收益 R_t 与初始收益 R_0 间存在着正相关关系，在整个付费期内，申请人可以从拥有较高初始收益的专利中获得较高的总收益，这一价值走向的思想是专利存续期价值模型的基本出发点。特别是，在设定专利收益序列与时间 t 的函数关系时，Maurseth(2005)和 Bessen(2008)都考虑了一种确定性假设，即在时期 t 的专利收益 R_t 由初始收益 R_0 决定，而 R_t 服从递减的序列关系。Maurseth(2005)将 R_t 和 R_0 间的函数关系表示为 $R_t=R_0\mathrm{e}^{X\varphi}\mathrm{e}^{-\alpha t}$，并将 R_0 看作随机变量，其中 X 为专利及其申请人的特征变量。这类理论将专利的收益序列 R_t 作为递减看待的原因，一方面在于技术的更新换代使得原有技术逐渐贬值(但此假设仅适用于 $T2$ 时点后的情形，确切而言是从 $T3$ 点观测到的情形)，另一方面也可能由于竞争者发明了专利的替代技术(Maurseth，2005；Bessen，2008)。但这里的问题是，替代技术与原有技术的关系并不总像替代产品那样单纯，替代技术的存在只能说明新的可能技术路径的出现，而不一定是否定原有技术路线的关系，况且在技术发展初期，即使是相互可能替代的不同技术路线之间的价值区分，究竟是彼此削弱的关系还是彼此增强的关系，是与技术路径发展的高度不确定性共存的一种不确定，因而上述递减关系更多反映了单一技术路径后期发展的情形，即，$T1$ 时点观测的情形。值得指出的是，与 Maruseth(2005) 不同， Bessen(2008) 将 R_0 设为 X 和一个随机变量的函数，即 $R_0=\exp(X\varphi+\varepsilon)$，并设 $R_t=R_0\mathrm{e}^{-\alpha t}$，其中 ε 是随机变量，而容纳了一部分价值上升的可能机会。总体而言，基于存续期信息的专利价值评价模型：①由于其理论分析的假定情形；②由于其海量失效专利信息的数据前提，决定了这类方法也基本上是一种以 *T*1 时点观测的方法类型。

作者团队曾应用专利存续期为基础的专利评价方法作出我国高校专利价值分析，并与企业群组进行比较，如表 20-1 所示。显然，高校的专利价值要远低于企业群组，这与通常的技术创新理论有所背离。事实上，虽然这一结果意味着高校的专利寿命期平均较短，但高校和国家重点科研院所的专利大多应属于 *T*3 观测时点的技术，应用存续期为基础的研究理论和模型来分析高校的专利，是应用 *T*1 时点的分析技术来分析 *T*3 时点的技术创新水平，会有很大程度的低估。

表 20-1　企业与高校专利价值比较（相对均值水平）

机构	大型企业	中小企业	985 高校及中科院	211 高校但非 985	非 211 高校
相对总体均值水平/%	208.5	74.0	75.6	72.8	69.1

图 20-4 是作者团队针对我国小微创新群做出的专利生存曲线，与大企业群组进行比较，也会出现同样的问题，即小微创新群的专利寿命平均较短；但同时，小微创新群的技术特质特征通常也更为突出，相比于现有主导技术路径的差异型路径创新的可能性也更高，虽然具有更高的不确定性，但其发展空间和市场潜力的机会也更大，是属于典型的 *T*3 时点的情形，也说明此类情形不适于应用专利存续期为基础的生存模型来分析和测度。

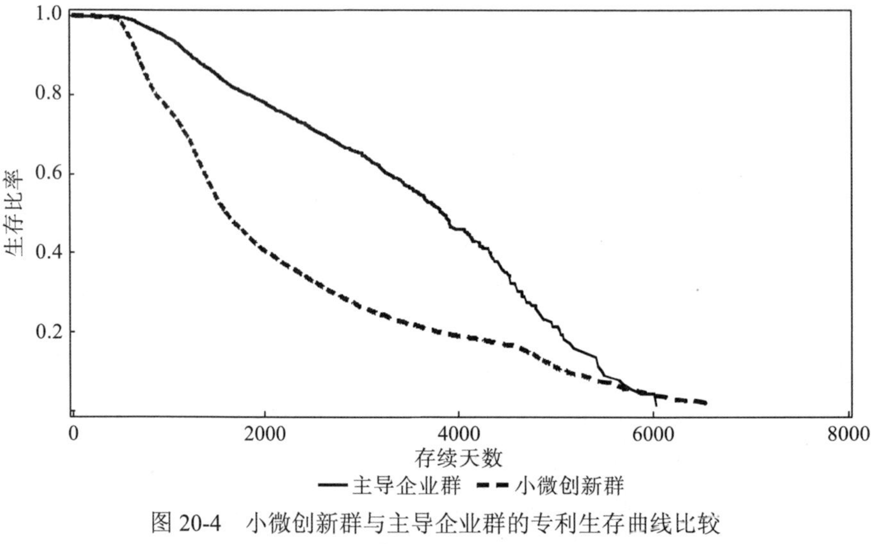

图 20-4　小微创新群与主导企业群的专利生存曲线比较

注：生存曲线为基础的分析技术适用性。

4) 以专利诉讼为基础的专利价值分析

以专利诉讼为基础的专利价值分析，完全符合本章开初所给出的图形，即仅当专利被侵权或引入专利诉讼的时候，这个特定专利才算有了真正的市场价值。又由于专利诉讼案例通常具有较为详尽的资料，特别是赔偿额可供参考，因此更适用于专利价值的测评。本书第二十章对这一专利诉讼情形下的专利价值分析提供了一项具体研究，其中，是以实物期权理论模型为基础来对此类专利价值做出判断的。

但需要指出的是，进入诉讼过程的专利，往往已经进入到 *T*1 时段，而专利诉讼的标的却往往是 *T*2 甚至 *T*1 段形成的专利，特别在 *T*2 段形成的专利，以及一些 *T*1 段形成的专利，极易构成专利丛林状态下的专利诉讼；而 *T*2 和 *T*3 段形成的专利，又很容易为 NPE 这类组织在后续时段收购，并在 *T*1 时段形成大量的专利诉讼。事实上，某些早期的技术开发和引导者，当其在后续市场竞争中逐渐落败时，也会以自身早期的专利权为最后的竞争型资产，通过专利诉讼分得最后的市场利益，如本章所附的案例故事。

20.3　专利技术价值观测：*T*2 时点适宜的分析方法

*T*2 时点代表着特定技术路线的发展已经具有一定规模，同时仍旧有较强的上升空间和上升潜力。但相对而言(特别是相对其他更为成熟的技术路线而言)其可利用的专利信息并不丰富，且动态性极强，需要通过把握有限的专利信息量来达到专利价值判断的目的；同时，这个时点上的专利价值判断也具有较强的技术预测功能。

由于信息量的缺乏，有限的专利信息，特别是关键信息采集及其组合分析就变得异常重要。因此，基于专利文本信息的综合型专利质量评价方法就有着重要的参考价值。如 Lanjouw 和 Schankerman(2004)曾利用 1975～1993 年 7 个技术领域的美国专利信息首次开发所谓专利质量指数，提出基于 4 个专利文本信息构造关键专利质量指标(这包括权利要求数、被引次数、引文数量和专利族大小)构建一个潜在公因子的多指标模型，对专利进行评价，Lanjouw 和 Schankerman 特别把这一公共因子定义为专利质量。以 Lanjouw 和 Schankerman(2004)研究为基础，Mariani 和 Romanelli(2007)、Schettino(2008)、Thoma(2014)也都曾应用模型构建专利质量综合指数，并分别对 EPO、USPTO 的专利质量进行实际测度，Thoma 的方法还将 20 个专利质量指标综合为三：专利长度、现有技术和发明的背景、专利申请和程序因素，并构建综合质量指数进行计算，强化了这类综合质量指数的作用，提高了相应的专利评估模型的解释能力。

1)针对上述特点，需要特别指出三点

(1)专利长度(专利持续的时间长度，与制度也有关系)观测，也包括对于专利家族大小的观测，对于特定专利而言，是一种 *T*1 时点的观测类型，但如结合专利技术领域的横向关系观测，则可能有更强的技术预测功能。

(2)专利引文的差异——被引和他引解释力的区分：专利的被引次数是专利质量的重要参数，而特定专利的他引(引用他人专利)次数特别是他引技术领域的信息具有更为重要的意义，即该发明是在更多技术领域信息基础上做出的事实，显然预示着这样的专利可能具有更大的技术功能潜力，这一引用信息关系不但在 *T*2 时点显得重要，在 *T*3 时点同样有着重要的价值启示意义。

(3)专利文本信息的重要性。专利权利项信息显然具有一定的专利价值导向，特别在 *T*2

时段尤其如此，这是由于在 *T*3 时点的专利往往尚未形成较为稳定的技术路线，无法判断和争取更广范围的权利项。此外，专利文本信息(如专利技术宽度信息)与其他相关指标结合还可能构造更大范围的专利质量评价指标，如 Squicciarini 等(2013)就采用专利宽度、专利族大小、专利存续期在内的 12 个专利技术指标加以综合，并应用于 1978～2012 年 EPO 专利数据的分析，比较不同技术领域、不同国家技术创新质量变化趋势。

2)某些指标也具有特殊的 *T*2 观测点意义

即对比当前技术背景以及对比特定技术路线上距离早先专利出现的时间距离。如下述指标：①该权利人的专利被其他出版物引用的平均数，SL(science linkage)，特别是被科学学术期刊和学术会议引用的平均数，但排除非学术类的引用。②特定专利距离早先专利的时间差，TCT(technology cycle time)，这一时间差可能预示着当前特定专利技术的寿命状态。美国专利局通常会在特定的技术领域标志此类技术寿命的中位数(年份)。需要特别指出的是，这一指标可以看出新兴技术和较为成熟技术的差别，新兴技术 TCT 往往较短，例如 4～5 年，而较为成熟的产业技术寿命期较长，甚至可达 15 年。③当前影响指数(current impact index，CII)，一般指专利权利人过去 5 年内专利被引数除以该领域的期望引用数(相关所有企业的专利被引数的平均值)。

对于 *T*2 时点的观测工具来说，这三类评价指标的重要性依次降低，例如 SL，与科学文献之间建立了引用关系，反映出特定发明与相关科学研究之间的密切关系，同时还是以他引关系存在，预示着这一专利的技术内涵的先进性，适宜于 *T*2 时点的观测特征；TCT 注重与在先专利技术之间的时间差距，当这一差距较小时，就是 *T*2 观测时点对应的专利类型。而 CII 指标注重专利当前的影响，并需要相关技术路线和技术主题的一定程度的在前存在时间(年)，当期望引用数较低(预示着技术路线的基本成熟)较小，而过去 5 年的专利被引水平却较高时，预示着相应专利的影响较大。

具体的评估效果可以通过以往相关数据的分布来看这些指标的有效水平。表 20-2 是应用这些指标来衡量典型的美国、日本及其他典型欧洲国家企业作为专利权人来衡量的专利质量对比，重要的是这些排行在三个指标上面的变化。

表 20-2　三类专利相关的评价指标应用结果示例

SL	TCT	CII
Genetech (US) 24.56	Hosiden Electronics (JP) 4.02	Actel (US) 5.35
Immunex (US) 15.37	Unisia Jecs (JP) 4.30	Qualcomm (US) 4.78
Cetus (US) 12.87	Immunex (US) 4.39	Altera (US) 3.91
Genetics Institute (US) 11.55	Altera (US) 4.40	Boston Scientific 3.57
Chugai Pharmaceutical (JP) 10.08	Sun Microsystem (US) 4.59	Symbol Technologies 3.45
Chiron (US) 9.79	Fuji Heavy Industries (JP) 4.63	Bard (US) 3.01
Pioneer Hi-Bred Intl (US) 7.35	Genetics Institute (US) 4.71	Xilinx (US) 2.81
Union Camp (US) 6.26	Intel (US) 4.86	Norand (US) 2.80
Searle (GD) and (US) 5.07	Mazda Motors (JP) 4.87	Cordis (US) 2.72
Weyerhaeuser (US) 5.05	Teac (JP) 4.89	Reebok Inc. (US) 2.70

来源：Hirschey、Richardson(2001)。

按照上述得分分布，SL 的得分越大，说明其与科学研究的联系越紧密，而 TCT 数值越小，说明距离领先技术的时间距离越短，CII 则代表了过去 5 年来的特定专利权人的技术影响水平。上述各类指标下的得分排序序列中，重复出现的企业并不多，说明这些指标之间的含义差异具有一定的分类功能，SL 更能代表 *T*2 时点，甚至一定程度上具有 *T*3 时点的观测意义，而 TCT 和 CII 均有 *T*2 时点和 *T*1 时点的观测意义。

还需要说明的是，*T*2 时点的技术创新活动往往也与技术领域的宽窄有关，通常技术域宽对应着专利权人更大的技术控制空间，但在特定的技术主题或较为聚焦的技术主题上的控制力则取决于技术领域的聚焦程度和一定的数量。因此，专利价值分析中也包含技术宽度与技术深度的协调，而技术宽度的优势更体现在 *T*2 时点。这是由于，*T*2 时点是特定技术路径上技术创新活动趋向密集的关键时段，这个时段上为提高技术效率和降低生产成本的技术瓶颈相对多元，也更需要借助更广范围的技术资源来解决相关问题。而在 *T*1 时点上，密集的技术创新活动的问题导向往往十分聚焦，发展业已十分充分的技术创新活动也不会给后来者留下更多的技术空间。因此，*T*1 时点的创新活动大多必须有足够的聚焦，以便在狭小空间上表现自己独特的技术优势，因而宽技术领域可以说是 *T*2 时点上的创新特征之一，其另外一个典型表现就是需要更多的技术合作，特别是产学研意义上的合作，因此合作意义上的专利权具有特殊重要的意义。表 20-3 给出了在分析专利权人专利竞争力评价相关指标基础上的时点分析，作为本节的参考。

表 20-3　典型专利权人专利竞争水平指标体系的适宜观测时点述评

指标	解释	适宜观测时点
专利活动指标(PAtf)	特定企业 f 在技术领域 t 中申请的专利数目	时点 *T*1
技术份额(TS)	PAtf /所有考察企业在 F 领域专利申请总数	时点 *T*1
(专利)研发侧重	PAtf/企业 f 的所有技术领域的专利申请数	时点 *T*1
专利合作密度	企业 f 在技术领域 t 中所有合作专利数	时点 *T*1 和 *T*2
专利权份额*	企业 f 在技术领域 t 中获得的授权专利数	时点 *T*1 和 *T*2
技术域宽*	企业 f 专利申请中涉及的 IPC 领域分散程度	时点 *T*2
国际市场覆盖程度*	企业 f 的专利家族规模和三方专利数	时点 *T*1
专利引用频度*	企业 f 拥有专利的平均引用水平	时点 *T*1
平均专利质量(Qtf)	企业 f 在 t 技术领域上对上述各项*求和	时点 *T*1
专利实力(PStf)	上述 Qtf 与 PA*tf* 两者求和后均值	时点 *T*1
技术份额	上述 PStf/所有企业的专利实力(PS)	时点 *T*1
相对技术份额	PStf/所有技术领域中最大专利实力(PSmax)	时点 *T*1

注：$t=1,\cdots,M$；$f=1,\cdots,N$ 。

20.4　专利技术价值观测：*T*3 时点适宜的分析方法

*T*3 时点的专利价值观测是最为困难的一类，主要是由于此时点上的专利技术的效能

具有高度的不确定性，这一不确定性不仅仅取决于专利技术本身，更取决于首次使用或早期应用此类专利技术的企业家和技术专家，他们的市场创业和生产实践成功与否，显然也不完全由专利技术本身的性质决定。但一项杰出的发明和技术总会有其发展的时机，因此，特定技术的功能和独特品质也不容忽视。

如上述分析，*T*3 时点的专利价值分析更多应当应用复合型的分析方法，特别应注重专利的科学联系、他引信息，以及其他类型的专利文本信息。除此之外，实物期权定价的思想，因其侧重所评价资产的升值空间，因此有可能适用于 *T*3 时点上的专利价值分析。

值得注意的是，实物期权定价理论注重两个出发点，即自有资产或他人资产，应用在专利技术层面，则一方面作为专利权人对自己拥有专利权的价值判断；另一方面作为未来技术预测方，对他人专利技术的观测。

对于前者，Pakes(1986)从专利需要缴纳年费以维持专利权的特点出发提出了专利的期权模型。Reiss(1998)在竞争随机到达的假设下建立了企业就创新申请专利的期权模型。该研究假设企业可以在专利和商业秘密两种技术保护方式之间选择，并且分析了竞争者发展替代技术、进行外围专利申请对专利权不确定性的影响。Takalo 和 Kanniainen (2000)以及 Weeds(2002)各自提出了就研发成果申请专利决策的期权模型，虽然前者在模型中除了考虑申请专利的一般费用之外还考虑了专利权执行费用，但是两者都没有考虑专利权的执行过程。对于 *T*3 点的专利价值观测而言，专利权的执行确实是一个非确定性事件，其执行可以是两类形态的执行：①免使其他竞争者应用此类技术；②通过专利诉讼杜绝其他竞争者的应用。但无论何种情形，专利技术均应已经使用，即属于 *T*1 或 *T*2 的情形。而在 *T*3 的时点上，这些使用都只能是一种加入技术因素的市场预测。事实上，实物期权模型的此类应用更多反而是在针对诉讼的情形。例如，Marco(2005)曾从理论上开发专利诉讼过程的实物期权模型，同时在模型中考虑了专利权执行成本，执行过程中的不确定性，以及专利权是否有效等随机假设，然后使用仿真方法和专利数据估计了专利诉讼的风险率，研究发现专利的诉讼率和该专利的引用率密切相关。这些都说明，这一应用实际上也相当于是在 *T*1 时点观测的结果。而对于后者，更多的研究还有待开发，因为相对专利所有权人而言，毕竟掌握的信息更加有限，对技术的不确定性的把握更为困难。

20.5　专利技术的无形资产价值评估——案例分析

1)专利流氓：中小企业的终结者

1990 年成立的 Webtech 公司①是一家较为成功的小型企业，致力于使用相关领域专业程序员常见的互联网工具和方法为客户提供基于互联网技术的商业解决方案。Webtech 公司基于“满足客户需求”的理念开发了多种应用程序，并取得了客户的一致好评，公司发展势头较好，目前已经成为拥有将近 200 名员工的较有实力的小型企业。但是，Webtech 公司正受到专利的威胁，更确切地说，有人利用专利制度的漏洞威胁到了 Webtech 公司的

① 此案例来自 Bessen (2015)。在原著中，Bessen 应 Webtech 公司的要求隐匿了公司的真实名称。

生存。在过去的两年半时间里，Webtech 公司收到了七起专利诉讼，这些专利诉讼皆来自非执业实体 NPE，即“专利流氓”。这些专利都是以最常见的互联网技术申请的，例如主题相关的地理地图(topic-related geographic maps)，自 20 世纪 70 年代开始，地理信息技术已在为公众所广泛使用，且互联网上基于该技术的应用程序一般都有诸多相似之处。“专利流氓”不仅利用这些专利起诉了 Webtech 公司，而且还起诉了上百家其他公司。这些专利的威胁似乎很弱，但由此带来的专利诉讼却往往要花费上百万美元的费用。

由于需要花费大量时间和精力应对这些专利诉讼，“专利流氓”给 Webtech 公司带来了巨额的时间和金钱损失。由于“专利流氓”的侵扰，使得 Webtech 公司的客户也陷入了被起诉的危险之中，而 Webtech 公司对此往往无能为力，并因此损失了两百多万美元的合同，这个数目的合同一般会带来 7～9 个薪水不错的就业机会。如果“专利流氓”侵扰持续增加，Webtech 公司将考虑放弃一条生产线并裁员。在这个案例中，专利非但未能起到鼓励创新的作用，反而阻碍了创新，尤其是中小企业的技术创新。当创业者试图将自己的商业模式或新技术推向市场时，面对的创新空间一般极为狭窄，成熟的技术所搭织的专利丛林中往往布满了陷阱，若不对相关技术进行及时跟踪和检索，很可能会陷自己于专利诉讼的灾难之中，而这对处于初创期的企业来说往往是致命的。

2)诺基亚：倾倒的手机巨头会否成为专利流氓

诺基亚，曾经是自 1996 年以来连续 14 年占据手机市场份额第一的叱咤风云的手机制造商，由于其战略选择失误轰然倒塌，于 2013 年被微软收购。但是，尽管诺基亚出售了手机业务部门，但却保留了 Solutions & Networks 部门以及先进技术部门，这两个部门掌握着大量与手机相关的专利组合。这些专利组合是诺基亚在无线通信技术 20 年的累积，包含了 1 万多项专利技术，其中许多已成为行业标准专利。尽管欧盟反垄断专员曾警告过诺基亚不要试图成为“专利投机者”，但是，目前业界仍担心诺基亚在退出手机业务后很可能成为市场上体积最大的专利流氓，诺基亚很可能会通过专利许可和诉讼的方式威胁到国际上多数智能手机厂商。事实上，诺基亚在被收购前几年内发起了多项专利诉讼，将苹果、HTC、RIM 和优派等多个手机制造商告上了法庭。

诺基亚的做法并非个案。通信巨头爱立信于 2011 年将其原有的手机业务全部转让给索尼后的两年时间内，通过诉讼、专利分包以及其他方式，直接或间接向手机终端制造厂商收取了高额的专利收入。据业界人士分析，剥离主营业务后的爱立信公司将专利许可费提高了将近 10 倍[①]。

---

① 新浪网：http://edu.sina.com.cn/bschool/2013-12-05/1708403289.shtml。

第二十一章 基于专利存续期的专利价值观测方法

导言：

基于专利存续期的专利价值观测方法已经在国内外有相当数量的研究，但仍然值得本书对此类模型和理论进行深入探讨。这一点，不仅在理论认识本身，如本书第二十章所提到的观测时点问题，同时也在实际应用过程上也有创新的空间，运用基于专利存续期的专利价值观测方法可以进行国家、地区、产业、技术领域，乃至不同企业群组的专利质量比较，有很宽广的应用空间，值得进行更为深入的学习和探索。

21.1 专利维持行为及其与专利价值的关系分析

对专利维持行为的研究，影响最大的当属美国学者 Pakes，他和 Schankerman 在 1986 年发表的估计欧洲专利持有价值的两篇文献(Pakes，1986；Schankerman，1986)是专利维持数据用于专利价值估计的里程碑式的文献。Pakes 认为专利的维持决策是基于经济上的有利可图，即机构仅有在新的一年维持专利的价值超过了专利维持成本的时候，才会缴纳该年的年费。这样基于专利在不同年限的维持比例数据，和相关的专利维持费用标准，就能够对专利持有价值的分布及其在专利生命周期的演化提供信息。

其后，Ariel Pakes 围绕专利维持数据的使用于 1989 年在 *Brookings Papers on Economic Activity Microeconomics* 上发表了“专利维持数据”一文，对专利维持行为进行了系统分析，得到了以下结论。①尽管不同国家的专利维持曲线存在显著差异，但是在控制行业因素时，这些差异消失了。②专利的价值在制药和其他化学相关行业的价值最高，在机械行业、电子行业次之，在低技术行业最低，上述专利价值在不同行业的排序与其他学者的研究结果类似。③某一申请年份的平均专利价值与该年份的专利申请数量负相关，即质量与数量呈反向关系(Ariel Pakes、Margaret Simpson，1989)。

在此之后，Kenneth Judd(1985)对此进行了评价，他认为 Pakes 在文中假设专利维持决策做出的不影响该专利价值的估计，即专利价值在模型中是外生的，这一假设存在缺陷。因为实际上专利系统的价值很大程度上体现为专利的战略作用，即企业申请或不申请专利，或者企业是否维持专利将影响竞争者的行为，例如在制药行业如果一项专利未被维持，可能立刻招致竞争对手的反应。这也可以部分解释专利价值在不同行业的分布。从而专利价值与专利维持决策应该为内生关系。另外，专利维持费用不应该仅仅体现为官费，还应该包括代理费用和决策费用等。

而技术创新领域的集大成者 Mansfield(1986)也在文后进行了评论。他指出，专利统计和专利制度获得了经济学家的关注。专利制度被认为促进了新技术的产业化，而专利统计则通过对发明率进行估计，进而与研发、生产率变化和企业的市场价值联系起来，这是专利统计的核心问题。

其他的评论还包括：①在专利生命周期的早期因维持费用而终止的专利往往价值较低，但在部分技术快速变化的领域，有些重大价值的专利也可能在几年后便不再维持；②某些行业的维持率可能与行政规章有关，例如在制药业，如果药品在行政审批过程当中，那么该药品的专利必然会处于维持状态；③专利保护的部分价值不能被专利维持数据来测度，例如专利信息的披露是专利申请时需考虑的重要因素，而在专利维持数据中却不能体现。

前文的结论及相关评论对专利维持数据的使用进行了充分的讨论，其后专利维持数据的使用主要遵循着更好地估计专利价值的方向。例如，使用专利维持和专利家族数据来估计创新产出的价值(Putnam，1996；Lanjouw、Schankerman，2004)，使用改进后的价值模型和更新的数据来估计欧洲专利的价值(Deng，2007；Gronqvist，2009)，美国专利的价值(Bessen，2008)和美国半导体行业的知识溢出价值(Hall et al.，2001)，使用该模型与基于专利引用的价值模型进行比较 (Harhoff et al.，1999；Lanjouw、Schankerman，1999)等。值得一提的是我国学者高山行(2002)应用 Pakes(1986)的模型，对我国的专利质量进行估计，研究发现在 1987～1992 年，我国三种专利的数量和质量都有大幅提高；1992～1997 年，我国专利数量依然快速增长，但是质量有所下滑。我国专利总价值虽然逐年增长，但是主要由数量增长拉动，而专利质量下降实际上抵消了大部分专利总价值的增长。

另外，专利维持的战略性作用也得到了进一步的探索，Langinier(2005)建立模型对专利持有人能否通过战略性的专利维持决策以应对进入者的威胁进行了讨论。如果专利技术的需求较低，专利维持行为就足以阻止进入；如果专利技术的需求很大，那么竞争者将被吸引过来，无论专利是否存在。而专利维持决策给予了进入者一个信号，从而成为进入的壁垒，这在不对称信息存在的前提下经常被采用。

最后，需要指出的是，演化经济学认为企业的某些专利之间存在着重要的谱系关系，并被称之为序列创新(sequential innovation)。基于对美国药品和生物制药专利的实证研究发现，这种内部序列创新的价值更高，从而其专利寿命相对独立创新情形可能会维持更长时间。

21.2　专利权不同阶段的法律状态与专利存续期关系

在讨论专利价值前，有必要先对不同时段专利权的法律状态进行考察，以便更好地理解专利价值的含义。如图 21-1 所示，以我国专利制度为例，申请人首先向国家知识产权局(State Intellectual Property Office of the People' s Republic of China，SIPO)提交专利申请(Filling)；之后 SIPO 向公众公开专利申请；申请人提交申请后 36 个月内须提请实质审查，否则申请被视为撤回；提请实质审查请求后，SIPO 根据专利的新颖性、创造性和实用性等决定是否授予专利权；授权之后，申请人须按时缴纳年费以延续专利权，若不缴纳年费则专利权终止，下文也称“付费期终止”；发明专利自申请日起满 20 年后有效期届满，届时专利权也会终止。尽管各国间的专利制度存在差异，但专利的申请-授权-终止基本都遵循图 21-1 中所示的过程。

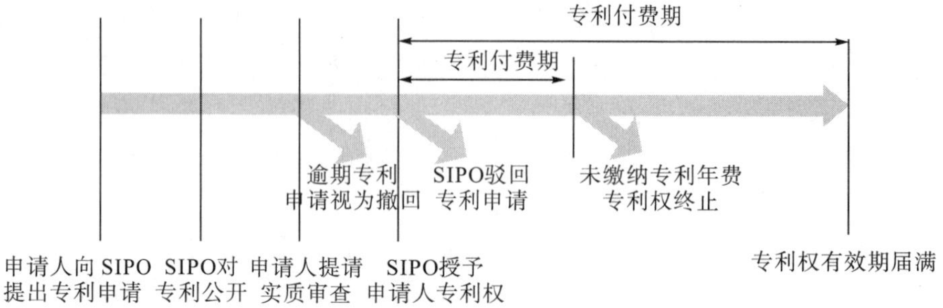

图 21-1　中国专利主要法律状态过程

Zeebroeck(2007)将提出申请到专利权终止的整个时间轴划分为两个阶段：第一阶段称为专利的临时寿命(provisional life)，即从提出申请到授权或申请人撤回申请之间的时间长度；第二阶段称为专利的实际寿命(active life)，即从授权到专利权终止之间的付费期长度。后者包含了关于专利价值的信息（Pakes，1986；Schankerman、Pakes，1986；Maurseth，2005；Bessen，2008）。Thomas(2002)认为专利价值是专利发明本身的技术质量和经济价值，拥有更高经济价值的专利应当能够产生更高的经济收益。如果专利产生的收益多于为其付出的成本，理性的专利权人会选择延续其专利权，因此申请人延续其专利权的实际寿命期行为反映了专利经济价值的信息(Pakes、Schankerman，1984；Pakes，1986)。

实际上，许多学者都是通过考察申请人在第二阶段支付年费的行为来对专利价值进行估计，用专利付费期长度及缴纳的年费数额计算专利价值。相关研究包括 Schankerman 和 Pakes(1986)、Pakes(1986)、Schankerman 等(1998)、Lanjouw 等(1998)、Donoghue 等(1998)，Cornelli 和 Schankerman（1999)、Yi(2007)等。上述研究虽然获得了专利的货币价值，却未能考虑会对专利价值构成影响的因素。如被引用次数较多的专利一般拥有较高的价值，这类因素与专利存续期的关系还值得进一步分析(Harhoff et al.，1999b；Lanjouw、Schankerman，1999)。

另一些研究更侧重考察与专利价值有关的变量同专利及其申请人特征间的关系。其中专利价值的相关变量包括公司市场价值(Hall et al.，2005)，专利是否被撤销(Harhoff et al.，2003b；Allison et al.，2004；Lanjou、Schankerman，2004；Marco，2005)，使用问卷调研方法获得的专利价值(Harhoff et al.，1999，2003a)，以及申请人就一项专利在多少个国家进行过申请等(Putnam，1996；Lanjouw、Schankerman，2004)。专利及其申请人特征主要包括申请人研发能力、专利技术复杂度以及专利被引用次数等。但该类研究对专利价值衡量的标准较为抽象和多样化，不同研究所获得的专利价值间难以客观地比较。

基于 Schankerman 和 Pakes（1986)提出的专利收益模型，Bessen(2008)对上述两方面研究进行了综合，在计算专利货币价值的同时考虑了专利及其申请人特征对专利价值的影响。由于专利价值模型的计算量极为庞大，通常的做法是将专利数据按照申请人国籍或技术领域分为若干组，然后分别计算每组专利的价值。即使这样，所需要的计算量仍然很大。若在专利价值模型中引入自变量会导致计算量呈指数倍增加，且识别过程中很可能遇到不收敛的情况发生。因此，Bessen 对专利数据进行了分组，对每组数据分别进行估计，为了保证模型收敛，Bessen 的专利价值模型中仅包含三个自变量。由于专利价值与付费期长度基本成正比例关系，一种很好的替代做法是仅考察专利及申请人特征同专利付费期间的函数关系，这样既能极大地减少计算量，又能够在模型中考虑更多因素，而且很少遇到不收敛情况。Maurseth(2005)，Svensson(2007)，Zeebroeck(2007)都是从该角度探讨专利价值影响因素的。

Maurseth(2005)，Svensson(2007)和 Zeebroeck(2007)在专利价值分析中使用了生存分析(survival analysis)模型。该模型可将付费期终止和未终止的专利数据一并涵盖，对数据信息的使用更为充分，相关研究还可参考 Yoshifumi 和 Zhang(2009)，Xie 和 David(2009)。生存分析模型的另外一个优点是更多地考虑了存续时间长度的特性。例如，由于生存数据往往会表现为指数、Weibull 或对数正态分布特征，生存分析模型常以上述分布为基础进行模型设定。而且生存分析中的风险函数(hazard function)和生存函数(survival function)更适合生存数据的分析(Cameron、Trivedi，2005)。专利付费期是一种生存数据，生存分析模型较为适合专利付费期的研究。尽管使用生存分析模型可以在极大地减少计算量的同时考虑更多的因素，并可以更充分地使用专利数据中的信息，但上述研究并没有将该模型应用到专利价值的计算中。

21.3　专利价值模型

如前所述，专利价值模型的基本思考是，专利权人在专利权有效期内获取收益会大于其支付的专利年费，如果专利权人预期从专利中获取的收益不足以支付专利费用，则会停止支付年费，专利权即终止，因此专利权人延续专利权的行为一般反映专利权人对专利未来收益的理性判断。

设 $R_i(t)$ 为专利 i 在 t 时刻产生的收益。许多学者如 Bessen(2008)，Maurseth(2005)等都假设 $R_i(t)$ 以恒定的速率 d 下降，即 $R_i(t)=R_i(0)\mathrm{e}^{-dt}$。收益 $R_i(t)$ 递减的原因一方面在于技术的更新换代使得原有技术逐渐贬值，另一方面也可能是由于竞争者发明了专利的替代技术(Bessen，2008；Pakes，1986)。关于专利初始收益 $R_i(0)$ 的性质，一般假设其为服从某一固定分布的随机变量(Schankerman，1986，1998；Harhoff et al.，2003a，2003b；Pakes、Schankerman，1984；Lanjouw、Schankerman，2004；Putnam，1996)。由于专利的初始收益从很大程度上取决于其存续期，即存续期较长的专利有着较高的初始收益，许多学者假设专利初始收益同专利存续期拥有相同的概率分布（Pakes、Schankerman，1984；Lanjouw、Schankerman，2004；Schankerman，1986，1998）。由于对数正态分布对专利的存续期分布拟合效果最好，许多学者假设初始收益也服从对数正态分布，即 $\ln R_i(0)\sim N(\mu,\sigma^2)$，因此不妨设

$$\ln R_i(0)=\mu+\varepsilon_i \tag{21.1}$$

其中，随机变量 ε_i 服从均值为零、方差为 σ^2 的正态分布，这时的未知参数为 d、σ 和 μ 。

与上述设定稍有不同，Bessen (2008) 则考虑了专利的个体异质性对专利初始收益的影响，他在计算专利价值时将 μ 设定为专利个体特征向量的线性函数，即 $\ln R_i(0) \sim N(X_i\beta, \sigma^2)$，其中 X_i 为表示专利 i 个体异质性的特征向量。则沿用了大多数学者通常的做法，设定 μ 为单一待估计参数，而在计算出专利价值后，可考虑专利的个体异质性特征对专利价值的影响，这样做的好处之一是能够极大地缩减运算量，且识别的结果与 Bessen 提出的模型下的识别结果没有太大差异。

时刻 t 到 t+1 之间专利收益的净现值为

$$\int_t^{t+1} R_i(\tau)\mathrm{e}^{-s(\tau-t)}\mathrm{d}\tau = R_i(0)z_t \tag{21.2}$$

其中，$z_t = \mathrm{e}^{-dt}\dfrac{1-\mathrm{e}^{-(d+s)}}{d+s}$；$s$ 为折现率，一般取 $s=0.1$。

则专利权人在时刻 t 选择继续付费的充要条件为

$$R_i(0) \geqslant c_t / z_t$$

即

$$\varepsilon_i \geqslant \ln(c_t / z_t) - \mu \tag{21.3}$$

若专利权人选择在 t 时刻终止付费，则其在 t−1 时刻的收益应当大于等于专利年费，而在 t 时刻的收益应当小于专利年费，其数学表述如下：

$$c_{t-1} / z_{t-1} < R_i(0) < c_t / z_t$$

即

$$\ln(c_{t-1} / z_{t-1}) - \mu < \varepsilon_i < \ln(c_t / z_t) - \mu \tag{21.4}$$

其中，c_t 是在时点 t 需要缴纳的年费。

由上述分析可知，专利权人在 t 时刻选择继续付费的概率为

$$\begin{aligned}\Pr(T_i > t) &= \Pr[\varepsilon_i \geqslant \ln(c_t / z_t) - \mu] \\ &= 1 - \varPhi\left(\frac{\ln(c_t / z_t) - \mu}{\sigma}\right)\end{aligned} \tag{21.5}$$

在 t 时刻终止付费的概率为

$$\begin{aligned}\Pr(T_i = t) &= \Pr[\ln(c_{t-1} / z_{t-1}) - \mu < \varepsilon_i < \ln(c_t / z_t) - \mu] \\ &= \varPhi\left(\frac{\ln(c_t / z_t) - \mu}{\sigma}\right) - \varPhi\left(\frac{\ln(c_{t-1} / z_{t-1}) - \mu}{\sigma}\right)\end{aligned} \tag{21.6}$$

专利权有效期届满的概率为

$$\begin{aligned}\Pr(T_i = t_{\text{full}}) &= \Pr\left[\varepsilon_i \geqslant \ln(c_{t_{\text{full}}} / z_{t_{\text{full}}}) - \mu\right] \\ &= 1 - \varPhi\left(\frac{\ln(c_{t_{\text{full}}} / z_{t_{\text{full}}}) - \mu}{\sigma}\right)\end{aligned} \tag{21.7}$$

其中，$\varPhi(\cdot)$ 为累积标准正态分布函数，t_{full} 是专利权有效期届满时刻，z_t 的表达式由式(21.2)给出。

包含专利权未终止数据的专利存续期模型应当包括以下三种情况：①t 时刻为过去的

某一时刻，专利权在 t 时刻终止；②t 时刻为观测期终止的时刻，但专利权在 t 时刻未终止［计量经济学中又其称为“删失(Censor)”］①；③t 时刻为专利权有效期届满的时刻，即 $t=t_{\text{full}}$。

上述模型主要参考了 Bessen(2008)以及其他一些学者的研究。从数据和模型本身看，当前关于专利价值的研究关注的主要是存续期已终止的专利，因此其似然函数中仅包含第一种和第三种情况(Bessen，2008)。而另一些研究则对存续期终止和未终止的专利都予以关注，如 Van Zeebroeck (2007)，Maurseth (2005)，Svensson (2007)，Yoshifumi 和 Zhang (2009)，Xie 和 Giles (2007)，Harhoff 和 Wagner (2009)，然而，这些研究并未直接计算专利价值，而是关注了专利存续期的决定因素，如专利被引用次数(Zeebroeck，2007；Maurseth，2005；Nakata、Zhang，2009)，专利的商业化模式(Svensson，2007)，专利权人的研发规模及类型(Svensson，2007；Zeebroeck，2007；Nakata、Zhang，2009；Xie、Giles，2009)等。

Zeebroeck 等的研究对专利价值研究应当会有所启发，即在计算专利价值时应当考虑存续期未终止的专利，以充分使用专利样本信息。中国专利制度建立仅有 20 多年时间，远远短于美国和其他发达国家，因此大部分授权专利的存续期未终止。本章所用专利数据中有接近 80%的专利存续期未终止。若将其从样本中删去，势必会损失大量信息，这可能会影响专利价值估计结果的准确性。而且当删失不是随机发生的，而是满足一定条件的专利数据删失时(譬如专利存续期大于 10 年的专利删失)，将删失观测从样本中删除会导致识别结果存在偏误。

因此，本书对传统专利存续期模型进行了扩展，考虑了专利权未终止的专利数据，这时的似然函数包含了上述三种情况，即

$$L_i=\left\{[\Pr(T_i=t_{\text{full}})]^{\delta_i}[\Pr(T_i=t)]^{1-\delta_i}\right\}^{\varphi_i}\left[\Pr(T_i>t)\right]^{1-\varphi_i} \tag{21.8}$$

其中，$\Pr(T_i=t_{\text{full}})$、$\Pr(T_i=t)$ 和 $\Pr(T_i>t)$ 的表达式分别由式(21.5)、式(21.6)和式(21.7)给出；δ_i 和 φ_i 是示性函数：

$$\delta_i=\begin{cases}1, & \text{专利 } i \text{ 因有效期届满而终止}\\ 0, & \text{否则}\end{cases}$$

$$\varphi_i=\begin{cases}1, & \text{专利 } i \text{ 的专利权终止}\\ 0, & \text{否则}\end{cases}$$

很明显，包含了两个示性函数的(21.8)可以完全概括专利权的上述三种状态。将包含 n 个类似于(21.8)的似然函数连乘即可得到我们最终进行识别时要使用的似然函数：

$$L=\prod_{i=1}^{n}L_i \tag{21.9}$$

其中，L_i 由式(21.8)给出。综合式(21.2)和式(21.5)～式(21.7)分析可知，似然函数(21.9)中共包含三部分未知参数：收益递减率 d、随机变量 ε_i 的标准误 σ 和均值 μ。

关于参数 d,σ 和 μ 最大化 L。由于似然函数形式较为复杂且样本容量较大，采取

① 本书使用的是 1985～2009 年的发明专利数据，因此观测期在 2009 年终止，专利权在 2009 年未终止的专利即属于第二种情况。

如下步骤进行识别：

①随机选取 d、σ 的值，其中 d 的取值区间是[0,1]，σ 的取值区间为 $[0,+\infty)$；

②用公式(21.2)计算得到 z_t；

③将 z_t 代入 $\Pr(T_i = t_{full})$、$\Pr(T_i = t)$ 和 $\Pr(T_i > t)$ 的表达式(21.5)～式(21.7)中，接着将式(21.5)～式(21.7)代入式(21.8)，再将式(21.8)代入式(21.9)得到最终仅包含未知参数 μ 的似然函数 L；

④使用 stata 软件关于 μ 最大化似然函数 L 得到似然值 $\hat{L}$；

⑤重复上述步骤①～④直到找到最大的似然值 $\hat{L}_{\max}$，这时的 d,σ 和 μ 的估计量 $\hat{d},\hat{\sigma}$ 和 $\hat{\mu}$ 即为真实的估计值；

⑥计算 $\hat{d}$、$\hat{\sigma}$ 和 $\hat{\mu}$ 的稳健方差并对参数的显著性进行判断。

得到估计量 $\hat{d},\hat{\sigma}$ 和 $\hat{\mu}$ 后，将 $\hat{d}$ 代入式(20.2)计算可得 z_t。然后便可着手计算专利的收益及专利价值。

1)计算存续期终止的专利的总价值

为了计算专利价值，首先需要计算专利在其有效期内产生的收益。在 t 时刻失效专利的初始收益应当满足：

$$\ln\left(c_{t-1}/z_{t-1}\right) \leqslant \ln R_i\left(0\right) \leqslant \ln\left(c_t/z_t\right) \tag{21.10}$$

随机成分 ε_i 的取值应当使初始收益 $R_i\left(0\right)$ 满足上述条件，即

$$\ln\left(c_{t-1}/z_{t-1}\right)-\mu \leqslant \varepsilon_i \leqslant \ln\left(c_t/z_t\right)-\mu$$

满足上述条件的 ε_i 的条件期望为

$$E\left[\varepsilon_i | \ln\left(c_{t-1}/z_{t-1}\right)-\mu \leqslant \varepsilon_i \leqslant \ln\left(c_t/z_t\right)-\mu\right] = \rho_i \int_{\ln(c_{t-1}/z_{t-1})-\mu}^{\ln(c_t/z_t)-\mu} \left(\frac{\varepsilon}{\sigma}\right)\phi\left(\frac{\varepsilon}{\sigma}\right)\mathrm{d}\varepsilon$$

其中，$\rho_i = 1/\left[\Phi\left(\dfrac{\ln\left(c_t/z_t\right)-\mu}{\sigma}\right)-\Phi\left(\dfrac{\ln\left(c_{t-1}/z_{t-1}\right)-\mu}{\sigma}\right)\right]$，$\phi(.)$ 是标准正态密度函数。将估计值 $\hat{d},\hat{\sigma}$ 和 $\hat{\beta}$ 代入式(21.11)可得 ε_i 的条件期望。因此，满足条件式(21.10)的初始收益 $R_i\left(0\right)$ 的估计量为

$$R_i\left(0\right) = \exp\left\{\mu + E\left[\varepsilon_i | \ln\left(c_{t-1}/z_{t-1}\right)-\mu \leqslant \varepsilon_i \leqslant \ln\left(c_t/z_t\right)-\mu\right]\right\}$$

将式(20.11)代入上式即可得初始收益 $R_i\left(0\right)$ 的估计量，由 $R_i\left(t\right) = R_i(0)\mathrm{e}^{-dt}$ 可得 t 时刻收益 $R_i\left(t\right)$ 的估计量。在时刻 t_i 失效的专利 i 的总价值为其总收益与总专利年费之差的净现值，即

$$V_i = \int_0^{t_i} R_i(\tau)\mathrm{e}^{-s\tau}\mathrm{d}\tau - \sum\nolimits_{t=0}^{t_i-1} c_t \mathrm{e}^{-st} \tag{21.11}$$

2)计算存续期未终止的专利的远期价值

对于在时刻 t 未失效的专利 i，申请人会在 t 选择继续付费，因此 t 到 t+1 时刻的净收益应当满足

$$R_0 z_t > c_t$$

因此 ε_i 应当满足

$$\varepsilon_i > \ln(c_t / z_t) - \mu$$

ε_i 服从正态分布，因此满足上述条件的 ε_i 的条件分布函数为

$$\begin{aligned} F(\varepsilon) &= \Pr[\varepsilon_i \leqslant \varepsilon \mid \varepsilon_i > \ln(c_t / z_t) - \mu] \\ &= \frac{\Pr[\ln(c_t / z_t) - \mu < \varepsilon_i \leqslant \varepsilon]}{\Pr[\varepsilon_i > \ln(c_t / z_t) - \mu]} \\ &= \frac{\left[\Phi(\varepsilon) - \Phi\left(\ln(c_t / z_t) - \mu\right)\right]}{\left[1 - \Phi\left(\ln c_t / z_t - \mu\right)\right]} \end{aligned}$$

设 $f(\varepsilon)$ 为 ε_i 的条件密度函数，即 $f(\varepsilon) = \partial F(\varepsilon) / \partial \varepsilon$。专利 i 在时刻 t+1 继续延续的充要条件为

$$R_0 z_{t+1} > c_{t+1}$$

即

$$\varepsilon_i > \ln(c_{t+1} / z_{t+1}) - \mu$$

因此从 t+1 到 t+2 时刻的期望收益为

$$E\left[R_0 z_{t+1} \mid \varepsilon_i > \ln(c_t / z_t) - \mu\right] = \int_{\ln(c_{t+1}/z_{t+1}) - \mu}^{+\infty} \exp(\mu + \varepsilon) z_{t+1} f(\varepsilon) \mathrm{d}\varepsilon \qquad (21.12)$$

在给定参数估计值的情况下，可以很容易地得到式(21.11)的估计值。同样，时刻 t+2 到 t+3 间的期望收益为

$$E\left[R_0 z_{t+2} \mid \varepsilon_i > \ln(c_t / z_t) - \mu\right] = \int_{\ln(c_{t+2}/z_{t+2}) - \mu}^{+\infty} \exp(\mu + \varepsilon) z_{t+2} f(\varepsilon) \mathrm{d}\varepsilon$$

……

因此未失效专利 i 的远期价值为

$$V_i' = \sum_{k=t+1}^{t_{\text{full}}-1} E\left[R_0 z_k \mid \varepsilon_i > \ln(c_t / z_t) - \mu\right] \mathrm{e}^{-sk} - \sum_{k=t+1}^{t_{full}-1} c_k \mathrm{e}^{-sk} \qquad (21.13)$$

21.4　基于专利存续期信息的中国市场专利价值比较实证分析

本章将 Schankerman 和 Pakes (1986)提出的专利价值模型同生存分析方法结合在一起，同时考虑了专利特征、申请人特征和删失的专利数据对专利价值的影响，并考虑 Bessen 的研究中使用专利权已终止的专利数据，并没有涵盖删失(Censor)的专利样本，即截止到最后一个样本观测日①，付费期仍未终止的专利数据。本章样本中共有 56 万条授权发明专利，其中专利权终止的仅有 11 万条左右，约 45 万条授权专利的付费期尚未终止。若将其从样本中删去，势必会损失大量信息，这可能会影响专利价值估计结果的准确性。而且当删失不是随机发生的，而是满足一定条件的专利数据删失时(譬如专利付费期大于 10 年的专利删失)，将删失观测从样本中删除会导致识别结果存在偏误(Davidson、MacKinnon，

---

① 本书使用的专利数据的最后一个观测日是 2009 年 12 月 31 日。

2004；Cameron、Trivedi，2005）。

基于中国专利付费期数据所表现出来的分布特征，本书对 Schankerman 和 Pakes（1986）提出的专利收益模型进行了局部重构，并用专利收益模型推导出了生存分析中的 Cox 模型，以一种新的视角在专利收益模型同生存分析模型之间建立了理论联系，然后用 Cox 模型得到的识别结果对中国的专利价值进行了计算。本书主要从研发质量视角探讨专利价值的含义，高质量的研发活动会产生高价值的专利技术（Lanjouw、Schankerman，1999a，1999b，2004），若一个研发单位拥有较高的研发质量，则产自该研发单位的专利会拥有较高的价值。本章使用中国 1985～2009 年发明专利数据计算专利价值，这段时间的专利发展较快，但其增速还不如后续年份，因此应当可以看作是市场和政策的交叉影响。本章根据这一阶段的数据分析对比以企业、研究机构和个人为研发单位的专利质量及相应的研发质量，以及中、美、日、欧盟等国研发单位的专利质量。

由表 21-1 可见，在剔除掉通货膨胀和实际收入增长等因素后，申请人实际感觉支付的专利费用水平始终徘徊在 900 元上下，并没有明显的随时间上升或下降的趋势，因此假设申请人实际感觉到的专利费用水平不随时间变化是恰当的。相应 R_t 也是申请人实际感觉到的收益。进一步可假设专利年费为单位 1，即 $C=1$。这并不影响模型的理论框架，只是为了分析以及模型识别时方便。R_t 也需相应调整。下一节在计算专利价值时会将专利年费和收益还原为名义金额。

表 21-1　发明专利年费的名义金额和申请人感觉到的实际金额

缴费年限/年	名义年费全额/元	申请人实际感觉的专利费用（以 1～3 年平均价格水平计算）/元
1～3	900	900
4～6	1,200	761.46
7～9	2,000	805.31
10～12	4,000	1,022.01
13～15	6,000	972.78
16～20	8,000	823.04

注：右侧一栏的计算公式为：第 t 年名义年费全额/（1+通货膨胀率+实际收入增长率）^{t}。计算中采用的是我国 1985～2005 年的通货膨胀率和实际收入增长率。

21.4.1　数据采集

计算专利价值对数据要求较高。为能够计算专利价值，不仅需要掌握样本中每项专利的付费期长度，而且样本必须足够大，以保证专利价值计算结果的准确性。中国国家知识产权局在 2007 年才建立中国专利信息服务平台，建立时间晚可能是导致国内专利价值研究滞后的主要原因之一，因此到目前为止很少有学者从中国的专利数据入手研究专利价值。

本书使用的数据是自 1985 年中国专利制度正式建立到 2009 年间在国家知识产权局登记的发明专利，共计 1,610,798 条，其中授权专利约 56 万条，付费期完整的专利（即已失效专利）约 11 万条；中国本土申请人申请的专利中约有 22 万条被授权，付费期完整的专利约 5.8 万条。实证分析过程使用的主要是已授权专利，包括付费期完整和不完整的专利数据。

重点考察专利及研发单位的三方面特征对专利价值的影响：①专利技术研发过程中的研发人员投入；②研发单位间的合作研发；③研发单位的规模。这三个方面皆与研发资源的配置有关。从研发的微观层面看，参与研发活动的研发人员是一种研发资源，研发过程中有较多研发人员参与可以充分发挥“集体的智慧”，这可能会得到技术含量更高、更有价值的专利技术；而从研发的宏观层面看，主导研发活动的研发单位掌握着研发资源，合作研发意味着研发单位间需要共同配置研发资源，这可能有助于促进拥有不同研究背景的研发人员间的信息沟通和优势互补，由此产生的专利成果的技术含量可能更高；而规模较大的研发单位一般拥有较充裕的研发资源，在研发过程中往往会投入更多资源，这也可能会增加专利技术本身的技术含量，从而增加其内在价值。

综上可得如下假设：①假设一：研发单位的研发规模对专利价值具有正效应；②假设二：研发活动中投入更多研发人员会产生价值更高的专利；③假设三：单位间进行合作研发有助于专利价值的提高。

专利的研发人员投入用专利的发明人①人数衡量，将拥有两个或两个以上申请人②的专利看作是单位间合作研发的成果，并用研发单位当年申请的专利总数来衡量其研发规模③。我们将在下文中对上述假设进行检验。

其他变量还包括：①国内研发单位性质。本书将我国本土申请的专利提取出来单独进行分析，以计算国内各类研发单位的专利价值。将研发单位分为三种：研究机构、企业和个人。其中研究机构包括高校、科研院所、医院、政府机关和其他事业单位等，企业包括各类国营、民营和军工类等企业和民间组织等，个人指以自然人为申请人。②申请人国籍。在使用全部专利数据进行分析时用到了申请人国籍，将申请人国籍分为五种：中国、美国、日本、欧盟和不包括上述四个国家的其他国家，以对比这些国家在中国授权的专利的价值。③专利的技术领域。按照首位专利分类号将专利划分为八个技术领域，分别用 A～H 表示。④专利授权的年份。

21.4.2 专利价值计算结果分析

本书使用式(21.13)模型计算了中国约 45 万项未失效发明专利的远期价值，然后对这些专利进行分组，将同一年授权的专利归为一组④，并计算每组专利的平均远期价值，分申请人国籍、分申请人类型、分技术领域的专利远期价值如表 21-2、表 21-3 和表 21-4 所示。为了更直观地考察分申请人国籍、分申请人类型、分技术领域的专利远期价值，我们根据每组的平均远期价值绘制专利远期价值的时间曲线，如图 21-2、图 21-3 和图 21-4 所示。

---

① 专利的发明人一般是参与专利研发的自然人。

② 专利的申请人一般是研发单位，譬如国内外企业、高校和科研院所等，也有部分专利以自然人为申请人。

③ Acs 等(2002)、Hagedoorn 等(2003)、Evangelista 等 (2001)等用申请专利数量衡量研发单位的研发能力，但李习保(2007)对此提出了质疑，他认为专利“质量”[可参考 Lanjouw 和 Schankerman(1999a)]也是一个应当考虑的重要指标。综合已有研究，本书认为用申请专利数量衡量研发单位的研发规模较为合适，即拥有较多研发资源(包括人力和物质资源)的研发单位会进行更多的研发活动并申请更多专利。

④ 这样可以保证组内专利的专利权皆已延续了相同时间。如 2000 年授权专利的专利权到 2009 年皆已延续了 9 年。

表 21-2　使用改进专利价值模型①计算的分申请人国籍专利价值

（以 1992 年人民币价格表示，单位：元人民币）

分位数（Quantile）/ %	中国	美国	日本	欧盟	其他国家
25	1,057	2,412	3,435	2,412	2,413
50	2,792	5,369	7,592	4,190	4,189
75	7,575	18,716	34,434	18,713	12,974
90	12,969	93,405	171,210	93,292	51,945
95	34,362	459,560	778,460	459,510	133,820
99	229,760	2,878,300	2,881,000	2,877,900	1,312,600
Mean	30,220	96,840	108,060	95,620	56,148

注：表中计算专利价值的模型以初始收益R_0服从对数正态分布为基础。

表 21-3　使用改进专利价值模型计算的国内三类申请人专利价值

（以 1992 年人民币价格表示，单位：元人民币）

分位数（quantile）/ %	企业	研究机构	个人
25	1,418	1,241	1,419
50	3,125	2,565	2,842
75	8,230	5,414	6,145
90%	23,919	15,697	15,597
95	53,950	32,943	30,882
99	283,205	207,560	115,530
Mean	38,769	30,387	26,721

注：表中计算专利价值的模型以初始收益R_0服从对数正态分布为基础。

表 21-4　使用改进专利价值模型计算的分技术领域专利价值

（以 1992 年人民币价格表示，单位：元人民币）

分位数/ %	信息技术	生物技术	材料技术	环境技术	机械工程	其他领域
25	2,413	2,412	1,644	2,632	2,382	2,483
50	4,190	4,483	4,182	4,483	4,948	4,039
75	12,974	7,581	12,966	7,584	12,973	12,967
90	34,524	18,722	37,252	23,034	62,102	37,266
95	93,679	62,125	93,433	86,582	236,550	170,610
99	1,808,900	777,030	1,312,200	1,412,400	2,878,200	2,001,300
Mean	89,953	68,937	46,642	50,200	75,647	66,581

注：表中计算专利价值的模型以初始收益R_0服从对数正态分布为基础。

① 即似然函数模型中既包含了存续期终止也包含了存续期未终止的专利样本，具体见式(21.17)。

专利远期价值是时间的单调递减函数，距离专利权有效期届满时间越短，专利远期价值越低，到专利权有效期届满时，专利远期价值降为零(表 21-5)。由图 21-2 可见，专利刚刚授权后专利的远期价值最高，其中美国申请人申请的专利的初始远期价值最高，刚被授权后的专利远期价值约为 30 万元人民币，其次是欧盟、日本和其他国家，中国本土申请人申请的专利远期价值最低，约为 15 万元人民币。专利授权后 4 年左右，日本的专利远期价值超过了美国，约为 10 万元人民币。

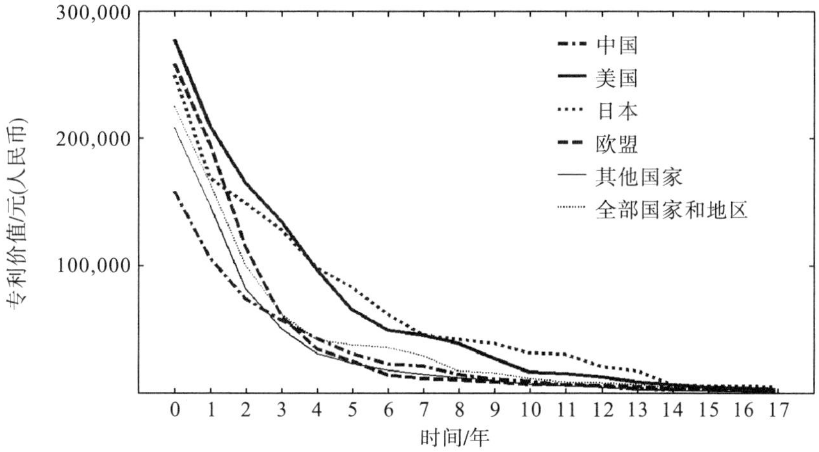

图 21-2　分申请人国籍专利远期价值

由图 21-3 可见，国内的企业、研究机构和个人申请的专利的远期价值的差异较小，显著小于不同国籍申请人的专利远期价值差异，刚被授权的专利未来的远期价值为 15 万元人民币。企业和个人申请的专利的远期价值稍高于研究机构，但总体看，三类申请人申请的专利的远期价值差异不大(表 21-6)。

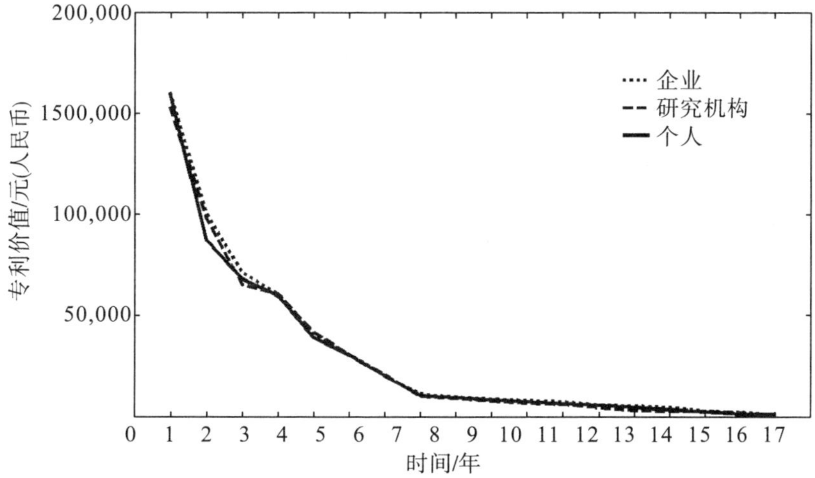

图 21-3　分申请人身份的专利远期价值

表 21-5　分申请人国籍专利远期价值

（以 2009 年人民币价格表示，单位：元人民币）

距离专利权届满时间长度/年	中国	美国	日本	欧盟	其他国家
17～16	131,312	245,553	208,786	228,483	177,271
15～14	64,929	149,337	138,948	85,057	64,929
13～12	36,254	80,121	91,360	29,366	26,828
11～10	21,477	46,820	52,833	12,457	15,893
9～8	12,284	32,675	41,029	9,090	10,687
7～6	7,498	15,671	31,042	6,523	5,998
5～4	3,819	10,273	19,133	5,270	3,170
3～2	2,625	5,119	5,801	2,940	1,628
1～0	2,008	2,811	5,020	1,386	602

注：表中计算专利价值的模型以初始收益R_0服从对数正态分布为基础。

表 21-6　专利价值计算结果

（以 2009 年价格计算，单位：万元人民币）

	中国本土申请的专利				全部样本专利			
分位点/%	企业	研究机构	个人	中国	美国	日本	欧盟	其他国家
25	0.2836	0.2481	0.2837	0.2712	0.7885	0.2769	0.5789	0.1725
50	0.6250	0.5129	0.5683	0.5670	2.8792	0.8366	2.8344	0.5011
75	1.6460	1.0828	1.2290	1.2828	3.1593	3.4421	3.1524	1.4491
90	4.7838	3.1394	3.1193	3.6198	3.5931	18.3850	3.5931	4.8883
95	10.7900	6.5885	6.1764	6.8356	11.6490	32.3800	12.3450	12.1440
99	46.6410	37.5120	23.1060	32.8260	38.8290	58.5020	39.0460	40.1430
平均专利价值	2.9538	2.0773	1.7820	2.0654	3.6482	5.6553	3.6372	2.4869
用于计算专利价值的专利数量/件	8,195	24,613	25,461	58,702	30,991	18,792	33,969	9,609

由图 21-4 可见，同分申请人国籍专利远期价值差异一样（表 21-7），不同技术领域间专利远期价值的差异同样较大，其中信息技术领域（information technology）专利远期价值在整个时间轴都是最高的，刚被授权时远期价值为 40 万元人民币，其次是其他领域（other fields），刚被授权时远期价值为 20 多万元人民币，环境技术领域（environmental technology）、材料技术领域（material technology）、机械工程领域（mechanical engineering）专利远期价值较为接近，刚被授权时远期价值约为 17 万元人民币，生物技术领域（biotechnology）刚被授权时远期价值最低，为 13 多万元人民币（表 21-8）。

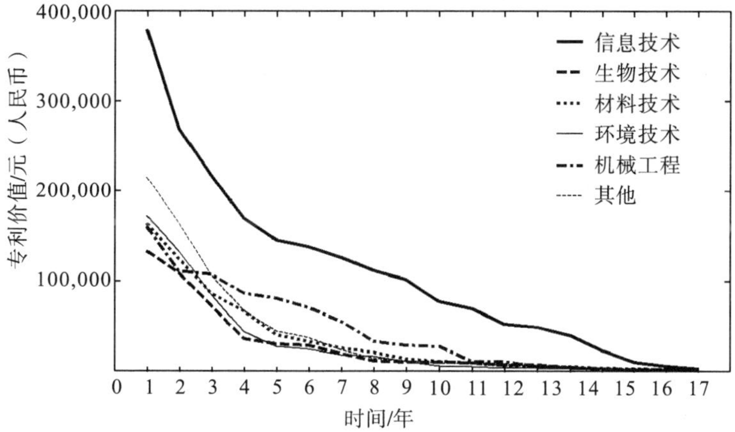

图 21-4　分技术领域专利远期价值与存续期分布

表 21-7　分国内申请人类型的专利远期价值

（以 2009 年人民币价格表示，单位：元人民币，以企业的专利远期价值为基准）

距离专利权届满时间长度/年	企业(以人民币价格表示)	研究机构	个人
17～16	140,567	123,026	119,878
15～14	70,212	64,869	67,570
13～12	40,976	41,811	39,011
11～10	20,188	20,452	19,997
9～8	9,641	8,630	8,880
7～6	7,715	6,110	6,847
5～4	5,796	4,164	4,969
3～2	3,123	2,347	2,885
1～0	2,405	2,343	1,811

注：表中计算专利价值的模型以初始收益R_0服从对数正态分布为基础。

表 21-8　分技术领域专利远期价值

（以 2009 年人民币价格表示，单位：元人民币）

距离专利权届满时间长度/年	信息技术	生物技术	材料技术	环境技术	机械工程	其他领域
17～16	322,388	121,370	144,126	153,608	134,644	189,640
15～14	198,655	52,917	78,074	63,327	99,761	86,749
13～12	142,715	28,786	36,490	25,543	75,817	40,544
11～10	124,298	14,842	23,932	17,624	43,597	18,552
9～8	88,761	9,896	11,714	7,674	27,770	10,098
7～6	60,637	7,877	7,728	4,236	10,552	7,431
5～4	44,650	5,199	5,199	2,752	4,180	5,097
3～2	15,577	2,370	2,991	1,693	1,778	2,822
1～0	3,715	1,476	1,476	1,026	1,051	1,251

21.4.3　研发资源最优配置分析

根据上述结果，从研发资源产出的角度分析，中国本土三类研发单位中，企业的平均专利价值最高，比研究机构高约 9,000 元人民币，个人的平均专利价值最低，但仅比研究机构低约 3,000 元。可见企业的研发质量水平是最高的，而研究机构仅略高于个人。同国外相比，国内的研究机构，尤其是国有研究机构更侧重于应用型研究。以高校为例，2000 年，高校基础研究经费只占我国高校研发经费总额的 20.6%，低于美国的 47.9%；应用研究经费占 53.4%，高于美国的 29.3%；试验发展占 26.0%，也比美国的 18.6%高[①]。在应用研究领域的侧重带来的是更多的应用型研发成果。在全部已授权的发明专利中，来自国内研究机构的最多，为 7.99 万件，国内企业和个人分别为 7.32 万件和 6.92 万件[②]。可见，研究机构在我国应用型技术研发中拥有重要地位。但从专利价值看，研究机构的研发质量则低于企业。更让人意外的是，占有大量科研资金的研发机构的专利价值仅略高于几乎得不到任何国家资金支持的个人。这可能主要是由于我国研究机构现行的科研评价体系存在问题导致的，由于大部分科研机构看重科技成果的数量，而对科技成果的现实应用前景关注度不够，使得大部分专利技术的市场转化情况不尽理想，创造的经济价值不高。如许多高校将博士生申请专利作为博士毕业的选择条件之一，这会导致大量低质量、应用前景不好的专利成果的产生。而企业的研发活动则基本是以市场化导向为主，其专利成果的市场化程度较高，因此能够创造较高的经济价值。但是，同研究机构相比，企业研发的理论水平有限，这可能会抑制企业研发质量的提升。

而从各国研发单位中，中国本土研发单位的平均专利价值最低，日本最高，美国和欧盟相当，其他国家次之。可见，中国同发达国家间的研发质量还有相当大的差距，而其他国家同美国、日本、欧盟间的研发质量也有一定差距。

据此可结合专利价值从三个方面探讨我国研发资源配置问题，主要包括：①研发单位对研发资源的平均占有；②研发过程中研发人员平均投入；③多个研发单位对研发资源的联合配置效果。结合此三个问题应用前文三个假设进行检验。

这里使用中国本土申请的专利计算不同规模研发单位的平均专利价值，结果如图 21-5 所示。

有关图 21-5 的说明如下：将每年只申请一项专利的研发单位称作“个体研发单位”，年申请量在 2～99 项的为“小型研发单位”，100 项以上的为“大中型研发单位”，700 项以上的为“大型研发单位”。图 21-5 显示，大中研发单位的平均专利价值不仅低于小型研发单位，甚至低于个体研发单位。当专利年申请专利数量超过 100 时，研发单位的规模效应对研发质量来说是一种负面效应，专利价值是研发规模的减函数，因此假设一不成立。但从图 21-5 可以看出，小型研发单位的研发质量好于个体研发单位。因此，小型研发单位的研发规模较为理想。中国本土申请的付费期超过 15 年的 65 项高价值专利中，有 22 项是由小型研发单位发明的[③]。另外表 21-9 显示，年专利申请在 1～100 项的小型和个

① 数据来自《高等学校科技统计资料汇编（1996—2002）》。

② 根据手中掌握的专利数据计算得到。

③ 根据 1985～2009 年中国发明专利数据整理得到。

体研发单位数量极多。可见我国小型和个体研发单位不仅异常活跃，而且有着较高的研发质量。而我国大型研发单位虽然占有了相当多的研发资源，但其研发质量并不高。因此，研发资源过分集中于少数大型研发单位不利于我国总体研发质量的提高，更好的做法是将研发资源在研发单位间较均匀地分配，将大中型研发单位的研发资源适当向小型和个体研发单位倾斜。

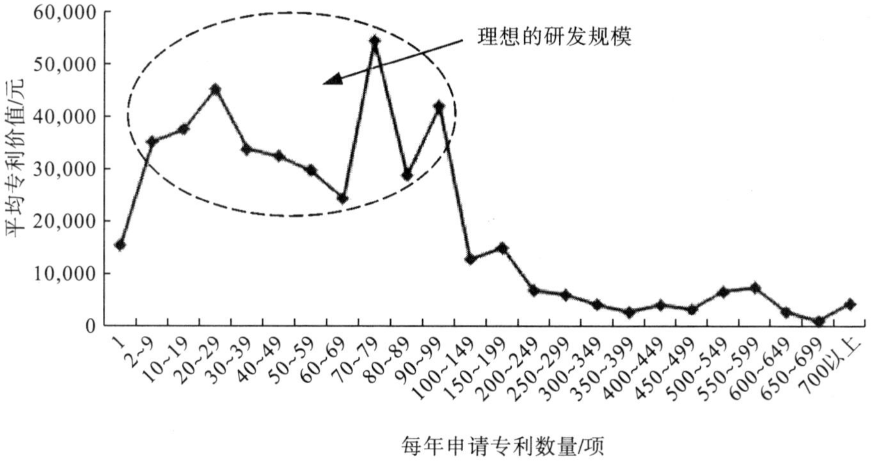

图 21-5　使用中国本土申请的专利数据计算的研发单位规模与平均专利价值函数图

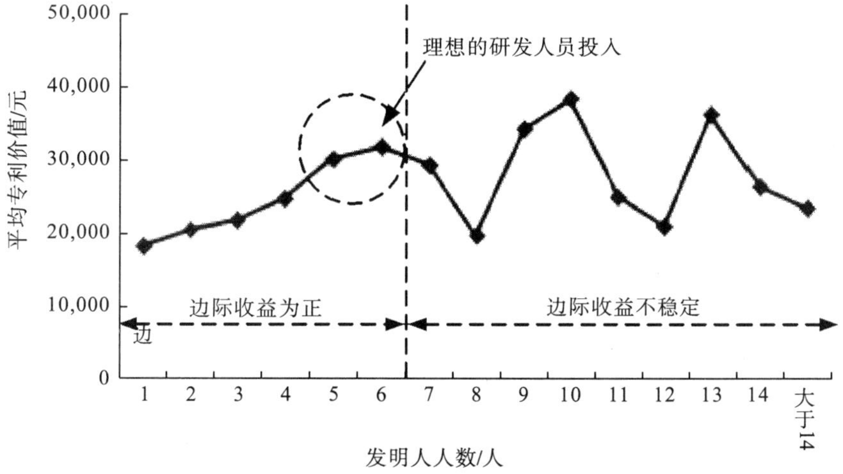

图 21-6　使用中国本土申请的专利数据计算的研发人员投入与平均专利价值函数图

图 21-6 给出的是各研发人员投入水平下的平均专利价值，使用也是中国本土申请的专利。由图 21-6 可见，研发人数较少(6 人以下)时，专利价值随研发人员投入的增加而稳步增加，研发人员投资风险小，边际收益为正。但当研发人数超过一定水平时，继续增加研发人员并不一定会带来专利价值的增加，研发人员投资风险较大，边际收益极不稳定。

因此，相对于人员更多的研发团体，由 5～6 人组成的研发团体往往足以取得理想的研发效果。可见，对于参与人员较少的研发活动，假设二是成立的，而当参与研发的人员较多时，假设二不成立。表 21-9 显示，只拥有一个发明人的专利所占比例最高，大部分专利是由 1～6 个发明人组成的小团体的研发成果，只有很少比例的专利会有 6 人以上的研发人员。

图 21-7 对比了研发单位联合研发和独立研发的平均专利价值。由图 21-7 可明显看出，对于几乎任何规模的研发单位，联合研发得到的专利价值都高于独立研发，可见单位间进行联合研发的确可以有效提高研发质量，因此假设三是成立的。另外相较于年申请量 100 项以上的大中型研发单位，联合研发对个体和小型研发单位研发质量的提高更为显著。但从表 21-9 中数据可见，联合研发在年申请量 100 项以上的大中型研发单位中更常见，个体和小型研发单位更倾向于独立研发。

表 21-9　不同研发人员规模下的研发单位数量和专利数量分布

研发规模(每年申请专利数量)/项	研发单位数量/家	研发人员投入(专利发明人人数)/人	专利数量/项	研发规模(每年申请专利数量)/项	联合申请的专利数量/项	独立申请的专利数量/项	联合申请/独立申请
1	9,368	1	310,054	1	23,405	182,005	0.1286
2～9	7,874	2	122,784	2～99	31,082	319,485	0.0973
10～49	5,172	3	95,343	100～199	5,244	42,219	0.1242
50～99	1,746	4	76,553	200～299	3,941	22,946	0.1718
100～149	949	5	52,012	300～399	3,173	10,284	0.3085
150～199	585	6	29,587	400～499	2,248	8,388	0.2680
200～249	389	7	16,230	500～599	403	3,726	0.1082
250～299	283	8	10,242	600～699	525	3,588	0.1463
300～349	214	9	5,630	700 以上	7,389	58,202	0.1270
350～399	116	10	3,875				
400～449	85	11	2,006				
450～499	159	12	1,356				
500～549	101	13	813				
550～599	55	14	541				
600～649	71	大于 14	1,227				
650～699	50						
700 以上	645						

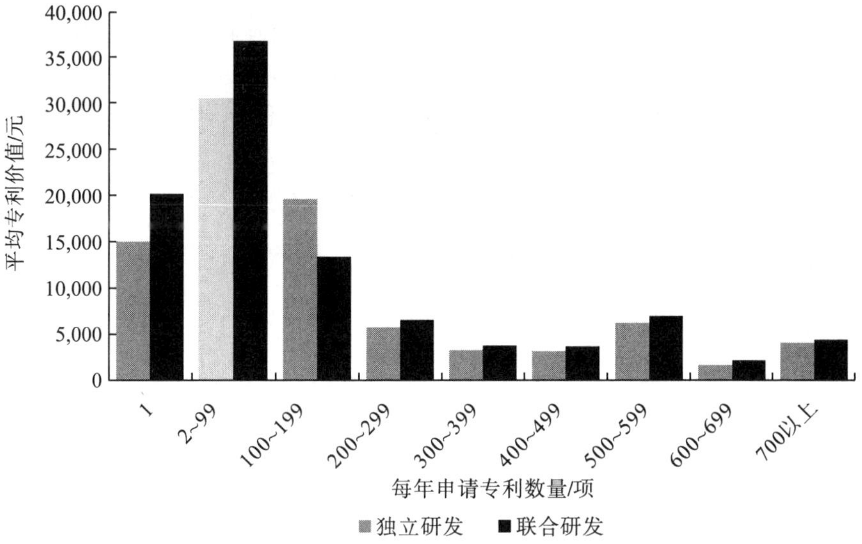

图 21-7　不同研发规模衡量的独立研发组与联合研发组专利平均价值对比

21.5　研究结论

专利是应用研究领域中最常见的科研成果形式之一，专利的价值从很大程度上能够反映研发活动的质量。一项包含高价值的专利技术会产生高水平的收益，使其足以弥补为维护专利权而缴纳的费用。但由于技术的更新换代及市场中竞争者的存在，专利收益会随时间推移而递减，当专利的收益不足以支付为其缴纳的费用时，专利权人会终止缴费，专利权即终止。

应用 Schankerman 和 Pakes 专利收益模型和生存分析技术分析专利价值，是一个较好的研究专利价值和专利质量的研究渠道，对我国专利存续期信息作适当处理和分析，也能与国际上其他国家的专利(包括在我国市场的专利以及在海外的专利)进行比较，发现其中可能存在的问题。

本章从专利付费期视角出发，结合 Schankerman 和 Pakes 专利收益模型和生存分析技术，对中国 1985～2009 年的约 11 万项发明专利的货币价值进行了计算，结果显示：专利价值随付费期长度的增加而呈现加速上升的趋势，使得不同付费期下的专利价值差异很大，付费期为 1 年的专利平均价值仅有 900 多元，而付费期为 18 年的专利则价值 100 多万元。但是，只有极少数专利拥有极高的价值，大部分专利的价值处于极低水平，因此，专利价值样本的均值远大于其中位数，专利价值呈严重右偏分布。我国研究机构的专利价值低于企业，尽管研究机构在我国应用技术研发领域起着重要的作用，但以专利存续期信息为基础衡量的专利质量不高；中国本土申请的专利价值低于美、日、欧盟等传统技术强国，说明中国同发达国家间的研发质量存在较大差距。

本章还包括了对我国研发资源的配置进行的研究，结果显示：产自小型研发单位的专利往往拥有较高的价值，而大中型研发单位的平均专利价值甚至低于个体研发单位。因此，将大中型研发单位的研发资源适当向小型和个体研发单位倾斜会提高整体研发质量；专利价值是研发人员投入的局部增函数，当研发人员很少时，增加研发人员投入会提高研发质量，增加专利价值，而对于参与人员过多的研发活动，专利价值同研发人员投入的函数关系并不明显。因此，5～6 人的研发团体往往足以取得很好的研发效果；几乎对于任何规模的研发单位，联合研发都会获得比独立研发更高的专利价值，因此研发单位间联合配置研发资源会提高研发质量，而相较于小型和个体研发单位，大中型研发单位间的联合研发更为普遍。

这一研究的启示在于，研发资源应当在不同经济组织之间有更好的配置，特别是应激发民营单位的创新活力；其次，现行科研评价体系有待改进，以便引导科研院所提高其研发成果的实用性及与现实经济的联系，不断提高我国专利价值水平，提升我国的整体科研质量。

第二十二章　专利诉讼的专利价值复合期权模型研究

导言：

“专利的最大价值是体现在打官司的时候”，这是一些学者对专利价值的看法，甚至有学者认为，没有打过官司的专利实际上没有任何价值。这种说法难免绝对，事实上，大量专利的作用恐怕是使得当事人(权利人)避免了他人的专利诉讼，或是对他人可能的专利侵权构成了威胁，从而没有形成事实上的法庭诉讼。对专利价值的预期和对此类专利诉讼的预期构成了专利价值乃至专利质量考察的种种复杂理论和评价方法的研究。对专利价值的复合期权的研究也是其中的一种。更由于专利的法律诉讼获得赔偿(不论庭外和解、执行判决，甚至强制执行)的概率增加，其中涉及的类似复合期权概念的操作也是越来越复杂，确实有研究的必要，也是专利技术资源竞争的另一类价值分析理论和实践的反映。

22.1　什么时候专利价值可以作为一项复合期权来考察

专利是对企业研发成果的一种保护方式，通常认为能够对公司价值产生显著贡献，无论是其保护公司垄断租金的作用，还是其保护公司增长机会的作用。

专利为权利人提供的选择如下：如果一个权利人对其研发成果申请了专利，那么该权利人可以自己实施专利，或者许可该专利，或者对侵权行为申请行政保护(请求专利管理部门处理)或司法保护(向法院发起诉讼)，或者将作为进一步研究的投入，或者放弃自己在该技术上的权利，上述选择的内在机理及序列过程可以导出专利的期权模型的应用。

本书在研究专利的复合期权理论解释的基础上，探讨复合期权模型作为专利价值来源的可能，即把专利权看作是一个向所有权人(企业)发现专利侵权时提供的申请行政保护或司法保护的期权。

在我国，由工商局、版权局等行政管理部门开展的专利行政执法具有维权成本低、查处快等特点，而法律维权受到专业性强、维权成本高、赔偿额度低、损害不易确定、取证困难等因素的影响。《国务院关于新形势下加快知识产权强国建设的若干意见》(国发〔2015〕71号)指出，要推动知识产权保护法治化，发挥司法保护的主导作用，完善行政执法和司法保护两条途径优势互补、有机衔接的知识产权保护模式。而现行的《专利法》规定，专利行政机关在处理专利案件的时候，主要是对侵权行为的认定进行惩处，不涉及赔偿的问题[①]。下文将仅以向法院发起诉讼以获得司法保护作为专利价值的实现手段。如果企业决定发起诉讼来行使这个期权，则可视为企业获得另外一个期权，即企业可以通过调解、和解达成协议撤回起诉，也可以通过案件审判、执行或强制执行来获得相关的损害赔偿。在我国知识产权案件的执行中，调解撤诉和强制执行均占有较高比例。以上海市为例，2015 年上海全市法院知识产权案件调解撤诉共计 394 件，占审结案件的 42.2%；执行结案 467 件，执结标的总额 5915.22 万元，其中强制执行 199 件，强制执行比例为 42.6%[②]。如果专利作为一个复合期权，其通过调解、和解达成协议或执行损害赔偿的现金流的净现值大于 0，那么申请专利就是有利可图的。包含在专利价值中的第一个期权是企业是否发起诉讼，第二个期权是企业是否撤回起诉或申请执行损害赔偿。本节将应用复合期权模型这种在金融文献中使用的标准模型(Geske，1979)，来获得对专利价值的深入解读。

当企业获得专利权之后，专利便开始保护从专利技术潜在市场中产生的现金流。这里保护现金流是一个抽象概念，专利权为企业创造直接价值的机理在于，在专利权的有效期内，企业可以起诉潜在的侵权者或竞争者，让已进入市场的疑似侵权产品退出市场，或者让竞争对手拟发布的新产品撤出相关展会。行政举报或司法诉讼就是专利权赋予企业的选择之一，另外的可能还包括向侵权方收取技术许可费用，与竞争对手谈判，实施专利交叉许可等。需要指出的是，诉讼并不必然地保证能够弥补企业损失的现金流。首先，诉讼过程中的举证成本可能过高。在我国，侵权的举证责任在起诉方，如果专利涉及大型成套装备的制造工艺，则购买侵权产品举证的成本可能就高达几十万元，甚至过百万元，而现行《专利法》的法定赔偿额最高仅为一百万元。其次，旷日持久的诉讼过程将带来高额律师费支出和持续的侵权损失。目前，专利纠纷案件审理与专利无效、专利复审、行政诉讼并行，程序复杂，周期很长，而法院裁定合理诉讼成本时对律师费用的支持情况存在较大的不确定性，可能导致这部分费用无法弥补。同时，如果法院在纠纷案件审理过程中没有制止侵权行为，则企业将持续遭受侵权损失。第三，存在跨区域司法判决执行难问题。由于社会信用体系不健全和地方保护主义的存在，一些企业通过转移变卖涉案设备、资产，注销公司等方式逃避执行，一些企业拒绝执行异地法院的判决。一般情况下，诉讼要符合成本效益原则，权利人只有在侵权损失足够大，诉讼成本低于法定赔偿额上限，能够负担起高额律师费用，并对审判难和赔偿执行难问题有预见和准备等条件都满足的情况下才会发起司法诉讼。即使企业赢得了诉讼，企业支付进一步的费用(申请强制执行费用)以获得损害赔偿也不一定是有利可图的，如果被控侵权人因诉讼破产或者经营不善，预期收集的现金流(损害赔偿)的净现值低于收集过程中所发生的法律费用，那么该期权就不值得执行。

综上所述，企业在申请专利权，对侵权行为寻求司法或行政保护的过程中，必须做出四个决定：①是否对研发成果申请专利；②是否对侵权行为发起诉讼；③是否在诉讼过程中达成和解；④是否在法院依法判决胜诉后申请强制执行。围绕上述四个决策点建

① 据国务院法制办 2016 年 12 月 2 日公开的《专利法》修订草案(送审稿)，对重复侵犯专利权的行为，专利行政部门可以处以罚款，非法经营额五万元以上的，可以处非法经营额一倍以上五倍以下的罚款；没有非法经营额或者非法经营额五万元以下的，可以处二十五万元以下的罚款。

② 上海高院通报 2015 年上海法院知识产权司法保护情况：http://news.xinhuanet.com/politics/2016-04/22/c_128921256.htm。

立起对专利价值评估的复合期权模型，以对外国专利权人在中国的专利行为进行准确的定性和定量描述。下面的章节将详细说明复合期权模型的变量，并且通过实际判例进行验证分析。

22.2　专利价值复合期权模型

为了简化分析，聚焦专利有效期内的诉讼权价值，复合期权模型建立在如下假设之上。复合期权模型的主要输入变量及其解释如表 22-1 所示。①侵权行为仅涉及一件有效专利(侵权行为可能涉及制造工艺、材料、形状等相关专利的组合)。②权利人对目标专利拥有完全的决策权，专利不存在权属争议。③权利人与侵权人达成和解或通过调解达成协议的前提是，侵权人支付的对价等于法院判决的损害赔偿的期望值。这样，权利人选择撤诉和法院判决胜诉获得损害赔偿两种情形可以简化为一种。由于权利人与侵权人达成协议的内容一般保密，而法院审判结果可以参考公开的裁判文书，模型以法院判决的损害赔偿为输入变量。④侵权行为出现之前，实施专利或者许可专利给权利人带来的预期收益是一个既定值。该值与专利所处的细分市场规模有关，也与专利宽度、技术先进程度、不可替代性、专利引用数量、专利有效期长度等专利质量有关。⑤侵权行为出现后，将给权利人带来包括市场占有率下降和价格下降等情况在内的持续经济损失，如果权利人不对侵权行为进行处理，这一持续损失的净现值为既定值。⑥仅计算权利人在目标专利有效期内对一起侵权行为发起司法诉讼的价值。研究已经表明，诉讼能够显著提升专利价值：一方面，如果诉讼过程伴随着专利无效，专利有效性将得到进一步确认；另一方面，胜诉的判例将有利于企业打击类似的侵权行为，威慑潜在的侵权人。⑦计算期内不存在使专利价值发生显著突然变化的非预期因素，如替代技术专利的出现。

表 22-1　复合期权模型的输入变量及其解释

变量	定义	解释
S_t	时间 t 的专利权价值	企业在时间 t 获得专利权，专利权的价值反映为在专利有效期内对侵权行为发起专利诉讼获得损害赔偿的净现值
T	总时间	指从专利的申请日，经过专利诉讼(胜诉)和强制执行过程，到企业成功获得损害赔偿所经历的时间
t_1	中间时间	指从专利申请日到发起诉讼日所经历的时间
σ	波动	专利诉讼的经济可行性与市场波动性密切相关，此处的波动性代表了在给定时间段内现金流净现值的百分比变化
r	利息率	连续复利计算的年利率，作为无风险利率
K	时间 T 的执行价格	代表了申请法院强制执行被控侵权方支付损害赔偿所需支付的费用，通过法院强制执行，专利权人最终获得了价值相当于法院判定损害赔偿的资产
K_1	时间 t_1 的看涨期权	代表了对侵权行为发起诉讼的代价，包含了诉讼过程发生的聘请代理人、取证等一系列费用

计算过程如下，首先使用 Black-Scholes 看涨期权公式计算证券价格 $\overline{S}_{t1}$，该价格与中间时间 t_1 的看涨期权价格 K_1 相对应，如式(22.1)所示。

$$\begin{aligned}
&C(S,E,t)=SN(d_1)-E\mathrm{e}^{-rt}N(d_2)\\
&d_1=\frac{\log(S/E)+(r+\sigma^2/2)t}{\sigma\sqrt{t}}\\
&d_2=d_1-\sigma\sqrt{t}
\end{aligned}\tag{22.1}$$

通过迭代的根查找方法，寻找能够满足式(22.2)的证券价格

$$C(\overline{S}_{t1},K,T-t_1)-K_1=0\tag{22.2}$$

然后以式(22.3)计算其他的变量，注意 q 取决于上面计算的证券价格 $\overline{S}_{t1}$。

$$\begin{aligned}
&\tau=T-t\\
&\tau_1=t_1-t\\
&q=\frac{\log(S_t/\overline{S}_{t1})+(r-\sigma^2/2)\tau_1}{\sigma\sqrt{\tau_1}}\\
&h=\frac{\log(S_t/K)+(r-\sigma^2/2)\tau}{\sigma\sqrt{\tau}}
\end{aligned}\tag{22.3}$$

最后，复合期权的价格如式(22.4)所示

$$C_t=S_tN(q+\sigma\sqrt{\tau_1},h+\sigma\sqrt{\tau_1};\sqrt{\tau_1/\tau})-K\mathrm{e}^{-r\tau}N(q,h;\sqrt{\tau_1/\tau})-K_1\mathrm{e}^{-r\tau_1}N(q)\tag{22.4}$$

其中，累计双变量正态概率函数和累计正态分布函数分别如式(22.5)和式(22.6)所示。

$$N(a,b;\rho)=\int_{-\infty}^{a}\int_{-\infty}^{b}\frac{1}{2\pi\sqrt{1-\rho^2}}\exp(-\frac{1}{2}\frac{x^2-2\rho xy+y^2}{1-\rho^2})\mathrm{d}x\mathrm{d}y\tag{22.5}$$

$$N(z)=\frac{1}{\sqrt{2\pi}}\int_{-\infty}^{z}\mathrm{e}^{-x^2/2}\mathrm{d}x\tag{22.6}$$

22.3 专利价值复合期权模型实践分析

22.3.1 数据采集

本节根据北大法宝《中国法院裁判文书数据库》截止到 2007 年 12 月 31 日收录的专利审判裁判文书，对外国企业在华专利权司法保护的情况做实证分析。按照专利权的国籍统计专利诉讼案件在各年份的分布如表 22-2 所示。

中国 1988～2007 年期专利纠纷案件在各地的分布如图 22-1 所示。从图 22-1 中可以看到，北京市人民法院受理的专利纠纷案件是最多的，达到了 23%。往下依次是江苏省、上海市、深圳市和广东省，均为沿海经济发达地区。由于中国对专利侵权案件实行二级终审制，绝大部分案件仅仅经过地方中级人民法院和地方高级人民法院的审理，不会越出省域范围。这一情况在近几年改变。党的十八届三中全会做了“探索建立知识产权法院”的部署。2014 年 8 月，全国人大常委会决定在北京市、上海市、广州市设立知识产权法院。2017 年初，最高人民法院批复在南京市、苏州市、武汉市、成都市四市设立专门审判机

构并跨区域管辖部分知识产权案件。以北京市知识产权法院为例，自成立至2015年底，共受理案件9191件，其中专利商标行政授权确权案件6708件，占比73%；涉技术类案件(包括专利、技术秘密、计算机软件、集成电路布图设计等)2044件，占比22.2%，涉外案件2771件，占比30%，呈现出总量大、行政案件多、涉技术类案件多、涉外案例多等显著特点。本节选取2007年底前发生在北京市的涉及外国专利权人的案件进行分析。

表22-2 我国专利诉讼典型案件国别分布(按专利权人国籍) (单位：件)

国家和地区	1988～2003年		2004年		2005年		2006年		2007年	
	初审	复审	初审	复审	初审	复审	初审	复审	初审	复审
澳大利亚	3	1	1	0	0	0	0	0	0	0
比利时	0	0	1	0	0	0	0	0	0	0
德国	7	0	2	4	6	0	1	1	3	0
法国	3	0	0	0	4	1	4	0	3	3
韩国	3	0	0	0	0	0	0	0	0	0
荷兰	5	0	1	0	1	0	0	0	0	2
加拿大	0	0	2	0	2	1	0	1	3	0
美国	6	2	3	1	4	2	5	2	13	0
南非	2	1	0	1	0	0	0	0	0	0
日本	14	0	5	4	5	10	6	4	5	5
瑞士	3	1	3	0	0	0	0	2	0	0
意大利	0	0	2	0	1	0	2	1	0	1
英国	1	0	2	0	1	2	2	1	0	0
英属维尔京群岛	0	0	0	0	6	0	0	0	0	0
中国	748	275	353	57	703	222	566	117	475	156
合计	795	280	375	67	733	238	586	129	502	167

注：根据北大法宝《中国法院裁判文书数据库》中隶属于专利权权属、侵权纠纷案件分类下截止到2007年12月31日的裁判文书整理，需要注意的是仅有公布了裁判文书的专利纠纷案件才在统计范围，本节其他表格同此。

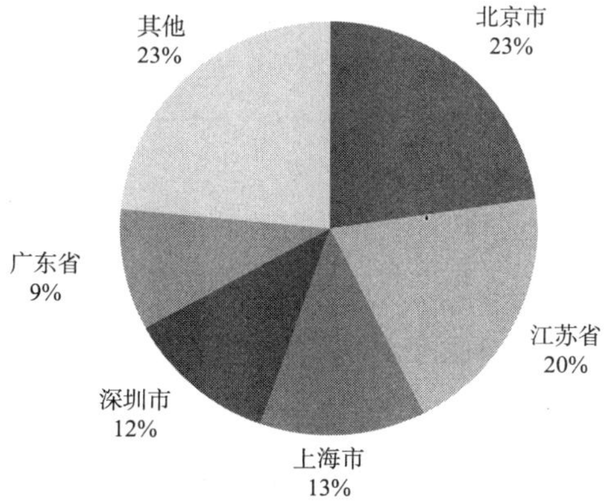

图22-1 中国专利纠纷案件在各地的分布(1988～2007年)

注：根据北大法宝《中国法院裁判文书数据库》中隶属于专利权权属、侵权纠纷案件分类下截止到2007年12月31日的裁判文书整理，需要注意的是仅有公布了裁判文书的专利纠纷案件才在统计范围。

北京市法院公布的 2007 年底前的专利纠纷案件裁判文书共计 919 件，其中的 123 件以外国专利权人为原告。这些文书涉及 66 个专利纠纷案件和 47 个外国专利权人，作为本节的样本。专利纠纷案件的裁判文书分为民事判决书和民事裁定书两种类型，其中，民事判决书产生胜诉方和败诉方，包括案由、诉讼请求、争议的事实和理由，判决认定的事实、理由和适用的法律依据、判决结果和诉讼费用的负担、上诉期间和上诉的法院等内容。而民事裁定书则适用于不予受理，管辖权异议，驳回起诉，准许或者不准许撤诉以及中止或者终结诉讼等情况。

本节对民事裁定书双方达成和解的案例单独进行统计，得到案件依判决、和解和其他裁定等三种结果和国家的分布情况如表 22-3 所示。从表 22-3 中可以看到，专利纠纷案件的涉外专利权人主要来自日本、美国、欧盟国家和韩国，而这些国家也是国家知识产权局主要的外国专利来源国。

表 22-3　北京市涉及外国专利权人的专利纠纷案件按类型和国家的分布　（单位：件）

国家	专利权人	案件数	胜诉	败诉	和解	其他裁定	一审	二审
日本	13	19	10	2	0	7	17	2
美国	9	11	1	1	0	9	8	3
德国	6	8	2	2	1	3	5	3
法国	7	7	2	1	1	3	6	1
韩国	2	4	1	0	1	2	2	2
瑞士	1	3	0	0	0	3	1	2
英国	1	3	1	1	0	1	1	2
荷兰	1	3	0	0	1	2	3	0
意大利	2	2	1	1	0	0	1	1
古巴	1	2	0	0	0	2	0	2
奥地利	1	1	0	0	1	0	1	0
澳大利亚	1	1	1	0	0	0	1	0
比利时	1	1	0	0	0	1	1	0
卢森堡	1	1	0	0	0	1	1	0
总计	47	66	19	8	5	34	48	18

注：同表 22-2，同时参考北京法院网（http://bjgy.chinacourt.org/）上的专利裁判文书。

22.3.2　复合期权模型的变量估计和计算结果

对复合期权模型输入变量的估计分述如下。S_t 即在外国企业在中国获取和保持专利权的价格，主要包括国家知识产权局收取的费用（包括翻译费、申请费、优先权项费、印刷费、审查费和年费等）和专利代理费用。由于外国居民在中国申请专利必须选择指定的涉外专利代理机构作为其代理人（在《专利法》第三次修改中这一规定取消），因此这部分费用的估计根据中华全国专利代理人协会公布的费用表来计算，该费用表自 2005 年 8 月 1 日起生效。其中，专利申请和审查阶段的费用，如果经由国内途径，则发明专利为 15,000 元，外观设计专利为 4,100 元；如果经由 PCT 途径，则发明专利在国家阶段的费用为 10,000 元。专利权被授予后必须缴纳年费以保持专利权的有效，如果外国专利权人希望在整个专利生命期内都保持诉讼的期权，则他必须通过专利代理定期缴纳年费直至专利有效期届满。

由于年费从专利授权的年份开始缴纳，分布在整个专利有效期且随着年份的增长而增长，为了计算在时间t的专利权价格，首先需要估计年费的缴纳期限及相应的年利率。在本节的样本中，涉案发明专利从申请到授权平均需要 3.6 年，需要缴纳 17 年的年费；涉案外观设计从申请到公布平均需要 0.9 年，需要缴纳 10 年的年费。再结合利息率r，由此计算发明专利需缴纳年费的净现值为 50,000 元，外观设计需缴纳年费 1,5000 元。

总体而言，经国内途径获取并在整个专利生命期维持专利权有效的费用为 65,000 元，PCT 途径为 60,000 元，外观专利为 19,100 元。

T，即从专利申请日到专利诉讼终审判决日所经历的时间，在本节样本中，发明专利平均需要 140 个月，外观设计平均需要 70 个月。

t_1，即从专利申请日到法院受理专利纠纷案件日所经历的时间，在本节样本中，发明专利平均需要 117 个月，外观设计平均需要 57 个月。

σ，即波动率，代表了初始投资回报的波动率，这里使用中国股票市场的波动率，基于上证综合指数(SSE composite index)计算。上证综合指数是由上海证券交易所发布的国内最早的股票指数，反映了上海证券交易所内所有上市公司股票市值之和的变化，其基准日为 1990 年 12 月 19 日，基准日的指数值定为 100。经计算，1991 年 1 月 1 日～2007 年 12 月 31 日的平均日波动率为 1.85%，而这段时期的年均交易日为 245 日，所以年波动率=日波动率×年均交易日的标准差= 29.02%。

r，即利息率，根据中国人民银行发布的一年期定期存款利率计算。在 1996 年之前中国的一年期定期存款利率在 10%左右，之后逐渐降低至 2003 年的 1.98%，又逐渐回升至 2007 年的 3.2%。对于具体的专利纠纷案件而言，利息率计算T时间段内各年份一年期存款利率的几何平均值，1985～2007 年的利息率为 6%。

K，即在时间T向法院申请执行损害赔偿发生的法律费用。根据国务院公布的《诉讼费用交纳办法》，向法院申请执行有法律效力的判决或者裁定，需要按照规定交纳一定费用。由于申请费是损害赔偿费用的一定比例，每件案件的申请费需要单独计算，对于所有外国专利权人胜诉的案例，其损害赔偿额从 1 万元到 100 万元不等，平均而言，发明专利获得的损害赔偿额为 189,000 元，外观设计获得的损害赔偿额为 235,000 元，相对应的申请费分别为发明专利 2,700 元和外观设计 3,400 元。需要指出的是，近年来，专利纠纷案件的判赔额有大幅提高的趋势。据统计[①]，2015 年，北京知识产权法院在认定侵权的专利案件中，平均判赔 45 万元。2016 年，该院进一步加大了对一审专利侵权案件的保护力度，平均判赔额达 138 万元。专利权对于权利人的生存、发展和在市场中的竞争地位起到越来越重要的作用，标的数额巨大的专利案件增多就是其特征之一[②]。如 2017 年 4 月 6 日，福建泉州中院对华为公司维权一案一审宣判，三星(中国)投资有限公司等三被告构成对华为

① 北京知识产权法院：专利侵权平均判赔额达 138 万元：http://beijing.ipraction.gov.cn/article/tpxw/201704/20170400131715.Shtml。

② 比如，苹果诉高通滥用市场支配地位案，涉及高通在相关通信标准必要专利许可中是否滥用市场支配地位，索赔达 10 亿元；高通诉魅族要求确认通信标准必要专利许可条件不构成垄断案，索赔 5.2 亿元；三星诉华为专利侵权两案索赔 1.61 亿元。

终端有限公司的专利侵权，需共同赔偿 8000 万元①。如(2015)京知民初字第 41 号北京握奇数据系统有限公司诉恒宝股份有限公司侵犯发明专利权案，判决恒宝公司赔偿握奇公司经济损失 4900 万元以及诉讼合理支出 100 万元。

K_1，即在时间 t_1 发起诉讼的费用，包括调查取证费、律师费和案件受理费等。这一费用的估计参照了裁判文书中提到的实际诉讼费用和涉外专利代理的专利诉讼收费标准。在中国，发明专利侵权的基本诉讼费用为 72,000 元，外观设计为 45,000 元，律师费为每小时 1,100 元。本节估计发明专利侵权诉讼的费用为 150,000 元，外观设计侵权诉讼的费用为 120,000 元。

在估计完所有的复合期权模型的输入变量之后，专利权人胜诉案件的专利价值如表 22-4 所示，仅仅选择胜诉案件是因为只有民事判决书才详细说明了案件的起因、审理过程和结果，而且专利权人必须胜诉才能符合复合期权模型的条件。

表 22-4　胜诉案件专利价值的复合期权模型的计算结果

专利号	C_t /元	S_t /元	K_1 /元	K /元	r /%	σ /%	T /月	t_1 /月
87106492.8	97,732	65,000	120,000	800	6.91	29.02	194.30	179.40
88102711.1	108,830	65,000	150,000	4,400	6.23	29.02	211.30	141.07
90100544.4	109,330	65,000	150,000	718	5.61	29.02	199.60	187.60
94117649.5	75,666	65,000	150,000	1,700	4.87	29.02	109.23	102.97
94192815.2	125,610	60,000	150,000	1,400	4.71	29.02	145.40	134.10
95194418.5	297,960	125,000	150,000	2,906	4.12	29.02	139.37	118.67
95302037	137,330	19,100	120,000	350	4.20	29.02	134.97	122.73
96191123.9	130,390	60,000	150,000	650	3.73	29.02	115.87	74.00
96301270.3	90,558	19,100	120,000	2,900	3.89	29.02	92.77	50.13
97126282.9	153,980	65,000	147,000	3,200	3.01	29.02	113.50	97.47
97329537.6	73,219	19,100	86,694	875	3.18	29.02	83.67	69.80
98125791.7	172,820	65,000	150,000	1,481	1.87	29.02	101.23	68.93
98808876.2	163,890	60,000	150,000	50	2.58	29.02	85.63	64.00
00345609.9	139,350	19,100	160,000	12,400	2.16	29.02	72.90	67.47
00348649.4	95,675	9,550*	120,000	1,162	2.16	29.02	77.77	71.80
00348649.4	103,420	9,550*	120,000	290	2.29	29.02	74.77	71.80
01322568.5	112,240	19,100	120,000	5,026	2.15	29.02	64.33	29.90
02146236.4	258,600	65,000	255,000	10,935	2.29	29.02	56.17	52.97
02305463.8	254,590	19,100	400,000	2,600	2.30	29.02	62.87	41.43
02344594.7	186,940	19,100	230,504	4,400	2.12	29.02	44.40	36.13
03349116.X	196,680	19,100	224,800	1,733	2.15	29.02	36.63	33.50

注：* 专利号为 CN00348649.4 的专利涉及两件不同的专利纠纷案件，由此将该专利的获取和维持费用 S_t 减半计算。

① 华为诉三星专利侵权案一审胜诉 http://news.xinhuanet.com/fortune/2017-04/07/c_129526577.htm。

从表 22-4 可以看到，所有专利价值 C_t 均高于为获取和维持该专利而支付的成本 S_t，平均专利价值为 149,576 元。由于表 22-4 仅仅包括了胜诉案件的专利价值计算，为了对涉案专利价值做更全面的估计，进一步计算败诉案件给专利权人带来的损失，即将专利获取和维持费用 S_t 以及诉讼费用 K_1 按照负现金流计算净现值，得到败诉案件给专利权人带来的平均损失为−128,324 元。再结合专利纠纷案件胜诉、败诉和达成和解或者撤回的概率（根据表 22-3 计算），得到涉案专利价值的计算结果如表 22-5 所示，这里假设达成和解或者撤回情形下的侵权方支付的对价为专利预期价值 C_t。

从表 22-5 可以计算出，涉案专利的平均价值为 68,239 元。尽管在专利申请的传统动机之外，战略性动机开始在发达国家扮演越来越重要的角色，但是在发展中国家，成本效益原则依然可以较好地解释外国专利申请的动机。本节的主要发现在于外国企业只有在专利价值超过其在发展中国家获取、维持和执行专利权的成本时，才会在该国申请专利。

表 22-5　涉案专利的专利价值计算

	胜诉	败诉	达成和解或者撤回	总体
概率	0.29	0.12	0.59	1.00
专利价值/元	149,576	−128,324	C_t	C_t

22.4　研究总结与不足

本章首先对外国企业在华专利权的行政保护和司法保护的现状进行了描述，然后基于外国在华获取和执行专利权的过程，提出了基于专利诉讼权能的外国企业在华专利价值的复合期权模型，部分解释了外国企业在华专利申请的动机。

1）本章小结

（1）随着专利纠纷判赔额的逐年提高，通过发起专利诉讼以达成和解、调解或者获得损害赔偿，成为外国企业在中国申请专利越来越重要的动机，专利权中诉讼权能的重要性不断提高。

（2）专利申请成本越高（发明专利>实用新型>外观设计），专利诉讼成本越高（举证费用越高、索赔标的额越大），在专利有效期内发起专利诉讼的时间越早（显著提升专利在有效期内的价值），专利纠纷的预期判赔额越高（法院对侵权案件的审理力度加大，超过法定赔偿上限判赔），专利的价值越高。

（3）国外专利权人在专利诉讼上与国内专利权人有较大不同：①国外专利权人以企业为主，而国内的企业和个人几乎各占 1/2；②国外的涉案专利以发明和外观设计为主，而国内的涉案专利以外观设计和实用新型为主；③国外的涉案发明集中在机械、电子行业，而国内的涉案实用新型则主要集中在建筑和装饰行业。

2）本章研究的不足

（1）本模型着重对专利的诉讼权能建立复合期权模型进行估值，未来可以建立包括专利的实施、许可、交易权能，专利行政保护，专利质量在内的全价值估值模型。

(2) 本模型选举的案例时间段为 2007 年底前。近几年来，随着我国知识产权强国战略的实施和知识产权审判体制改革的推进，我国知识产权保护的环境发生了较大变化，有必要进行跟踪研究。

(3) 本模型仅对起诉一起侵权行为获取损害赔偿的情况进行了专利价值估值，而在专利有效期内，可能发生多起，且发生在不同国家(包括制造国所在地和消费所在地)的专利侵权行为，对复杂的专利诉讼行为进行建模分析将是下一步的研究方向。

第二十三章　知识工业时代的专利权资本化模式

导言：

专利权资本化是我国经济发展中最近几年出现的新概念和新课题，但放眼世界，特别在美国经济发展中，这一观念和现象已经持续多年。从种种相关研究结论看，所谓专利权资本化这类现象发展的背后，通常都是技术资源在经济发展中的既定显示度地位。显然，没有技术创新在产业经济或地区经济发展中显示其关键作用，追求专利权资本化就成为一种舍本逐末的“概念游戏”，甚至可能成为资本市场炒作的“噱头”。把专利权资本化当作一个既有理论又有实践问题的研究题目来思考，则是如何用适宜的观测角度和研究方式揭示其中可能存在的健康的发展动力，抑或是投机型活动，在这一方面，还有很多需要开展的工作。本章只是结合相关文献，提出相应的问题和不成熟的观察框架，供这一领域有兴趣的学者参考。

23.1　专利权资本化的价值前提

专利权资本化的基础仍然应由专利价值观测基本理论导出，其核心问题是，专利价值应如何测算，而当专利权资本化时，关键是从第三方(既非许可方或专利权人、技术所有人，也非被许可方或技术买方，而是与此交易无关的第三方)视角的观测立场。这一立场极其重要，这是因为，只有第三方立场才可能不从纯技术的角度，而是从专利的潜在价值角度，即从资本的潜在收益角度，来决定对特定专利或专利组合的投资活动。当然，某些萌芽期技术和新兴技术类型的专利价值很大程度上取决于应用此技术的企业家和特定的行业和市场，因此，如果从专利权资本化研究观点出发，则应当将此类所谓资本划分为两个类型：①以远期收益为代表，针对高不确定性的专利技术的风险资本运行的类型；②以近期收益为代表，将目标技术锁定在那些已经过了萌芽期，呈现高度市场发展潜力，甚至基本处在成熟期和成熟衰退期的那类专利技术，于是以金融分析手段和投资策略为特征的投资分析可以适度应用。

应当说，本质上这两类专利资本化是完全不同的，目前大多数情形下，所谓专利权资本化是指后一种情形，即融入特定行业和市场经验的资本收益知识具有某种可预测性，相对技术和市场不确定性情况而言，更适合资本运作的运营条件。

从第二种类型出发，本章总结如下研究供参考。一般来说，从第三方角度看专利的价值，应有以下几个方面，即：基于成本的角度(事实上是从研发过程开始来估算的)、基于市场的角度、基于专利回避(是否容易绕过此专利或规避此专利，patenting around)的角度、基于专利当前收入的角度等，都可以作为评估专利潜在价值的，而根据当前可获得信息或对未来信息的预期基础上的测评技术，如许可权利金节省估计、技术要素、实务期权、蒙特卡洛仿真方式也都是可以应用的工具。这里借助于Ernst等(2010)的研究，将几种典型的观测方式要点列举如下并加以分析。

(1)基于成本估算的观测方法：所谓研究与开发成本，即开发覆盖某种产品所需要专利的成本，属于以研发活动为基础的价值估算(Sherry、Teece，2004)

(2)基于市场价值的观测：即市场比较的方法，也就是与此专利类似的其他专利以往所销售的价格相比较，但需要指出的是，当这类价格已经是可以比较的，或具有相对公开的市场信息时，说明该类技术已经相对成熟，相应的技术交易比较常见，属于市场交易活动为基础的价值估算。

(3)基于专利可规避的观测：即开发类似的产品(具有类似功效的产品)而付出的价格，条件是不需原有专利的许可，但开发相关技术和专利，获得类似效果的产品。这种情形在机电和电子、通信领域较为常见，通常可以绕过现有专利而继续实行相关产品的制造和生产，但在生物技术和化学制药等领域比较难于实现，此类方法属于技术路径可规避基础上的估算，严格说也是一种以研发活动为基础的评价，但评价的不是从无到有类型的研发活动成本，而是沿着既定技术路径的规避型研发，客观上比(1)成本更低。

(4)基于专利当前收入的观测：即任何可以使特定专利产生经济回报的方式，以相关现金流为基准来评估其专利价值，这类观测就包含了专利诉讼可能产生的经济效益(以侵权赔偿以及后续的提成形成的现金流)，而专利诉讼的经济效益又与该类产品在市场上的销售水平和利润水平有密切关系，与此相类似，能够对相关产品的市场预期做出判断的相关观测更有其投资价值，于是更容易成为资本化的标的对象。

(5)所谓专利许可的权利金节省(relief from royalty)方式，本意即不缴纳提成(等同于拥有该专利)而换算得到的相应现金流，测算原则基本上与(4)类似，仅有的不同是，上述分析过程得到的现金流需要和适宜的提成率合并测算，以便获得一个集成效果，同样比较适宜于专利诉讼的场合。

(6)所谓技术要素(technology factor)方式，与方式(5)类似，但加入了技术竞争因素的考虑来限定现金流的上限。

(7)实务期权方式，即在特定的技术研发节点上，考虑是否进行相应的投资，因一旦投资活动展开，意味着一种技术路径的开发和持续；但如果不进行投资，这样的机会可能就永远失去了。

显然，上述各种相应的方法，都是针对当前市场发展状况来预测专利价值或研发相应专利的成本基础上的价值预测，而这些价值预测也都应当是在相关技术发展较为成熟以至属于成熟后期环节上的预测，因而有大量的信息可以参考，同时也满足资本化运营的条件需求，即资本化运营对象的市场价值有一定可测性。

在这些价值预测条件下，存在两类资本运营方式：①融资活动；②投资活动。融资指利用专利这类无形资产进行融通资金的活动，包括贷款、上市(利用专利技术入股方式获得股权融资)、企业购并(也是一种资金变现的活动)等，如专利质押贷款、专利估值作企业价值评估组成部分，以及与专利技术相关的企业购并。而投资活动要更复杂一些。

23.2 专利权资本化运营活动中的专利制度效率问题

1)两类专利制度效应

有关专利权资本化运营的主题事实上同时也与专利制度的效率问题有关。国内外的相关研究倾向于区分两类专利制度效应，即所谓效率型和非效率型效应，主要基于专利许可频率来考察区分所谓效率型专利(productive patent)，以及与此相对，基于封锁技术道路的非效率型(即更少的许可而更多的诉讼，unproductive patent)，或所谓战略型专利 (strategic patent，以诉讼或反诉讼为目标)两者之间的差异。而后一种专利活动带来的潜在经济价值往往正是专利权资本化运营的基础。

如本书第一章所论述，国际学者公认目前的知识产权制度既有竞争性，更有垄断性(Andersen，2004；Kitch，2000；Merges，2000)，据此产生了对专利制度效应分析的不同观点，提出所谓效率型专利和非效率型专利(unproductive vs. productive IPRs / patent)效应。也可以说，所谓效率型知识产权、效率型专利制度是在对知识产权制度或直接对专利制度持质疑态度并经过相关研究得出的新概念，也表现效率型知识产权的利益相关者(stake holder)对于效率型专利制度的影响关系(Andersen、Konzelmann，2008)。

这类研究认为有关知识产权体系的主流理论大多只表现其对社会和经济发展正面效应的一种信心，但却无法解释知识产权制度给不同企业、区域乃至国家带来的不同效应和差别化水平。如果以专利许可所表现的技术扩散为目标来考察专利制度的效率，则事实上存在专利技术沿“逆扩散”方向的发展趋势，或称专利制度的“逆效率”发展趋势。由此出现所谓“知识产权的效率潜力”(productive potential of intellectual property rights)，以及“效率型知识产权”“效率型专利体系”“效率体系”等概念，企图将“逆扩散”方向的专利及其相关制度凸显出来，其中集中反映三类研究主题：①群体问题，即知识产权机制的多元控制与管理问题(如专利池效应、交叉许可效应的管理)，针对寡头垄断性，而专利权资本化是此类管理中必然涉及的问题；②个体问题，即个体所有权人(主要是法人专利权人)参与知识产权体系的控制与管理问题(针对排他垄断性)；③环境治理，即外部政策治理(属于政府政策调节效应)。

事实上，也由于这样的原因，国际上的大量研究显现，专利在制药和化工少数产业之外的许多其他产业领域都更多地作为阻碍竞争对手的资源，成为交叉许可中的谈判筹码，成为诉讼他人或防止他人诉讼自身的资源，并在此基础上成为专利技术相关的金融投机型投资活动的标的，因而正在加速成为阻碍实际创新活动(Cohen et al.，2000)的力量，于是专利制度也似乎正在成为创新促进经济发展这一增长方式上的阻碍体制。

Hall 和 Ham-Ziedonis(2001)通过分析美国半导体行业的技术创新活动发现，特定技术领域上不同企业群在所谓“专利组合”基础上的竞赛水平与专利申请活动的增长，以及每单位研究与开发所产生的专利(可称为研发效率)的增长都形成了密切的相关关系，但在表现创新活动指标上则没有显现出专利的净价值。因此甚至可以说，专利竞赛直接导致专利制度的零和博弈效果，总体上并不增加创新收益。

大量研究表明，专利权制度对多类产业而言并不是一种有效地使经济增长受益于创新活动的载体，虽然专利申请量还在大幅增长，某种程度上与金融产品有相似之处：虽然金融产品并不是一种始终有利于经济稳定增长的因素，甚至还是助长金融市场持续波动的重要因素，但与此相关的资本收益仍然大幅增长。对此现象的解释只能是，专利更多地因其所谓“战略”性作用，即阻碍竞争者产品、作为交叉许可谈判筹码、用作潜在侵权诉讼的防范措施等活动而具有价值，而新技术的扩散活动带来的价值往往可能退居次要。也因此尽管经济学家已经在怀疑专利制度对于技术创新和新技术扩散的作用，但专利作为一种战略工具的竞争活动仍然愈演愈烈。根据目前的研究，对非效率型专利存在下面一些判断。

2) 专利行为会影响专利体系的效率

通常不同类型企业的专利行为可能直接导致低效率专利的产生，也间接反映相应的专利制度的效率。

Gilbert 和 Katz(2006)针对一揽子许可的规模做出的理论分析说明，长期性一揽子许可具有刺激专利回避，即围绕原有专利在躲避侵权的条件下开发新型专利的倾向，因此造成对原有专利的互补性技术资源的投资和开发，但如以短期许可替代长期许可，或阻滞一揽子许可的条件下，则对互补性技术资源的投资开发的效率就有所降低。换句话说，针对产品体系的群专利的独占可能刺激更多的专利丛林的产生，因而需要更多的专利联盟或专利池来解决其中的创新活动效率低下的问题，而单一或针对部分技术的许可则没有这方面的反应，这是一种典型的专利行为导致的专利体系效率分化的例子。综合而言，因专利行为导致低效专利产生大致可以分为以下几种。

(1) 单一主体专利行为：专利申请动机导致非效率。申请专利的核心动机是保护自己的发明不被模仿，这是传统的专利申请动机。而当前大多数技术前沿领域的所谓战略性专利的申请动机则是为了封锁竞争者，它有两种不同的形式(Rahn，1994)，进攻型和防御型。进攻型封锁即为防止其他企业应用相同或相近专利领域的技术发明，尽管拥有者在这个领域可能没有应用这些专利的直接利益；防御型封锁是为保证专利拥有者足够的技术空间不被其他企业的专利侵占(Arundel et al.，2003)(Kingston William，2001)，可以预防因为第三方拥有自己领域的专利而造成的专利侵权。综合起来，根据 Arundel 等(1995)、Duguet 和 Kabla(1998)、Cohen 等(2002)、Pitkenthly(2001)、Schalk 等(1999)的研究和 OECD(2003)的定义，专利申请动机可有：传统动机、保护免于模仿、许可收入、将自身发明转化为行业标准、战略动机、防御型封锁、进攻型封锁、声誉与技术形象、内部绩效指标、潜在交易和谈判筹码、资本市场、竞争者专利竞赛等多种动机(Blind Knut et al.,2006)，其中除前四项之外都不大可能发生技术扩散，因而多呈现非效率类型。

综合而言，基于传统动机而申请的专利，其专利一般会应用于市场；而基于战略目的而申请的专利则不然，它们大部分都是为了封锁竞争者的技术路径，起到限制竞争的作用，这种所谓战略作用预期是资本市场专利价值评估的重要基础。

(2) 横向合作型专利运用行为：专利联盟、专利丛林等专利族群功能导致非效率。专利丛林的形成源于多家企业分别拥有特定技术领域的相关专利，使得特定产品的相关技术资源成为彼此之间相互形成钳制的丛林，而无法将自身技术应用于特定产品，从而阻碍了技术创新。Holman(2006)通过分析指出，美国的专利引用网络呈现出梯级特征，即少数重要的专利大量被引用，而其余大量的专利仅仅是在某些重要专利基础上的小改进，并构成专利丛林，相互交织的专利丛林实际上也阻碍了相关的重要专利的全面应用而不利于创新扩散。

一般而言，这类旨在阻滞他人市场的所谓战略性专利申请，因往往表现为既不使用也无许可的一类专利，也被称作“沉睡专利”（Gilbert 、Newbery，1982），从社会整体的技术创新扩散效应而言这类专利的质量低。而专利池(patent pool)或专利联盟则被认为是克服专利丛林的重要方式(Clarkson，2006)，但专利联盟还面临反垄断法的制约，即专利联盟的组建应促进竞争而不是强化垄断，因此专利联盟的建立前提往往是是否存在专利丛林。因此，相对专利丛林，专利池是一种效率型专利集合。

(3)纵向合作型专利运用行为：基于专利的前创业，乃至“伪创业”并导致其效率性或非效率性：即指客观上欧美等发达国家基于专利技术资源的创业行为，也是应用专利技术资源的直接途径，属于效率型专利运用行为；但客观上欧美还有这样一些创业型企业，它们持有专利，但并不对专利进行实施，而是通过对专利进行许可，高等院校的专利可能具有这样的性质；这种创业形式不在于创意的市场实现，即创新，而在于与企业的合作，通过他人而从创新成果中摄取利润，以及运用专利权的诉讼行为，客观上仍然可能实现技术的扩散，但也有可能聚焦于专利诉讼而造成专利技术资源的非效率。

3)法律体系特征和竞争效果导致非效率

不可回避的是，专利权制度上的法律体系对专利权获取及专利布局、研究与开发机制的发展等活动仍旧有着重要的影响作用。例如，Jaffe(2000)研究发现，专利诉讼会影响企业研发决策，也会影响企业应付他人诉讼的能力。大量国际学者(Lanjouw、Schankerman，1997，2000；Lanjouw、Lerner，2001；Granstrand，1999；Moore，2000；Kingston，1995；2001)都关注此种现象的发生发展。Sherry 和 Teece (2004)就一直认为，有过法庭诉讼经验的专利，其价值要优于未被检验的专利价值。

国际上近年来对持续高速增长的专利申请量和授权量有多种分析。其中，Zeebroeck等(2009)的研究工作具有代表性，他们从其经济与管理学科领域出发对过去数十年间专利申请量翻番引起的专利质量产生质疑，认为存在专利价值虚高的现象。他们提出四种假设来验证对于专利数量增长的解释，即，跨国性技术扩散、研发复杂程度增加、新兴产业出现、专利申请战略，虽然研究工作根据理论分析支持了四类成因的作用，但如何通过实证研究分析不同发展阶段和不同产业背景下，不同类型成因的作用水平差异，还值得开展深入的研究。而国际上的这类研究突出了专利法律制度体系差异与专利行为乃至创新活动之间的关系，实际上开拓了一个新的交叉研究领域，说明了配合研究专利法律制度差异的重要性。

综合起来，专利制度体系的非效率是当前国内外的一种市场存在，也是专利权资本化运营的重要基础之一，应当给予重点研究。本章对专利制度的非效率问题关注可以总结为以下四个方面：①关注专利相关当前信息和法律效力；②非效率型专利往往通过战略性封锁(法律诉讼和反诉讼)提高(或削弱)专利权拥有者竞争地位，通常为大型企业所主导；③非效率型专利往往增加相应企业或相应技术领域的专利存量，但不增加该企业或该技术领域的创新活动；④关注专利相关时序信息和法律效力：非效率型专利信息很难为后续创新路径提供参考，非效率型专利信息及其组合很难为创新成果分布提供参考。

值得注意的是，在工业技术发达国家的美国，“专利流氓”一类的实践活动还是首先使美国专利制度本身蒙上阴影，以至于产生上述所谓效率型专利和非效率型专利的相应定义和对专利制度本身的质疑。Bessen 和 Meurer(2008)出版的《专利失败：法官、官僚和律师们如何使创新活动面临新的风险》专著就是对此类问题的一个集中总结，尽管该专著 2008 年已经出版，时至今日这样的问题仍然存在，并扩展到世界其他国家，我国目前兴起的专利资本化议题也必须直面这样的可能发展问题。

因此，从这个角度来看，促进专利权资本化的发展首先还是要促进技术在经济增长中的重要作用，使得技术因素成为经济活动参与者注重的第一标识，也是促使专利技术作为最为明示的技术变革信息池来吸引有重要创新意义的技术群；同时，还要警惕专利权带来的权利市场价值过度，避免专利权本身成为资本市场上的炒作工具，而距离真正的创新活动则越来越远。在避免上述两种极端发展的情形下，专利技术的融资与投资活动或许可以更为健康地发展。

23.3 专利技术资源的融投资活动分析

专利本身可以用来融通资金，其前提条件是专利技术孕育市场发展的机会和利润创造的资源，即专利技术代表当前可以预见的某种财富资源，舍此不能达到足够的信心门槛，使贷款方(特别是商业银行和金融机构)或投资方愿意提供资金。当然，这类信心门槛在不同经济发展阶段的国家和地区，包括同一国家和地区的不同发展阶段都可能是不一样的。

关于专利技术的融资效应长期以来有大量的国际国内研究工作可以参考，主要分为：知识存量(包括专利及研发活动，即知识资本意义上的存量)与上市公司市场绩效之间的关系；上市企业专利技术资源与其股票市场绩效之间的关系，特别是不同参数衡量的专利质量与上市企业市场绩效关系；以及专利技术与其他工业知识产权(如商标等)合并考虑后的市场绩效问题；不同行业不同国家和地区层面上专利技术与市场绩效之间的关系(主要是与股票市场绩效关系)；等等。

研究表明，美国市场上的技术创新，特别是专利技术因素与上市企业的业绩表现高度相关，尤其竞争性强的行业市场更是如此。Blazsek 和 Escribano(2016)针对美国市场 4476 家企业在 1979～2000 年的 22 年间数据研究发现，在技术领先企业到跟随企业之间存在着显著的技术扩散现象，这些现象主要是通过上市企业市场表现、研发投资、专利申请、专利权倾向等几个方面的动态联动关系反映出来的，而更高水平的市场竞争更有利于这样的互动关系和相应的技术扩散。

而 Chen 和 Chang（2010）的研究更针对美国制药企业，研究有关专利的四类参数指标与公司上市市值之间的互动关系，即相对专利区位（RPP）、显性技术优势（RTA）、专利的赫芬达尔指数（HHI）、专利引用（PC），研究显示出，在美国制药行业的情况，RPP 和 PC 都与公司市值有显著的正向关系，但 HHI 与公司市值有显著的负向关系，同时 RTA 与公式市值的关系不明显。本章这里进一步的解释是，这一结果有很典型的意义，由于 RPP 和 PC 都与专利的竞争质量有关，前者给出了专利权人所拥有专利的竞争地位，后者更显示出相应专利的质量。而 HHI 与专利技术的多样化发展有关，当多样化水平高时，其专业化水平（纵深方向发展的实力）即相对较弱，与企业竞争地位可能形成差别型关系，因此显示负向关系也是合理的。而 RTA 与所选择的公司样本群有关及相关技术领域有关。同时，该研究还提供了一个重要的发现，即具有高存量专利的制药公司的市值统计上要高于低存量专利的公司。显然，不但专利质量，而且专利数量本身也可以与制药公司的市值有正向发展关系。因而，该研究总体上是与前述研究相呼应的。

各类研究表现出，在美国和一些发达工业化国家，专利技术可以作为重要的公司价值内涵加以参考，并引起投资者的高度关注，相应地融资需求也有适宜的机制和管道通过市场实现。究其原因，可能有以下几点。

美国高科技经济发展传统中，有两个技术创新与资本力量的对接渠道：①类似硅谷这样的创新活动园区，大量此起彼伏的高技术创新创业企业，吸引各类专业化的也是国际性的风险投资基金进行积极和有效的投资，因而相应的资本机构和载体培养出了一种技术创新血统，形成了一种创新性技术为背景的资本化经营力量；②先进的国防技术，是由美国从冷战时期以来长期的军备竞赛发展而形成，与此相关，也引起了并结合了以华尔街金融家为代表的美国金融资本对技术资本化的关注，长此以往，也形成了一种关注国防技术在民用空间发展的投资眼光，也是一种先进技术为背景的资本化经营力量。

这两种资本化经营力量的市场眼光和操作技巧各有千秋，前者以小规模、国际化、技术与金融人才的高度融合为特征，后者则以大规模、美国化、研发密集机构与金融家的高度融合为特征。而近些年来，这两类资本运营力量通过金融机构正在融为一体。

如美国投资者协会（CFA）所标榜的那样："美国今天的股权市场代表了一种宽范围、去中心化的电子网络，而这一市场高度依赖技术本身的发展并以高速萌发新技术或按订单产生新技术为特征"（CFA Institute ，2012）。

美国金融和技术相关联的一个重要表现是，金融活动本身进一步技术化。如 Essendorfer 等（2015）根据美国 USTPO 专利数据所做的研究显示，有关金融交易设施技术的专利自 1999 年呈爆发式增长，其产业发展生态可以称为熊彼特 I 型（破坏型创新）的创新状态，特别是其创新者主要来自那些小型软件公司，而这些公司早先又都是一些金融中介企业，某些公司甚至就是原来的 NPE 型企业（即专利流氓，具体见下节）。比较著名的创新者包括芝加哥商品交易所和高盛公司。该研究的一个重要呼吁是，了解最新的资本活动应当看其相关设施的技术发展，而这一技术发展状况和趋势则应当主要参考专利信息，同时，种种迹象表明，华尔街金融资本已经深度介入最近金融设施的技术发展过程了。

在上述背景之下，专利技术的融资、股权变现、投资活动的多样化展开就是不难想象的事情了。

23.4　专利权及专利技术资源资本化运营模式分析

根据上述分析，不难分析基于专利权及专利技术资源融资投资活动的发展动因。其中，尤以专利的投资形式最为多样化，并与技术发展的关系更为紧密。而重要的角色是专利投资公司，在实践中，往往是前身为投资业务或基金业务的金融服务型机构更多参与这样的活动。

根据 Gredel 等(2014)概括有关专利投资活动的研究，专利投资公司的运作涉及三类主要合作伙伴：①专利权人；②技术寻求者；③有关专利权或使用权转让的法律、税收、合伙人管理等方面的专门知识及其载体(其中，此类合作方也有可能成为专利投资公司的内部成员)。本章结合该研究，加入了其他可能的专利类投资活动，包括投机型投资活动(如NPE)，以及更为全面的专利运营(包含自身的研发机构)等，构成补充后的结构图 23-1。

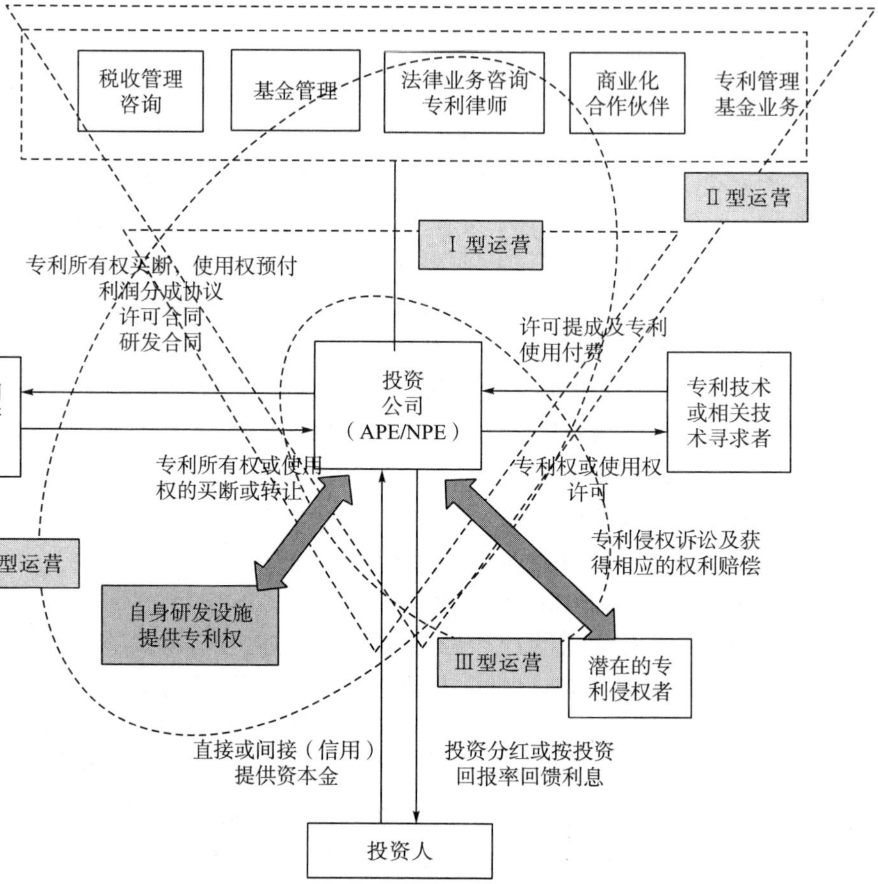

图 23-1　专利资本化运营模式示意图

注：根据 Gredel 等(2014)研究所作的补充和改编，运营模式为作者所加。

本章策划了五种可能的专利化运营模式，其中第五种是基于组合其中几种而可能形成的混合模式，分别分析如下。

1) 专利资本化运营模式 I：特定行业单一功能专利权资本化运营模式

这是最为简单的专利权资本化运营模式，本质上是一种中介公司，但起到技术和资本双重中介作用，一般源自基金公司市场，转而经营专利技术资产。这些公司及其运营的最大优势是可以获得低利资金，在资金运营方面有较强的专业知识。他们倾向于购买现有的、具备市场潜力(一般分为近期市场潜力和远期市场潜力，而这类运营基本聚焦近期市场潜力)的专利技术资源，一般购买专利使用权(通常为独家许可)或所有权，并与市场上的税收、法律、商业化等环节的咨询服务型企业保持良好的商业合作关系，来选择适宜的技术，选择适宜的买方进行交易，同时，通过其专利买进和卖出获得收益，并以较好的市场业绩吸引更多的投资人。值得指出的是，由于商业化环境和市场机遇往往有很强的行业特性，因此，这类资本化运营通常应选取特定行业作为自身专利资本化运营的核心技术进行深度开发和积累。

2) 专利资本化运营模式 II：宽行业单一方向专利资本化运营模式

这类运营模式与 I 相仿，但往往合并了上述法律、税收、商业化、资金管理等环节的咨询技术，将这些业务合并成为公司内部的运作模式，因而具有更强和更广范围的行业运行可能，也是资本规模更大的一类运行模式。单一功能仍然是强调其技术中介+资本中介的中介型功能和作用。

3) 专利资本化运营模式 III：非应用型专利技术投机运行模式(NPE 模式)

即通常所谓“专利流氓”模式，这类模式并不以技术寻求者为主要服务对象，而是主要针对市场上的可能专利侵权者，为此目的来购买专利技术的所有权(不是使用权)，通常主要是从高校和科研院所以及商业困难的中小企业手里购买特定的专利技术。其核心竞争力是对未来市场发展的预期和技术主题的把握，并对专利诉讼的程序、达成和解的方式等烂熟于心。因此，这类经营模式需要两类人才：①技术人才(同样聚焦特定的技术领域和行业发展)，②法律和专利诉讼人才。由于这类经营模式不以专利技术的实际使用为目的，因此，大量专利诉讼造成的经济收入表现为纯粹私有性质的收益，而不具有任何社会效益，反而大量浪费社会财富(研发、专利审查、专利诉讼等过程)，最终对促进行业技术创新极少正面作用，是一种专利制度的负面效应。

4) 专利资本运营模式 IV：应用型专利组合技术转让模式(BTG 模式)

该模式以强势技术转让为竞争优势，英国技术集团(BTG)曾是此模式的典型代表。该模式需要四类必要的要素资源：先进技术研发资源(通常聚焦于某些特定领域)、工业产权和专利法律资源(熟悉市场的律师和法律分析专家)、资本市场运行资源(与金融机构的合作关系以得到低利资金，以及金融市场业务资源等)、行业性市场经营资源(特别是高技术市场的营销和开发资源)。实际上，这类模式是以收购零散开发的专利资源，打包成为组合专利(通过本企业研发资源补充空缺)高价向外许可；同时，还能监测到市场上的潜在侵权者，对其进行法律诉讼获得市场赔偿。

显然，这类运营模式的技术含量高，资源集成性强，因而更适宜于在一个较为专业的市场发展。

5) 专利资本运营模式 V：专利组合资本化运营混合模式

专利资本运营模式 V：专利组合资本化运营混合模式，即上述(II)、(III)、(IV)的混合体。

不难发现，这些类专利资本运营模式中，主要针对的专利购买源是高校和一些科研院所的专利，即从潜在的技术卖方来看，如果总结所有专利权人获取专利的动机，只有技术许可能被考虑为可收购的专利类型，而选择技术许可作为专利权获取目的的只有独立发明家和高校(应包含科研院所)两类，而高校的专利由于其技术复杂性往往更高，更是专利资本化运营的首选资源类型。

表 23-1 是根据相关调研得到的结果，从中也可以看出独立发明家和高校在这一市场上的出让地位。

表 23-1　有关获取专利权用途的参考调查结果　(单位：%)

专利权人	动机选择				
	防止约束	权利警示	运行自由度	封锁竞争者	技术许可
独立发明家	81	33	38	57	59
小微企业	72	51	50	54	38
中型企业	72	26	42	52	20
大型企业	66	9	54	56	13
高校	20	49	38	15	90

注：源自 Veer 和 Jell(2012)。

而从真正的专利资本化运营的主体来看，在这些运营模式中，比较灵活的潜在参与主体可能有这几类。

①第一是原来开展金融服务或金融中介型企业，增加了技术内涵之后，可能转变为不同类型的专利基金公司。从技术类企业也可以转化为专利基金，但从各类资本平台和金融市场上获取和投放相应的资金仍然是这些类运营方式的关键资源，因此，金融类企业较易实现这类运营的转变。

②第二类是所谓“专利流氓”，或非应用实体(non-practicing entity，NPE[①])，这类企业往往具有敏锐的专利技术未来市场价值预期和分析技术，也有转化为其他类型专利资本化经营模式的发展潜力。事实上，NPE 本身就是一种生动的专利资本化模式[②]，目前大部

① 根据 WiLan Inc. 和 Mosaid Technologies 定义，NPE 和 APE 在获取技术的特征与传统上的高技术企业类似，也开展 R&D 活动，但却并不生产实在的产品，这些实体的核心资产是聚焦在技术开发及相应的知识产权管理(包括向外许可和以许可方式引进技术)上面。

② 根据《Fortune》杂志 2014 年(3 月 17 日)的报道，NPE 对以下跨国企业在一年的时间里发起多次专利诉讼，包括对 AT&T 的 54 次诉讼，对 Google 的 43 次诉讼，对 Verizon 的 42 次诉讼，对 Apple 的 41 次诉讼，对三星和亚马逊的各 39 次诉讼，对

分专利出售平台上的购买方，都是NPE型的投资者，如表23-2所示。

表23-2　Ocean Tom专利拍卖平台统计

	全样本	2006年春	2006年秋	2007年春	2007年夏	2007年秋	2008年春	2008年夏	2008年秋
专利(总)	1708	422	258	174	216	146	208	105	179
出售专利/%	36	23	15	52	18	40	75	56	43
NPE购买专利/%	82	60	69	69	100	92	96	97	73

来源：Cariggioli和Ughetto(2016).

某些时候，NPE购买的专利甚至是该专利拍卖平台上所有的专利，其他大部分时候，NPE也是购买该平台专利的绝对大户。而从不同技术领域看，NPE所投资的产业领域也都是专利技术热门领域(表23-3)。

表23-3　专利拍卖平台上的可供技术及售出技术对比

领域	专利拍卖平台提供的专利比例/%	售出专利的比例(占提供专利比例)/%
通信技术领域	35	54
计算机与电子技术领域	26	31
生命技术与化学领域	14	11
工业机械装备领域	11	40
监控技术领域	6	22
其余技术领域	8	22

注：根据Caviggioli和Ughetto(2016)图形数据总结。

显然，通信技术领域、工业机械装备领域、计算机与电子技术领域是这类专利拍卖平台上最为看好的技术门类。

③大型高技术跨国企业，如目前大多数具有高科技业务的跨国企业都倾向于储备大量专利及相关知识产权资源，作为一种防护型或保护型技术资源，目的也是为了防范潜在的专利或其他形式知识产权的诉讼，但当此类储存积累到一定程度，也就具备了攻击他人的能力。

如根据Fischer (2012)的研究，所谓专利聚集功能成为一种重要的业务类型，以至于叫作APE公司，与NPE相对应，并具有下列特征。

(1)防护型聚集功能：①防护型聚集者购置大量专利的特点是，其技术领域相对狭窄，但具有高质量或高技术复杂特征，通常其发明家组合规模较小，但专利存续期较长，与技术应用者存在相应的区别。②防护型聚集者主要关心技术发明与本企业专利技术的相关程度，以便防止池外或专利联盟之外的第三方取得关键的基础性技术。

(2)超级防护聚集功能：超级防护聚集者还特别注重具有较长存续期的专利，同时又同时赋予多个合作专利权人的专利，而非专利技术应用者(更注重所谓三方专利)。

Dell和Sony的各34次诉讼，对华为的32次诉讼，对黑莓的31次诉讼，等。还据此报道，NPE对2800多家企业发起了共计4800余次诉讼，是2008年的六倍。

突出的例子是，索尼、英特尔、诺基亚、微软都曾投资高达3.5亿美元到6亿美元设立专门的专利收购基金，来构造自己的专利资源聚集平台。谷歌和EBay也是这类基金的成员。某些公司还特意打造专门目的的专利聚集功能，特别称为专项目标实体(special purpose entity，SPE)以便和NPE和APE有所区分。

而从具体的专利资本化运营模式实践来看，根据WiLan Inc. and Mosaid Technologies的网站报道，已经有大概以下这些：①组合专利许可与强力实施公司(PLE)，类似于本章所提出的专利资本化运营模式IV(即BTG模式)；②专利海盗模式；③机构型IP聚合(IP Aggregator)与购置基金(IPA/A)；④专利许可代理；⑤专利诉讼金融/投资公司；⑥专利中介；⑦基于知识产权资源的企业购并咨询公司；⑧知识产权拍卖公司；⑨在线知识产权/技术交易、清算、清单发布、创新活动入门服务；⑩基于知识产权的贷款公司；⑪知识产权许可提成费证券化公司；⑫专利分析软件和服务类公司；⑬高校技术转让服务公司；⑭知识产权交易和贸易平台/知识产权交易-最优实践开发社区平台；⑮防护型专利池、基金和专利联盟；⑯技术/知识产权出让融资公司；⑰基于专利的公共股票指数发布和出版公司；⑱知识产权保险承运商等。

23.5 本章结语

上述大多数业务可以归纳为前四类模式中的某种模式，是由金融背景、软件(网络)开发背景、知识产权分析技术(包括NPE)背景类的企业为中坚力量逐渐开发出的一个新兴产业，这也是知识工业时代的一个突出现象，相信随着我国知识经济和知识工业的深入发展，这类商业模式的演变和相应的技术进步也会大踏步地发展，并充满了中国经济发展的特征和领先特性。只是，相对于知识产权制度效率的考虑，这个市场和相应的产业发展，又有必要通过某种政策管道加以必要的影响，而使得专利制度的健康发展，有力促进技术创新，推进我国社会主义文明与进步。

参 考 文 献

柴文义，黄健青，黄子龙，2011. 国内外ICT指标的比较[J]. 统计与决策，12: 157-159.

常芬芬，黄翠霞，2011. ETSI 披露 LTE 专利分析[J]. 现代电信科技，01(08): 6-9.

陈钢，2004. 专利: 强者的武器[J]. 互联网周刊，z1:216.

陈国平，2011. MIMO 检测技术在 LTE 系统中的应用研究[J]. 数据通信，01(06): 23-25.

陈华超，董芳，2003. 从比较优势到竞争优势—印度软件业飞速发展的奥秘[J]. 金融教学与研究，03: 31-32，51.

陈展，2005. 企业专利诉讼策略的应用及防御[J]. 知识产权，4: 34-36.

陈志雄，曾辉，2010. 中文专利文献自动分类[J]. 嘉应学院学报(自然科学)，28(2): 24-29.

成思危，2010. 新能源与低碳经济[J]. 管理评论，22(6): 4-8.

邓声菊，何黎清，2006. 动植物品种权的比较分析[J]. 中国发明与专利，11：70-73.

邓兴华，林洲钰，2016. 专利国际化推动了贸易增长吗？—基于贸易二元边际的实证研究[J]. 国际经贸探索，32(12).

Dodgson M，Rothwell R，2000. 创新聚集: 产业创新手册[M]. 陈劲，译. 北京: 清华大学出版社.

董金华，2005. 美国国家创新体系三大主体角色新动向的启示[J]. 科学学研究，23 (5) :715-720.

樊春良，李玲，2009. 中国纳米技术的治理探析[J]. 中国软科学，8.

冯晓青，1997. 浅析专利侵权诉讼中被告的策略[J]. 发明与革新，12: 12-16.

傅强，胡奚何，2011. 基于技术溢出效应的国际商品贸易结构对我国专利数量的影响分析[J]. 科技进步与对策，28(6):18-22.

高山行，郭华涛，2002. 中国专利权质量估计及分析[J]. 管理工程学报，3: 66-68.

高寿浩，2014. 我国汽车行业专利申请现状与展望[J]. 技术经济与管理，5(2): 175-181.

关兆辉，2004. 国外商业方法发明的专利保护现状[J]. 中国发明与专利，03.

官建成，戴珊珊，2008. 我国信息通讯产业专利技术战略分析[J]. 技术经济，27(2): 1-11.

郭姗姗，2013. 中国高速铁路技术专利权保护问题探析［D］. 北京: 中国政治青年学院.

郭晓然，张锡宝，2015. 中印计算机和信息服务贸易的竞争力比较[J]. 商业经济，11: 92-94.

韩秀成，2004. 直面专利战，应对专利战[J]. 中国知识产权报，7.

何海帆，1997. 在专利侵权诉讼中企业的专利策略[J]. 广东科技，4.

胡勇，项益民，王乐球，2004. 专利制度的利弊剖析[J]. 情报杂志，23(3): 122-124.

黄鲁成，等，2014. 基于专利的技术竞争态势分析框架[J]. 情报学报，33(3): 284-295

黄鲁成，等，2014. 基于专利数据的全球高速铁路技术竞争态势分析[J]. 情报杂志，33(12): 41-47.

贾丹明，2006. 商业方法专利之 IPC 分类[J]. 中国发明与专利，03.

贾丹明，2007. 欧洲商业方法专利分析[J]. 中国发明与专利，05.

江旭，高山行，周为，2003. 最优专利长度与宽度设计研究[J]. 科学学研究，21(2): 191-194.

江宇，2007. 移动通信技术发展的回顾和展望[J]. 科技资讯，21(12A): 201-203.

姜丽楼，杨起全，2007. 中国集成电路专利技术分布与竞争态势[J]. 中国科技论坛，6(3): 71-75.

蒋健安，等，2008. 一种面向专利文献数据的文本自动分类方法[J]. 计算机应用，28(1): 159-161，167.

蒋训林，2005. 信息和通信技术产业与经济增长: 对中国实践的研究[D]. 广州:华南师范大学.

蒋训林，2008. 我国信息技术产业的投入产出分析[J]. 科技情报开发与经济，25: 56-58.
金成隆，等，2007. Patent citation R&D spillover absorptive capacity and firm performance: Evidence from taiwan semiconductor industry[J].Journal of Gastroenterology , 2007 , 42:127-130.
寇宗来，2004. 专利保护宽度和累积创新竞赛中的信息披露[J]. 经济学季刊，3(3): 743-762.
雷滔，陈向东，2011.ICT 领域跨学科关联度的块段模型分析[J]. 中国软科学，2: 67-74.
雷滔，陈向东，2011.区域校企专利合作网络图的动态演化趋势分析[J]. 科研管理，2: 67-73.
李春燕，2015. 跨国公司高科技产品专利国际化战略实证研究—以通信行业 LTE 技术为例[J]. 科学学研究，33(1).
李海超，衷文蓉，2013. 我国 ICT 产业成长能力评价研究[J]. 科学学与科学技术管理，06: 119-125.
李明德，2004. 巴西科技体制的发展和研发体系[J]. 拉丁美洲研究，3: 27-32.
李习保，2007. 中国区域创新能力变迁的实证分析: 基于创新系统的观点[J]. 管理世界，12: 18-30.
李晓华，吕铁，2010. 战略性新兴产业的特征与政策导向研究[J]. 宏观经济研究，9: 20-26.
李晓明，等，2004. 先进制造技术(AMT)应用水平与制造企业市场竞争力关系研究[J]. 管理工程学报，18(4): 55-59.
李哲浩，潘孝先，田雨华，1995. 先进制造技术在经济建设中的战略地位[J]. 先进制造与材料应用技术，1: 35-38.
廉同辉，袁勤俭，2012. 北美产业分类体系的信息产业分类演化及启示[J]. 统计与决策，16: 22-26.
梁立明，谢彩霞，2003. 词频分析法用于我国纳米科技研究动向分析[J]. 科学学研究，21(2).
林艳芳，2011. TD-LTE 关键技术及发展[J]. 数字通信，01(009): 36-38.
刘凤朝，张娜，孙玉涛，2014. G7 国家和中国 ICT 技术发展轨迹研究—基于 USPTO 专利的比较分析[J]. 中国软科学，09: 22-33.
刘佳，钟永恒，2011. 专利组合在企业技术评价中的使用研究[J]. 情报杂志，30(08): 33-35.
刘平，张静，戚昌文，2006. 专利技术图制作方法实证分析[J]. 科研管理，27(6): 109-117.
刘庆琳，刘洋，2010. 专利保护对我国外商直接投资的影响，财贸经济，1.
刘玉琴，汪雪锋，雷孝平，2007. 基于文本挖掘技术的专利质量评价与实证研究[J]. 计算机工程与应用，43(3): 12-14.
刘云，等，2010. 国家创新体系国际化理论与政策研究的若干思考[J]. 科学学与科学技术管理，31 (3) :61-67.
柳卸林，王海燕，2001. 从 2001 年科学基础设施地位排名看中国科技发展的重点[J]. 科学学与科学技术管理，22(10): 5-8.
卢惠生，2008. 发展中的欧洲专利局和欧洲专利制度[J]. 中国发明与专利，11.
陆楠，2008. 关注无线移动通信的演进趋势[J]. 电子设计技术，05(21): 31-33.
栾春娟，尹爽，2009. 全球 3G 领域专利计量及中国的机遇与挑战[J]. 技术与创新管理，30(06): 729-731.
罗佳秀，范兵，2012. AMOLED 技术领域全球专利布局分析[J]. 中国集成电路，2(1): 87-93.
骆品亮，郑绍滚，1997. 专利的保护年限与保护宽度之优化确定[J]. 系统工程理论方法应用，6(2): 49-54.
迈克尔•波特，1997. 竞争战略—分析产业和竞争者的技巧[M]. 北京: 华夏出版社.
Marco T Connor，林亚松，2007. 欧洲专利申请程序及途径介析[J]. 世界知识产权，17(4):72-81.
美国麻省理工学院，1991. 夺回生产优势—美国制造业的衰退及对策[M]. 北京:军事科学出版社: 10.
苗强，毛玉泉，2005. 第三代移动通信的关键技术—智能天线[J]. 电子科技，01(184): 23-25.
潘雄锋，张维维，舒涛，2010. 我国新能源领域专利地图研究[J]. 中国科技论坛，4: 41-45.
彭霞，2006. 商业方法的专利保护[J]. 中国发明与专利，09.
乔永忠，2009. 基于专利情报视角的专利维持时间影响因素分析[J]. 图书情报工作，4: 42-45.
秋妮，等，2015. 混合动力汽车离合器专利技术现状研究[J]. 汽车工业研究，3: 17-20.
驱动之家: http: //news. mydrivers. com/1/198/198486. htm.
曲凤宏，黄泰康，2005. 我国医药产业创新体系的战略框架设计[J]. 中国新药杂志，14(11): 1249-1252.

任声策，宣国良，2006. 企业专利诉讼行为及其影响机制分析[J]. 知识产权，,2: 41-46.

山东省商务厅. 韩国将实施技术产权保护法[EB/OL]. http: //www. Shandong business. gov. cn/index/content/sid/29349. html.

束峰，颜永庆，2005. MIMO 无线通信系统的关键技术和应用前景[J]. 江苏通信技术，21(05): 7-8.

搜狐网: http: //it. sohu. com/20130419/n373221235. shtml.

苏运来，2007. 美，日，欧商业方法专利授权条件之比较[J]. 商业研究，04.

孙海龙，姚建军，2008. 中美两国专利临时禁令制度比较研究[J]. 中国专利与商标，03: 24-27.

谈振辉，2007. 移动通信的关键技术[J]. 中国新通信，01(17): 6-8.

汤俊，胡树华，2006. 我国汽车产业的专利现状与自主发展对策[J]. 技术经济，2(3): 15-18.

汤宗舜，2001. 专利法解说(第三版)[M]. 北京: 知识产权出版社.

唐健辉，叶鹰，2009. 3G 通信技术之专利计量分析[J]. 图书与情报，02(05): 71-73.

佟大木，岳咬兴，2008. 出口导向加工贸易政策对产业升级的影响—基于 ICT 产品进出口数据的实证分析[J]. 国际经贸探索，08: 17-21.

汪雪峰，等，2006. 促进促进技术监测在政府科研管理中的应用—纳米技术监测应用研究[J]. 科研管理，27(3).

王博，王胜利，2008. 企业专利池战略研究[J].财会月刊，17:71-73.

王承守，邓颖懋，2006. 美国专利诉讼攻防策略运用. [M]. 第 1 版.北京: 北京大学出版社.

王雷，戴妮，2008. LTE 中国专利态势分析[N]. 赛迪网-通讯产业报.

王隆太，2003. 先进制造技术[M]. 北京: 机械工业出版社: 96-129.

王哲，等，2011. 高铁产业上市公司中国专利申请统计与分析[J]. 统计分析，2(4): 46-49.

魏衍亮，2005. 生物芯片第一轮专利大战扫描[J]. 中国知识产权报，7.

温维敏，张永波，李艳萍，2010. 当前移动通信中的关键技术[J]. 网络技术与应用，1(1): 46-48.

温旭，2005. 专利诉讼的基本技巧[J]. 中国知识产权报，8.

吴复兴，1999. 适应世界经济进步，发展先进制造技术[J]. 模具技术，6: 90-95.

吴贵生，2000. 技术创新管理[M]. 北京: 清华大学出版社.

吴为理，黄维军，2011. 基于专利分析的混合动力汽车技术分布研究[J]. 汽车工业研究，6: 5-9.

吴晓波，2005. 制药企业技术创新战略网络中的关系性嵌入[J]. 科学学研究，23(4).

吴晓达，2007. 计算机软件专利保护在中国的现状及展望[J]. 中国发明与专利，03.

席酉民，郭菊娥，李怀祖，2006. 大学学科交叉与科研合作的矛盾及应对策略[J]. 西安交通大学学报(社会科学版)，1: 79-83.

熊有伦，杨叔子，1996. 先进制造技术—制造业走向 21 世纪[J]. 世纪科技研究与发展，3: 31-40.

徐国祥，余碧涛，李福乐，等，2012. 我国新能源汽车领域专利申请情况分析[J]. 汽车工业研究，42(5): 289-292.

徐国祥，余碧涛，李福乐，等，2013. 电化学电池—新能源汽车领域专利申请情况分析[J]. 汽车工业研究，37(3): 495-498.

许珂，陈向东，2010. 基于专利技术宽度测度的专利价值研究[J]. 科学学研究，28(2): 202-210.

杨佳，武夷山，2006. 美国软件专利制度发展脉络的研究[J]. 科技管理研究，09.

杨叔子，2004. 先进制造技术发展与展望[J]. 机械制造与自动化，33(1): 1-5.

杨叔子，熊有伦，1999. 重视制造科学的研究[J]. 科学时报，7(2): 14-20.

姚颉靖，彭辉，2010. 药品专利保护悖论研究综述: 从公地悲剧到反公地悲剧[J]. 西部论坛，20(2): 26-31.

尹志峰，周敏丹，2015. 经济发展，对外开放与专利保护强度[J]. 经济学动态，12.

于志红，2002. 争夺制高点，企业专利战略怎么定[J]. 经济日报，9.

余菜花，袁勤俭，2012. 国际标准产业分类体系的信息和通讯业分类演化及启示[J]. 统计与决策，06: 12-15.

俞建峰，陈翔，杨雪瑛，2009. 我国集成电路测试技术现状及发展策略[J]. 中国测试，35(3)：1-5.

俞文华，2014. 中国自主创新动态：基于专利指标的若干方面的考察[M]. 北京:知识产权出版社.

袁少明，2012. 关于提高汽车专利申请质量的思考[J]. 技术经济，9(4)：35-41.

张诚，朱东华，汪雪峰，2006. 集成电路封装技术中国专利数据分析研究[J]. 现代情报，5(9)：160-166.

张传杰，漆苏，朱雪忠，2010. 跨国公司的技术溢出对我国企业专利产出的影响效应研究[J]. 情报杂志，29(3).

张古鹏，陈向东，2012. 基于专利的中外新兴产业创新质量差异研究[J]. 科学学研究，29(12)：1813-1820.

张继周，2010. 我国新能源产业发展存在的问题及其对策研究[J]. 福建行政学院学报，6: 92-95.

张珺，刘德学，2007. 基于全球生产网络的跨国公司嵌入下的开放式产业创新体系构建[J]. 科技管理研究，2: 169-171.

张申生，1995. 拟实制造与现代仿真技术[J]. 系统仿真学报，7(3)：18-22.

张世昌，2004. 先进制造技术[M]. 天津：天津大学出版社: 27-56.

张义明，2002. 印度在国际科技合作中的知识产权保护[J]. 全球科技经济瞭望，12: 12-13.

赵梅生，2004. 关于专利侵权救济的国际比较分析[J]. 电子知识产权，11: 15-18.

赵治国，何宁，朱阳，2011. 四轮驱动混合动力轿车驱动模式切换控制[J]. 机械工程学报，4: 100-109.

中国知识产权网: http: //www. cnipr. com/news/gwdt/201304/t20130419_175938. html.

中国知识产权协会，2005. 典型产业专利发展状态和发展趋势[M]. 北京：科学出版社.

周寄中，张黎，汤超颖，2005. 关于自主创新与知识产权之间的联动[J]. 管理评论，17(11)：41-45.

庄贵军，2005. 基于 SBU 链接概念的多元化动力模型[J]. 管理工程学报，19(2)：80-85.

Aaltonen T，et al，2005. Market value and patent citations[J]. The RAND Journal of Economics，36: 16-38.

Abramovitz M，1956. Resource and output trends in the United States since 1870[J]. The American Economic Review，46(2)：5-23.

Acs Z J，Audretsch D B，1988. Innovation in large and small firms: An empirical analysis[J]. The American Economic Review，78(4)：678-690.

Acs Z J，Anselin L，Varga A，2002. Patents and innovation counts as measures of regional production of new knowledge[J]. Research Policy，31(7)：1069-1085.

Adam M，2005. Integrating research and development: the emergence of rational drug design in the advantage in using multiple indicators?[J]. Research Policy，32: 1365-1379.

Albuquerque E D M E，2000. Domestic patents and developing countries: arguments for their study and data from Brazil (1980-1995)[J]. Research Policy，29(9)：1047-1060.

Aldrich H，Ruef M，2006. Organizations Evolving [M]. 2nd ed. Sage Publications: London.

Alexander D L，Flynn J E，Linkins A，1995. Innovation，R&D productivity and global market share in the pharmaceutical industry [J]. Review of Industrial Organization，10: 197-207.

Allison J，et al，2004. Valuable patents[J]. Georgetown Law Journal，92: 435.

Anand B N，Khanna T，2000. Do firms learn to create value? The case of alliances[J]. Strategic Management Journal，21 : 295-315.

Anandarajan A，et al，2007. The effect of innovative activity on firm performance: The experience of Taiwan[J]. Advances in Accounting，23: 1-30.

Andal M，Oyanagi S，Yamakazi K，2006. Research on text mining techniques to support patent map generation[J]. Forum on Information Technology: 111-112.

Andersen B，2004. If intellectual property rights is the answer，what is question? Revisiting the patent controversies[J]. Economics of Innovation and New Technology，13(5)：417-442.

Andersen B，Konzelmann S，2008. In search of a useful theory of the productive potential of intellectual property rights[J]. Research Policy. 37: 12-28.

Angrist J D，Imbens G W，Rubin D B，1996. Identification and causal effects using instrumental variables[J]. Journal of the American Statistical Association，91: 444-455.

Arora A，Gambardella A，1994. Evaluating technological information and utilizing it: Scientific knowledge，technological capability，and external linkages in biotechnology [J]. Journal of Economic Behavior & Organization，24（1）: 91-114.

Arora A，Ceccagnoli M，Cohen W M，2008. R&D and the patent premium[J]. International Journal of Industrial Organization，26（5）: 1153-1179.

Arundel A，Kabla I，1998. What percentage of innovations are patented? Empirical estimates for European firms [J]. Research Policy，27（2）: 127-141.

Arundel A，Patel P，2003. Strategic patenting. Background report for the trend chart policy benchmarking workshop[J]. New Trends in IPR Policy.

Astebro T B，Dahlin K B，2005. Opportunity knocks[J]. Research Policy，34（9）: 1404-1418.

Atallah G，Rodriguez G，2006. Indirect patent citations[J]. Scientometrics，67（3）: 437-465.

Athreye S，Cantwell J，2007. Creating competition?: Globalisation and the emergence of new technology producers[J]. Research Policy，36（2）: 209-226.

Audretsch D B，Feldman M P，1996. R&D spillovers and the geography of innovation and production[J]. The American Economic Review，86（3）: 630-640.

Audretsch D B，Stephan P E，1999. Knowledge Spillovers in biotechnology: Sources and incentives [J]. Journal of Evolutionary Economics，9: 97-107.

Austin D H，1993. An event-study approach to measuring innovative output: The case of biotechnology [J]. American Economic Review，73（3）: 290-297.

Avermaete T，et al，2003. Determinants of innovation in small food firms[J]. European Journal of Innovation Management，6（1）: 8-17.

Azagra-Caro J M，2007. What type of faculty member interacts with what type of firm? Some reasons for the delocalization of university-industry interaction two-step method[J]. Technovation，26: 704-715.

Azoulay P，Ding W，Stuart T，2007. The determinants of faculty patenting behavior: Demographics or opportunities?[J]. Journal of Economic Behavior & Organization，63（4）: 599-623.

Bay Y，2003. Development and applications of patent map in Korean high-tech industry[J]. Proceedings of the First Asia-Pacific Conference on Patent Maps，October 29: 3-23.

Belderbos R，2001. Overseas innovations by Japanese firms:An analysis of patent and subsidiary data[J]. Research Policy，30（2）: 313-332.

Bengisu M，Nekhili R，2006. Forecasting emerging technologies with the aid of science and technology databases[J].Technol Forecast & Social Change, 73: 835-844.

Bessen J，2008. The value of US patents by owner and patent characteristics[J]. Research Policy，37（5）: 932-945.

Bessen J，Meurer M J，2008. Patent Failure:How Judges，Bureaucrats，and Lawyers Put Innovators at Risk[M]. Princeton University Press.

Bijker W E，Hughes T P，Pinch T J，1987. The social construction of technological systems，the MIT Press，biotechnology [J].

Research Policy，October，25 (7): 1139-1157.

Blazsek S，Escribano A，2016.Patent propensity, R&D and market competition: Dynamic spillovers of innovation leaders and followers[J]. Journal of Econometrics, 191 : 145-163.

Blind K，et al，2006. Motives to patent: Empirical evidence from Germany[J]. Research Policy，35(5): 655-672.

Boardman P C，Ponomariov B L，2007. Reward systems and NSF university research centers: The impact of tenure on university scientists' valuation of applied and commercially-Relevant research[J]. The Journal of Higher Education，78: 51-70.

Bory K K，Ward P T，Leong G K，1996. Approaches the factory of the future. An empirical taxonomy[J]. Journal of Operations Management，14(4): 297-313.

Bostyn S，Petit N，2013. Patent=Monopoly: A legal fiction[J]. Ssrn Electronic Journal.

Boyer K K，1999. Evolutionary patterns of flexible automation and performance : A Longitudinal Study[J]. Management Science , 45 (6) :824-842.

Breschi S，Lissoni F，Malerba F，2003. Knowledge relatedness in firm technological diversification[J]. Research Policy，32: 69-87.

Brouwer E，Kleinknecht A，1999.Innovative output，and a firm' s propensity to patent. An exploration of CIS micro data[J]. Research Policy，28(6): 615-624.

Brusoni S，Prencipe A，2000. Unpacking the black box of modularity: Technologies，products，organizations[J]. Industrial and Corporate Change，10: 179-205.

Brusoni S，Pavitt K，Prencipe A，2001. Knowledge specialization，organizational coupling，and the boundaries of the firm: Why do firms know more than they make? [J]. Administrative Science Quarterly，26: 597-621.

Burgess F，Gules H K，1998. Buyer-supplier relationships in firms adopting advanced manufacturing technology: An empirical analysis of the implementation of hard end soft technologies[J]. Technol. Manang，15: 127-139.

Burke P F，Reitzig M，2007. Measuring patent assessment quality-analyzing the degree and kind of (in) consistency in patent offices' decision making[J]. Research Policy，36: 1404-1430.

Caloghirou Y，Tsakanikas A，Vonortas N S，2001. University industry cooperation in the context of the European frame work programmers[J]. Journal of Technology Transfer.26(1-2): 153-161.

Cameron C，Trivedi P，2005. Microeconomics-Methods and Applications[M]. Cambridge，UK:Cambridge University Press.

Campa M J，Kedia S，2002. Explaining the diversification discount[J]. Journal of Finance，57(4): 1731-1762.

Camus C，Brancaleon R，2003. Intellectual assets management: from patents to knowledge[J]. World Patent Information，25(2): 155-159.

Canttrell R L，2009. Outpacing the Competition: Patent-based Business Strategy[M].John Wiley & Sons，Inc，Hoboken，New Jersey，USA.

Cantwell J A，2003. Multinational corporation and European regional system of innovation [J]. Routledge ，33 (6-7) :1062-1063.

Cantwell J，Janne O，1999. Technological globalization and innovative centers: The role of corporate technological leadership and locational hierarchy 1 [J]. Research Policy , 28 (2-3) :119-144.

Cantwell J，Piscitello L，2002. The location of technological activities of MNCs in European regions: The role of spillovers and local competencies [J]. Journal of International Management，8 (1): 69-96.

Cariggioli F，Ughetto E，2016. Using intellectual property data to analyse China' s growing technological capabilities[J]. World Patent Information，27(1): 49-61.

Carlsson，1995. Technology System and Economic Performance: The Case of Factory Automation [M]. Kluwer，Boston.

Chabchoub N, Niosi J, 2005. Explaining the propensity to patent computer software[J]. Technovation, 25(9): 971-978.

Chandler G, Lyon D, 2001. Issues of research design and construct measurement in entrepreneurship research: the past decade[J]. Entrepreneurship Theory and Practice, 25: 101-113.

Chang D S, Kao C H, 2009. Developing a novel patent map to explore R&D directions and technical gaps for thin-film photovoltaic industry[J]. Industrial Engineering and Engineering Management., 59-63.

Chang S, Lai K, Chang S, 2009. Exploring technology diffusion and classification of business methods: Using the patent citation network[J]. Technological Forecasting and Social Change, 76(1): 107-117.

Chen C H, et al, 2010. The study of development of product strategy by patent analysis: A case study of semiconductor equipment component[J]. Technology Management for Global Economic Growth: 2226-2234.

Chen Y S, Chang K C, 2010. The relationship between a firm' s patent quality and its market value -The case of US pharmaceutical industry[J]. Technological Forecasting & Social Change ,77 : 20-33.

Chen Y, et al, 2009. A patent based evaluation of technological innovation capability in eight economic regions in PR China[J]. World Patent Information, 31(2): 104-110.

Chiesa V, 1996. Separating research from development: Evidence from the pharmaceutical industry [J]. European Management Journal, 14 (6): 638-647.

Chiesa V, 2000. Global R&D project management and organization: A taxonomy [J]. Journal of Product Innovation Management, 17 (5): 341-359.

Chiu Y C, et al, 2008. Technological diversification, complementary assets, and performance[J]. Technological Forecasting and Social Change, 75(6): 875-892.

Choi J P, 1998. Patent litigation as an information-transmission mechanism[J]. The American Economic Review, 88(5): 1249-1263.

Christensen C M, Rosenbloom R, 1995. Explaining the attacker' s advantage: Technological paradigms, organizational dynamics and the value network [J]. Research Policy, 24: 233-257.

Christensen C M, Overdorf M, 2000. Meeting the challenge of disruptive change[J]. Harvard Business Review, 78(2): 66-76.

Clarkson G, Dekorte D, 2006. The problem of patent thickets in convergent technologies[J]. Annals of the New York Academy of Sciences 1093(Progress in Convergence: Technologies for Human Wellbeing), 1: 180-200.

Cockburn I, Griliches Z, 1988. Industry effects and appropriability measures in the stock market' s valuation of R&D and patents[J]. The American Economic Review, 78(2): 419-423.

Cockburn I, Henderson R, 1994. Racing to invest? The dynamics of competition in ethical drug discovery [J]. Journal of Economics and Management Strategy, 3 (3): 481-519.

Cohen W M, Levinthal D A, 1989. Innovation and learning: The two faces of R&D[J]. The Economic Journal, 99(397): 569-596.

Cohen W M, Goto A, Nagata A, 2002. R&D spillovers, patents and the incentives to innovate in Japan and the United States[J]. Research Policy, 31(8-9): 1349-1367.

Cohen W M, Levin R C, Mowery D C, 1987. Firm size and R&D intensity: A re-examination[J]. The Journal of Industrial Economics, 35(4): 543-565.

Cohen W M, Nelson R, Walsh J, 2000. Protecting their intellectual assets, appropriability conditions and why US manufacturing firms patent (or not) [A]. NBER working paper, W7552.

Colin A, Trivedi K, 2005. Microeconomics-Methods and Applications[M]. Cambridge: Cambridge University Press.

Collins S W, 2004. The Race to Commercialize Biotechnology: Molecules, Markets and state in the United States and Japan[M].

London and New Yor:Taylor&Tranus Group.

Comanor W S，1986. The political economy of the pharmaceutical industry [J]. Journal of Economic Literature，24: 1178-1217.

Comanor W S，Scherer F M，1969. Patent statistics as a measure of technical change[J]. The Journal of Political Economy，77(3): 392-398.

Cornelli F，Schankerman M，1999. Patent renewals and R&D incentives[J]. The RAND Journal of Economics，30(2): 197-213.

Corrocher N，Malerba F，Montobbio F，2007. Schumpeterian patterns of innovative activity in the ICT field [J]. Research Policy，3: 418-432.

Cowan R，Jonard N，Ozman M，2003. Knowledge dynamics in a network industry[J]. Technological Forecasting and Social Change，71: 469-484.

Cox D，Oakes D，1984. Analysis of Survival Data[M]. London: Methuen.

Craig P，et al，2008. University research centers and the composition of research collaborations[J]. Research Policy，37: 900-913.

Crampes C，Langinier C，2002. Litigation and settlement in patent infringement cases[J]. The RAND Journal of Economics，33(2): 258-274.

Criscuolo P，2005. On the road again: Researcher mobility inside the R&D network[J]. Research Policy , 34 (9) :1350-1365.

Daim T U，et al，2006. Forecasting emerging technologies: Use of bibliometrics and patent analysis[J]. Technological Forecasting & Social Change，73: 981-1012.

Dalpé R，Anderson F，1995. National priorities in academic research-strategic research and contracts in renewable energies[J]. Res. Policy，24 : 563-581.

Darby M R，Zucker L G，2001. Change or die: The adoption of biotechnology in the Japanese and U. S. pharmaceutical industries [J]. Research on Technological Innovation，Management and Policy，7: 85-125.

Das T K，Teng B S，2000. A resource-based theory of strategic alliances[J]. Journal of Management，26(1): 31-61.

Davidson，MacKinnon，2004. Econometric Theory and Methods[M]. Oxford，UK，Oxford University Press.

Day G S，Schoemaker P J，2005. Scanning the periphery[J]. Harvard Business Review，78(2): 66-76.

Deng Y，2007. Private value of European patents[J]. European Economic Review，51: 1785-1812.

Deng Y，2008. The value of knowledge spillovers in the U. S. semiconductor industry[J]. International Journal of Industrial Organization，26(4): 1044-1058.

Denicolo V，1996. Patent races and optimal patent breadth and length[J] . The Journal of Industrial Economics ，44(3): 249-265.

D' Este P，2005. How do firms' knowledge bases affect intra-industry heterogeneity. An analysis of the Spanish pharmaceutical industry [J]. Research Policy，34 (1): 33-45.

D' Este P，Patel P，2005. University-industry linkages in the UK: what are the factors determining the variety of university researchers' interactions with industry[C]. In DRUID 10th Anniversary Summer Conference 2005 on Organizations，Networks and Systems，Copenhagen，Denmark，6 : 27-29.

Diaz M S，Machuca J A D，2003. A view of developing patterns of investment in AMT through empirical taxonomies: New evidence[J]. Journal of Operations Management，21: 577-606.

Dimasi J A，et al，1991. Cost of innovation in the pharmaceutical industry [J]. Journal of Health Economics，10: 107-142.

Duguet E，Kabla I，1998. Appropriation strategy and the motivations to use the patent system: an econometric analysis at the firm level in French manufacturing[J]. Annales D' Economie Et De Statistique ，49/50: 289-327.

Erickcek G A，Watts B R，2007. Emerging Industries: Looking Beyond the Usual Suspects[R]. A Report to WIRED.

Ernst H，2001. Patent applications and subsequent changes of performance: evidence from time-series cross-section analyses on the firm level[J]. Research Policy，30(1): 143-157.

Ernst H，Legler S，Lichtenthaler U，2010. Determinants of patent value: Insights from a simulation analysis[J].Technological Forecasting & Social Change，77: 1-19.

Essendorfer S，Diaz-Rainey I，Falta M，2015. Creative destruction in Wall Street' s technological arms race: Evidence from patent data[J]. Technological Forecasting & Social Change，99: 300-316.

Etzkowitz H，1995. Beyond，technology transfer: Creating a regional innovation environment at the State University of New York at Stony Brook [A]. Purchase: A Science Policy Institute Report.

Etzkowitz H，et al，1995. The future of the university and the university of the Future: Evolution from ivory tower to entrepreneurial paradigm[J]. Research Policy，29 (2): 313-330.

Etzkowitz H，Leydesdorff L，2000. The dynamics of in- novation: from National Systems and"Mode 2"to a Triple Helix of university-industry-government relations[J]. Research Policy，29: 109-123.

Eun J H，2006. Explaining the university run enterprises in China: Theoretical framework for university-industry relationship in developing countries and its application to China[J]. Research Policy，35: 1329-1346.

Evangelista R，et al，2001. Measuring the regional dimension of innovation: Lessons from the Italian innovation survey[J]. Technovation，21(11): 733-745.

Fattori M，Pedrazzi G，Turra R，2003. Text mining applied to patent mapping: a practical business case [J]. World Patent Information，25: 335-342.

Feldman M P，Audretsch D B，1999. Innovation in cities: science-based diversity，specialization and localized competition[J]. European Economic Review, 43 (2) :409-429

Fleck J，1996. Informal information flow and the nature of expertise in financial services [J]. International Journal of Technology Management ,11 (1-2) :104-128.

Forbes D P，Kirsch D A，2011. The study of emerging industries: Recognizing and responding to some central problems[J]. Journal of Business Venturing ,26 (5) :589-602.

Freeman C，1982. The Economics of Industrial Innovation [M]. London :Frances Printer:

Fujii A，Iwayama M，Kando N，2007. Introduction to the special issue on patent processing[J]. Information and Process Management ,43(5): 1149-1153.

Furman J L，Porter M E，Stern S，2002. The determinants of national innovative capacity[J]. Research Policy，31(6): 899-933.

Gallini N，Writght B D，1990. Technology transfer under asymmetric information[J]. RAND Journal of Economnics，21 (1) : 147-160.

Galvin R，2004. Road mapping- A practitioner' s update [J]. Technological Forecasting & Social Change ，71 (1–2) :101-103.

Gambardella A，Giuri P，Luzzi A，2007. The market for patents in Europe[J]. Research Policy，36(8): 1163-1183.

Gambardella A，Torrisi S，1998. Does technological convergence imply convergence in markets? Evidence from the electronics industry[J]. Research Policy，27(5): 445-463.

Ganguli P，1998. Intellectual property rights in transition[J]. World Patent Information，20(3-4): 171-180.

Ganguli P，1999. Towards TRIPs compliance in India: The Patents Amendment Act 1999 and implications[J]. World Patent Information，21(4): 279-287.

Gans J S，Hsu D H，Stern S，2008. The impact of uncertain intellectual property rights on the market for ideas: Evidence from patent grant delays[J]. Management Science，54(5): 982-997.

Garcia-Vega M，2006. Does technological diversification promote innovation?: An empirical analysis for European firms[J]. Research Policy，35(2): 230-246.

Garnsey E，Heffernan P，2005. High tech clustering through spin out and attraction: The Cambridge case[J]. Regional Studies 39(8): 1127-1144.

Gassmann O，Reepmeyer G，2004. Leading Pharmaceutical Innovation: Trends and Drivers for Growth in the Pharmaceutical Industry[M]. Berlin，New York:9-19, 75-81.

Gerwin D，Kolodny H，1992. Management of Advanced Manufacturing Technology-Strategy：Organization & Innovation[M]. New York: John Wiley & Sons.

Geske R，1979. The valuation of compound options[J]. Journal of Financial Economics，7(1): 63-81.

Gideon D，et al，2004. Patents as surrogates for inimitable and non- substitutable resources [J]. Journal of Management，30 (4): 529-544.

Gilbert R J，Newbery D M G，2001. Preemptive patenting and the persistence of monopoly[J]. The American Economic Review，74 (3) :514-526.

Gilbert R J，Katz M L，2006. Should good patents come in small packages? A welfare analysis of intellectual property bundling[J]. Forthcoming in International Journal of Industrial Organization,24 (5) :931-952.

Gilbert R，Shapiro C，1990. Optimal patent length and breadth. RAND[J]. Journal of Economics，21(1): 106-112.

Ginarte J C，Park W G，1997. Determinants of patent rights: A biometric examination[J]. Technovation，29: 498-507.

Giuri P，et al，2007. Inventors and invention processes in Europe: Results from the PatVal-EU survey[J]. Research Policy，36(8): 1107-1127.

Goto A，Motohashi K，2007. Construction of a Japanese Patent Database and a first look at Japanese patenting activities[J]. Research Policy，36(9): 1431-1442.

Grabowski H G，Vernon J M，1990. A new look at the returns and risks to pharmaceutical R&D [J]. Management Science，36: 804-821.

Grabowski H G，Vernon J M，1994. Returns to R&D on new drug introductions in the 1980 s [J]. Journal of Health Economics，13: 383-406.

Graevenitz G，et al，2007. The strategic use of patents and its implications for enterprise and competition policies[R]. Report for the European Commission，European Commission，Brussels.

Granstrand O，1999. The Economics and Management of Intellectual Property[M]. Cheltenham :Edward Elgar.

Granstrand O，Oskarsson C，1994. Technology diversification in ‘MUL-TECH’ corporations[J].IEEE Transactions on Engineering Management，41(4): 355-364.

Gray P H，Meister D B，2006. Knowledge sourcing methods[J]. Information Management，43(2): 142-156.

Gredel D，Kramer M，Bend B，2014. Patent-based investment funds as innovation intermediaries for SMEs: In-depth analysis of reciprocal interactions，motives and fallacies[J].Technovation，32 (9-10) :536-549.

Gress B，2010. Properties of the USPTO patent citation network: 1963-2002[J]. World Patent Information，32: 3-21.

Griliches Z，1984. R&D，Patents and Productivity[M]. University of Chicago Press.

Griliches Z，1990. Patent statistics as economic indicators: a survey[J]. Journal of Economic Literature，28(4): 1661-1707.

Griliches Z，et al，1991. R&D，Patents，and market value revisited: is there a second (technological opportunity) factor? [J].

Economics of Innovation and New Technology，1(3): 183-201.

Grindley P C，Teece D J，1997. Managing intellectual capital: licensing and cross licensing in semiconductor and electronics[J]. California Management Review，39(2): 8-41.

Grossman G，Lai E，2004. International protection of intellecutral property[J].American Economic Review，94(5): 1635-1653.

Guellec D，2000. Applications，grants and the value of patent[J]. Economic Letters，69(1): 109-114.

Guellec D，Pottelsberghe B，2000. Applications,grants and the value of patent[J]. Economic Letters，69(1): 109-114.

Hagedoorn J，Cloodt M，2003. Measuring innovative performance: is there an advantage in using multiple indicators?[J]. Research Policy，32(8): 1365-1379.

Hall B H，Ziedonis R H，2001. The patent paradox revisited: an empirical study of patenting in the U. S. semiconductor industry，1979-1995[J]. The RAND Journal of Economics，32(1): 101-128.

Hall B H，Berndt E，Levin R C，1990. The impact of corporate restructuring on industrial research and development[J]. Brookings Papers on Economic Activity Microeconomics: 85-124.

Hall B H，Link A N，Scott J T，2001. Barriers inhibiting industry from partnering with universities: evidence from the advanced technology program[J]. Journal of Technology Transfer, 26(1-2): 87-98.

Hara T，2003. Innovation in the pharmaceutical industry [J]. Edward Elgar，UK Northampton，8 (37): 170-207.

Hardin G，1968. The tragedy of the commons. The population problem has no technical solution; it requires a fundamental extension in morality[J]. Science，162(162): 1243-1248.

Harhoff D，Reitzig M，2004. Determinants of opposition against EPO patent grants-the case of biotechnology and pharmaceuticals [J]. International Journal of Industrial Organization ，22 (4) :443-480.

Harhoff D，1999. Firm formation and regional spillovers[J]. The Economics of Innovation and New Technology，8: 27-55.

Harhoff D，et al，1999. Citation frequency and the value of patented inventions[J]. Review of Economics and Statistics，81 (3): 511-515.

Harhoff D，Wagner S，2003. Modeling the duration of patent examination at the European Patent Office[R]. Working Paper.

Harhoff D，Scherer F M，Vopel K，2003a. Exploring the tail of patented invention value distributions[M]. Springer US: 279-309.

Harhoff D，Scherer F M，Vopel K，2003b. Citations，family size，opposition and the value of patent rights[J]. Research Policy，32(8): 1343-1363.

Havas A，2008. Devising futures for universities in a multi-level structure: A methodological experiment[J]. Technological Forecasting & Social Change，75: 558-582.

Heckman J J，1992. Randomization and social program evaluation[C]. Evaluating Welfare and Training Programs:201-230.

Heckman J J，Ichimura H，Todd P，1998. Matching as an econometric evaluation estimator[J]. Review of Economic Studies，65(2): 261-294.

Hemphill T A，2003. Preemptive patenting，human genomics，and the US biotechnology sector: balancing intellectual property rights with societal welfare[J]. Technology in Society，25(3): 337-349.

Henderson J V，Wang H G，2006. Urbanization and city growth: The role of institutions[J]. Regional Science and Urban Economics. 37: 283-313.

Henderson R，1993. Underinvestment and incompetence as responses to radical innovation: Evidence from the photolithographic alignment equipment industry[J]. RAND Journal of Economics，24(2): 248-270.

Henderson R，Cockburn I，1996. Scale，scope，and spillovers: The determinants of research productivity in drug discovery[J]. The

RAND Journal of Economics，27(1): 32-59.

Henderson R，Orsenigo L，Pisano G P，1999. The Pharmaceutical Industry and the Revolution in Molecular Biology: Interactions Among Scientific，Institutional and Organizational Change [M]. Cambridge :Cambridge University Press.

Himmelberg C P，Petersen B C,1994. R & D and internal finance: A panel study of small firms in high-tech industries[J]. The Review of Economics and Statistics，76(1): 38-51.

Hirschey M，Richardson V J，2001. Valuation effects of patent quality: A comparison for Japanese and U. S. firms[J]. Pacific-Basin Finance Journal，9(1): 65-82.

Holman C，2006. Clearing a path through the patent thicket[J]. Cell，125(4): 629-633.

Hong L，Yunzhong J，2001. Technology transfer from higher education institutions to industry in China: Nature and implications[J]. Technovation，21(3): 175-188.

Howells J ，Michie J ，1999. Innovation Policy in a Global Economy [M]. Cambridge: Cambridge university press.

Hu A G Z，Jefferson G H，2009. A great wall of patents: What is behind China' s recent patent explosion?[J]. Journal of Development Economics，90(1): 57-68.

Hyukjoon Kim，Park Y ，2009. Structural effects of R&D collaboration network on knowledge diffusion performance[J]. Expert Systems with Applications，36: 8986-8992.

Iansiti M，1998. Technology Integration [M]. Boston :Harvard Business School Press.

Iansiti M，Clark K，1994. Integration and dynamic capabilities: Evidence from product development in automobiles and mainframe computers [J]. Industrial and Corporate Change，3 (3): 557-347.

Ima H J，Park Y J，Shon J，2015. Product market competition and the value of innovation: Evidence from US patent data[J]. Economics Letters，137: 78-82.

Imbens G W，Angrist J D，1994. Identification and estimation of local average treatment effects[J]. Econometrica，62(2): 467-476.
Interna tional Conference on MEMS，NANO and Smart Systems: 274-278.

Jaffe A B. 1986. Technological opportunity and spillovers of R&D: Evidence from firms' patents，profits，and market value[J]. The American Economic Review，76(5): 984-1001.

Jaffe A B，2000. The US patent system in transition: Policy innovation and the innovation process[J]. Research Policy，29(4-5): 531-557.

Jaffe A B，Trajtenberg M，2002. Patents，Citations，and Innovations: A Window on the Knowledge Economy[M]. MIT Press.

Jaffe A B，Lerner J，2004. Innovation and Its Discontents: How Our Broken Patent System is Endangering Innovation and Progress，and What to Do About It[M]. Princeton，NJ: Princeton University Press.

Jaffe A B，Trajtenberg M，HendersoR，1993. Geographic localization of knowledge spillovers as evidenced by patent citations[J]. The Quarterly Journal of Economics，108(3): 577-598.

Jaffe A B，Trajtenberg M，Fogarty M S，2000. Knowledge spillovers and patent citations: Evidence from a survey of inventors[J]. American Economic Review，90(2): 215-218.

Jommi C，Paruzzolo S，2006. Public administration and R&D localisation by pharmaceutical and biotech companies: A theoretical framework and the Italian case-study [J]. Health Policy，81 (1) :117.

Judd K L，1985. On the performance of patents[J]. Econometrica , 53 (3): 567-585.

Kajikawa Y，et al，2008. Tracking emerging technologies in energy research: Toward a roadmap for sustainable energy[J]. Technological Forecasting & Social Change ,75: 771-782.

Kalbfleisch J D，Prentice R L，2002. The Statistical Analysis of Failure Time Data，1st and 2nd editions[M]. New York: John Wiley.

Karki M，1997. Patent citation analysis: A policy analysis tool[J]. World Patent Information ,19 (4) : 269-272.

Katz R S，Safer A J，2002.Should one patent court be making antitrust law for the whole country?[J]. Antitrust Law Journal，69 (3) : 687-710.

Kauffman S，1993. The Origins of Order[M]. New York: Oxford University.

Kiige C J，1992. The ARIPO patent search，examination and documentation procedures[J]. World Patent Information，14 (1) : 5-7.

Kim Y G，Suh J H，Park S C，2008. Visualization of patent analysis for emerging technology[J]. Expert Systems with Applications ,34 (3) : 1804-1812.

Kingston W，1995. Reducing the cost of resolving intellectual property disputes[J]. European Journal of Law and Economics，1: 85-92.

Kingston W，2000. Antibiotics，invention and innovation[J]. Research Policy，29 (6) : 679-710.

Kingston W，2001. Innovation needs patents reform[J]. Research Policy，30 (3) : 403-423.

Kitch E，2000. Elementary and persistent errors in the economic analysis of intellectual property[J]. Vanderbilt Law Review，53 (6) : 1728-1741.

Kleinknecht A，Verspagen B，2004. Demand and innovation: Schmookler reexamination[J]. Research Policy，19 (4) : 287-294.

Klemperer P，1990. How broad should the scope of patent protection be?[J]. RAND Journal of Economics, 21 (1) : 113-130.

Klepper S，1996. Entry，exit，growth and innovation over the product life cycle [J]. American Economic Review，86 (3) : 562-583.

Klepper S，Graddy E，1990. The evolution of new industries and the determinants of market structure[J]. Rand Journal of Economics, 21: 27-44.

Kortum S，Lerner J，1998. Stronger protection or technological revolution: What is behind the recent surge in patenting?[J]. Carnegie-Rochester Series on Public Policy，48: 247-304.

Kortum S，Lerner J，1999. What is behind the recent surge in patenting?[J]. Research Policy，28 (1) : 1-22.

Kostoff R N，et al，2004. Science and technology text mining: Electric power sources[J].DTIC Technical Report No. ADA421789，National Technical Information Service，Springfield，VA.

Kostoff R N，et al，2005.Power source roadmaps using bibliometrics and database tomography[J]. Energy，30 (5) : 709-730.

Krier M，Zacca F，2002. Automatic categorization applications at the European patent office[J]. World Patent Information，24: 187-196.

Kroll H，et al. 2009. Spin-off enterprises as a means of technology commercialization in a transforming economy-Evidence from universities in China[J]. Research Policy，38 : 268-280.

Kuemmerle W，1999. Foreign direct investment in industrial research in the pharmaceutical and electronics industries--results from a survey of multinational firms [J]. Research Policy，28 (2-3) : 179-193.

Kylaheiko K，et al，2010. Value of knowledge-technology strategies in different knowledge regimes[J]. International Journal of Production Economics，07: 9.

Lai K，Wu S，2005. Using the patent co-citation approach to establish a new patent classification system[J]. Information Processing & Management，41 (2) : 313-330.

Landry R，2006. Why are some university researchers more likely to create spin-offs than others?[J]. Research Policy: 1599-1615.

Langinier C，2005. Using patents to mislead rivals[J]. Canadian Journal of Economics/revue Canadienne Déconomique，38 (2) : 520-545.

Lanjouw J O，1998. Patent protection in the shadow of infringement: Simulation estimations of patent value[J]. Review of Economic Studies，65(4): 671-710.

Lanjouw J O，Mody A，1996. Innovation and the international diffusion of environmentally responsive technology[J]. Research Policy，25(4): 549-571.

Lanjouw J O，Schankerman M，1997. Stylized facts of patent litigation: Value，scope and ownership[J]. NBER Working Papers ,52 (52) :75-78.

Lanjouw J O，Schankerman M，1999a. The Quality of Ideas: Measuring Innovation with Multiple Indicators[R]. NBER Working: 7345.

Lanjouw J O，Schankerman M，1999b. Research Productivity and Patent Quality: Measurement with Multiple Indicators[J]. CEPR Discussion Paper，DP3623.

Lanjouw J O，Lerner J，2001a. Tilting the table? The use of preliminary injunctions[J].Journal of Law and Economics，44(2): 573-603.

Lanjouw J O，Schankerman M，2001b. Characteristics of patent litigation: A window on competition[J]. The RAND Journal of Economics，32(1): 129-151.

Lanjouw J O，Schankerman M，2004. Patent quality and research productivity: Measuring innovation with multiple indicators[J]. Economic Journal，114 (495): 441-465.

Lanjouw J O，Pakes A，Putnam J，1998. How to count patents and value intellectual property: The uses of patent renewal and application data[J]. Journal of Industrial Economics，46: 405-432.

Larkey L，1999. A patent search and classification system[R]. In: Proceedings of the Fourth ACM Conference: 179-187.

Lawless J F，1982. Statistical Models and Methods for Lifetime Data[M]. New York: John Wiley.

Leblond P，2008. The fog of integration: Reassessing the role of economic interests in European integration[J]. British Journal of Politics & International Relations，10(1): 9-26.

Lee J，Win H N，2004. Technology transfer between university research centers and industry in singapore[J].Technovation，24(5): 433-442.

Lee S，et al，2007. Technology road mapping for R&D planning: case of parts and materials industry in Korea[J].Technovation,27: 433-445.

Lee S，et al，2008. Using patent information for designing new product and technology: keyword-based technology roadmapping [J]. R&D Management，38(2): 166-188.

Lee S，et al，2009. Business planning based on technological capabilities: Patent analysis for technology driven road mapping[J].Technol. Forecast&Soc. Change,01: 003.

Lee S，et al，2009. ICT Coevolution and Korean ICT strategy-an analysis based on patent data[J]. Telecommunications Policy, 10(02): 004.

Lee S，Yoon B，Park Y，2009. An approach to discovering new technology opportunities: Keyword-based patent map approach[J]. Technovation，29: 481-497.

Lee T，2005. A dynamic analytic application to national innovation system:The IC industry in Taiwan [J]. Research Policy，2004 (34): 425-440.

Lehrer M，et al，2009. A national systems view of university entrepreneurialism: Inferences from comparison of the German and US experience[J]. Research Policy，38: 268-280.

Lei E L C, 1998. Internaitonal intellectual property rights protection and and the rate of product innovation[J]. Journal of Development Economics, 55(1): 133-153.

Lemley M A, Shapiro C, 2005. Probabilistic patents [J]. The Journal of Economic Perspectives, 19(2): 75-98.

Lerner J, 2002. 150 years of patent protection[J]. American Economic Review, 92(2): 221-225.

Lerner J, 2006. The new financial thing: The origins of financial innovations[J]. Journal of Financial Economics, 79(2): 223-255.

Levin, et al, 1987. Appropriating the returns from industrial research and development [J]. Brooking Papers on Economic Activity, 3: 783-831.

Low M, Abrahamson E, 1997. Movements, bandwagons and clones: Industry evolution and the entrepreneurial process[J]. Journal of Business Venturing, 12: 435-457.

Lui S S, Ngo H Y, 2005. The influence of structural and process factors on partnership satisfaction in interfirm cooperation[J]. Group&Organization Management. 30 (4): 378-397.

Lund R T, Hansen J A, 1986. Keeping America at work: Strategies for employing the new technologies[J]. Wiley, 17(5): 99-109.

Ma Z, Lee Y, Chen C F P, 2009. Booming or emerging? China' s technological capability and international collaboration in patent activities[J]. Technological Forecasting & Social Change, 76(6): 787-796.

MacKenzie D, Wajcman J, 1999. The Social Shaping of Technology [M]. Buckingham, Philadelphia: Open University Press.

Malerba F, 1999. Technological entry, exit and survival: An empirical analysis of patent data [J]. Research Policy, 28 (6): 643-660.

Malerba F, 2004. Sectoral System of Innovation [M]. Cambridge: Cambridge University Press.

Malerba F, 2007. Innovation and the dynamics and evolution of industries: Progress and challenges [J]. International Journal of Industrial Organization,25: 675-699.

Malerba F, Orsenigo L, 1990. Technological Regimes and Patterns and Innovation: A theoretical and Empirical Investigation of the Italian Case[M]. In A. Heertje and M. Perlman(eds), Evolving Technology and Market Structure. Ann Arbor: Michigan University Press: 283-305.

Malerba F, Orsenigo L, 1993. Technological regimes and firm behavior [J]. Industrial and Corporate Change, 2 (1): 45-74.

Malerba F, Orsenigo L, 1996. Schumpeterian patterns of innovation [J]. Cambridge Journal of Economics , 19 (1): 47-65.

Malerba F, Orsenigo L, 1997. Technological regimes and sectoral patterns of innovation activities [J]. Industrial and Corporate Change, 6 (1): 83-117.

Malerba F, Orsenigo L, 2002. Innovation and market structure in the dynamics of the pharmaceutical industry and biotechnology: Towards a history-friendly model [J]. Industrial and Corporate Change, 11 (4): 667-703.

Mansfield E, 1986. Patents and innovation: An empirical study[J]. Management Science, 32(2): 173-181.

Marco A C, 2005. The option value of patent litigation: Theory and evidence[J]. Review of Financial Economics, 14(3-4): 323-351.

Mariani M, Romanelli M, 2007. Stacking and picking inventions: The patenting behavior of European inventors[J]. Research Policy, 36: 1128-1142.

Markman D, et al, 2005. Entrepreneurship and university-based technology trader[J]. Journal of Business Ventyring, 2(20): 241-263.

Maskus K E, McDaniel C, 1999. Impacts of the Japanese patent system on productivity growth[J]. Japan and the World Economy, 11(4): 557-574.

Maurseth P B, 2005. Lovely but dangerous: The impact of patent citations on patent renewal[J]. Economics of Innovation and New Technology, 14(5): 351-374.

Mcdermott C M, Stock G N, 1999. Organizational culture and advanced manufacturing technology implementation[J]. Journal of

Operations Management, 17(5): 521-533.

McGuinley C, 2008. Global patent warming[J]. Intellectual Asset Magazine, 31: 24-30.

Mckelvey M D, 1996. Evolutionary Innovation: The Business of Biotechnology [M]. Oxford: Oxford University Press.

McKelvey M, 1997. Coevolution in commercial genetic engineering [J]. Industrial and Corporate Change, 6 (3): 503-532.

McKelvey M, Orsenigo L, 2002. European pharmaceuticals as a sectoral innovation system: performance and national selection environments [J]. Submitted for Review to Journal of Evolutionary Economics.

McMillan G S, Narin F, Deeds D L, 2000. An analysis of the critical role of public science in innovation: The case of biotechnology [J]. Research Policy, 29 (1): 1-8.

Meredith J R, Hill M M, 1987. Justifying new manufacturing systems: A managerial approach[J].Sloan Management Review, 28(4): 49-61.

Merges R, 2000. Intellectual property rights and the new institutional economics[J]. Vanderbilt Law Review, 53(6): 1857-1877.

Metcalfe J S, 1998. Evolutionary Economics and Creative Destruction [M]. London: Routledge.

Miele A L, 2000. Patent Strategy-The Managers' Guide to Profiting from Patent Portfolios[M].John Wiley & Sons.

Miller J D, 2006. Technological diversity, related diversification, and firm performance[J]. Strategic Management Journal, 27(7): 601-619.

Morris S A, Wu Z, Yen G, 2001. A SOM mapping technique for visualizing documents in a database[J]. International Joint Conference on Neural Networks, 3 :1914-1919.

Morris S, et al, 2002. DIVA: A visualization system for exploring documents databases for technology forecasting[J]. Computers & Industrial Engineering, 43 (4): 841-862.

Mossinghoff G J, Bombelles T, 1996. The importance of intellectual property protection to the American Research-Intensive pharmaceutical industry [J]. Columbia Journal of World Business , 31 (1) :38-48

Motohashi K, 2008. Assessment of technological capability in science industry linkage in China by patent database [J]. World Patent Information, 30(3): 225-232.

Motohashi K, 2011. Does Pro-patent policy spur innovation? A case of software industry in Japan[J]. Technology Management Conference: 739-744.

Mowery D C, Oxley J E, Silverman B S, 1996. Strategic alliances and interfirm knowledge transfer[J]. Strategic Management Journal, 17(S2): 77-91.

Mowery D C, Ziedonis A A, 2002. Academic patent quality and quantity before and after the Bayh-Dole act in the United States[J]. Research Policy, 31(3): 399-418.

Nakata Y, Zhang X, 2009. A Survival Analysis of Patent Examination Request in Japanese Electrical and Electronic Manufacturers[R]. Working Paper, Doshisha University, Okayama University.

Narin F, Noma E, Perry R, 1987. Patents as indicators of corporate technological strength[J]. Research Policy, 16(2-4): 143-155.

Nelson R, 1993. Technical Innovation and National Systems[M]. Oxford: Oxford University Press.

Nelson R, Winter SG, 1982. An Evolutionary Theory of Economic Change[M]. Cambridge: Belknap Press of Harvard University Press.

Nelson R R, 1962. The Rate and Direction of Inventive Activity: Economic and Social Factors[M]. Princeton : University Press.

Nelson R R, 1995. Resent evolutionary theorizing about economic change [J]. Journal of Economic Literature , 33 (1): 48-90.

Nesta L, Saviotti P, 2004. Coherence of the knowledge base and firm innovative performance: Evidence from the US pharmaceutical industry[J]. Journal of Industrial Economics , 53 (1) :123–142.

Newman M E J, 2004. Fast algorithm for detecting community structure in networks[J]. Phys Rev E Stat Nonlin Soft Matter Phys , 69 (6 Pt 2) :066-133.

Nielsen A O, 2001. Patenting, R&D and market structure: : manufacturing firms in denmark[J]. Technological Forecasting and Social Change, 66(1): 47-58.

Ninan S, Sharma A, 2006. Cross-sectional analysis of patents in Indian fisheries sector[J]. World Patent Information, 28(2): 147-158.

Novelli E, 2015. An examination of the antecedents and implications of patent scope[J]. Research Policy, 44(2): 493-507.

O' Donoghue T , Scotchmer S, Thisse J F, 1998. Patent breadth, patent life, and the pace of technological progress[J]. Journal of Economics & Management Strategy, 7(1): 1-32.

OECD, 1994. Using patent Data as Science and Technology Indicators - Patent Manual[M]. Paris: OECD.

OECD, 2005. Guidelines for collecting and interpreting innovation data - Oslo Manual[M]. Paris: OECD.

O' Keeffe M, 2005. Cross comparison of US, EU, JP and Korean companies patenting activity in Japan and in the Peoples Republic of China[J]. World Patent Information, 27(2): 125-134.

Olsson H, McQueen D H, 2000. Factors influencing patenting in small computer software producing companies[J]. Technovation, 20(10): 563-576.

Orsenigo L, et al, 1998. The evolution of knowledge and the dynamics of an industry network[J]. Journal of Management and Governance, 1: 147-175.

Orsenigo L, Pammolli F, Riccaboni M, 2001. Technological change and network dynamics [J]. Research Policy, 30 (5): 485-508.

Ozman M, 2005. Networks, Organizations and Knowledge[D]. PhD thesis, MERIT, Maastricht University.

Ozman M, 2007. Breadth and Depth of Main Technology Fields: An Empirical Investigation Using Patent Data [C]. Middle East Technical University Working Paper.

Pakes A, 1985. On patents, R & D, and the stock market rate of return[J]. The Journal of Political Economy, 93(2): 390-409.

Pakes A, 1986. Patents as options: Some estimates of the value of holding european patent stocks[J]. Econometrica, 54(4): 755-784.

Pakes A, Simpson M, 1989. Patent renewal data[J].Brookings Papers on Economic Activity Microeconomics, 2 :331-410.

Park W G, 2008. International patent protection: 1960-2005[J].Research Policy, 37: 761-766.

Patel P , Pavitt K, 1997. Technology competencies in the world' s largest firms: complex and path-dependent, but not much variety [J]. Research Policy, 26 (2): 141-156.

Peneder M, 2010. Technological regimes and the variety of innovation behavior: Creating integrated taxonomies of firms and sectors[J]. Research Policy, 6: 323-339.

Pitkethly R H, 2001. Intellectual property strategy in Japanese and UK companies: Patent licensing decisions and learning opportunities[J]. Research Policy, 30(3): 425-442.

Poirier D J, 1980. Partial observability in bivariate probit models[J]. Journal of Econometrics, 12: 210-217.

Popp D, 2006. International innovation and diffusion of air pollution control technologies: the effects of NO_X and SO_2 regulation in the US, Japan, and Germany[J]. Journal of Environmental Economics and Management, 51(1): 46-71.

Popp D, et al, 2003. Time in Purgatory: Determinants of the Grant Lag for US Patent Applications[R]. NBER Working Paper.

Prencipe A, 2000. Breadth and depth of technological capabilities in the COPS: The case of the aircraft engine control system[J]. Research Policy, 29: 895-911.

Prusa T J, Schmitz J A, 1994. Can companies maintain their initial innovative thrust? A study of the PC software industry[J]. The

Review of Economics and Statistics，76(3): 523-540.

Putnam，1996. The Value of International Patent Protection[D]. PhD Thesis，Yale University.

Razgaitis R，2005. U. S. /Canadian licensing in 2004: Survey results[J]. Les Nouvelles，35: 145-155.

Reekie W D，1973. Patent data as a guide to industrial activity [J]. Research Policy，2 (3): 246-264.

Regibeau P，Rockett K，2003. Are More Important Patents Approved more Slowly and Should They be?[R]. Working Paper.

Reiss A，1998. Investment in innovations and competition: an option pricing approach[J]. The Quarterly Review of Economics and Finance，38(3，Part 2): 635-650.

Reitzig M，2005. On the effectiveness of novelty and inventive step as patentability requirements-structural empirical evidence using patent indicators[R]. SSRN WP 745568.

Rivette K G，Kline D，2000. Rembrandts in the Attic: Unlocking the Hidden Value of Patents[M]. Boston :Harvard University Press.

Robson M，Townsend J，Pavitt K，1988. Sectoral patterns of production and use of innovations in the UK: 1945-1983 [J]. Research Policy，17(1): 1-1.

Rogers E M，Takegami S，Yin J，2001. Lessons learned about technology transfer[J]. Technovation，21(4): 253-261.

Romer P M，1986. Increasing returns and long-run growth[J]. The Journal of Political Economy，94(5): 1002-1037.

Rory P O，et al，2007. Delineating the anatomy of an entrepreneurial university: The massachusetts institute of technology experience[J]. R&D Management，37: 34-46.

Rosenbaum P R，Rubin D B，1983. The central role of the propensity score in observational studies for causal effects[J]. Biometrika，70(1): 41.

Rosenberg，1982. Inside the Black Box [M]. Cambridge: Cambridge University Press.

Rothaermel F T，2001. Complementary assets，strategic alliances，and the incumbent' s advantage: an empirical study of industry and firm effects in the biopharmaceutical industry[J]. Research Policy , 30 (8) :1235-1251.

Rothaermel F T，Deeds D L，2006. Alliance type, alliance experience and alliance management capability in high-technology ventures [J]. Journal of Business Venturing，21 (4): 429-460.

Rubin D B，1974. Estimating causal effects of treatments in randomized and nonrandomized studies[J]. Journal of Educational Psychology，66(5): 688-701.

Rumelt R P，1984. Towards a strategic theory of the firm[J]. Competitive Strategic Management Journal，6: 556-570.

Sambasivarao K V，Deshmukh S G，1986. Selection and implementation of advanced manufacturing technologies: classification and literature review issue[J]. International Journal of Operations and Production Management，15(10): 43-62.

Schankerman M，et al，1998. How valuable is patent protection: Estimates by technology fields[J]. Rand Journal of Economics，29 (1):77-107.

Schellner I，2010. Japanese file index classification and F-terms[J]. World Patent Information, 24: 197-201.

Scherer F M，1965a. Corporate inventive output，profits，and growth[J]. The Journal of Political Economy，73(3): 290-297.

Scherer F M，1965b. Firm size，market structure，opportunity，and the output of patented inventions[J]. The American Economic Review，55(5): 1097-1125.

Scherer F M，1983. The propensity to patent[J]. International Journal of Industrial Organization，1(1): 107-128.

Schettino F，Sterlacchini A，Venturini F，2008. Inventive Productivity and Patent Quality: Evidence from Italian Inventors[R] . MPRA Paper No. 7872.

Schmoch U，2008. Concept of a Technology Classification for Country Comparisons[R]. Report to the World Intellectual Property

Organization (WIPO).

Schmookler J, 1966. Invention and Economic Growth[M]. Cambridge: Harvard University Press.

Schmookler J, 1972. Patents, Invention, and Economic Change: Data and Selected Essays[M]. Cambridge: Harvard University Press.

Schumpeter J A, 1942. Capitalism, Socialism, and Democracy[M]. Routledge.

Schweizer L, 2005. Knowledge transfer and R&D in pharmaceutical companies: A case study [J]. Journal of Engineering and Technology Management, 22 (4): 315-331.

Shani A B, et al, 1992. Advanced manufacturing systems and organization choice: Sociotechnical system approach[J]. California Management Review, 34: 91-111.

Shen J, 1986. The successful beginning of publication of Chinese patent documents[J]. World Patent Information, 8(1): 8-19.

Sherry E F, Teece D J, 2004. Royalties, evolving patent rights, and the value of innovation[J]. Research Policy, 33: 179-191.

Simon H A, 1969. The Architecture of Complexity, in The Sciences of the Artificial[M]. Cambridge: MIT Press.

Small H, 2006. Tracking and predicting growth areas in science[J]. Scientometrics ,68: 595-610.

Smith H, 2002. Automation of patent classification[J]. World Patent Information 24: 269-271.

Soh P, Roberts E B, 2003. Network of innovators:A longitudinal perspective[J]. Research Policy. 32: 1569-1588.

Solow R M, 1957. Technical change and the aggregate production function[J]. The Review of Economics and Statistics, 39(3): 312-320.

Somaya D, 2003. Strategic determinants of decisions not to settle patent litigation[J]. Strategic Management Journal, 24(1): 17-38.

Somaya D, Teece D J, 2003. Combining inventions in multi-invention products: Organizational choices[R]. Intellectual Property Rights. And Public policy. SSRN Working Paper.

Spencer J, Murtha T, Lenway S, 2005. How governments matter to new industry creation[J]. Academy of Management Review, 30: 321-337.

Spier K E, 1992. The Dynamics of pretrial negotiation[J]. The Review of Economic Studies, 59(1): 93-108.

Squicciarini M, Dernis H, Criscuolo C, 2013. Measuring Patent Quality: Indicators of Technological and Economic Value. OECD Science[N]. Technology and Industry Working Papers.

Steffek R, 1981. The rules concerning translations in the European patent grant procedure[J]. World Patent Information, 3(3): 139.

Sun Y, 2000. Spatial distribution of patents in China[J]. Regional Studies, 34(5): 441-454.

Sun Y, 2003. Determinants of foreign patents in China[J]. World Patent Information, 25(1): 27-37.

Suresh N, Meredith J R, 1985. Justifying multi-machine systems: An intergrated strategic approach[J]. Journal of Manufacturing Systems, 4(2): 117-134.

Svensson R, 2007. Licensing or Acquiring Patents? Evidence from Patent Renewal Data[C]. EEA-ESEM Conference, Budapest, August.

Swann P, Prevezer M, 1996. A comparison of the dynamics of industrial clustering in computing and biotechnology[J]. Research Policy , 25 (7) :1139-1157.

Tait J, Williams R, 1999. Policy approaches to research and development: foresight, framework and competitiveness[J]. Science & Public Policy, 26 (2) :101-112.

Takalo T, Kanniainen V, 2000. Do patents slow down technological progress?: Real options in research, patenting, and market introduction[J]. International Journal of Industrial Organization, 18(7): 1105-1127.

Takayama M, Watanabe C, Griffy-Brown C, 2002. Remaining innovative without sacrificing stability: An analysis of strategies in the

Japanese pharmaceutical industry that enable firms to overcome inertia resulting from successful market penetration of new product development [J]. Technovation，22: 747-759.

Taylor C T，Silberston Z A，1973. The Economic Impact of the Patent System: a Study of the British Experience [M]. Cambridge: Cambridge University Press.

Teece D J，Pisano G，1997. Dynamic capabilities and strategic management strategic[J]. Management Journal，18(7): 509-533.

Teece D J，1993. Collaboration，licensing and public policy[J]. Research Policy，15: 285-305.

Thoma G，2014. Composite value index of patent indicators: Factor analysis combining bibliographic and survey datasets[J]. World Patent Information，38: 19-26.

Thomas G，2002. The responsibility of the rule maker: Comparative approaches to patent administration reform[J]. Berkeley Tech. Law Journal，17: 728-761.

Tijssen R J W，1992. A quantitative assessment of interdisciplinary structures in science and technology: Co-classification analysis of energy research[J]. Res. Policy, 21: 27-44.

Trajtenberg M，1990. A penny for your quotes: Patent Citations and the value of innovations[J]. Rand Journal of Economics，21(1): 172-187.

Trappey C，et al，2011. Using patent data for technology forecasting: China RFID patent analysis[J]. Advanced Engineering Informatics，25: 53-64.

Tseng C Y，2009. Technological innovation and knowledge network in Asia: Evidence from comparison of information and communication technologies among six countries[J]. Technological Forecasting and Social Change，76: 654-663.

Tseng Y，et al，2005. Text mining for patent map analysis[J]. Information Processing & Management, 43 (5):1216-1247.

Tseng Y，et al，2007. Patent surrogate extraction and evaluation in the context of patent mapping[J]. Journal of Information Science，33 (6): 718-736.

Tunzelmann G N V，1997. Innovation and industrialization: A long-term comparison[J]. Technological Forecasting and Social Change，56: 1-23 .

Tuzi F，2005. Useful science is good science: empirical evidence from the Italian National Research Council[J]. Technovation，25(5): 505-512.

Uchida H，Mano A，Yukawa T，2004. Patent map generation using concept-based vector space model[R]. In: Proceedings of the Fourth NTCIR workshop，June 2-4: Tokyo，Japan.

Ulrich Schmoch，2008. Concept of a Technology Classification for Country Comparisons[R].Report to the World Intellectual Property Organization (WIPO).

Urquidi E，2005. Technological information in the patent offices of the MERCOSUR countries and Mexico[J]. World Patent Information，27(3): 244-250.

Utterback，1994. Mastering the Dynamics of Innovation [M]. Boston: Harvard Business School Press.

Van de Ven A，Garud R，1989. A framework for understanding the emergence of new industries[J]. Research on Technological Innovation Management and Policy, 4: 195-225.

Vianen B G V，1990. An exploration of the science base of recent technology [J]. Research Policy，19 (1): 61-81.

Waguespack D M，Birnir J K，Chroeder J S，2005. Technological development and political stability: Patenting in latin America and the caribbean[J]. Research Policy，34(10): 1570-1590.

Wang Q，Tunzelmann N V，2000. Complexity and the functions of the firm: Breadth and depth[J]. Research Policy，(29): 805-818.

Watanabe C，Hur J Y，Matsumoto K，2005. Technological diversification and firm' s techno-economic structure: An assessment of Canon' s sustainable growth trajectory[J]. Technological Forecasting and Social Change，72(1): 11-27.

Weeds H，2002. Strategic delay in a real option models of R&D competition[J]. Review of Economic Studies，69(3): 729-747

Weiss P，2010. Patent Policy-Legal-economic effect in a national and international framework[J]. Merges and Duffy，4.

Williams R，Edge D，1996. The social shaping of technology [J]. Research Policy，25: 99-865.

Winter S G，1984. Schumpeterian competition in alternative technological regimes [J]. Journal of Economic Behavior and Organization，5: 287-320.

Winter S G，1987. Knowledge and Competences as Strategic Assets[M]. Cambridge:The Competitive Challenge. Ballinger.

Wright D J，1999. Optimal patent breadth and length with costly imitation[J] . International Journal of Industrial Organization ，17(3): 419-436.

Xie Y, Giles D E，2009. A survival analysis of the approval of US patent applications[J]. Applied Economics，26(1): 1-10.

Yang D，2003. Intellectual Property and Doing Business in China[M]. Emerald Group Pub. Ltd.

Yang D，2007. Intellectual property system in China: A study of the grant lags and ratios[J]. The Journal of World Intellectual Property，10(1): 22-52.

Yang D，Clarke P，2005. Globalisation and intellectual property in China[J]. Technovation，25(5): 545-555.

Yeap T，Loo G，Pang S，2003. Computational patent mapping: Intelligent agents for nanotechnology[J]. Proceedings of the

Yi D，2007.Private value of European patents[J]. European Economic Review，51:1785-1812.

Yoon B，Yoon C，Park Y，2002. On the development and application of a self-organizing feature map-based patent map[J]. R&D Management，32(4)： 291-300.

Yoon B，Phaal R，Probert D，2013. Structuring technological information for technology road mapping: data mining approach[J]. Technology Analysis & Strategic Management, 25 (9) :1119-1137.

Yoshifumi，Zhang X，2009. A Survival Analysis of Patent Examination Request in Japanese Electrical and Electronic Manufacturers[D]. Working Paper，Doshisha University，Okayama University.

Yueh L，2009. Patent laws and innovation in China[J]. International Review of Law and Economics，29: 304-313.

Zahra S A，1996. Technology strategy and new venture performance: A study of corporate-sponsored and independent biotechnology ventures[J]. Journal of Business Venturing，11(4): 289-321.

Zair M，1992. Measuring success in AMT implementation using customer-supplier interaction criteria[J]. International Journal of operations & productionmanagement，18(12): 34-55.

Zander U，Kogut B，1995. Knowledge and the speed of the transfer and imitation of organizational capabilities: An empirical test[J]. Organization Science，6: 76-92.

Zedtwitz M V，Gassmann O，2002. Market versus technology drive in R&D internationalization: four different patterns of managing research and development [J]. Research Policy，31 (4): 569-588.

Zeebroeck N V，2007. Patents only live twice: A patent survival analysis in Europe[R]. Centre Emile Bernheim (CEB) Working Paper.

Zeebroeck N V，et al，2009. Claiming more: the increased voluminosity of patent applications and its determinants[J]. Research Policy，38: 1006-1020.

Zucker L G，Darby M R，Brewer M B，1998. Intellectual human capital and the birth of U. S. biotechnology enterprises[J]. The American Economic Review，88(1): 290-306.

参 考 材 料

阿里云: http: //www. aliyun. com/zixun/content/2_6_832366. html.

电脑之家: http: //m. pchome. net/article/1345051. html.

CPTech’s Page on Collective Management of IP Rights: Patent Pool[EB/OL].http://www.cptech.org/cm/patentpool.html.

http://www.atsc.org[EB/OL].

http://www.blu-raydisc.info[EB/OL].

http://www.dlna.org[EB/OL].

http://www.fcc.gov[EB/OL].

IT 之家: http: //www. ithome. com/html/it/80257. htm.

Jeanne Clark，Joe Piccolo，Brian Stanton，Karin Tyson.Patent Pools a Solution to the Problem of Access in Biotechnology Patents?[EB/OL].www.uspto.gov/web/offices/pac /dapp/opla/patentpool.pdf.